国家科学技术学术著作出版基金资助出版

弹性波理论

Elastic Wave Theory

魏培君　著

科学出版社

北　京

内 容 简 介

复杂介质中的弹性波理论在地球物理勘探，结构和材料无损检测，以及医学超声成像等领域具有广泛应用。但系统介绍弹性波传播理论的著作并不多见。本书系统介绍了各向同性弹性固体介质中弹性波传播的基本理论，包括无限介质中的弹性波传播；弹性波在界面的反射和透射；弹性波通过有限厚度层状结构的反射和透射；半无限大体表面或覆盖层中传播的瑞利波和勒夫波；平板中的导波和漏波；圆柱杆中的导波，对圆柱壳和圆球壳中的导波传播模式和传播特性也进行了介绍。关于弹性波散射和多重散射的相关内容，基于篇幅考虑没有纳入。作者长期给研究生讲授弹性波理论，同时进行复杂介质中弹性波传播及其应用研究。本书是作者在弹性波理论课程讲义基础上，结合自己科研工作编写而成的。全书共 6 章，侧重基础理论和分析方法的系统性。

本书侧重于弹性波传播基本理论和方法，可供从事地震勘探、材料无损检测、医学超声成像、声子晶体、超材料以及结构健康检测等相关领域的科技人员阅读，特别适合于高年级本科生和研究生作为教材系统学习弹性波相关理论。

图书在版编目(CIP)数据

弹性波理论/魏培君著. —北京：科学出版社，2021.3

ISBN 978-7-03-067380-0

Ⅰ. ①弹… Ⅱ. ①魏… Ⅲ. ①弹性波-理论研究 Ⅳ. ①O347.4

中国版本图书馆 CIP 数据核字 (2020) 第 266520 号

责任编辑：赵敬伟 郭学雯／责任校对：杨聪敏
责任印制：吴兆东／封面设计：无极书装

科学出版社 出版
北京东黄城根北街 16 号
邮政编码：100717
http://www.sciencep.com

北京九州迅驰传媒文化有限公司印刷
科学出版社发行 各地新华书店经销

*

2021 年 3 月第 一 版 开本：B5(720 × 1000)
2025 年 1 月第四次印刷 印张：19 1/4
字数：390 000

定价：158.00 元

(如有印装质量问题，我社负责调换)

前　言

复杂介质中的弹性波传播理论具有重要的应用价值。地震勘探需要知道地震波在地层介质中的传播和衰减规律。利用这些知识对于野外地震勘探检波器收集的地震信号进行地震反演可以获得地层形貌和地层物性参数，为获取油气资源的地下储藏和分布提供有价值的信息。在医学领域，超声检测成像需要知道弹性波在生物组织中的传播和耗散规律，利用这些规律借助各种成像算法，可以对检测信号进行反演和重建，得到生物组织及器官的彩色成像，为临床医师对疾病的诊断提供科学依据。在工业制造领域，弹性波广泛应用于材料和结构的损伤检测，利用超声波在材料内部的传播、在界面的反射和透射，以及在夹杂和孔洞处的散射信息，由布置在材料表面或内部的传感器收集再经过计算机去噪和频谱分析等信号处理，可以提供材料内部损伤的位置、分布、几何及大小等重要信息。这对于工业产品的质量检测和结构安全运行的健康检测具有十分重要的意义。无论是地震勘探、医学超声成像还是材料无损检测，其基本科学问题都是复杂介质中的弹性波传播规律。本书针对这一基本科学问题，总结当前这一领域的最新研究成果，以基本理论和研究方法为主线索，最终完成此书并以《弹性波理论》为本书名。

有关弹性波传播理论的著作，在国际上比较有影响的是 Achenbach 著的《固体中的弹性波传播》(Achenbach J D. *Wave Propagation in Elastic Solids.* Elsevier Science Publishers, 1973)。Pao & Mao 著的《弹性波散射与动应力集中》(Pao Y H, Mao C C. *Diffraction of Elastic Waves and Dynamic Stress Concentrations.* Grane, Russak & Company Inc, 1973)(由刘殿魁和苏先樾翻译并由科学出版社于 1993 年出版)。Rose 著的《固体介质中的超声波》(Rose J L. *Ultrasonic Waves in Solid Media.* Cambridge University Press, 1999)(由何存富、吴斌和王秀彦翻译并由科学出版社于 2004 年出版)。而国内作者所著有关弹性波传播的著作并不多见。有鉴于此，结合自己及课题组在这一领域 20 多年的研究工作，以及多年给研究生讲述“弹性波理论”的课程基础上，经多次整理和修改，并加入当前研究的最新成果，最终完成此书。

本书没有包括特别专题的内容，主要讨论各向同性弹性介质中弹性波的传播问题。侧重于弹性波理论的完整性和系统性。涉及的弹性波包括体波、表面波和导波。首先，讨论了无限介质中弹性波传播的色散和衰减问题。然后讨论了界面的反射和透射问题。在单界面的反射和透射问题中，除平直分界面，还讨论了周期起伏界面对弹性波的反射和透射。层状介质是实际工程中经常遇到的介质存在形式，但层状介质对弹性波的反射和透射特征在具有双界面的三明治结构中都得以体现，所以本书着重讨论了具有双界面的三明治结构的反射和透射问题。在这一章作者系统总结了联立界面条件方法、传递矩阵方法、刚度矩阵方法、多重反射/透射方法、超级界面方法以及状态转移方程方法，涵盖几乎所有主流研究方法。在表面波与界面波一章，除了经典的瑞利波、勒夫波和斯通莱波外，还讨论了旋转表面波。它是在圆柱坐标系下研究表面波的自然结果。在导波部分，系统地对杆、梁、板、柱壳和球壳等波导中的导波传播问题进行了讨论。其中，球壳中的导波传播问题，在现有文献和弹性波著作中较少涉及，而在本书中对此做了系统讨论，是本书的特色之一。

在本书撰写过程中，得到本人博士研究生郭啸、张鹏、李月秋、李立、焦凤瑀、周雅红、魏子博、许春雨、马占春、续玉倩等的大力帮助，他们在书稿内容和公式校对、文字编排、本书的全部插图绘制等方面做了大量工作，作者在此表示衷心感谢。此外，本书的完成还要感谢国家科学技术学术著作出版基金的资助，国家自然科学基金面上项目 (No.11872105, No. 12072022) 的资助。

由于作者水平有限，书中难免存在不妥之处，敬请读者批评指正。

魏培君
北京科技大学力学系
2020 年 9 月 28 日

目　录

第 1 章　弹性动力学基础

1.1　弹性力学基本假设

1.1.1　连续性假设

连续性假设认为，弹性力学的研究对象即弹性变形体，是被物质点充满的连续介质，内部没有任何空隙。实际上，一切物质都是由原子、分子组成的，物质在微观上并不是连续的，即使在宏观上，也不能避免内部空洞、裂纹的存在。连续性仅是一个理想化的模型。当研究物体的宏观现象和运动规律时，连续性假设使问题的处理更方便。例如，应力、应变、位移诸物理量都是坐标的连续函数，从而可以使用微积分等数学工具建立和求解动力学问题的数学模型。

1.1.2　弹性假设

物体在外载荷作用下，内部将产生应力场、应变场。当应力场的幅值不超过材料的弹性极限时，在外载移去后，应力场和应变场也会相应消失，这种性质称为材料的弹性性质。当外载荷较大时，其在物体内部产生的应力场幅值如果超过了材料的屈服极限，则当外载荷移去后，物体内部会存在残余变形 (即塑性变形) 而不能恢复，这种性质称为材料的塑性性质。弹性假设认为，在外载荷作用下，物体内部应力场都处在弹性范围。

1.1.3　小变形假设

小变形是指物体在外载荷作用下，物体内各点的形变位移相对于物体的尺寸是很小的，即应变分量 (包括线应变和剪应变) 都是远小于 1 的量，它们的二次幂和乘积相对于 1 阶量都是高阶小量，从而可以略去不计。由于小变形假设，应力场与应变场之间可认为满足线弹性广义胡克定律。同时建立平衡方程时，也可以用变形前的几何形状 (初始构型) 代替变形后的几何形状 (当前构型)。

1.1.4　均匀性假设

均匀性是指物体内部各点具有相同的弹性性质，即材料弹性参数不随空间坐标而改变。对于非均匀材料，材料的弹性参数是坐标的函数，如功能梯度材料，材料参数是坐标的连续函数；又如纤维或颗粒增强复合材料，材料参数是坐标的不连续函数或者说是分片连续函数。均匀性假设使得材料的力学性质不依赖于位置，但并不保证材料性质不依赖于方向。材料性质的方向依赖特性由各向同性或者各向异性描述。因此，均匀性假设与各向同性假设不是一回事。

1.1.5　各向同性假设

各向同性是指物体内部各点沿不同方向具有相同的弹性性质，即材料弹性参数也不随方向的变化而变化。对于各向同性材料，仅需要两个独立的弹性参数来描述材料的弹性性质。通常使用的弹性参数有：弹性模量 E，剪切模量 G, 拉梅常数 λ 和 μ，泊松比 ν。但它们并不相互独立，独立的参数只有 2 个。对于完全各向异性材料，材料沿不同方向具有不同性质，需要 21 个独立参数来描述材料的弹性性质。通常材料都具有一定的对称性，不是完全各向异性，其独立的材料参数介于 2~21 个，例如，横观各向同性材料具有 5 个独立弹性参数，正交各向异性材料具有 9 个独立弹性参数，立方晶系具有 3 个独立弹性参数，三角晶系材料具有 7 个独立弹性参数等。

1.1.6　无初始应力假设

无初始应力假设认为物体在外载荷作用之前处于自然状态，物体内部没有应力场。当存在初始应力场时，运动方程、本构方程和边界条件都要进行修正，一般情况下，这三组方程都包含初应力的信息。初应力场可以是均匀的，也可以是非均匀的。对于初应力问题，存在三个变形构型，即无应力构型、初应力构型 (仅在初应力作用下产生的构型)、当前构型 (在初应力和外载作用下产生的变形)。通常初应力产生的变形比较大，作为有限变形考虑。在外载作用下产生的变形不大的情况下，可以作为小变形考虑。因此，存在初应力的问题归结为有限变形上叠加小变形。增量应力方法是处理初应力问题的常用方法。增量应力满足的运动方程、本构方程和边界条件都与初应力有关。通常初应力会导致材料的各向异性以及等效模量的变化。

1.2　弹性力学基本守恒定律

1.2.1　质量守恒定律

根据物体的连续性假设，物体是运动着的粒子的连续集合体。如果物体内部不存在生成新物质的“源”，物体的边界也没有质量通量，则在变形前后，物体的质量是不变的，这就是质量守恒定律，即

$$\int_V \rho \mathrm{d}V = \int_{V_0} \rho_0 \mathrm{d}V_0 \tag{1.2.1}$$

其中，V_0 和 V 分别是物体在变形前、后所占据空间的体积；ρ_0 和 ρ 分别是变形前、后物体的质量密度。

考虑到

$$dV = JdV_0 \tag{1.2.2}$$

其中，$J = \det(x_i, X_j) = \left|\dfrac{\partial x_i}{\partial X_j}\right|$ (x_i 是质点的空间坐标；X_i 是质点的随体坐标)，称为 Jacobi 行列式。守恒定律 (1.2.1) 的微分形式可表示为

$$\rho J - \rho_0 = 0 \tag{1.2.3}$$

当物体表面存在质量通量时，质量守恒定律表示为

$$\frac{\mathrm{d}}{\mathrm{d}t}\int_V \rho \mathrm{d}V = \int_V \frac{\partial \rho}{\partial t}\mathrm{d}V + \int_S \rho \dot{\boldsymbol{u}} \cdot \boldsymbol{n}\mathrm{d}S = 0 \tag{1.2.4}$$

利用散度定理可得其微分形式

$$\frac{\partial \rho}{\partial t} + \nabla \cdot (\rho \dot{\boldsymbol{u}}) = 0 \tag{1.2.5}$$

其中，$\dot{\boldsymbol{u}}$ 表示物质点的运动速度；$\boldsymbol{I} = \rho\dot{\boldsymbol{u}}$ 表示**物质流密度**，即单位时间经过单位面积的物质。式 (1.2.5) 还可以写成

$$\frac{\partial \rho}{\partial t} + \nabla \rho \cdot \dot{\boldsymbol{u}} + \rho \nabla \cdot \dot{\boldsymbol{u}} = 0 \tag{1.2.6}$$

对于固体材料，$\nabla\rho$ 非常小，故近似有

$$\frac{\partial \rho}{\partial t} + \rho \nabla \cdot \dot{\boldsymbol{u}} = 0 \tag{1.2.7}$$

上式表示，当物体微元体的体积膨胀时 ($\nabla \cdot \boldsymbol{u} > 0$)，微元体的质量密度会减小；反之，当微元体的体积收缩时 ($\nabla \cdot \boldsymbol{u} < 0$)，微元体的质量密度就会增加。

1.2.2 动量守恒定律

定义作用在物体边界 S 上的力为 t_i, 作用在物体内部单位质量上的体积力和体力偶分别为 $\boldsymbol{b}(\boldsymbol{r}, t)$ 和 $\boldsymbol{m}(\boldsymbol{r}, t)$，则作用在体积为 V 的物体上的合力为

$$\boldsymbol{F} = \int_S \boldsymbol{t}\mathrm{d}S + \int_V \rho \boldsymbol{b}\mathrm{d}V \tag{1.2.8}$$

这些力关于坐标原点的合力偶矩为

$$\boldsymbol{M} = \int_S \boldsymbol{r} \times \boldsymbol{t}\mathrm{d}S + \int_V \rho \boldsymbol{r} \times \boldsymbol{b}\mathrm{d}V + \int_V \rho \boldsymbol{m}\mathrm{d}V \tag{1.2.9}$$

定义 $\rho\dot{\boldsymbol{u}}$ 为单位体积内的线动量密度，而 $\boldsymbol{r} \times \rho\dot{\boldsymbol{u}}$ 为关于坐标原点的角动量密度，则线动量守恒定律和角动量守恒定律可分别表示为

$$\frac{\mathrm{d}}{\mathrm{d}t}\int_V \rho \dot{\boldsymbol{u}}\mathrm{d}V = \boldsymbol{F} \tag{1.2.10}$$

$$\frac{\mathrm{d}}{\mathrm{d}t}\int_V \boldsymbol{r}\times\rho\dot{\boldsymbol{u}}\mathrm{d}V=\boldsymbol{M} \tag{1.2.11}$$

考虑到 $t_i=\sigma_{ij}n_j$(σ_{ij} 为 Cauchy 应力张量)，将式 (1.2.8) 代入式 (1.2.10) 并利用高斯定理可得动量守恒方程

$$\sigma_{ij,j}+\rho b_i=\rho\ddot{u}_i \tag{1.2.12}$$

角动量守恒定律 (1.2.11) 的分量形式为

$$\frac{\mathrm{d}}{\mathrm{d}t}\int_V e_{ijk}x_j\rho\dot{u}_k\mathrm{d}V=\int_S e_{ijk}x_jt_k\mathrm{d}S+\rho\int_V e_{ijk}x_jb_k\mathrm{d}V+\rho\int_V m_i\mathrm{d}V \tag{1.2.13}$$

利用散度定理后，得

$$\int_V e_{ijk}\left[\frac{\partial}{\partial x_l}(x_j\sigma_{lk})+\rho x_jb_k-\rho\frac{\mathrm{d}}{\mathrm{d}t}(x_j\dot{u}_k)\right]\mathrm{d}V+\int_V\rho m_i\mathrm{d}V=0 \tag{1.2.14}$$

考虑到

$$e_{ijk}\frac{\partial}{\partial x_l}(x_j\sigma_{lk})=e_{ijk}(\delta_{jl}\sigma_{lk}+x_j\sigma_{lk,l})$$

$$e_{ijk}\rho\frac{\mathrm{d}}{\mathrm{d}t}(x_j\dot{u}_k)=\rho e_{ijk}(\dot{x}_j\dot{u}_k+x_j\ddot{u}_k)=\rho e_{ijk}x_j\ddot{u}_k$$

并利用式 (1.2.12)，式 (1.2.14) 变成

$$\int_V(e_{ijk}\sigma_{jk}+\rho m_i)\mathrm{d}V=0 \tag{1.2.15}$$

从而角动量守恒定律的微分形式可表示为

$$e_{ijk}\sigma_{jk}+\rho m_i=0 \tag{1.2.16}$$

从上式可以看出，在不考虑体力偶的情况下，角动量守恒定律要求应力张量必须是对称张量。

1.2.3　能量守恒定律

定义单位体积内物体的动能 $T=\frac{1}{2}\rho\dot{u}_i\dot{u}_i$ 和单位体积内的变形能 $A=\frac{1}{2}\sigma_{ij}\varepsilon_{ij}$，则能量守恒定律可表示为

$$\frac{\mathrm{d}}{\mathrm{d}t}\int_V(T+A)\mathrm{d}V=\int_S t_i\dot{u}_i\mathrm{d}S+\int_V\rho b_i\dot{u}_i\mathrm{d}V \tag{1.2.17}$$

上式等号左边表示物体的总机械能 (动能加变形能) 的时间变化率；等号右边表示边界面力和体积力对物体所做功的功率。利用散度定理，可得能量守恒定理的微分形式

$$\frac{\mathrm{d}}{\mathrm{d}t}(T+A)=(\sigma_{ij}\dot{u}_i)_{,j}+\rho b_i\dot{u}_i \tag{1.2.18}$$

上式中 $\sigma_{ij}\dot{u}_i = I_j$ 一般称为能流密度矢量，它表示微元体在边界上的能量流入和流出。所以式 (1.2.18) 等号右边第 1 项表示微元体通过边界与周围介质的能量交换，或者说是能流密度矢量场的“源”。

1.3 弹性动力学变分原理

我们知道一元和多元函数值的大小依赖于自变量的取值。如果一个函数的值依赖于一个或多个函数的选取，则称这个函数为泛函，而称其依赖的函数 (对应于普通函数的自变量) 为泛函的宗量函数。数学上把满足一定连续性条件、边界条件以及某种约束条件的宗量函数称为容许函数。而变分方法就是要在某一容许函数族中找到一个特定函数，使给定的泛函取驻值。例如，在连接两点的所有曲线中，选取一条曲线使其长度在所有连线中最短，就是一个变分问题。这里连接两点的所有曲线就是容许函数族，而曲线长度就是泛函，它的取值依赖于所选取的特定曲线。

一个物理系统所处状态通常可用某种标量场、矢量场或者张量场来描述。可以建立依赖于这些物理场的一个泛函，使得在一系列可能状态上，真实的状态 (对应于物理系统的平衡状态) 使得该泛函取驻值，这样通过求泛函的驻值条件就可以得到描述某一物理过程的控制方程。在弹性力学中的最小势能原理和最小余能原理就是变分原理在固体力学中的成功应用。对于弹性动力学，在建立泛函时，除考虑变形能、外力势能外，还要考虑物体的动能。在 1.2 节，我们通过线动量守恒定律导出了弹性动力学问题的控制方程 (1.2.12)，下面我们用变分原理阐明，这一控制方程也可以通过拉格朗日能量泛函的驻值条件导出。

用位移场表示某个力学系统在外载荷作用下所处的状态，称满足下列条件的位移场为容许位移场：

(1) 边界条件

$$u_i(x,t) = u_i^s(x,t), \quad x \in S_u,\ t > 0 \tag{1.3.1}$$

(2) 应变–位移关系

$$\varepsilon_{ij} = \frac{1}{2}(u_{i,j} + u_{j,i}) \tag{1.3.2}$$

(3) 应力–应变关系

$$\sigma_{ij} = \lambda\varepsilon_{kk}\delta_{ij} + 2\mu\varepsilon_{ij} \tag{1.3.3}$$

(4) 时间节点条件

$$u_i(x,t)\big|_{t=0} = u_i^0(x) \tag{1.3.4a}$$

$$u_i(x,t)\big|_{t=t_1} = u_i^1(x) \tag{1.3.4b}$$

式 (1.3.1) 中 $x \in S_u$ 表示在给定位移的边界上。在下面还会用到符号 $x \in S_\sigma$，它表示在给定面力的边界上。

与任意容许位移场对应的系统动能、变形能和外力功分别为

$$T(u_i) = \int_V \left[\frac{1}{2}\rho \dot{u}_i \dot{u}_i\right] \mathrm{d}V \tag{1.3.5}$$

$$A(u_i) = \int_V \frac{1}{2}\sigma_{ij}\varepsilon_{ij}\mathrm{d}V \tag{1.3.6}$$

$$W(u_i) = \int_{S_\sigma} \bar{t}_i u_i \mathrm{d}S + \int_V \rho b_i u_i \mathrm{d}V \tag{1.3.7}$$

Hamilton 变分原理可陈述为：在所有的容许位移场中，真实的位移场 $u_i^*(x,t)$ 使得泛函

$$\Pi = \int_0^{t_1} [T(u_i) - A(u_i) + W(u_i)]\mathrm{d}t \tag{1.3.8}$$

取驻值，即

$$\delta\Pi = 0 \tag{1.3.9}$$

下面推导驻值条件 $\delta\Pi = 0$ 的显式表达式

$$\delta\Pi = \delta\int_0^{t_1}\int_V \left[\frac{1}{2}\rho\dot{u}_i\dot{u}_i - \frac{1}{2}\sigma_{ij}\varepsilon_{ij} + \rho b_i\right]\mathrm{d}V\mathrm{d}t + \delta\int_0^{t_1}\int_{S_\sigma}\bar{t}_i u_i \mathrm{d}S\mathrm{d}t \tag{1.3.10}$$

其中，

$$\begin{aligned}
\delta\int_0^{t_1}\int_V \frac{1}{2}\rho\dot{u}_i\dot{u}_i\mathrm{d}V\mathrm{d}t &= \int_0^{t_1}\int_V \rho\dot{u}_i\delta\dot{u}_i\mathrm{d}V\mathrm{d}t = \int_V\left[\int_0^{t_1}\rho\frac{\mathrm{d}u_i}{\mathrm{d}t}\cdot\frac{\mathrm{d}\delta u_i}{\mathrm{d}t}\mathrm{d}t\right]\mathrm{d}V \\
&= \int_V\left\{\left[\rho\frac{\mathrm{d}u_i}{\mathrm{d}t}\delta u_i\right]_0^{t_1} - \int_0^{t_1}\rho\frac{\mathrm{d}^2u_i}{\mathrm{d}t^2}\delta u_i\mathrm{d}t\right\}\mathrm{d}V \\
&= -\int_0^{t_1}\int_V(\rho\ddot{u}_i\delta u_i)\mathrm{d}V\mathrm{d}t
\end{aligned} \tag{1.3.11}$$

(这里利用了容许位移场的时间节点条件)

$$\begin{aligned}
&\delta\int_0^{t_1}\int_V\left(\frac{1}{2}\sigma_{ij}\varepsilon_{ij}\right)\mathrm{d}V\mathrm{d}t \\
&= \int_0^{t_1}\int_V(\sigma_{ij}\delta\varepsilon_{ij})\,\mathrm{d}V\mathrm{d}t \\
&= \int_0^{t_1}\int_V\left[\sigma_{ij}\cdot\frac{1}{2}(\delta u_{i,j} + \delta u_{j,i})\right]\mathrm{d}V\mathrm{d}t
\end{aligned}$$

$$
\begin{aligned}
&= \int_0^{t_1} \int_V \sigma_{ij} \delta u_{i,j} \mathrm{d}V \mathrm{d}t \ (\text{这里利用了应力张量的对称性}) \\
&= \int_0^{t_1} \int_V \left[(\sigma_{ij} \delta u_i)_{,j} - \sigma_{ij,j} \delta u_i \right] \mathrm{d}V \mathrm{d}t \\
&= \int_0^{t_1} \left(\int_S \sigma_{ij} \delta u_i n_j \mathrm{d}S \right) \mathrm{d}t - \int_0^{t_1} \int_V \sigma_{ij,j} \delta u_i \mathrm{d}V \mathrm{d}t \ (\text{这里利用了散度定理}) \\
&= \int_0^{t_1} \left(\int_{S_\sigma} \sigma_{ij} n_j \delta u_i \mathrm{d}S \right) \mathrm{d}t - \int_0^{t_1} \int_V \sigma_{ij,j} \delta u_i \mathrm{d}V \mathrm{d}t \ (\text{在 } x \in S_u \text{ 上 } \delta u_i = 0) \\
&= \int_0^{t_1} \int_{S_\sigma} t_i \delta u_i \mathrm{d}S \mathrm{d}t - \int_0^{t_1} \int_V \sigma_{ij,j} \delta u_i \mathrm{d}V \mathrm{d}t \qquad (1.3.12)
\end{aligned}
$$

将式 (1.3.11) 和式 (1.3.12) 代入式 (1.3.10) 得

$$
\delta \Pi = \int_0^{t_1} \int_V [\sigma_{ij,j} + \rho b_i - \rho \ddot{u}_i] \delta u_i \mathrm{d}V \mathrm{d}t + \int_0^{t_1} \int_{S_\sigma} (\bar{t}_i - t_i) \delta u_i \mathrm{d}S \mathrm{d}t = 0 \quad (1.3.13)
$$

考虑到 δu_i 的任意性，式 (1.3.13) 成立必须要求

$$
\sigma_{ij,j} + \rho b_i = \rho \ddot{u}_i, \quad \text{在物体内部 } \boldsymbol{x} \in V \qquad (1.3.14)
$$

$$
t_i = \bar{t}_i, \quad \text{在应力给定的边界 } \boldsymbol{x} \in S_\sigma \text{ 上} \qquad (1.3.15)
$$

而式 (1.3.14) 正是要寻找的物理系统的控制方程。

1.4 弹性动力学初边值问题

利用线动量守恒定律或者能量变分原理，可以得到弹性动力学的控制方程。它与反映材料性质的本构方程以及物理问题的初始条件和边界条件构成弹性动力学初边值定解问题。

控制方程：

$$
\sigma_{ij,j} + \rho b_i = \rho \ddot{u}_i \qquad (1.4.1)
$$

本构方程：

$$
\sigma_{ij} = \lambda \varepsilon_{kk} \delta_{ij} + 2\mu \varepsilon_{ij} \qquad (1.4.2)
$$

几何方程：

$$
\varepsilon_{ij} = \frac{1}{2} (u_{i,j} + u_{j,i}) \qquad (1.4.3)
$$

初始条件：

$$
u_i(x, t)|_{t=0} = u_i^0(x) \qquad (1.4.4\text{a})
$$

$$\dot{u}_i(x,t)\big|_{t=0} = \dot{u}_i^0(x) \tag{1.4.4b}$$

边界条件：

$$u_i(x,t)\big|_{x\in S_u} = \bar{u}_i(x,t) \tag{1.4.5}$$

$$t_i(x,t)\big|_{x\in S_\sigma} = \bar{t}_i(x,t) \tag{1.4.6}$$

在上述公式中，我们采用了 Einstein 求和约定：若在一项中某个指标重复出现两次，则表示对指标从 1 到 3(三维空间指标情况下) 求和。重复出现的指标称为**哑指标**。在一项中不重复出现的指标称为**自由指标**。关于哑指标和自由指标有如下性质。

(1) 表达式中某一项出现重复指标 (哑指标)，则意味着对该指标求和。该项中无重复指标，意味着可分别取 1, 2, 3。例如，式 (1.4.1) 中 $\sigma_{ij,j}$ 意味着 $\sum_{j=1}^{3}\sigma_{ij,j}$ (i 可任意取 1,2,3)。

(2) 同一等式中不同项，自由指标的数目和符号必须相同。例如，式 (1.4.1) 中 3 项都有一个自由指标 i。

(3) 将哑指标符号用别的符号代替不影响结果。例如，将式 (1.4.1) 中的 j 改成 k 不改变这项的结果，即有 $\sigma_{ij,j}=\sigma_{ik,k}$。

(4) 将同一等式中的所有自由指标换记为别的符号，也不影响结果。例如，将式 (1.4.1) 中的 i 全部换为 k，不改变公式的意义。

根据哑指标和自由指标的性质，可知控制方程 (1.4.1) 相当于 3 个耦合的微分方程；本构方程 (1.4.2) 相当于 9 个微分方程；几何方程 (1.4.3) 相当于 9 个微分方程。这 21 个微分方程共涉及 21 个物理量，即 3 个位移分量，应力和应变各 9 个分量 (考虑到对称性，独立的分量仅 6 个)。利用几何关系和本构关系，可消去应力和应变，得到仅由位移表示的控制方程。将式 (1.4.3) 代入式 (1.4.2) 得

$$\sigma_{ij} = \lambda u_{k,k}\delta_{ij} + \mu(u_{i,j}+u_{j,i}) \tag{1.4.7}$$

将上式再代入式 (1.4.1) 得

$$\lambda u_{k,kj}\delta_{ij} + \mu(u_{i,jj}+u_{j,ij}) + \rho b_i = \rho\ddot{u}_i$$

$$\lambda u_{k,ki} + \mu(u_{i,jj}+u_{j,ji}) + \rho b_i = \rho\ddot{u}_i$$

$$\lambda u_{j,ji} + \mu(u_{i,jj}+u_{j,ji}) + \rho b_i = \rho\ddot{u}_i$$

$$(\lambda+\mu)u_{j,ji} + \mu u_{i,jj} + \rho b_i = \rho\ddot{u}_i \tag{1.4.8}$$

写成矢量形式即

$$(\lambda+\mu)\nabla(\nabla\cdot\boldsymbol{u}) + \mu\nabla^2\boldsymbol{u} + \rho\boldsymbol{b} = \rho\ddot{\boldsymbol{u}} \tag{1.4.9}$$

其中，∇ 和 ∇^2 分别为 Hamilton 微分算符和拉普拉斯 (Laplace) 微分算子，即

$$\nabla = \frac{\partial}{\partial x_i}(\quad)\boldsymbol{e}_i \tag{1.4.10}$$

$$\nabla^2 = \frac{\partial^2}{\partial x_i \partial x_i}(\quad) \tag{1.4.11}$$

利用矢量公式

$$\nabla^2 \boldsymbol{u} = \nabla(\nabla \cdot \boldsymbol{u}) - \nabla \times \nabla \times \boldsymbol{u} \tag{1.4.12}$$

式 (1.4.9) 可以改写为

$$(\lambda + 2\mu)\nabla(\nabla \cdot \boldsymbol{u}) - \mu\nabla \times \nabla \times \boldsymbol{u} + \rho\boldsymbol{b} = \rho\ddot{\boldsymbol{u}} \tag{1.4.13}$$

这就是著名的纳维 (Navier) 方程。弹性动力学根本问题，就是在给定初、边值条件下求解纳维方程，一旦位移场知道了，就可以进一步利用几何关系和本构方程求得物体内部的应变场和应力场。

1.5 瞬态问题和稳态问题

弹性动力学研究的是材料或结构随时间变化的力学行为。依据力学行为随时间变化的特点，可以进一步将弹性动力学问题分成瞬态问题和稳态问题两大类。瞬态问题是指位移场或应力场的变化是时间的非周期函数 (如冲击载荷下的位移场和应力场)；稳态问题是指位移场或应力场的变化是时间的周期函数 (如自由振动问题和波传播问题)。稳态问题又可分成驻波问题和行波问题。驻波问题就是振动问题 (波包的运动速度为零)；行波问题就是波动问题 (波包具有一定的运动速度)。驻波问题的解一般具有形式：$u(x,y,z,t) = A(x,y,z)\mathrm{e}^{-\mathrm{i}\omega t}$，而行波问题的解一般具有形式：$u(x,y,z,t) = A\mathrm{e}^{\mathrm{i}(\boldsymbol{k}\cdot\boldsymbol{r}-\omega t)}$，即位移场关于空间坐标也是周期函数。对于瞬态问题，位移场一般只能表示成 $u(x,y,z,t)$。下面就一维问题举例说明。

例 1 设柔软细弦长为 l，密度为 ρ，两端固定，给出弦的初始位移和初始速度，忽略弦的自重，求弦的弹性动力学问题。

$$c^2 u_{xx} - u_{tt} = 0 \quad (0 < x < l,\ t > 0) \tag{1.5.1a}$$

$$u(0,t) = 0 \quad (t \geqslant 0) \tag{1.5.1b}$$

$$u(l,t) = 0 \quad (t \geqslant 0) \tag{1.5.1c}$$

$$u(x,0) = u_0(x) \quad (0 < x < l) \tag{1.5.1d}$$

$$u_t(x,0) = v_0(x) \quad (0 < x < l) \tag{1.5.1e}$$

其中，$c^2=\dfrac{T}{\rho}$ (T 是弦的张力)；$u_t=\dot{u}$, $u_{tt}=\ddot{u}$, $u_{xx}=\partial^2u/\partial x^2$。

在第 2 章将会给出这个问题解。由于位移在两个端点 $x=0$ 和 $x=l$ 始终为零，两个端点之间的位移分布，即初始扰动，不会随时间增加向两侧扩散，而是永远限制在两个端点之间，这就是驻波问题。驻波问题中，各质点在振动过程中保持同相位，即同时达到最大和最小。

例 2　求无限长柔软细弦在给定初始条件下的弹性动力学问题。

$$c^2u_{xx}-u_{tt}=0 \quad (t>0) \tag{1.5.2a}$$

$$u(x,0)=u_0(x) \tag{1.5.2b}$$

$$u_t(x,0)=v_0(x) \tag{1.5.2c}$$

例 2 的具体求解过程也将在第 2 章给出。从中可以看到初始扰动会随着时间的增加以一定的速度向左右两侧扩散，这就是行波问题。行波问题中，各质点在振动过程中彼此相位不同，不会同时达到位移最大或最小。这是波动问题区别于振动问题的重要特征。

例 3　设柔软细弦长为 l，密度为 ρ，两端固定，初始静止在水平位置。现给弦上作用均布载荷 $p(t)=at$，求弦在断裂之前的位移和速度。

$$Tu_{xx}-\rho u_{tt}=p(t) \quad (0<x<l,\ t>0) \tag{1.5.3a}$$

$$u(0,t)=0 \quad (t\geqslant 0) \tag{1.5.3b}$$

$$u(l,t)=0 \quad (t\geqslant 0) \tag{1.5.3c}$$

$$u(x,0)=0 \quad (0<x<l) \tag{1.5.3d}$$

$$u_t(x,0)=0 \quad (0<x<l) \tag{1.5.3e}$$

显然，柔软细弦在断裂之前的位移分布 $u(x,t)$ 始终满足两端为零，中间最大的特点。与例 1 和例 2 不同之处，随时间变化的位移 $u(x,t)$ 不再是时间的周期函数。这个问题，既不是振动问题，也不是波动问题，而是瞬态问题。如果 $p(t)$ 是时间的周期函数，显然，$u(x,t)$ 也是时间的周期函数，则这个问题就是强迫振动问题。如果 $p(t)$ 在某个时刻 t_0 突然撤去，则这个时刻之后，弦的运动就变成自由振动问题。

驻波可以看成是沿相反方向运动的具有相同频率的行波相互干涉的结果。瞬态问题的解也可以理解为无数不同频率的行波相互干涉的结果。所以瞬态问题与稳态问题既有区别，也有联系。时域信号的频谱分析就很好地诠释了瞬态问题和稳态问题之间的互相关系。

第 2 章　无限介质中的弹性波

2.1　标量势与矢量势

纳维方程 (1.4.13) 是关于 3 个位移分量 u_x，u_y，u_z 耦合的微分方程组，直接求解纳维方程是很困难的。为了方便求解纳维方程，引入标量势 $\varphi(\boldsymbol{x},t)$ 和矢量势 $\boldsymbol{\Psi}(\boldsymbol{x},t)$ 并将位移场表示为

$$\boldsymbol{u}(\boldsymbol{x},t)=\nabla\varphi(\boldsymbol{x},t)+\nabla\times\boldsymbol{\Psi}(\boldsymbol{x},t)=\boldsymbol{u}^{(1)}(\boldsymbol{x},t)+\boldsymbol{u}^{(2)}(\boldsymbol{x},t) \tag{2.1.1}$$

根据矢量场分解定理，任意单值、有限矢量场都可以分解成一个无旋场和一个无散场。无旋场必存在一个标量势函数 $\varphi(\boldsymbol{x},t)$，使之可表示成 $\nabla\varphi(\boldsymbol{x},t)$；而无散场必存在一个矢量势函数 $\boldsymbol{\Psi}(\boldsymbol{x},t)$，使之可表示成 $\nabla\times\boldsymbol{\Psi}(\boldsymbol{x},t)$。位移场是矢量场，自然可以作矢量场分解，因此，式 (2.1.1) 总是成立的。同理，体积力 $\boldsymbol{b}(\boldsymbol{x},t)$ 也是矢量场，也可以作类似分解

$$\boldsymbol{b}(\boldsymbol{x},t)=\nabla q(\boldsymbol{x},t)+\nabla\times\boldsymbol{Q}(\boldsymbol{x},t)=\boldsymbol{b}^{(1)}(\boldsymbol{x},t)+\boldsymbol{b}^{(2)}(\boldsymbol{x},t) \tag{2.1.2}$$

将式 (2.1.1) 和式 (2.1.2) 代入纳维方程 (1.4.9) 得

$$\begin{aligned}&(\lambda+\mu)\nabla[\nabla\cdot(\nabla\varphi+\nabla\times\boldsymbol{\Psi})]+\mu\nabla^2(\nabla\varphi+\nabla\times\boldsymbol{\Psi})+\rho(\nabla q+\nabla\times\boldsymbol{Q})\\&=\rho\left(\nabla\ddot{\varphi}+\nabla\times\ddot{\boldsymbol{\Psi}}\right)\end{aligned} \tag{2.1.3}$$

整理后得

$$\nabla\left[(\lambda+2\mu)\nabla^2\varphi+\rho q-\rho\ddot{\varphi}\right]+\nabla\times\left[\mu\nabla^2\boldsymbol{\Psi}+\rho\boldsymbol{Q}-\rho\ddot{\boldsymbol{\Psi}}\right]=0 \tag{2.1.4}$$

在上式推导过程中，利用了无散条件

$$\nabla\cdot(\nabla\times\boldsymbol{\Psi})=0 \tag{2.1.5}$$

式 (2.1.4) 成立的条件是

$$(\lambda+2\mu)\nabla^2\varphi+\rho q-\rho\ddot{\varphi}=c(t) \tag{2.1.6}$$

$$\mu\nabla^2\boldsymbol{\Psi}+\rho\boldsymbol{Q}-\rho\ddot{\boldsymbol{\Psi}}=\boldsymbol{A}(\boldsymbol{x},t)=\nabla\phi(\boldsymbol{x},t) \tag{2.1.7}$$

其中 $c(t)$ 是不依赖坐标的均匀场，而 $\boldsymbol{A}(\boldsymbol{x},t)$ 是无旋场。应当指出，矢量分解定理只强调了标量势 $\varphi(\boldsymbol{x},t)$ 和矢量势 $\boldsymbol{\Psi}(\boldsymbol{x},t)$ 的存在性，并没有强调 $\varphi(\boldsymbol{x},t)$ 和 $\boldsymbol{\Psi}(\boldsymbol{x},t)$ 的唯一性，一般说来，一个矢量场仅需要三个标量函数来确定，而式 (2.1.1) 却有 4 个标量函数 ($\varphi(\boldsymbol{x},t)$ 和 $\boldsymbol{\Psi}(\boldsymbol{x},t)$ 的 3 个分量)，这说明对满足方程要求的 $\varphi(\boldsymbol{x},t)$ 和 $\boldsymbol{\Psi}(\boldsymbol{x},t)$ 的选择存在很大的活动余地，为了消去一个自由度，通常引入规范条件

$$\nabla\cdot\boldsymbol{\Psi}=0 \tag{2.1.8}$$

类似地有

$$\nabla\cdot\boldsymbol{Q}=0 \tag{2.1.9}$$

对式 (2.1.7) 两边作散度运算，考虑到规范化条件 (2.1.8)，可知式 (2.1.7) 中的无旋场 $\boldsymbol{A}(\boldsymbol{x},t)$ 还满足

$$\nabla\cdot\boldsymbol{A}(\boldsymbol{x},t)=0 \tag{2.1.10}$$

这表明矢量场 $\boldsymbol{A}(\boldsymbol{x},t)$ 既无旋，也无散，因此是一个调和场，可用调和函数 $\phi(\boldsymbol{x},t)$ 表示为 $\nabla\phi(\boldsymbol{x},t)$，而调和函数 $\phi(\boldsymbol{x},t)$ 满足

$$\nabla^2\phi(\boldsymbol{x},t)=0 \tag{2.1.11}$$

即使引入规范化条件，由于 $c(t)$ 和 $\phi(\boldsymbol{x},t)$ 的任意性，式 (2.1.6) 和式 (2.1.7) 的解仍然具有非唯一性，按照微分方程解的结构，可一般表示为

$$\varphi(\boldsymbol{x},t)=\varphi^0(\boldsymbol{x},t)+\varphi^*(\boldsymbol{x},t) \tag{2.1.12}$$

$$\boldsymbol{\Psi}(\boldsymbol{x},t)=\boldsymbol{\Psi}^0(\boldsymbol{x},t)+\boldsymbol{\Psi}^*(\boldsymbol{x},t) \tag{2.1.13}$$

其中，φ^0 和 $\boldsymbol{\Psi}^0$ 对应齐次方程的通解；φ^* 和 $\boldsymbol{\Psi}^*$ 依赖函数 $c(t)$ 和 $\phi(\boldsymbol{x},t)$ 的选取，是非齐次方程的特解。

考虑到

$$\boldsymbol{u}^{(1)}=\nabla\varphi^0+\nabla\varphi^* \tag{2.1.14}$$

$$\boldsymbol{u}^{(2)}=\nabla\times\boldsymbol{\psi}^0+\nabla\times\boldsymbol{\psi}^* \tag{2.1.15}$$

而 $\nabla\varphi^0$ 和 $\nabla\varphi^*$ 满足相同的方程，$\nabla\times\boldsymbol{\psi}^0$ 和 $\nabla\times\boldsymbol{\psi}^*$ 满足相同的方程，因此，考虑 φ^* 和 $\boldsymbol{\psi}^*$ 并不能扩大 $\boldsymbol{u}^{(1)}$ 和 $\boldsymbol{u}^{(2)}$ 的函数空间，所以只需求出 φ^0 和 $\boldsymbol{\psi}^0$ 即可。

若对式 (2.1.6) 和式 (2.1.7) 分别作梯度和旋度运算可得

$$(\lambda+2\mu)\nabla^2\boldsymbol{u}^{(1)}(\boldsymbol{x},t)+\rho\boldsymbol{b}^{(1)}(\boldsymbol{x},t)-\rho\ddot{\boldsymbol{u}}^{(1)}(\boldsymbol{x},t)=0 \tag{2.1.16a}$$

$$\mu\nabla^2\boldsymbol{u}^{(2)}(\boldsymbol{x},t)+\rho\boldsymbol{b}^{(2)}(\boldsymbol{x},t)-\rho\ddot{\boldsymbol{u}}^{(2)}(\boldsymbol{x},t)=0 \tag{2.1.16b}$$

当不考虑体积力时，上述二式可进一步简化为

$$c_{\mathrm{P}}^2 \nabla^2 \boldsymbol{u}^{(1)}(\boldsymbol{x},t) = \ddot{\boldsymbol{u}}^{(1)}(\boldsymbol{x},t) \tag{2.1.17a}$$

$$c_{\mathrm{S}}^2 \nabla^2 \boldsymbol{u}^{(2)}(\boldsymbol{x},t) = \ddot{\boldsymbol{u}}^{(2)}(\boldsymbol{x},t) \tag{2.1.17b}$$

其中，

$$c_{\mathrm{P}}^2 = \frac{\lambda + 2\mu}{\rho} \tag{2.1.18a}$$

$$c_{\mathrm{S}}^2 = \frac{\mu}{\rho} \tag{2.1.18b}$$

由此可见 $\boldsymbol{u}^{(1)}(\boldsymbol{x},t)$ 和 $\boldsymbol{u}^{(2)}(\boldsymbol{x},t)$ 各分量以及标量势 $\varphi(\boldsymbol{x},t)$ 和矢量势 $\boldsymbol{\varPsi}(\boldsymbol{x},t)$ 都满足相同形式的方程，即

$$c^2 \nabla^2 \boldsymbol{F} = \ddot{\boldsymbol{F}} \tag{2.1.19}$$

其中，$\boldsymbol{F}$ 可以是矢量，也可以是标量。对于稳态问题，所有力学量，包括位移场、应变场、应力场等，都是时间的简谐函数，即都含有时间因子 $\mathrm{e}^{-\mathrm{i}\omega t}$。所以上式还可以进一步写成

$$\nabla^2 \boldsymbol{F} + k^2 \boldsymbol{F} = 0 \tag{2.1.20}$$

其中，$k^2 = \omega^2/c^2$。方程 (2.1.19) 和方程 (2.1.20) 在弹性动力学中具有重要地位，是弹性动力学基本场方程。特别地，方程 (2.1.20) 通常称为弹性波动方程。对式 (2.1.17a) 和式 (2.1.17b) 分别作散度运算和旋度运算，并引入体积应变和体积元角位移矢量 (旋转变形轴矢量)

$$\theta = \nabla \cdot \boldsymbol{u}^{(1)}(\boldsymbol{x},t) \tag{2.1.21a}$$

$$\boldsymbol{\varOmega} = \frac{1}{2} \nabla \times \boldsymbol{u}^{(2)}(\boldsymbol{x},t) \tag{2.1.21b}$$

显见体积应变 θ 和体积元角位移矢量 $\boldsymbol{\varOmega}$ 也满足波动方程，即

$$c_{\mathrm{P}}^2 \nabla^2 \theta = \ddot{\theta}(\boldsymbol{x},t) \tag{2.1.22a}$$

$$c_{\mathrm{S}}^2 \nabla^2 \boldsymbol{\varOmega} = \ddot{\boldsymbol{\varOmega}}(\boldsymbol{x},t) \tag{2.1.22b}$$

在直角坐标系下，波动方程 (2.1.20) 解的一般形式可表示为

$$\boldsymbol{F}(\boldsymbol{r},t) = \boldsymbol{A}\mathrm{e}^{\mathrm{i}(\boldsymbol{k}\cdot\boldsymbol{r}+\omega t)} \tag{2.1.23}$$

在一维情况下为

$$\boldsymbol{F}(x,t) = \boldsymbol{A}\mathrm{e}^{\mathrm{i}(k\cdot x+\omega t)} \tag{2.1.24}$$

其中，参数 k(矢量 $\boldsymbol{k}$ 的模) 和 ω 满足下列关系：

$$k^2 = \frac{\omega^2}{c^2} \tag{2.1.25}$$

通常称为弹性波**色散方程**。给予时间 t 一系列值：$t = t_0, t_1, t_2, \cdots$，画出 $f = a\mathrm{e}^{\mathrm{i}(k \cdot x - \omega t)}$ 和 $g = b\mathrm{e}^{\mathrm{i}(k \cdot x + \omega t)}$ 的相应曲线，发现它们实际上就是沿相反方向移动的正弦曲线和余弦曲线，通常称为**左行波**和**右行波**。其中，a 和 b 表示质点振动振幅；$\boldsymbol{k}$ 称为**波矢量**，其方向表示波的传播方向，其大小称为**波数**，它与波长 λ 的关系为 $k = \dfrac{2\pi}{\lambda}$；$\omega$ 称为**角频率**，表示质点振动的频率，它与周期 T 的关系为 $\omega = \dfrac{2\pi}{T}$。对于位移场 $\boldsymbol{u}(\boldsymbol{r}, t) = \boldsymbol{a}\mathrm{e}^{\mathrm{i}(\boldsymbol{k} \cdot \boldsymbol{r} + \omega t)}$，考虑到 $\boldsymbol{u}^{(1)}(x, t)$ 是无旋场，要求

$$\nabla \times \boldsymbol{u}^{(1)} = \mathrm{i}\,\boldsymbol{k} \times \left[\boldsymbol{a}\mathrm{e}^{\mathrm{i}(\boldsymbol{k} \cdot \boldsymbol{r} - \omega t)}\right] = 0 \tag{2.1.26}$$

从而 $\boldsymbol{a}$ 必须与 $\boldsymbol{k}$ 同方向，即质点的振动方向 (也称偏振方向) 与波的传播方向一致，满足这样条件的波称为**纵波**。考虑到 $\boldsymbol{u}^{(2)}(x, t)$ 是无散的，要求

$$\nabla \cdot \boldsymbol{u}^{(2)} = \mathrm{i}\boldsymbol{k} \cdot \left[\boldsymbol{a}\mathrm{e}^{\mathrm{i}(\boldsymbol{k} \cdot \boldsymbol{r} - \omega t)}\right] = 0 \tag{2.1.27}$$

从而 $\boldsymbol{a}$ 必须与 $\boldsymbol{k}$ 垂直，这样的波称为**横波**。

2.2 波动方程的解

首先讨论一维波动方程

$$\frac{\partial^2 \varphi}{\partial x^2} - \frac{1}{c^2}\frac{\partial^2 \varphi}{\partial t^2} = 0 \tag{2.2.1}$$

的解。将式 (2.2.1) 改写成

$$\left(\frac{\partial}{\partial x} - \frac{1}{c}\frac{\partial}{\partial t}\right)\left(\frac{\partial}{\partial x} + \frac{1}{c}\frac{\partial}{\partial t}\right)\varphi = 0 \tag{2.2.2}$$

引入新变量

$$\xi = x - ct \tag{2.2.3a}$$

$$\eta = x + ct \tag{2.2.3b}$$

由复合函数求导法则可得

$$\frac{\partial}{\partial x} = \frac{\partial}{\partial \xi}\frac{\partial \xi}{\partial x} + \frac{\partial}{\partial \eta}\frac{\partial \eta}{\partial x} = \frac{\partial}{\partial \xi} + \frac{\partial}{\partial \eta} \tag{2.2.4a}$$

$$\frac{\partial}{\partial t}=\frac{\partial}{\partial \xi}\frac{\partial \xi}{\partial t}+\frac{\partial}{\partial \eta}\frac{\partial \eta}{\partial t}=c\left(\frac{\partial}{\partial \eta}-\frac{\partial}{\partial \xi}\right) \tag{2.2.4b}$$

由上述两式可知

$$\frac{\partial}{\partial \xi}=\frac{1}{2}\left(\frac{\partial}{\partial x}-\frac{1}{c}\frac{\partial}{\partial t}\right) \tag{2.2.5a}$$

$$\frac{\partial}{\partial \eta}=\frac{1}{2}\left(\frac{\partial}{\partial x}+\frac{1}{c}\frac{\partial}{\partial t}\right) \tag{2.2.5b}$$

利用式 (2.2.5a) 和式 (2.2.5b)，式 (2.2.2) 可写成

$$\frac{\partial}{\partial \xi}\left(\frac{\partial \varphi}{\partial \eta}\right)=\frac{\partial^2 \varphi}{\partial \xi \partial \eta}=0 \tag{2.2.6}$$

上式表明，$\dfrac{\partial \varphi}{\partial \eta}$ 与 ξ 无关，仅是 η 的函数，令

$$\frac{\partial \varphi}{\partial \eta}=f(\eta) \tag{2.2.7}$$

两边对变量 η 积分得

$$\varphi(\xi,\eta)=\int f(\eta)\mathrm{d}\eta+\varphi_2(\xi)=\varphi_1(\eta)+\varphi_2(\xi) \tag{2.2.8}$$

还原成变量 x 和 t 就是

$$\varphi(x,t)=\varphi_1(x+ct)+\varphi_2(x-ct) \tag{2.2.9}$$

其中，$\varphi_1(x+ct)$ 和 $\varphi_2(x-ct)$ 分别是宗量 $x+ct$ 和 $x-ct$ 的函数。

类似地可讨论三维波动方程

$$\frac{\partial^2 \varphi}{\partial x_j \partial x_j}-\frac{1}{c^2}\frac{\partial^2 \varphi}{\partial t^2}=0 \tag{2.2.10}$$

的解。上式可写成

$$\left(\frac{\partial}{\partial x_j}-\frac{1}{c}\frac{\partial}{\partial t}\right)\left(\frac{\partial}{\partial x_j}+\frac{1}{c}\frac{\partial}{\partial t}\right)\varphi=0 \tag{2.2.11}$$

引入新变量

$$\xi=n_j x_j-ct \tag{2.2.12a}$$

$$\eta=n_j x_j+ct \tag{2.2.12b}$$

由复合函数求导法则得

$$\frac{\partial}{\partial x_j}=\frac{\partial}{\partial \xi}\frac{\partial \xi}{\partial x_j}+\frac{\partial}{\partial \eta}\frac{\partial \eta}{\partial x_j}=n_j\frac{\partial}{\partial \xi}+n_j\frac{\partial}{\partial \eta} \tag{2.2.13a}$$

$$\frac{\partial}{\partial t}=\frac{\partial}{\partial \xi}\frac{\partial \xi}{\partial t}+\frac{\partial}{\partial \eta}\frac{\partial \eta}{\partial t}=-c\frac{\partial}{\partial \xi}+c\frac{\partial}{\partial \eta} \tag{2.2.13b}$$

由上述两式可导出

$$\frac{\partial}{\partial x_j}-\frac{1}{c}\frac{\partial}{\partial t}=n_j\frac{\partial}{\partial \xi}+n_j\frac{\partial}{\partial \eta}+\frac{\partial}{\partial \xi}-\frac{\partial}{\partial \eta} \tag{2.2.14a}$$

$$\frac{\partial}{\partial x_j}+\frac{1}{c}\frac{\partial}{\partial t}=n_j\frac{\partial}{\partial \xi}+n_j\frac{\partial}{\partial \eta}-\frac{\partial}{\partial \xi}+\frac{\partial}{\partial \eta} \tag{2.2.14b}$$

从而

$$\begin{aligned}\left(\frac{\partial}{\partial x_j}-\frac{1}{c}\frac{\partial}{\partial t}\right)\left(\frac{\partial}{\partial x_j}+\frac{1}{c}\frac{\partial}{\partial t}\right)\varphi&=\left(n_j\frac{\partial \varphi}{\partial \xi}+n_j\frac{\partial \varphi}{\partial \eta}\right)^2-\left(\frac{\partial \varphi}{\partial \xi}-\frac{\partial \varphi}{\partial \eta}\right)^2\\&=4\frac{\partial^2 \varphi}{\partial \xi \partial \eta}\end{aligned} \tag{2.2.15}$$

代入式 (2.2.11) 得

$$\frac{\partial^2 \varphi}{\partial \xi \partial \eta}=0 \tag{2.2.16}$$

上述方程的解为

$$\varphi(\xi,\eta)=\varphi_1(\xi)+\varphi_2(\eta) \tag{2.2.17}$$

还原成变量 x 和 t 得

$$\varphi(x,t)=\varphi_1(n_i x_i-ct)+\varphi_2(n_i x_i+ct) \tag{2.2.18}$$

令

$$k=\frac{\omega}{c} \tag{2.2.19}$$

则式 (2.2.18) 也可改写成

$$\begin{aligned}\varphi(x,t)&=\varphi_1(kn_i x_i-\omega t)+\varphi_2(kn_i x_i+\omega t)\\&=\varphi_1(\boldsymbol{k}\cdot\boldsymbol{r}-\omega t)+\varphi_2(\boldsymbol{k}\cdot\boldsymbol{r}+\omega t)\end{aligned} \tag{2.2.20}$$

其中，

$$\boldsymbol{k}=kn_1\boldsymbol{e}_1+kn_2\boldsymbol{e}_2+kn_2\boldsymbol{e}_3 \tag{2.2.21}$$

$$\boldsymbol{r}=x_1\boldsymbol{e}_1+x_2\boldsymbol{e}_2+x_2\boldsymbol{e}_3 \tag{2.2.22}$$

分别是波矢量和空间任意一点的位置矢量；$(\boldsymbol{e}_1, \boldsymbol{e}_2, \boldsymbol{e}_3)$ 是空间坐标系的单位基矢量。

例 1 设柔软细弦长为 l，密度为 ρ，两端固定，给出弦的初始位移和初始速度，忽略弦的自重，求弦的弹性动力学问题。

$$c^2 u_{xx} - u_{tt} = 0 \quad (0 < x < l, t > 0) \tag{2.2.23a}$$

$$u(0,t) = 0 \quad (t \geqslant 0) \tag{2.2.23b}$$

$$u(l,t) = 0 \quad (t \geqslant 0) \tag{2.2.23c}$$

$$u(x,0) = u_0(x) \quad (0 < x < l) \tag{2.2.23d}$$

$$u_t(x,0) = v_0(x) \quad (0 < x < l) \tag{2.2.23e}$$

其中，$c^2 = \dfrac{T}{\rho}$ (T 是弦的张力)；u_{xx}, u_{tt} 分别表示对坐标 x 和时间 t 的偏导数。

解 设方程的解为

$$u(x,t) = X(x)T(t) \tag{2.2.24}$$

代入式 (2.2.23a) 得

$$c^2 X''(x)T(t) - X(x)T''(t) = 0 \tag{2.2.25}$$

两边同除以 $c^2 X(x)T(t)$ 得

$$\frac{X''(x)}{X(x)} = \frac{T''(t)}{c^2 T(t)} \tag{2.2.26}$$

注意到等式左边是关于坐标 x 的函数，等式右边是关于时间 t 的函数，式 (2.2.26) 成立的条件只能是

$$\text{左边} = \text{右边} = \text{常数}$$

设这个常数是 $-\lambda$，则式 (2.2.26) 化成下列两个方程：

$$X''(x) + \lambda X(x) = 0 \tag{2.2.27}$$

$$T''(t) + \lambda c^2 T(t) = 0 \tag{2.2.28}$$

将边界条件代入式 (2.2.24) 得

$$X(0)T(t) = 0 \tag{2.2.29}$$

$$X(l)T(t) = 0 \tag{2.2.30}$$

考虑到 $T(t)$ 的任意性，必须有

$$X(0)=0 \tag{2.2.31a}$$

$$X(l)=0 \tag{2.2.31b}$$

将式 (2.2.27) 与式 (2.2.31) 组合在一起就构成了常微分方程定解问题。根据常微分方程知识，这个定解问题的解可表示为

$$X(x)=\begin{cases} A\mathrm{e}^{\sqrt{-\lambda}x}+B\mathrm{e}^{-\sqrt{-\lambda}x} & (\lambda<0) \\ Ax+B & (\lambda=0) \\ A\mathrm{e}^{\mathrm{i}\sqrt{\lambda}x}+B\mathrm{e}^{-\mathrm{i}\sqrt{\lambda}x} & (\lambda>0) \end{cases} \tag{2.2.32}$$

当 $\lambda<0$ 时，由边界条件知

$$X(0)=A+B=0 \tag{2.2.33}$$

$$X(l)=A\mathrm{e}^{\sqrt{-\lambda}l}+B\mathrm{e}^{-\sqrt{-\lambda}l}=0 \tag{2.2.34}$$

由此解得

$$A=B=0$$

当 $\lambda=0$ 时，由边界条件知

$$X(0)=B=0 \tag{2.2.35}$$

$$X(l)=Al+B=0 \tag{2.2.36}$$

由此解得

$$A=B=0 \tag{2.2.37}$$

上述两种情况，即 $\lambda<0$ 和 $\lambda=0$，均表示 $X(x)$ 只能是零解，从而

$$u(x,t)=X(x)T(t)\equiv 0 \tag{2.2.38}$$

为了得到弹性动力学问题的非平凡解，考虑第三种情况。

当 $\lambda>0$ 时，由边界条件知

$$X(0)=A+B=0 \tag{2.2.39}$$

$$X(l)=A\mathrm{e}^{\mathrm{i}\sqrt{\lambda}l}+B\mathrm{e}^{-\mathrm{i}\sqrt{\lambda}l}=0 \tag{2.2.40}$$

将式 (2.2.39) 代入式 (2.2.40) 得

$$A\left(\mathrm{e}^{\mathrm{i}\sqrt{\lambda}l}-\mathrm{e}^{-\mathrm{i}\sqrt{\lambda}l}\right)=0 \tag{2.2.41}$$

在 $A \neq 0$ 时，上式等价于要求

$$\sin\sqrt{\lambda}l = 0 \tag{2.2.42}$$

上式成立的条件是 λ 必须取分立值

$$\lambda = \left(\frac{n\pi}{l}\right)^2 \quad (n = \pm 1, \pm 2, \cdots) \tag{2.2.43}$$

注意到式 (2.2.27) 与式 (2.2.28) 具有相同的形式，从而

$$T(t) = Ce^{i\sqrt{\lambda}ct} + De^{-i\sqrt{\lambda}ct} \tag{2.2.44}$$

这样，我们就得到了细弦的弹性动力学问题的解为

$$\begin{aligned} u_n(x,t) &= X_n(x)T_n(t) = \left(A_n e^{i\frac{n\pi}{l}x} + B_n e^{-i\frac{n\pi}{l}x}\right)\left(C_n e^{i\frac{n\pi}{l}ct} + D_n e^{-i\frac{n\pi}{l}ct}\right) \\ &= A'_n e^{i\frac{n\pi}{l}(x+ct)} + B'_n e^{-i\frac{n\pi}{l}(x-ct)} + C'_n e^{i\frac{n\pi}{l}(x-ct)} + D'_n e^{-i\frac{n\pi}{l}(x+ct)} \end{aligned} \tag{2.2.45}$$

由于弹性动力学问题 (2.2.23) 的控制方程是线性的，因此，叠加原理成立，所求弹性动力学问题的通解可一般地表示为

$$u(x,t) = \sum_{n=\pm 1}^{\infty}\left[E_n e^{i\frac{n\pi}{l}(x+ct)} + F_n e^{-i\frac{n\pi}{l}(x-ct)}\right] \tag{2.2.46}$$

其中，E_n 和 F_n 是组合系数，它们的值由初始条件

$$u(x,0) = \sum_{n=\pm 1}^{\infty}\left(E_n e^{i\frac{n\pi}{l}x} + F_n e^{-i\frac{n\pi}{l}x}\right) = u_0(x) \tag{2.2.47}$$

$$u_t(x,0) = \sum_{n=\pm 1}^{\infty} i\frac{n\pi}{l}c\left(E_n e^{i\frac{n\pi}{l}x} + F_n e^{-i\frac{n\pi}{l}x}\right) = v_0(x) \tag{2.2.48}$$

确定。

下面就式 (2.2.46) 表示的有限长两端固定细弦的弹性动力学问题的解作详细的讨论。

(1) 若令 $f_n = E_n e^{i\frac{n\pi}{l}(x+ct)}$，$g_n = F_n e^{-i\frac{n\pi}{l}(x-ct)}$，则 f_n 和 g_n 都是关于空间坐标 x 和时间坐标 t 的周期函数，它们的线性组合构成了弹性动力学问题的一般解。因此，$u(x,t)$ 也是关于 x 和 t 的周期函数。

(2) 给定时间 t 的不同值，画出 f_n 和 g_n 的曲线，可以发现 f_n 和 g_n 实际上就是沿相反方向移动的正弦曲线和余弦曲线，通常称它们为**左行波**和**右行波**。其中，E_n 和 F_n 称为**波的振幅**；$k_n = \dfrac{n\pi}{l}$ 称为**波数**，它与波长 λ_n 的关系为 $\lambda_n = \dfrac{2\pi}{k_n}$；

$\omega_n = \dfrac{n\pi}{l}c$ 称为波的**角频率**；c 表示左行波或右行波的移动速度，称为波的**传播速度**。

(3) 弹性动力学问题的一般解 $u(x,t)$ 是由不同角频率 ω_n、不同波数 k_n、不同振幅的左行波 f_n 和右行波 g_n(通常称为**单色波**) 相互叠加得到的, 称 $u(x,t)$ 为**波包**。它的形状是不同频率的单色波 f_n 和 g_n 相互干涉的结果。

(4) 对于有界弦，由于边界条件 $u(0,t)=u(l,t)=0$ 的限制，波包 $u(x,t)$ 在 $x=0$ 和 $x=l$ 处具有两个节点，随时间 t 的增加，波包形状虽然在变化，但位置始终不动，称这样的波包为**驻波**。驻波问题又称为**振动问题**。事实上式 (2.2.46) 也可以写成

$$
\begin{aligned}
u(x,t) &= \sum_{n=\pm 1}^{\infty}\left[E_n \mathrm{e}^{\mathrm{i}\frac{n\pi}{l}x} + F_n \mathrm{e}^{-\mathrm{i}\frac{n\pi}{l}x}\right]\mathrm{e}^{\mathrm{i}\omega t} \\
&= \mathrm{e}^{\mathrm{i}\omega t}\sum_{n=\pm 1}^{\infty} G_n \mathrm{e}^{\mathrm{i}(k_n x+\theta_n)} = \mathrm{e}^{\mathrm{i}\omega t}F(x) \quad (k_n = n\pi/l)
\end{aligned}
$$

其中 $F(x)$ 就是波包，其形状不随时间改变，只是幅值随时间变化。对于两端固定的柔软细弦，若初始位移 $u_0(x) = 2\sin\dfrac{\pi x}{l}$，初始速度 $v_0(x) = -2\dfrac{\pi c}{l}\sin\dfrac{\pi x}{l}$，则波包随时间的变化如图 2.2.1 所示。

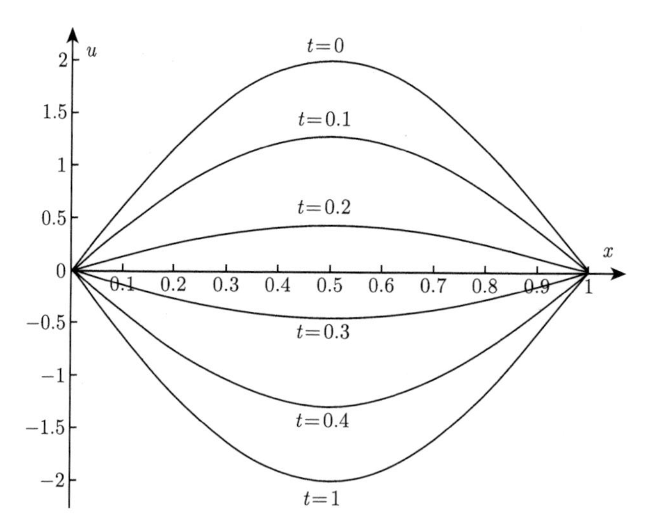

图 2.2.1　两端固定柔软细弦 (有界弦) 在不同时刻的位移波形图

例 2　求无限长柔软细弦在给定初始条件下的弹性动力学问题。

$$
c^2 u_{xx} - u_{tt} = 0 \quad (t > 0) \tag{2.2.49a}
$$

$$u(x,0)=u_0(x) \tag{2.2.49b}$$

$$u_t(x,0)=v_0(x) \tag{2.2.49c}$$

解 设方程的解为

$$u(x,t)=X(x)T(t) \tag{2.2.50}$$

代入式 (2.2.49)，类似于例 1 可得

$$X''(x)+\lambda X(x)=0 \tag{2.2.51}$$

$$T''(t)+\lambda c^2T(t)=0 \tag{2.2.52}$$

它们的解分别为

$$X(x)=A\mathrm{e}^{\mathrm{i}\sqrt{\lambda}x}+B\mathrm{e}^{-\mathrm{i}\sqrt{\lambda}x} \tag{2.2.53}$$

$$T(t)=C\mathrm{e}^{\mathrm{i}\sqrt{\lambda}ct}+D\mathrm{e}^{-\mathrm{i}\sqrt{\lambda}ct} \tag{2.2.54}$$

对于无限长细弦，由于不存在边界条件，λ 的取值应该是连续的，即 $(0,+\infty)$ 内任意值，而不必要是分立值。因而弹性动力学问题解可表示为

$$\begin{aligned}u(x,t)&=\int_{-\infty}^{+\infty}\left[A(k)\mathrm{e}^{\mathrm{i}k(x+ct)}+B(k)\mathrm{e}^{\mathrm{i}k(x-ct)}\right]\mathrm{d}k\quad\left(k=\sqrt{\lambda}\right)\\&=\int_{-\infty}^{+\infty}\left[A(\omega)\mathrm{e}^{\mathrm{i}(kx+\omega t)}+B(\omega)\mathrm{e}^{\mathrm{i}(kx-\omega t)}\right]\mathrm{d}\omega\quad(\omega=kc)\end{aligned} \tag{2.2.55}$$

其中，$A(\omega)$ 和 $B(\omega)$ 的值由初始条件

$$\int_{-\infty}^{+\infty}[A(k)+B(k)]\mathrm{e}^{\mathrm{i}kx}\mathrm{d}k=u_0(x) \tag{2.2.56}$$

$$\int_{-\infty}^{+\infty}[A(k)-B(k)]\mathrm{i}kc\mathrm{e}^{\mathrm{i}kx}\mathrm{d}k=v_0(x) \tag{2.2.57}$$

确定，令

$$\bar{u}_0(k)=\int_{-\infty}^{+\infty}u_0(x)\mathrm{e}^{-\mathrm{i}kx}\mathrm{d}x \tag{2.2.58}$$

$$\bar{v}_0(k)=\int_{-\infty}^{+\infty}v_0(x)\mathrm{e}^{-\mathrm{i}kx}\mathrm{d}x \tag{2.2.59}$$

是 $u_0(x)$ 和 $v_0(x)$ 的傅里叶 (Fourier) 变换，则

$$A(k)=\frac{1}{2}\bar{u}_0(k)+\frac{1}{2c}\cdot\frac{1}{\mathrm{i}k}\bar{v}_0(k) \tag{2.2.60}$$

$$B(k)=\frac{1}{2}\bar{u}_0(k)-\frac{1}{2c}\cdot\frac{1}{\mathrm{i}k}\bar{v}_0(k) \tag{2.2.61}$$

考虑到傅里叶变换的下列性质：

(1) 若 $f(x)=\int g(x)\mathrm{d}x$，则

$$\bar{f}(k)=\frac{1}{\mathrm{i}k}\bar{g}(k) \tag{2.2.62}$$

(2) 若 $\bar{f}(k)=\int_{-\infty}^{+\infty}f(x)\mathrm{e}^{\mathrm{i}kx}\mathrm{d}x$，则

$$\bar{f}(k)\mathrm{e}^{\mathrm{i}kct}=\int_{-\infty}^{+\infty}f(x+ct)\mathrm{e}^{-\mathrm{i}kx}\mathrm{d}x \tag{2.2.63}$$

式 (2.2.55) 可进一步写成

$$\begin{aligned}
u(x,t)&=\int_{-\infty}^{+\infty}[A(k)\mathrm{e}^{\mathrm{i}k(x+ct)}+B(k)\mathrm{e}^{\mathrm{i}k(x-ct)}]\mathrm{d}k\\
&=\int_{-\infty}^{+\infty}\left(\frac{1}{2}\bar{u}_0(k)\mathrm{e}^{\mathrm{i}kct}\right)\mathrm{e}^{\mathrm{i}kx}\mathrm{d}k+\frac{1}{2c}\int_{-\infty}^{+\infty}\left(\frac{1}{\mathrm{i}k}\bar{v}_0(k)\mathrm{e}^{\mathrm{i}kct}\right)\mathrm{e}^{\mathrm{i}kx}\mathrm{d}k\\
&\quad+\int_{-\infty}^{+\infty}\left(\frac{1}{2}\bar{u}_0(k)\mathrm{e}^{-\mathrm{i}kct}\right)\mathrm{e}^{\mathrm{i}kx}\mathrm{d}k-\frac{1}{2c}\int_{-\infty}^{+\infty}\left(\frac{1}{\mathrm{i}k}\bar{v}_0(k)\mathrm{e}^{-\mathrm{i}kct}\right)\mathrm{e}^{\mathrm{i}kx}\mathrm{d}k\\
&=\frac{1}{2}[u_0(x+ct)+u_0(x-ct)]+\frac{1}{2c}\int_{x-ct}^{x+ct}v_0(\xi)\mathrm{d}\xi
\end{aligned} \tag{2.2.64}$$

这就是著名的**达朗贝尔公式**。若取

$$u_0(x)=\begin{cases}a+x, & x\in(-a,0)\\ a-x, & x\in(0,a)\\ 0, & x\notin(-a,a)\end{cases} \tag{2.2.65}$$

$$v_0(x)=0,\quad x\in(-\infty,+\infty) \tag{2.2.66}$$

则在 $t=t_0,t_1,t_2,\cdots$ 不同时刻 $u(x,t)$ 的图形如图 2.2.2 所示。

关于无限长细弦弹性动力学通解式 (2.2.55) 和式 (2.2.64) 可作如下总结。

(1) 波包 $u(x,t)$ 是由不同频率的左行波 $f=\mathrm{e}^{\mathrm{i}k(x+ct)}$ 和右行波 $g=\mathrm{e}^{\mathrm{i}k(x-ct)}$ 叠加而成的，不同于有界细弦，无限长细弦的波包包含任意频率或波数的子波，或者说，子波的频率或波数是连续分布的。而有界弦的波包的子波频率或波数是分立的。

(2) 波包的形状取决于初始条件，在初始速度为 0 时，随着时间 t 的增加，波包保持形状不变分别向左和向右移动，由于没有边界的存在，波包会一直传播下去，而不会产生反射波包。波包的传播速度称为**群速度**。

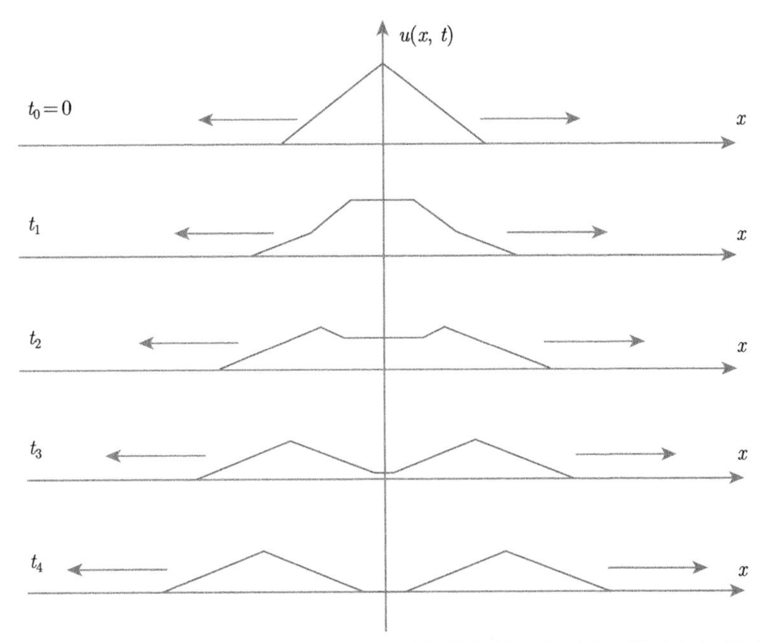

图 2.2.2 无限长柔软细弦中初始扰动随时间增加的演化过程 (即波包的移动)

(3) 在非耗散介质中传播的波包会保持形状不变，而在有耗散的介质中，不同频率的子波传播速度不同，波包的形状会在传播过程中不断变化，并且波包的传播速度 (即**群速度**) 与各子波的传播速度 (即**相速度**) 是不相同的。

上述例 1 和例 2 讨论的都是一维问题，对于三维无限域弹性动力学问题，其解可表示成

$$\boldsymbol{u}(\boldsymbol{x},t)=\iiint[\boldsymbol{A}(\boldsymbol{k})\mathrm{e}^{\mathrm{i}(\boldsymbol{k}\cdot\boldsymbol{x}+ct)}+\boldsymbol{B}(\boldsymbol{k})\mathrm{e}^{\mathrm{i}(\boldsymbol{k}\cdot\boldsymbol{x}-ct)}]\mathrm{d}\boldsymbol{k} \tag{2.2.67}$$

其中，

$$\boldsymbol{k}=k_1\boldsymbol{i}+k_2\boldsymbol{j}+k_3\boldsymbol{k}$$

$$\boldsymbol{x}=x_1\boldsymbol{i}+x_2\boldsymbol{j}+x_3\boldsymbol{k}$$

对于子波 $f=\mathrm{e}^{\mathrm{i}(\boldsymbol{k}\cdot\boldsymbol{x}+\omega t)}$ 和 $g=\mathrm{e}^{\mathrm{i}(\boldsymbol{k}\cdot\boldsymbol{x}-\omega t)}$，其值取决于宗量 $\boldsymbol{k}\cdot\boldsymbol{x}-\omega t$，通常称为波的**相位**，而将方程

$$\boldsymbol{k}\cdot\boldsymbol{x}-\omega t=\text{常数} \tag{2.2.68}$$

所表示的平面称为**等相位面**。假设等相位面上某点 A 在时刻 t_1 和 t_2 所处空间位置分别是 $\boldsymbol{x}_1$ 和 $\boldsymbol{x}_2$，则由式 (2.2.68) 得

$$\boldsymbol{k}\cdot\mathrm{d}\boldsymbol{x}-\omega\mathrm{d}t=0 \tag{2.2.69}$$

注意到 $\boldsymbol{k}$ 和 $\mathrm{d}\boldsymbol{x}$ 方向相同，故

$$\frac{\mathrm{d}x}{\mathrm{d}t}=\frac{\omega}{k}=c \tag{2.2.70}$$

这表明某频率子波的等相位面的移动速度就是波速，通常称为**相速度**。注意相速度是指子波的传播速度，而群速度是指波包的传播速度，在非耗散介质中，群速度与相速度是相同的，而在耗散介质中，二者是不同的。

等相位面可能是平面，也可能不是平面。如果等相位面是平面，我们一般称之为**平面波**，如 $f=\mathrm{e}^{\mathrm{i}(\boldsymbol{k}\cdot\boldsymbol{x}\pm\omega t)}$。但也有等相位面不是平面的情况，如线源和点源激发的波，其等相位面分别是圆柱面和圆球面，通常称这样的波为**柱面波**和**球面波**。

2.3　平面波的性质

2.3.1　平面波的传播模式

设沿 $\boldsymbol{n}$ 方向传播的平面波，其位移分量可表示成

$$u_i=a_i f\left(n_j x_j-ct\right) \tag{2.3.1}$$

其中，

$$n_j x_j-ct= \text{常数} \tag{2.3.2}$$

是三维欧几里得空间的任意平面，称为平面波的**等相位面**；a_i 表示质点振动幅值在坐标轴上的投影。令

$$\xi=n_j x_j-ct \tag{2.3.3}$$

则由式 (2.3.1) 可得

$$\frac{\partial u_i}{\partial x_j}=a_i\frac{\partial f\left(\xi\right)}{\partial x_j}=a_i\frac{\mathrm{d}f\left(\xi\right)}{\mathrm{d}\xi}\frac{\partial\xi}{\partial x_j}=a_i n_j f'\left(\xi\right) \tag{2.3.4}$$

$$\frac{\partial^2 u_i}{\partial x_j^2}=a_i n_j n_j f''\left(\xi\right) \tag{2.3.5}$$

$$\frac{\partial^2 u_i}{\partial x_i\partial x_j}=a_i n_i n_j f''\left(\xi\right) \tag{2.3.6}$$

将式 (2.3.4) ~ 式 (2.3.6) 代入纳维方程 (忽略体积力)

$$\left(\lambda+\mu\right)\frac{\partial\theta}{\partial x_i}+\mu\frac{\partial^2 u_i}{\partial x_j\partial x_j}=\rho\frac{\partial^2 u_i}{\partial t^2} \tag{2.3.7}$$

得

$$\left(\lambda+\mu\right)a_j n_j n_i+\left(\mu-\rho c^2\right)a_i=0 \tag{2.3.8}$$

或者

$$\left[(\lambda+\mu)\, n_j n_i + \left(\mu-\rho c^2\right)\delta_{ij}\right] a_j = 0 \tag{2.3.9}$$

式 (2.3.9) 的矩阵形式为

$$\begin{bmatrix} \begin{matrix}(\lambda+\mu)\, n_1 n_1 \\ +\left(\mu-\rho c^2\right)\end{matrix} & (\lambda+\mu)\, n_2 n_1 & (\lambda+\mu)\, n_3 n_1 \\ (\lambda+\mu)\, n_1 n_2 & \begin{matrix}(\lambda+\mu)\, n_2 n_2 \\ +\left(\mu-\rho c^2\right)\end{matrix} & (\lambda+\mu)\, n_3 n_2 \\ (\lambda+\mu)\, n_1 n_3 & (\lambda+\mu)\, n_2 n_3 & \begin{matrix}(\lambda+\mu)\, n_3 n_3 \\ +\left(\mu-\rho c^2\right)\end{matrix} \end{bmatrix} \begin{Bmatrix} a_1 \\ a_2 \\ a_3 \end{Bmatrix} = 0 \tag{2.3.10}$$

上式有非零解的条件是系数矩阵行列式为 0，由此得到

$$\left(\lambda+2\mu-\rho c^2\right)\left(\mu-\rho c^2\right)^2 = 0 \tag{2.3.11}$$

此方程有两个相异的实数根，即

$$c_{\mathrm{P}} = \sqrt{\frac{\lambda+2\mu}{\rho}} \tag{2.3.12}$$

$$c_{\mathrm{S}} = \sqrt{\frac{\mu}{\rho}} \tag{2.3.13}$$

这两个特征值在物理上表示在无限均匀介质中平面波的两个传播速度。将它们代回式 (2.3.10) 可求出相应的特征向量。这里特征向量物理上就表示质点的振动幅度和振动方向，将式 (2.3.12) 代入式 (2.3.9) 得

$$\left[(\lambda+\mu)\, n_j n_i - (\lambda+\mu)\,\delta_{ij}\right] a_j = 0 \tag{2.3.14}$$

$$(\lambda+\mu)\left(n_j n_i a_j - a_i\right) = 0 \tag{2.3.15}$$

上式要满足，要求

$$n_m a_m n_i - a_i = 0 \tag{2.3.16}$$

上式的矢量形式为

$$(\boldsymbol{n}\cdot\boldsymbol{a})\boldsymbol{n} = \boldsymbol{a} \tag{2.3.17}$$

两边与 $\boldsymbol{n}$ 作向量积得

$$\boldsymbol{a}\times\boldsymbol{n} = (\boldsymbol{n}\cdot\boldsymbol{a})\boldsymbol{n}\times\boldsymbol{n} = 0 \tag{2.3.18}$$

可见以速度 c_{P} 传播的平面波，其质点振动矢量 $\boldsymbol{a}$ 与波的传播方向 $\boldsymbol{n}$ 一致。这就是前面提到的纵波。将式 (2.3.13) 代入式 (2.3.9) 得

$$(\lambda+\mu)\,n_j n_i a_j = 0 \tag{2.3.19}$$

即

$$n_j a_j = \boldsymbol{n}\cdot\boldsymbol{a} = 0 \tag{2.3.20}$$

可见以速度 c_{S} 传播的平面波，其质点振动矢量 $\boldsymbol{a}$ 与波的传播方向 $\boldsymbol{n}$ 垂直，这就是前面提到的横波。

总之，在无限大各向同性均匀弹性介质中，只可能存在两种模式的平面波，即纵波和横波，它们的传播速度分别为 c_{P} 和 c_{S}。并且，纵波的传播速度 c_{P} 大于横波的传播速度 c_{S}，纵波的质点振动方向与波的传播方向一致，横波的质点振动方向与波的传播方向垂直。

2.3.2 波阵面上的应力分布

前面讨论了在无限大均匀弹性介质中只可能存在两种模式的平面波，不管是纵波还是横波，它们的位移场都可以统一表示为

$$u_i = a_i f\,(n_j x_j - ct) \tag{2.3.21}$$

将之代入胡克定律

$$\sigma_{ij} = \lambda u_{k,k}\delta_{ij} + \mu\,(u_{i,j}+u_{j,i}) \tag{2.3.22}$$

得波阵面 (等相位面) 上的应力

$$\begin{aligned}\sigma_{ni} = \sigma_{ij}n_j &= [\lambda a_k n_k \delta_{ij} + \mu\,(a_i n_j + a_j n_i)]\,f'(\xi)\,n_j \\ &= [\lambda a_k n_k n_i + \mu\,(a_i n_j n_j + a_j n_i n_j)]\,f'(\xi) \\ &= [(\lambda+\mu)\,a_k n_k n_i + \mu a_i]\,f'(\xi)\end{aligned} \tag{2.3.23}$$

对于平面纵波，质点振动矢量 $\boldsymbol{a}$ 与波的传播矢量 $\boldsymbol{n}$ 同方向，因此有

$$a_k n_k = a$$

$$a n_i = a_i$$

代入式 (2.3.23) 得

$$\sigma_{ni} = (\lambda+2\mu)\,a_i f'(\xi) \tag{2.3.24}$$

可见波阵面上应力矢量的方向与质点振动方向相同，即波阵面上只有正应力，没有剪应力 (图 2.3.1(a))。

对于平面横波，质点振动矢量 $\boldsymbol{a}$ 与波传播矢量 $\boldsymbol{n}$ 垂直，因此有

$$a_k n_k = \boldsymbol{a} \cdot \boldsymbol{n} = 0 \tag{2.3.25}$$

代入式 (2.3.23) 得

$$\sigma_{ni} = \mu a_i f'(\xi) \tag{2.3.26}$$

可见波阵面上应力矢量仍与质点振动方向一致，即波阵面上只有剪应力，没有正应力 (图 2.3.1(b))。

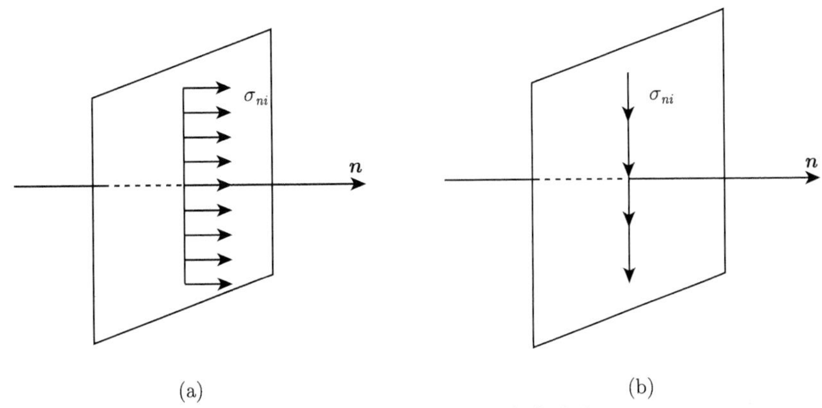

图 2.3.1　平面波波阵面上应力分布

(a) 平面纵波波阵面上只有正应力；(b) 平面横波波阵面上只有剪应力

2.3.3　平面波的能流密度

弹性波在介质中传播时，物质点在自身平衡位置作周期振动，因而具有动能。物质点之间的相互机械作用，使相邻物质点也开始振动，因而也就具有了动能，同时相互作用还造成微元体变形，因而还产生势能。这样波的传播必然导致能量的传播。波动所及之处，材料不仅具有动能还具有势能。

单位体积内的动能可按下式计算：

$$w_{\mathrm{k}} = \frac{1}{2}\rho \dot{u}_i \dot{u}_i \tag{2.3.27}$$

单位体积内的势能

$$w_{\mathrm{p}} = \frac{1}{2}\sigma_{ij}\varepsilon_{ij} = \frac{1}{4}\sigma_{ij}(u_{i,j} + u_{j,i})$$

考虑到应力分量的对称性

$$w_{\mathrm{p}} = \frac{1}{4}(\sigma_{ij}u_{i,j} + \sigma_{ji}u_{j,i}) = \frac{1}{2}\sigma_{ij}u_{i,j} \tag{2.3.28}$$

其实，上式第二项哑指标 i 和 j 交换后，并不改变这项的值，故

$$\begin{aligned} w_{\mathrm{p}} &= \frac{1}{4}(\sigma_{ij}u_{i,j} + \sigma_{ji}u_{j,i}) = \frac{1}{2}\sigma_{ij}u_{i,j} \\ &= \frac{1}{2}\left[\lambda u_{k,k}\delta_{ij} + \mu\left(u_{i,j} + u_{j,i}\right)\right]u_{i,j} \end{aligned} \tag{2.3.29}$$

单位体积内的总机械能，称为能量密度，可表示为

$$w = w_{\mathrm{k}} + w_{\mathrm{p}} \tag{2.3.30}$$

由于质点运动的时间相关性，微元体在不同时刻所具有的能量密度是不同的，下面讨论其时间变化率。

动能密度的时间变化率为

$$\frac{\partial w_{\mathrm{k}}}{\partial t} = \frac{1}{2}\rho\frac{\partial}{\partial t}\left(\dot{u}_i\dot{u}_i\right) = \rho\dot{u}_i\ddot{u}_i = \dot{u}_i\sigma_{ij,j} \tag{2.3.31}$$

势能密度的时间变化率为

$$\begin{aligned} \frac{\partial w_{\mathrm{p}}}{\partial t} &= \frac{1}{2}\frac{\partial}{\partial t}\left[\lambda u_{k,k}^2 + \mu u_{i,j}^2 + \mu u_{i,j}u_{j,i}\right] \\ &= \left[\lambda u_{k,k}\delta_{ij} + \mu\left(u_{i,j} + u_{j,i}\right)\right]\dot{u}_{i,j} \\ &= \sigma_{ij}\dot{u}_{i,j} \end{aligned} \tag{2.3.32}$$

从而总机械能的时间变化率为

$$\begin{aligned} \frac{\partial w}{\partial t} &= \frac{\partial w_{\mathrm{k}}}{\partial t} + \frac{\partial w_{\mathrm{p}}}{\partial t} \\ &= \dot{u}_i\sigma_{ij,j} + \sigma_{ij}\dot{u}_{i,j} \\ &= \left(\sigma_{ij}\dot{u}_i\right)_{,j} \end{aligned} \tag{2.3.33}$$

定义

$$I_j = -\sigma_{ij}\dot{u}_i \tag{2.3.34}$$

则式 (2.3.33) 可改写成

$$\frac{\partial w}{\partial t} + \nabla\cdot\boldsymbol{I} = 0 \tag{2.3.35}$$

对上式两边在有限区域 V 上积分，可得

$$\frac{\partial}{\partial t}\int_V w\mathrm{d}V = -\int_V \nabla\cdot\boldsymbol{I}\mathrm{d}V = -\int_S \boldsymbol{I}\cdot\boldsymbol{n}\mathrm{d}s \tag{2.3.36}$$

将式 (2.3.35) 和式 (2.3.36) 与质量守恒定律，即式 (1.2.4) 和式 (1.2.5) 比较，则式 (2.3.35) 和式 (2.2.36) 可理解为能量守恒的微分形式和积分形式。这里 $\boldsymbol{I}$ 与物

质流矢量 $\rho\dot{\boldsymbol{u}}$ 等价，通常称 $\boldsymbol{I}$ 为**能流矢量**。$\nabla\cdot\boldsymbol{I}$ 表示能流场的散度或“分布源”。$\boldsymbol{I}$ 表示单位时间内通过波阵面上单位面积的能量，其方向表示能量流动方向，也就是波的传播方向。

设有一平面波，其位移场表示为

$$u_i = a_i f\left(n_j x_j - ct\right) = a_i f\left(\xi\right) \tag{2.3.37}$$

下面分别就平面纵波和平面横波推导能流矢量的具体表达式。对于平面纵波，

$$n_j a_j = a \tag{2.3.38}$$

$$c = c_{\mathrm{P}} \tag{2.3.39}$$

则

$$w_{\mathrm{k}} = \frac{1}{2}\rho\dot{u}_i\dot{u}_i = \frac{1}{2}\rho a^2 c_{\mathrm{P}}^2\left[f'\left(\xi\right)\right]^2 \tag{2.3.40}$$

$$\begin{aligned} w_{\mathrm{p}} &= \frac{1}{2}\sigma_{ij}\varepsilon_{ij} = \frac{1}{2}\left(\lambda\theta\delta_{ij} + 2\mu\varepsilon_{ij}\right)\varepsilon_{ij} \\ &= \frac{1}{2}\left(\lambda\theta^2 + 2\mu\varepsilon_{ij}\varepsilon_{ij}\right) \end{aligned} \tag{2.3.41}$$

考虑到

$$\theta = u_{i,i} = a_i n_i f'\left(\xi\right) = a f'\left(\xi\right) \tag{2.3.42}$$

$$\begin{aligned} \varepsilon_{ij} &= \frac{1}{2}\left(u_{i,j} + u_{j,i}\right) \\ &= \frac{1}{2}\left(a_i n_j + a_j n_i\right) f'\left(\xi\right) \\ &= \frac{1}{2}\left(a n_i n_j + a n_j n_i\right) f'\left(\xi\right) \\ &= a n_i n_j f'\left(\xi\right) \end{aligned} \tag{2.3.43}$$

$$\varepsilon_{ij}\varepsilon_{ij} = a^2\left[f'\left(\xi\right)\right]^2 \tag{2.3.44}$$

从而

$$\begin{aligned} w_{\mathrm{p}} &= \frac{1}{2}\lambda a^2\left[f'\left(\xi\right)\right]^2 + \mu a^2\left[f'\left(\xi\right)\right]^2 \\ &= \frac{1}{2}\left(\lambda + 2\mu\right) a^2\left[f'\left(\xi\right)\right]^2 \\ &= \frac{1}{2}\rho a^2 c_{\mathrm{P}}^2\left[f'\left(\xi\right)\right]^2 \end{aligned} \tag{2.3.45}$$

总机械能密度

$$w = w_{\mathrm{k}} + w_{\mathrm{p}} = \rho a^2 c_{\mathrm{P}}^2 \left[f'(\xi)\right]^2 \tag{2.3.46}$$

可见，动能密度、势能密度以及总机械能密度的大小都与振幅的平方成正比，因此波的振幅大小通常是衡量波的强度的指标。

能流矢量

$$\begin{aligned}
I_i &= -\sigma_{ij}\dot{u}_j \\
&= -\left(\lambda\theta\delta_{ij} + 2\mu\varepsilon_{ij}\right)\dot{u}_j \\
&= \left(\lambda a a_i c_{\mathrm{P}} + 2\mu a^2 n_i c_{\mathrm{P}}\right)\left[f'(\xi)\right]^2 \\
&= (\lambda + 2\mu)\, a^2 c_{\mathrm{P}} n_i \left[f'(\xi)\right]^2 \\
&= \rho a^2 c_{\mathrm{P}}^2 \left[f'(\xi)\right]^2 c_{\mathrm{P}} n_i \\
&= w c_{\mathrm{P}} n_i
\end{aligned} \tag{2.3.47}$$

写成矢量形式

$$\boldsymbol{I} = w c_{\mathrm{P}} \boldsymbol{n} \tag{2.3.48}$$

即能流矢量的方向与波的传播方向一致，其大小等于能量密度与传播速度的乘积。

对于横波，

$$a_i n_i = 0 \tag{2.3.49}$$

$$c = c_{\mathrm{S}} \tag{2.3.50}$$

则

$$w_{\mathrm{k}} = \frac{1}{2}\rho\dot{u}_i\dot{u}_i = \frac{1}{2}\rho a^2 c_{\mathrm{S}}^2 \left[f'(\xi)\right]^2 \tag{2.3.51}$$

$$\begin{aligned}
w_{\mathrm{p}} &= \frac{1}{2}\sigma_{ij}\varepsilon_{ij} \\
&= \frac{1}{2}\left(\lambda\theta\delta_{ij} + 2\mu\varepsilon_{ij}\right)\varepsilon_{ij} \\
&= \frac{1}{2}\left(\lambda\theta^2 + 2\mu\varepsilon_{ij}\varepsilon_{ij}\right)
\end{aligned} \tag{2.3.52}$$

考虑到

$$\theta = u_{i,i} = a_i n_i f'(\xi) = 0 \tag{2.3.53}$$

$$\begin{aligned}
\varepsilon_{ij} &= \frac{1}{2}\left(u_{i,j} + u_{j,i}\right) \\
&= \frac{1}{2}\left(a_i n_j + a_j n_i\right) f'(\xi)
\end{aligned} \tag{2.3.54}$$

$$
\begin{aligned}
\varepsilon_{ij}\varepsilon_{ij} &= \frac{1}{4}(a_i n_j + a_j n_i)(a_i n_j + a_j n_i)\left[f'(\xi)\right]^2 \\
&= \frac{1}{4}\left(a^2 + 2a_i a_j n_i n_j + a^2\right)\left[f'(\xi)\right]^2 \\
&= \frac{1}{2}a^2\left[f'(\xi)\right]^2
\end{aligned} \tag{2.3.55}
$$

从而

$$
\begin{aligned}
w_{\mathrm{p}} &= \frac{1}{2}\mu a^2\left[f'(\xi)\right]^2 \\
&= \frac{1}{2}\rho c_{\mathrm{S}}^2 a^2\left[f'(\xi)\right]^2
\end{aligned} \tag{2.3.56}
$$

总机械能密度

$$
w = w_{\mathrm{k}} + w_{\mathrm{p}} = \rho c_{\mathrm{S}}^2 a^2\left[f'(\xi)\right]^2 \tag{2.3.57}
$$

能流矢量

$$
\begin{aligned}
I_i &= -\sigma_{ij}\dot{u}_j \\
&= -\left(\lambda\theta\delta_{ij} + 2\mu\varepsilon_{ij}\right)\dot{u}_j \\
&= \mu\left(a_i n_j + a_j n_i\right)a_j c_{\mathrm{S}}\left[f'(\xi)\right]^2 \\
&= \mu a^2 c_{\mathrm{S}} n_i\left[f'(\xi)\right]^2 \\
&= \rho a^2 c_{\mathrm{S}}^2\left[f'(\xi)\right]^2 c_{\mathrm{S}} n_i \\
&= w c_{\mathrm{S}} n_i
\end{aligned} \tag{2.3.58}
$$

写成矢量形式

$$
\boldsymbol{I} = w c_{\mathrm{S}}\boldsymbol{n} \tag{2.3.59}
$$

即能流矢量的方向与波的传播方向一致，其大小等于能流密度与传播速度的乘积。

对于波动问题，由于时间的依赖性，能量密度与能流矢量都是时间的周期函数，它们在一个周期内的平均值决定着波的强度，因而具有重要意义。以 $\langle w\rangle$ 和 $\langle I\rangle$ 表示它们在一个周期 T 内的平均值，则

$$
\langle w\rangle = \frac{1}{T}\int_0^T w(t)\,\mathrm{d}t \tag{2.3.60}
$$

$$
\langle I\rangle = \frac{1}{T}\int_0^T I(t)\,\mathrm{d}t \tag{2.3.61}
$$

定义平均能流与平均能量密度的比值为能量传播速度，即

$$
c_{\mathrm{E}} = \frac{\langle I\rangle}{\langle w\rangle} \tag{2.3.62}
$$

由前面的讨论知，对于平面纵波

$$c_{\mathrm{E}} = c_{\mathrm{P}} \tag{2.3.63}$$

对于平面横波

$$c_{\mathrm{E}} = c_{\mathrm{S}} \tag{2.3.64}$$

即**能量的传播速度等于相速度**。这只对单色波是正确的，对于由多种单色波相互干涉而成的波包，能量的传播速度等于波包的群速度，即

$$c_{\mathrm{E}} = c_{\mathrm{G}} \tag{2.3.65}$$

作为真实的物理量，位移、应力和应变都是实数，用复数表示时，只是为了数学处理上的方便，即复数的实部或者虚部才是真实的物理量。在计算能流密度时，如果位移和应力用复数表示，则应该写成

$$\begin{aligned} I_i &= -\mathrm{Re}\sigma_{ij} \cdot \mathrm{Re}\dot{u}_j \\ &= -\frac{1}{2}(\sigma_{ij} + \sigma_{ij}^*) \cdot \frac{1}{2}(\dot{u}_j + \dot{u}_j^*) \\ &= -\frac{1}{4}(\sigma_{ij}\dot{u}_j^* + \sigma_{ij}^*\dot{u}_j) - \frac{1}{4}(\sigma_{ij}\dot{u}_j + \sigma_{ij}^*\dot{u}_j^*) \end{aligned} \tag{2.3.66a}$$

或者

$$\begin{aligned} I_i &= -\mathrm{Im}\sigma_{ij} \cdot \mathrm{Im}\dot{u}_j \\ &= -\frac{1}{2i}(\sigma_{ij} - \sigma_{ij}^*) \cdot \frac{1}{2i}(\dot{u}_j - \dot{u}_j^*) \\ &= -\frac{1}{4}(\sigma_{ij}\dot{u}_j^* + \sigma_{ij}^*\dot{u}_j) + \frac{1}{4}(\sigma_{ij}\dot{u}_j + \sigma_{ij}^*\dot{u}_j^*) \end{aligned} \tag{2.3.66b}$$

考虑到

$$\frac{1}{T}\int_0^T \mathrm{e}^{\mathrm{i}\omega t}\mathrm{d}t = 0$$

$$\sigma_{ij}^*\dot{u}_j = (\sigma_{ij}\dot{u}_j^*)^*$$

平均能流密度的计算表达式为

$$\begin{aligned} \langle I_i \rangle &= \frac{1}{T}\int_0^T I_i(t)\,\mathrm{d}t \\ &= -\frac{1}{4T}\int_0^T (\sigma_{ij}\dot{u}_j^* + \sigma_{ij}^*\dot{u}_j)\mathrm{d}t \\ &= -\frac{1}{2T}\mathrm{Re}\int_0^T (\sigma_{ij}\dot{u}_j^*)\mathrm{d}t \end{aligned} \tag{2.3.67}$$

例 1 已知一维位移矢量场的标量势 $\varphi = A\exp\left[\mathrm{i}\left(k_1x_1 - \omega t\right)\right]$ (其中 A 为实常数)，求：

(1) 应变张量分量；

(2) 应力张量分量；

(3) 能流密度矢量；

(4) 波的强度于传播速度。

解 因为只有标量势，没有矢量势，所以该波是纵波。

(1) 应变张量分量。

位移：

$$\boldsymbol{u} = \nabla\varphi = \frac{\partial\varphi}{\partial x_1}\boldsymbol{i} = \mathrm{i}k_1\varphi\boldsymbol{i},$$

即 $u_1 = \mathrm{i}k_1\varphi, u_2 = u_3 = 0$。

速度：

$$\dot{u}_1 = \frac{\partial u_1}{\partial t} = -(\mathrm{i}k_1)(\mathrm{i}\omega)\varphi = k_1\omega\varphi$$

根据公式 $\varepsilon_{ij} = \dfrac{1}{2}\left(u_{i,j} + u_{j,i}\right)$，应变分量仅有 ε_{11}，即

$$\varepsilon_{11} = \frac{\partial u_1}{\partial x_1} = \left(\mathrm{i}k_1\right)^2\varphi = -k_1^2\varphi$$

$$\varepsilon_{22} = \varepsilon_{33} = \varepsilon_{12} = \varepsilon_{13} = \varepsilon_{23} = 0$$

(2) 应力张量分量。

根据广义胡克定律，$\sigma_{ij} = \lambda\theta\delta_{ij} + 2\mu\varepsilon_{ij}$，有

$$\sigma_{11} = \lambda\varepsilon_{11} + 2\mu\varepsilon_{11} = -\left(\lambda + 2\mu\right)k_1^2\varphi$$

$$\sigma_{22} = \lambda\varepsilon_{11} = -\lambda k_1^2\varphi$$

$$\sigma_{33} = \lambda\varepsilon_{11} = -\lambda k_1^2\varphi$$

$$\sigma_{12} = \sigma_{13} = \sigma_{23} = 0$$

(3) 能流密度矢量。

前面推导的位移分量、应变分量和应力分量都是用复数形式表示的，真实的位移场、应变场和应力场应取实部或虚部。这里我们取实部计算能流密度矢量。

$$I_1 = -\mathrm{Re}\sigma_{11}\cdot\mathrm{Re}\frac{\partial u_1}{\partial t} = \rho\frac{\omega^4}{c_{\mathrm{P}}}A^2\cos^2(k_1x_1 - \omega t)$$

$$I_2 = I_3 = 0$$

(4) 波的强度与传播速度。

$$\langle I_1\rangle = -\frac{1}{2T}\mathrm{Re}\int_0^T(\sigma_{11}\cdot\dot{u}_1^*)\mathrm{d}t = \frac{1}{2T}\mathrm{Re}\int_0^T\left(\rho\frac{\lambda+2\mu}{\rho}k_1^3\omega AA^*\right)\mathrm{d}t = \rho\frac{\omega^4}{2c_\mathrm{P}}A^2$$

或者

$$\langle I\rangle = \frac{1}{T}\int_0^T I_1\mathrm{d}t = \rho\frac{\omega^4}{c_\mathrm{P}T}A^2\int_0^T\cos^2(k_1x_1-\omega t)\mathrm{d}t = \frac{\rho\omega^4}{2c_\mathrm{P}}A^2$$

$$w_\mathrm{k} = \frac{1}{2}\rho\left(\dot{u}_i\dot{u}_i\right) = \frac{1}{2}\rho c_\mathrm{P}^2A^2k^4\cos^2(k_1x_1-\omega t)$$

$$w_\mathrm{p} = \frac{1}{2}\sigma_{ij}\varepsilon_{ij} = \frac{1}{2}\sigma_{11}\varepsilon_{11} = \frac{1}{2}\rho A^2c_\mathrm{P}^2k^4\cos^2(k_1x_1-\omega t)$$

$$w = w_\mathrm{k}+w_\mathrm{p} = \rho c_\mathrm{P}^2A^2k^4\cos^2(k_1x_1-\omega t)$$

$$\langle w\rangle = \frac{1}{T}\int_0^T w\mathrm{d}t = \frac{\rho c_\mathrm{P}^2A^2k^4}{T}\int_0^T\cos^2(k_1x_1-\omega t)\mathrm{d}t = \frac{\rho\omega^4}{2c_\mathrm{P}^2}A^2$$

$$c = \frac{\langle I\rangle}{\langle w\rangle} = \frac{\rho\omega^4A^2/2c_\mathrm{P}}{\rho\omega^4A^2/2c_\mathrm{P}^2} = c_\mathrm{P}$$

例 2　已知二维位移场标量势 $\varphi = A\exp[\mathrm{i}(k_1x_1+k_2x_2-\omega t)]$ (其中 A 为实常数)，求：

(1) 应变张量分量；

(2) 应力张量分量；

(3) 能流密度矢量；

(4) 波的强度与传播速度。

解　因为只有标量势，没有矢量势，所以该波是纵波。

(1) 应变张量分量。

位移：

$$\boldsymbol{u} = \nabla\varphi = \frac{\partial\varphi}{\partial x_1}\boldsymbol{i}+\frac{\partial\varphi}{\partial x_2}\boldsymbol{j} = \mathrm{i}(k_1\boldsymbol{i}+k_2\boldsymbol{j})\varphi$$

即 $u_j = \mathrm{i}k_j\varphi$。对于二维问题有

$$u_1 = \mathrm{i}k_1\varphi,\quad u_2 = \mathrm{i}k_2\varphi,\quad u_3 = 0$$

速度：

$$\dot{u}_1 = k_1\omega\varphi,\quad \dot{u}_2 = k_2\omega\varphi,\quad \dot{u}_3 = 0$$

根据公式

$$\varepsilon_{ij} = \frac{1}{2}\left(u_{i,j}+u_{j,i}\right) = \frac{1}{2}\left(\mathrm{i}k_i\cdot\mathrm{i}k_j+\mathrm{i}k_j\cdot\mathrm{i}k_i\right)\varphi = -k_ik_j\varphi$$

即

$$\varepsilon_{11} = -k_1^2\varphi, \quad \varepsilon_{22} = -k_2^2\varphi, \quad \varepsilon_{12} = -k_1k_2\varphi$$
$$\varepsilon_{33} = \varepsilon_{23} = \varepsilon_{31} = 0$$

(2) 应力张量分量。

根据广义胡克定律

$$\begin{aligned}\sigma_{ij} &= \lambda\theta\delta_{ij} + 2\mu\varepsilon_{ij} = \lambda u_{l,l}\delta_{ij} + 2\mu\varepsilon_{ij}\\ &= \lambda(\mathrm{i}k_l)\cdot(\mathrm{i}k_l)\varphi\delta_{ij} + 2\mu\left(-k_ik_j\varphi\right)\\ &= \left(-\lambda k^2\delta_{ij} - 2\mu k_ik_j\right)\varphi \quad (k^2 = k_1^2 + k_2^2)\end{aligned}$$

有

$$\sigma_{11} = -\left(\lambda k^2 + 2\mu k_1^2\right)\varphi, \quad \sigma_{22} = -\left(\lambda k^2 + 2\mu k_2^2\right)\varphi, \quad \sigma_{33} = -\lambda k^2\varphi$$
$$\sigma_{12} = -2\mu k_1k_2\varphi, \quad \sigma_{13} = \sigma_{23} = 0$$

(3) 能流密度矢量。

$$\begin{aligned}I_j &= -\mathrm{Re}\sigma_{ij}\cdot\mathrm{Re}\frac{\partial u_i}{\partial t}\\ &= -\left[\left(-\lambda k^2\delta_{ij} - 2\mu k_ik_j\right)\mathrm{Re}\varphi\right]\left[\mathrm{i}k_i\cdot(-\mathrm{i}\omega)\,\mathrm{Re}\varphi\right]\\ &= \left(\lambda k^2\delta_{ij} + 2\mu k_ik_j\right)k_i\omega A^2\cos^2\left(k_1x_1 + k_2x_2 - \omega t\right)\\ &= \left(\lambda k^2k_j + 2\mu k^2k_j\right)\omega A^2\cos^2\left(k_1x_1 + k_2x_2 - \omega t\right)\\ &= (\lambda + 2\mu)\,k^2\omega A^2k_j\cos^2\left(k_1x_1 + k_2x_2 - \omega t\right)\\ &= \rho\omega^3A^2k_j\cos^2\left(k_1x_1 + k_2x_2 - \omega t\right)\end{aligned}$$

$$I_1 = \rho\omega^3A^2k_1\cos^2\left(k_1x_1 + k_2x_2 - \omega t\right)$$
$$I_2 = \rho\omega^3A^2k_2\cos^2\left(k_1x_1 + k_2x_2 - \omega t\right)$$
$$I_3 = 0$$

$$\begin{aligned}I &= \sqrt{I_1^2 + I_2^2 + I_3^2} = \rho\omega^3A^2\sqrt{(k_1^2 + k_2^2)}\cos^2\left(k_1x_1 + k_2x_2 - \omega t\right)\\ &= \rho\omega^3A^2k\cos^2\left(k_1x_1 + k_2x_2 - \omega t\right)\\ &= \frac{\rho\omega^4A^2}{c_{\mathrm{P}}}\cos^2\left(k_1x_1 + k_2x_2 - \omega t\right)\end{aligned}$$

(4) 波的强度与传播速度。

$$\langle I\rangle = \frac{1}{T}\int_0^T I\mathrm{d}t = \frac{\rho\omega^4A^2}{Tc_{\mathrm{P}}}\int_0^T\cos^2\left(k_1x_1 + k_2x_2 - \omega t\right)\mathrm{d}t = \frac{\rho\omega^4A^2}{2c_{\mathrm{P}}}$$

$$\begin{aligned} w_{\mathrm{k}} &= \frac{1}{2}\rho\left(\dot{u}_j\dot{u}_j\right) \\ &= \frac{1}{2}\rho\left[\mathrm{i}k_j\left(-\mathrm{i}\omega\right)A\cos\left(k_1x_1+k_2x_2-\omega t\right)\right]^2 \\ &= \frac{1}{2}\rho k^2\omega^2A^2\cos^2\left(k_1x_1+k_2x_2-\omega t\right) \\ &= \frac{\rho\omega^4A^2}{2c_{\mathrm{P}}^2}\cos^2\left(k_1x_1+k_2x_2-\omega t\right) \end{aligned}$$

$$\begin{aligned} w_{\mathrm{p}} &= \frac{1}{2}\sigma_{ij}\varepsilon_{ij} \\ &= \frac{1}{2}\left[\left(-\lambda k^2\delta_{ij}-2\mu k_ik_j\right)A\cos\left(k_1x_1+k_2x_2-\omega t\right)\right] \\ &\quad\times\left[-k_ik_jA\cos\left(k_1x_1+k_2x_2-\omega t\right)\right] \\ &= \frac{1}{2}\left(\lambda k^2k^2+2\mu k^2k^2\right)A^2\cos^2\left(k_1x_1+k_2x_2-\omega t\right) \\ &= \frac{\rho\omega^4A^2}{2c_{\mathrm{P}}^2}\cos^2\left(k_1x_1+k_2x_2-\omega t\right) \end{aligned}$$

$$w = w_{\mathrm{k}}+w_{\mathrm{p}} = \frac{\rho\omega^4A^2}{c_{\mathrm{P}}^2}\cos^2\left(k_1x_1+k_2x_2-\omega t\right)$$

$$\langle w\rangle = \frac{1}{T}\int_0^T w\mathrm{d}t = \frac{\rho\omega^4A^2}{c_{\mathrm{P}}^2}\frac{1}{T}\int_0^T\cos^2\left(k_1x_1+k_2x_2-\omega t\right)\mathrm{d}t = \frac{\rho\omega^4A^2}{2c_{\mathrm{p}}^2}$$

$$c = \frac{\langle I\rangle}{\langle w\rangle} = \frac{\rho\omega^4A^2/(2c_{\mathrm{p}})}{\rho\omega^4A^2/(2c_{\mathrm{P}}^2)} = c_{\mathrm{P}}$$

例 3 已知位移场的矢量势为 $\boldsymbol{\psi}=(B_1\boldsymbol{i}+B_3\boldsymbol{k})\exp[\mathrm{i}(k_1x_1+k_3x_3-\omega t)]$，求：① 应变张量分量；②应力张量分量；③能流密度矢量；④波的强度与传播速度。

解 因为只有矢量势,没有标量势,所以该波是横波。(注意到 $k_2=0,\ B_2=0$) 位移：

$$\boldsymbol{u}=\nabla\times\boldsymbol{\psi}=\frac{\partial}{\partial x_m}\boldsymbol{e}_m\times\psi_n\boldsymbol{e}_n=\frac{\partial\psi_n}{\partial x_m}\left(\boldsymbol{e}_m\times\boldsymbol{e}_n\right)=e_{jmn}\frac{\partial\psi_n}{\partial x_m}\boldsymbol{e}_j$$

$$u_j=e_{jmn}\frac{\partial\psi_n}{\partial x_m}=e_{jmn}(\mathrm{i}k_m)B_n\exp[\mathrm{i}(k_1x_1+k_3x_3-\omega t)]$$

从而

$$u_1=0,\quad u_2=\mathrm{i}(k_3B_1-k_1B_3)\exp[\mathrm{i}(k_1x_1+k_3x_3-\omega t)],\quad u_3=0$$

速度：

$$\begin{aligned}\dot{u}_j &= e_{jmn}(\mathrm{i}k_m)(-\mathrm{i}\omega)B_n\exp[\mathrm{i}(k_1x_1+k_3x_3-\omega t)]\\&= e_{jmn}k_mB_n\omega\exp[\mathrm{i}(k_1x_1+k_3x_3-\omega t)]\end{aligned}$$

从而

$$\dot{u}_1=0,\quad \dot{u}_2=\omega(k_3B_1-k_1B_3)\exp\left[\mathrm{i}(k_1x_1+k_3x_3-\omega t)\right],\quad \dot{u}_3=0$$

(1) 应变张量分量。

$$\begin{aligned}\varepsilon_{ij} &= \frac{1}{2}\left(u_{i,j}+u_{j,i}\right)=\frac{1}{2}\left[\mathrm{i}\left(k_je_{imn}+k_ie_{jmn}\right)\right]\mathrm{i}k_mB_n\exp[\mathrm{i}(k_1x_1+k_3x_3-\omega t)]\\&= -\frac{1}{2}\left(k_je_{imn}+k_ie_{jmn}\right)k_mB_n\exp[\mathrm{i}(k_1x_1+k_3x_3-\omega t)]\end{aligned}$$

从而

$$\varepsilon_{11}=-\frac{1}{2}\left(k_1k_2B_3-k_1k_3B_2+k_1k_2B_3-k_1k_3B_2\right)\exp[\mathrm{i}(k_1x_1+k_3x_3-\omega t)]=0$$

$$\varepsilon_{22}=-\frac{1}{2}\left(k_2k_3B_1-k_2k_1B_3+k_2k_3B_1-k_2k_1B_3\right)\exp[\mathrm{i}(k_1x_1+k_3x_3-\omega t)]=0$$

$$\varepsilon_{33}=-\frac{1}{2}\left(k_3k_1B_2-k_3k_2B_1+k_3k_1B_2-k_3k_2B_1\right)\exp[\mathrm{i}(k_1x_1+k_3x_3-\omega t)]=0$$

$$\begin{aligned}\varepsilon_{12} &= -\frac{1}{2}\left(k_2k_2B_3-k_2k_3B_2+k_1k_3B_1-k_1k_1B_3\right)\exp[\mathrm{i}(k_1x_1+k_3x_3-\omega t)]\\&= -\frac{1}{2}k_1\left(k_3B_1-k_1B_3\right)\exp[\mathrm{i}(k_1x_1+k_3x_3-\omega t)]\end{aligned}$$

$$\begin{aligned}\varepsilon_{23} &= -\frac{1}{2}\left(k_3k_3B_1-k_3k_1B_3+k_2k_1B_2-k_2k_2B_1\right)\exp[\mathrm{i}(k_1x_1+k_3x_3-\omega t)]\\&= -\frac{1}{2}k_3\left(k_3B_1-k_1B_3\right)\exp[\mathrm{i}(k_1x_1+k_3x_3-\omega t)]\end{aligned}$$

$$\varepsilon_{31}=-\frac{1}{2}\left(k_1k_1B_2-k_1k_2B_1+k_3k_2B_3-k_3k_3B_2\right)\exp[\mathrm{i}(k_1x_1+k_3x_3-\omega t)]=0$$

(注意到 $k_2=0$，$B_2=0$)

(2) 应力张量分量。

根据广义胡克定律

$$\sigma_{ij}=\lambda\theta\delta_{ij}+2\mu\varepsilon_{ij}=\lambda u_{l,l}\delta_{ij}+2\mu\varepsilon_{ij}$$

$$= \lambda \left(\mathrm{i}k_l\right) \mathrm{i}e_{lmn}k_m B_n \exp[\mathrm{i}(k_1x_1 + k_3x_3 - \omega t)]\delta_{ij} + 2\mu\varepsilon_{ij} = 2\mu\varepsilon_{ij}$$

$$\sigma_{11} = 2\mu\varepsilon_{11} = 0, \quad \sigma_{22} = 2\mu\varepsilon_{22} = 0, \quad \sigma_{33} = 2\mu\varepsilon_{33} = 0$$

$$\sigma_{12} = 2\mu\varepsilon_{12} = \mu k_1 \left(k_1B_3 - k_3B_1\right) \exp[\mathrm{i}(k_1x_1 + k_3x_3 - \omega t)]$$

$$\sigma_{23} = 2\mu\varepsilon_{23} = \mu k_3 \left(k_1B_3 - k_3B_1\right) \exp[\mathrm{i}(k_1x_1 + k_3x_3 - \omega t)]$$

$$\sigma_{31} = 2\mu\varepsilon_{31} = 0$$

(3) 能流密度矢量。

$$\begin{aligned}
I_i &= -\sigma_{ij}\frac{\partial u_j}{\partial t} = -2\mu\varepsilon_{ij}\frac{\partial u_j}{\partial t} \\
&= -2\mu\left[-\frac{1}{2}\left(k_je_{imn} + k_ie_{jmn}\right)k_mB_n\cos(k_1x_1 + k_3x_3 - \omega t)\right] \\
&\quad \times \left[(-\mathrm{i}\omega)\cdot \mathrm{i}e_{jrs}k_rB_s\cos(k_1x_1 + k_3x_3 - \omega t)\right] \\
&= \mu\left(k_je_{imn} + k_ie_{jmn}\right)k_mB_n\cos(k_1x_1 \\
&\quad + k_3x_3 - \omega t)\omega e_{jrs}k_rB_s\cos(k_1x_1 + k_3x_3 - \omega t) \\
&= \mu\omega\cos^2(k_1x_1 + k_3x_3 - \omega t)\left[\left(k_je_{imn} + k_ie_{jmn}\right)k_mB_n\right]e_{jrs}k_rB_s
\end{aligned}$$

$$\begin{aligned}
I_1 &= \mu\omega\cos^2(k_1x_1 + k_3x_3 - \omega t)\left[k_1\left(k_3B_1 - k_1B_3\right)\right]\left(k_3B_1 - k_1B_3\right) \\
&= \mu\omega\cos^2(k_1x_1 + k_3x_3 - \omega t)k_1\left(k_3B_1 - k_1B_3\right)^2
\end{aligned}$$

$$I_2 = 0$$

$$\begin{aligned}
I_3 &= \mu\omega\cos^2(k_1x_1 + k_3x_3 - \omega t)\left[k_3\left(k_3B_1 - k_1B_3\right)\right]\left(k_3B_1 - k_1B_3\right) \\
&= \mu\omega\cos^2(k_1x_1 + k_3x_3 - \omega t)k_3\left(k_3B_1 - k_1B_3\right)^2
\end{aligned}$$

$$\begin{aligned}
I &= \sqrt{I_1^2 + I_2^2 + I_3^2} \\
&= \mu\omega\cos^2(k_1x_1 + k_3x_3 - \omega t)\left(k_3B_1 - k_1B_3\right)^2\sqrt{k_1^2 + k_3^2} \\
&= \mu\omega k\cos^2(k_1x_1 + k_3x_3 - \omega t)\left(k_3B_1 - k_1B_3\right)^2 \\
&= \rho c_{\mathrm{S}}\omega^2\left(k_3B_1 - k_1B_3\right)^2\cos^2(k_1x_1 + k_3x_3 - \omega t)
\end{aligned}$$

(4) 波的强度与传播速度。

$$\langle I\rangle = \frac{1}{T}\int_0^T I\mathrm{d}t$$

$$
\begin{aligned}
&= \rho c_{\mathrm{S}} \omega^2 \left(k_3 B_1 - k_1 B_3\right)^2 \frac{1}{T} \int_0^T \cos^2[(k_1 x_1 + k_3 x_3 - \omega t)] \mathrm{d}t \\
&= \rho c_{\mathrm{S}} \omega^2 \left(k_3 B_1 - k_1 B_3\right)^2 \frac{1}{T} \frac{T}{2} \\
&= \frac{1}{2} \rho c_{\mathrm{S}} \omega^2 \left(k_3 B_1 - k_1 B_3\right)^2
\end{aligned}
$$

$$
\begin{aligned}
w_{\mathrm{k}} &= \frac{1}{2} \rho \left(\dot{u}_j \dot{u}_j\right) \\
&= \frac{1}{2} \rho \left[(-\mathrm{i}\omega) \cdot \mathrm{i} e_{jmn} k_m B_n \cos(k_1 x_1 + k_3 x_3 - \omega t)\right]^2 \\
&= \frac{1}{2} \rho \omega^2 \left(k_3 B_1 - k_1 B_3\right)^2 \cos^2(k_1 x_1 + k_3 x_3 - \omega t)
\end{aligned}
$$

$$
\begin{aligned}
w_{\mathrm{p}} &= \frac{1}{2} \sigma_{ij} \varepsilon_{ij} = \frac{1}{2} \left(2\mu \varepsilon_{ij}\right) \varepsilon_{ij} = \mu \varepsilon_{ij}^2 \\
&= \mu \left(\varepsilon_{12}^2 + \varepsilon_{21}^2 + \varepsilon_{23}^2 + \varepsilon_{32}^2\right) \\
&= \frac{1}{2} \mu \left(k_1 B_3 - k_3 B_1\right)^2 \cos^2(k_1 x_1 + k_3 x_3 - \omega t) \left(k_1^2 + k_3^2\right) \\
&= \frac{1}{2} \mu \left(k_1 B_3 - k_3 B_1\right)^2 \cos^2(k_1 x_1 + k_3 x_3 - \omega t) k^2 \\
&= \frac{1}{2} \rho \omega^2 \left(k_1 B_3 - k_3 B_1\right)^2 \cos^2(k_1 x_1 + k_3 x_3 - \omega t)
\end{aligned}
$$

$$
w = w_{\mathrm{k}} + w_{\mathrm{p}} = \rho \omega^2 \left(k_3 B_1 - k_1 B_3\right)^2 \cos^2(k_1 x_1 + k_3 x_3 - \omega t)
$$

$$
\begin{aligned}
\langle w \rangle &= \frac{1}{T} \int_0^T w \mathrm{d}t = \rho \omega^2 \left(k_3 B_1 - k_1 B_3\right)^2 \frac{1}{T} \int_0^T \cos^2(k_1 x_1 + k_3 x_3 - \omega t) \mathrm{d}t \\
&= \frac{1}{2} \rho \omega^2 \left(k_3 B_1 - k_1 B_3\right)^2
\end{aligned}
$$

$$
c = \frac{\langle I \rangle}{\langle w \rangle} = \frac{\frac{1}{2} \rho c_{\mathrm{S}} \omega^2 \left(k_3 B_1 - k_1 B_3\right)^2}{\frac{1}{2} \rho \omega^2 \left(k_3 B_1 - k_1 B_3\right)^2} = c_{\mathrm{S}}
$$

2.4 非均匀平面波

波在耗散介质中的传播，由于能量的耗散，振幅会逐渐减小，直至最后消失。由于波的激发方式不同，波的衰减方向与波的传播方向也可能不一致。这将导致等相位面上振幅分布的不均匀性，具有这种性质的波一般被称为不均匀波。

不均匀波可一般地表示为

$$\boldsymbol{u} = \boldsymbol{A}\mathrm{e}^{\mathrm{i}(\boldsymbol{k}\cdot\boldsymbol{r}-\omega t)} \tag{2.4.1}$$

其中，振幅和波矢量是复矢量，即

$$\boldsymbol{A} = \boldsymbol{A}_{\mathrm{r}}+\mathrm{i}\boldsymbol{A}_{\mathrm{m}} \tag{2.4.2}$$

$$\boldsymbol{k} = \boldsymbol{k}_{\mathrm{r}}+\mathrm{i}\boldsymbol{k}_{\mathrm{m}} \tag{2.4.3}$$

将式 (2.4.3) 代入式 (2.4.1) 得

$$\boldsymbol{u} = \boldsymbol{A}\mathrm{e}^{-\boldsymbol{k}_{\mathrm{m}}\cdot\boldsymbol{r}}\mathrm{e}^{\mathrm{i}(\boldsymbol{k}_{\mathrm{r}}\cdot\boldsymbol{r}-\omega t)}$$

可见质点的振幅在波传播过程中按指数 $\mathrm{e}^{-\boldsymbol{k}_{\mathrm{m}}\cdot\boldsymbol{r}}$ 衰减。波矢量的虚部 $\boldsymbol{k}_{\mathrm{m}}$ 反映波的衰减性质。在空间平面

$$\boldsymbol{k}_{\mathrm{m}}\cdot\boldsymbol{r} = 常数 \tag{2.4.4}$$

上，质点振幅相同，一般称为**等振幅面**。等振幅面的法线方向称为衰减方向。故波矢量的虚部 $\boldsymbol{k}_{\mathrm{m}}$ 的方向表示衰减方向，其大小反映衰减的快慢，也可称为衰减系数。

波矢量的实部 $\boldsymbol{k}_{\mathrm{r}}$ 的方向表示波的传播方向，其大小反映波数，等相位面方程为

$$\boldsymbol{k}_{\mathrm{r}}\cdot\boldsymbol{r}-\omega t = 常数 \tag{2.4.5}$$

从而波的相速度为

$$c=\frac{\omega}{k_{\mathrm{r}}}(k_{\mathrm{r}}=|\boldsymbol{k}_{\mathrm{r}}|) \tag{2.4.6}$$

通常 $\boldsymbol{k}_{\mathrm{r}}$ 的方向与 $\boldsymbol{k}_{\mathrm{m}}$ 的方向并不相同。实际问题可能出现如下几种情况。

(1) $\boldsymbol{k}_{\mathrm{m}}$ 与 $\boldsymbol{k}_{\mathrm{r}}$ 方向相同。此时，虽然波在传播过程中是衰减的，但等相位面上振幅分布仍然是均匀的。这种模式的波仅在耗散介质中存在，有时也称为迅衰波 (evanescent wave)，或者均匀波 (homogeneous wave)。有些文献中也用迅衰波特指 $\boldsymbol{k}_{\mathrm{r}}=0$ 的一类波。

(2) $\boldsymbol{k}_{\mathrm{m}}$ 与 $\boldsymbol{k}_{\mathrm{r}}$ 方向正交。此时，等相位面上振幅分布是不均匀的，通常是按 $\mathrm{e}^{-\boldsymbol{k}_{\mathrm{m}}\cdot\boldsymbol{r}}$ 指数衰减，但波在传播过程中沿波的传播方向上振幅并不减小。因此，非耗散介质中也可能出现这种模式的波。

(3) $\boldsymbol{k}_{\mathrm{m}}$ 与 $\boldsymbol{k}_{\mathrm{r}}$ 既不垂直也不平行。此时，等振幅面与等相位面并不一致。在等相位面上振幅分布是不均匀的。在有的文献中，也用均匀波表示这类波。$\boldsymbol{k}_{\mathrm{m}}$ 与 $\boldsymbol{k}_{\mathrm{r}}$ 之间的夹角也不能由材料参数完全确定而同时依赖于波的激发方式。$\boldsymbol{k}_{\mathrm{m}}$ 的大小和 $\boldsymbol{k}_{\mathrm{r}}$ 的大小一样都与材料参数和频率相关。通常 $k_{\mathrm{r}}\sim\omega$ 关系称为色散关系，而 $k_{\mathrm{m}}\sim\omega$ 关系称为幅频关系。

耗散介质中的波动方程可表示为

$$\nabla^2 \boldsymbol{u} - \frac{\boldsymbol{k}\cdot\boldsymbol{k}}{\omega^2}\frac{\partial^2 \boldsymbol{u}}{\partial t^2} = 0 \tag{2.4.7}$$

方程中的系数 $\dfrac{\boldsymbol{k}\cdot\boldsymbol{k}}{\omega^2}$ 由耗散介质的材料系数确定。由于耗散介质的本构参数是复数，故方程中的复数 $\dfrac{\boldsymbol{k}\cdot\boldsymbol{k}}{\omega^2}$ 也是复数。角频率 ω 通常认为是实数，其取值范围为 $(0,+\infty)$，则 $\boldsymbol{k}$ 必须是复矢量，即

$$\boldsymbol{k}\cdot\boldsymbol{k} = a + \mathrm{i}b \tag{2.4.8}$$

热动力学要求 $b>0$，即承载传播的介质是耗散介质，由于能量的耗散，波在传播过程中总是衰减的。式 (2.4.8) 可等价地表示为

$$k_\mathrm{r}^2 - k_\mathrm{m}^2 = a \tag{2.4.9a}$$

$$2k_\mathrm{r}\cdot k_\mathrm{m}\cos\gamma = b \tag{2.4.9b}$$

式 (2.4.9) 中包含 k_r，k_m，以及 $\boldsymbol{k}_\mathrm{r}$ 与 $\boldsymbol{k}_\mathrm{m}$ 之间的夹角 γ 三个参数。即使所有材料参数都已知，即 a 和 b 给定，也不能由式 (2.4.9) 解出 k_r，k_m 和 γ。除非进一步补充信息，通常夹角 γ 与波的激发方式有关。

现在我们来讨论一下复振幅矢量，在深入讨论复振幅之前，先给出一个定理。

定理 1 存在正交矢量 $\boldsymbol{a}$ 和 $\boldsymbol{b}$ 满足 $\boldsymbol{a}\cdot\boldsymbol{b}=0$，使得任意矢量 $\boldsymbol{A}=\boldsymbol{A}_\mathrm{r}+\mathrm{i}\boldsymbol{A}_\mathrm{m}$，总可以表示成如下形式：

$$\boldsymbol{A}_\mathrm{r} + \mathrm{i}\boldsymbol{A}_\mathrm{m} = \mathrm{e}^{\mathrm{i}\beta}(\boldsymbol{a}+\mathrm{i}\boldsymbol{b}) \tag{2.4.10}$$

证明 如果式 (2.4.10) 成立，则有

$$(\boldsymbol{a}+\mathrm{i}\boldsymbol{b})\cdot(\boldsymbol{a}+\mathrm{i}\boldsymbol{b}) = \mathrm{e}^{-\mathrm{i}2\beta}(\boldsymbol{A}_\mathrm{r}+\mathrm{i}\boldsymbol{A}_\mathrm{m})\cdot(\boldsymbol{A}_\mathrm{r}+\mathrm{i}\boldsymbol{A}_\mathrm{m}) \tag{2.4.11}$$

$$\boldsymbol{a}\cdot\boldsymbol{a} - \boldsymbol{b}\cdot\boldsymbol{b} + \mathrm{i}2\boldsymbol{a}\cdot\boldsymbol{b} = \mathrm{e}^{-\mathrm{i}2\beta}(\boldsymbol{A}_\mathrm{r}\cdot\boldsymbol{A}_\mathrm{r} - \boldsymbol{A}_\mathrm{m}\cdot\boldsymbol{A}_\mathrm{m} + \mathrm{i}2\boldsymbol{A}_\mathrm{r}\cdot\boldsymbol{A}_\mathrm{m}) \tag{2.4.12}$$

由于 $\boldsymbol{a}\cdot\boldsymbol{b}=0$，则有

$$\begin{aligned}\boldsymbol{a}\cdot\boldsymbol{a} - \boldsymbol{b}\cdot\boldsymbol{b} = {} & \cos 2\beta(\boldsymbol{A}_\mathrm{r}\cdot\boldsymbol{A}_\mathrm{r} - \boldsymbol{A}_\mathrm{m}\cdot\boldsymbol{A}_\mathrm{m}) + 2\sin 2\beta\boldsymbol{A}_\mathrm{r}\cdot\boldsymbol{A}_\mathrm{m} \\ & - \mathrm{i}[\sin 2\beta(\boldsymbol{A}_\mathrm{r}\cdot\boldsymbol{A}_\mathrm{r} - \boldsymbol{A}_\mathrm{m}\cdot\boldsymbol{A}_\mathrm{m}) - 2\cos 2\beta\boldsymbol{A}_\mathrm{r}\cdot\boldsymbol{A}_\mathrm{m}]\end{aligned} \tag{2.4.13}$$

从而

$$\boldsymbol{a}\cdot\boldsymbol{a} - \boldsymbol{b}\cdot\boldsymbol{b} = \cos 2\beta(\boldsymbol{A}_\mathrm{r}\cdot\boldsymbol{A}_\mathrm{r} - \boldsymbol{A}_\mathrm{m}\cdot\boldsymbol{A}_\mathrm{m}) + 2\sin 2\beta\boldsymbol{A}_\mathrm{r}\cdot\boldsymbol{A}_\mathrm{m} \tag{2.4.14a}$$

$$0 = \sin 2\beta(\boldsymbol{A}_\mathrm{r}\cdot\boldsymbol{A}_\mathrm{r} - \boldsymbol{A}_\mathrm{m}\cdot\boldsymbol{A}_\mathrm{m}) - 2\cos 2\beta\boldsymbol{A}_\mathrm{r}\cdot\boldsymbol{A}_\mathrm{m} \tag{2.4.14b}$$

当 $\boldsymbol{A}_\text{r}\cdot\boldsymbol{A}_\text{r}\neq\boldsymbol{A}_\text{m}\cdot\boldsymbol{A}_\text{m}$ 时，由上式可知

$$\tan 2\beta=\frac{2\boldsymbol{A}_\text{r}\cdot\boldsymbol{A}_\text{m}}{\boldsymbol{A}_\text{r}\cdot\boldsymbol{A}_\text{r}-\boldsymbol{A}_\text{m}\cdot\boldsymbol{A}_\text{m}} \tag{2.4.15}$$

一旦 β 已知，就可以根据 $\boldsymbol{A}_\text{r}$，$\boldsymbol{A}_\text{m}$ 的值，由

$$\boldsymbol{a}=\cos\beta\boldsymbol{A}_\text{r}+\sin\beta\boldsymbol{A}_\text{m} \tag{2.4.16a}$$

$$\boldsymbol{b}=\cos\beta\boldsymbol{A}_\text{m}-\sin\beta\boldsymbol{A}_\text{r} \tag{2.4.16b}$$

确定 $\boldsymbol{a}$，$\boldsymbol{b}$。当 $\boldsymbol{A}_\text{r}\cdot\boldsymbol{A}_\text{r}=\boldsymbol{A}_\text{m}\cdot\boldsymbol{A}_\text{m}$ 时，则 $(\boldsymbol{A}_\text{r}-\boldsymbol{A}_\text{m})\cdot(\boldsymbol{A}_\text{r}+\boldsymbol{A}_\text{m})=0$。

可令

$$\boldsymbol{a}=\frac{1}{\sqrt{2}}(\boldsymbol{A}_\text{r}-\boldsymbol{A}_\text{m}),\quad \boldsymbol{b}=\frac{1}{\sqrt{2}}(\boldsymbol{A}_\text{r}+\boldsymbol{A}_\text{m}) \tag{2.4.17}$$

则有

$$\boldsymbol{A}_\text{r}+\text{i}\boldsymbol{A}_\text{m}=\text{e}^{-\text{i}\frac{\pi}{4}}(\boldsymbol{a}+\text{i}\boldsymbol{b}) \tag{2.4.18}$$

此时 $\boldsymbol{a}\perp\boldsymbol{b}$，且 $\beta=-\dfrac{\pi}{4}$。证毕。

利用上面的定理，具有物理意义的位移是

$$\boldsymbol{u}=\text{Re}\left[\text{e}^{-\boldsymbol{k}_\text{m}\cdot\boldsymbol{r}}(\boldsymbol{a}+\text{i}\boldsymbol{b})\text{e}^{\text{i}(\boldsymbol{k}_\text{r}\cdot\boldsymbol{r}-\omega t+\beta)}\right] \tag{2.4.19}$$

令 $\xi=\boldsymbol{k}_\text{r}\cdot\boldsymbol{r}-\omega t+\beta$，则

$$\boldsymbol{u}=\text{e}^{-k_\text{m}\cdot r}(\boldsymbol{a}\cos\xi-\boldsymbol{b}\sin\xi) \tag{2.4.20}$$

由于 $\boldsymbol{a}\cdot\boldsymbol{b}=0$，可令坐标轴与 $\boldsymbol{a}$ 和 $\boldsymbol{b}$ 一致，则有

$$\begin{aligned}u_x&=\text{e}^{-\boldsymbol{k}_\text{m}\cdot\boldsymbol{r}}\cdot|\boldsymbol{a}|\cos\xi\\u_y&=\text{e}^{-\boldsymbol{k}_\text{m}\cdot\boldsymbol{r}}\cdot|\boldsymbol{b}|\sin\xi\end{aligned} \tag{2.4.21}$$

从而

$$\frac{u_x^2}{\left(|\boldsymbol{a}|\,\text{e}^{-\boldsymbol{k}_\text{m}\cdot\boldsymbol{r}}\right)^2}+\frac{u_y^2}{\left(|\boldsymbol{b}|\,\text{e}^{-\boldsymbol{k}_\text{m}\cdot\boldsymbol{r}}\right)^2}=1 \tag{2.4.22}$$

质点偏振面为椭圆，长短半轴分别是 $|\boldsymbol{a}|\,\text{e}^{-\boldsymbol{k}_\text{m}\cdot\boldsymbol{r}}$ 和 $|\boldsymbol{b}|\,\text{e}^{-\boldsymbol{k}_\text{m}\cdot\boldsymbol{r}}$，质点偏振所在平面为 $\boldsymbol{A}_\text{r}$ 与 $\boldsymbol{A}_\text{m}$ 所确定。如果 $|\boldsymbol{a}|=|\boldsymbol{b}|$，则质点偏振为圆。上面的讨论适合于 $\boldsymbol{A}_\text{r}\times\boldsymbol{A}_\text{m}\neq0$ 的情况。当 $\boldsymbol{A}_\text{r}\times\boldsymbol{A}_\text{m}=0$ 时，即 $\boldsymbol{A}_\text{r}$ 与 $\boldsymbol{A}_\text{m}$ 方向一致，则

$$\boldsymbol{A}_\text{r}+\text{i}\boldsymbol{A}_\text{m}=A\text{e}^{\text{i}\beta}\boldsymbol{e}_{\boldsymbol{A}} \tag{2.4.23}$$

其中，$\boldsymbol{e}_{\boldsymbol{A}}$ 为 $\boldsymbol{A}_{\mathrm{r}}$ 或 $\boldsymbol{A}_{\mathrm{m}}$ 的单位矢量。$A^2=|\boldsymbol{A}_{\mathrm{r}}|^2+|\boldsymbol{A}_{\mathrm{m}}|^2$。从而具有物理意义的位移为

$$\begin{aligned}\boldsymbol{u}&=\mathrm{Re}\left[(\boldsymbol{A}_{\mathrm{r}}+\mathrm{i}\boldsymbol{A}_{\mathrm{m}})\mathrm{e}^{\mathrm{i}(\boldsymbol{k}_{\mathrm{r}}\cdot\boldsymbol{r}-\omega t)}\mathrm{e}^{-\boldsymbol{k}_{\mathrm{m}}\cdot\boldsymbol{r}}\right]\\&=\mathrm{Re}\left[A\boldsymbol{e}_{\boldsymbol{A}}\mathrm{e}^{-\boldsymbol{k}_{\mathrm{m}}\cdot\boldsymbol{r}}\cdot\mathrm{e}^{\mathrm{i}(\boldsymbol{k}_{\mathrm{r}}\cdot\boldsymbol{r}-\omega t+\beta)}\right]\\&=A\boldsymbol{e}_{\boldsymbol{A}}\mathrm{e}^{-\boldsymbol{k}_{\mathrm{m}}\cdot\boldsymbol{r}}\cdot\cos\xi\quad(\xi=\boldsymbol{k}_{\mathrm{r}}\cdot\boldsymbol{r}-\omega t+\beta)\end{aligned}\tag{2.4.24}$$

上式表明，当 $\boldsymbol{A}_{\mathrm{r}}\times\boldsymbol{A}_{\mathrm{m}}=0$ 时，质点的偏振是一条直线。

下面我们依据质点的偏振特性来定义纵波和横波。类似于对经典弹性介质中纵波和横波的定义，我们定义不均匀纵波满足

$$\boldsymbol{A}=\varphi\boldsymbol{k}\tag{2.4.25}$$

其中 φ 为标量复数，由式 (2.4.25) 知

$$\boldsymbol{A}\times\boldsymbol{k}=0\tag{2.4.26}$$

在 $\boldsymbol{A}$ 和 $\boldsymbol{k}$ 均为实矢量情况下，上式表示质点偏振方向与波传播方向一致，但在复矢量情况下，并不能表示偏振方向与传播方向一致。但可以表示

$$\nabla\times\boldsymbol{u}=0\tag{2.4.27}$$

我们定义不均匀横波满足

$$\boldsymbol{A}=\boldsymbol{k}\times\boldsymbol{\varphi}\tag{2.4.28}$$

其中，$\boldsymbol{\varphi}$ 为复矢量。依据矢量等式

$$\boldsymbol{k}\times(\boldsymbol{A}\times\boldsymbol{k})=(\boldsymbol{k}\cdot\boldsymbol{k})\boldsymbol{A}-(\boldsymbol{k}\cdot\boldsymbol{A})\boldsymbol{k}$$

可从式 (2.4.28) 推得

$$\boldsymbol{A}\cdot\boldsymbol{k}=0\tag{2.4.29}$$

在 $\boldsymbol{A}$ 和 $\boldsymbol{k}$ 均为实矢量情况下，上式表示质点偏振方向与波传播方向垂直，但在复矢量情况下并不成立。但可以表示

$$\nabla\cdot\boldsymbol{u}=0\tag{2.4.30}$$

接下来我们来讨论不均匀波携带的能量。

由公式

$$\nabla\cdot(\boldsymbol{T}\cdot\boldsymbol{a})=\boldsymbol{T}:\nabla\boldsymbol{a}+(\nabla\cdot\boldsymbol{T})\cdot\boldsymbol{a}\tag{2.4.31}$$

知

$$(\nabla\cdot\boldsymbol{\sigma})\cdot\dot{\boldsymbol{u}}+\boldsymbol{\sigma}:\dot{\boldsymbol{\varepsilon}}=\nabla\cdot(\boldsymbol{\sigma}\cdot\dot{\boldsymbol{u}})\tag{2.4.32}$$

考虑到 $\nabla\cdot\boldsymbol{\sigma}=\rho\ddot{\boldsymbol{u}}$ 得

$$\rho\ddot{\boldsymbol{u}}\cdot\dot{\boldsymbol{u}}+\boldsymbol{\sigma}:\dot{\varepsilon}=\nabla\cdot(\boldsymbol{\sigma}\cdot\dot{\boldsymbol{u}}) \tag{2.4.33}$$

令 $\dot{K}=\rho\ddot{\boldsymbol{u}}\cdot\dot{\boldsymbol{u}}$，$\dot{E}=\boldsymbol{\sigma}:\dot{\varepsilon}$，$\boldsymbol{J}=-\boldsymbol{\sigma}\cdot\dot{\boldsymbol{u}}$，则

$$\dot{K}+\dot{E}=-\nabla\cdot\boldsymbol{J} \tag{2.4.34}$$

上式的积分形式为

$$\frac{\mathrm{d}}{\mathrm{d}t}\int_v (K+E)\,\mathrm{d}v=-\int_v(\nabla\cdot\boldsymbol{J})\,\mathrm{d}v=-\oint_s \boldsymbol{J}\cdot\boldsymbol{n}\mathrm{d}s \tag{2.4.35}$$

上式是能量平衡方程，即动能和变形能之和的时间变化率等于通过包围该微体的表面能流矢量的通量，能量平衡方程的更一般形式为

$$\frac{\mathrm{d}}{\mathrm{d}t}(K+E)=-\nabla\cdot\boldsymbol{J}-\nabla\cdot\boldsymbol{q}+\rho\boldsymbol{b}\cdot\dot{\boldsymbol{u}}+\rho r \tag{2.4.36}$$

其中，$\boldsymbol{q}$ 是热流矢量 (沿外法线方向为正)；r 是单位质量的热流；$\boldsymbol{b}$ 是单位质量体积力。在耗散介质中，考虑到能量耗散，式 (2.4.34) 表示的能量平衡方程应该修正为

$$\frac{\mathrm{d}}{\mathrm{d}t}(K+E)+D=-\nabla\cdot\boldsymbol{J} \tag{2.4.37}$$

其中，D 表示单位质量的能量耗散率。

现在来讨论表面能流的具体表达式

$$\begin{aligned}\boldsymbol{J}&=-\mathrm{Re}\,(\boldsymbol{\sigma})\cdot\mathrm{Re}\,(\dot{\boldsymbol{u}})=-\frac{1}{2}(\boldsymbol{\sigma}+\boldsymbol{\sigma}^*)\cdot\frac{1}{2}(\dot{\boldsymbol{u}}+\dot{\boldsymbol{u}}^*)\\&=-\frac{1}{4}(\boldsymbol{\sigma}\cdot\dot{\boldsymbol{u}}^*+\boldsymbol{\sigma}^*\cdot\dot{\boldsymbol{u}})-\frac{1}{4}(\boldsymbol{\sigma}\cdot\dot{\boldsymbol{u}}+\boldsymbol{\sigma}^*\cdot\dot{\boldsymbol{u}}^*)\end{aligned} \tag{2.4.38}$$

考虑到

$$\frac{1}{T}\int_0^T \mathrm{e}^{\pm\mathrm{i}\omega t}\mathrm{d}t=0 \tag{2.4.39}$$

在一个周期的平均能流为

$$\langle\boldsymbol{J}\rangle=\frac{1}{T}\int_0^T\boldsymbol{J}(t)\mathrm{d}t=-\frac{1}{4T}\int_0^T(\boldsymbol{\sigma}\cdot\dot{\boldsymbol{u}}^*+\boldsymbol{\sigma}^*\cdot\dot{\boldsymbol{u}})\mathrm{d}t=-\frac{1}{2T}\int_0^T\mathrm{Re}(\boldsymbol{\sigma}\cdot\dot{\boldsymbol{u}}^*)\mathrm{d}t \tag{2.4.40}$$

沿波传播方向 $\boldsymbol{n}$ 的能流表示为

$$\langle J_n\rangle=\langle\boldsymbol{J}\rangle\cdot\boldsymbol{n} \tag{2.4.41}$$

令

$$\boldsymbol{u}=\boldsymbol{U}_0(\omega)\mathrm{e}^{\mathrm{i}(\boldsymbol{k}\cdot\boldsymbol{r}-\omega t)},\quad \boldsymbol{k}=\boldsymbol{k}_\mathrm{r}+\mathrm{i}\boldsymbol{k}_\mathrm{m}$$

则

$$\boldsymbol{\sigma} = \lambda \mathrm{tr}(\boldsymbol{\varepsilon})\boldsymbol{I} + 2\mu\boldsymbol{\varepsilon} \tag{2.4.42a}$$

$$\boldsymbol{\sigma}\cdot\boldsymbol{n} = \lambda \mathrm{tr}(\boldsymbol{\varepsilon})\boldsymbol{n} + 2\mu\boldsymbol{\varepsilon}\cdot\boldsymbol{n} \tag{2.4.42b}$$

$$\boldsymbol{\varepsilon} = \frac{1}{2}(\nabla\boldsymbol{u} + \boldsymbol{u}\nabla) = \frac{1}{2}(\mathrm{i}\boldsymbol{k}\otimes\boldsymbol{U}_0 + \boldsymbol{U}_0\otimes\mathrm{i}\boldsymbol{k})\mathrm{e}^{\mathrm{i}(\boldsymbol{k}\cdot\boldsymbol{r}-\omega t)} \tag{2.4.42c}$$

$$\mathrm{tr}(\boldsymbol{\varepsilon}) = \boldsymbol{\varepsilon}:\boldsymbol{I} = \mathrm{i}\boldsymbol{k}\cdot\boldsymbol{u} \tag{2.4.42d}$$

$$\langle\boldsymbol{J}\rangle = \frac{1}{2}\omega\mathrm{Re}\{\mathrm{e}^{-2\boldsymbol{k}_\mathrm{m}\cdot\boldsymbol{r}}[\mu\boldsymbol{k}(\boldsymbol{U}_0\cdot\boldsymbol{U}_0^*) + \mu\boldsymbol{U}_0(\boldsymbol{k}\cdot\boldsymbol{U}_0^*) + \lambda(\boldsymbol{k}\cdot\boldsymbol{U}_0)\boldsymbol{U}_0^*]\} \tag{2.4.42e}$$

$$\langle J_n\rangle = \frac{1}{2}\omega\mathrm{e}^{-2\boldsymbol{k}_\mathrm{m}\cdot\boldsymbol{r}}\cdot\mathrm{Re}[\mu(\boldsymbol{k}\cdot\boldsymbol{U}_0^*)(\boldsymbol{U}_0\cdot\boldsymbol{n}) + \mu(\boldsymbol{U}_0\cdot\boldsymbol{U}_0^*)(\boldsymbol{k}\cdot\boldsymbol{n}) + \lambda(\boldsymbol{k}\cdot\boldsymbol{U}_0)(\boldsymbol{U}_0^*\cdot\boldsymbol{n})] \tag{2.4.42f}$$

对于不均匀纵波

$$\boldsymbol{k}\cdot\boldsymbol{k} = \frac{\rho\omega^2}{\lambda+2\mu},\quad \boldsymbol{U}_0 = \mathrm{i}\boldsymbol{k}\varPhi \tag{2.4.43}$$

其中，$\varPhi$ 为复数的位移势函数，即 $\boldsymbol{u} = \nabla\varPhi$，则

$$\langle\boldsymbol{J}\rangle = \frac{1}{2}|\phi|^2\omega\mathrm{e}^{-2\boldsymbol{k}_\mathrm{m}\cdot\boldsymbol{r}}[\rho\omega^2\boldsymbol{k}_\mathrm{r} - 4(\boldsymbol{k}_\mathrm{r}\times\boldsymbol{k}_\mathrm{m})\times(\mu_\mathrm{r}\boldsymbol{k}_\mathrm{m} + \mu_\mathrm{m}\boldsymbol{k}_\mathrm{r})] \tag{2.4.44}$$

$$\langle J_n\rangle = \frac{1}{2}|\phi|^2\omega\mathrm{e}^{-2\boldsymbol{k}_\mathrm{m}\cdot\boldsymbol{r}}[\rho\omega^2|\boldsymbol{k}_\mathrm{r}| - 4u_\mathrm{r}|\boldsymbol{k}_\mathrm{r}||\boldsymbol{k}_\mathrm{m}|^2\sin^2\theta] \tag{2.4.45}$$

其中，$\mu = \mu_\mathrm{r} + \mathrm{i}\mu_\mathrm{m}$；$\theta$ 是 $\boldsymbol{k}_\mathrm{r}$ 和 $\boldsymbol{k}_\mathrm{m}$ 之间的夹角。

对于不均匀横波

$$\boldsymbol{k}\cdot\boldsymbol{k} = \frac{\rho\omega^2}{\mu},\quad \boldsymbol{U}_0 = \mathrm{i}\boldsymbol{k}\times\varPsi \tag{2.4.46}$$

其中，$\varPsi$ 为复数的矢量势函数，即 $\boldsymbol{u} = \nabla\times\varPhi$，则

$$\begin{aligned}(\boldsymbol{U}_0^*\cdot\boldsymbol{k})\boldsymbol{U}_0 &= -[(\boldsymbol{k}\times\boldsymbol{\varPsi}^*)\cdot\boldsymbol{k}^*](\boldsymbol{k}\times\boldsymbol{\varPsi})\\ &= -\{\boldsymbol{k}^*\times(\boldsymbol{k}\times\boldsymbol{\varPsi})\times(\boldsymbol{k}\times\boldsymbol{\varPsi}^*) + [(\boldsymbol{k}\times\boldsymbol{\varPsi}^*)\cdot(\boldsymbol{k}\times\boldsymbol{\varPsi})]\boldsymbol{k}^*\}\end{aligned} \tag{2.4.47}$$

由于 $\boldsymbol{k}\cdot\boldsymbol{\varPsi} = 0$，

$$(\boldsymbol{k}\times\boldsymbol{\varPsi}^*)\cdot(\boldsymbol{k}\times\boldsymbol{\varPsi}) = [\boldsymbol{\varPsi}^*\times(\boldsymbol{k}\times\boldsymbol{\varPsi})]\cdot\boldsymbol{k} = (\boldsymbol{\varPsi}^*\cdot\boldsymbol{\varPsi})(\boldsymbol{k}\cdot\boldsymbol{k}) \tag{2.4.48}$$

从而

$$\begin{aligned}&(\boldsymbol{U}_0^*\cdot\boldsymbol{k})\boldsymbol{U}_0\\ =& -\{[(\boldsymbol{k}\cdot\boldsymbol{\varPsi})\boldsymbol{k} - (\boldsymbol{k}^*\cdot\boldsymbol{k})\boldsymbol{\varPsi}]\times(\boldsymbol{k}\times\boldsymbol{\varPsi}^*) + (\boldsymbol{k}\cdot\boldsymbol{k})(\boldsymbol{\varPsi}^*\cdot\boldsymbol{\varPsi})\boldsymbol{k}^*\}\\ =& (\boldsymbol{k}^*\cdot\boldsymbol{\varPsi})(\boldsymbol{k}\cdot\boldsymbol{k})\boldsymbol{\varPsi}^* - (\boldsymbol{k}^*\cdot\boldsymbol{\varPsi})(\boldsymbol{k}\cdot\boldsymbol{\varPsi}^*)\boldsymbol{k} + (\boldsymbol{k}^*\cdot\boldsymbol{k})(\boldsymbol{\varPsi}^*\cdot\boldsymbol{\varPsi})\boldsymbol{k} - (\boldsymbol{k}\cdot\boldsymbol{k})(\boldsymbol{\varPsi}^*\cdot\boldsymbol{\varPsi})\boldsymbol{k}^*\end{aligned}$$

$$= (\boldsymbol{k}^* \cdot \boldsymbol{\Psi})(\boldsymbol{k} \cdot \boldsymbol{k})\boldsymbol{\Psi}^* - (\boldsymbol{k}^* \cdot \boldsymbol{\Psi})(\boldsymbol{k} \cdot \boldsymbol{\Psi}^*)\boldsymbol{k} + (\boldsymbol{\Psi}^* \cdot \boldsymbol{\Psi})[(\boldsymbol{k}^* \cdot \boldsymbol{k})\boldsymbol{k} - (\boldsymbol{k} \cdot \boldsymbol{k})\boldsymbol{k}^*]$$

又

$$\begin{aligned} \boldsymbol{U}_0 \cdot \boldsymbol{U}_0^* &= (\boldsymbol{\Psi}^* \times \boldsymbol{\Psi}) \cdot (\boldsymbol{\Psi} \times \boldsymbol{k}) = \boldsymbol{\Psi} \cdot [\boldsymbol{k} \times (\boldsymbol{\Psi}^* \times \boldsymbol{k}^*)] \\ &= (\boldsymbol{k} \cdot \boldsymbol{k}^*)(\boldsymbol{\Psi} \cdot \boldsymbol{\Psi}^*) - (\boldsymbol{k} \cdot \boldsymbol{\Psi}^*)(\boldsymbol{k}^* \cdot \boldsymbol{\Psi}) \end{aligned} \tag{2.4.49}$$

综合得

$$\begin{aligned} (\boldsymbol{U}_0 \cdot \boldsymbol{U}_0^*)\boldsymbol{k} + (\boldsymbol{k} \cdot \boldsymbol{U}_0^*)\boldsymbol{U}_0 = &(\boldsymbol{\Psi} \times \boldsymbol{\Psi}^*)[2(\boldsymbol{k} \cdot \boldsymbol{k}^*)\boldsymbol{k} - (\boldsymbol{k} \cdot \boldsymbol{k})\boldsymbol{k}^*] \\ &- 2(\boldsymbol{k} \cdot \boldsymbol{\Psi}^*)(\boldsymbol{k}^* \cdot \boldsymbol{\Psi})\boldsymbol{k} + (\boldsymbol{k}^* \cdot \boldsymbol{\Psi})(\boldsymbol{k} \cdot \boldsymbol{k})\boldsymbol{\Psi}^* \end{aligned} \tag{2.4.50}$$

将式 (2.4.50) 代入式 (2.4.42e) 得

$$\begin{aligned} \langle \boldsymbol{J} \rangle = &\frac{1}{2}\omega \mathrm{e}^{-2\boldsymbol{k}_{\mathrm{m}} \cdot \boldsymbol{r}} \mathrm{Re}\{\mu[(\boldsymbol{\Psi} \cdot \boldsymbol{\Psi}^*)[\boldsymbol{k} \times (\boldsymbol{k} \cdot \boldsymbol{k}^*) + (\boldsymbol{k}^* \cdot \boldsymbol{k})\boldsymbol{k}] \\ &- 2(\boldsymbol{k} \cdot \boldsymbol{\Psi}^*)(\boldsymbol{k}^* \cdot \boldsymbol{\Psi})\boldsymbol{k} + (\boldsymbol{k}^* \cdot \boldsymbol{\Psi})(\boldsymbol{k} \cdot \boldsymbol{k})\boldsymbol{\Psi}^*]\} \end{aligned} \tag{2.4.51}$$

2.5　平面波的频谱分析

设沿 x 方向有两列不同频率的平面波传播

$$u_1(x,t) = A\cos(k_1 x - \omega_1 t) \tag{2.5.1}$$

$$u_2(x,t) = A\cos(k_2 x - \omega_2 t) \tag{2.5.2}$$

这两列波在传播过程中互相叠加的结果是

$$u(x,t) = u_1(x,t) + u_2(x,t) = 2A\cos(\bar{k}x - \bar{\omega}t)\cos(kx - \omega t) \tag{2.5.3}$$

其中，

$$\bar{k} = \frac{1}{2}(k_1 - k_2) \tag{2.5.4}$$

$$\bar{\omega} = \frac{1}{2}(\omega_1 - \omega_2) \tag{2.5.5}$$

$$k = \frac{1}{2}(k_1 + k_2) \tag{2.5.6}$$

$$\omega = \frac{1}{2}(\omega_1 + \omega_2) \tag{2.5.7}$$

其图形如图 2.5.1 所示。

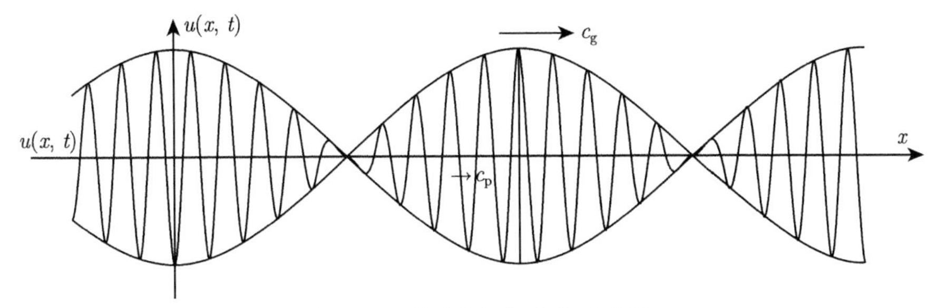

图 2.5.1 群速度与相速度示意图

通常称

$$u'(x,t) = 2A\cos(\bar{k}x - \bar{\omega}t) \tag{2.5.8}$$

为调幅波；称

$$u''(x,t) = \cos(kx - \omega t) \tag{2.5.9}$$

为载波；称 $u(x,t)$ 是被调制了的波。当两列波的频率相近时，

$$\bar{\omega} \approx 0 \tag{2.5.10}$$

$$\omega_1 \approx \omega_2 \approx \omega \tag{2.5.11}$$

从而调幅波是低频波，而载波是高频波 (相对于调幅波而言)。这两列波不仅频率不同，其传播速度也不同，我们称高频载波的传播速度为相速度，而称低频调幅波 (又称波包) 的传播速度为群速度，分别用 c_{p} 和 c_{g} 表示。

若令

$$\bar{k}x - \bar{\omega}t = \text{常数} \tag{2.5.12}$$

则可得

$$c_{\mathrm{g}} = \frac{\mathrm{d}x}{\mathrm{d}t} = \frac{\bar{\omega}}{\bar{k}} \approx \frac{\mathrm{d}\omega}{\mathrm{d}k} \tag{2.5.13}$$

若令

$$kx - \omega t = \text{常数} \tag{2.5.14}$$

则可得

$$c_{\mathrm{p}} = \frac{\mathrm{d}x}{\mathrm{d}t} = \frac{\omega}{k} \approx \frac{\omega_1}{k_1} \approx \frac{\omega_2}{k_2} \tag{2.5.15}$$

对于不同的介质，色散曲线

$$\omega = \omega(k) \tag{2.5.16}$$

具有不同的形式，因而，一般情况下群速度 $c_{\rm g}$ 与相速度 $c_{\rm p}$ 并不相同。但在均匀介质中，有

$$\omega = ck \tag{2.5.17}$$

其中，速度 c 是由介质弹性模量和密度决定的常数，则有

$$c_{\rm g} = c_{\rm p} = c \tag{2.5.18}$$

通常称这样的介质为**非色散介质**。而对于**色散介质**，$c_{\rm g} \neq c_{\rm p}$，当

$$c_{\rm g} < c_{\rm p} \tag{2.5.19}$$

时，称为**正常色散**；当

$$c_{\rm g} > c_{\rm p} \tag{2.5.20}$$

时，称为**非正常色散**。

上面讨论的是两列不同频率的单色平面波的叠加，实际碰到的波往往是许多不同频率平面波的叠加。设某一维平面波

$$u(x,t) = \int_{-\infty}^{+\infty} A(\omega){\rm e}^{{\rm i}[k(\omega)x-\omega t]}{\rm d}\omega \tag{2.5.21}$$

其中，$A(\omega)\sim\omega$ 的关系曲线称为**幅频曲线**。连续的幅频曲线意味着该波包包含任意频率的单色波，这样的波包通常称为**瞬态波**，即位移场 $u(x,t)$ 是坐标和时间的非周期函数。又设一维平面波

$$u(x,t) = \sum_{n=-\infty}^{+\infty} A_n(\omega_n){\rm e}^{{\rm i}[k_n(\omega_n)x-\omega_n t]} \tag{2.5.22}$$

其中，$A_n(\omega_n)\sim\omega_n$ 的关系曲线不是连续的而是分立的。这样的波包的位移场 $u(x,t)$ 是坐标和时间的周期函数，通常称为**稳态波**。如果称 $A_n(\omega_n)$ 是对应频率 ω_n 的**频谱**，则可以说瞬态波具有连续的频谱，稳态波具有分立的频谱。

第 3 章　弹性波在界面的反射与透射

无限弹性介质中波动方程的解以及弹性波传播问题，无须考虑边界条件。然而均匀无限大体只是一种假定的几何模型，实际承载弹性波的介质总是有限的。像地球这样巨大的介质也是有限的，而且是不均匀的，地壳及地球内部可以粗略地认为是分层均匀的结构，而地面就是它的边界。对于有限大体，由于边界的存在，弹性波传播过程中，碰到边界就会发生波与边界的相互作用，并最终导致弹性波传播方向的改变。本章主要讨论平面波在自由表面以及弹性介质分界面处的反射和透射现象。

平面波传播问题是波动理论的基本问题，主要是因为：第一，平面波在数学处理上虽然简单，但也能定性地得出各种波动现象的物理实质；第二，波面弯曲的弹性波可以表示成平面波的积分；第三，平面波的某些传播规律可以近似地直接用于研究非平面波的传播，尤其是远距离上的球面波基本近于平面波。地震波在地层中的传播就是弹性波在分层介质中的传播，震源在各向同性的均匀介质中产生的波的波阵面是球面，球面波遇到分界面，波阵面发生改变。当震源足够远时，即震源与接收点距离比波长大得多时 ($r \gg \lambda$)，可近似将球面波视为平面波。同时，当波长远小于分界面曲率半径时 ($\lambda \ll \rho$)，也可将分界面近似视为平面。这样，可以使讨论大大简化，并不影响对许多现象本质的揭示。

3.1　界面与平面波的分类

3.1.1　完好界面与非完好界面

在前面的讨论中我们知道，在无限均匀弹性介质中，波的传播有两种形式，一种是以速度 c_{P} 传播的弹性纵波，另一种是以速度 c_{S} 传播的弹性横波。当介质的边界远离扰动源，而仅仅考虑波尚未到达边界这一阶段的传播过程时，可以忽略边界的影响。然而实际问题中，两种或多种不同的介质总是通过边界与周围的其他介质相衔接。波在介质性质发生间断的分界面处将产生复杂的反射和透射，通常还会产生模式转化，即产生与原入射波不同类型的波。这种情况下，边界对波传播的影响就不能不考虑了。

所谓界面，就是不同的介质相互接触的曲面或平面。在该面的两侧，介质的性质有着明显的差别。例如，图 3.1.1 表示相互接触的两种介质。两种介质的密

度 ρ，拉梅系数 λ，μ 都不相同，从而介质的波速

$$c_{\mathrm{P}}=\left(\frac{\lambda+2\mu}{\rho}\right)^{\frac{1}{2}},\quad c_{\mathrm{S}}=\left(\frac{\mu}{\rho}\right)^{\frac{1}{2}} \tag{3.1.1}$$

也可以不同。

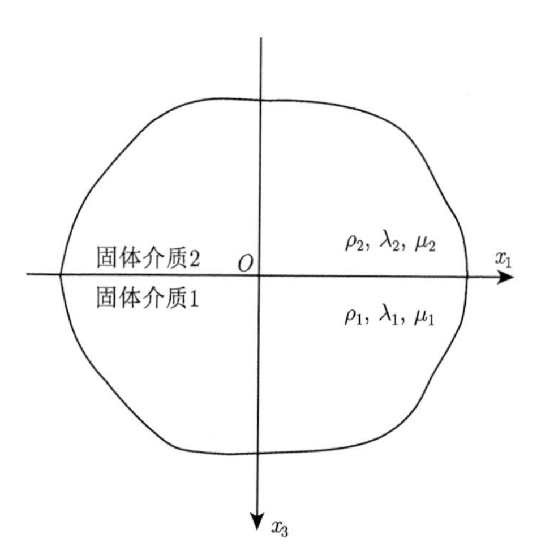

图 3.1.1 两种固体介质的分界面

完好界面认为相邻的两种介质在分界面处是密接的或焊接的，从而位移分量和应力分量在跨越交界面时是连续的，即界面条件可以写成

$$u_1^+=u_1^-,\quad u_2^+=u_2^-,\quad u_3^+=u_3^- \tag{3.1.2a}$$

$$\sigma_{33}^+=\sigma_{33}^-,\quad \sigma_{32}^+=\sigma_{32}^-,\quad \sigma_{31}^+=\sigma_{31}^- \tag{3.1.2b}$$

上式中的“+”和“−”表示界面两侧的力学量。如果第二种介质根本不存在，那部分空间即为真空，则第一种介质和真空的分界面叫做该种介质的**自由表面**，如图 3.1.2 所示。自由表面上应力等于零，而位移不受限制。此时，界面条件可以写成

$$\sigma_{33}^+=\sigma_{33}^-=0,\quad \sigma_{32}^+=\sigma_{32}^-=0,\quad \sigma_{31}^+=\sigma_{31}^-=0 \tag{3.1.3}$$

对于固体与液体 (或者气体) 的分界面，考虑到液体 (或者气体) 不能承受剪切应力，以及液体 (或者气体) 可以相对固体流动，界面条件可以写成

$$\sigma_{33}^+=\sigma_{33}^-=p,\quad \sigma_{32}^+=\sigma_{32}^-=0,\quad \sigma_{31}^+=\sigma_{31}^-=0 \tag{3.1.4a}$$

$$u_3^+=u_3^- \tag{3.1.4b}$$

其中，p 为液体或者气体的压力。

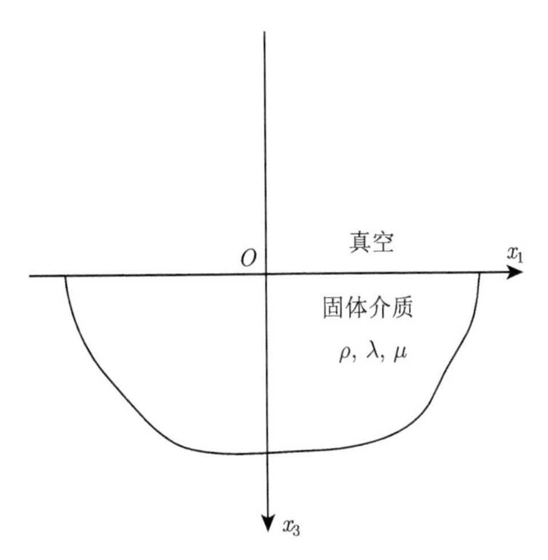

图 3.1.2 固体介质的自由表面

两种不同介质的界面，通常由于物质的扩散或者使用黏接剂而形成薄层，称为界面层或者界面相。由于界面损伤、界面裂纹以及脱黏的产生，界面层的黏接状态总是介于牢固黏接和完全脱黏的中间状态。这样的界面两侧，位移或者面力是不连续的，通常称为**非完好界面**。另外，当界面层的厚度相对于波长很小时 $(a/\lambda \ll 1)$，界面层通常被看成是没有厚度的数学上的界面，但又具有界面层的力学性质。非完好界面有多种模型，这里介绍最常用的 3 种模型：① **弹簧模型** (忽略界面层的惯性)；② **质量模型** (忽略界面层的弹性)；③ **弹簧–质量模型** (界面层既有惯性又有弹性)。在非完好界面的弹簧模型中，界面两侧介质中位移分量是不连续的，但面力分量仍然是连续的，连接两种介质的界面就如同是沿分界面的分布弹簧，如图 3.1.3 所示。界面条件可以写成

$$\sigma_{33}^{+} = \sigma_{33}^{-}, \quad \sigma_{32}^{+} = \sigma_{32}^{-}, \quad \sigma_{31}^{+} = \sigma_{31}^{-} \tag{3.1.5a}$$

$$u_3^{+} - u_3^{-} = f_3 \cdot \sigma_{33}^{+}, \quad u_2^{+} - u_2^{-} = f_2 \cdot \sigma_{32}^{+}, \quad u_1^{+} - u_1^{-} = f_1 \cdot \sigma_{31}^{+} \tag{3.1.5b}$$

其中，f_1 和 f_2 为切向的弹簧柔度系数；f_3 为法向的弹簧柔度系数。

在非完好界面的质量模型中，界面两侧介质中位移分量是连续的，但面力分量是不连续的，连接两种介质的界面就如同是沿分界面的分布质量，它们的惯性造成界面两侧面力的间断，如图 3.1.4 所示。界面条件可以写成

$$\sigma_{33}^{+} - \sigma_{33}^{-} = g_3 u_3^{+}, \quad \sigma_{32}^{+} - \sigma_{32}^{-} = g_2 u_2^{+}, \quad \sigma_{31}^{+} - \sigma_{31}^{-} = g_1 u_1^{+} \tag{3.1.6a}$$

$$u_3^{+} = u_3^{-}, \quad u_2^{+} = u_2^{-}, \quad u_1^{+} = u_1^{-} \tag{3.1.6b}$$

其中，g_1，g_2 和 g_3 为质量系数。

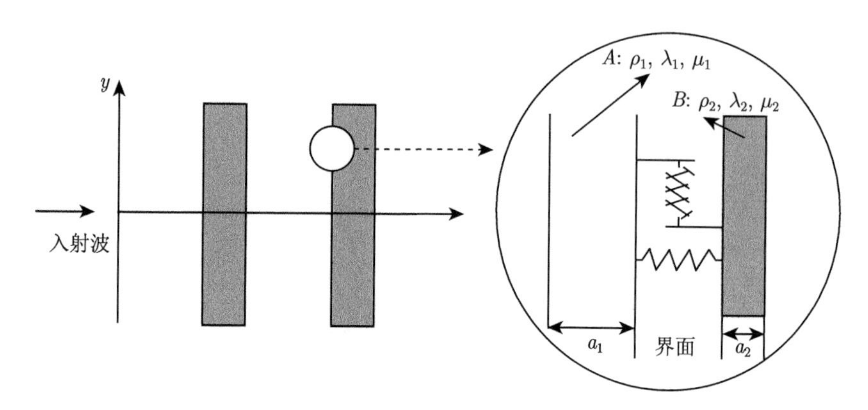

图 3.1.3　弹簧界面模型

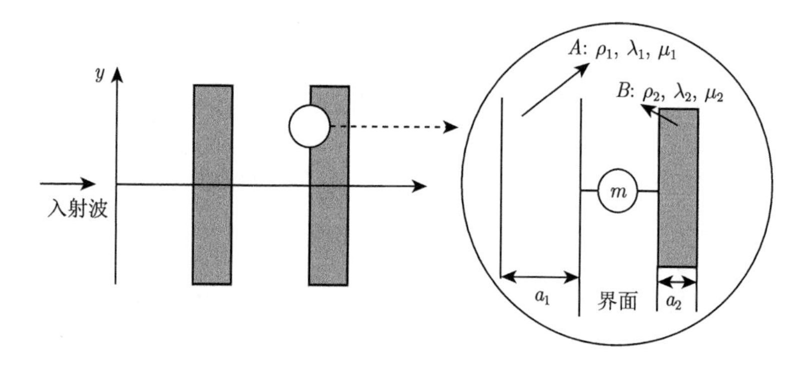

图 3.1.4　质量界面模型

在非完好界面的弹簧–质量模型中，如图 3.1.5 所示，位移和面力都是间断的。其界面条件可以写成

$$\sigma_{33}^{+} - \sigma_{33}^{-} = g_3 \cdot \frac{1}{2}(u_3^{+} + u_3^{-}) \tag{3.1.7a}$$

$$\sigma_{32}^{+} - \sigma_{32}^{-} = g_2 \cdot \frac{1}{2}(u_2^{+} + u_2^{-}) \tag{3.1.7b}$$

$$\sigma_{31}^{+} - \sigma_{31}^{-} = g_1 \cdot \frac{1}{2}(u_1^{+} + u_1^{-}) \tag{3.1.7c}$$

$$u_3^{+} - u_3^{-} = f_3 \cdot \frac{1}{2}(\sigma_{33}^{+} + \sigma_{33}^{-}) \tag{3.1.7d}$$

$$u_2^{+} - u_2^{-} = f_2 \cdot \frac{1}{2}(\sigma_{32}^{+} + \sigma_{32}^{-}) \tag{3.1.7e}$$

$$u_1^{+} - u_1^{-} = f_1 \cdot \frac{1}{2}(\sigma_{31}^{+} + \sigma_{31}^{-}) \tag{3.1.7f}$$

当质量系数 $g_1 = g_2 = g_3 = 0$ 时，非完好界面的弹簧–质量模型就退化为弹簧模型；当柔度矩阵 $f_1 = f_2 = f_3 = 0$ 时，非完好界面的弹簧–质量模型就退化为质量模型；当质量系数和弹簧系数都等于零时，非完好界面就退化为完好界面。

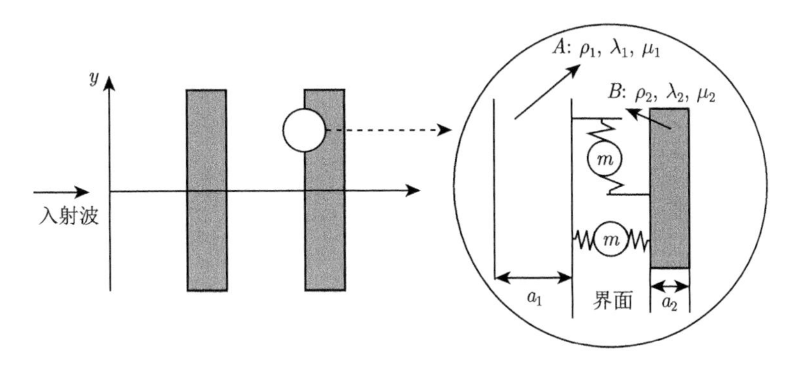

图 3.1.5 非完好界面的弹簧–质量模型

当两种介质中有 1 种介质相对较硬时，也可以近似认为该介质是刚性的，即其变形非常小，可忽略不计。此时，对较软介质来说，边界条件可以表示为

$$u_3^+ = u_3^- = 0, \quad u_2^+ = u_2^- = 0, \quad u_1^+ = u_1^- = 0 \tag{3.1.8}$$

而面力并不为零，一般称这种边界为**刚性支撑边界**。与之对应的是**弹性支撑边界**，如图 3.1.6 所示。其边界条件表示为

$$u_3^+ = f_3 \cdot \sigma_{33}^+, \quad u_2^+ = f_2 \cdot \sigma_{32}^+, \quad u_1^+ = f_1 \cdot \sigma_{31}^+ \tag{3.1.9}$$

其中，f_3 为法向弹簧柔度系数；f_1 和 f_2 为切向弹簧柔度系数。此外，还有**光滑支撑边界** (切向应力分量等于零)，其边界条件可以表示为

$$u_3^+ = 0 \tag{3.1.10a}$$

$$\sigma_{32}^+ = 0 \tag{3.1.10b}$$

$$\sigma_{31}^+ = 0 \tag{3.1.10c}$$

考虑到黏土层的黏性性质，在黏土层上部的地层可以看成具有**黏弹性支撑**的固体介质, 如图 3.1.7 所示。黏弹性支撑是比弹性支撑更广泛的一类支撑。它是在弹性效应基础上进一步考虑黏性效应的支撑模型。黏弹性支撑有多种模型，最常用的有 Maxwell 模型、Kelvin 模型和标准线性固体模型。Maxwell 模型可看成由一个线性弹簧和一个黏壶串联而成，如图 3.1.8(a) 所示。其中，弹簧满足弹性胡

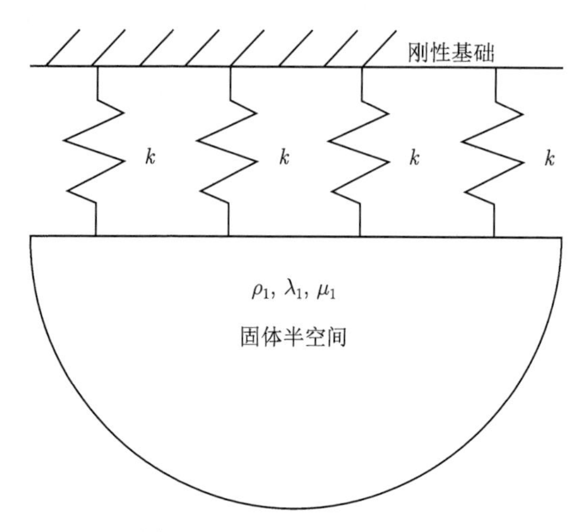

图 3.1.6　弹性支撑边界条件

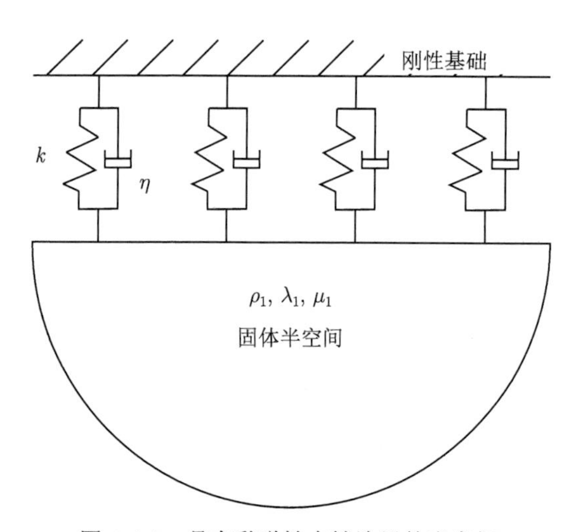

图 3.1.7　具有黏弹性支撑边界的半空间

克定律 ($F = ku$)，黏壶满足牛顿黏性定律 ($F = \eta\dot{u}$)。作用在其上的力与位移满足如下关系：

$$u_z = \sigma_{zz}\left(\frac{1}{k} + \frac{1}{\mathrm{i}\eta\omega}\right) \tag{3.1.11}$$

Kelvin 模型可看成由一个线性弹簧和一个黏壶并联而成，如图 3.1.8(b) 所示。作用在其上的力与位移满足

$$\sigma_{zz} = (k + \mathrm{i}\eta\omega)u_z \tag{3.1.12}$$

标准线性固体模型由两个线性弹簧和一个黏壶组成，如图 3.1.8(c) 所示。其本构关系可表示成

$$u_z = \sigma_{zz}\left(\frac{1}{k_2} + \frac{1}{k_1 + \mathrm{i}\eta\omega}\right) \tag{3.1.13}$$

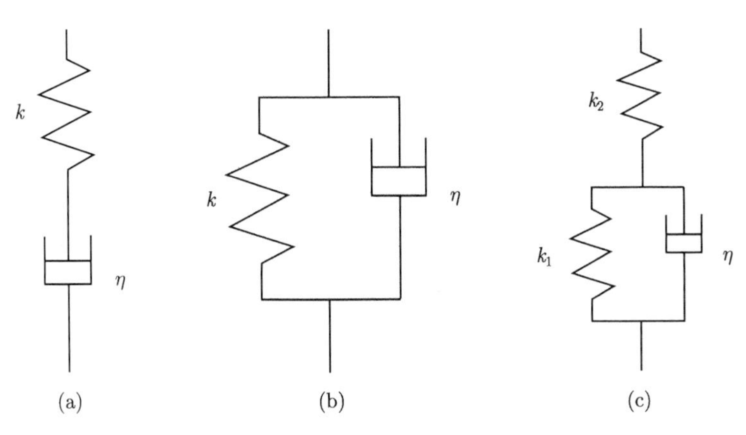

图 3.1.8 常见黏弹性模型

(a) Maxwell 模型; (b) Kelvin 模型; (c) 标准线性固体模型

3.1.2 P 波、SV 波和 SH 波

对于一般的平面波，其波函数具有以下形式:

$$\varphi = \varphi\left(\boldsymbol{x}\cdot\boldsymbol{n} - c_{\mathrm{P}}t\right) = \varphi(x_j n_j - c_{\mathrm{P}}t) \tag{3.1.14}$$

$$\psi_k = \psi_k\left(\boldsymbol{x}\cdot\boldsymbol{n} - c_{\mathrm{S}}t\right) = \psi_k(x_j n_j - c_{\mathrm{S}}t) \tag{3.1.15}$$

其中，$\boldsymbol{n}$ 为波传播方向的单位矢量，则位移场可用下式表示

$$\boldsymbol{u} = \boldsymbol{u}_{\mathrm{P}} + \boldsymbol{u}_{\mathrm{S}} = \nabla\varphi + \nabla\times\psi \tag{3.1.16}$$

其中，$\psi = \psi_k \boldsymbol{e}_k$，$\boldsymbol{e}_k(k=1,2,3)$ 为坐标 x_k 方向的单位矢量。从而 $\boldsymbol{u} = u_i\boldsymbol{e}_i$ 的分量

$$u_i = \varphi_{,i} + e_{jki}\psi_{k,j} \tag{3.1.17}$$

如果将波的传播方向 $\boldsymbol{n}$ 限制在 x_1x_3 平面内，则有

$$n_2 = 0, \quad \frac{\partial}{\partial x_2} = 0 \tag{3.1.18}$$

于是式 (3.1.14) 和式 (3.1.15) 变成

$$\varphi = \varphi(x_1 n_1 + x_3 n_3 - c_{\mathrm{P}}t)$$

$$\psi_k = \psi_k(x_1 n_1 + x_3 n_3 - c_{\rm S} t) \tag{3.1.19}$$

及

$$u_1 = \frac{\partial \varphi}{\partial x_1} - \frac{\partial \psi_2}{\partial x_3} \tag{3.1.20a}$$

$$u_2 = \frac{\partial \psi_1}{\partial x_3} - \frac{\partial \psi_3}{\partial x_1} \tag{3.1.20b}$$

$$u_3 = \frac{\partial \varphi}{\partial x_3} + \frac{\partial \psi_2}{\partial x_1} \tag{3.1.20c}$$

由以上的式子可以看出，φ 和 ψ_2 仅与 x_1x_3 平面内的位移分量 u_1 和 u_3 有关，而 ψ_1 和 ψ_3 仅与垂直于 x_1x_3 平面的位移分量 u_2 有关。

在一般情况下，介质质点的位移方向与波的传播方向可以成任意角度。为使问题简化，可以将位移作如下分解：如图 3.1.9 所示，设平面波在入射面 x_1x_3 内沿 $\boldsymbol{n}$ 方向传播，位移 $\boldsymbol{u}$ (不在 x_1x_3 平面内) 和 $\boldsymbol{n}$ 成任意角 α，且 $\boldsymbol{n}\perp\boldsymbol{n_1}$, $\boldsymbol{n_1}$ 也在 x_1x_3 平面内。位移 $\boldsymbol{u}$ 沿 $\boldsymbol{n}$ 方向的分量以 $\boldsymbol{u}_{\rm P}$ 表示，它所对应的波称为纵波，也称 P 波；在以 $\boldsymbol{n}$ 为法线的平面的分量以 $\boldsymbol{u}_{\rm S}$ 表示，它所对应的波称为横波，也称为 S 波。S 波的位移 $\boldsymbol{u}_{\rm S}$ 又可进一步分解成在 x_1x_3 平面内的分量 $\boldsymbol{u}_{\rm SV}$ 及垂直于 x_1x_3 平面 (即沿 x_2 方向) 的分量 $\boldsymbol{u}_{\rm SH}$，前者对应的波称为 SV 波 (shear vertical wave)，与后者对应的则称为 SH 波 (shear horizontal wave)。如果记位移矢量在 x_1x_2 平面内的分量为 $\boldsymbol{u}'_{\rm P}$，在 x_3 方向的分量为 $\boldsymbol{u}_{\rm Q}$，则有

$$\begin{aligned}
\boldsymbol{u} &= \boldsymbol{u}'_{\rm P} + \boldsymbol{u}_{\rm Q} \\
&= (\boldsymbol{u}_{\rm SH} + \boldsymbol{u}_{\rm P1}) + \boldsymbol{u}_{\rm Q} \\
&= [\boldsymbol{u}_{\rm SH} + (\boldsymbol{u}_{\rm P11} + \boldsymbol{u}_{\rm P12})] + (\boldsymbol{u}_{\rm Q1} + \boldsymbol{u}_{\rm Q2}) \\
&= [\boldsymbol{u}_{\rm SH} + (\boldsymbol{u}_{\rm P12} + \boldsymbol{u}_{\rm Q2})] + (\boldsymbol{u}_{\rm P11} + \boldsymbol{u}_{\rm Q1}) \\
&= \boldsymbol{u}_{\rm SH} + \boldsymbol{u}_{\rm SV} + \boldsymbol{u}_{\rm P} \\
&= \boldsymbol{u}_{\rm S} + \boldsymbol{u}_{\rm P}
\end{aligned} \tag{3.1.21}$$

$$\left.\begin{matrix} \boldsymbol{n}\perp\boldsymbol{n}_1 \\ \boldsymbol{n}\perp\boldsymbol{u}_{\rm SH} \end{matrix}\right\} \Longrightarrow \boldsymbol{n}\perp\boldsymbol{u}_{\rm S} \Longrightarrow \boldsymbol{u}_{\rm P}\perp\boldsymbol{u}_{\rm S}$$

当弹性波在两种介质的分界面上发生反射和透射时，在每一种介质里都可将波分解成三种类型的波；P 波、SV 波和 SH 波。由前面的分析可见，φ 和 ψ_2 给出的运动 u_1 和 u_3 在 x_1x_3 平面内，分别为平面 P 波和 SV 波，而 ψ_1 和 ψ_3 给出的运动 u_2 在垂直于 x_1x_3 平面的方向上，因而为 SH 波。

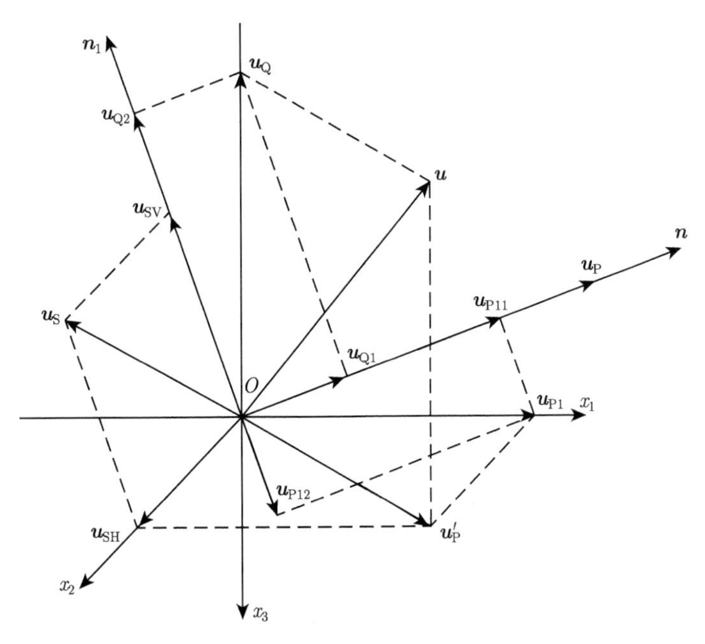

图 3.1.9 任意平面波分解成 P 波、SV 波和 SH 波

下面讨论在 x_1x_3 平面内传播的 P 波、SV 波和 SH 波引起的应力场。

$$
\begin{aligned}
\sigma_{33} &= \lambda\theta + 2\mu\varepsilon_{33} \\
&= \lambda\left(\frac{\partial u_1}{\partial x_1} + \frac{\partial u_3}{\partial x_3}\right) + 2\mu\left(\frac{\partial u_3}{\partial x_3}\right) \\
&= \lambda\left(\frac{\partial^2\varphi}{\partial x_1^2} + \frac{\partial^2\varphi}{\partial x_3^2}\right) + 2\mu\left(\frac{\partial^2\varphi}{\partial x_3^2} + \frac{\partial^2\psi_2}{\partial x_1\partial x_3}\right) \\
&= \lambda\nabla^2\varphi + 2\mu\left(\frac{\partial^2\varphi}{\partial x_3^2} + \frac{\partial^2\psi_2}{\partial x_1\partial x_3}\right) \\
&= \frac{\lambda}{c_{\mathrm{P}}^2}\frac{\partial^2\varphi}{\partial t^2} + 2\mu\left(\frac{\partial^2\varphi}{\partial x_3^2} + \frac{\partial^2\psi_2}{\partial x_1\partial x_3}\right) \\
&= \left(\rho - \frac{2\mu}{c_{\mathrm{P}}^2}\right)\frac{\partial^2\varphi}{\partial t^2} + 2\mu\left(\frac{\partial^2\varphi}{\partial x_3^2} + \frac{\partial^2\psi_2}{\partial x_1\partial x_3}\right) \\
&= \rho\frac{\partial^2\varphi}{\partial t^2} + 2\mu\left(-\frac{1}{c_{\mathrm{P}}^2}\ddot{\varphi} + \frac{\partial^2\varphi}{\partial x_3^2} + \frac{\partial^2\psi_2}{\partial x_1\partial x_3}\right) \\
&= \rho\frac{\partial^2\varphi}{\partial t^2} + 2\mu\left(\frac{\partial^2\psi_2}{\partial x_1\partial x_3} - \frac{\partial^2\varphi}{\partial x_1^2}\right) \\
&= \rho\left[c_{\mathrm{P}}^2\nabla^2\varphi + 2c_{\mathrm{S}}^2\left(\frac{\partial^2\psi_2}{\partial x_1\partial x_3} - \frac{\partial^2\varphi}{\partial x_1^2}\right)\right]
\end{aligned} \tag{3.1.22}
$$

$$
\begin{aligned}
\sigma_{31} &= 2\mu\varepsilon_{31} \\
&= \mu\left(\frac{\partial u_1}{\partial x_3}+\frac{\partial u_3}{\partial x_1}\right) \\
&= \mu\left(2\frac{\partial^2\varphi}{\partial x_1\partial x_3}+\frac{\partial^2\psi_2}{\partial x_1^2}-\frac{\partial^2\psi_2}{\partial x_3^2}\right) \\
&= \rho c_{\mathrm{S}}^2\left(2\frac{\partial^2\varphi}{\partial x_1\partial x_3}+\frac{\partial^2\psi_2}{\partial x_1^2}-\frac{\partial^2\psi_2}{\partial x_3^2}\right)
\end{aligned} \tag{3.1.23}
$$

$$
\begin{aligned}
\sigma_{32} = 2\mu\varepsilon_{32} &= \mu\left(\frac{\partial u_2}{\partial x_3}+\frac{\partial u_3}{\partial x_2}\right) = \mu\left(\frac{\partial u_2}{\partial x_3}\right) \\
&= \mu\left(\frac{\partial^2\psi_1}{\partial x_3^2}-\frac{\partial^2\psi_3}{\partial x_1\partial x_3}\right) \\
&= \rho c_{\mathrm{S}}^2\left(\frac{\partial^2\psi_1}{\partial x_3^2}-\frac{\partial^2\psi_3}{\partial x_1\partial x_3}\right)
\end{aligned} \tag{3.1.24}
$$

由式 (3.1.22)~(3.1.24) 可知，u_2 只出现在 σ_{32} 的表达式中，而 u_1，u_3 只出现在 σ_{33}，σ_{31} 的表达式中。在平面应变问题中，仅有位移分量 u_1 和 u_3，即仅有 P 波和 SV 波；在出平面问题 (也称反平面问题) 中，仅有位移分量 u_3，即仅存在 SH 波。在界面反射和透射问题中，P 波和 SV 波互相耦合，而与 SH 波无关。因此只需将 P 波和 SV 波放在一起讨论，SH 波可以单独来讨论。本章将按照这种方式进行讨论。

3.2 弹性波在自由表面上的反射

平面波在均匀各向同性介质中传播时，其波形、速度和传播方向都不会有所改变。但当介质的密度和弹性常数改变时，则将发生反射和透射。本节讨论在均匀各向同性介质半空间 (简称弹性半空间) 的自由表面上，平面波的反射问题。

3.2.1 P 波在自由表面上的反射

如图 3.2.1 所示，x_1x_2 平面为介质的自由表面，x_1x_3 平面为波的入射面，$x_3<0$ 的区域是真空，$x_3\geqslant 0$ 的区域是固体介质。固体介质的密度为 ρ，拉梅系数为 λ 和 μ。考虑一列 P 波在 x_1x_3 平面传播，当传至自由表面时，由于位移 u_1 和 u_3 的耦合，将会激发出反射 P 波和反射 SV 波。

设入射 P 波、反射 P 波及 SV 波的波函数分别为

$$
\varphi_1 = A_1\exp[\mathrm{i}(k_{\mathrm{P}1}x_1-k_{\mathrm{P}3}x_3-\omega_{\mathrm{P}}t)] \tag{3.2.1}
$$

$$
\varphi_2 = A_2\exp[\mathrm{i}(k'_{\mathrm{P}1}x_1+k'_{\mathrm{P}3}x_3-\omega'_{\mathrm{P}}t)] \tag{3.2.2}
$$

$$\psi_1 \boldsymbol{e}_2 = B_2 \exp[\mathrm{i}(k_{\mathrm{S}1}x_1 + k_{\mathrm{S}3}x_3 - \omega_{\mathrm{S}}t)]\boldsymbol{e}_2 \tag{3.2.3}$$

式中，A_1, A_2, B_2 和 $\omega_{\mathrm{P}}, \omega'_{\mathrm{P}}, \omega_{\mathrm{S}}$ 分别为相应各个波的振幅及角频率，并且

$$k_{\mathrm{P}1} = \frac{\omega_{\mathrm{P}}}{c_{\mathrm{P}}}\sin\alpha, \quad k_{\mathrm{P}3} = \frac{\omega_{\mathrm{P}}}{c_{\mathrm{P}}}\cos\alpha \tag{3.2.4}$$

$$k'_{\mathrm{P}1} = \frac{\omega'_{\mathrm{P}}}{c_{\mathrm{P}}}\sin\alpha', \quad k'_{\mathrm{P}3} = \frac{\omega'_{\mathrm{P}}}{c_{\mathrm{P}}}\cos\alpha' \tag{3.2.5}$$

$$k_{\mathrm{S}1} = \frac{\omega_{\mathrm{S}}}{c_{\mathrm{S}}}\sin\beta, \quad k_{\mathrm{S}3} = \frac{\omega_{\mathrm{S}}}{c_{\mathrm{S}}}\cos\beta \tag{3.2.6}$$

分别为入射 P 波、反射 P 波和反射 SV 波的波矢量。

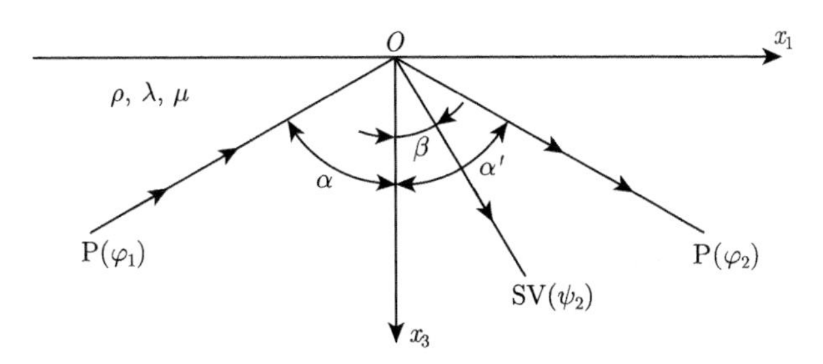

图 3.2.1 P 波在自由表面上的反射

由于 $x_3 < 0$ 的区域没有介质，即固体介质表面是自由界面，此时的边界条件为

$$\sigma_{33}|_{x_3=0} = 0, \quad \sigma_{32}|_{x_3=0} = 0, \quad \sigma_{31}|_{x_3=0} = 0 \tag{3.2.7}$$

又由于 u_1，u_3 只出现在 σ_{33}，σ_{31} 中，而 σ_{32} 与此无关，因而只用边界条件

$$\sigma_{33}|_{x_3=0} = 0, \quad \sigma_{31}|_{x_3=0} = 0 \tag{3.2.8}$$

由式 (3.1.22) 及式 (3.1.23) 可以得到自由表面的应力边界方程为

$$\left\{\lambda\nabla^2(\varphi_1+\varphi_2) + 2\mu\left[\frac{\partial^2(\varphi_1+\varphi_2)}{\partial x_3^2} + \frac{\partial^2\psi_2}{\partial x_1 \partial x_3}\right]\right\}\Bigg|_{x_3=0} = 0 \tag{3.2.9}$$

$$\left[2\frac{\partial^2(\varphi_1+\varphi_2)}{\partial x_1\partial x_3} + \frac{\partial^2\psi_2}{\partial x_1^2} - \frac{\partial^2\psi_2}{\partial x_3^2}\right]\Bigg|_{x_3=0} = 0 \tag{3.2.10}$$

将式 (3.2.1)~(3.2.3) 代入上式并令 $x_3 = 0$，有

$$\begin{aligned}&\lambda\left\{k_{\mathrm{P}}^2 A_1 \exp\left[\mathrm{i}\left(k_{\mathrm{P}1}x_1 - \omega_{\mathrm{P}}t\right)\right] + k_{\mathrm{P}}'^2 A_2 \exp\left[\mathrm{i}\left(k'_{\mathrm{P}1}x_1 - \omega'_{\mathrm{P}}t\right)\right]\right\}\\ &+ 2\mu\big\{k_{\mathrm{P}3}^2 A_1 \exp\left[\mathrm{i}\left(k_{\mathrm{P}1}x_1 - \omega_{\mathrm{P}}t\right)\right] + k_{\mathrm{P}3}'^2 A_2 \exp\left[\mathrm{i}\left(k'_{\mathrm{P}1}x_1 - \omega'_{\mathrm{P}}t\right)\right]\end{aligned}$$

$$+ k_{\rm S}^2 \sin\beta\cos\beta \cdot B_2 \exp\left[{\rm i}\left(k_{\rm S1}x_1 - \omega_{\rm S}t\right)\right]\Big\} = 0 \tag{3.2.11}$$

$$\begin{aligned} & 2\Big\{k_{\rm P1}k_{\rm P3}A_1 \exp\left[{\rm i}\left(k_{\rm P1}x_1 - \omega_{\rm P}t\right)\right] - k'_{\rm P1}k'_{\rm P3}A_2 \exp\left[{\rm i}\left(k'_{\rm P1}x_1 - \omega'_{\rm P}t\right)\right]\Big\} \\ & + k_{\rm S}^2 \cos 2\beta \cdot B_2 \exp\left[{\rm i}\left(k_{\rm S1}x_1 - \omega_{\rm S}t\right)\right] = 0 \end{aligned} \tag{3.2.12}$$

为使方程式 (3.2.11) 和式 (3.2.12) 对于任意的 x_1，t 都成立，必须使

$$\omega_{\rm P} = \omega'_{\rm P} = \omega_{\rm S} \tag{3.2.13}$$

$$k_{\rm P1} = k'_{\rm P1} = k_{\rm S1} = k_c \tag{3.2.14}$$

可见，边界条件要求反射波与入射波的频率必须相同，而反射波与入射波的波矢量在界面上的投影也必须相同，一般称这个投影为**视波数**。各波的视波数相同也可以表示成

$$\frac{\sin\alpha}{c_{\rm P}} = \frac{\sin\alpha'}{c_{\rm P}} = \frac{\sin\beta}{c_{\rm S}} \tag{3.2.15}$$

因而有

$$\alpha = \alpha' \tag{3.2.16}$$

即反射 P 波的反射角等于入射角。入射 P 波的入射角与反射 SV 波的反射角满足关系

$$\frac{\sin\alpha}{\sin\beta} = \frac{c_{\rm P}}{c_{\rm S}} \tag{3.2.17}$$

称式 (3.2.17) 为斯涅耳定律 (Snell law)。可见，反射 SV 波的反射角小于反射 P 波的反射角，即 $\beta < \alpha$。

将三角函数公式应用到式 (3.2.11) 和式 (3.2.12)，有

$$(A_1 + A_2)\cos 2\beta + B_2 \sin 2\beta = 0 \tag{3.2.18}$$

$$(A_1 - A_2)\, c_{\rm S}^2 \sin 2\alpha + B_2 c_{\rm P}^2 \cos 2\beta = 0 \tag{3.2.19}$$

写成矩阵形式

$$\begin{pmatrix} \cos 2\beta & \sin 2\beta \\ -c_{\rm S}^2 \sin 2\alpha & c_{\rm P}^2 \cos 2\beta \end{pmatrix} \begin{Bmatrix} A_2 \\ B_2 \end{Bmatrix} = A_1 \begin{Bmatrix} -\cos 2\beta \\ -c_{\rm S}^2 \sin 2\alpha \end{Bmatrix}$$

当入射波振幅 A_1 给定时，由上式可求出反射波的振幅 A_2 和 B_2。定义反射 P 波的反射系数为反射 P 波与入射 P 波的势函数振幅之比，即

$$F_{\rm PP} = \frac{A_2}{A_1} = \frac{c_{\rm S}^2 \sin 2\alpha \sin 2\beta - c_{\rm P}^2 \cos^2 2\beta}{c_{\rm S}^2 \sin 2\alpha \sin 2\beta + c_{\rm P}^2 \cos^2 2\beta} \tag{3.2.20}$$

定义反射 SV 波的反射系数为反射 SV 波与入射 P 波的振幅之比，即

$$F_{\mathrm{PV}}=\frac{B_2}{A_1}=-\frac{2c_{\mathrm{S}}^2\sin 2\alpha\cos 2\beta}{c_{\mathrm{S}}^2\sin 2\alpha\sin 2\beta+c_{\mathrm{P}}^2\cos^2 2\beta} \tag{3.2.21}$$

由式 (3.2.20) 和式 (3.2.21)，我们可以得到以下几点结论。

(1) 垂直入射。

P 波垂直入射，即 $\alpha=0$ 时，有

$$F_{\mathrm{PP}}=\frac{A_2}{A_1}=-1,\quad F_{\mathrm{PV}}=\frac{B_2}{A_1}=0 \tag{3.2.22}$$

表明在这种情况下仅有反射的 P 波，而无反射的 SV 波。如果将 A_2 和 A_1 都看成复数，则 $F_{\mathrm{PP}}=A_2/A_1=-1$ 表示反射波和入射波存在 180° 的相位差。

(2) 掠入射。

当入射角 $\alpha=\dfrac{\pi}{2}$ 时，波前进的方向平行于边界，这种情况称为掠入射，将 $\alpha=\dfrac{\pi}{2}$ 代入式 (3.2.20) 及式 (3.2.21) 可得

$$F_{\mathrm{PP}}=\frac{A_2}{A_1}=-1,\quad F_{\mathrm{PV}}=\frac{B_2}{A_1}=0 \tag{3.2.23}$$

上式表明此时仍然没有反射 SV 波，但反射 P 波保持与入射 P 波相同的振幅，但具有 180° 的相位差。这 180° 的相位差使得入射波和反射波的叠加保证了自由边界的无应力条件。如果没有这 180° 的相位差，两列同向传播的波叠加不可能满足表面无应力条件。

(3) 波型转换。

若 $\dfrac{A_2}{A_1}=0$，表明反射波只有 SV 波，即入射 P 波经反射完全变成 SV 波，称该现象为波型转换。由式 (3.2.20) 可以得出，对应这种特殊情况的入射角满足

$$c_{\mathrm{S}}^2\sin 2\alpha\sin 2\beta-c_{\mathrm{P}}^2\cos^2 2\beta=0 \tag{3.2.24}$$

有时反射系数也定义为位移的振幅比。下面我们来研究一下位移振幅比和势函数振幅比的关系。

设入射 P 波的波函数

$$\varphi_1=A_1\exp[\mathrm{i}(k_{\mathrm{P}1}x_1-k_{\mathrm{P}3}x_3-\omega_{\mathrm{P}}t)] \tag{3.2.25}$$

由式 (3.1.17) 可知

$$u_1=\mathrm{i}k_{\mathrm{P}1}A_1\exp[\mathrm{i}(k_{\mathrm{P}1}x_1-k_{\mathrm{P}3}x_3-\omega_{\mathrm{P}}t)] \tag{3.2.26}$$

$$u_3 = -\mathrm{i}k_{\mathrm{P}3}A_1\exp[\mathrm{i}(k_{\mathrm{P}1}x_1 - k_{\mathrm{P}3}x_3 - \omega_{\mathrm{P}}t)] \tag{3.2.27}$$

设入射 P 波位移的振幅为 C，则有

$$C = \sqrt{|u_1|^2 + |u_3|^2} = \mathrm{i}k_{\mathrm{P}}A_1 = \frac{\mathrm{i}\omega A_1}{c_{\mathrm{P}}} \tag{3.2.28}$$

设反射 P 波的波函数

$$\varphi_2 = A_2\exp[\mathrm{i}(k_{\mathrm{P}1}x_1 + k_{\mathrm{P}3}x_3 - \omega_{\mathrm{P}}t)] \tag{3.2.29}$$

即势函数振幅为 A_2。同理可得反射 P 波位移的振幅 C_1，即

$$C_1 = \frac{\mathrm{i}\omega A_2}{c_{\mathrm{P}}} \tag{3.2.30a}$$

从而有

$$\frac{C_1}{C} = \frac{\mathrm{i}\omega A_2}{\mathrm{i}\omega A_1}\frac{c_{\mathrm{P}}}{c_{\mathrm{P}}} = \frac{A_2}{A_1} \tag{3.2.30b}$$

同上，可求得反射 SV 波的位移振幅 C_2, 有

$$C_2 = \frac{\mathrm{i}\omega B_2}{c_{\mathrm{S}}} \tag{3.2.31}$$

从而

$$\frac{C_2}{C} = \frac{B_2}{A_1}\frac{c_{\mathrm{P}}}{c_{\mathrm{S}}} \tag{3.2.32}$$

可见，**位移振幅比等于势函数振幅比乘以相应波速度比的倒数**。

定义 P 波的位移反射系数为反射 P 波与入射 P 波的位移振幅之比，即

$$R_{\mathrm{PP}} = \frac{A_2}{A_1}\cdot\frac{c_{\mathrm{P}}}{c_{\mathrm{P}}} = \frac{A_2}{A_1} = \frac{c_{\mathrm{S}}^2\sin 2\alpha\sin 2\beta - c_{\mathrm{P}}^2\cos^2 2\beta}{c_{\mathrm{S}}^2\sin 2\alpha\sin 2\beta + c_{\mathrm{P}}^2\cos^2 2\beta} \tag{3.2.33}$$

定义反射 SV 波的位移反射系数为反射 SV 波与入射 P 波的位移振幅之比，即

$$R_{\mathrm{PV}} = \frac{B_2}{A_1}\cdot\frac{c_{\mathrm{P}}}{c_{\mathrm{S}}} = -\frac{2c_{\mathrm{S}}c_{\mathrm{P}}\sin 2\alpha\cos 2\beta}{c_{\mathrm{S}}^2\sin 2\alpha\sin 2\beta + c_{\mathrm{P}}^2\cos^2 2\beta} \tag{3.2.34}$$

反射系数也可以用平均能流密度比进行定义。下面我们首先来计算入射波和反射波的平均能流。

(1) 入射 P 波的平均能流。

$$\boldsymbol{u} = \nabla\varphi_1 = \frac{\partial\varphi_1}{\partial x_1}\boldsymbol{i} + \frac{\partial\varphi_1}{\partial x_3}\boldsymbol{k} = \mathrm{i}\left(k_{\mathrm{P}1}\boldsymbol{i} - k_{\mathrm{P}3}\boldsymbol{k}\right)\varphi_1 \tag{3.2.35}$$

$$u_1 = \mathrm{i}k_{\mathrm{P}1}\varphi_1,\quad u_2 = 0,\quad u_3 = -\mathrm{i}k_{\mathrm{P}3}\varphi_1 \tag{3.2.36}$$

$$\varepsilon_{11} = -k_{P1}^2\varphi_1, \quad \varepsilon_{22} = 0, \quad \varepsilon_{33} = -k_{P3}^2\varphi_1, \quad \varepsilon_{12} = \varepsilon_{23} = 0$$
$$\varepsilon_{31} = k_{P1}k_{P3}\varphi_1, \quad \theta = -k_P^2\varphi_1$$

由 $\sigma_{ij} = \lambda\theta\delta_{ij} + 2\mu\varepsilon_{ij}$ 得

$$\sigma_{11} = -(\lambda k_P^2 + 2\mu k_{P1}^2)\varphi_1, \quad \sigma_{22} = -\lambda k_P^2\varphi_1, \quad \sigma_{33} = -(\lambda k_P^2 + 2\mu k_{P3}^2)\varphi_1$$
$$\sigma_{13} = 2\mu k_{P1}k_{P3}\varphi_1, \quad \sigma_{12} = \sigma_{23} = 0 \tag{3.2.37}$$

由能流密度 $I_j = -\mathrm{Re}\sigma_{ij} \cdot \mathrm{Re}\dfrac{\partial u_i}{\partial t}$ 有

$$\begin{aligned} I_1 &= -\left(\mathrm{Re}\sigma_{11} \cdot \mathrm{Re}\frac{\partial u_1}{\partial t} + \mathrm{Re}\sigma_{31} \cdot \mathrm{Re}\frac{\partial u_3}{\partial t}\right) \\ &= \rho\omega_P^3 A_1^2 k_{P1}\cos^2(k_{P1}x_1 - k_{P3}x_3 - \omega_P t) \end{aligned} \tag{3.2.38a}$$

$$I_2 = 0 \tag{3.2.38b}$$

$$I_3 = \rho\omega_P^3 A_1^2 k_{P3}\cos^2(k_{P1}x_1 - k_{P3}x_3 - \omega_P t) \tag{3.2.38c}$$

$$I_{P1} = \sqrt{I_1^2 + I_2^2 + I_3^2} = \frac{\rho\omega_P^4 A_1^2}{c_P}\cos^2(k_{P1}x_1 - k_{P3}x_3 - \omega_P t) \tag{3.2.39}$$

得平均能流为

$$\langle I_{P1}\rangle = \frac{1}{T}\int_0^T I\mathrm{d}t = \frac{\rho\omega_P^4 A_1^2}{Tc_P}\int_0^T \cos^2(k_{P1}x_1 - k_{P3}x_3 - \omega_P t)\,\mathrm{d}t = \frac{\rho\omega_P^4 A_1^2}{2c_P} \tag{3.2.40}$$

(2) 反射 P 波的平均能流。

$$\boldsymbol{u} = \nabla\varphi = \frac{\partial\varphi}{\partial x_1}\boldsymbol{i} + \frac{\partial\varphi}{\partial x_3}\boldsymbol{k} = \mathrm{i}\,(k'_{P1}\boldsymbol{i} + k'_{P3}\boldsymbol{k})\,\varphi_2 \tag{3.2.41}$$

$$u_1 = \mathrm{i}k'_{P1}\varphi_2, \quad u_2 = 0, \quad u_3 = \mathrm{i}k'_{P3}\varphi_2 \tag{3.2.42}$$

$$\varepsilon_{11} = -k'^2_{P1}\varphi_2, \quad \varepsilon_{22} = 0, \quad \varepsilon_{33} = -k'^2_{P3}\varphi_2, \quad \varepsilon_{12} = \varepsilon_{23} = 0$$
$$\varepsilon_{31} = -k'_{P1}k'_{P3}\varphi_2, \quad \theta = -k'^2_P\varphi_2 \tag{3.2.43}$$

$$\sigma_{11} = -(\lambda k'^2_P + 2\mu k'^2_{P1})\varphi_2, \quad \sigma_{22} = -\lambda k'^2_P\varphi_2, \quad \sigma_{33} = -(\lambda k'^2_P + 2\mu k'^2_{P3})\varphi_2$$
$$\sigma_{13} = -2\mu k'_{P1}k'_{P3}\varphi_2, \quad \sigma_{12} = \sigma_{23} = 0 \tag{3.2.44}$$

$$\begin{aligned} I_1 &= -\left(\mathrm{Re}\sigma_{11} \cdot \mathrm{Re}\frac{\partial u_1}{\partial t} + \mathrm{Re}\sigma_{31} \cdot \mathrm{Re}\frac{\partial u_3}{\partial t}\right) \\ &= \rho\omega'^3_P A_2^2 k'_{P1}\cos^2(k'_{P1}x_1 + k'_{P3}x_3 - \omega_P t) \end{aligned} \tag{3.2.45a}$$

$$I_2 = 0 \tag{3.2.45b}$$

$$I_3 = \rho \omega_{\mathrm{P}}^{\prime 3} A_2^2 k_{\mathrm{P}3}^{\prime} \cos^2\left(k_{\mathrm{P}1}^{\prime} x_1 + k_{\mathrm{P}3}^{\prime} x_3 - \omega_{\mathrm{P}} t\right) \tag{3.2.45c}$$

$$I_{\mathrm{P}2} = \sqrt{I_1^2 + I_2^2 + I_3^2} = \frac{\rho \omega_{\mathrm{P}}^{\prime 4} A_2^2}{c_{\mathrm{P}}} \cos^2\left(k_{\mathrm{P}1}^{\prime} x_1 + k_{\mathrm{P}3}^{\prime} x_3 - \omega_{\mathrm{P}} t\right) \tag{3.2.46}$$

平均能流为

$$\langle I_{\mathrm{P}2} \rangle = \frac{1}{T}\int_0^T I \mathrm{d}t = \frac{\rho \omega_{\mathrm{P}}^{\prime 4} A_2^2}{T c_{\mathrm{P}}} \int_0^T \cos^2\left(k_{\mathrm{P}1}^{\prime} x_1 + k_{\mathrm{P}3}^{\prime} x_3 - \omega_{\mathrm{P}} t\right) \mathrm{d}t = \frac{\rho \omega_{\mathrm{P}}^{\prime 4} A_2^2}{2 c_{\mathrm{P}}} \tag{3.2.47}$$

(3) 反射 SV 波的平均能流。

$$\boldsymbol{u} = \nabla \times \boldsymbol{\psi} = \frac{\partial}{\partial x_m} \boldsymbol{e}_m \times \psi_n \boldsymbol{e}_n = \frac{\partial \psi_n}{\partial x_m}\left(\boldsymbol{e}_m \times \boldsymbol{e}_n\right) = e_{jmn} \frac{\partial \psi_n}{\partial x_m} \boldsymbol{e}_j \tag{3.2.48}$$

$$u_1 = -\frac{\partial \psi_2}{\partial x_3} = -\mathrm{i} k_{\mathrm{S}3} \psi_2, \quad u_2 = 0, \quad u_3 = \frac{\partial \psi_2}{\partial x_1} = \mathrm{i} k_{\mathrm{S}1} \psi_2 \tag{3.2.49}$$

$$\begin{gathered}
\varepsilon_{11} = k_{\mathrm{S}1} k_{\mathrm{S}3} \psi_2, \quad \varepsilon_{22} = 0, \quad \varepsilon_{33} = -k_{\mathrm{S}1} k_{\mathrm{S}3} \psi_2 \\
\varepsilon_{12} = \varepsilon_{23} = 0, \quad \varepsilon_{31} = \frac{1}{2}\left(k_{\mathrm{S}3}^2 - k_{\mathrm{S}1}^2\right) \psi_2, \quad \theta = 0
\end{gathered} \tag{3.2.50}$$

$$\begin{gathered}
\sigma_{11} = 2\mu k_{\mathrm{S}1} k_{\mathrm{S}3} \psi_2, \quad \sigma_{22} = 0, \quad \sigma_{33} = -2\mu k_{\mathrm{S}1} k_{\mathrm{S}3} \psi_2 \\
\sigma_{13} = \mu\left(k_{\mathrm{S}3}^2 - k_{\mathrm{S}1}^2\right) \psi_2, \quad \sigma_{12} = \sigma_{23} = 0
\end{gathered} \tag{3.2.51}$$

$$\begin{aligned}
I_1 &= -\left(\mathrm{Re}\sigma_{11} \cdot \mathrm{Re}\frac{\partial u_1}{\partial t} + \mathrm{Re}\sigma_{31} \cdot \mathrm{Re}\frac{\partial u_3}{\partial t}\right) \\
&= \rho \omega_{\mathrm{S}}^3 B_2^2 k_{\mathrm{S}1} \cos^2\left(k_{\mathrm{S}1} x_1 + k_{\mathrm{S}3} x_3 - \omega_{\mathrm{S}} t\right)
\end{aligned} \tag{3.2.52a}$$

$$I_2 = 0 \tag{3.2.52b}$$

$$I_3 = \rho \omega_{\mathrm{S}}^3 B_2^2 k_{\mathrm{S}3} \cos^2\left(k_{\mathrm{S}1} x_1 + k_{\mathrm{S}3} x_3 - \omega_{\mathrm{S}} t\right) \tag{3.2.52c}$$

$$I_{\mathrm{S}} = \sqrt{I_1^2 + I_2^2 + I_3^2} = \frac{\rho \omega_{\mathrm{S}}^4 B_2^2}{c_{\mathrm{S}}} \cos^2\left(k_{\mathrm{S}1} x_1 + k_{\mathrm{S}3} x_3 - \omega_{\mathrm{S}} t\right) \tag{3.2.53}$$

平均能流为

$$\langle I_{\mathrm{S}} \rangle = \frac{1}{T}\int_0^T I \mathrm{d}t = \frac{\rho \omega_{\mathrm{S}}^4 B_2^2}{T c_{\mathrm{S}}} \int_0^T \cos^2\left(k_{\mathrm{S}1} x_1 + k_{\mathrm{S}3} x_3 - \omega_{\mathrm{S}} t\right) \mathrm{d}t = \frac{\rho \omega_{\mathrm{S}}^4 B_2^2}{2 c_{\mathrm{S}}} \tag{3.2.54}$$

综上分析，反射波与入射波的平均能流密度比为

$$\frac{\langle I_{\text{P2}}\rangle}{\langle I_{\text{P1}}\rangle}=\frac{\dfrac{\rho\omega_{\text{P}}'^{4}A_2^2}{2c_{\text{P}}}}{\dfrac{\rho\omega_{\text{P}}^{4}A_1^2}{2c_{\text{P}}}}=\frac{A_2^2}{A_1^2} \tag{3.2.55}$$

$$\frac{\langle I_{\text{S}}\rangle}{\langle I_{\text{P1}}\rangle}=\frac{\dfrac{\rho\omega_{\text{S}}^{4}B_2^2}{2c_{\text{S}}}}{\dfrac{\rho\omega_{\text{P}}^{4}A_1^2}{2c_{\text{P}}}}=\frac{c_{\text{P}}B_2^2}{c_{\text{S}}A_1^2} \tag{3.2.56}$$

可见，**P 波的能量反射系数为反射 P 波与入射 P 波的势函数振幅比的平方**，即

$$D_{\text{PP}}=\frac{A_2^2}{A_1^2} \tag{3.2.57}$$

SV 波的能量反射系数为反射 SV 波与入射 P 波的势函数振幅比的平方乘以相应波速度比的倒数，即

$$D_{\text{PV}}=\frac{c_{\text{P}}B_2^2}{c_{\text{S}}A_1^2} \tag{3.2.58}$$

从能量的角度看，入射波所携带的能量，在经界面反射之后，全部转移到反射波上了。那么能量守恒的物理原理是否可以用

$$D_{\text{PP}}+D_{\text{PV}}=1 \tag{3.2.59}$$

或者

$$\langle I_{\text{P2}}\rangle+\langle I_{\text{S}}\rangle=\langle I_{\text{P1}}\rangle \tag{3.2.60}$$

来表示呢？将式 (3.2.20) 和式 (3.2.21) 代入式 (3.2.57) 和式 (3.2.58) 再代入式 (3.2.59)，发现式 (3.2.59) 不能满足。那么能量守恒原理应该如何表示呢？参考图 3.2.2，设入射波束的宽度为 $d_{\text{P1}}=1$，入射波投射到界面上时，宽度变为 $d=1/\cos\alpha$。从该宽度 d 上反射的 P 波和 SV 波的宽度分别为 $d_{\text{P2}}=1, d_{\text{SV}}=d\cos\beta$。考虑到能流是波阵面上单位面积、单位时间流过的能量，则能量守恒定律应该表示为

$$\langle I_{\text{P2}}\rangle\times d_{\text{P2}}+\langle I_{\text{S}}\rangle\times d_{\text{SV}}=\langle I_{\text{P1}}\rangle\times d_{\text{P1}} \tag{3.2.61}$$

即流入给定长度的界面之能量等于从同样长度的界面上流出的能量。上式也可写成

$$\langle I_{\text{P2}}\rangle+\langle I_{\text{S}}\rangle\frac{\cos\beta}{\cos\alpha}=\langle I_{\text{P1}}\rangle \tag{3.2.62}$$

$$D_{\text{PP}}+D_{\text{PV}}\frac{\cos\beta}{\cos\alpha}=1 \tag{3.2.63}$$

若将式 (3.2.62) 改写为

$$\langle I_{\mathrm{P2}}\rangle\cos\alpha+\langle I_{\mathrm{S}}\rangle\cos\beta=\langle I_{\mathrm{P1}}\rangle\cos\alpha$$

即

$$\langle I_{\mathrm{P2}}\cos\alpha\rangle+\langle I_{\mathrm{S}}\cos\beta\rangle=\langle I_{\mathrm{P1}}\cos\alpha\rangle$$

上式也可以理解为

$$\langle I_3(\mathrm{P2})\rangle+\langle I_3(\mathrm{SV})\rangle-\langle I_3(\mathrm{P1})\rangle=0 \tag{3.2.64}$$

上式表示，**入射波沿界面法线流入的能流平均值等于反射波沿界面法线方向流出的能流平均值**。

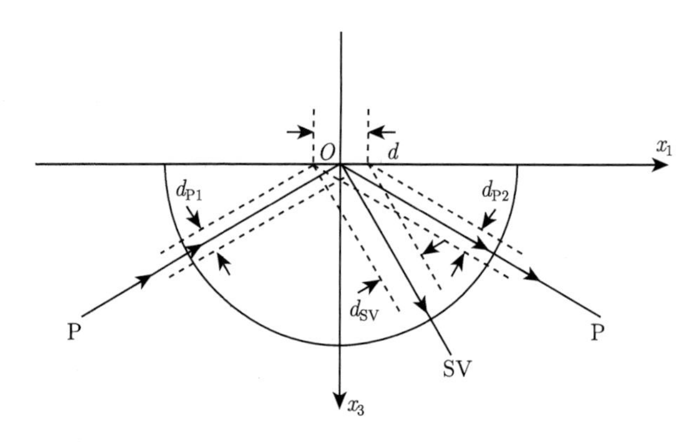

图 3.2.2 入射波与反射波的能量守恒示意图

3.2.2 SH 波在自由表面上的反射

由于 SH 波只有 $\boldsymbol{e}_2$ 方向的位移，因而在自由界面上，入射的 SH 波只会产生反射的 SH 波，而不会产生反射的 P 波及 SV 波，如图 3.2.3 所示。考虑到 SH 波的势函数是矢量函数，有两个分量，直接假设位移场更方便，因此，在讨论 SH 波的反射和透射问题时，都是直接假设位移场。设入射 SH 波、反射 SH 波的位移场分别为

$$u_2=C_1\exp[\mathrm{i}(k_{\mathrm{S1}}x_1-k_{\mathrm{S3}}x_3-\omega_{\mathrm{S}}t)] \tag{3.2.65}$$

$$u_2'=C_2\exp[\mathrm{i}(k_{\mathrm{S1}}'x_1+k_{\mathrm{S3}}'x_3-\omega_{\mathrm{S}}'t)] \tag{3.2.66}$$

式中，

$$k_{\mathrm{S1}}=\frac{\omega_{\mathrm{S}}}{c_{\mathrm{S}}}\sin\beta,\quad k_{\mathrm{S3}}=\frac{\omega_{\mathrm{S}}}{c_{\mathrm{S}}}\cos\beta$$

$$k_{\mathrm{S1}}'=\frac{\omega_{\mathrm{S}}'}{c_{\mathrm{S}}}\sin\beta',\quad k_{\mathrm{S3}}'=\frac{\omega_{\mathrm{S}}'}{c_{\mathrm{S}}}\cos\beta'$$

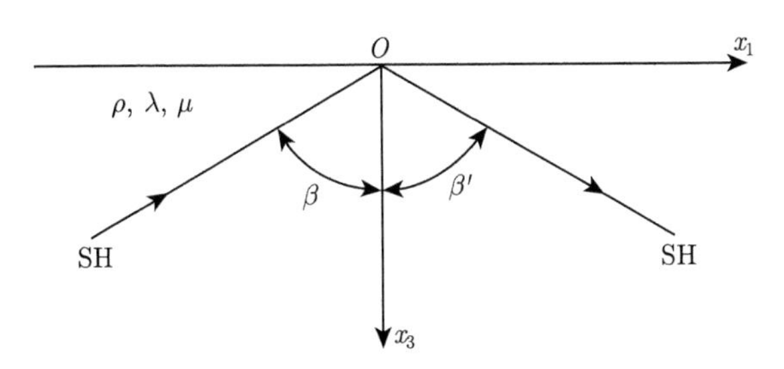

图 3.2.3 SH 波在自由表面上的反射

由于 u_2 只出现在 σ_{32} 中，边界条件可表示为

$$\sigma_{32}|_{x_3=0} = 0 \tag{3.2.67}$$

由式 (3.1.24) 可得

$$C_1 k_{S3} \exp\left[\mathrm{i}\left(k_{S1}x_1 - \omega_S t\right)\right] - C_2 k'_{S3} \exp\left[\mathrm{i}\left(k'_{S1}x_1 - \omega'_S t\right)\right] = 0 \tag{3.2.68}$$

为使方程式 (3.2.68) 对于任意的 x_1，t 都成立，必须使

$$\omega_S = \omega'_S, \quad k_{S1} = k'_{S1} \tag{3.2.69}$$

从而

$$\beta = \beta', \quad k_{S3} = k'_{S3} \tag{3.2.70}$$

由式 (3.2.68) 得

$$C_1 = C_2 \tag{3.2.71}$$

定义反射 SH 波的位移反射系数为反射 SH 波与入射 SH 波的位移振幅之比，即

$$R_{HH} = \frac{C_2}{C_1} = 1 \tag{3.2.72}$$

可见，SH 波在自由表面上反射时，反射角等于入射角，频率不改变，振幅和相位也保持不变。从能量守恒角度看，应有

$$D_{HH} = \frac{\langle I_{SH}^{re} \rangle}{\langle I_{SH}^{in} \rangle} = 1 \tag{3.2.73}$$

3.2.3 SV 波在自由表面上的反射

如图 3.2.4 所示，x_1x_2 平面为介质的自由表面，x_1x_3 平面为波的入射面，$x_3 < 0$ 的空间是真空，$x_3 \geqslant 0$ 的区域是弹性介质。介质的密度、拉梅系数分别为 ρ 和 λ, μ。由于入射 SV 波的质点振动在 x_1x_3 平面内，其反射波的质点偏振也必须在

x_1x_3 平面内。因此反射波包含 P 波和 SV 波，不存在 SH 波。设入射 SV 波、反射 SV 波及反射 P 波的波函数分别为

$$\psi_2 = A_1 \exp[\mathrm{i}(k_{\mathrm{S}1}x_1 - k_{\mathrm{S}3}x_3 - \omega_{\mathrm{S}}t)] \tag{3.2.74a}$$

$$\psi_2' = A_2 \exp[\mathrm{i}(k_{\mathrm{S}1}'x_1 + k_{\mathrm{S}3}'x_3 - \omega_{\mathrm{S}}'t)] \tag{3.2.74b}$$

$$\varphi = B \exp[\mathrm{i}(k_{\mathrm{P}1}x_1 + k_{\mathrm{P}3}x_3 - \omega_{\mathrm{P}}t)] \tag{3.2.74c}$$

式中，

$$k_{\mathrm{S}1} = \frac{\omega_{\mathrm{S}}}{c_{\mathrm{S}}}\sin\beta, \quad k_{\mathrm{S}3} = \frac{\omega_{\mathrm{S}}}{c_{\mathrm{S}}}\cos\beta$$

$$k_{\mathrm{S}1}' = \frac{\omega_{\mathrm{S}}'}{c_{\mathrm{S}}}\sin\beta', \quad k_{\mathrm{S}3}' = \frac{\omega_{\mathrm{S}}'}{c_{\mathrm{S}}}\cos\beta'$$

$$k_{\mathrm{P}1} = \frac{\omega_{\mathrm{P}}}{c_{\mathrm{P}}}\sin\alpha, \quad k_{\mathrm{P}3} = \frac{\omega_{\mathrm{P}}}{c_{\mathrm{P}}}\cos\alpha$$

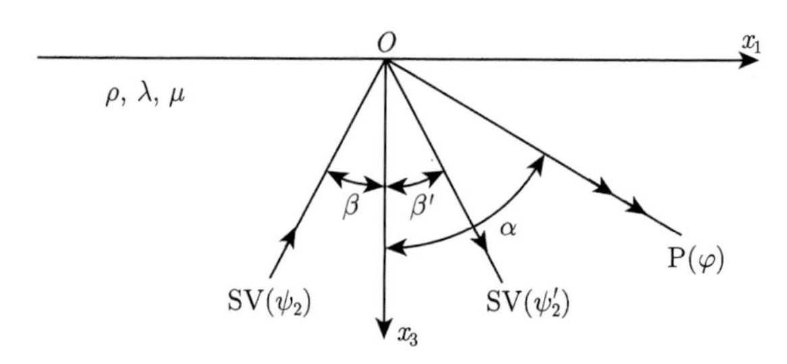

图 3.2.4 SV 波在自由表面上的反射

由于 u_1，u_3 只出现在 σ_{33}，σ_{31} 中，而 σ_{32} 与此无关，因此，自由表面的边界条件可表示为

$$\sigma_{33}|_{x_3=0} = 0, \quad \sigma_{31}|_{x_3=0} = 0 \tag{3.2.75}$$

由式 (3.1.22) 和式 (3.1.23) 可得到自由表面的应力边界方程为

$$\begin{aligned}&-\lambda k_{\mathrm{P}}^2 B \exp[\mathrm{i}(k_{\mathrm{P}1}x_1 - \omega_{\mathrm{P}}t)] + 2\mu\{-Bk_{\mathrm{P}3}^2 \exp[\mathrm{i}(k_{\mathrm{P}1}x_1 - \omega_{\mathrm{P}}t)]\\&+ A_1k_{\mathrm{S}1}k_{\mathrm{S}3}\exp[\mathrm{i}(k_{\mathrm{S}1}x_1 - \omega_{\mathrm{S}}t)] - A_2k_{\mathrm{S}1}'k_{\mathrm{S}3}'\exp[\mathrm{i}(k_{\mathrm{S}1}'x_1 - \omega_{\mathrm{S}}'t)]\} = 0\end{aligned} \tag{3.2.76a}$$

$$\begin{aligned}&-2Bk_{\mathrm{P}1}k_{\mathrm{P}3}\exp[\mathrm{i}(k_{\mathrm{P}1}x_1 - \omega_{\mathrm{P}}t)] - \{A_1k_{\mathrm{S}1}^2\exp[\mathrm{i}(k_{\mathrm{S}1}x_1 - \omega_{\mathrm{S}}t)]\\&+ A_2k_{\mathrm{S}1}'^2\exp[\mathrm{i}(k_{\mathrm{S}1}'x_1 - \omega_{\mathrm{S}}'t)]\}\\&+ \{A_1k_{\mathrm{S}3}^2\exp[\mathrm{i}(k_{\mathrm{S}1}x_1 - \omega_{\mathrm{S}}t)] + A_2k_{\mathrm{S}3}'^2\exp[\mathrm{i}(k_{\mathrm{S}1}'x_1 - \omega_{\mathrm{S}}'t)]\} = 0\end{aligned} \tag{3.2.76b}$$

欲使上式对任意的 x_1，t 都成立，必有

$$\omega_{\mathrm{S}} = \omega'_{\mathrm{S}} = \omega_{\mathrm{P}}, \quad k_{\mathrm{S1}} = k'_{\mathrm{S1}} = k_{\mathrm{P1}} \tag{3.2.77}$$

即

$$\frac{\sin\beta}{c_{\mathrm{S}}} = \frac{\sin\beta'}{c_{\mathrm{S}}} = \frac{\sin\alpha}{c_{\mathrm{P}}} \tag{3.2.78}$$

因而有

$$\beta = \beta'$$

可见，反射波与入射波的频率相同，反射 SV 波的反射角等于入射角，入射 SV 波的入射角与反射 P 波的反射角满足关系

$$\frac{\sin\beta}{\sin\alpha} = \frac{c_{\mathrm{S}}}{c_{\mathrm{P}}} \tag{3.2.79}$$

即 SV 波在自由界面上也遵循斯涅耳定律，且反射 SV 波的反射角小于反射 P 波的反射角。

将式 (3.2.77) 分别代入式 (3.2.76a, b) 得到

$$B\cos 2\beta - (A_1 - A_2)\sin 2\beta = 0 \tag{3.2.80a}$$

$$-Bc_{\mathrm{S}}^2 \sin 2\alpha + c_{\mathrm{P}}^2 (A_1 + A_2)\cos 2\beta = 0 \tag{3.2.80b}$$

反射 SV 波的反射系数为

$$F_{\mathrm{VV}} = \frac{A_2}{A_1} = \frac{c_{\mathrm{S}}^2 \sin 2\alpha \sin 2\beta - c_{\mathrm{P}}^2 \cos^2 2\beta}{c_{\mathrm{S}}^2 \sin 2\alpha \sin 2\beta + c_{\mathrm{P}}^2 \cos^2 2\beta} \tag{3.2.81}$$

反射 P 波的反射系数为

$$F_{\mathrm{VP}} = \frac{B}{A_1} = \frac{2c_{\mathrm{P}}^2 \sin 2\beta \cos 2\beta}{c_{\mathrm{S}}^2 \sin 2\alpha \sin 2\beta + c_{\mathrm{P}}^2 \cos^2 2\beta} \tag{3.2.82}$$

由式 (3.2.81)、式 (3.2.82) 我们可以得到以下结论。

(1) 垂直入射。

SV 波垂直入射，即 $\beta = 0$ 时，有

$$F_{\mathrm{VV}} = \frac{A_2}{A_1} = -1, \quad F_{\mathrm{VP}} = \frac{B}{A_1} = 0 \tag{3.2.83}$$

表明在这种情况下仅有反射的 SV 波，而无反射的 P 波，波型没有改变。

(2) 波型转换。

若 $F_{\mathrm{VV}}=\dfrac{A_2}{A_1}=0$，即

$$c_{\mathrm{S}}^2\sin 2\alpha\sin 2\beta-c_{\mathrm{P}}^2\cos^2 2\beta=0 \tag{3.2.84}$$

反射 SV 波消失，反射波全部为 P 波, 此时的 P 波反射系数为

$$F_{\mathrm{VP}}=\frac{B}{A_1}=\tan 2\beta \tag{3.2.85}$$

(3) SV 波的临界反射与全反射。

在 SV 波入射时，如果 P 波的反射角 $\alpha=\dfrac{\pi}{2}$，则由下式

$$\frac{\sin\beta}{\sin\alpha}=\frac{c_{\mathrm{S}}}{c_{\mathrm{P}}}=\left(\frac{\mu}{\lambda+2\mu}\right)^{\frac{1}{2}} \tag{3.2.86}$$

所确定的入射角 β 称为 SV 波入射的**临界角**，记为 β_{cr}，称这一反射过程为**临界反射** (图 3.2.5)，显然

$$\beta_{\mathrm{cr}}=\arcsin\left(\frac{\mu}{\lambda+2\mu}\right)^{\frac{1}{2}} \tag{3.2.87}$$

可见临界角与材料常数有关。此时 SV 波的反射系数为

$$F_{\mathrm{VV}}=\frac{A_2}{A_1}=-1 \tag{3.2.88}$$

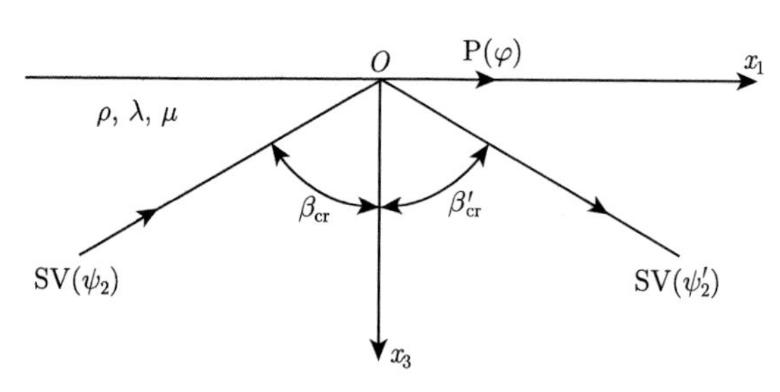

图 3.2.5 SV 波的临界反射

当入射角 $\beta>\beta_{\mathrm{cr}}=\arcsin\left(\dfrac{\mu}{\lambda+2\mu}\right)^{\frac{1}{2}}$ 时，$\sin\alpha=\dfrac{c_{\mathrm{P}}}{c_{\mathrm{S}}}\sin\beta>1$，可见 α 已经不可能是实数了 (虽然 β 为实数)，此时，可认为 $\alpha=\dfrac{\pi}{2}-\mathrm{i}\gamma$，从而

$$\sin\alpha=\sin\left(\frac{\pi}{2}-\mathrm{i}\gamma\right)=\cos(\mathrm{i}\gamma)=\mathrm{ch}\gamma>1 \tag{3.2.89}$$

其中，$\gamma = \text{arcch}\left[\left(\frac{\lambda+2\mu}{\mu}\right)^{\frac{1}{2}}\sin\beta\right]$，而

$$\cos\alpha = \cos\left(\frac{\pi}{2} - \mathrm{i}\gamma\right) = \sin(\mathrm{i}\gamma) = \mathrm{i}\mathrm{sh}\gamma \tag{3.2.90}$$

此时，反射 P 波的势函数可以表示为

$$\begin{aligned}\varphi &= B\exp[\mathrm{i}(k_{\mathrm{P}1}x_1 + k_{\mathrm{P}3}x_3 - \omega_{\mathrm{P}}t)] \\ &= B\exp(-k_{\mathrm{P}}\mathrm{sh}\gamma\cdot x_3)\exp[\mathrm{i}(k_{\mathrm{P}}\mathrm{ch}\gamma\cdot x_1 - \omega_{\mathrm{P}}t)]\end{aligned} \tag{3.2.91}$$

可见反射 P 波已经变成沿表面传播、沿 x_3 正方向衰减的表面波，由于衰减方向与传播方向不一致，它是一种**不均匀波**。该不均匀波沿表面传播速度为

$$c'_{\mathrm{P}} = \frac{\omega_{\mathrm{P}}}{k_{\mathrm{P}}\mathrm{ch}\gamma} < c_{\mathrm{P}} \tag{3.2.92}$$

考虑到

$$\mathrm{ch}^2\gamma - \mathrm{sh}^2\gamma = 1$$

$$\sin 2\alpha = 2\sin\alpha\cos\alpha = 2\mathrm{i}\mathrm{ch}\gamma\mathrm{sh}\gamma = 2\mathrm{i}\mathrm{sh}2\gamma$$

我们也可以这样计算

$$\cos\alpha = \cos\left(\frac{\pi}{2} - \mathrm{i}\gamma\right) = \sin(\mathrm{i}\gamma) = \mathrm{i}\mathrm{sh}\gamma = \mathrm{i}\sqrt{\mathrm{ch}^2\gamma - 1} = \mathrm{i}\sqrt{\sin^2\alpha - 1} \tag{3.2.93}$$

此时反射 SV 波的反射系数

$$\begin{aligned}F_{\mathrm{VV}} = \frac{A_2}{A_1} &= \frac{c_{\mathrm{S}}^2\sin 2\alpha\sin 2\beta - c_{\mathrm{P}}^2\cos^2 2\beta}{c_{\mathrm{S}}^2\sin 2\alpha\sin 2\beta + c_{\mathrm{P}}^2\cos^2 2\beta} \\ &= \frac{-c_{\mathrm{P}}^2\cos^2 2\beta + \mathrm{i}2c_{\mathrm{S}}^2\mathrm{sh}2\gamma\sin 2\beta}{c_{\mathrm{P}}^2\cos^2 2\beta + \mathrm{i}2c_{\mathrm{S}}^2\mathrm{sh}2\gamma\sin 2\beta} = \frac{-a+\mathrm{i}b}{a+\mathrm{i}b}\end{aligned} \tag{3.2.94}$$

其中，

$$a = c_{\mathrm{P}}^2\cos^2 2\beta, \quad b = c_{\mathrm{S}}^2\mathrm{sh}2\gamma\sin 2\beta \tag{3.2.95}$$

因而反射系数的模 $|F_{\mathrm{VV}}| = 1$，相位差 $\delta = \arctan\frac{2ab}{b^2-a^2}$，此种情况称为 **SV 波全反射**。

(4) 掠入射情况。

当入射角 $\beta = \frac{\pi}{2}$ 时，有

$$F_{\mathrm{VV}} = \frac{A_2}{A_1} = -1, \quad F_{\mathrm{VP}} = \frac{B}{A_1} = 0 \tag{3.2.96}$$

反射 P 波将消失，只存在反射 SV 波。反射 SV 波是与入射波同振幅同方向但具有 180° 的相位差的波。入射波与反射波的叠加保证自由表面无应力条件。

定义 SV 波的位移反射系数为反射 SV 波与入射 SV 波的位移振幅之比，即

$$R_{\mathrm{VV}} = \frac{A_2}{A_1} \cdot \frac{c_{\mathrm{S}}}{c_{\mathrm{S}}} = \frac{c_{\mathrm{S}}^2 \sin 2\alpha \sin 2\beta - c_{\mathrm{P}}^2 \cos^2 2\beta}{c_{\mathrm{S}}^2 \sin 2\alpha \sin 2\beta + c_{\mathrm{P}}^2 \cos^2 2\beta} \tag{3.2.97a}$$

定义 P 波的位移反射系数为反射 P 波与入射 SV 波的位移振幅之比，即

$$R_{\mathrm{VP}} = \frac{B}{A_1} \cdot \frac{c_{\mathrm{S}}}{c_{\mathrm{P}}} = \frac{2c_{\mathrm{S}}c_{\mathrm{P}} \cos 2\beta \sin 2\beta}{c_{\mathrm{S}}^2 \sin 2\alpha \sin 2\beta + c_{\mathrm{P}}^2 \cos^2 2\beta} \tag{3.2.97b}$$

(5) 在 SV 波入射时，反射 SV 波和反射 P 波的能量反射系数为

$$D_{\mathrm{VV}} = \frac{A_2^2}{A_1^2} \tag{3.2.98a}$$

$$D_{\mathrm{VP}} = \frac{B^2}{A_1^2} \frac{c_{\mathrm{S}}}{c_{\mathrm{P}}} \tag{3.2.98b}$$

能量守恒定律应该表示为

$$\langle I_{\mathrm{P2}} \rangle \cos \alpha + \langle I_{\mathrm{SV2}} \rangle \cos \beta = \langle I_{\mathrm{SV1}} \rangle \cos \beta \tag{3.2.99a}$$

或者

$$D_{\mathrm{VP}} \frac{\cos \alpha}{\cos \beta} + D_{\mathrm{VV}} = 1 \tag{3.2.99b}$$

3.2.4 P 波与 SV 波同时入射的情形

前几小节我们已经讨论了 P 波、SV 波和 SH 波单独入射的情形，本小节我们来讨论当 P 波与 SV 波同时入射时，在自由界面上的反射问题。由前面讨论知，P 波及 SV 波单独入射时, 分别有反射 P 波和反射 SV 波与之对应。当 P 波与 SV 波同时入射时，反射波是否应该包含 2 个 P 波和 2 个 SV 波呢？假设反射波有两个 SV 波、两个 P 波 (图 3.2.6)，下面首先证明实际反射波只有一个 SV 波和一个 P 波。

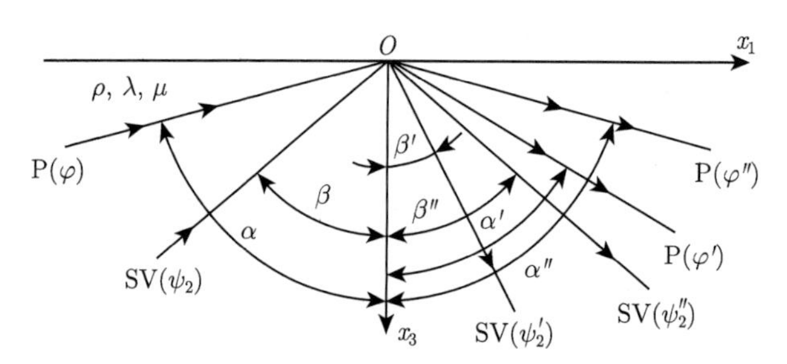

图 3.2.6　P 波和 SV 波同时入射时的反射波假设

设入射 P 波、SV 波及反射 P 波、SV 波的波函数分别为

$$\varphi = A\exp[\mathrm{i}(k_{\mathrm{P}1}x_1 - k_{\mathrm{P}3}x_3 - \omega_{\mathrm{P}}t)] \tag{3.2.100a}$$

$$\psi_2 = B\exp[\mathrm{i}(k_{\mathrm{S}1}x_1 - k_{\mathrm{S}3}x_3 - \omega_{\mathrm{S}}t)] \tag{3.2.100b}$$

$$\varphi' = A'\exp[\mathrm{i}(k'_{\mathrm{P}1}x_1 + k'_{\mathrm{P}3}x_3 - \omega'_{\mathrm{P}}t)] \tag{3.2.100c}$$

$$\varphi'' = A''\exp[\mathrm{i}(k''_{\mathrm{P}1}x_1 + k''_{\mathrm{P}3}x_3 - \omega''_{\mathrm{P}}t)] \tag{3.2.100d}$$

$$\psi'_2 = B'\exp[\mathrm{i}(k'_{\mathrm{S}1}x_1 + k'_{\mathrm{S}3}x_3 - \omega'_{\mathrm{S}}t)] \tag{3.2.100e}$$

$$\psi''_2 = B''\exp[\mathrm{i}(k''_{\mathrm{S}1}x_1 + k''_{\mathrm{S}3}x_3 - \omega''_{\mathrm{S}}t)] \tag{3.2.100f}$$

式中，A, B, A', A'', B', B'' 和 $\omega_{\mathrm{P}}, \omega_{\mathrm{S}}, \omega'_{\mathrm{P}}, \omega''_{\mathrm{P}}, \omega'_{\mathrm{S}}, \omega''_{\mathrm{S}}$ 分别为相应各个波的振幅及角频率，并且

$$k_{\mathrm{P}1} = \frac{\omega_{\mathrm{P}}}{c_{\mathrm{P}}}\sin\alpha, \quad k_{\mathrm{P}3} = \frac{\omega_{\mathrm{P}}}{c_{\mathrm{P}}}\cos\alpha$$

$$k'_{\mathrm{P}1} = \frac{\omega'_{\mathrm{P}}}{c_{\mathrm{P}}}\sin\alpha', \quad k'_{\mathrm{P}3} = \frac{\omega'_{\mathrm{P}}}{c_{\mathrm{P}}}\cos\alpha'$$

$$k''_{\mathrm{P}1} = \frac{\omega''_{\mathrm{P}}}{c_{\mathrm{P}}}\sin\alpha'', \quad k''_{\mathrm{P}3} = \frac{\omega''_{\mathrm{P}}}{c_{\mathrm{P}}}\cos\alpha''$$

$$k_{\mathrm{S}1} = \frac{\omega_{\mathrm{S}}}{c_{\mathrm{S}}}\sin\beta, \quad k_{\mathrm{S}3} = \frac{\omega_{\mathrm{S}}}{c_{\mathrm{S}}}\cos\beta$$

$$k'_{\mathrm{S}1} = \frac{\omega'_{\mathrm{S}}}{c_{\mathrm{S}}}\sin\beta', \quad k'_{\mathrm{S}3} = \frac{\omega'_{\mathrm{S}}}{c_{\mathrm{S}}}\cos\beta'$$

$$k''_{\mathrm{S}1} = \frac{\omega''_{\mathrm{S}}}{c_{\mathrm{S}}}\sin\beta'', \quad k''_{\mathrm{S}3} = \frac{\omega''_{\mathrm{S}}}{c_{\mathrm{S}}}\cos\beta''$$

此时的边界条件为

$$\sigma_{33}|_{x_3=0} = 0, \quad \sigma_{31}|_{x_3=0} = 0 \tag{3.2.101}$$

由式 (3.1.22) 得

$$\begin{aligned}
&\sigma_{33}|_{x_3=0}\\
&= \lambda\left[\frac{\partial^2(\varphi+\varphi'+\varphi'')}{\partial x_1^2} + \frac{\partial^2(\varphi+\varphi'+\varphi'')}{\partial x_3^2}\right]\\
&\quad +2\mu\left[\frac{\partial^2(\varphi+\varphi'+\varphi'')}{\partial x_3^2} + \frac{\partial^2(\psi_2+\psi'_2+\psi''_2)}{\partial x_1\partial x_3}\right]\Bigg|_{x_3=0}\\
&= \lambda\Big\{-k_{\mathrm{P}1}^2 A\exp\left[\mathrm{i}\left(k_{\mathrm{P}1}x_1 - \omega_{\mathrm{P}}t\right)\right] - (k'_{\mathrm{P}1})^2 A'\exp\left[\mathrm{i}\left(k'_{\mathrm{P}1}x_1 - \omega'_{\mathrm{P}}t\right)\right]\\
&\quad - (k''_{\mathrm{P}1})^2 A''\exp\left[\mathrm{i}\left(k''_{\mathrm{P}1}x_1 - \omega'_{\mathrm{P}}t\right)\right]\Big\} + (\lambda+2\mu)\left\{-k_{\mathrm{P}3}^2 A\exp\left[\mathrm{i}\left(k_{\mathrm{P}1}x_1 - \omega_{\mathrm{P}}t\right)\right]\right.
\end{aligned}$$

$$
\begin{aligned}
&-\left(k'_{\mathrm{P}3}\right)^2 A' \exp\left[\mathrm{i}\left(k'_{\mathrm{P}1}x_1-\omega'_{\mathrm{P}}t\right)\right]-\left(k''_{\mathrm{P}3}\right)^2 A'' \exp\left[\mathrm{i}\left(k''_{\mathrm{P}1}x_1-\omega''_{\mathrm{P}}t\right)\right]\Big\}\\
&+2\mu\left\{k_{\mathrm{S}3}k_{\mathrm{S}1}B\exp\left[\mathrm{i}\left(k_{\mathrm{S}1}x_1-\omega_{\mathrm{S}}t\right)\right]-k'_{\mathrm{S}1}k'_{\mathrm{S}3}B'\exp\left[\mathrm{i}\left(k'_{\mathrm{S}1}x_1-\omega'_{\mathrm{S}}t\right)\right]\right.\\
&\left.-k''_{\mathrm{S}1}k''_{\mathrm{S}3}B''\exp\left[\mathrm{i}\left(k''_{\mathrm{S}1}x_1-\omega''_{\mathrm{S}}t\right)\right]\right\}=0
\end{aligned}
\tag{3.2.102}
$$

若想此式成立，必有

$$
k_{\mathrm{P}1}=k'_{\mathrm{P}1}=k''_{\mathrm{P}1}=k_{\mathrm{S}1}=k'_{\mathrm{S}1}=k''_{\mathrm{S}1},\quad \omega_{\mathrm{P}}=\omega'_{\mathrm{P}}=\omega''_{\mathrm{P}}=\omega_{\mathrm{S}}=\omega'_{\mathrm{S}}=\omega''_{\mathrm{S}} \tag{3.2.103}
$$

从而

$$
\alpha=\alpha'=\alpha'' \tag{3.2.104a}
$$

$$
\beta=\beta'=\beta'' \tag{3.2.104b}
$$

上式表示，反射波只有一个 SV 波、一个 P 波，如图 3.2.7 所示。且有

$$
\frac{\sin\alpha}{c_{\mathrm{P}}}=\frac{\sin\beta}{c_{\mathrm{S}}} \tag{3.2.105}
$$

即 P 波与 SV 波同时入射时，也满足斯涅耳定律。

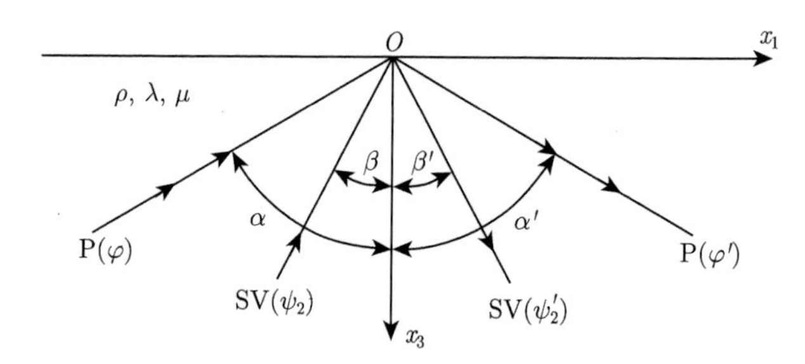

图 3.2.7 P 波和 SV 波同时入射时的反射波

设入射 P 波、SV 波及反射 P 波、SV 波的波函数分别为

$$
\varphi=A\exp[\mathrm{i}(k_{\mathrm{P}1}x_1-k_{\mathrm{P}3}x_3-\omega t)] \tag{3.2.106a}
$$

$$
\varphi'=A'\exp[\mathrm{i}(k_{\mathrm{P}1}x_1+k_{\mathrm{P}3}x_3-\omega t)] \tag{3.2.106b}
$$

$$
\psi_2=B\exp[\mathrm{i}(k_{\mathrm{S}1}x_1-k_{\mathrm{S}3}x_3-\omega t)] \tag{3.2.106c}
$$

$$
\psi'_2=B'\exp[\mathrm{i}\,(k_{\mathrm{S}1}x_1+k_{\mathrm{S}3}x_3-\omega t)] \tag{3.2.106d}
$$

由应力边界条件

$$
\sigma_{33}|_{x_3=0}=0,\quad \sigma_{31}|_{x_3=0}=0 \tag{3.2.107}
$$

可以得到自由表面的应力边界方程为

$$\left[\lambda k_{\mathrm{P1}}^2+(\lambda+2\mu)\,k_{\mathrm{P3}}^2\right](A+A')+2\mu k_{\mathrm{S1}}k_{\mathrm{S3}}\,(B'-B)=0 \tag{3.2.108a}$$

$$2k_{\mathrm{P1}}k_{\mathrm{P3}}\,(A-A')+\left(k_{\mathrm{S3}}^2-k_{\mathrm{S1}}^2\right)(B+B')=0 \tag{3.2.108b}$$

将三角函数公式应用到上式得

$$(A+A')\cos 2\beta+(B'-B)\sin 2\beta=0 \tag{3.2.109a}$$

$$(A-A')\sin 2\alpha c_{\mathrm{S}}^2+\cos 2\beta c_{\mathrm{P}}^2\,(B+B')=0 \tag{3.2.109b}$$

整理得

$$A'=\frac{(\sin 2\alpha\sin 2\beta c_{\mathrm{S}}^2-\cos^2 2\beta c_{\mathrm{P}}^2)\,A+2\cos 2\beta\sin 2\beta c_{\mathrm{P}}^2 B}{\sin 2\alpha\sin 2\beta c_{\mathrm{S}}^2+\cos^2 2\beta c_{\mathrm{P}}^2} \tag{3.2.110a}$$

$$B'=\frac{-2\sin 2\alpha\cos 2\beta c_{\mathrm{S}}^2 A+(\sin 2\alpha\sin 2\beta c_{\mathrm{S}}^2-\cos^2 2\beta c_{\mathrm{P}}^2)B}{\sin 2\alpha\sin 2\beta c_{\mathrm{S}}^2+\cos^2 2\beta c_{\mathrm{P}}^2} \tag{3.2.110b}$$

也可写成矩阵形式

$$\begin{pmatrix} A' \\ B' \end{pmatrix}=\boldsymbol{F}\begin{pmatrix} A \\ B \end{pmatrix}=\begin{pmatrix} F_{11} & F_{12} \\ F_{21} & F_{22} \end{pmatrix}\begin{pmatrix} A \\ B \end{pmatrix} \tag{3.2.111}$$

其中，

$$F_{11}=\frac{\sin 2\alpha\sin 2\beta c_{\mathrm{S}}^2-\cos^2 2\beta c_{\mathrm{P}}^2}{\sin 2\alpha\sin 2\beta c_{\mathrm{S}}^2+\cos^2 2\beta c_{\mathrm{P}}^2} \tag{3.2.112a}$$

$$F_{12}=\frac{2\cos 2\alpha\sin 2\beta c_{\mathrm{P}}^2}{\sin 2\alpha\sin 2\beta c_{\mathrm{S}}^2+\cos^2 2\beta c_{\mathrm{P}}^2} \tag{3.2.112b}$$

$$F_{21}=\frac{-2\sin 2\alpha\cos 2\beta c_{\mathrm{S}}^2}{\sin 2\alpha\sin 2\beta c_{\mathrm{S}}^2+\cos^2 2\beta c_{\mathrm{P}}^2} \tag{3.2.112c}$$

$$F_{22}=\frac{\sin 2\alpha\sin 2\beta c_{\mathrm{S}}^2-\cos^2 2\beta c_{\mathrm{P}}^2}{\sin 2\alpha\sin 2\beta c_{\mathrm{S}}^2+\cos^2 2\beta c_{\mathrm{P}}^2} \tag{3.2.112d}$$

定义矩阵 $\boldsymbol{F}$ 为 P 波、SV 波同时入射时，反射 P 波、反射 SV 波的反射矩阵。

分析式 (3.2.112)，取 $B=0$，退化为 P 波单独入射情形，且 F_{11}，F_{21} 分别为 P 波单独入射时，反射 P 波和反射 SV 波的反射系数；取 $A=0$，退化为 SV 波单独入射情形，且 F_{12}，F_{22} 分别为 SV 波单独入射时，反射 P 波和反射 SV 波的反射系数。

P 波与 SV 波同时入射时，我们可以得到以下几点结论。

(1) P 波的入射角等于 P 波的反射角，SV 波的入射角等于 SV 波的反射角。

(2) 由于 $\dfrac{c_{\mathrm{P}}}{c_{\mathrm{S}}}=\dfrac{\sin\alpha}{\sin\beta}$，且 $c_{\mathrm{P}}>c_{\mathrm{S}}$，因而 $\alpha>\beta$。若入射 P 波和 SV 波同时入射，则它们的入射角 α 和 β 不能是任意的，必须满足一定的关系，且 SV 波的入射角 β 总是小于 P 波的入射角 α。

(3) P 波单独入射时 P 波的反射系数与 SV 波单独入射时 SV 波的反射系数是相等的，即 $F_{11}=F_{22}$。

设入射 P 波、SV 波的位移振幅分别为 C_1 与 C_2，反射 P 波、反射 SV 波的位移振幅分别为 C_1' 与 C_2'。当 P 波单独入射时，P 波与 SV 波的位移反射系数分别设为 R_{11} 与 R_{21}，则

$$R_{11}=F_{11},\quad R_{21}=F_{21}\cdot\frac{c_{\mathrm{P}}}{c_{\mathrm{S}}}\tag{3.2.113}$$

当 SV 波单独入射时，P 波与 SV 波的位移反射系数分别设为 R_{12} 与 R_{22}，则

$$R_{12}=F_{12}\cdot\frac{c_{\mathrm{S}}}{c_{\mathrm{P}}},\quad R_{22}=F_{22}\tag{3.2.114}$$

因而有

$$\begin{pmatrix}C_1'\\C_2'\end{pmatrix}=\begin{pmatrix}R_{11}&R_{12}\\R_{21}&R_{22}\end{pmatrix}\begin{pmatrix}C_1\\C_2\end{pmatrix}\tag{3.2.115}$$

定义矩阵 $\boldsymbol{R}=\begin{pmatrix}R_{11}&R_{12}\\R_{21}&R_{22}\end{pmatrix}$ 为 P 波、SV 波同时入射时，反射 P 波、反射 SV 波的位移反射矩阵，则有

$$R_{11}=\frac{\sin 2\alpha\sin 2\beta c_{\mathrm{S}}^2-\cos^2 2\beta c_{\mathrm{P}}^2}{\sin 2\alpha\sin 2\beta c_{\mathrm{S}}^2+\cos^2 2\beta c_{\mathrm{P}}^2}\tag{3.2.116a}$$

$$R_{12}=\frac{2\cos 2\alpha\sin 2\beta c_{\mathrm{P}}c_{\mathrm{S}}}{\sin 2\alpha\sin 2\beta c_{\mathrm{S}}^2+\cos^2 2\beta c_{\mathrm{P}}^2}\tag{3.2.116b}$$

$$R_{21}=\frac{-2\sin 2\alpha\cos 2\beta c_{\mathrm{S}}c_{\mathrm{P}}}{\sin 2\alpha\sin 2\beta c_{\mathrm{S}}^2+\cos^2 2\beta c_{\mathrm{P}}^2}\tag{3.2.116c}$$

$$R_{22}=\frac{\sin 2\alpha\sin 2\beta c_{\mathrm{S}}^2-\cos^2 2\beta c_{\mathrm{P}}^2}{\sin 2\alpha\sin 2\beta c_{\mathrm{S}}^2+\cos^2 2\beta c_{\mathrm{P}}^2}\tag{3.2.116d}$$

3.3　弹性波在分界面上的反射与透射

讨论平面波在两种半无限弹性介质的平面分界面上的反射和透射，对于研究地震波在地球介质内的传播规律以及利用地震波进行地震勘探具有重要的实际意

义。通过研究地震波在地层层状介质中的运动规律，可以推断地下构造形态和物理特征，有助于寻找油气和其他矿产资源。

本节讨论 P 波、SV 波及 SH 波在两个弹性半空间分界面处入射的情况。两个弹性半空间各自由均匀的各向同性弹性介质组成，但是两个半空间的介质常数是不同的，而且认为两个半空间在分界面处的界面总是完好的。

3.3.1 P 波在分界面上的反射与透射

如图 3.3.1 所示，介质 1 的密度、拉梅系数分别为 ρ 和 λ，μ，介质 2 的密度、拉梅系数分别为 ρ' 和 λ'，μ'。当 P 波在介质 1 内沿 x_1x_3 平面入射到分界面 x_1x_2 平面上时，形成了反射与透射。

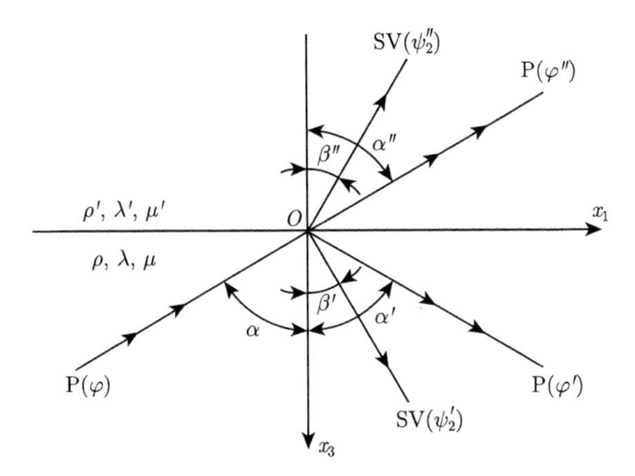

图 3.3.1 P 波在分界面上的反射与透射

设入射 P 波、反射 P 波及 SV 波、透射 P 波及 SV 波的波函数分别为

$$\varphi = A\exp[\mathrm{i}(k_{\mathrm{P}1}x_1 - k_{\mathrm{P}3}x_3 - \omega_{\mathrm{P}}t)] \tag{3.3.1a}$$

$$\varphi' = A'\exp[\mathrm{i}(k'_{\mathrm{P}1}x_1 + k'_{\mathrm{P}3}x_3 - \omega'_{\mathrm{P}}t)] \tag{3.3.1b}$$

$$\psi'_2 = B'\exp[\mathrm{i}\,(k'_{\mathrm{S}1}x_1 + k'_{\mathrm{S}3}x_3 - \omega'_{\mathrm{S}}t)] \tag{3.3.1c}$$

$$\varphi'' = A''\exp[\mathrm{i}(k''_{\mathrm{P}1}x_1 - k''_{\mathrm{P}3}x_3 - \omega''_{\mathrm{P}}t)] \tag{3.3.1d}$$

$$\psi''_2 = B''\exp[\mathrm{i}\,(k''_{\mathrm{S}1}x_1 - k''_{\mathrm{S}3}x_3 - \omega''_{\mathrm{S}}t)] \tag{3.3.1e}$$

式中，A, A', A'', B', B'' 和 $\omega_{\mathrm{P}}, \omega'_{\mathrm{P}}, \omega''_{\mathrm{P}}, \omega'_{\mathrm{S}}, \omega''_{\mathrm{S}}$ 分别为相应各个波的振幅及角频率，并且

$$k_{\mathrm{P}1} = \frac{\omega_{\mathrm{P}}}{c_{\mathrm{P}}}\sin\alpha, \quad k_{\mathrm{P}3} = \frac{\omega_{\mathrm{P}}}{c_{\mathrm{P}}}\cos\alpha \tag{3.3.2a}$$

$$k'_{P1}=\frac{\omega'_P}{c_P}\sin\alpha',\quad k'_{P3}=\frac{\omega'_P}{c_P}\cos\alpha' \tag{3.3.2b}$$

$$k''_{P1}=\frac{\omega''_P}{c'_P}\sin\alpha'',\quad k''_{P3}=\frac{\omega''_P}{c'_P}\cos\alpha'' \tag{3.3.2c}$$

$$k'_{S1}=\frac{\omega'_S}{c_S}\sin\beta',\quad k'_{S3}=\frac{\omega'_S}{c_S}\cos\beta' \tag{3.3.2d}$$

$$k''_{S1}=\frac{\omega''_S}{c'_S}\sin\beta'',\quad k''_{S3}=\frac{\omega''_S}{c'_S}\cos\beta'' \tag{3.3.2e}$$

此时的边界条件：在 $x_3=0$ 处

$$u_1=u'_1,\quad u_2=u'_2,\quad u_3=u'_3 \tag{3.3.3a}$$

$$\sigma_{33}=\sigma'_{33},\quad \sigma_{31}=\sigma'_{31},\quad \sigma_{32}=\sigma'_{32} \tag{3.3.3b}$$

又由于 $u_2=u'_2=0$，且 u_1，u_3 只出现在 σ_{33}，σ_{31} 中，因而只用边界条件

$$u_1|_{x_3=0}=u'_1|_{x_3=0},\quad u_3|_{x_3=0}=u'_3|_{x_3=0} \tag{3.3.4a}$$

$$\sigma_{33}|_{x_3=0}=\sigma'_{33}|_{x_3=0},\quad \sigma_{31}|_{x_3=0}=\sigma'_{31}|_{x_3=0} \tag{3.3.4b}$$

利用位移和势函数的关系式 (3.1.20)、式 (3.1.22) 及式 (3.1.23) 可以得到边界条件方程为

$$\left[\frac{\partial(\varphi+\varphi')}{\partial x_1}-\frac{\partial\psi'_2}{\partial x_3}\right]\Bigg|_{x_3=0}=\left[\frac{\partial\varphi''}{\partial x_1}-\frac{\partial\psi''_2}{\partial x_3}\right]\Bigg|_{x_3=0} \tag{3.3.5a}$$

$$\left[\frac{\partial(\varphi+\varphi')}{\partial x_3}+\frac{\partial\psi'_2}{\partial x_1}\right]\Bigg|_{x_3=0}=\left[\frac{\partial\varphi''}{\partial x_3}+\frac{\partial\psi''_2}{\partial x_1}\right]\Bigg|_{x_3=0} \tag{3.3.5b}$$

$$\begin{aligned}&\left\{\lambda\nabla^2(\varphi+\varphi')+2\mu\left[\frac{\partial^2(\varphi+\varphi')}{\partial x_3^2}+\frac{\partial^2\psi'_2}{\partial x_1\partial x_3}\right]\right\}\Bigg|_{x_3=0}\\&=\left\{\lambda'\nabla^2\varphi''+2\mu'\left[\frac{\partial^2\varphi''}{\partial x_3^2}+\frac{\partial^2\psi''}{\partial x_1\partial x_3}\right]\right\}\Bigg|_{x_3=0}\end{aligned} \tag{3.3.5c}$$

$$\mu\left[2\frac{\partial^2(\varphi+\varphi')}{\partial x_1\partial x_3}+\frac{\partial^2\psi'_2}{\partial x_1^2}-\frac{\partial^2\psi'_2}{\partial x_3^2}\right]\Bigg|_{x_3=0}=\mu'\left[2\frac{\partial^2\varphi''}{\partial x_1\partial x_3}+\frac{\partial^2\psi''_2}{\partial x_1^2}-\frac{\partial^2\psi''_2}{\partial x_3^2}\right]\Bigg|_{x_3=0} \tag{3.3.5d}$$

将式 (3.3.1) 代入上式并令 $x_3=0$，有

$$\begin{aligned}&k_{P1}A\exp[\mathrm{i}(k_{P1}x_1-\omega_Pt)]+k'_{P1}A'\exp[\mathrm{i}(k'_{P1}x_1-\omega'_Pt)]\\&-k'_{S3}B'\exp[\mathrm{i}(k'_{S1}x_1-\omega'_St)]\end{aligned}$$

$$= k''_{\mathrm{P}1}A''\exp[\mathrm{i}(k''_{\mathrm{P}1}x_1 - \omega''_{\mathrm{P}}t)] + k''_{\mathrm{S}3}B''\exp[\mathrm{i}(k''_{\mathrm{S}1}x_1 - \omega''_{\mathrm{S}}t)] \tag{3.3.6a}$$

$$\begin{aligned}&-k_{\mathrm{P}3}A\exp[\mathrm{i}(k_{\mathrm{P}1}x_1 - \omega_{\mathrm{P}}t)] + k'_{\mathrm{P}3}A'\exp[\mathrm{i}(k'_{\mathrm{P}1}x_1 - \omega'_{\mathrm{P}}t)]\\&+k'_{\mathrm{S}1}B'\exp[\mathrm{i}(k'_{\mathrm{S}1}x_1 - \omega'_{\mathrm{S}}t)]\\=&-k''_{\mathrm{P}3}A''\exp[\mathrm{i}(k''_{\mathrm{P}1}x_1 - \omega''_{\mathrm{P}}t)] + k''_{\mathrm{S}1}B''\exp[\mathrm{i}(k''_{\mathrm{S}1}x_1 - \omega''_{\mathrm{S}}t)]\end{aligned} \tag{3.3.6b}$$

$$\begin{aligned}&\lambda\left\{-k_{\mathrm{P}1}^2A\exp[\mathrm{i}(k_{\mathrm{P}1}x_1 - \omega_{\mathrm{P}}t)] - k'^2_{\mathrm{P}1}A'\exp[\mathrm{i}(k'_{\mathrm{P}1}x_1 - \omega'_{\mathrm{P}}t)]\right\}\\&+(\lambda+2\mu)\left\{-k_{\mathrm{P}3}^2A\exp[\mathrm{i}(k_{\mathrm{P}1}x_1 - \omega_{\mathrm{P}}t)] - k'^2_{\mathrm{P}3}A'\exp[\mathrm{i}(k'_{\mathrm{P}1}x_1 - \omega'_{\mathrm{P}}t)]\right\}\\&-2\mu k'_{\mathrm{S}1}k'_{\mathrm{S}3}B'\exp[\mathrm{i}(k'_{\mathrm{S}1}x_1 - \omega'_{\mathrm{S}}t)]\\=&-\lambda' k''^2_{\mathrm{P}1}A''\exp[\mathrm{i}(k''_{\mathrm{P}1}x_1 - \omega''_{\mathrm{P}}t)] - (\lambda'+2\mu')k''^2_{\mathrm{P}3}A''\exp[\mathrm{i}(k''_{\mathrm{P}1}x_1 - \omega''_{\mathrm{P}}t)]\\&+2\mu' k''_{\mathrm{S}1}k''_{\mathrm{S}3}B''\exp[\mathrm{i}(k''_{\mathrm{S}1}x_1 - \omega''_{\mathrm{S}}t)]\end{aligned} \tag{3.3.6c}$$

$$\begin{aligned}&\mu\left\{2k_{\mathrm{P}1}k_{\mathrm{P}3}A\exp[\mathrm{i}(k_{\mathrm{P}1}x_1 - \omega_{\mathrm{P}}t)] - 2k'_{\mathrm{P}1}k'_{\mathrm{P}3}A'\exp[\mathrm{i}(k'_{\mathrm{P}1}x_1 - \omega'_{\mathrm{P}}t)]\right.\\&\left.-k'^2_{\mathrm{S}1}B'\exp[\mathrm{i}(k'_{\mathrm{S}1}x_1 - \omega'_{\mathrm{S}}t)] + k'^2_{\mathrm{S}3}B'\exp[\mathrm{i}(k'_{\mathrm{S}1}x_1 - \omega'_{\mathrm{S}}t)]\right\}\\=&\mu'\left\{2k''_{\mathrm{P}1}k''_{\mathrm{P}3}A''\exp[\mathrm{i}(k''_{\mathrm{P}1}x_1 - \omega''_{\mathrm{P}}t)] - k''^2_{\mathrm{S}1}B''\exp[\mathrm{i}(k''_{\mathrm{S}1}x_1 - \omega''_{\mathrm{S}}t)]\right.\\&\left.+k''^2_{\mathrm{S}3}B''\exp[\mathrm{i}(k''_{\mathrm{S}1}x_1 - \omega''_{\mathrm{S}}t)]\right\}\end{aligned} \tag{3.3.6d}$$

为使上式对于任意的 x_1，t 都成立，必须使

$$\omega_{\mathrm{P}} = \omega'_{\mathrm{P}} = \omega''_{\mathrm{P}} = \omega'_{\mathrm{S}} = \omega''_{\mathrm{S}} \tag{3.3.7a}$$

$$k_{\mathrm{P}1} = k'_{\mathrm{P}1} = k''_{\mathrm{P}1} = k'_{\mathrm{S}1} = k''_{\mathrm{S}1} \tag{3.3.7b}$$

即入射波、反射波和透射波的频率必须相同，视波数必须相同。有时定义

$$\frac{\sin\alpha}{c_{\mathrm{P}}} = \frac{\sin\alpha'}{c_{\mathrm{P}}} = \frac{\sin\beta'}{c_{\mathrm{S}}} = \frac{\sin\alpha''}{c'_{\mathrm{P}}} = \frac{\sin\beta''}{c'_{\mathrm{S}}} = \frac{1}{\bar{c}} \tag{3.3.8}$$

称 $\bar{c}$ 为视波速。因此，视波数相同也就是视波速相同，通常称为斯涅耳反射定律。由斯涅耳反射定律可知

$$\alpha = \alpha' \tag{3.3.9}$$

即反射 P 波的反射角等于入射角，反射 SV 波的反射角小于反射 P 波的反射角，透射 SV 波的透射角小于透射 P 波的透射角。

化简整理式 (3.3.6) 有

$$A + A' - p_2B' - A'' - p_4B'' = 0 \tag{3.3.10a}$$

$$p_1(A-A')-B'-p_3A''+B''=0 \tag{3.3.10b}$$

$$\left[\lambda\left(1+p_1^2\right)+2\mu p_1^2\right](A+A')+2\mu p_2 B'-\left[\lambda'\left(1+p_3^2\right)+2\mu' p_3^2\right]A''+2\mu' p_4 B''=0 \tag{3.3.10c}$$

$$\mu\left[2p_1(A-A')-\left(1-p_2^2\right)B'\right]-\mu'\left[2p_3A''-\left(1-p_4^2\right)B''\right]=0 \tag{3.3.10d}$$

式中，

$$p_1=\frac{k_{P3}}{k_{P1}}=\cot\alpha,\quad p_2=\frac{k'_{S3}}{k'_{S1}}=\cot\beta'$$

$$p_3=\frac{k''_{P3}}{k''_{P1}}=\cot\alpha'',\quad p_4=\frac{k''_{S3}}{k''_{S1}}=\cot\beta''$$

令

$$P=A+A',\quad Q=A-A' \tag{3.3.11}$$

将 P 代入式 (3.3.10a) 和式 (3.3.10c) 中，解出 P，B'，分别为

$$P=l_1A''+h_1B'',\quad B'=l_2A''+h_2B'' \tag{3.3.12}$$

将 Q 代入式 (3.3.10b) 和式 (3.3.10d) 中，解出 Q，B'，分别为

$$Q=l_3A''+h_3B'',\quad B'=-l_4A''-h_4B'' \tag{3.3.13}$$

式中，

$$l_1=\frac{2\mu+\lambda'(1+p_3^2)+2u'p_3^2}{(\lambda+2\mu)(1+p_1^2)},\quad l_2=\frac{\lambda'(1+p_3^2)+2\mu'p_3^2-[\lambda(1+p_1^2)+2\mu p_1^2]}{(\lambda+2\mu)(1+p_1^2)p_2}$$

$$l_3=\frac{2\mu'p_3-\mu(1-p_2^2)p_3}{\mu p_1(1+p_2^2)},\quad l_4=\frac{2(\mu-\mu')p_3}{\mu(1+p_2^2)}$$

$$h_1=\frac{2(\mu-\mu')p_4}{(\lambda+2\mu)(1+p_1^2)},\quad h_2=-\frac{[2\mu'+\lambda(1+p_1^2)+2\mu p_1^2]p_4}{(\lambda+2\mu)(1+p_1^2)p_2}$$

$$h_3=\frac{\mu(1-p_2^2)-\mu'(1-p_4^2)}{\mu p_1(1+p_2^2)},\quad h_4=\frac{\mu'(1-p_4^2)-2\mu}{\mu(1+p_2^2)}$$

将式 (3.3.11) 代入式 (3.3.12) 及式 (3.3.13) 得到方程组

$$-\frac{A'}{A}+l_1\frac{A''}{A}+h_1\frac{B''}{A}=1 \tag{3.3.14a}$$

$$-\frac{B'}{A}+l_2\frac{A''}{A}+h_2\frac{B''}{A}=0 \tag{3.3.14b}$$

$$\frac{A'}{A}+l_3\frac{A''}{A}+h_3\frac{B''}{A}=1 \tag{3.3.14c}$$

$$\frac{B'}{A}+l_4\frac{A''}{A}+h_4\frac{B''}{A}=0 \tag{3.3.14d}$$

定义反射 P 波、SV 波的反射系数为反射 P 波、SV 波的势函数振幅与入射 P 波的势函数振幅之比，即

$$F_{\mathrm{PP}}=\frac{A'}{A}=\frac{(l_1-l_3)(h_2+h_4)-(l_2+l_4)(h_1-h_3)}{(l_1+l_3)(h_2+h_4)-(l_2+l_4)(h_1+h_3)} \tag{3.3.15}$$

$$F_{\mathrm{PV}}=\frac{B'}{A}=\frac{2(l_2h_4-l_4h_2)}{(l_1+l_3)(h_2+h_4)-(l_2+l_4)(h_1+h_3)} \tag{3.3.16}$$

定义透射 P 波、SV 波的势函数透射系数为透射 P 波、SV 波的势函数振幅与入射 P 波的势函数振幅之比，即

$$E_{\mathrm{PP'}}=\frac{A''}{A}=\frac{2(h_2+h_4)}{(l_1+l_3)(h_2+h_4)-(l_2+l_4)(h_1+h_3)} \tag{3.3.17}$$

$$E_{\mathrm{PV'}}=\frac{B''}{A}=\frac{2(l_2+l_4)}{(l_1+l_3)(h_2+h_4)-(l_2+l_4)(h_1+h_3)} \tag{3.3.18}$$

由式 (3.3.15)~式 (3.3.18) 我们可以得到结论。

(1) 当 P 波垂直入射时，有 $\alpha'=\beta'=\alpha''=\beta''=0$，于是 p_1，p_2，p_3，p_4 趋于无穷大，则由式 (3.3.16) 及式 (3.3.18) 可知

$$F_{\mathrm{PV}}=0,\quad E_{\mathrm{PV'}}=0 \tag{3.3.19}$$

这表明在平面 P 波垂直入射时不存在转换波，即不存在横波成分。这是因为纵波垂直入射时，只会沿分界面的法线方向引起位移。也就是说，只会使介质产生胀缩运动。

(2) 全反射。

当两种介质中的波速违反

$$c'_{\mathrm{S}}<c'_{\mathrm{P}}<c_{\mathrm{S}}<c_{\mathrm{P}} \tag{3.3.20}$$

时，可能发生全反射现象。假定

$$c_{\mathrm{S}}<c_{\mathrm{P}}<c'_{\mathrm{S}}<c'_{\mathrm{P}} \tag{3.3.21}$$

由斯涅耳定律可知

$$\beta'<\alpha'<\beta''<\alpha'' \tag{3.3.22}$$

从而

$$\sin\alpha''=\frac{c'_{\mathrm{P}}\sin\alpha}{c_{\mathrm{P}}},\quad \sin\beta''=\frac{c'_{\mathrm{S}}\sin\alpha}{c_{\mathrm{P}}} \tag{3.3.23}$$

这时存在两个临界角

$$\alpha_{\mathrm{cr1}}=\arcsin\left(\frac{c_{\mathrm{P}}}{c'_{\mathrm{P}}}\right),\quad \alpha_{\mathrm{cr2}}=\arcsin\left(\frac{c_{\mathrm{P}}}{c'_{\mathrm{S}}}\right) \tag{3.3.24}$$

当 $\alpha=\alpha_{\mathrm{cr1}}$ 时，$\alpha''=\dfrac{\pi}{2}$；当 $\alpha=\alpha_{\mathrm{cr2}}$ 时，$\beta''=\dfrac{\pi}{2}$。若入射角 $\alpha>\alpha_{\mathrm{cr2}}$，则 β''，α'' 必为复数，从而入射的 P 波会产生全反射。

定义反射 P 波、SV 波的位移反射系数为反射 P 波、SV 波的位移振幅与入射 P 波的位移振幅之比，即

$$R_{\mathrm{PP}}=\frac{A'}{A}\frac{c_{\mathrm{P}}}{c_{\mathrm{P}}}=\frac{(l_1-l_3)(h_2+h_4)-(l_2+l_4)(h_1-h_3)}{(l_1+l_3)(h_2+h_4)-(l_2+l_4)(h_1+h_3)} \tag{3.3.25}$$

$$R_{\mathrm{PV}}=\frac{B'}{A}\times\frac{c_{\mathrm{P}}}{c_{\mathrm{S}}}=\frac{2c_{\mathrm{P}}(l_2h_4-l_4h_2)}{c_{\mathrm{S}}\left[(l_1+l_3)(h_2+h_4)-(l_2+l_4)(h_1+h_3)\right]} \tag{3.3.26}$$

定义透射 P 波、SV 波的位移透射系数为透射 P 波、SV 波的位移振幅与入射 P 波的位移振幅之比，即

$$T_{\mathrm{PP'}}=\frac{A''}{A}\times\frac{c_{\mathrm{P}}}{c'_{\mathrm{P}}}=\frac{2c_{\mathrm{P}}(h_2+h_4)}{c'_{\mathrm{P}}\left[(l_1+l_3)(h_2+h_4)-(l_2+l_4)(h_1+h_3)\right]} \tag{3.3.27}$$

$$T_{\mathrm{PV'}}=\frac{B''}{A}\times\frac{c_{\mathrm{P}}}{c'_{\mathrm{S}}}=\frac{2c_{\mathrm{P}}(l_2+l_4)}{c'_{\mathrm{S}}\left[(l_1+l_3)(h_2+h_4)-(l_2+l_4)(h_1+h_3)\right]} \tag{3.3.28}$$

若反射系数和透射系数用反射波和透射波沿传播方向在一个周期内所携带的平均能量之比来定义，则有

$$R_{\mathrm{PP}}=\left(\frac{A'}{A}\right)^2 \tag{3.3.29a}$$

$$R_{\mathrm{PV}}=\left(\frac{B'}{A}\right)^2\cdot\frac{c_{\mathrm{P}}}{c_{\mathrm{S}}} \tag{3.3.29b}$$

$$T_{\mathrm{PP'}}=\left(\frac{A''}{A}\right)^2\frac{c_{\mathrm{P}}}{c'_{\mathrm{P}}} \tag{3.3.29c}$$

$$R_{\mathrm{PV'}}=\left(\frac{B''}{A}\right)^2\cdot\frac{c_{\mathrm{P}}}{c'_{\mathrm{S}}} \tag{3.3.29d}$$

类似于 3.2.1 小节关于入射波与反射波的能量守恒关系的讨论，在本节中，参考图 3.3.2，反射波、透射波和入射波之间的守恒关系可以表示为

$$\langle I_{\mathrm{P'}}\rangle\times d_{\mathrm{P'}}+\langle I_{\mathrm{S'}}\rangle\times d_{\mathrm{S'}}+\langle I_{\mathrm{P''}}\rangle\times d_{\mathrm{P''}}+\langle I_{\mathrm{S''}}\rangle\times d_{\mathrm{S''}}=\langle I_{\mathrm{P}}\rangle\times d_{\mathrm{P}} \tag{3.3.30}$$

即

$$\langle I_{\mathrm{P}'}\rangle\times\cos\alpha'+\langle I_{\mathrm{S}'}\rangle\times\cos\beta'+\langle I_{\mathrm{P}''}\rangle\times\cos\alpha''+\langle I_{\mathrm{S}''}\rangle\times\cos\beta''=\langle I_{\mathrm{P}}\rangle\times\cos\alpha \quad (3.3.31)$$

上式也可以改写成

$$\langle I_3(\mathrm{P}')\rangle+\langle I_3(\mathrm{S}')\rangle+\langle I_3(\mathrm{P}'')\rangle+\langle I_3(\mathrm{S}'')\rangle=\langle I_3(\mathrm{P})\rangle \quad (3.3.32)$$

它表示，**入射波沿界面法线方向流入的能流平均值等于反射波和透射波沿界面法线方向流出的能流平均值之和。**

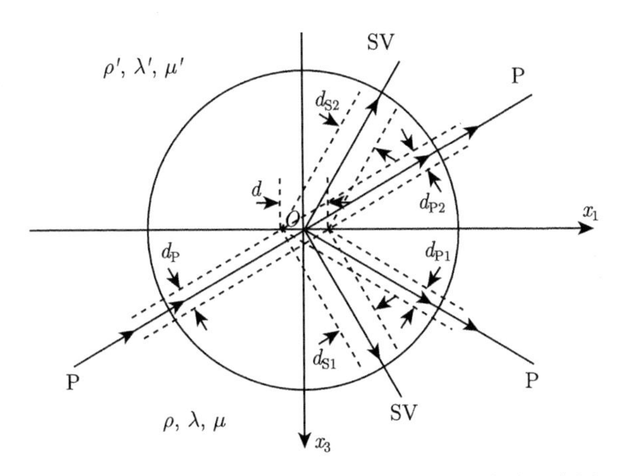

图 3.3.2 入射波、反射波与透射波的能量关系示意图

3.3.2 SH 波在分界面上的反射与透射

如图 3.3.3 所示，介质 1 的密度、拉梅系数分别为 ρ 和 λ，μ，介质 2 的密度、拉梅系数分别为 ρ' 和 λ'，μ'。当 SH 波在第 1 种介质内沿 x_1x_3 平面入射到分界面 x_1x_2 平面上时，形成了反射 SH 波与透射 SH 波。考虑到 SH 波的势函数是矢量函数，有两个分量，直接假设位移场更方便，因此，在讨论 SH 波的反射和透射问题时，都是直接假设位移场。

设入射 SH 波、反射 SH 波、透射 SH 波的位移场分别为

$$u_2=C\exp[\mathrm{i}(k_{\mathrm{S}1}x_1-k_{\mathrm{S}3}x_3-\omega_{\mathrm{S}}t)] \quad (3.3.33a)$$

$$u_2'=C'\exp[\mathrm{i}(k_{\mathrm{S}1}'x_1+k_{\mathrm{S}3}'x_3-\omega_{\mathrm{S}}'t)] \quad (3.3.33b)$$

$$u_2''=C''\exp[\mathrm{i}(k_{\mathrm{S}1}''x_1-k_{\mathrm{S}3}''x_3-\omega_{\mathrm{S}}''t)] \quad (3.3.33c)$$

式中，

$$k_{\mathrm{S}1}=\frac{\omega_{\mathrm{S}}}{c_{\mathrm{S}}}\sin\beta,\quad k_{\mathrm{S}3}=\frac{\omega_{\mathrm{S}}}{c_{\mathrm{S}}}\cos\beta$$

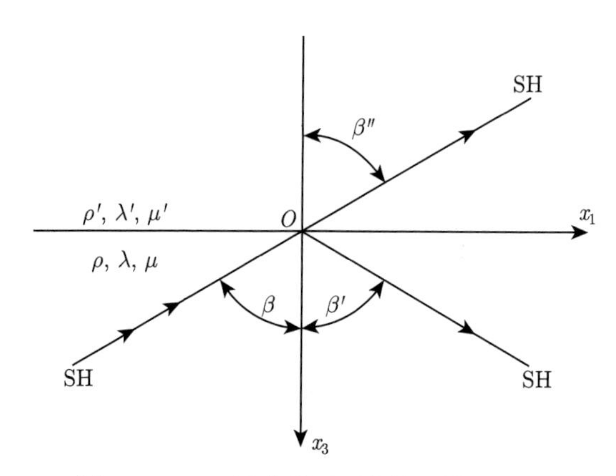

图 3.3.3　SH 波在分界面上的反射与透射

$$k'_{S1}=\frac{\omega'_S}{c_S}\sin\beta',\quad k'_{S3}=\frac{\omega'_S}{c_S}\cos\beta'$$

$$k''_{S1}=\frac{\omega''_S}{c'_S}\sin\beta'',\quad k''_{S3}=\frac{\omega''_S}{c'_S}\cos\beta''$$

在分界面 $(x_3=0)$，位移及应力需满足边界条件

$$u_2=u'_2 \tag{3.3.34a}$$

$$\sigma_{32}=\sigma'_{32} \tag{3.3.34b}$$

由式 (3.1.24) 可以得到分界面 $(x_3=0)$ 的边界方程为

$$C\exp[\mathrm{i}(k_{S1}x_1-\omega_S t)]+C'\exp[\mathrm{i}(k'_{S1}x_1-\omega'_S t)]=C''\exp[\mathrm{i}(k''_{S1}x_1-\omega''_S t)] \tag{3.3.35a}$$

$$\begin{aligned}&\mu\{Ck_{S3}\exp[\mathrm{i}(k_{S1}x_1-\omega_S t)]-C'k'_{S3}\exp[\mathrm{i}(k'_{S3}x_1-\omega'_S t)]\}\\&=\mu'C''k''_{S3}\exp[\mathrm{i}(k''_{S1}x_1-\omega''_S t)]\end{aligned} \tag{3.3.35b}$$

为使方程式 (3.3.35) 对于任意的 x_1，t 都成立，必须

$$\omega_S=\omega'_S=\omega''_S \tag{3.3.36}$$

$$k_{S1}=k'_{S1}=k''_{S1} \tag{3.3.37}$$

式 (3.3.37) 也可写成

$$\frac{\sin\beta}{c_S}=\frac{\sin\beta'}{c_S}=\frac{\sin\beta''}{c'_S} \tag{3.3.38a}$$

即

$$\beta = \beta', \quad \frac{\sin\beta}{\sin\beta''} = \frac{c_{\mathrm{S}}}{c'_{\mathrm{S}}} \tag{3.3.38b}$$

这说明，反射波、入射波、透射波的频率相同，反射 SH 波的反射角等于入射角，透射 SH 波的透射角与反射 SH 波的反射角满足式 (3.3.38b)，即斯涅耳透射定律。

整理式 (3.3.35)，有

$$C + C' = C'' \tag{3.3.39a}$$

$$C - C' = \frac{\rho' c'_{\mathrm{S}} \cos\beta'' C''}{\rho c_{\mathrm{S}} \cos\beta} \tag{3.3.39b}$$

定义反射 SH 波的位移反射系数为反射 SH 波的位移振幅与入射 SH 波的位移振幅之比，即

$$R_{\mathrm{HH}} = \frac{C'}{C} = \frac{\rho c_{\mathrm{S}} \cos\beta - \rho' c'_{\mathrm{S}} \cos\beta''}{\rho c_{\mathrm{S}} \cos\beta + \rho' c'_{\mathrm{S}} \cos\beta''} \tag{3.3.40a}$$

定义透射 SH 波的位移透射系数为透射 SH 波的位移振幅与入射 SH 波的位移振幅之比，即

$$T_{\mathrm{HH'}} = \frac{C''}{C} = \frac{2\rho c_{\mathrm{S}} \cos\beta}{\rho c_{\mathrm{S}} \cos\beta + \rho' c'_{\mathrm{S}} \cos\beta''} \tag{3.3.40b}$$

由式 (3.3.40a)、式 (3.3.40b)，我们可以得到以下几点结论。

(1) 全透射。

当入射角 β 满足

$$\rho c_{\mathrm{S}} \cos\beta - \rho' c'_{\mathrm{S}} \cos\beta'' = 0 \tag{3.3.41}$$

时，反射波振幅为零，因而反射系数 $R_{\mathrm{HH}} = 0$，即发生全透射。

(2) SH 波的临界反射与全反射。

由斯涅耳定律，只要 $c'_{\mathrm{S}} \leqslant c_{\mathrm{S}}$，$\beta'$ 就一定取实数值，总可以存在透射波。在 SH 波入射时，若 $c_{\mathrm{S}} < c'_{\mathrm{S}}$，且 SH 波的透射角 $\beta'' = \dfrac{\pi}{2}$，则由下式

$$\frac{\sin\beta''}{\sin\beta} = \frac{c'_{\mathrm{S}}}{c_{\mathrm{S}}} \tag{3.3.42a}$$

所确定的入射角 β 称为 SH 波的入射临界角，且记为 β_{cr}。此时透射波沿界面传播，称这一反射过程为临界反射。

如果 $\beta > \beta_{\mathrm{cr}}$，则 β'' 变为复数，这时透射波变成 SH 型面波沿分界面传播，于是发生了全反射，此时 $\beta'' = \dfrac{\pi}{2} + \mathrm{i}\phi$，其中 $\phi = \operatorname{arcch}\left(\dfrac{c'_{\mathrm{S}}}{c_{\mathrm{S}}}\sin\beta\right)$，且透射 SH 型面波的位移为

$$u''_2 = C'' \exp\left(\frac{\omega \mathrm{sh}\phi}{c'_{\mathrm{S}}} \cdot x_3\right) \exp\left[\mathrm{i}\omega\left(\frac{\mathrm{ch}\phi}{c'_{\mathrm{S}}} x_1 - t\right)\right] \tag{3.3.42b}$$

由式 (3.3.42b) 可见，SH 型面波随着进入第二介质深度的增加，振幅呈指数衰减，即只能在第二介质的表层内传播。此时的反射 SH 波，反射系数 R_{HH} 已变为 1。这表明反射的 SH 波振幅与入射波相同。

3.3.3 SV 波在分界面上的反射与透射

如图 3.3.4 所示，介质 1 的密度、拉梅系数分别为 ρ 和 λ，μ，介质 2 的密度、拉梅系数分别为 ρ' 和 λ'，μ'。当 SV 波在第 1 种介质内沿 x_1x_3 平面入射到分界面 x_1x_2 平面上时，形成了反射 P 波与 SV 波，以及透射 P 波与 SV 波。

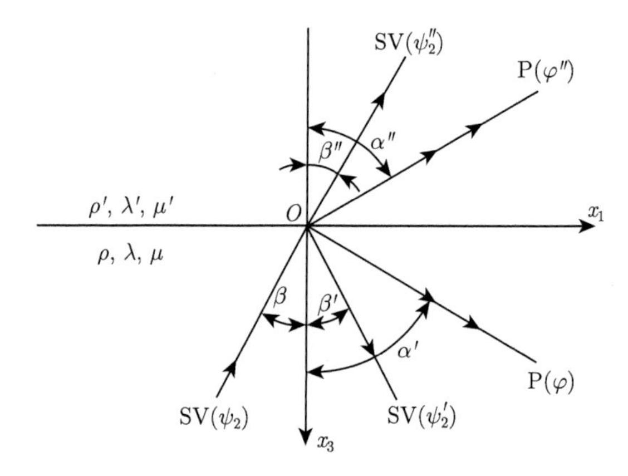

图 3.3.4 SV 波在分界面上的反射与透射

设入射 SV 波，反射 P 波及 SV 波，透射 P 波及 SV 波的波函数分别为

$$\psi_2 = B\exp[\mathrm{i}(k_{\mathrm{S1}}x_1 - k_{\mathrm{S3}}x_3 - \omega_{\mathrm{S}}t)] \tag{3.3.43a}$$

$$\varphi' = A'\exp[\mathrm{i}(k'_{\mathrm{P1}}x_1 + k'_{\mathrm{P3}}x_3 - \omega'_{\mathrm{P}}t)] \tag{3.3.43b}$$

$$\psi_2' = B'\exp[\mathrm{i}\,(k'_{\mathrm{S1}}x_1 + k'_{\mathrm{S3}}x_3 - \omega'_{\mathrm{S}}t)] \tag{3.3.43c}$$

$$\varphi'' = A''\exp[\mathrm{i}(k''_{\mathrm{P1}}x_1 - k''_{\mathrm{P3}}x_3 - \omega''_{\mathrm{P}}t)] \tag{3.3.43d}$$

$$\psi_2'' = B''\exp[\mathrm{i}\,(k''_{\mathrm{S1}}x_1 - k''_{\mathrm{S3}}x_3 - \omega''_{\mathrm{S}}t)] \tag{3.3.43e}$$

式中，B，B'，B''，A'，A'' 和 ω_{S}，ω'_{S}，ω''_{S}，ω'_{P}，ω''_{P} 分别为相应各个波的振幅及角频率，且

$$k_{\mathrm{S1}} = \frac{\omega_{\mathrm{S}}}{c_{\mathrm{S}}}\sin\beta, \quad k_{\mathrm{S3}} = \frac{\omega_{\mathrm{S}}}{c_{\mathrm{S}}}\cos\beta$$

$$k'_{\mathrm{S1}} = \frac{\omega'_{\mathrm{S}}}{c_{\mathrm{S}}}\sin\beta', \quad k'_{\mathrm{S3}} = \frac{\omega'_{\mathrm{S}}}{c_{\mathrm{S}}}\cos\beta'$$

$$k''_{\mathrm{S1}} = \frac{\omega''_{\mathrm{S}}}{c'_{\mathrm{S}}}\sin\beta'', \quad k''_{\mathrm{S3}} = \frac{\omega''_{\mathrm{S}}}{c'_{\mathrm{S}}}\cos\beta''$$

$$k'_{P1}=\frac{\omega'_P}{c_P}\sin\alpha',\quad k'_{P3}=\frac{\omega'_P}{c_P}\cos\alpha'$$

$$k''_{P1}=\frac{\omega''_P}{c'_P}\sin\alpha'',\quad k''_{P3}=\frac{\omega''_P}{c'_P}\cos\alpha''$$

边界条件为：当 $x_3=0$ 时

$$u_1=u'_1,\quad u_3=u'_3 \tag{3.3.44a}$$

$$\sigma_{33}=\sigma'_{33},\quad \sigma_{31}=\sigma'_{31} \tag{3.3.44b}$$

由位移及应力与势函数的关系式可以得到的边界条件方程为

$$\left[\frac{\partial\varphi'}{\partial x_1}-\frac{\partial(\psi_2+\psi'_2)}{\partial x_3}\right]\bigg|_{x_3=0}=\left[\frac{\partial\varphi''}{\partial x_1}-\frac{\partial\psi''_2}{\partial x_3}\right]\bigg|_{x_3=0} \tag{3.3.45a}$$

$$\left[\frac{\partial\varphi'}{\partial x_3}+\frac{\partial(\psi_2+\psi'_2)}{\partial x_1}\right]\bigg|_{x_3=0}=\left[\frac{\partial\varphi''}{\partial x_3}+\frac{\partial\psi''_2}{\partial x_1}\right]\bigg|_{x_3=0} \tag{3.3.45b}$$

$$\begin{aligned}&\left\{\lambda\nabla^2\varphi'+2\mu\left[\frac{\partial^2\varphi'}{\partial x_3^2}+\frac{\partial^2(\psi_2+\psi'_2)}{\partial x_1\partial x_3}\right]\right\}\bigg|_{x_3=0}\\&=\left\{\lambda'\nabla^2\varphi''+2\mu'\left[\frac{\partial^2\varphi''}{\partial x_3^2}+\frac{\partial^2\psi''_2}{\partial x_1\partial x_3}\right]\right\}\bigg|_{x_3=0}\end{aligned} \tag{3.3.45c}$$

$$\begin{aligned}&\mu\left[2\frac{\partial^2\varphi'}{\partial x_1\partial x_3}+\frac{\partial^2(\psi_2+\psi'_2)}{\partial x_1^2}-\frac{\partial^2(\psi_2+\psi'_2)}{\partial x_3^2}\right]\bigg|_{x_3=0}\\&=\mu'\left[2\frac{\partial^2\varphi''}{\partial x_1\partial x_3}+\frac{\partial^2\psi''_2}{\partial x_1^2}-\frac{\partial^2\psi''_2}{\partial x_3^2}\right]\bigg|_{x_3=0}\end{aligned} \tag{3.3.45d}$$

将式 (3.3.43) 代入上式，并令 $x_3=0$，有

$$\begin{aligned}&k'_{P1}A'\exp[\mathrm{i}(k'_{P1}x_1-\omega'_Pt)]+k_{S3}B\exp[\mathrm{i}(k_{S1}x_1-\omega_St)]\\&\quad-k'_{S3}B'\exp[\mathrm{i}(k'_{S1}x_1-\omega'_St)]\\&=k''_{P1}A''\exp[\mathrm{i}(k''_{P1}x_1-\omega''_Pt)]+k''_{S3}B''\exp[\mathrm{i}(k''_{S1}x_1-\omega''_St)]\end{aligned} \tag{3.3.46a}$$

$$\begin{aligned}&k'_{P3}A'\exp[\mathrm{i}(k'_{P1}x_1-\omega'_Pt)]+k_{S1}B\exp[\mathrm{i}(k_{S1}x_1-\omega_St)]\\&\quad+k'_{S1}B'\exp[\mathrm{i}(k'_{S1}x_1-\omega'_St)]\\&=-k''_{P3}A''\exp[\mathrm{i}(k''_{P1}x_1-\omega''_Pt)]+k''_{S1}B''\exp[\mathrm{i}(k''_{S1}x_1-\omega''_St)]\end{aligned} \tag{3.3.46b}$$

$$
\begin{aligned}
&\lambda k_{\mathrm{P}1}^{\prime 2}A'\exp[\mathrm{i}(k_{\mathrm{P}1}'x_1-\omega_{\mathrm{P}}'t)]+(\lambda+2\mu)k_{\mathrm{P}3}^{\prime 2}A'\exp[\mathrm{i}(k_{\mathrm{P}1}'x_1-\omega_{\mathrm{P}}'t)]\\
&\quad+2\mu\left\{-k_{\mathrm{S}1}k_{\mathrm{S}3}B\exp\left[\mathrm{i}\left(k_{\mathrm{S}1}x_1-\omega_{\mathrm{S}}t\right)\right]+k_{\mathrm{S}1}'k_{\mathrm{S}3}'B'\exp\left[\mathrm{i}\left(k_{\mathrm{S}1}'x_1-\omega_{\mathrm{S}}'t\right)\right]\right\}\\
&=\lambda'k_{\mathrm{P}1}^{\prime\prime 2}A''\exp\left[\mathrm{i}\left(k_{\mathrm{P}1}''x_1-\omega_{\mathrm{P}}''t\right)\right]+\left(\lambda'+2\mu'\right)k_{\mathrm{P}3}^{\prime\prime 2}A''\exp\left[\mathrm{i}\left(k_{\mathrm{P}1}''x_1-\omega_{\mathrm{P}}''t\right)\right]\\
&\quad-2\mu'k_{\mathrm{S}1}''k_{\mathrm{S}3}''B''\exp\left[\mathrm{i}\left(k_{\mathrm{S}1}''x_1-\omega_{\mathrm{S}}''t\right)\right]
\end{aligned}
\tag{3.3.46c}
$$

$$
\begin{aligned}
&\mu\left\{2k_{\mathrm{P}1}'k_{\mathrm{P}3}'A'\exp[\mathrm{i}(k_{\mathrm{P}1}'x_1-\omega_{\mathrm{P}}'t)]+k_{\mathrm{S}1}^2B\exp[\mathrm{i}(k_{\mathrm{S}1}x_1-\omega_{\mathrm{S}}t)]\right.\\
&\quad+k_{\mathrm{S}1}^{\prime 2}B'\exp[\mathrm{i}(k_{\mathrm{S}1}'x_1-\omega_{\mathrm{S}}'t)]-k_{\mathrm{S}3}^2B\exp\left[\mathrm{i}\left(k_{\mathrm{S}1}x_1-\omega_{\mathrm{S}}t\right)\right]\\
&\quad\left.-k_{\mathrm{S}3}^{\prime 2}B'\exp\left[\mathrm{i}\left(k_{\mathrm{S}1}'x_1-\omega_{\mathrm{S}}'t\right)\right]\right\}\\
&=\mu'\left\{-2k_{\mathrm{P}1}''k_{\mathrm{P}3}''A''\exp\left[\mathrm{i}\left(k_{\mathrm{P}1}''x_1-\omega_{\mathrm{P}}''t\right)\right]+k_{\mathrm{S}1}^{\prime\prime 2}B''\exp\left[\mathrm{i}\left(k_{\mathrm{S}1}''x_1-\omega_{\mathrm{S}}''t\right)\right]\right.\\
&\quad\left.-k_{\mathrm{S}3}^{\prime\prime 2}B''\exp\left[\mathrm{i}\left(k_{\mathrm{S}1}''x_1-\omega_{\mathrm{S}}''t\right)\right]\right\}
\end{aligned}
\tag{3.3.46d}
$$

为使方程式 (3.3.46) 对于任意的 x_1，t 都成立，必须使

$$\omega_{\mathrm{S}}=\omega_{\mathrm{S}}'=\omega_{\mathrm{S}}''=\omega_{\mathrm{P}}'=\omega_{\mathrm{P}}'' \tag{3.3.47}$$

$$k_{\mathrm{S}1}=k_{\mathrm{S}1}'=k_{\mathrm{S}1}''=k_{\mathrm{P}1}'=k_{\mathrm{P}1}'' \tag{3.3.48}$$

式 (3.3.48) 也可以写成

$$\frac{\sin\beta}{c_{\mathrm{S}}}=\frac{\sin\beta'}{c_{\mathrm{S}}}=\frac{\sin\beta''}{c_{\mathrm{S}}'}=\frac{\sin\alpha'}{c_{\mathrm{P}}}=\frac{\sin\alpha''}{c_{\mathrm{P}}'} \tag{3.3.49}$$

由式 (3.3.47)~式 (3.3.49) 可以看到，入射波、反射波、透射波的频率相同，各反射波和透射波的反射角及透射角与入射角的关系满足斯涅耳定律。由于纵波波速总是大于横波波速，所以反射 P 波的反射角大于反射 SV 波的反射角；透射 P 波的透射角大于 SV 波的透射角。

化简整理式 (3.3.46) 有

$$A'+p_2\left(B-B'\right)-A''-p_4B''=0 \tag{3.3.50a}$$

$$p_1A'+B+B'+p_3A''-B''=0 \tag{3.3.50b}$$

$$\left[\lambda\left(1+p_1^2\right)+2\mu p_1^2\right]A'-2\mu p_2(B-B')-\left[\lambda'\left(1+p_3^2\right)+2\mu'p_3^2\right]A''+2\mu'p_4B''=0 \tag{3.3.50c}$$

$$2\mu p_1A'+\mu(1-p_2^2)(B+B')+2\mu'p_3A''-\mu'(1-p_4^2)B''=0 \tag{3.3.50d}$$

式中，

$$p_1=\frac{k_{\mathrm{P}3}'}{k_{\mathrm{P}1}'}=\cot\alpha',\quad p_2=\frac{k_{\mathrm{S}3}}{k_{\mathrm{S}1}}=\cot\beta$$

$$p_3 = \frac{k''_{\mathrm{P3}}}{k''_{\mathrm{P1}}} = \cot\alpha'', \quad p_4 = \frac{k''_{\mathrm{S3}}}{k''_{\mathrm{S1}}} = \cot\beta''$$

令

$$P = B - B', \quad Q = B + B' \tag{3.3.51}$$

将 P 代入式 (3.3.50a) 和式 (3.3.50c) 中，解出 P, A' 分别为

$$P = -l_2 A'' - h_2 B'', \quad A' = l_1 A'' + h_1 B'' \tag{3.3.52}$$

将 Q 代入式 (3.3.50b) 和式 (3.3.50d) 中，解出 Q，A' 分别为

$$Q = -l_4 A'' - h_4 B'', \quad A' = -l_3 A'' - h_3 B'' \tag{3.3.53}$$

式中，l_i, h_i 与在 3.3.1 节中的 l_i, h_i 具有相同的意义。

将式 (3.3.51) 代入式 (3.3.52) 及式 (3.3.53) 得到方程组

$$-\frac{A'}{B} + l_1\frac{A''}{B} + h_1\frac{B''}{B} = 0 \tag{3.3.54a}$$

$$\frac{B'}{B} - l_2\frac{A''}{B} - h_2\frac{B''}{B} = 1 \tag{3.3.54b}$$

$$\frac{A'}{B} + l_3\frac{A''}{B} + h_3\frac{B''}{B} = 0 \tag{3.3.54c}$$

$$-\frac{B'}{B} - l_4\frac{A''}{B} - h_4\frac{B''}{B} = 1 \tag{3.3.54d}$$

定义反射 SV 波、P 波的势函数反射系数为反射 SV 波、P 波的势函数振幅与入射 SV 波的势函数振幅之比，即

$$F_{\mathrm{VV}} = \frac{B'}{B} = \frac{(l_2 - l_4)(h_1 + h_3) - (l_1 + l_3)(h_2 - h_4)}{(l_1 + l_3)(h_2 + h_4) - (l_2 + l_4)(h_1 + h_3)} \tag{3.3.55}$$

$$F_{\mathrm{VP}} = \frac{A'}{B} = \frac{2(l_1 h_3 - l_3 h_1)}{(l_1 + l_3)(h_2 + h_4) - (l_2 + l_4)(h_1 + h_3)} \tag{3.3.56}$$

定义透射 SV 波、P 波的势函数透射系数为透射 SV 波、P 波的势函数振幅与入射 P 波的势函数振幅之比，即

$$E_{\mathrm{VV'}} = \frac{B''}{B} = \frac{-2(l_1 + l_3)}{(l_1 + l_3)(h_2 + h_4) - (l_2 + l_4)(h_1 + h_3)} \tag{3.3.57a}$$

$$E_{\mathrm{VP'}} = \frac{A''}{B} = \frac{2(h_1 + h_3)}{(l_1 + l_3)(h_2 + h_4) - (l_2 + l_4)(h_1 + h_3)} \tag{3.3.57b}$$

由式 (3.3.55)，式 (3.3.57b) 我们可以得到以下结论。

(1) 垂直入射。

当 SV 波垂直入射时，由斯涅耳定律，有

$$\beta = \beta' = \beta'' = \alpha' = \alpha'' = 0 \tag{3.3.58}$$

于是 p_1, p_2, p_3, p_4 趋于无穷大。这时由式 (3.3.56) 及式 (3.3.57b) 可知

$$F_{\mathrm{VP}} = 0, \quad E_{\mathrm{VP}'} = 0 \tag{3.3.59}$$

这表明在 SV 波垂直入射时不存在模式转换，即不存在纵波成分。

(2) 全反射。

a. 当两种介质中的波速满足

$$c'_{\mathrm{S}} < c'_{\mathrm{P}} < c_{\mathrm{S}} < c_{\mathrm{P}} \tag{3.3.60}$$

时，由斯涅耳定律可知：$\beta'' < \alpha'' < \beta < \alpha'$。当 SV 波入射时，存在临界角

$$\beta_{\mathrm{cr1}} = \arcsin\left(\frac{c_{\mathrm{S}}}{c_{\mathrm{P}}}\right) \tag{3.3.61}$$

当入射角 $\beta > \beta_{\mathrm{cr}}$ 时，反射 P 波不存在，它变成了沿界面传播的非均匀波，此时，透射 P 波和 SV 波仍然存在。

b. 当两种介质中的波速满足

$$c_{\mathrm{S}} < c_{\mathrm{P}} < c'_{\mathrm{S}} < c'_{\mathrm{P}} \tag{3.3.62}$$

时，由斯涅耳定律可知：$\beta < \alpha' < \beta'' < \alpha''$。此时存在三个临界角

$$\beta_{\mathrm{cr1}} = \arcsin\left(\frac{c_{\mathrm{S}}}{c'_{\mathrm{P}}}\right) \tag{3.3.63a}$$

$$\beta_{\mathrm{cr2}} = \arcsin\left(\frac{c_{\mathrm{S}}}{c'_{\mathrm{S}}}\right) \tag{3.3.63b}$$

$$\beta_{\mathrm{cr3}} = \arcsin\left(\frac{c_{\mathrm{S}}}{c_{\mathrm{P}}}\right) \tag{3.3.63c}$$

当 $\beta = \beta_{\mathrm{cr1}}$ 时，$\alpha'' = \dfrac{\pi}{2}$；当 $\beta = \beta_{\mathrm{cr2}}$ 时，$\beta'' = \dfrac{\pi}{2}$；当 $\beta = \beta_{\mathrm{cr3}}$ 时，$\alpha' = \dfrac{\pi}{2}$。若入射角 $\beta > \beta_{\mathrm{cr3}}$，则 α''，β'' 和 α' 必为复数。此时，透射 P 波和 SV 波以及反射 P 波都不存在了，它们都变成了沿界面传播的非均匀波，而只存在反射的 SV 波，称为**全反射**现象。

定义反射 SV 波、P 波的位移反射系数为反射 SV 波、P 波的位移振幅与入射 SV 波的位移振幅之比，即

$$R_{\mathrm{VV}}=\frac{B'}{B}\frac{c_{\mathrm{S}}}{c_{\mathrm{S}}}=\frac{(l_2-l_4)(h_1+h_3)-(l_1+l_3)(h_2-h_4)}{(l_1+l_3)(h_2+h_4)-(l_2+l_4)(h_1+h_3)} \tag{3.3.64a}$$

$$R_{\mathrm{VP}}=\frac{A'}{B}\cdot\frac{c_{\mathrm{S}}}{c_{\mathrm{P}}}=\frac{2c_{\mathrm{S}}(l_1h_3-l_3h_1)}{c_{\mathrm{P}}[(l_1+l_3)(h_2+h_4)-(l_2+l_4)(h_1+h_3)]} \tag{3.3.64b}$$

定义透射波 SV 波、P 波的位移透射系数为透射 SV 波、P 波的位移振幅与入射 SV 波的位移振幅之比，即

$$T_{\mathrm{VV'}}=\frac{B''}{B}\frac{c_{\mathrm{S}}}{c'_{\mathrm{S}}}=\frac{-2c_{\mathrm{S}}(l_1+l_3)}{c'_{\mathrm{S}}[(l_1+l_3)(h_2+h_4)-c'_{\mathrm{S}}(l_2+l_4)(h_1+h_3)]} \tag{3.3.65a}$$

$$T_{\mathrm{VP'}}=\frac{A''}{B}\frac{c_{\mathrm{S}}}{c'_{\mathrm{P}}}=\frac{2c_{\mathrm{S}}(h_1+h_3)}{c'_{\mathrm{P}}[(l_1+l_3)(h_2+h_4)-c'_{\mathrm{P}}(l_2+l_4)(h_1+h_3)]} \tag{3.3.65b}$$

3.3.4 P 波与 SV 波同时入射的情形

本节我们来讨论当 P 波与 SV 波同时入射时，在分界面上的平面波的反射与透射问题。

1. P 波与 SV 波同时单侧入射

如图 3.3.5 所示，介质 1 的密度、拉梅系数分别为 ρ 和 λ，μ，介质 2 的密度、拉梅系数分别为 ρ' 和 λ'，μ'。P 波、SV 波在第一种介质内沿 x_1x_3 平面同时入射，平面 x_1x_2 为分界面，在介质 2 形成了反射与透射的 P 波和 SV 波。由于在同种介质中 P 波与 SV 波是相互耦合的，它们之间的夹角由介质参数决定而不能是任意的。因此，反射波是一组 P 波和 SV 波，而不是两组；同样，透射波也是一组 P 波和 SV 波。

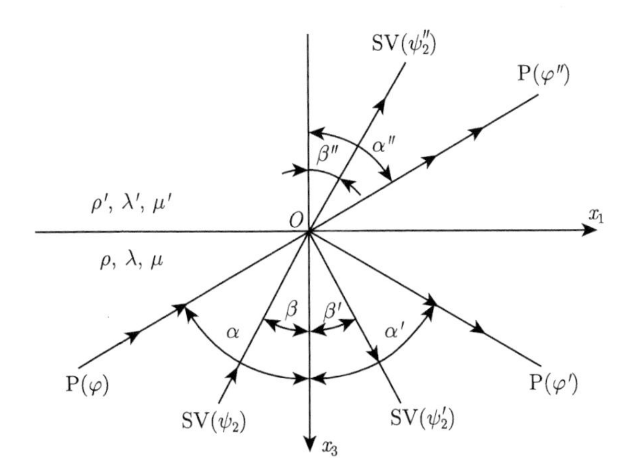

图 3.3.5 P 波与 SV 波同时单侧入射

设入射 P 波、SV 波，反射 P 波、SV 波，透射 P 波、SV 波的波函数分别为

$$\varphi = A\exp[\mathrm{i}(k_{\mathrm{P}1}x_1 - k_{\mathrm{P}3}x_3 - \omega_{\mathrm{P}}t)] \tag{3.3.66a}$$

$$\psi_2 = B\exp[\mathrm{i}(k_{\mathrm{S}1}x_1 - k_{\mathrm{S}3}x_3 - \omega_{\mathrm{S}}t)] \tag{3.3.66b}$$

$$\varphi' = A'\exp[\mathrm{i}(k'_{\mathrm{P}1}x_1 + k'_{\mathrm{P}3}x_3 - \omega'_{\mathrm{P}}t)] \tag{3.3.66c}$$

$$\psi'_2 = B'\exp[\mathrm{i}\,(k'_{\mathrm{S}1}x_1 + k'_{\mathrm{S}3}x_3 - \omega'_{\mathrm{S}}t)] \tag{3.3.66d}$$

$$\varphi'' = A''\exp[\mathrm{i}(k''_{\mathrm{P}1}x_1 - k''_{\mathrm{P}3}x_3 - \omega''_{\mathrm{P}}t)] \tag{3.3.66e}$$

$$\psi''_2 = B''\exp[\mathrm{i}\,(k''_{\mathrm{S}1}x_1 - k''_{\mathrm{S}3}x_3 - \omega''_{\mathrm{S}}t)] \tag{3.3.66f}$$

式中，A，A'，A''，B，B'，B'' 和 ω_{P}，ω'_{P}，ω''_{P}，ω_{S}，ω'_{S}，ω''_{S} 分别为相应各波的振幅及角频率，并且

$$k_{\mathrm{P}1} = \frac{\omega_{\mathrm{P}}}{c_{\mathrm{P}}}\sin\alpha, \quad k_{\mathrm{P}3} = \frac{\omega_{\mathrm{P}}}{c_{\mathrm{P}}}\cos\alpha, \quad k'_{\mathrm{P}1} = \frac{\omega'_{\mathrm{P}}}{c_{\mathrm{P}}}\sin\alpha', \quad k'_{\mathrm{P}3} = \frac{\omega'_{\mathrm{P}}}{c_{\mathrm{P}}}\cos\alpha'$$

$$k''_{\mathrm{P}1} = \frac{\omega''_{\mathrm{P}}}{c'_{\mathrm{P}}}\sin\alpha'', \quad k''_{\mathrm{P}3} = \frac{\omega''_{\mathrm{P}}}{c'_{\mathrm{P}}}\cos\alpha'', \quad k_{\mathrm{S}1} = \frac{\omega_{\mathrm{S}}}{c_{\mathrm{S}}}\sin\beta, \quad k_{\mathrm{S}3} = \frac{\omega_{\mathrm{S}}}{c_{\mathrm{S}}}\cos\beta$$

$$k'_{\mathrm{S}1} = \frac{\omega'_{\mathrm{S}}}{c_{\mathrm{S}}}\sin\beta', \quad k'_{\mathrm{S}3} = \frac{\omega'_{\mathrm{S}}}{c_{\mathrm{S}}}\cos\beta', \quad k''_{\mathrm{S}1} = \frac{\omega''_{\mathrm{S}}}{c'_{\mathrm{S}}}\sin\beta'', \quad k''_{\mathrm{S}3} = \frac{\omega''_{\mathrm{S}}}{c'_{\mathrm{S}}}\cos\beta''$$

在两种介质中位移和应力可计算如下：

$$\begin{aligned} u_1 &= \frac{\partial\,(\varphi + \varphi')}{\partial x_1} - \frac{\partial\,(\psi_2 + \psi'_2)}{\partial x_3} \\ &= \mathrm{i}k_{\mathrm{P}1}A\exp\left[\mathrm{i}\,(k_{\mathrm{P}1}x_1 - k_{\mathrm{P}3}x_3 - \omega_{\mathrm{P}}t)\right] + \mathrm{i}k'_{\mathrm{P}1}A'\exp\left[\mathrm{i}\,(k'_{\mathrm{P}1}x_1 + k'_{\mathrm{P}3}x_3 - \omega'_{\mathrm{P}}t)\right] \\ &\quad + \mathrm{i}k_{\mathrm{S}3}B\exp\left[\mathrm{i}\,(k_{\mathrm{S}1}x_1 - k_{\mathrm{S}3}x_3 - \omega_{\mathrm{S}}t)\right] - \mathrm{i}k'_{\mathrm{S}3}B'\exp\left[\mathrm{i}\,(k'_{\mathrm{S}1}x_1 + k'_{\mathrm{S}3}x_3 - \omega'_{\mathrm{S}}t)\right] \end{aligned} \tag{3.3.67a}$$

$$\begin{aligned} u_3 &= \frac{\partial\,(\varphi + \varphi')}{\partial x_3} + \frac{\partial\,(\psi_2 + \psi'_2)}{\partial x_1} \\ &= -\mathrm{i}k_{\mathrm{P}3}A\exp\left[\mathrm{i}\,(k_{\mathrm{P}1}x_1 - k_{\mathrm{P}3}x_3 - \omega_{\mathrm{P}}t)\right] + \mathrm{i}k'_{\mathrm{P}3}A'\exp\left[\mathrm{i}\,(k'_{\mathrm{P}1}x_1 + k'_{\mathrm{P}3}x_3 - \omega'_{\mathrm{P}}t)\right] \\ &\quad + \mathrm{i}k_{\mathrm{S}1}B\exp\left[\mathrm{i}\,(k_{\mathrm{S}1}x_1 - k_{\mathrm{S}3}x_3 - \omega_{\mathrm{S}}t)\right] + \mathrm{i}k'_{\mathrm{S}1}B'\exp\left[\mathrm{i}\,(k'_{\mathrm{S}1}x_1 + k'_{\mathrm{S}3}x_3 - \omega'_{\mathrm{S}}t)\right] \end{aligned} \tag{3.3.67b}$$

$$\sigma_{33} = \lambda\frac{\partial^2(\varphi + \varphi')}{\partial x_1^2} + (\lambda + 2\mu)\,\frac{\partial^2\,(\varphi + \varphi')}{\partial x_3^2} + 2\mu\frac{\partial^2(\psi_2 + \psi'_2)}{\partial x_1 \partial x_3}$$

$$
\begin{aligned}
&= \lambda\{ -k_{\mathrm{P}1}^2 A \exp[\mathrm{i}(k_{\mathrm{P}1}x_1 - k_{\mathrm{P}3}x_3 - \omega_{\mathrm{P}}t)] \\
&\quad - k_{\mathrm{P}1}'^2 A' \exp[\mathrm{i}(k_{\mathrm{P}1}'x_1 + k_{\mathrm{P}3}'x_3 - \omega_{\mathrm{P}}'t)] \} \\
&\quad + (\lambda + 2\mu) \{ -k_{\mathrm{P}3}^2 A \exp[\mathrm{i}(k_{\mathrm{P}1}x_1 - k_{\mathrm{P}3}x_3 - \omega_{\mathrm{P}}t)] \\
&\quad - k_{\mathrm{P}3}'^2 A' \exp[\mathrm{i}(k_{\mathrm{P}1}'x_1 + k_{\mathrm{P}3}'x_3 - \omega_{\mathrm{P}}'t)] \} \\
&\quad + 2\mu\{ k_{\mathrm{S}1}k_{\mathrm{S}3} B \exp[\mathrm{i}(k_{\mathrm{S}1}x_1 - k_{\mathrm{S}3}x_3 - \omega_{\mathrm{S}}t)] \\
&\quad - k_{\mathrm{S}1}'k_{\mathrm{S}3}' B' \exp[\mathrm{i}(k_{\mathrm{S}1}'x_1 + k_{\mathrm{S}3}'x_3 - \omega_{\mathrm{S}}'t)] \}
\end{aligned} \tag{3.3.67c}
$$

$$
\begin{aligned}
\sigma_{31} &= \mu\left[2\frac{\partial^2(\varphi+\varphi')}{\partial x_1 \partial x_3} + \frac{\partial^2(\psi_2+\psi_2')}{\partial x_1^2} - \frac{\partial^2(\psi_2+\psi_2')}{\partial x_3^2}\right] \\
&= \mu\{ 2k_{\mathrm{P}1}k_{\mathrm{P}3} A \exp[\mathrm{i}(k_{\mathrm{P}1}x_1 - k_{\mathrm{P}3}x_3 - \omega_{\mathrm{P}}t)] \\
&\quad - 2k_{\mathrm{P}1}'k_{\mathrm{P}3}' A' \exp[\mathrm{i}(k_{\mathrm{P}1}'x_1 + k_{\mathrm{P}3}'x_3 - \omega_{\mathrm{P}}'t)] \\
&\quad - k_{\mathrm{S}1}^2 B \exp[\mathrm{i}(k_{\mathrm{S}1}x_1 - k_{\mathrm{S}3}x_3 - \omega_{\mathrm{S}}t)] - k_{\mathrm{S}1}'^2 B' \exp[\mathrm{i}(k_{\mathrm{S}1}'x_1 + k_{\mathrm{S}3}'x_3 - \omega_{\mathrm{S}}'t)] \\
&\quad + k_{\mathrm{S}3}^2 B \exp[\mathrm{i}(k_{\mathrm{S}1}x_1 - k_{\mathrm{S}3}x_3 - \omega_{\mathrm{S}}t)] + k_{\mathrm{S}3}'^2 B' \exp[\mathrm{i}(k_{\mathrm{S}1}'x_1 + k_{\mathrm{S}3}'x_3 - \omega_{\mathrm{S}}'t)] \}
\end{aligned} \tag{3.3.67d}
$$

利用位移和应力与势函数的关系式得

$$
\begin{aligned}
u_1' &= \frac{\partial \varphi''}{\partial x_1} - \frac{\partial \psi_2''}{\partial x_3} \\
&= \mathrm{i}k_{\mathrm{P}1}'' A'' \exp[\mathrm{i}(k_{\mathrm{P}1}''x_1 - k_{\mathrm{P}3}''x_3 - \omega_{\mathrm{P}}''t)] + \mathrm{i}k_{\mathrm{S}3}'' B'' \exp[\mathrm{i}(k_{\mathrm{S}1}''x_1 - k_{\mathrm{S}3}''x_3 - \omega_{\mathrm{S}}''t)]
\end{aligned} \tag{3.3.68a}
$$

$$
\begin{aligned}
u_3' &= \frac{\partial \varphi''}{\partial x_3} + \frac{\partial \psi_2''}{\partial x_1} \\
&= -\mathrm{i}k_{\mathrm{P}3}'' A'' \exp[\mathrm{i}(k_{\mathrm{P}1}''x_1 - k_{\mathrm{P}3}''x_3 - \omega_{\mathrm{P}}''t)] + \mathrm{i}k_{\mathrm{S}1}'' B'' \exp[\mathrm{i}(k_{\mathrm{S}1}''x_1 - k_{\mathrm{S}3}''x_3 - \omega_{\mathrm{S}}''t)]
\end{aligned} \tag{3.3.68b}
$$

$$
\begin{aligned}
\sigma_{33}' &= \lambda' \frac{\partial^2 \varphi''}{\partial x_1^2} + (\lambda' + 2\mu') \frac{\partial^2 \varphi''}{\partial x_3^2} + 2\mu' \frac{\partial^2 \psi_2''}{\partial x_1 \partial x_3} \\
&= -\lambda' k_{\mathrm{P}1}''^2 A'' \exp[\mathrm{i}(k_{\mathrm{P}1}''x_1 - k_{\mathrm{P}3}''x_3 - \omega_{\mathrm{P}}''t)] \\
&\quad - (\lambda' + 2\mu') k_{\mathrm{P}3}''^2 A'' \exp[\mathrm{i}(k_{\mathrm{P}1}''x_1 - k_{\mathrm{P}3}''x_3 - \omega_{\mathrm{P}}''t)] \\
&\quad + 2\mu' k_{\mathrm{S}1}''k_{\mathrm{S}3}'' B'' \exp[\mathrm{i}(k_{\mathrm{S}1}''x_1 - k_{\mathrm{S}3}''x_3 - \omega_{\mathrm{S}}''t)]
\end{aligned} \tag{3.3.68c}
$$

$$
\sigma_{31}' = \mu' \left(\frac{\partial^2 \varphi''}{\partial x_1 \partial x_3} + \frac{\partial^2 \psi_2''}{\partial x_1^2} - \frac{\partial^2 \psi_2''}{\partial x_3^2} \right)
$$

$$
\begin{aligned}
&= \mu'\left\{2k''_{\mathrm{P}1}k''_{\mathrm{P}3}A''\exp\left[\mathrm{i}\left(k''_{\mathrm{P}1}x_1 - k''_{\mathrm{P}3}x_3 - \omega''_{\mathrm{P}}t\right)\right]\right. \\
&\quad - k''^2_{\mathrm{S}1}B''\exp\left[\mathrm{i}\left(k''_{\mathrm{S}1}x_1 - k''_{\mathrm{S}3}x_3 - \omega''_{\mathrm{S}}t\right)\right] \\
&\quad \left. + k''^2_{\mathrm{S}3}B''\exp\left[\mathrm{i}\left(k''_{\mathrm{S}1}x_1 - k''_{\mathrm{S}3}x_3 - \omega''_{\mathrm{S}}t\right)\right]\right\}
\end{aligned} \tag{3.3.68d}
$$

在分界面上位移和应力分量满足连续性条件，即

$$u_1|_{x_3=0} = u'_1|_{x_3=0} \tag{3.3.69a}$$

$$u_3|_{x_3=0} = u'_3|_{x_3=0} \tag{3.3.69b}$$

$$\sigma_{33}|_{x_3=0} = \sigma'_{33}|_{x_3=0} \tag{3.3.69c}$$

$$\sigma_{31}|_{x_3=0} = \sigma'_{31}|_{x_3=0} \tag{3.3.69d}$$

若要求对一切 x_1 和 t，式 (3.3.69) 成立，必须

$$\omega_{\mathrm{P}} = \omega'_{\mathrm{P}} = \omega''_{\mathrm{P}} = \omega_{\mathrm{S}} = \omega'_{\mathrm{S}} = \omega''_{\mathrm{S}} \tag{3.3.70}$$

$$k_{\mathrm{P}1} = k'_{\mathrm{P}1} = k''_{\mathrm{P}1} = k_{\mathrm{S}1} = k'_{\mathrm{S}1} = k''_{\mathrm{S}1} \tag{3.3.71}$$

式 (3.3.71) 也可以写成

$$\frac{\sin\alpha}{c_{\mathrm{P}}} = \frac{\sin\alpha'}{c_{\mathrm{P}}} = \frac{\sin\alpha''}{c'_{\mathrm{P}}} = \frac{\sin\beta}{c_{\mathrm{S}}} = \frac{\sin\beta'}{c_{\mathrm{S}}} = \frac{\sin\beta''}{c'_{\mathrm{S}}} \tag{3.3.72}$$

因而有

$$\alpha = \alpha', \quad \beta = \beta' \tag{3.3.73}$$

由式 (3.3.70)~式 (3.3.72) 可知：

(1) 入射波、反射波、透射波的频率相同。

(2) 反射 P 波的反射角等于入射 P 波的入射角，反射 SV 波的反射角等于入射 SV 波的入射角。且有，反射 SV 波的反射角小于反射 P 波的反射角，透射 SV 波的透射角小于透射 P 波的透射角。

(3) 各反射波的反射角和透射波的透射角与入射角的关系由两种介质的参数决定，满足斯涅耳定律。

利用上述关系，整理得到分界面的边界方程

$$A + A' + p_2(B - B') - A'' - p_4B'' = 0 \tag{3.3.74a}$$

$$p_1\left(A - A'\right) - \left(B + B'\right) - p_3A'' + B'' = 0 \tag{3.3.74b}$$

$$\left[\lambda\left(1 + p_1^2\right) + 2\mu p_1^2\right]\left(A + A'\right) - 2\mu p_2(B - B')$$

$$-\left[\lambda'\left(1+p_3^2\right)+2\mu' p_3^2\right]A''+2\mu' p_4 B''=0 \tag{3.3.74c}$$

$$2\mu p_1\left(A'-A\right)+\mu\left(1-p_2^2\right)\left(B+B'\right)+2\mu' p_3 A''-\mu'\left(1-p_4^2\right)B''=0 \tag{3.3.74d}$$

式中，

$$p_1=\frac{k_{\mathrm{P3}}}{k_{\mathrm{P1}}}=\cot\alpha,\quad p_2=\frac{k_{\mathrm{S3}}}{k_{\mathrm{S1}}}=\cot\beta$$

$$p_3=\frac{k''_{\mathrm{P3}}}{k''_{\mathrm{P1}}}=\cot\alpha'',\quad p_4=\frac{k''_{\mathrm{S3}}}{k''_{\mathrm{S1}}}=\cot\beta''$$

令

$$P=A+A',\quad Q=A-A' \tag{3.3.75}$$

将 P 代入式 (3.3.74a) 和式 (3.3.74c) 中，解出 P，$B-B'$ 分别为

$$P=l_1A''+h_1B'',\quad B-B'=-l_2A''-h_2B'' \tag{3.3.76}$$

将 Q 代入式 (3.3.74b) 和式 (3.3.74d) 中，解出 Q，$B'+B$ 分别为

$$Q=l_3A''+h_3B'',\quad B'+B=-l_4A''-h_4B'' \tag{3.3.77}$$

式中，l_i, h_i 与在 3.3.1 小节中的 l_i, h_i 具有相同的意义。

将式 (3.3.75) 代入式 (3.3.76)、式 (3.3.77) 有

$$A+A'=l_1A''+h_1B'' \tag{3.3.78a}$$

$$B'-B=l_2A''+h_2B'' \tag{3.3.78b}$$

$$A-A'=l_3A''+h_3B'' \tag{3.3.78c}$$

$$B'+B=-l_4A''-h_4B'' \tag{3.3.78d}$$

联立求解得

$$A'=\frac{\left[\left(l_1-l_3\right)\left(h_2+h_4\right)-\left(l_2+l_4\right)\left(h_1-h_3\right)\right]A+2\left(l_1h_3-h_1l_3\right)B}{\left(l_1+l_3\right)\left(h_2+h_4\right)-\left(l_2+l_4\right)\left(h_1+h_3\right)} \tag{3.3.79a}$$

$$B'=\frac{2\left(l_2h_4-l_4h_2\right)A+\left[\left(l_2-l_4\right)\left(h_1+h_3\right)-\left(l_1+l_3\right)\left(h_2-h_4\right)\right]B}{\left(l_1+l_3\right)\left(h_2+h_4\right)-\left(l_2+l_4\right)\left(h_1+h_3\right)} \tag{3.3.79b}$$

$$A''=\frac{2\left(h_2+h_4\right)A+2\left(h_1+h_3\right)B}{\left(l_1+l_3\right)\left(h_2+h_4\right)-\left(l_2+l_4\right)\left(h_1+h_3\right)} \tag{3.3.79c}$$

$$B''=\frac{-2\left(l_2+l_4\right)A-2\left(l_1+l_3\right)B}{\left(l_1+l_3\right)\left(h_2+h_4\right)-\left(l_2+l_4\right)\left(h_1+h_3\right)} \tag{3.3.79d}$$

写成矩阵形式

$$\begin{pmatrix} A' \\ B' \end{pmatrix} = \boldsymbol{F} \begin{pmatrix} A \\ B \end{pmatrix} = \begin{pmatrix} F_{11} & F_{12} \\ F_{21} & F_{22} \end{pmatrix} \begin{pmatrix} A \\ B \end{pmatrix} \tag{3.3.80a}$$

$$\begin{pmatrix} A'' \\ B'' \end{pmatrix} = \boldsymbol{E} \begin{pmatrix} A \\ B \end{pmatrix} = \begin{pmatrix} E_{11} & E_{12} \\ E_{21} & E_{22} \end{pmatrix} \begin{pmatrix} A \\ B \end{pmatrix} \tag{3.3.80b}$$

其中，

$$F_{11} = \frac{(l_1 - l_3)(h_2 + h_4) - (l_2 + l_4)(h_1 - h_3)}{(l_1 + l_3)(h_2 + h_4) - (l_2 + l_4)(h_1 + h_3)}$$

$$F_{12} = \frac{2(l_1 h_3 - l_3 h_1)}{(l_1 + l_3)(h_2 + h_4) - (l_2 + l_4)(h_1 + h_3)}$$

$$F_{21} = \frac{2(l_2 h_4 - l_4 h_2)}{(l_1 + l_3)(h_2 + h_4) - (l_2 + l_4)(h_1 + h_3)}$$

$$F_{22} = \frac{(l_2 - l_4)(h_1 + h_3) - (l_1 + l_3)(h_2 - h_4)}{(l_1 + l_3)(h_2 + h_4) - (l_2 + l_4)(h_1 + h_3)}$$

$$E_{11} = \frac{2(h_2 + h_4)}{(l_1 + l_3)(h_2 + h_4) - (l_2 + l_4)(h_1 + h_3)}$$

$$E_{12} = \frac{2(h_1 + h_3)}{(l_1 + l_3)(h_2 + h_4) - (l_2 + l_4)(h_1 + h_3)}$$

$$E_{21} = \frac{-2(l_2 + l_4)}{(l_1 + l_3)(h_2 + h_4) - (l_2 + l_4)(h_1 + h_3)}$$

$$E_{22} = \frac{-2(l_1 + l_3)}{(l_1 + l_3)(h_2 + h_4) - (l_2 + l_4)(h_1 + h_3)}$$

矩阵 $\boldsymbol{F}$ 和矩阵 $\boldsymbol{E}$ 称为界面的反射矩阵和透射矩阵，它们将反射波和透射波的势函数振幅与入射波势函数振幅建立了联系，矩阵各元素的值依赖于界面两侧介质的材料参数。

P 波与 SV 波同时入射时，分析反射和透射系数表达式，我们可以得到以下几点结论。

(1) 由式 (3.3.80)，取 $B = 0$，退化为 P 波单独入射情形，且 F_{11}，F_{21} 分别为 P 波单独入射时，反射 P 波、反射 SV 波的势函数反射系数；E_{11}，E_{21} 分别为 P 波单独入射时，透射 P 波、透射 SV 波的势函数透射系数。

(2) 取 $A = 0$，退化为 SV 波单独入射情形，且 F_{12}，F_{22} 分别为 SV 波单独入射时，反射 P 波和反射 SV 波的势函数反射系数；E_{12}，E_{22} 分别为 SV 波单独入射时，透射 P 波、透射 SV 波的势函数透射系数。

设入射 P 波、SV 波的位移振幅分别为 C_1 与 C_2；反射 P 波、SV 波的位移振幅分别为 C_1' 与 C_2'；透射 P 波、SV 波的位移振幅分别为 C_1'' 与 C_2''。设 P 波单独入射时，P 波与 SV 波的位移反射系数分别为 R_{11} 与 R_{21}，位移透射系数分别为 T_{11} 与 T_{21}，则

$$R_{11} = F_{11} \cdot \frac{c_{\mathrm{P}}}{c_{\mathrm{P}}} = F_{11}, \quad R_{21} = F_{21} \cdot \frac{c_{\mathrm{P}}}{c_{\mathrm{S}}}$$

$$T_{11} = E_{11} \cdot \frac{c_{\mathrm{P}}}{c'_{\mathrm{P}}}, \quad T_{21} = E_{21} \cdot \frac{c_{\mathrm{P}}}{c'_{\mathrm{S}}}$$

设 SV 波单独入射时，P 波、SV 波的位移反射系数分别为 R_{12} 与 R_{22}，位移透射系数分别为 T_{12} 与 T_{22}，则

$$R_{12} = F_{12} \cdot \frac{c_{\mathrm{S}}}{c_{\mathrm{P}}}, \quad R_{22} = F_{22} \cdot \frac{c_{\mathrm{S}}}{c_{\mathrm{S}}} = F_{22}$$

$$T_{12} = E_{12} \cdot \frac{c_{\mathrm{S}}}{c'_{\mathrm{P}}}, \quad T_{22} = E_{22} \cdot \frac{c_{\mathrm{S}}}{c'_{\mathrm{S}}}$$

因而有

$$\begin{pmatrix} C_1' \\ C_2' \end{pmatrix} = \begin{pmatrix} R_{11} & R_{12} \\ R_{21} & R_{22} \end{pmatrix} \begin{pmatrix} C_1 \\ C_2 \end{pmatrix} \tag{3.3.81a}$$

$$\begin{pmatrix} C_1'' \\ C_2'' \end{pmatrix} = \begin{pmatrix} T_{11} & T_{12} \\ T_{21} & T_{22} \end{pmatrix} \begin{pmatrix} C_1 \\ C_2 \end{pmatrix} \tag{3.3.81b}$$

定义矩阵 $\boldsymbol{R} = \begin{pmatrix} R_{11} & R_{12} \\ R_{21} & R_{22} \end{pmatrix}$ 为 P 波、SV 波同时入射时，反射 P 波、反射 SV 波的位移反射矩阵。定义矩阵 $\boldsymbol{T} = \begin{pmatrix} T_{11} & T_{12} \\ T_{21} & T_{22} \end{pmatrix}$ 为 P 波、SV 波同时入射时，透射 P 波、透射 SV 波的位移透射矩阵。

2. P 波与 SV 波同时双侧入射

如图 3.3.6 所示，介质 1 的密度、拉梅系数分别为 ρ 和 λ，μ，介质 2 的密度、拉梅系数分别为 ρ' 和 λ'，μ'。P 波、SV 波在两种介质内沿平面 x_1x_3 同时入射，平面 x_1x_2 为分界面，在分界面两侧形成反射与透射。

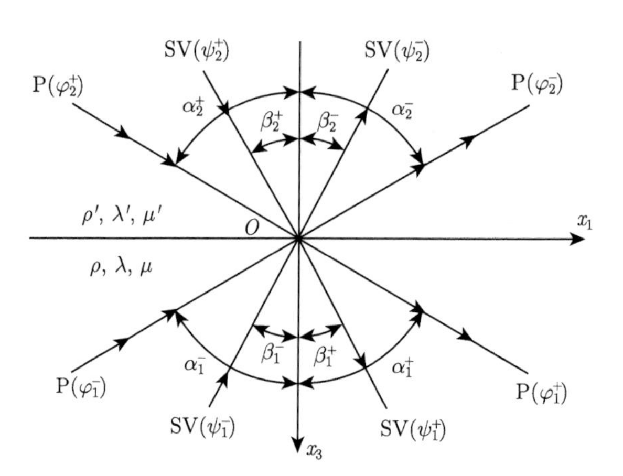

图 3.3.6　P 波、SV 波同时双侧入射

P 波和 SV 波是相互耦合的，因此在双侧入射波的作用下，在两种介质中各自激发出一组反射 P 波和反射 SV 波，并且它们的传播方向是离开界面的。设介质 1 的入射 P 波和 SV 波，反射 P 波和 SV 波；介质 2 的入射 P 波和 SV 波，反射 P 波和 SV 波的波函数分别为

$$\varphi_1^- = A_1^- \exp[\mathrm{i}(k_{\mathrm{P}1}^{1-}x_1 - k_{\mathrm{P}3}^{1-}x_3 - \omega_{\mathrm{P}}^{1-}t)] \tag{3.3.82a}$$

$$\psi_1^- = B_1^- \exp[\mathrm{i}(k_{\mathrm{S}1}^{1-}x_1 - k_{\mathrm{S}3}^{1-}x_3 - \omega_{\mathrm{S}}^{1-}t)] \tag{3.3.82b}$$

$$\varphi_1^+ = A_1^+ \exp[\mathrm{i}(k_{\mathrm{P}1}^{1+}x_1 + k_{\mathrm{P}3}^{1+}x_3 - \omega_{\mathrm{P}}^{1+}t)] \tag{3.3.82c}$$

$$\psi_1^+ = B_1^+ \exp[\mathrm{i}(k_{\mathrm{S}1}^{1+}x_1 + k_{\mathrm{S}3}^{1+}x_3 - \omega_{\mathrm{S}}^{1+}t)] \tag{3.3.82d}$$

$$\varphi_2^+ = A_2^+ \exp[\mathrm{i}(k_{\mathrm{P}1}^{2+}x_1 + k_{\mathrm{P}3}^{2+}x_3 - \omega_{\mathrm{P}}^{2+}t)] \tag{3.3.82e}$$

$$\psi_2^+ = B_2^+ \exp[\mathrm{i}(k_{\mathrm{S}1}^{2+}x_1 + k_{\mathrm{S}3}^{2+}x_3 - \omega_{\mathrm{S}}^{2+}t)] \tag{3.3.82f}$$

$$\varphi_2^- = A_2^- \exp[\mathrm{i}(k_{\mathrm{P}1}^{2-}x_1 - k_{\mathrm{P}3}^{2-}x_3 - \omega_{\mathrm{P}}^{2-}t)] \tag{3.3.82g}$$

$$\psi_2^- = B_2^- \exp[\mathrm{i}(k_{\mathrm{S}1}^{2-}x_1 - k_{\mathrm{S}3}^{2-}x_3 - \omega_{\mathrm{S}}^{2-}t)] \tag{3.3.82h}$$

式中，A_1^-，B_1^-，A_1^+，B_1^+，A_2^+，B_2^+，A_2^-，B_2^- 和 ω_{P}^{1-}，ω_{S}^{1-}，ω_{P}^{1+}，ω_{S}^{1+}，ω_{P}^{2+}，ω_{S}^{2+}，ω_{P}^{2-}，ω_{S}^{2-} 分别为相应各个波的振幅及角频率，且

$$k_{\mathrm{P}1}^{1-} = \frac{\omega_{\mathrm{P}}^{1-}}{c_{\mathrm{P}}}\sin\alpha_1^-,\quad k_{\mathrm{P}3}^{1-} = \frac{\omega_{\mathrm{P}}^{1-}}{c_{\mathrm{P}}}\cos\alpha_1^-,\quad k_{\mathrm{P}1}^{1+} = \frac{\omega_{\mathrm{P}}^{1+}}{c_{\mathrm{P}}}\sin\alpha_1^+,\quad k_{\mathrm{P}3}^{1+} = \frac{\omega_{\mathrm{P}}^{1+}}{c_{\mathrm{P}}}\cos\alpha_1^+$$

$$k_{\mathrm{P}1}^{2+} = \frac{\omega_{\mathrm{P}}^{2+}}{c'_{\mathrm{P}}}\sin\alpha_2^+,\quad k_{\mathrm{P}3}^{2+} = \frac{\omega_{\mathrm{P}}^{2+}}{c'_{\mathrm{P}}}\cos\alpha_2^+,\quad k_{\mathrm{P}1}^{2-} = \frac{\omega_{\mathrm{P}}^{2-}}{c'_{\mathrm{P}}}\sin\alpha_2^-,\quad k_{\mathrm{P}3}^{2-} = \frac{\omega_{\mathrm{P}}^{2-}}{c'_{\mathrm{P}}}\cos\alpha_2^-$$

$$k_{S1}^{1-}=\frac{\omega_S^{1-}}{c_S}\sin\beta_1^-,\quad k_{S3}^{1-}=\frac{\omega_S^{1-}}{c_S}\cos\beta_1^-,\quad k_{S1}^{1+}=\frac{\omega_S^{1+}}{c_S}\sin\beta_1^+,\quad k_{S3}^{1+}=\frac{\omega_S^{1+}}{c_S}\cos\beta_1^+$$

$$k_{S1}^{2+}=\frac{\omega_S^{2+}}{c'_S}\sin\beta_2^+,\quad k_{S3}^{2+}=\frac{\omega_S^{2+}}{c'_S}\cos\beta_2^+,\quad k_{S1}^{2-}=\frac{\omega_S^{2-}}{c'_S}\sin\beta_2^-,\quad k_{S3}^{2-}=\frac{\omega_S^{2-}}{c'_S}\cos\beta_2^-$$

在两种介质中位移和应力分量可计算如下：

$$\begin{aligned}u_1&=\frac{\partial(\varphi_1^-+\varphi_1^+)}{\partial x_1}-\frac{\partial(\psi_1^-+\psi_1^+)}{\partial x_3}\\&=\mathrm{i}k_{P1}^{1-}A_1^-\exp\left[\mathrm{i}\left(k_{P1}^{1-}x_1-k_{P3}^{1-}x_3-\omega_P^{1-}t\right)\right]\\&\quad+\mathrm{i}k_{P1}^{1+}A_1^+\exp[\mathrm{i}(k_{P1}^{1+}x_1+k_{P3}^{1+}x_3-\omega_P^{1+}t)]\\&\quad+\mathrm{i}k_{S3}^{1-}B_1^-\exp\left[\mathrm{i}\left(k_{S1}^{1-}x_1-k_{S3}^{1-}x_3-\omega_S^{1-}t\right)\right]\\&\quad-\mathrm{i}k_{S3}^{1+}B_1^+\exp\left[\mathrm{i}\left(k_{S1}^{1+}x_1+k_{S3}^{1+}x_3-\omega_S^{1+}t\right)\right]\end{aligned}\tag{3.3.83a}$$

$$\begin{aligned}u_3&=\frac{\partial(\varphi_1^-+\varphi_1^+)}{\partial x_3}+\frac{\partial(\psi_1^-+\psi_1^+)}{\partial x_1}\\&=-\mathrm{i}k_{P3}^{1-}A_1^-\exp\left[\mathrm{i}\left(k_{P1}^{1-}x_1-k_{P3}^{1-}x_3-\omega_P^{1-}t\right)\right]\\&\quad+\mathrm{i}k_{P3}^{1+}A_1^+\exp[\mathrm{i}(k_{P1}^{1+}x_1+k_{P3}^{1+}x_3-\omega_P^{1+}t)]\\&\quad+\mathrm{i}k_{S1}^{1-}B_1^-\exp\left[\mathrm{i}\left(k_{S1}^{1-}x_1-k_{S3}^{1-}x_3-\omega_S^{1-}t\right)\right]\\&\quad+\mathrm{i}k_{S1}^{1+}B_1^+\exp\left[\mathrm{i}\left(k_{S1}^{1+}x_1+k_{S3}^{1+}x_3-\omega_S^{1+}t\right)\right]\end{aligned}\tag{3.3.83b}$$

$$\begin{aligned}\sigma_{33}&=\lambda\frac{\partial^2(\varphi_1^-+\varphi_1^+)}{\partial x_1^2}+(\lambda+2\mu)\frac{\partial^2(\varphi_1^-+\varphi_1^+)}{\partial x_3^2}+2\mu\frac{\partial^2(\psi_1^-+\psi_1^+)}{\partial x_1\partial x_3}\\&=\lambda\Big\{-\left(k_{P1}^{1-}\right)^2A_1^-\exp\left[\mathrm{i}\left(k_{P1}^{1-}x_1-k_{P3}^{1-}x_3-\omega_P^{1-}t\right)\right]\\&\quad-\left(k_{P1}^{1+}\right)^2A_1^+\exp[\mathrm{i}(k_{P1}^{1+}x_1+k_{P3}^{1+}x_3-\omega_P^{1+}t)]\Big\}\\&\quad+(\lambda+2\mu)\Big\{-\left(k_{P3}^{1-}\right)^2A_1^-\exp\left[\mathrm{i}\left(k_{P1}^{1-}x_1-k_{P3}^{1-}x_3-\omega_P^{1-}t\right)\right]\\&\quad-\left(k_{P3}^{1+}\right)^2A_1^+\exp[\mathrm{i}(k_{P1}^{1+}x_1+k_{P3}^{1+}x_3-\omega_P^{1+}t)]\Big\}\\&\quad+2\mu\Big\{k_{S1}^{1-}k_{S3}^{1-}B_1^-\exp\left[\mathrm{i}\left(k_{S1}^{1-}x_1-k_{S3}^{1-}x_3-\omega_S^{1-}t\right)\right]\\&\quad-k_{S1}^{1+}k_{S3}^{1+}B_1^+\exp\left[\mathrm{i}\left(k_{S1}^{1+}x_1+k_{S3}^{1+}x_3-\omega_S^{1+}t\right)\right]\Big\}\end{aligned}\tag{3.3.83c}$$

$$\begin{aligned}\sigma_{31}&=\mu\left[2\frac{\partial^2(\varphi_1^-+\varphi_1^+)}{\partial x_1\partial x_3}+\frac{\partial^2(\psi_1^-+\psi_1^+)}{\partial x_1^2}-\frac{\partial^2(\psi_1^-+\psi_1^+)}{\partial x_3^2}\right]\\&=\mu\Big\{2k_{P1}^{1-}k_{P3}^{1-}A_1^-\exp\left[\mathrm{i}\left(k_{P1}^{1-}x_1-k_{P3}^{1-}x_3-\omega_P^{1-}t\right)\right]\\&\quad-2k_{P1}^{1+}k_{P3}^{1+}A_1^+\exp\left[\mathrm{i}\left(k_{P1}^{1+}x_1+k_{P3}^{1+}x_3-\omega_P^{1+}t\right)\right]\end{aligned}$$

$$
\begin{aligned}
&-\left(k_{\mathrm{S1}}^{1-}\right)^{2} B_{1}^{-} \exp\left[\mathrm{i}\left(k_{\mathrm{S1}}^{1-} x_{1}-k_{\mathrm{S3}}^{1-} x_{3}-\omega_{\mathrm{S}}^{1-} t\right)\right] \\
&-\left(k_{\mathrm{S1}}^{1+}\right)^{2} B_{1}^{+} \exp\left[\mathrm{i}\left(k_{\mathrm{S1}}^{1+} x_{1}+k_{\mathrm{S3}}^{1+} x_{3}-\omega_{\mathrm{S}}^{1+} t\right)\right] \\
&+\left(k_{\mathrm{S3}}^{1-}\right)^{2} B_{1}^{-} \exp\left[\mathrm{i}\left(k_{\mathrm{S1}}^{1-} x_{1}-k_{\mathrm{S3}}^{1-} x_{3}-\omega_{\mathrm{S}}^{1-} t\right)\right] \\
&+\left(k_{\mathrm{S3}}^{1+}\right)^{2} B_{1}^{+} \exp\left[\mathrm{i}\left(k_{\mathrm{S1}}^{1+} x_{1}+k_{\mathrm{S3}}^{1+} x_{3}-\omega_{\mathrm{S}}^{1+} t\right)\right]\Big\}
\end{aligned}
\tag{3.3.83d}
$$

$$
\begin{aligned}
u_{1}' &= \frac{\partial(\varphi_{2}^{+}+\varphi_{2}^{-})}{\partial x_{1}}-\frac{\partial(\psi_{2}^{+}+\psi_{2}^{-})}{\partial x_{3}} \\
&= \mathrm{i} k_{\mathrm{P1}}^{2+} A_{2}^{+} \exp\left[\mathrm{i}\left(k_{\mathrm{P1}}^{2+} x_{1}+k_{\mathrm{P3}}^{2+} x_{3}-\omega_{\mathrm{P}}^{2+} t\right)\right] \\
&\quad+\mathrm{i} k_{\mathrm{P1}}^{2-} A_{2}^{-} \exp\left[\mathrm{i}\left(k_{\mathrm{P1}}^{2-} x_{1}-k_{\mathrm{P3}}^{2-} x_{3}-\omega_{\mathrm{P}}^{2-} t\right)\right] \\
&\quad-\mathrm{i} k_{\mathrm{S3}}^{2+} B_{2}^{+} \exp\left[\mathrm{i}\left(k_{\mathrm{S1}}^{2+} x_{1}+k_{\mathrm{S3}}^{2+} x_{3}-\omega_{\mathrm{S}}^{2+} t\right)\right] \\
&\quad+\mathrm{i} k_{\mathrm{S3}}^{2-} B_{2}^{-} \exp[\mathrm{i}(k_{\mathrm{S1}}^{2-} x_{1}-k_{\mathrm{S3}}^{2-} x_{3}-\omega_{\mathrm{S}}^{2-} t)]
\end{aligned}
\tag{3.3.83e}
$$

$$
\begin{aligned}
u_{3}' &= \frac{\partial(\varphi_{2}^{+}+\varphi_{2}^{-})}{\partial x_{3}}+\frac{\partial(\psi_{2}^{+}+\psi_{2}^{-})}{\partial x_{1}} \\
&= \mathrm{i} k_{\mathrm{P3}}^{2+} A_{2}^{+} \exp\left[\mathrm{i}\left(k_{\mathrm{P1}}^{2+} x_{1}+k_{\mathrm{P3}}^{2+} x_{3}-\omega_{\mathrm{P}}^{2+} t\right)\right] \\
&\quad-\mathrm{i} k_{\mathrm{P3}}^{2-} A_{2}^{-} \exp\left[\mathrm{i}\left(k_{\mathrm{P1}}^{2-} x_{1}-k_{\mathrm{P3}}^{2-} x_{3}-\omega_{\mathrm{P}}^{2-} t\right)\right] \\
&\quad+\mathrm{i} k_{\mathrm{S1}}^{2+} B_{2}^{+} \exp\left[\mathrm{i}\left(k_{\mathrm{S1}}^{2+} x_{1}+k_{\mathrm{S3}}^{2+} x_{3}-\omega_{\mathrm{S}}^{2+} t\right)\right] \\
&\quad+\mathrm{i} k_{\mathrm{S1}}^{2-} B_{2}^{-} \exp[\mathrm{i}(k_{\mathrm{S1}}^{2-} x_{1}-k_{\mathrm{S3}}^{2-} x_{3}-\omega_{\mathrm{S}}^{2-} t)]
\end{aligned}
\tag{3.3.83f}
$$

$$
\begin{aligned}
\sigma_{33}' &= \lambda' \frac{\partial^{2}(\varphi_{2}^{+}+\varphi_{2}^{-})}{\partial x_{1}^{2}}+(\lambda'+2\mu')\frac{\partial^{2}(\varphi_{2}^{+}+\varphi_{2}^{-})}{\partial x_{3}^{2}}+2\mu' \frac{\partial^{2}(\psi_{2}^{+}+\psi_{2}^{-})}{\partial x_{1}\partial x_{3}} \\
&= \lambda'\Big\{-\left(k_{\mathrm{P1}}^{2+}\right)^{2} A_{2}^{+} \exp\left[\mathrm{i}\left(k_{\mathrm{P1}}^{2+} x_{1}+k_{\mathrm{P3}}^{2+} x_{3}-\omega_{\mathrm{P}}^{2+} t\right)\right] \\
&\quad-(k_{\mathrm{P1}}^{2-})^{2} A_{2}^{-} \exp[\mathrm{i}(k_{\mathrm{P1}}^{2-} x_{1}-k_{\mathrm{P3}}^{2-} x_{3}-\omega_{\mathrm{P}}^{2-} t)]\Big\} \\
&\quad+(\lambda'+2\mu')\Big\{-\left(k_{\mathrm{P3}}^{2+}\right)^{2} A_{2}^{+} \exp\left[\mathrm{i}\left(k_{\mathrm{P1}}^{2+} x_{1}+k_{\mathrm{P3}}^{2+} x_{3}-\omega_{\mathrm{P}}^{2+} t\right)\right] \\
&\quad-(k_{\mathrm{P3}}^{2-})^{2} A_{2}^{-} \exp[\mathrm{i}(k_{\mathrm{P1}}^{2-} x_{1}-k_{\mathrm{P3}}^{2-} x_{3}-\omega_{\mathrm{P}}^{2-} t)]\Big\} \\
&\quad+2\mu'\Big\{-k_{\mathrm{S1}}^{2+} k_{\mathrm{S3}}^{2+} B_{2}^{+} \exp\left[\mathrm{i}\left(k_{\mathrm{S1}}^{2+} x_{1}+k_{\mathrm{S3}}^{2+} x_{3}-\omega_{\mathrm{S}}^{2+} t\right)\right] \\
&\quad+k_{\mathrm{S1}}^{2-} k_{\mathrm{S3}}^{2-} B_{2}^{-} \exp[\mathrm{i}(k_{\mathrm{S1}}^{2-} x_{1}-k_{\mathrm{S3}}^{2-} x_{3}-\omega_{\mathrm{S}}^{2-} t)]\Big\}
\end{aligned}
\tag{3.3.83g}
$$

$$
\begin{aligned}
\sigma_{31}' &= \mu'\left[2\frac{\partial^{2}(\varphi_{2}^{+}+\varphi_{2}^{-})}{\partial x_{1}\partial x_{3}}+\frac{\partial^{2}(\psi_{2}^{+}+\psi_{2}^{-})}{\partial x_{1}^{2}}-\frac{\partial^{2}(\psi_{2}^{+}+\psi_{2}^{-})}{\partial x_{3}^{2}}\right] \\
&= \mu'\Big\{-2k_{\mathrm{P1}}^{2+} k_{\mathrm{P3}}^{2+} A_{2}^{+} \exp\left[\mathrm{i}\left(k_{\mathrm{P1}}^{2+} x_{1}+k_{\mathrm{P3}}^{2+} x_{3}-\omega_{\mathrm{P}}^{2+} t\right)\right]
\end{aligned}
$$

$$
\begin{aligned}
&+2k_{\mathrm{P1}}^{2-}k_{\mathrm{P3}}^{2-}A_2^-\exp\left[\mathrm{i}\left(k_{\mathrm{P1}}^{2-}x_1-k_{\mathrm{P3}}^{2-}x_3-\omega_{\mathrm{P}}^{2-}t\right)\right]\\
&-\left(k_{\mathrm{S1}}^{2+}\right)^2B_2^+\exp\left[\mathrm{i}\left(k_{\mathrm{S1}}^{2+}x_1+k_{\mathrm{S3}}^{2+}x_3-\omega_{\mathrm{S}}^{2+}t\right)\right]\\
&-\left(k_{\mathrm{S1}}^{2-}\right)^2B_2^-\exp\left[\mathrm{i}\left(k_{\mathrm{S1}}^{2-}x_1-k_{\mathrm{S3}}^{2-}x_3-\omega_{\mathrm{S}}^{2-}t\right)\right]\\
&+\left(k_{\mathrm{S3}}^{2+}\right)^2B_2^+\exp\left[\mathrm{i}\left(k_{\mathrm{S1}}^{2+}x_1+k_{\mathrm{S3}}^{2+}x_3-\omega_{\mathrm{S}}^{2+}t\right)\right]\\
&+(k_{\mathrm{S3}}^{2-})^2B_2^-\exp[\mathrm{i}(k_{\mathrm{S1}}^{2-}x_1-k_{\mathrm{S3}}^{2-}x_3-\omega_{\mathrm{S}}^{2-}t)]\}
\end{aligned}
\tag{3.3.83h}
$$

在分界面上位移和应力分量满足连续性条件，即

$$u_1|_{x_3=0}=u_1'|_{x_3=0} \tag{3.3.84a}$$

$$u_3|_{x_3=0}=u_3'|_{x_3=0} \tag{3.3.84b}$$

$$\sigma_{33}|_{x_3=0}=\sigma_{33}'|_{x_3=0} \tag{3.3.84c}$$

$$\sigma_{31}|_{x_3=0}=\sigma_{31}'|_{x_3=0} \tag{3.3.84d}$$

若要求对一切 x_1，t，式 (3.3.84) 均成立，必须有

$$\omega_{\mathrm{P}}^{1-}=\omega_{\mathrm{P}}^{1+}=\omega_{\mathrm{P}}^{2+}=\omega_{\mathrm{P}}^{2-}=\omega_{\mathrm{S}}^{1-}=\omega_{\mathrm{S}}^{1+}=\omega_{\mathrm{S}}^{2+}=\omega_{\mathrm{S}}^{2-} \tag{3.3.85}$$

$$k_{\mathrm{P1}}^{1-}=k_{\mathrm{P1}}^{1+}=k_{\mathrm{P1}}^{2+}=k_{\mathrm{P1}}^{2-}=k_{\mathrm{S1}}^{1-}=k_{\mathrm{S1}}^{1+}=k_{\mathrm{S1}}^{2+}=k_{\mathrm{S1}}^{2-} \tag{3.3.86}$$

式 (3.3.86) 也可以写成

$$\frac{\sin\alpha_1^-}{c_{\mathrm{P}}}=\frac{\sin\alpha_1^+}{c_{\mathrm{P}}}=\frac{\sin\alpha_2^+}{c_{\mathrm{P}}'}=\frac{\sin\alpha_2^-}{c_{\mathrm{P}}'}=\frac{\sin\beta_1^-}{c_{\mathrm{S}}}=\frac{\sin\beta_1^+}{c_{\mathrm{S}}}=\frac{\sin\beta_2^+}{c_{\mathrm{S}}'}=\frac{\sin\beta_2^-}{c_{\mathrm{S}}'} \tag{3.3.87}$$

可见

$$\alpha_1^-=\alpha_1^+,\quad \alpha_2^-=\alpha_2^+,\quad \beta_1^-=\beta_1^+,\quad \beta_2^-=\beta_2^+ \tag{3.3.88}$$

由式 (3.3.85) 可见，各个入射波的频率与各个反射波的频率均相同；同种介质中 P 波的入射角等于 P 波的反射角，SV 波的入射角等于 SV 波的反射角；并且 P 波的入射角 (反射角) 总是大于 SV 波的入射角 (反射角)。

利用上述关系，整理得到分界面上的边界方程:

$$A_1^-+A_1^++p_2\left(B_1^--B_1^+\right)-\left(A_2^-+A_2^+\right)-\left(B_2^--B_2^+\right)p_4=0 \tag{3.3.89a}$$

$$p_1\left(A_1^--A_1^+\right)-\left(B_1^-+B_1^+\right)-p_3\left(A_2^--A_2^+\right)+\left(B_2^-+B_2^+\right)=0 \tag{3.3.89b}$$

$$\left[\lambda\left(1+p_1^2\right)+2\mu p_1^2\right]\left(A_1^-+A_1^+\right)-2\mu p_2\left(B_1^--B_1^+\right)$$

$$-\left[\lambda'\left(1+p_3^2\right)+2\mu' p_3^2\right]\left(A_2^-+A_2^+\right)+2\mu' p_4\left(B_2^- - B_2^+\right)=0 \tag{3.3.89c}$$

$$\begin{aligned}&2\mu p_1\left(A_1^- - A_1^+\right)-\mu\left(1-p_2^2\right)\left(B_1^-+B_1^+\right)\\&-2\mu' p_3\left(A_2^- - A_2^+\right)+\mu'\left(1-p_4^2\right)\left(B_2^-+B_2^+\right)=0\end{aligned} \tag{3.3.89d}$$

式中，

$$p_1=\frac{k_{\mathrm{P3}}^{1-}}{k_{\mathrm{P1}}^{1-}}\cot\alpha_1^-,\quad p_2=\frac{k_{\mathrm{S3}}^{1-}}{k_{\mathrm{S1}}^{1-}}\cot\beta_1^-$$

$$p_3=\frac{k_{\mathrm{P3}}^{2-}}{k_{\mathrm{P1}}^{2-}}\cot\alpha_2^-,\quad p_4=\frac{k_{\mathrm{S3}}^{2-}}{k_{\mathrm{S1}}^{2-}}\cot\beta_2^-$$

令

$$P=A_1^-+A_1^+,\quad Q=A_1^- - A_1^+ \tag{3.3.90}$$

将 P 代入式 (3.3.89a) 和式 (3.3.89c) 中，解出 P，$B_1^+ - B_1^-$ 分别为

$$P=l_1\left(A_2^-+A_2^+\right)+h_1(B_2^- - B_2^+),\quad B_1^+ - B_1^- = l_2\left(A_2^-+A_2^+\right)+h_2(B_2^- - B_2^+) \tag{3.3.91}$$

将 Q 代入式 (3.3.89b) 和式 (3.3.89d) 中，解出 Q，$B_1^+ + B_1^-$ 分别为

$$Q=l_3\left(A_2^- - A_2^+\right)+h_3(B_2^-+B_2^+),\quad B_1^+ + B_1^- = -l_4\left(A_2^- - A_2^+\right)-h_4\left(B_2^-+B_2^+\right) \tag{3.3.92}$$

式中，l_i，h_i 与在 3.3.1 节中的 l_i，h_i 具有相同的意义。

边界条件 (3.3.89) 等价于

$$A_1^-+A_1^+=l_1\left(A_2^-+A_2^+\right)+h_1(B_2^- - B_2^+) \tag{3.3.93a}$$

$$B_1^+ - B_1^- = l_2\left(A_2^-+A_2^+\right)+h_2(B_2^- - B_2^+) \tag{3.3.93b}$$

$$A_1^- - A_1^+ = l_3\left(A_2^- - A_2^+\right)+h_3(B_2^-+B_2^+) \tag{3.3.93c}$$

$$B_1^+ + B_1^- = -l_4\left(A_2^- - A_2^+\right)-h_4\left(B_2^-+B_2^+\right) \tag{3.3.93d}$$

联立求解得

$$\begin{aligned}&A_1^+\\=&\frac{\left[\left(l_1-l_3\right)\left(h_2+h_4\right)-\left(l_2+l_4\right)\left(h_1-h_3\right)\right]A_1^-+2\left(l_1h_3-l_3h_1\right)B_1^-}{\left(l_1+l_3\right)\left(h_2+h_4\right)-\left(l_2+l_4\right)\left(h_1+h_3\right)}\\&+\frac{2\left[l_1\left(l_3h_4-l_4h_3\right)-l_3\left(l_1h_2-l_2h_1\right)\right]A_2^+ + 2\left[h_3\left(l_2h_1-l_1h_2\right)+h_1\left(l_4h_3-l_3h_4\right)\right]B_2^+}{\left(l_1+l_3\right)\left(h_2+h_4\right)-\left(l_2+l_4\right)\left(h_1+h_3\right)}\end{aligned}$$

$$B_1^+ = \frac{2(l_2h_4 - l_4h_2)A_1^- + [(l_2 - l_4)(h_1 + h_3) - (l_1 + l_3)(h_2 - h_4)]B_1^-}{(l_1 + l_3)(h_2 + h_4) - (l_2 + l_4)(h_1 + h_3)} + \frac{2[l_2(l_3h_4 - l_4h_3) + l_4(l_1h_2 - l_2h_1)]A_2^+ + 2[h_4(l_2h_1 - l_1h_2) + h_2(l_4h_3 - l_3h_4)]B_2^+}{(l_1 + l_3)(h_2 + h_4) - (l_2 + l_4)(h_1 + h_3)}$$

$$A_2^- = \frac{2(h_2 + h_4)A_1^- + 2(h_1 + h_3)B_1^-}{(l_1 + l_3)(h_2 + h_4) - (l_2 + l_4)(h_1 + h_3)} + \frac{[(l_3 - l_1)(h_2 + h_4) + (l_2 - l_4)(h_1 + h_3)]A_2^+ + 2(h_1h_4 - h_2h_3)B_2^+}{(l_1 + l_3)(h_2 + h_4) - (l_2 + l_4)(h_1 + h_3)}$$

$$B_2^- = \frac{-2(l_2 + l_4)A_1^- - 2(l_1 + l_3)B_1^-}{(l_1 + l_3)(h_2 + h_4) - (l_2 + l_4)(h_1 + h_3)} + \frac{2(l_1l_4 - l_2l_3)A_2^+ + [(l_2 + l_4)(h_3 - h_1) + (l_1 + l_3)(h_2 - h_4)]B_2^+}{(l_1 + l_3)(h_2 + h_4) - (l_2 + l_4)(h_1 + h_3)}$$

从而 4 个未知振幅 A_1^+，B_1^+，A_2^-，B_2^- 可用已知入射波振幅 A_1^-，B_1^-，A_2^+，B_2^+ 通过矩阵形式表示出来：

$$\begin{pmatrix} A_1^+ \\ B_1^+ \end{pmatrix} = (\boldsymbol{F}^{+-})\begin{pmatrix} A_1^- \\ B_1^- \end{pmatrix} + (\boldsymbol{E}^{++})\begin{pmatrix} A_2^+ \\ B_2^+ \end{pmatrix} \tag{3.3.94a}$$

$$\begin{pmatrix} A_2^- \\ B_2^- \end{pmatrix} = (\boldsymbol{E}^{--})\begin{pmatrix} A_1^- \\ B_1^- \end{pmatrix} + (\boldsymbol{F}^{-+})\begin{pmatrix} A_2^+ \\ B_2^+ \end{pmatrix} \tag{3.3.94b}$$

其中，

$$F_{11}^{+-} = \frac{(l_1 - l_3)(h_2 + h_4) - (l_2 + l_4)(h_1 - h_3)}{(l_1 + l_3)(h_2 + h_4) - (l_2 + l_4)(h_1 + h_3)}$$

$$F_{12}^{+-} = \frac{2(l_1h_3 - l_3h_1)}{(l_1 + l_3)(h_2 + h_4) - (l_2 + l_4)(h_1 + h_3)}$$

$$F_{21}^{+-} = \frac{2(l_2h_4 - l_4h_2)}{(l_1 + l_3)(h_2 + h_4) - (l_2 + l_4)(h_1 + h_3)}$$

$$F_{22}^{+-} = \frac{(l_2 - l_4)(h_1 + h_3) - (l_1 + l_3)(h_2 - h_4)}{(l_1 + l_3)(h_2 + h_4) - (l_2 + l_4)(h_1 + h_3)}$$

$$F_{11}^{-+} = \frac{(l_3 - l_1)(h_2 + h_4) + (l_2 - l_4)(h_1 + h_3)}{(l_1 + l_3)(h_2 + h_4) - (l_2 + l_4)(h_1 + h_3)}$$

$$F_{12}^{-+} = \frac{2(h_1h_4 - h_2h_3)}{(l_1 + l_3)(h_2 + h_4) - (l_2 + l_4)(h_1 + h_3)}$$

$$F_{21}^{-+}=\frac{2\left(l_1l_4-l_2l_3\right)}{\left(l_1+l_3\right)\left(h_2+h_4\right)-\left(l_2+l_4\right)\left(h_1+h_3\right)}$$

$$F_{22}^{-+}=\frac{\left(l_2+l_4\right)\left(h_3-h_1\right)+\left(l_1+l_3\right)\left(h_2-h_4\right)}{\left(l_1+l_3\right)\left(h_2+h_4\right)-\left(l_2+l_4\right)\left(h_1+h_3\right)}$$

$$E_{11}^{++}=\frac{2[l_1\left(l_3h_4-l_4h_3\right)-l_3\left(l_1h_2-l_2h_1\right)]}{\left(l_1+l_3\right)\left(h_2+h_4\right)-\left(l_2+l_4\right)\left(h_1+h_3\right)}$$

$$E_{12}^{++}=\frac{2[h_3\left(l_2h_1-l_1h_2\right)+h_1\left(l_4h_3-l_3h_4\right)]}{\left(l_1+l_3\right)\left(h_2+h_4\right)-\left(l_2+l_4\right)\left(h_1+h_3\right)}$$

$$E_{21}^{++}=\frac{2[l_2\left(l_3h_4-l_4h_3\right)+l_4\left(l_1h_2-l_2h_1\right)]}{\left(l_1+l_3\right)\left(h_2+h_4\right)-\left(l_2+l_4\right)\left(h_1+h_3\right)}$$

$$E_{22}^{++}=\frac{2[h_4\left(l_2h_1-l_1h_2\right)+h_2\left(l_4h_3-l_3h_4\right)]}{\left(l_1+l_3\right)\left(h_2+h_4\right)-\left(l_2+l_4\right)\left(h_1+h_3\right)}$$

$$E_{11}^{--}=\frac{2\left(h_2+h_4\right)}{\left(l_1+l_3\right)\left(h_2+h_4\right)-\left(l_2+l_4\right)\left(h_1+h_3\right)}$$

$$E_{12}^{--}=\frac{2\left(h_1+h_3\right)}{\left(l_1+l_3\right)\left(h_2+h_4\right)-\left(l_2+l_4\right)\left(h_1+h_3\right)}$$

$$E_{21}^{--}=\frac{-2\left(l_2+l_4\right)}{\left(l_1+l_3\right)\left(h_2+h_4\right)-\left(l_2+l_4\right)\left(h_1+h_3\right)}$$

$$E_{22}^{--}=\frac{-2\left(l_1+l_3\right)}{\left(l_1+l_3\right)\left(h_2+h_4\right)-\left(l_2+l_4\right)\left(h_1+h_3\right)}$$

当 P 波与 SV 波同时双侧入射时，我们可以得到以下几点结论。

(1) 取 $A_2^+=B_2^+=0$，退化为从介质 1 单侧同时入射 P 波与 SV 波，$\boldsymbol{F}^{+-}$ 表示势函数反射矩阵，$\boldsymbol{E}^{--}$ 表示势函数透射矩阵。若进一步 B_1^- 也为 0，表示 P 波单独入射，若 A_1^- 为 0 表示 SV 波单独入射。

(2) 取 $A_1^-=B_1^-=0$，退化为从介质 2 单侧同时入射 P 波与 SV 波，$\boldsymbol{E}^{++}$ 表示势函数透射矩阵，$\boldsymbol{F}^{-+}$ 表示势函数反射矩阵。若进一步 $B_2^+=0$ 表示 P 波单独入射，若 $A_2^+=0$ 表示 SV 波单独入射。

(3) F_{ij}^{+-}，F_{ij}^{-+} 表示单独 P 波或 SV 波入射时的势函数反射系数，E_{ij}^{++}，E_{ij}^{--} 表示单独 P 波或 SV 波入射时的势函数透射系数。

下面来研究当 P 波、SV 波同时双侧入射时，位移振幅的关系。设介质 1 中入射 P 波和 SV 波，反射 P 波和 SV 波的位移振幅分别为 C_1^-，D_1^-，C_1^+，D_1^+，介质 2 中入射 P 波和 SV 波，反射 P 波和 SV 波的位移振幅分别为 C_2^+，D_2^+，C_2^-，D_2^-。并设

$$\begin{pmatrix} C_1^+ \\ D_1^+ \end{pmatrix} = (\boldsymbol{R}^{+-}) \begin{pmatrix} C_1^- \\ D_1^- \end{pmatrix} + (\boldsymbol{T}^{++}) \begin{pmatrix} C_2^+ \\ D_2^+ \end{pmatrix}$$

$$\begin{pmatrix} C_2^- \\ D_2^- \end{pmatrix} = (\boldsymbol{T}^{--}) \begin{pmatrix} C_1^- \\ D_1^- \end{pmatrix} + (\boldsymbol{R}^{-+}) \begin{pmatrix} C_2^+ \\ D_2^+ \end{pmatrix}$$

则 $\boldsymbol{R}^{+-}$ 为在介质 1 中单侧同时入射 P 波、SV 波时的位移反射矩阵，因而有

$$R_{11}^{+-} = F_{11}^{+-} \cdot \frac{c_{\mathrm{P}}}{c_{\mathrm{P}}} = F_{11}^{+-}, \quad R_{21}^{+-} = F_{21}^{+-} \cdot \frac{c_{\mathrm{P}}}{c_{\mathrm{S}}}$$

$$R_{12}^{+-} = F_{12}^{+-} \cdot \frac{c_{\mathrm{S}}}{c_{\mathrm{P}}}, \quad R_{22}^{+-} = F_{22}^{+-} \cdot \frac{c_{\mathrm{S}}}{c_{\mathrm{S}}} = F_{22}^{+-}$$

$\boldsymbol{R}^{-+}$ 为在介质 2 中单侧同时入射 P 波、SV 波时的位移反射矩阵，因而有

$$R_{11}^{-+} = F_{11}^{-+} \cdot \frac{c'_{\mathrm{P}}}{c'_{\mathrm{P}}} = F_{11}^{-+}, \quad R_{21}^{-+} = F_{21}^{-+} \cdot \frac{c'_{\mathrm{P}}}{c'_{\mathrm{S}}}$$

$$R_{12}^{-+} = F_{12}^{-+} \cdot \frac{c'_{\mathrm{S}}}{c'_{\mathrm{P}}}, \quad R_{22}^{-+} = F_{22}^{-+} \cdot \frac{c'_{\mathrm{S}}}{c'_{\mathrm{S}}} = F_{22}^{-+}$$

$\boldsymbol{T}^{++}$ 为在介质 2 中单侧同时入射 P 波和 SV 波时的位移透射矩阵，因而有

$$T_{11}^{++} = E_{11}^{++} \cdot \frac{c'_{\mathrm{P}}}{c_{\mathrm{P}}}, \quad T_{21}^{++} = E_{21}^{++} \cdot \frac{c'_{\mathrm{P}}}{c_{\mathrm{S}}}$$

$$T_{12}^{++} = E_{12}^{++} \cdot \frac{c'_{\mathrm{S}}}{c_{\mathrm{P}}}, \quad T_{22}^{++} = E_{22}^{++} \cdot \frac{c'_{\mathrm{S}}}{c_{\mathrm{S}}}$$

$\boldsymbol{T}^{--}$ 为在介质 1 中单侧同时入射 P 波和 SV 波时的位移透射矩阵，因而有

$$T_{11}^{--} = E_{11}^{--} \cdot \frac{c_{\mathrm{P}}}{c'_{\mathrm{P}}}, \quad T_{21}^{--} = E_{21}^{--} \cdot \frac{c_{\mathrm{P}}}{c'_{\mathrm{S}}}$$

$$T_{12}^{--} = E_{12}^{--} \cdot \frac{c_{\mathrm{S}}}{c'_{\mathrm{P}}}, \quad T_{22}^{--} = E_{22}^{--} \cdot \frac{c_{\mathrm{S}}}{c'_{\mathrm{S}}}$$

3.4 波在周期起伏界面的反射和透射

前面讨论弹性波在界面处的反射和透射现象时，都是假定界面是平面。本节讨论弹性波在周期起伏界面处的反射和透射问题。如图 3.4.1 所示，上下半空间被周期起伏界面所分隔，H, H' 分别代表两半无限大各向同性弹性体；建立直角坐标系，周期起伏界面用 $z = \zeta(x)$ 表示。两个半无限空间在周期起伏界面处完好连接。

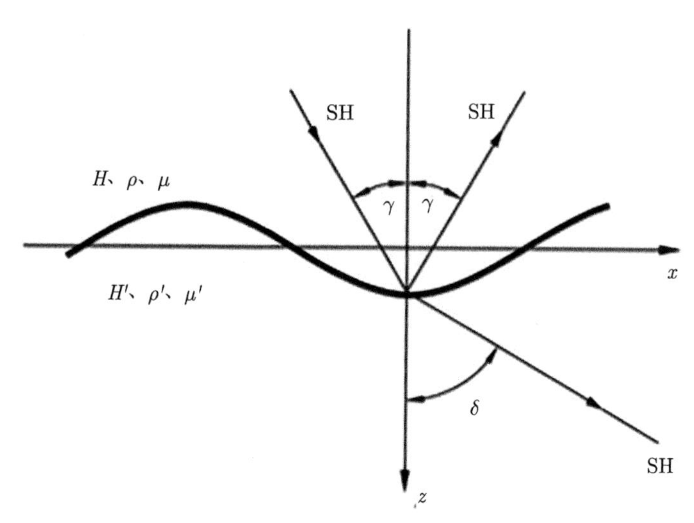

图 3.4.1　弹性波在周期起伏界面处的反射和透射

对 ζ 进行傅里叶展开，并假设 ζ 的平均值为零，可以得到

$$\zeta(x)=\sum_{n=1}^{\infty}\left[c_n\cos(npx)+s_n\sin(npx)\right] \tag{3.4.1}$$

式中，c_n，s_n 为对应的傅里叶系数；$p=2\pi/\Lambda$，Λ 为界面的起伏周期。引入欧拉公式 $\mathrm{e}^{\mathrm{i}\theta}=\cos\theta+\mathrm{i}\sin\theta$，式 (3.4.1) 可以化为

$$\zeta(x)=\sum_{n\to-\infty(n\neq 0)}^{+\infty}\left[\zeta_n\mathrm{e}^{\mathrm{i}npx}\right] \tag{3.4.2}$$

式中，

$$\zeta_n=\begin{cases}\dfrac{c_n-\mathrm{i}s_n}{2}, & n>0\\[2mm] \dfrac{c_{-n}+\mathrm{i}s_{-n}}{2}, & n<0\end{cases} \tag{3.4.3}$$

考虑在 x-z 平面传播的 SH 型弹性波，则入射波、反射波和透射波均与坐标 y 无关。对于各向同性弹性材料，SH 波的控制微分方程为

$$\mu\frac{\partial^2 v}{\partial x^2}+\mu\frac{\partial^2 v}{\partial z^2}=\rho\frac{\partial^2 v}{\partial t^2} \tag{3.4.4}$$

式中，μ 为剪切模量；v 为 y 方向上的位移；ρ 为材料的密度；t 为时间。各向同性弹性材料的本构方程为

$$\sigma_{xy}=\mu\frac{\partial v}{\partial x},\quad \sigma_{yz}=\mu\frac{\partial v}{\partial z} \tag{3.4.5}$$

假设解的形式为

$$v = X(x)Z(z)\mathrm{e}^{-\mathrm{i}\omega t} \tag{3.4.6}$$

式中，ω 为入射波的角频率。将式 (3.4.6) 代入式 (3.4.4) 中, 利用分离变量法，可以得到

$$\begin{aligned}&\frac{\mathrm{d}^2X}{\mathrm{d}x^2}+k_x^2X=0\\&\frac{\mathrm{d}^2Z}{\mathrm{d}z^2}+k_z^2Z=0\end{aligned} \tag{3.4.7}$$

式中，

$$k_x^2+k_z^2=k^2,\quad k^2=\rho\omega^2/\mu \tag{3.4.8}$$

k_x 为 x 方向上的波数分量；k_z 为 z 方向上的波数分量。令 φ 表示波的传播方向与 z 轴正方向的夹角，则

$$k_x=k\sin\varphi,\quad k_z=k\cos\varphi,\quad \tan\varphi=\frac{k_x}{k_z} \tag{3.4.9}$$

式 (3.4.7) 的解可以表示为

$$X(x)=A_1\mathrm{e}^{\mathrm{i}k_xx}+A_2\mathrm{e}^{-\mathrm{i}k_xx} \tag{3.4.10a}$$

$$Z(z)=B_1\mathrm{e}^{\mathrm{i}k_zz}+B_2\mathrm{e}^{-\mathrm{i}k_zz} \tag{3.4.10b}$$

由于沿 x 方向的周期起伏界面的存在，应用 Bloch-Floquet 原理，则式 (3.4.10a) 中 $X(x)$ 由于受到周期起伏界面的调制，应该写成如下形式：

$$X(x)=A_1(x)\mathrm{e}^{\mathrm{i}k_xx}+A_2(x)\mathrm{e}^{-\mathrm{i}k_xx} \tag{3.4.11}$$

式中，$A_1(x)$ 和 $A_2(x)$ 为一个以 Λ 为周期的函数, 即

$$A_1(x+\Lambda)=A_1(x),\quad A_2(x+\Lambda)=A_2(x) \tag{3.4.12}$$

这两个周期函数又可以用傅里叶级数表示为

$$A_1(x)=\sum_{n=-\infty}^{+\infty}A_{1n}\mathrm{e}^{\mathrm{i}npx},\quad A_2(x)=\sum_{n=-\infty}^{+\infty}A_{2n}\mathrm{e}^{-\mathrm{i}npx} \tag{3.4.13}$$

将式 (3.4.13) 代入式 (3.4.11) 中，可以得到

$$X(x)=\sum_{n=-\infty}^{+\infty}A_{1n}\mathrm{e}^{\mathrm{i}(k_x+np)x}+\sum_{n=-\infty}^{+\infty}A_{2n}\mathrm{e}^{-\mathrm{i}(k_x+np)x} \tag{3.4.14}$$

令 $k_{nx}=k_x+np$，则

$$X(x)=\sum_{n=-\infty}^{+\infty}A_{1n}\mathrm{e}^{\mathrm{i}k_{nx}x}+\sum_{n=-\infty}^{+\infty}A_{2n}\mathrm{e}^{-\mathrm{i}k_{nx}x} \tag{3.4.15}$$

根据式 (3.4.6) 和式 (3.4.15)，位移的一般形式可以表示为

$$\begin{aligned}v(x,z,t)=\sum_{n=-\infty}^{+\infty}&\left\{[A_{1n}^{+}\mathrm{e}^{\mathrm{i}k_{nz}z}+A_{1n}^{-}\mathrm{e}^{-\mathrm{i}k_{nz}z}]\mathrm{e}^{\mathrm{i}k_{nx}x}+[A_{2n}^{+}\mathrm{e}^{\mathrm{i}k_{nz}z}\right.\\&\left.+A_{2n}^{-}\mathrm{e}^{-\mathrm{i}k_{nz}z}]\mathrm{e}^{-\mathrm{i}k_{nx}x}\right\}\mathrm{e}^{-\mathrm{i}\omega t}\end{aligned} \tag{3.4.16}$$

式中，$A_{1n}^{\pm}$ 和 $A_{2n}^{\pm}$ 为沿不同方向 (即 k_{nz} 和 k_{nx} 的不同组合) 传播的第 n 阶谐波对应的位移幅值。k_{nz} 为第 n 阶模态谐波在 z 方向上的波数分量。由下式确定：

$$k_{nz}^2+k_{nx}^2=\rho\omega^2/\mu=k^2 \tag{3.4.17}$$

即 $k_{nz}=\pm\sqrt{k^2-k_{nx}^2}$。令 $\alpha_n=\sqrt{k^2-k_{nx}^2}$，则上半空间中可能存在的位移模态的集合为

$$\begin{aligned}v(x,z,t)=\sum_{n=-\infty}^{+\infty}&\left\{[A_{1n}^{+}\mathrm{e}^{\mathrm{i}\alpha_n z}+A_{1n}^{-}\mathrm{e}^{-\mathrm{i}\alpha_n z}]\mathrm{e}^{\mathrm{i}k_{nx}x}+[A_{2n}^{+}\mathrm{e}^{\mathrm{i}\alpha_n z}\right.\\&\left.+A_{2n}^{-}\mathrm{e}^{-\mathrm{i}\alpha_n z}]\mathrm{e}^{-\mathrm{i}k_{nx}x}\right\}\mathrm{e}^{-\mathrm{i}\omega t}\end{aligned} \tag{3.4.18}$$

类似地，下半空间中可能存在的位移模态的集合为

$$\begin{aligned}&v'(x,z,t)\\&=\sum_{n=-\infty}^{+\infty}\{[A_{1n}'^{+}\mathrm{e}^{\mathrm{i}\alpha_n' z}+A_{1n}'^{-}\mathrm{e}^{-\mathrm{i}\alpha_n' z}]\mathrm{e}^{\mathrm{i}k_{nx}'x}+[A_{2n}'^{+}\mathrm{e}^{\mathrm{i}\alpha_n' z}+A_{2n}'^{-}\mathrm{e}^{-\mathrm{i}\alpha_n' z}]\mathrm{e}^{-\mathrm{i}k_{nx}'x}\}\mathrm{e}^{-\mathrm{i}\omega t}\end{aligned} \tag{3.4.19}$$

式中，$k_{nx}'=k_x'+np$，$\alpha_n'=\sqrt{k'^2-k_{nx}'^2}$，$k'^2=\rho'\omega^2/\mu'$。根据斯涅耳定律，可知 $k_x=k_x'$ 即 $k_{0x}=k_{0x}'$，进一步可以得到 $k_{nx}=k_{nx}'$。为表述更加简洁，引入 $k_{nx}=k_{nx}'=\beta_n$，则式 (3.4.18) 和式 (3.4.19) 可以简化为

$$\begin{aligned}&v(x,z,t)\\&=\sum_{n=-\infty}^{+\infty}\{[A_{1n}^{+}\mathrm{e}^{\mathrm{i}\alpha_n z}+A_{1n}^{-}\mathrm{e}^{-\mathrm{i}\alpha_n z}]\mathrm{e}^{\mathrm{i}\beta_n x}+[A_{2n}^{+}\mathrm{e}^{\mathrm{i}\alpha_n z}+A_{2n}^{-}\mathrm{e}^{-\mathrm{i}\alpha_n z}]\mathrm{e}^{-\mathrm{i}\beta_n x}\}\mathrm{e}^{-\mathrm{i}\omega t}\end{aligned} \tag{3.4.20}$$

$$v'(x,z,t) = \sum_{n=-\infty}^{+\infty} \{[A_{1n}'^{+}\mathrm{e}^{\mathrm{i}\alpha_n' z} + A_{1n}'^{-}\mathrm{e}^{-\mathrm{i}\alpha_n' z}]\mathrm{e}^{\mathrm{i}\beta_n x} + [A_{2n}'^{+}\mathrm{e}^{\mathrm{i}\alpha_n' z} + A_{2n}'^{-}\mathrm{e}^{-\mathrm{i}\alpha_n' z}]\mathrm{e}^{-\mathrm{i}\beta_n x}\}\mathrm{e}^{-\mathrm{i}\omega t} \tag{3.4.21}$$

考虑一单位幅值频率为 ω 且与 z 轴夹角为 γ 的 SH 波从上半空间斜入射，如图 3.4.1 所示。由于上半空间中沿 z 轴正方向传播的仅有入射波，故

$$A_0^{+} = 1 \text{ 和 } A_n^{+} = 0 \ (n \neq 0) \tag{3.4.22}$$

反射波沿 z 轴负方向传播，故沿 z 轴负方向传播的所有谐波都应保留。当入射波波矢量在 x 轴投影为正时，所有含 $\mathrm{e}^{\mathrm{i}\beta_n x}$ 的谐波项应该保留，而含 $\mathrm{e}^{-\mathrm{i}\beta_n x}$ 的谐波项应该舍去。因此，上半空间总位移 (入射波 + 反射波) 可表示为

$$v = \mathrm{e}^{\mathrm{i}\alpha_0 z}\mathrm{e}^{\mathrm{i}\beta_0 x} + \sum_{n=-\infty}^{+\infty} A_n^{-}\mathrm{e}^{-\mathrm{i}\alpha_n z}\mathrm{e}^{\mathrm{i}\beta_n x} \tag{3.4.23}$$

透射波沿 z 轴正方向传播，故对于下半空间而言，沿 z 轴正方向传播的所有谐波都应保留。因此，下半空间位移的透射波表示为

$$v' = \sum_{n=-\infty}^{+\infty} A_n'^{+}\mathrm{e}^{\mathrm{i}\alpha_n' z}\mathrm{e}^{\mathrm{i}\beta_n x} \tag{3.4.24}$$

式中，$\beta_0 = k_{0x} = k\sin\gamma$，$\beta_n = k\sin\gamma + np$。

完好界面的界面条件要求在界面 $z = \zeta(x)$ 处位移和应力连续。在界面 $z = \zeta(x)$ 任意点处的面力分量 P_i 可表示为

$$P_i = \sigma_{ij}n_j \tag{3.4.25}$$

式中，n_j 为界面任意点处的法向量。根据界面方程 $z = \zeta(x)$ 可以表示为

$$n_x = -\zeta'/\sqrt{1+\zeta'^2}, \quad n_y = 0, \quad n_z = 1/\sqrt{1+\zeta'^2} \tag{3.4.26}$$

式中，ζ' 表示 $\dfrac{\partial\zeta}{\partial x}$。将式 (3.4.5) 和式 (3.4.26) 代入式 (3.4.25)，可以得到

$$P_x = 0, \quad P_y = \mu_1\left(\frac{\partial v}{\partial z} - \frac{\partial v}{\partial x}\zeta'\right)\Big/\sqrt{1+\zeta'^2}, \quad P_z = 0 \tag{3.4.27}$$

因此, 界面的连续性条件可表示为

$$v = v' \tag{3.4.28a}$$

$$\mu_1\left(\frac{\partial v}{\partial z}-\frac{\partial v}{\partial x}\zeta'\right)=\mu_2\left(\frac{\partial v'}{\partial z}-\frac{\partial v'}{\partial x}\zeta'\right) \tag{3.4.28b}$$

将式 (3.4.23) 和式 (3.4.24) 代入式 (3.4.28) 中并消去公共项 $\mathrm{e}^{\mathrm{i}\beta_0 x}$，可以得到

$$\mathrm{e}^{\mathrm{i}\alpha_0\zeta}+\sum_{n=-\infty}^{+\infty}\left[A_n^-\mathrm{e}^{-\mathrm{i}\alpha_n\zeta}\mathrm{e}^{\mathrm{i}npx}\right]=\sum_{n=-\infty}^{+\infty}\left[A_n'^+\mathrm{e}^{\mathrm{i}\alpha_n'\zeta}\mathrm{e}^{\mathrm{i}npx}\right] \tag{3.4.29a}$$

$$\mu\left\{(-\beta_0\zeta'+\alpha_0)\,\mathrm{e}^{\mathrm{i}\alpha_0\zeta}+\sum_{n=-\infty}^{+\infty}\left[(-\beta_n\zeta'-\alpha_n)\,A_n^-\mathrm{e}^{-\mathrm{i}\alpha_n\zeta}\mathrm{e}^{\mathrm{i}npx}\right]\right\}$$
$$=\mu'\sum_{n=-\infty}^{+\infty}\left[(-\beta_n\zeta'+\alpha_n')\,A_n'^+\mathrm{e}^{\mathrm{i}\alpha_n'\zeta}\mathrm{e}^{\mathrm{i}npx}\right] \tag{3.4.29b}$$

假设界面的周期起伏 $z=\zeta(x)$ 的幅值较小，因此对 $\mathrm{e}^{-\mathrm{i}\alpha_n\zeta}$ 在 $z=0$ 处进行泰勒级数展开，并且只保留到关于 ζ 的一次项，可以得到

$$\mathrm{e}^{-\mathrm{i}\alpha_n\zeta}=1-\mathrm{i}\alpha_n\zeta \tag{3.4.30}$$

将式 (3.4.30) 代入式 (3.4.29) 中得到

$$1+\mathrm{i}\alpha_0\zeta+\sum_{n=-\infty}^{+\infty}\left[A_n^-\,(1-\mathrm{i}\alpha_n\zeta)\,\mathrm{e}^{\mathrm{i}npx}\right]=\sum_{n=-\infty}^{+\infty}\left[A_n'^+\,(1+\mathrm{i}\alpha_n'\zeta)\,\mathrm{e}^{\mathrm{i}npx}\right] \tag{3.4.31a}$$

$$\mu\left\{(-\beta_0\zeta'+\alpha_0)\,(1+\mathrm{i}\alpha_0\zeta)+\sum_{n=-\infty}^{+\infty}\left[(-\beta_n\zeta'-\alpha_n)\,(1-\mathrm{i}\alpha_n\zeta)\,A_n^-\mathrm{e}^{\mathrm{i}npx}\right]\right\}$$
$$=\mu'\sum_{n=-\infty}^{+\infty}\left[(-\beta_n\zeta'+\alpha_n')\,(1+\mathrm{i}\alpha_n'\zeta)\,A_n'^+\mathrm{e}^{\mathrm{i}npx}\right] \tag{3.4.31b}$$

整理后得

$$1+A_0^-+\mathrm{i}\alpha_0\zeta-\mathrm{i}\alpha_0\zeta A_0^-+\sum_{n=-\infty(n\neq 0)}^{+\infty}\left[A_n^-\mathrm{e}^{\mathrm{i}npx}\right]+\sum_{n=-\infty(n\neq 0)}^{+\infty}\left[-\mathrm{i}\alpha_n\zeta A_n^-\mathrm{e}^{\mathrm{i}npx}\right]$$
$$=A_0'^++\sum_{n=-\infty(n\neq 0)}^{+\infty}\left[A_n'^+\mathrm{e}^{\mathrm{i}npx}\right]+\mathrm{i}\alpha_0'\zeta A_0'^++\sum_{n=-\infty(n\neq 0)}^{+\infty}\left[\mathrm{i}\alpha_n'\zeta A_n'^+\mathrm{e}^{\mathrm{i}npx}\right] \tag{3.4.32a}$$

$$\mu\left\{\alpha_0-\beta_0\zeta'+\mathrm{i}\alpha_0^2\zeta-\mathrm{i}\alpha_0\beta_0\zeta\zeta'+\left(-\alpha_0-\beta_0\zeta'+\mathrm{i}\alpha_0^2\zeta+\alpha_0\beta_0\zeta\zeta'\right)A_0^-\right.$$
$$\left.+\sum_{n=-\infty(n\neq 0)}^{+\infty}\left[\left(-\alpha_n-\beta_n\zeta'+\mathrm{i}\alpha_n^2\zeta+\alpha_n\beta_n\zeta\zeta'\right)A_n^-\mathrm{e}^{\mathrm{i}npx}\right]\right\}$$

$$
\begin{aligned}
&=\mu'\left\{\left(\alpha_0'-\beta_0\zeta'+\mathrm{i}\alpha_0'^2\zeta-\alpha_0'\beta_0\zeta\zeta'\right)A_0'^{+}\right.\\
&\left.+\sum_{n=-\infty(n\neq0)}^{+\infty}\left[\left(\alpha_0'-\beta_0\zeta'+\mathrm{i}\alpha_0'^2\zeta-\alpha_0'\beta_0\zeta\zeta'\right)A_n'^{+}\mathrm{e}^{\mathrm{i}npx}\right]\right\}
\end{aligned}\tag{3.4.32b}
$$

需要说明的是，$A_n^-, A_n'^+\,(n\neq0)$ 是周期起伏引起的，被认为是关于 ζ 的一阶小量。式 (3.4.32) 中只保留到关于的 ζ 一次项得到

$$
1+A_0^--\mathrm{i}\alpha_0\zeta\left(A_0^--1\right)+\sum_{\substack{n=-\infty\\(n\neq0)}}^{+\infty}\left(A_n^-\mathrm{e}^{\mathrm{i}npx}\right)=A_0'^{+}+\mathrm{i}\alpha_0'\zeta A_0'^{+}+\sum_{\substack{n=-\infty\\(n\neq0)}}^{+\infty}\left(A_n'^{+}\mathrm{e}^{\mathrm{i}npx}\right)\tag{3.4.33a}
$$

$$
\begin{aligned}
&\mu\left\{\alpha_0-\beta_0\zeta'+\mathrm{i}\alpha_0^2\zeta+\left(-\alpha_0-\beta_0\zeta'+\mathrm{i}\alpha_0^2\zeta\right)A_0^-+\sum_{\substack{n=-\infty\\(n\neq0)}}^{+\infty}\left(-\alpha_nA_n^-\mathrm{e}^{\mathrm{i}npx}\right)\right\}\\
&=\mu'\left\{\left(\alpha_0'-\beta_0\zeta'+\mathrm{i}\alpha_0'^2\zeta\right)A_0'^{+}+\sum_{\substack{n=-\infty\\(n\neq0)}}^{+\infty}\left(\alpha_n'A_n'^{+}\mathrm{e}^{\mathrm{i}npx}\right)\right\}
\end{aligned}\tag{3.4.33b}
$$

式 (3.4.33) 中提取不含有 x 和 ζ 的项，可以得到关于 A_0^-，$A_0'^{+}$ 的关系式

$$1+A_0^-=A_0'^{+}\tag{3.4.34a}$$

$$\mu\left[\alpha_0-\alpha_0A_0^-\right]=\mu'\alpha_0'A_0'^{+}\tag{3.4.34b}$$

为了求 $A_n^-, A_n'^+\,(n\neq0)$ 的一阶近似值，将式 (3.4.2) 代入式 (3.4.33) 中得到

$$
\begin{aligned}
&1+A_0^--\mathrm{i}\alpha_0\left(A_0^--1\right)\sum_{n=-\infty(n\neq0)}^{+\infty}\left[\zeta_n\mathrm{e}^{\mathrm{i}npx}\right]+\sum_{n=-\infty(n\neq0)}^{+\infty}\left[A_n^-\mathrm{e}^{\mathrm{i}npx}\right]\\
&=A_0'^{+}+\mathrm{i}\alpha_0'A_0'^{+}\sum_{n=-\infty(n\neq0)}^{+\infty}\left[\zeta_n\mathrm{e}^{\mathrm{i}npx}\right]+\sum_{n=-\infty(n\neq0)}^{+\infty}\left[A_n'^{+}\mathrm{e}^{\mathrm{i}npx}\right]
\end{aligned}\tag{3.4.35a}
$$

$$
\begin{aligned}
&\mu\left\{\alpha_0-\beta_0\sum_{n=-\infty(n\neq0)}^{+\infty}\left[\mathrm{i}np\zeta_n\mathrm{e}^{\mathrm{i}npx}\right]+\mathrm{i}\alpha_0^2\sum_{n=-\infty(n\neq0)}^{+\infty}\left[\zeta_n\mathrm{e}^{\mathrm{i}npx}\right]\right.\\
&+\left(-\alpha_0-\beta_0\sum_{n=-\infty(n\neq0)}^{+\infty}\left[\mathrm{i}np\zeta_n\mathrm{e}^{\mathrm{i}npx}\right]+\mathrm{i}\alpha_0^2\sum_{\substack{n=-\infty\\(n\neq0)}}^{+\infty}\left[\zeta_n\mathrm{e}^{\mathrm{i}npx}\right]\right)A_0^-\\
&\left.+\sum_{\substack{n=-\infty\\(n\neq0)}}^{+\infty}\left[-\alpha_nA_n^-\mathrm{e}^{\mathrm{i}npx}\right]\right\}
\end{aligned}
$$

$$
= \mu' \left\{ \left(\alpha_0' - \beta_0 \sum_{\substack{n=-\infty \\ (n\neq 0)}}^{+\infty} \left[\mathrm{i}np\zeta_n \mathrm{e}^{\mathrm{i}npx} \right] + \mathrm{i}\alpha_0'^2 \sum_{\substack{n=-\infty \\ (n\neq 0)}}^{+\infty} \left[\zeta_n \mathrm{e}^{\mathrm{i}npx} \right] \right) A_0'^+ + \sum_{\substack{n=-\infty \\ (n\neq 0)}}^{+\infty} \left[\alpha_n' A_n'^+ \mathrm{e}^{\mathrm{i}npx} \right] \right\} \tag{3.4.35b}
$$

式 (3.4.35) 中提取含有 $\mathrm{e}^{\mathrm{i}npx}$ 的一阶小量项，并消去公共项 $\mathrm{e}^{\mathrm{i}npx}$，可以得到

$$
\mathrm{i}\alpha_0\zeta_n - \mathrm{i}\alpha_0\zeta_n A_0^- + A_n^- = \mathrm{i}\alpha_0'\zeta_n A_0'^+ + A_n'^+ \tag{3.4.36a}
$$

$$
\begin{aligned}
&\mu \left[\left(-\mathrm{i}np\beta_0 + \mathrm{i}\alpha_0^2 \right) \zeta_n + \left(-\mathrm{i}np\beta_0 + \mathrm{i}\alpha_0^2 \right) \zeta_n A_0^- - \alpha_n A_n^- \right] \\
&= \mu' \left[\left(-\mathrm{i}np\beta_0 + \mathrm{i}\alpha_0'^2 \right) \zeta_n A_0'^+ + \alpha_0' A_n'^+ \right]
\end{aligned} \tag{3.4.36b}
$$

将式 (3.4.36) 中的 $A_n^-, A_n'^+ \, (n \neq 0)$ 整理到等式左侧，可以得到

$$
A_n^- - A_n'^+ = -\mathrm{i}\alpha_0\zeta_n \left(1 - A_0^- \right) + \mathrm{i}\alpha'\zeta_n A_0'^+ \tag{3.4.37a}
$$

$$
\mu\alpha_n A_n^- + \mu'\alpha_0' A_n'^+ = \mathrm{i}\mu\zeta_n \left[-\left(np\beta_0 - \alpha_0^2 \right) \left(1 + A_0^- \right) \right] + \mathrm{i}\mu'\zeta_n \left(np\beta_0 - \alpha_0'^2 \right) A_0'^+ \tag{3.4.37b}
$$

通过求解式 (3.4.34)，可以得到 A_0^-，$A_0'^+$ 的一阶近似解为

$$
A_0^- = \frac{\mu\alpha_0 - \mu'\alpha_0'}{\mu\alpha_0 + \mu'\alpha_0'} \tag{3.4.38a}
$$

$$
A_0'^+ = \frac{2\mu\alpha_0}{\mu\alpha_0 + \mu'\alpha_0'} \tag{3.4.38b}
$$

通过求解式 (3.4.37)，可以得到 $A_n^-, A_n'^+ \, (n \neq 0)$ 的一阶近似表达式为

$$
A_n^- = \frac{b_n}{a_n}, \quad A_n'^+ = \frac{b_n'}{a_n} \tag{3.4.39}
$$

式中，

$$
\begin{aligned}
b_n &= -\mathrm{i}\zeta_n \Big\{ \left[\mu \left(np\beta_0 - \alpha_0^2 \right) \left(1 + A_0^- \right) - \mu' \left(np\beta_0 - \alpha_0'^2 \right) A_0'^+ \right] \\
&\quad + \mu'\alpha_n' \left[\alpha_0 \left(1 - A_0^- \right) - \alpha_0' A_0'^+ \right] \Big\} \\
b_n' &= -\mathrm{i}\zeta_n \Big\{ \left[\mu \left(np\beta_0 - \alpha_0^2 \right) \left(1 + A_0^- \right) - \mu' \left(np\beta_0 - \alpha_0'^2 \right) A_0'^+ \right] \\
&\quad - \mu\alpha_n \left[\alpha_0 \left(1 - A_0^- \right) - \alpha_0' A_0'^+ \right] \Big\} \\
a_n &= \mu\alpha_n + \mu'\alpha_n'
\end{aligned}
$$

作为一个特例，考虑周期起伏界面为余弦界面，表示为

$$
z = c\cos px \tag{3.4.40}
$$

在此特殊情况下，可以求得式 (3.4.2) 中 ζ_n 对应的值为

$$\zeta_1=\zeta_{-1}=c/2 \tag{3.4.41}$$

将式 (3.4.41) 代入式 (3.4.39) 中，可以求得 $A_1^-, A_1'^+, A_{-1}^-, A_{-1}'^+$ 的表达式为

$$A_1^-=\frac{b_1}{a_1},\quad A_1'^+=\frac{b_1'}{a_1},\quad A_{-1}^-=\frac{b_{-1}}{a_{-1}},\quad A_{-1}'^+=\frac{b_{-1}'}{a_{-1}} \tag{3.4.42}$$

式中，

$$\begin{aligned}
b_1=&-\frac{\mathrm{i}c}{2}\Big\{\left[\mu\left(p\beta_0-\alpha_0^2\right)\left(1+A_0^-\right)-\mu'\left(p\beta_0-\alpha_0'^2\right)A_0'^+\right]\\
&+\mu'\alpha_1'\left[\alpha_0\left(1-A_0^-\right)-\alpha_0'A_0'^+\right]\Big\}\\
b_1'=&-\frac{\mathrm{i}c}{2}\Big\{\left[\mu\left(p\beta_0-\alpha_0^2\right)\left(1+A_0^-\right)-\mu'\left(p\beta_0-\alpha_0'^2\right)A_0'^+\right]\\
&-\mu\alpha_1\left[\alpha_0\left(1-A_0^-\right)-\alpha_0'A_0'^+\right]\Big\}\\
b_{-1}=&\frac{\mathrm{i}c}{2}\Big\{\left[\mu\left(p\beta_0+\alpha_0^2\right)\left(1+A_0^-\right)-\mu'\left(p\beta_0+\alpha_0'^2\right)A_0'^+\right]\\
&-\mu'\alpha_{-1}'\left[\alpha_0\left(1-A_0^-\right)-\alpha_0'A_0'^+\right]\Big\}\\
b_{-1}'=&\frac{\mathrm{i}c}{2}\Big\{\left[\mu\left(p\beta_0+\alpha_0^2\right)\left(1+A_0^-\right)-\mu'\left(p\beta_0+\alpha_0'^2\right)A_0'^+\right]\\
&+\mu\alpha_{-1}\left[\alpha_0\left(1-A_0^-\right)-\alpha_0'A_0'^+\right]\Big\}\\
a_1=&\mu\alpha_1+\mu'\alpha_1',\quad a_{-1}=\mu\alpha_{-1}+\mu'\alpha_{-1}'
\end{aligned}$$

特别是当入射波垂直入射时，即 $\gamma=0$ 时，可以得出 $\beta_0=0$，$\alpha_0=k$，$\alpha_0'=k'$，$\alpha_1=\alpha_{-1}=\sqrt{k^2-p^2}$，$\alpha_1'=\alpha_{-1}'=\sqrt{k'^2-p^2}$，将上述关系代入 $b_{\pm1}, b_{\pm1}', a_{\pm1}$ 表达式得

$$b_1=b_{-1}=-\frac{\mathrm{i}c}{2}\left\{\left[-\mu k^2\left(1+A_0^-\right)+\mu' k'^2\right]+\mu'\sqrt{k'^2-p^2}\left[k\left(1-A_0^-\right)-k'A_0'^+\right]\right\} \tag{3.4.43a}$$

$$b_1'=b_{-1}'=-\frac{\mathrm{i}c}{2}\left\{\left[-\mu k^2\left(1+A_0^-\right)+\mu' k'^2\right]-\mu\sqrt{k^2-p^2}\left[k\left(1-A_0^-\right)-k'A_0'^+\right]\right\} \tag{3.4.43b}$$

$$a_1=a_{-1}=\mu\sqrt{k^2-p^2}+\mu'\sqrt{k'^2-p^2} \tag{3.4.43c}$$

从而

$$A_1^-=A_{-1}^-,\quad A_1'^+=A_{-1}'^+ \tag{3.4.44}$$

至此，已经得到了 SH 波斜入射和正入射到周期起伏界面 $z=\zeta(x)$ 时的反射谐波和透射谐波表达式。在这里仅对垂直入射、周期起伏界面为余弦界面，即

$z = c\cos px$ 的情况进行数值计算。数值计算中取上下半空间的剪切体波波速比 $V_S/V_S' = 3/4$，剪切模量比 $\mu'/\mu = 2.1$。在垂直入射时，$A_1^- = A_{-1}^-, A_1'^+ = A_{-1}'^+$，因此，在这里仅给出 $\left|A_1^-\right|$ 和 $\left|A_1'^+\right|$ 的值随周期起伏界面的周期 $\varLambda$ 以及起伏幅值 c 的变化规律。

图 3.4.2 中 λ 和 λ' 分别为上下半空间的剪切体波波长。从图中可以看出：当保持 c 不变时，随着 $\varLambda/\lambda$ 的增大，$\left|A_1^-\right|$ 的值先增加并在 $\varLambda/\lambda$ 等于 1 时取得最大值，随后开始减小并在 $\varLambda/\lambda$ 等于 λ'/λ 处取得最小值，最后又开始增加并趋于稳定。

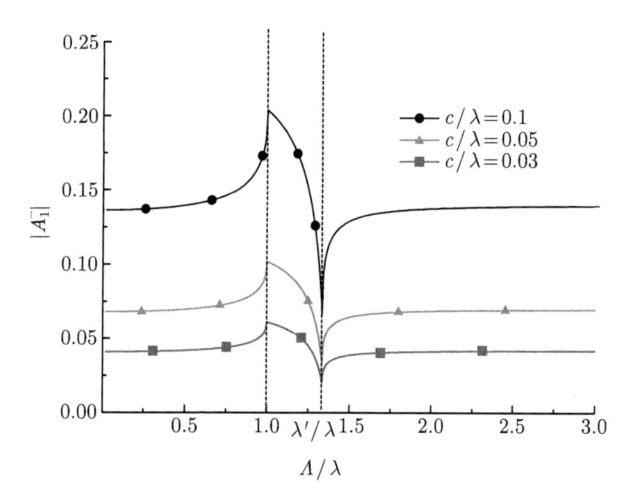

图 3.4.2　反射系数 $\left|A_1^-\right|$ 随界面起伏周期 $\varLambda$ 及起伏幅值 c 的变化曲线

图 3.4.3 是透射系数 $\left|A_1'^+\right|$ 随界面起伏周期 $\varLambda$ 及起伏幅值 c 的变化曲线。可以看出，当保持 c 不变时，随着 $\varLambda/\lambda$ 的增大，$\left|A_1'^+\right|$ 的值先减小并在 $\varLambda/\lambda$ 近似等于 1 处取得最小值，随后开始增大并在 $\varLambda/\lambda$ 等于 λ'/λ 处取得最大值，最后又开始减小并趋于稳定。比较图 3.4.2 和图 3.4.3，可以发现，反射系数达到最大值时，透射系数取最小值；透射系数达到最大值时，反射系数取最小值。这体现了能量守恒规律。此外，还可以看出，当 $\varLambda/\lambda$ 的值保持不变时，反射系数 $\left|A_1^-\right|$ 和透射系数 $\left|A_1'^+\right|$ 的值都正比于周期起伏的幅值 c。

现在讨论 P 波和 SV 波在周期起伏界面的反射和透射问题 (图 3.4.4)。对于各向同性弹性材料，平面 P 波和 SV 波的控制微分方程分别为

$$(\lambda + 2\mu)\nabla^2\phi = \rho\frac{\partial^2\phi}{\partial t^2} \tag{3.4.45a}$$

$$\mu\nabla^2\psi = \rho\frac{\partial^2\psi}{\partial t^2} \tag{3.4.45b}$$

式中，$\nabla^2 = \partial^2/\partial x^2 + \partial^2/\partial z^2$；$\lambda$ 和 μ 为拉梅常数；ρ 为密度。势函数 ϕ 和 ψ 与

x 方向上的位移 u 和 z 方向上的位移 w 关系为

$$u=\frac{\partial \phi}{\partial x}-\frac{\partial \psi}{\partial z} \tag{3.4.46a}$$

$$w=\frac{\partial \phi}{\partial z}+\frac{\partial \psi}{\partial x} \tag{3.4.46b}$$

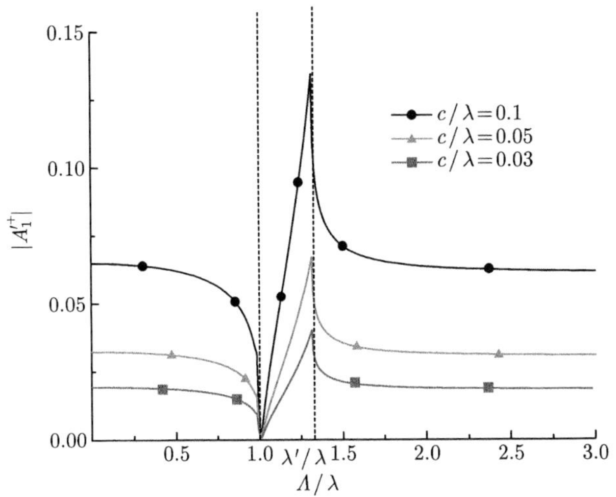

图 3.4.3 透射系数 $\left|A_1'^{+}\right|$ 随界面起伏周期 Λ 及起伏幅值 c 的变化曲线

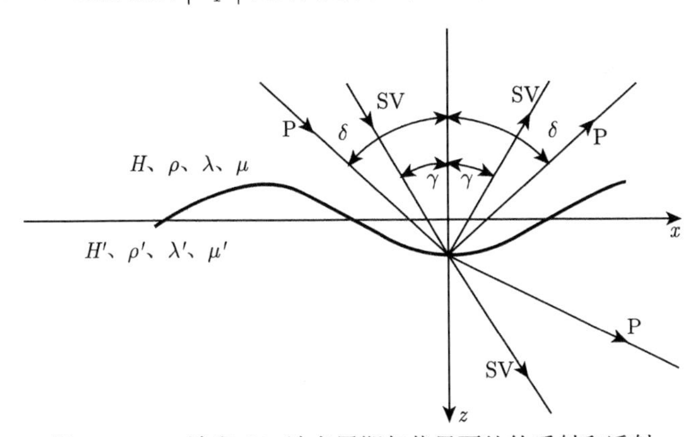

图 3.4.4 P 波和 SV 波在周期起伏界面处的反射和透射

考虑频率为 ω 的 P 波和 SV 波分别沿与 z 轴夹角为 δ 或 γ 的方向斜入射，且夹角 δ 与 γ 满足如下关系：

$$k_{\mathrm{P}}\sin\delta=k_{\mathrm{S}}\sin\gamma\equiv\beta_0 \tag{3.4.47}$$

式中，

$$k_{\mathrm{P}}=\sqrt{\frac{\rho\omega^2}{\lambda+2\mu}},\quad k_{\mathrm{S}}=\sqrt{\frac{\rho\omega^2}{\mu}}$$

考虑到沿 x 方向的周期起伏界面的存在，应用 Bloch-Floquet 原理，势函数 ϕ 和 ψ 的解可以写为如下形式：

$$\phi = \sum_{n=-\infty}^{+\infty} A_n \mathrm{e}^{\mathrm{i}k_{\mathrm{P}nz}z}\mathrm{e}^{\mathrm{i}\beta_n x}\mathrm{e}^{-\mathrm{i}\omega t} \tag{3.4.48a}$$

$$\psi = \sum_{n=-\infty}^{+\infty} B_n \mathrm{e}^{\mathrm{i}k_{\mathrm{S}nz}z}\mathrm{e}^{\mathrm{i}\beta_n x}\mathrm{e}^{-\mathrm{i}\omega t} \tag{3.4.48b}$$

式中，A_n 和 B_n 分别为上半空间中第 n 阶模态 P 波和 SV 波的位移幅值；$\beta_n = \beta_0 + np$ 代表第 n 阶模态谐波在 x 方向上的波数分量；$k_{\mathrm{P}nz}$ 为第 n 阶模态 P 波在 z 方向上的波数分量；$k_{\mathrm{S}nz}$ 为第 n 阶模态 SV 波在 z 方向上的波数分量。将式 (3.4.48) 代入式 (3.4.46) 中，可以得到

$$k_{\mathrm{P}nz}^2 + \beta_n^2 = k_{\mathrm{P}}^2, \quad k_{\mathrm{S}nz}^2 + \beta_n^2 = k_{\mathrm{S}}^2 \tag{3.4.49}$$

$k_{\mathrm{P}nz} = \pm\sqrt{k_{\mathrm{P}}^2 - \beta_n^2}$ 和 $k_{\mathrm{S}nz} = \pm\sqrt{k_{\mathrm{S}}^2 - \beta_n^2}$ 分别代表沿 z 轴正负方向传播的一对 P 波和一对 SV 波。令 $\alpha_n = \sqrt{k_{\mathrm{P}}^2 - \beta_n^2}$ 和 $\chi_n = \sqrt{k_{\mathrm{S}}^2 - \beta_n^2}$，则上半空间中可能存在的势函数的集合为

$$\phi = \sum_{n=-\infty}^{+\infty} \left[A_n^+ \mathrm{e}^{\mathrm{i}\alpha_n z}\mathrm{e}^{\mathrm{i}\beta_n x} + A_n^- \mathrm{e}^{-\mathrm{i}\alpha_n z}\mathrm{e}^{\mathrm{i}\beta_n x}\right]\mathrm{e}^{-\mathrm{i}\omega t} \tag{3.4.50a}$$

$$\psi = \sum_{n=-\infty}^{+\infty} \left[B_n^+ \mathrm{e}^{\mathrm{i}\chi_n z}\mathrm{e}^{\mathrm{i}\beta_n x} + B_n^- \mathrm{e}^{-\mathrm{i}\chi_n z}\mathrm{e}^{\mathrm{i}\beta_n x}\right]\mathrm{e}^{-\mathrm{i}\omega t} \tag{3.4.50b}$$

基于同样的过程，可以求得下半空间中可能存在的势函数的集合为

$$\phi' = \sum_{n=-\infty}^{+\infty} \left[A_n'^+ \mathrm{e}^{\mathrm{i}\alpha_n' z}\mathrm{e}^{\mathrm{i}\beta_n' x} + A_n'^- \mathrm{e}^{-\mathrm{i}\alpha_n' z}\mathrm{e}^{\mathrm{i}\beta_n' x}\right]\mathrm{e}^{-\mathrm{i}\omega t} \tag{3.4.51a}$$

$$\psi' = \sum_{n=-\infty}^{+\infty} \left[B_n'^+ \mathrm{e}^{\mathrm{i}\chi_n' z}\mathrm{e}^{\mathrm{i}\beta_n' x} + B_n'^- \mathrm{e}^{-\mathrm{i}\chi_n' z}\mathrm{e}^{\mathrm{i}\beta_n' x}\right]\mathrm{e}^{-\mathrm{i}\omega t} \tag{3.4.51b}$$

式中，$\beta_n' = \beta_0' + np$；$\alpha_n' = \sqrt{k_{\mathrm{P}}'^2 - \beta_n'^2}$；$\chi_n' = \sqrt{k_{\mathrm{S}}'^2 - \beta_n'^2}$；$k_{\mathrm{P}}'^2 = \rho'\omega^2/(\lambda' + 2\mu')$；$k_{\mathrm{S}}'^2 = \rho'\omega^2/\mu'$。根据斯涅耳定律，可以得到 $\beta_0 = \beta_0'$，进一步可以得到 $\beta_n = \beta_n'$，$\alpha_n' = \sqrt{k_{\mathrm{P}}'^2 - \beta_n^2}$，$\chi_n' = \sqrt{k_{\mathrm{S}}'^2 - \beta_n^2}$。

考虑幅值为 a 的 P 波和幅值为 b 的 SV 波分别沿与 z 轴夹角为 δ 或 γ 的方向斜入射，因此上半空间沿 z 轴正方向传播的仅有 0 阶项，且幅值分别为 a 和 b，即

$$A_n^+ = 0 \quad (n \neq 0), \quad A_0^+ = a$$

$$B_n^+ = 0 \quad (n \neq 0), \quad B_0^+ = b \tag{3.4.52}$$

沿 z 轴负方向传播的所有谐波都应保留。因此上半空间势函数 ϕ 和 ψ 的一般解表示为

$$\phi = a\mathrm{e}^{\mathrm{i}\alpha_0 z}\mathrm{e}^{\mathrm{i}\beta_0 x} + \sum_{n=-\infty}^{+\infty} A_n^- \mathrm{e}^{-\mathrm{i}\alpha_n z}\mathrm{e}^{\mathrm{i}\beta_n x} \tag{3.4.53a}$$

$$\psi = b\mathrm{e}^{\mathrm{i}\chi_0 z}\mathrm{e}^{\mathrm{i}\beta_0 x} + \sum_{n=-\infty}^{+\infty} B_n^- \mathrm{e}^{-\mathrm{i}\chi_n z}\mathrm{e}^{\mathrm{i}\beta_n x} \tag{3.4.53b}$$

此处，省略了时间简谐因子 $\mathrm{e}^{-\mathrm{i}\omega t}$。对于下半空间而言，不应有沿 z 轴负方向传播的谐波，而沿 z 轴正方向传播的所有谐波都应保留。下半空间位移的一般解表示为 (同样省略了时间简谐因子 $\mathrm{e}^{-\mathrm{i}\omega t}$)

$$\phi' = \sum_{n=-\infty}^{+\infty} A_n'^+ \mathrm{e}^{\mathrm{i}\alpha_n' z}\mathrm{e}^{\mathrm{i}\beta_n x} \tag{3.4.54a}$$

$$\psi' = \sum_{n=-\infty}^{+\infty} B_n'^+ \mathrm{e}^{\mathrm{i}\chi_n' z}\mathrm{e}^{\mathrm{i}\beta_n x} \tag{3.4.54b}$$

假设两半空间在周期起伏界面处为完美黏接。因此，在界面 $z=\zeta(x)$ 处位移和应力保持连续。在界面 $z=\zeta(x)$ 任意点处的法向量可以表示为

$$n_x = -\zeta'/\sqrt{1+\zeta'^2}, \quad n_y = 0, \quad n_z = 1/\sqrt{1+\zeta'^2} \tag{3.4.55}$$

将式 (3.4.55) 代入面力分量表达式 $P_i = \sigma_{ij}n_j$ 中，可以得到界面处的面力分量

$$P_x = (-\sigma_{xx}\zeta' + \sigma_{xz})/\sqrt{1+\zeta'^2}, \; P_y = 0, \quad P_z = (-\sigma_{zx}\zeta' + \sigma_{zz})/\sqrt{1+\zeta'^2} \tag{3.4.56}$$

从而，界面的连续性条件可表示为

$$u = u' \tag{3.4.57a}$$

$$w = w' \tag{3.4.57b}$$

$$-\sigma_{xx}\zeta' + \sigma_{xz} = -\sigma_{xx}'\zeta' + \sigma_{xz}' \tag{3.4.57c}$$

$$-\sigma_{zx}\zeta' + \sigma_{zz} = -\sigma_{zx}'\zeta' + \sigma_{zz}' \tag{3.4.57d}$$

各向同性弹性材料的本构方程为

$$\sigma_{xx} = (\lambda + 2\mu)\frac{\partial u}{\partial x} + \lambda\frac{\partial w}{\partial z} \tag{3.4.58a}$$

$$\sigma_{zz} = \lambda \frac{\partial u}{\partial x} + (\lambda + 2\mu) \frac{\partial w}{\partial z} \tag{3.4.58b}$$

$$\sigma_{xz} = \mu \left(\frac{\partial u}{\partial z} + \frac{\partial w}{\partial x} \right) \tag{3.4.58c}$$

将式 (3.4.46) 代入式 (3.4.58) 后，再代入边界条件，即式 (3.4.57)，可以得到用势函数 ϕ 和 ψ 表示的界面条件

$$\frac{\partial \phi}{\partial x} - \frac{\partial \psi}{\partial z} = \frac{\partial \phi'}{\partial x} - \frac{\partial \psi'}{\partial z} \tag{3.4.59a}$$

$$\frac{\partial \phi}{\partial z} + \frac{\partial \psi}{\partial x} = \frac{\partial \phi'}{\partial z} + \frac{\partial \psi'}{\partial x} \tag{3.4.59b}$$

$$\begin{aligned}
&- \zeta' \left[(\lambda + 2\mu) \left(\frac{\partial^2 \phi}{\partial x^2} - \frac{\partial^2 \psi}{\partial x \partial z} \right) + \lambda \left(\frac{\partial^2 \phi}{\partial z^2} + \frac{\partial^2 \psi}{\partial x \partial z} \right) \right] \\
&+ \mu \left(\frac{\partial^2 \psi}{\partial x^2} - \frac{\partial^2 \psi}{\partial z^2} + 2 \frac{\partial^2 \phi}{\partial x \partial z} \right) \\
= &- \zeta' \left[(\lambda' + 2\mu') \left(\frac{\partial^2 \phi'}{\partial x^2} - \frac{\partial^2 \psi'}{\partial x \partial z} \right) + \lambda' \left(\frac{\partial^2 \phi'}{\partial z^2} + \frac{\partial^2 \psi'}{\partial x \partial z} \right) \right] \\
&+ \mu' \left(\frac{\partial^2 \psi'}{\partial x^2} - \frac{\partial^2 \psi'}{\partial z^2} + 2 \frac{\partial^2 \phi'}{\partial x \partial z} \right)
\end{aligned} \tag{3.4.59c}$$

$$\begin{aligned}
&- \zeta' \mu \left(\frac{\partial^2 \psi}{\partial x^2} - \frac{\partial^2 \psi}{\partial z^2} + 2 \frac{\partial^2 \phi}{\partial x \partial z} \right) + (\lambda + 2\mu) \left(\frac{\partial^2 \phi}{\partial z^2} + \frac{\partial^2 \psi}{\partial x \partial z} \right) \\
&+ \lambda \left(\frac{\partial^2 \phi}{\partial x^2} - \frac{\partial^2 \psi}{\partial x \partial z} \right) \\
= &- \zeta' \mu' \left(\frac{\partial^2 \psi'}{\partial x^2} - \frac{\partial^2 \psi'}{\partial z^2} + 2 \frac{\partial^2 \phi'}{\partial x \partial z} \right) + (\lambda' + 2\mu') \left(\frac{\partial^2 \phi'}{\partial z^2} + \frac{\partial^2 \psi'}{\partial x \partial z} \right) \\
&+ \lambda' \left(\frac{\partial^2 \phi'}{\partial x^2} - \frac{\partial^2 \psi'}{\partial x \partial z} \right)
\end{aligned} \tag{3.4.59d}$$

将式 (3.4.53) 和式 (3.4.54) 代入上式中，并消去公共项 $\mathrm{e}^{\mathrm{i}\beta_0 x}$，可以得到

$$\begin{aligned}
&\mathrm{i} \left[a\beta_0 \mathrm{e}^{\mathrm{i}\alpha_0 \zeta} + \sum_{n=-\infty}^{+\infty} \left(\beta_n A_n^- \mathrm{e}^{-\mathrm{i}\alpha_n \zeta} \mathrm{e}^{\mathrm{i}npx} \right) - b\chi_0 \mathrm{e}^{\mathrm{i}\chi_0 \zeta} + \sum_{n=-\infty}^{+\infty} \left(\chi_n B_n^- \mathrm{e}^{-\mathrm{i}\chi_n \zeta} \mathrm{e}^{\mathrm{i}npx} \right) \right] \\
= &\mathrm{i} \left[\sum_{n=-\infty}^{+\infty} \left(\beta_n A_n'^+ \mathrm{e}^{\mathrm{i}\alpha_n' \zeta} \mathrm{e}^{\mathrm{i}npx} \right) - \sum_{n=-\infty}^{+\infty} \left(\chi_n' B_n'^+ \mathrm{e}^{\mathrm{i}\chi_n' \zeta} \mathrm{e}^{\mathrm{i}npx} \right) \right]
\end{aligned} \tag{3.4.60a}$$

$$\begin{aligned}
&\mathrm{i} \left(a\alpha_0 \mathrm{e}^{\mathrm{i}\alpha_0 \zeta} - \sum_{n=-\infty}^{+\infty} \alpha_n A_n^- \mathrm{e}^{-\mathrm{i}\alpha_n \zeta} \mathrm{e}^{\mathrm{i}npx} + b\beta_0 \mathrm{e}^{\mathrm{i}\chi_0 \zeta} + \sum_{n=-\infty}^{+\infty} \beta_n B_n^- \mathrm{e}^{-\mathrm{i}\chi_n \zeta} \mathrm{e}^{\mathrm{i}npx} \right) \\
= &\mathrm{i} \left(\sum_{n=-\infty}^{+\infty} \alpha_n' A_n'^+ \mathrm{e}^{\mathrm{i}\alpha_n' \zeta} \mathrm{e}^{\mathrm{i}npx} + \sum_{n=-\infty}^{+\infty} \beta_n B_n'^+ \mathrm{e}^{\mathrm{i}\chi_n' \zeta} \mathrm{e}^{\mathrm{i}npx} \right)
\end{aligned} \tag{3.4.60b}$$

$$
\begin{aligned}
&-\zeta'\Bigg\{(\lambda+2\mu)\Bigg[-\left(a\beta_0^2\mathrm{e}^{\mathrm{i}\alpha_0\zeta}+\sum_{n=-\infty}^{+\infty}\beta_n^2A_n^-\mathrm{e}^{-\mathrm{i}\alpha_n\zeta}\mathrm{e}^{\mathrm{i}npx}\right)\\
&+\left(b\chi_0\beta_0\mathrm{e}^{\mathrm{i}\chi_0\zeta}+\sum_{n=-\infty}^{+\infty}-\chi_n\beta_nB_n^-\mathrm{e}^{-\mathrm{i}\chi_n\zeta}\mathrm{e}^{\mathrm{i}npx}\right)\Bigg]\\
&+\lambda\Bigg[-\left(a\alpha_0^2\mathrm{e}^{\mathrm{i}\alpha_0\zeta}+\sum_{n=-\infty}^{+\infty}\alpha_n^2A_n^-\mathrm{e}^{-\mathrm{i}\alpha_n\zeta}\mathrm{e}^{\mathrm{i}npx}\right)\\
&-\left(b\chi_0\beta_0\mathrm{e}^{\mathrm{i}\chi_0\zeta}+\sum_{n=-\infty}^{+\infty}-\chi_n\beta_nB_n^-\mathrm{e}^{-\mathrm{i}\chi_n\zeta}\mathrm{e}^{\mathrm{i}npx}\right)\Bigg]\Bigg\}\\
&+\mu\Bigg[-\left(b\beta_0^2\mathrm{e}^{\mathrm{i}\chi_0\zeta}+\sum_{n=-\infty}^{+\infty}\beta_n^2B_n^-\mathrm{e}^{-\mathrm{i}\chi_n\zeta}\mathrm{e}^{\mathrm{i}npx}\right)\\
&+\left(b\chi_0^2\mathrm{e}^{\mathrm{i}\chi_0\zeta}+\sum_{n=-\infty}^{+\infty}\chi_n^2B_n^-\mathrm{e}^{-\mathrm{i}\chi_n\zeta}\mathrm{e}^{\mathrm{i}npx}\right)\\
&-2\left(a\alpha_0\beta_0\mathrm{e}^{\mathrm{i}\alpha_0\zeta}-\sum_{n=-\infty}^{+\infty}\alpha_n\beta_nA_n^-\mathrm{e}^{-\mathrm{i}\alpha_n\zeta}\mathrm{e}^{\mathrm{i}npx}\right)\Bigg]\\
=&-\zeta'\Bigg\{(\lambda'+2\mu')\left[\sum_{n=-\infty}^{+\infty}\left(-\beta_n^2A_n'^+\mathrm{e}^{\mathrm{i}\alpha_n'\zeta}\mathrm{e}^{\mathrm{i}npx}\right)-\sum_{n=-\infty}^{+\infty}\left(-\beta_n\chi_n'B_n'^+\mathrm{e}^{\mathrm{i}\chi_n'\zeta}\mathrm{e}^{\mathrm{i}npx}\right)\right]\\
&+\lambda'\left[\sum_{n=-\infty}^{+\infty}\left(-\alpha_n'^2A_n'^+\mathrm{e}^{\mathrm{i}\alpha_n'\zeta}\mathrm{e}^{\mathrm{i}npx}\right)+\sum_{n=-\infty}^{+\infty}\left(-\beta_n\chi_n'B_n'^+\mathrm{e}^{\mathrm{i}\chi_n'\zeta}\mathrm{e}^{\mathrm{i}npx}\right)\right]\Bigg\}\\
&+\mu'\Bigg[\sum_{n=-\infty}^{+\infty}\left(-\beta_n^2B_n'^+\mathrm{e}^{\mathrm{i}\chi_n'\zeta}\mathrm{e}^{\mathrm{i}npx}\right)-\sum_{n=-\infty}^{+\infty}\left(-\chi_n'^2B_n'^+\mathrm{e}^{\mathrm{i}\chi_n'\zeta}\mathrm{e}^{\mathrm{i}npx}\right)\\
&+2\sum_{n=-\infty}^{+\infty}\left(-\alpha_n'\beta_nA_n'^+\mathrm{e}^{\mathrm{i}\alpha_n'\zeta}\mathrm{e}^{\mathrm{i}npx}\right)\Bigg] \qquad (3.4.60\mathrm{c})\\
&-\zeta'\mu\Bigg[-\left(b\beta_0^2\mathrm{e}^{\mathrm{i}\chi_0\zeta}+\sum_{n=-\infty}^{+\infty}\beta_n^2B_n^-\mathrm{e}^{-\mathrm{i}\chi_n\zeta}\mathrm{e}^{\mathrm{i}npx}\right)\\
&+\left(b\chi_0^2\mathrm{e}^{\mathrm{i}\chi_0\zeta}+\sum_{n=-\infty}^{+\infty}\chi_n^2B_n^-\mathrm{e}^{-\mathrm{i}\chi_n\zeta}\mathrm{e}^{\mathrm{i}npx}\right)\\
&-2\left(a\alpha_0\beta_0\mathrm{e}^{\mathrm{i}\alpha_0\zeta}-\sum_{n=-\infty}^{+\infty}\alpha_n\beta_nA_n^-\mathrm{e}^{-\mathrm{i}\alpha_n\zeta}\mathrm{e}^{\mathrm{i}npx}\right)\Bigg]\\
&+(\lambda+2\mu)\Bigg[-\left(a\alpha_0^2\mathrm{e}^{\mathrm{i}\alpha_0\zeta}+\sum_{n=-\infty}^{+\infty}\alpha_n^2A_n^-\mathrm{e}^{-\mathrm{i}\alpha_n\zeta}\mathrm{e}^{\mathrm{i}npx}\right)
\end{aligned}
$$

$$
\begin{aligned}
&- \left(b\chi_0\beta_0 \mathrm{e}^{\mathrm{i}\chi_0\zeta} + \sum_{n=-\infty}^{+\infty} -\chi_n\beta_n B_n^- \mathrm{e}^{-\mathrm{i}\chi_n\zeta}\mathrm{e}^{inpx} \right) \Bigg] \\
&+ \lambda \Bigg[- \left(a\beta_0^2 \mathrm{e}^{\mathrm{i}\alpha_0\zeta} + \sum_{n=-\infty}^{+\infty} \beta_n^2 A_n^- \mathrm{e}^{-\mathrm{i}\alpha_n\zeta}\mathrm{e}^{inpx} \right) \\
&+ \left(b\chi_0\beta_0 \mathrm{e}^{\mathrm{i}\chi_0\zeta} + \sum_{n=-\infty}^{+\infty} -\chi_n\beta_n B_n^- \mathrm{e}^{-\mathrm{i}\chi_n\zeta}\mathrm{e}^{inpx} \right) \Bigg] \\
= & -\zeta'\mu' \Bigg[\sum_{n=-\infty}^{+\infty} \left(-\beta_n^2 B_n'^{+} \mathrm{e}^{\mathrm{i}\chi_n'\zeta}\mathrm{e}^{inpx} \right) - \sum_{n=-\infty}^{+\infty} \left(-\chi_n'^2 B_n'^{+} \mathrm{e}^{\mathrm{i}\chi_n'\zeta}\mathrm{e}^{inpx} \right) \\
&+ 2\sum_{n=-\infty}^{+\infty} \left(-\alpha_n'\beta_n A_n'^{+} \mathrm{e}^{\mathrm{i}\alpha_n'\zeta}\mathrm{e}^{inpx} \right) \Bigg] \\
&+ (\lambda'+2\mu') \left[\sum_{n=-\infty}^{+\infty} \left(-\alpha_n'^2 A_n'^{+} \mathrm{e}^{\mathrm{i}\alpha_n'\zeta}\mathrm{e}^{inpx} \right) + \sum_{n=-\infty}^{+\infty} \left(-\beta_n\chi_n' B_n'^{+} \mathrm{e}^{\mathrm{i}\chi_n'\zeta}\mathrm{e}^{inpx} \right) \right] \\
&+ \lambda' \left[\sum_{n=-\infty}^{+\infty} \left(-\beta_n^2 A_n'^{+} \mathrm{e}^{\mathrm{i}\alpha_n'\zeta}\mathrm{e}^{inpx} \right) - \sum_{n=-\infty}^{+\infty} \left(-\beta_n\chi_n' B_n'^{+} \mathrm{e}^{\mathrm{i}\chi_n'\zeta}\mathrm{e}^{inpx} \right) \right] \quad (3.4.60\mathrm{d})
\end{aligned}
$$

假设界面的周期起伏 $z=\zeta(x)$ 很小，对 $\mathrm{e}^{-\mathrm{i}\alpha_n\zeta}$ 在 $z=0$ 处进行泰勒级数展开，并且只保留到关于 ζ 的一次项，即

$$
\mathrm{e}^{-\mathrm{i}\alpha_n\zeta} \approx 1-\mathrm{i}\alpha_n\zeta \quad (3.4.61)
$$

将式 (3.4.61) 代入式 (3.4.60) 中，并只保留到关于 ζ 的一次项，得到

$$
\begin{aligned}
& a\beta_0(1+\mathrm{i}\alpha_0\zeta) + \beta_0 A_0^-(1-\mathrm{i}\alpha_0\zeta) + \sum_{n=-\infty(n\neq 0)}^{+\infty} \left(\beta_n A_n^- \mathrm{e}^{inpx}\right) - b\chi_0(1+\mathrm{i}\chi_0\zeta) \\
& + \chi_0 B_0^-(1-\mathrm{i}\chi_0\zeta) + \sum_{n=-\infty(n\neq 0)}^{+\infty} \left(\chi_n B_n^- \mathrm{e}^{inpx}\right) \\
= & \beta_0 A_0'^{+}(1+\mathrm{i}\alpha_0'\zeta) + \sum_{n=-\infty(n\neq 0)}^{+\infty} \left(\beta_n A_n'^{+} \mathrm{e}^{inpx}\right) \\
& - \left[\chi_0' B_0'^{+}(1+\mathrm{i}\chi_0'\zeta) + \sum_{n=-\infty(n\neq 0)}^{+\infty} \left(\chi_n' B_n'^{+} \mathrm{e}^{inpx}\right) \right] \quad (3.4.62\mathrm{a})
\end{aligned}
$$

$$
a\alpha_0(1+\mathrm{i}\alpha_0\zeta) - \alpha_0 A_0^-(1-\mathrm{i}\alpha_0\zeta) - \sum_{n=-\infty(n\neq 0)}^{+\infty} \left(\alpha_n A_n^- \mathrm{e}^{inpx}\right) + b\beta_0(1+\mathrm{i}\chi_0\zeta)
$$

$$
\begin{aligned}
&+\beta_0 B_0^-\left(1-\mathrm{i}\chi_0\zeta\right)+\sum_{n=-\infty(n\neq0)}^{+\infty}\left(\beta_n B_n^-\mathrm{e}^{\mathrm{i}npx}\right)\\
=\ &\alpha_0' A_0'^+\left(1+\mathrm{i}\alpha_0'\zeta\right)+\sum_{n=-\infty(n\neq0)}^{+\infty}\left(\alpha_n' A_n'^+\mathrm{e}^{\mathrm{i}npx}\right)+\beta_0 B_0'^+\left(1+\mathrm{i}\chi_0'\zeta\right)\\
&+\sum_{n=-\infty(n\neq0)}^{+\infty}\left(\beta_n B_n'^+\mathrm{e}^{\mathrm{i}npx}\right)
\end{aligned}\tag{3.4.62b}
$$

$$
\begin{aligned}
&-\zeta'\Big\{\left(\lambda+2\mu\right)\left[-\left(a\beta_0^2+\beta_0^2A_0^-\right)+\left(b\chi_0\beta_0-\chi_0\beta_0B_0^-\right)\right]\\
&+\lambda\left[-\left(a\alpha_0^2+\alpha_0^2A_0^-\right)-\left(b\chi_0\beta_0-\chi_0\beta_0B_0^-\right)\right]\Big\}\\
&-\mu\left[b\beta_0^2\left(1+\mathrm{i}\chi_0\zeta\right)+\beta_0^2B_0^-\left(1-\mathrm{i}\chi_0\zeta\right)+\sum_{n=-\infty(n\neq0)}^{+\infty}\beta_n^2B_n^-\mathrm{e}^{\mathrm{i}npx}\right]\\
&+\mu\left[b\chi_0^2\left(1+\mathrm{i}\chi_0\zeta\right)+\chi_0^2B_0^-\left(1-\mathrm{i}\chi_0\zeta\right)+\sum_{n=-\infty(n\neq0)}^{+\infty}\chi_n^2B_n^-\mathrm{e}^{\mathrm{i}npx}\right]\\
&-2\mu\left[a\alpha_0\beta_0\left(1+\mathrm{i}\alpha_0\zeta\right)-\alpha_0\beta_0A_0^-\left(1-\mathrm{i}\alpha_0\zeta\right)-\sum_{n=-\infty(n\neq0)}^{+\infty}\alpha_n\beta_nA_n^-\mathrm{e}^{\mathrm{i}npx}\right]\\
=\ &-\zeta'\left[\left(\lambda'+2\mu'\right)\left(-\beta_0^2A_0'^++\beta_0\chi_0'B_0'^+\right)+\lambda'\left(-\alpha_0'^2A_0'^+-\beta_0\chi_0'B_0'^+\right)\right]\\
&-\mu'\beta_0^2B_0'^+\left(1+\mathrm{i}\chi_0'\zeta\right)+\mu'\sum_{n=-\infty(n\neq0)}^{+\infty}\left(-\beta_n^2B_n'^+\mathrm{e}^{\mathrm{i}npx}\right)+\mu'\chi_0'^2B_0'^+\left(1+\mathrm{i}\chi_0'\zeta\right)\\
&+\mu'\sum_{n=-\infty(n\neq0)}^{+\infty}\left(\chi_n'^2B_n'^+\mathrm{e}^{\mathrm{i}npx}\right)\\
&-2\mu'\left[\alpha_0'\beta_0A_0'^+\left(1+\mathrm{i}\alpha_0'\zeta\right)+\sum_{n=-\infty(n\neq0)}^{+\infty}\left(\alpha_n'\beta_nA_n'^+\mathrm{e}^{\mathrm{i}npx}\right)\right]
\end{aligned}\tag{3.4.62c}
$$

$$
\begin{aligned}
&-\zeta'\mu\left[-\left(b\beta_0^2+\beta_0^2B_0^-\right)+\left(b\chi_0^2+\chi_0^2B_0^-\right)-2\left(a\alpha_0\beta_0-\alpha_0\beta_0A_0^-\right)\right]\\
&+\left(\lambda+2\mu\right)\Bigg\{-\left[a\alpha_0^2\left(1+\mathrm{i}\alpha_0\zeta\right)+\alpha_0^2A_0^-\left(1-\mathrm{i}\alpha_0\zeta\right)+\sum_{n=-\infty(n\neq0)}^{+\infty}\alpha_n^2A_n^-\mathrm{e}^{\mathrm{i}npx}\right]\\
&-\left[b\chi_0\beta_0\left(1+\mathrm{i}\chi_0\zeta\right)-\chi_0\beta_0B_0^-\left(1-\mathrm{i}\chi_0\zeta\right)-\sum_{n=-\infty(n\neq0)}^{+\infty}\chi_n\beta_nB_n^-\mathrm{e}^{\mathrm{i}npx}\right]\Bigg\}\\
&+\lambda\Bigg\{-\left[a\beta_0^2\left(1+\mathrm{i}\alpha_0\zeta\right)+\beta_0^2A_0^-\left(1-\mathrm{i}\alpha_0\zeta\right)+\sum_{n=-\infty(n\neq0)}^{+\infty}\beta_n^2A_n^-\mathrm{e}^{\mathrm{i}npx}\right]
\end{aligned}
$$

$$
\begin{aligned}
&+\left[b\chi_0\beta_0\left(1+\mathrm{i}\chi_0\zeta\right)-\chi_0\beta_0B_0^-\left(1-\mathrm{i}\chi_0\zeta\right)-\sum_{n=-\infty(n\neq0)}^{+\infty}\chi_n\beta_nB_n^-\mathrm{e}^{\mathrm{i}npx}\right]\Bigg\}\\
=&-\zeta'\mu'\left(-\beta_0^2B_0'^{+}+\chi_0'^2B_0'^{+}-2\alpha_0'\beta_0A_0'^{+}\right)\\
&+\left(\lambda'+2\mu'\right)\Bigg[-\alpha_0'^2A_0'^{+}\left(1+\mathrm{i}\alpha_0'\zeta\right)+\sum_{n=-\infty(n\neq0)}^{+\infty}\left(-\alpha_n'^2A_n'^{+}\mathrm{e}^{\mathrm{i}npx}\right)\\
&-\beta_0\chi_0'B_0'^{+}\left(1+\mathrm{i}\chi_0'\zeta\right)+\sum_{n=-\infty(n\neq0)}^{+\infty}\left(-\beta_n\chi_n'B_n'^{+}\mathrm{e}^{\mathrm{i}npx}\right)\Bigg]\\
&+\lambda'\Bigg[-\beta_0^2A_0'^{+}\left(1+\mathrm{i}\alpha_0'\zeta\right)+\sum_{n=-\infty(n\neq0)}^{+\infty}\left(-\beta_n^2A_n'^{+}\mathrm{e}^{\mathrm{i}npx}\right)\\
&+\beta_0\chi_0'B_0'^{+}\left(1+\mathrm{i}\chi_0'\zeta\right)+\sum_{n=-\infty(n\neq0)}^{+\infty}\left(\beta_n\chi_n'B_n'^{+}\mathrm{e}^{\mathrm{i}npx}\right)\Bigg]
\end{aligned}
\tag{3.4.62d}
$$

从式 (3.4.62) 中提取不含有 x 和 ζ 的项，可以得到关于 A_0^-，$A_0'^{+}$, B_0^-，$B_0'^{+}$ 的关系式

$$
a\beta_0+\beta_0A_0^--b\chi_0+\chi_0B_0^-=\beta_0A_0'^{+}-\chi_0'B_0'^{+} \tag{3.4.63a}
$$

$$
a\alpha_0-\alpha_0A_0^-+b\beta_0+\beta_0B_0^-=\alpha_0'A_0'^{+}+\beta_0B_0'^{+} \tag{3.4.63b}
$$

$$
\begin{aligned}
&\mu\left[-\left(b\beta_0^2+\beta_0^2B_0^-\right)+\left(b\chi_0^2+\chi_0^2B_0^-\right)-2\left(a\alpha_0\beta_0-\alpha_0\beta_0A_0^-\right)\right]\\
=&\mu'\left[-\beta_0^2B_0'^{+}+\chi_0'^2B_0'^{+}-2\left(\alpha_0'\beta_0A_0'^{+}\right)\right]
\end{aligned}
\tag{3.4.63c}
$$

$$
\begin{aligned}
&(\lambda+2\mu)\left(-a\alpha_0^2-\alpha_0^2A_0^--b\chi_0\beta_0+\chi_0\beta_0B_0^-\right)\\
&+\lambda\left(-a\beta_0^2-\beta_0^2A_0^-+b\chi_0\beta_0-\chi_0\beta_0B_0^-\right)\\
=&\left(\lambda'+2\mu'\right)\left(-\alpha_0'^2A_0'^{+}-\beta_0\chi_0'B_0'^{+}\right)+\lambda'\left(-\beta_0^2A_0'^{+}+\beta_0\chi_0'B_0'^{+}\right)
\end{aligned}
\tag{3.4.63d}
$$

为了求 $A_n^-, A_n'^{+}, B_n^-, B_n'^{+}\,(n\neq0)$ 的一阶近似值，将式 (3.4.2) 代入式 (3.4.62) 中，提取含有 $\mathrm{e}^{\mathrm{i}npx}$ 的一阶小量项，并消去公共项 $\mathrm{e}^{\mathrm{i}npx}$，整理后可以得到

$$
\begin{aligned}
&\mathrm{i}\beta_0\alpha_0\zeta_n\left(a-A_0^-\right)+\beta_nA_n^--\mathrm{i}b\chi_0^2\zeta_n-\mathrm{i}\chi_0^2B_0^-\zeta_n+\chi_nB_n^-\\
=&\mathrm{i}\alpha'\beta_0A_0'^{+}\zeta_n+\beta_nA_n'^{+}-\left(\mathrm{i}\chi_0'^2B_0'^{+}\zeta_n+\chi_n'B_n'^{+}\right)
\end{aligned}
\tag{3.4.64a}
$$

$$
\begin{aligned}
&-\mathrm{i}\alpha_0^2\zeta_n\left(a+A_0^-\right)+\alpha_nA_n^-+\mathrm{i}\chi_0\beta_0\zeta_n\left(B_0^--b\right)-\beta_nB_n^-\\
=&-\mathrm{i}\alpha_0'^2A_0'^{+}-\alpha_n'A_n'^{+}-\mathrm{i}\chi_0'\beta_0B_0'^{+}\zeta_n-\beta_nB_n'^{+}
\end{aligned}
\tag{3.4.64b}
$$

$$
\begin{aligned}
&-\mathrm{i}np\zeta_n\Big\{(\lambda+2\mu)\left[-\left(a\beta_0^2+\beta_0^2A_0^-\right)+\left(b\chi_0\beta_0-\chi_0\beta_0B_0^-\right)\right]\\
&+\lambda\left[-\left(a\alpha_0^2+\alpha_0^2A_0^-\right)-\left(b\chi_0\beta_0-\chi_0\beta_0B_0^-\right)\right]\Big\}
\end{aligned}
$$

$$
\begin{aligned}
&+\mu\Big\{-\left[-\mathrm{i}\chi_0\beta_0^2\zeta_n\left(B_0^- - b\right)+\beta_n^2B_n^-\right]+\left[-\mathrm{i}\chi_0^3\zeta_n\left(B_0^- - b\right)+\chi_n^2B_n^-\right]\\
&-2\left[\mathrm{i}\alpha_0^2\beta_0\zeta_n\left(A_0^- + a\right)-\alpha_n\beta_nA_n^-\right]\Big\}\\
=&-\mathrm{i}np\zeta_n\left[\left(\lambda'+2\mu'\right)\left(-\beta_0^2A_0'^+ + \beta_0\chi_0'B_0'^+\right)+\lambda'\left(-\alpha_0'^2A_0'^+ - \beta_0\chi_0'B_0'^+\right)\right]\\
&+\mu'\Big[-\mathrm{i}\beta_0^2B_0'^+\chi_0'\zeta_n-\beta_n^2B_n'^+ + \mathrm{i}\chi_0'^3B_0'^+\zeta_n+\chi_n'^2B_n'^+\\
&-2\left(\mathrm{i}\alpha_0'^2\beta_0\zeta_nA_0'^+ + \alpha_n'\beta_nA_n'^+\right)\Big]
\end{aligned}
\tag{3.4.64c}
$$

$$
\begin{aligned}
&-\mathrm{i}np\zeta_n\mu\left[-\left(b\beta_0^2+\beta_0^2B_0^-\right)+\left(b\chi_0^2+\chi_0^2B_0^-\right)-2\left(a\alpha_0\beta_0-\alpha_0\beta_0A_0^-\right)\right]\\
&+(\lambda+2\mu)\left\{-\left[-\mathrm{i}\alpha_0^3\zeta_n\left(A_0^- - a\right)+\alpha_n^2A_n^-\right]+\left[-\mathrm{i}\chi_0^2\beta_0\zeta_n\left(b+B_0^-\right)+\chi_n\beta_nB_n^-\right]\right\}\\
&+\lambda\left\{-\left[-\mathrm{i}\alpha_0\beta_0^2\zeta_n\left(A_0^- - a\right)+\beta_n^2A_n^-\right]-\left[-\mathrm{i}\chi_0^2\beta_0\zeta_n\left(b+B_0^-\right)+\chi_n\beta_nB_n^-\right]\right\}\\
=&-\mathrm{i}np\zeta_n\mu'\left(-\beta_0^2B_0'^+ + \chi_0'^2B_0'^+ - 2\alpha_0'\beta_0A_0'^+\right)\\
&+\left(\lambda'+2\mu'\right)\left(-\mathrm{i}\alpha_0'^3\zeta_nA_0'^+ - \alpha_n'^2A_n'^+ - \mathrm{i}\beta_0\chi_0'^2\zeta_nB_0'^+ - \beta_n\chi_n'B_n'^+\right)\\
&+\lambda'\left(-\mathrm{i}\alpha_0'\beta_0^2\zeta_nA_0'^+ - \beta_n^2A_n'^+ + \mathrm{i}\beta_0\chi_0'^2\zeta_nB_0'^+ + \beta_n\chi_n'B_n'^+\right)
\end{aligned}
\tag{3.4.64d}
$$

将式 (3.4.63) 中含有 A_0^-，$A_0'^+$, B_0^-，$B_0'^+$ 的项整理到等式左侧，可以得到

$$
\beta_0A_0^- - \beta_0A_0'^+ + \chi_0B_0^- + \chi_0'B_0'^+ = -a\beta_0+b\chi_0 \tag{3.4.65a}
$$

$$
\alpha_0A_0^- + \alpha_0'A_0'^+ - \beta_0B_0^- + \beta_0B_0'^+ = a\alpha_0+b\beta_0 \tag{3.4.65b}
$$

$$
\begin{aligned}
&2\mu\alpha_0\beta_0A_0^- + 2\mu'\alpha_0'\beta_0A_0'^+ + \mu\left(\chi_0^2-\beta_0^2\right)B_0^- - \mu'\left(\chi_0'^2-\beta_0^2\right)B_0'^+\\
=&\,2\mu\alpha_0\beta_0a-\mu\left(\chi_0^2-\beta_0^2\right)b
\end{aligned}
\tag{3.4.65c}
$$

$$
\begin{aligned}
&-\left[(\lambda+2\mu)\alpha_0^2+\lambda\beta_0^2\right]A_0^- + \left[\left(\lambda'+2\mu'\right)\alpha_0'^2+\lambda'\beta_0^2\right]A_0'^+\\
&+\left[(\lambda+2\mu)-\lambda\right]\chi_0\beta_0B_0^- + \left[\left(\lambda'+2\mu'\right)-\lambda'\right]\beta_0\chi_0'B_0'^+\\
=&\left[(\lambda+2\mu)\alpha_0^2+\lambda\beta_0^2\right]a+\left[(\lambda+2\mu)-\lambda\right]\chi_0\beta_0b
\end{aligned}
\tag{3.4.65d}
$$

将式 (3.4.64) 中含有 $A_n^-, A_n'^+, B_n^-, B_n'^+$ $(n\neq 0)$ 的项整理到等式左侧，可以得到

$$
\begin{aligned}
&\beta_nA_n^- - \beta_nA_n'^+ + \chi_nB_n^- + \chi_n'B_n'^+\\
=&-\mathrm{i}\beta_0\alpha_0\zeta_n\left(a-A_0^-\right)+\mathrm{i}\alpha'\beta_0A_0'^+\zeta_n+\mathrm{i}\chi_0^2\zeta_n\left(B_0^- + b\right)-\mathrm{i}\chi_0'^2B_0'^+\zeta_n
\end{aligned}
\tag{3.4.66a}
$$

$$
\begin{aligned}
&\alpha_nA_n^- + \alpha_n'A_n'^+ - \beta_nB_n^- + \beta_nB_n'^+\\
=&\,\mathrm{i}\alpha_0^2\zeta_n\left(a+A_0^-\right)-\mathrm{i}\alpha_0'^2A_0'^+ - \mathrm{i}\chi_0\beta_0\zeta_n\left(B_0^- - b\right)-\mathrm{i}\chi_0'\beta_0B_0'^+\zeta_n
\end{aligned}
\tag{3.4.66b}
$$

$$
\begin{aligned}
&2\mu\alpha_n\beta_nA_n^- + 2\mu'\alpha_n'\beta_nA_n'^+ + \left(\chi_n^2-\beta_n^2\right)\mu B_n^- + \left(\beta_n^2-\chi_n'^2\right)\mu'B_n'^+\\
=&-\mathrm{i}np\zeta_n\Big[(\lambda+2\mu)\left(a\beta_0^2+\beta_0^2A_0^- - b\chi_0\beta_0+\chi_0\beta_0B_0^-\right)
\end{aligned}
$$

$$
\begin{aligned}
&+\lambda\left(a\alpha_0^2+\alpha_0^2A_0^-+b\chi_0\beta_0-\chi_0\beta_0B_0^-\right)\\
&+(\lambda'+2\mu')\left(-\beta_0^2A_0'^++\beta_0\chi_0'B_0'^+\right)+\lambda'\left(-\alpha_0'^2A_0'^+-\beta_0\chi_0'B_0'^+\right)\Big]\\
&-\mathrm{i}\zeta_n\Big\{\mu\left[\chi_0\beta_0^2\left(B_0^--b\right)-\chi_0^3\left(B_0^--b\right)-2\alpha_0^2\beta_0\left(A_0^-+a\right)\right]\\
&+\mu'\left[\beta_0^2B_0'^+\chi_0'-\chi_0'^3B_0'^+-2\left(-\alpha_0'^2\beta_0A_0'^+\right)\right]\Big\} \qquad (3.4.66c)\\
&-\left[(\lambda+2\mu)\alpha_n^2+\lambda\beta_n^2\right]A_n^-+\left[(\lambda'+2\mu')\alpha_n'^2+\lambda'\beta_n^2\right]A_n'^+\\
&+2\mu\chi_n\beta_nB_n^-+2\mu'\beta_n\chi_n'B_n'^+\\
=&-\mathrm{i}np\zeta_n\Big\{\mu\left[\left(b\beta_0^2+\beta_0^2B_0^-\right)-\left(b\chi_0^2+\chi_0^2B_0^-\right)+2\left(a\alpha_0\beta_0-\alpha_0\beta_0A_0^-\right)\right]\\
&+\mu'\left(-\beta_0^2B_0'^++\chi_0'^2B_0'^+-2\alpha_0'\beta_0A_0'^+\right)\Big\}\\
&-\mathrm{i}\zeta_n\Big\{(\lambda+2\mu)\left[\alpha_0^3\left(A_0^--a\right)-\chi_0^2\beta_0\left(b+B_0^-\right)\right]\\
&+\lambda\left[\alpha_0\beta_0^2\left(A_0^--a\right)+\chi_0^2\beta_0\left(b+B_0^-\right)\right]\\
&+(\lambda'+2\mu')\left(\alpha_0'^3A_0'^++\beta_0\chi_0'^2B_0'^+\right)+\lambda'\left(\alpha_0'\beta_0^2A_0'^+-\beta_0\chi_0'^2B_0'^+\right)\Big\} \qquad (3.4.66d)
\end{aligned}
$$

式 (3.4.65) 写成矩阵形式为

$$
\begin{bmatrix}
\beta_0 & -\beta_0 & \chi_0 & \chi_0'\\
\alpha_0 & \alpha_0' & -\beta_0 & \beta_0\\
G_1 & G_1' & G_2 & -G_2'\\
-L_1 & L_1' & L_2 & L_2'
\end{bmatrix}
\begin{pmatrix} A_0^-\\ A_0'^+\\ B_0^-\\ B_0'^+\end{pmatrix}
=\begin{pmatrix}-\beta_0\\ \alpha_0\\ G_1\\ L_1\end{pmatrix}a+\begin{pmatrix}\chi_0\\ \beta_0\\ -G_2\\ L_2\end{pmatrix}b \tag{3.4.67}
$$

式中，

$$
\begin{aligned}
&G_1=2\mu\alpha_0\beta_0,\quad G_1'=2\mu'\alpha_0'\beta_0,\quad G_2=\mu\left(\chi_0^2-\beta_0^2\right),\quad G_2'=\mu'\left(\chi_0'^2-\beta_0^2\right)\\
&L_1=(\lambda+2\mu)\alpha_0^2+\lambda\beta_0^2,\quad L_1'=(\lambda'+2\mu')\alpha_0'^2+\lambda'\beta_0^2,\\
&L_2=2\mu\chi_0\beta_0,\quad L_2'=2\mu'\beta_0\chi_0',
\end{aligned}
$$

通过式 (3.4.67) 可以得到关于 A_0^-，$A_0'^+$, B_0^-，$B_0'^+$ 的一阶近似解。

同样，式 (3.4.66) 写成矩阵形式为

$$
\begin{bmatrix}
\beta_n & -\beta_n & \chi_n & \chi_n'\\
\alpha_n & \alpha_n' & -\beta_n & \beta_n\\
G_{1n} & G_{1n}' & G_{2n} & -G_{2n}'\\
-L_{1n} & L_{1n}' & L_{2n} & L_{2n}'
\end{bmatrix}
\begin{pmatrix} A_n^-\\ A_n'^+\\ B_n^-\\ B_n'^+\end{pmatrix}
=\begin{pmatrix}d_1\\ d_2\\ d_3\\ d_4\end{pmatrix} \tag{3.4.68}
$$

式中，

$$
G_{1n}=2\mu\alpha_n\beta_n,\quad G_{1n}'=2\mu'\alpha_n'\beta_n,\quad G_{2n}=\mu\left(\chi_n^2-\beta_n^2\right),\quad G_{2n}'=\mu'\left(\chi_n'^2-\beta_n^2\right)
$$

$$L_{1n}=(\lambda+2\mu)\,\alpha_n^2+\lambda\beta_n^2,\quad L'_{1n}=(\lambda'+2\mu')\,\alpha_n'^2+\lambda'\beta_n^2$$

$$L_{2n}=2\mu\chi_n\beta_n,\quad L'_2=2\mu'\beta_n\chi'_n$$

$$d_1=-\mathrm{i}\beta_0\alpha_0\zeta_n\left(a-A_0^-\right)+\mathrm{i}\alpha'\beta_0A_0'^+\zeta_n+\mathrm{i}\chi_0^2\zeta_n\left(B_0^-+b\right)-\mathrm{i}\chi_0'^2B_0'^+\zeta_n$$

$$d_2=\mathrm{i}\alpha_0^2\zeta_n\left(a+A_0^-\right)-\mathrm{i}\alpha_0'^2A_0'^+-\mathrm{i}\chi_0\beta_0\zeta_n\left(B_0^--b\right)-\mathrm{i}\chi'_0\beta_0B_0'^+\zeta_n$$

$$\begin{aligned}d_3=&-\mathrm{i}np\zeta_n\Big[(\lambda+2\mu)\left(a\beta_0^2+\beta_0^2A_0^--b\chi_0\beta_0+\chi_0\beta_0B_0^-\right)\\&+\lambda\left(a\alpha_0^2+\alpha_0^2A_0^-+b\chi_0\beta_0-\chi_0\beta_0B_0^-\right)\\&+(\lambda'+2\mu')\left(-\beta_0^2A_0'^++\beta_0\chi'_0B_0'^+\right)+\lambda'\left(-\alpha_0'^2A_0'^+-\beta_0\chi'_0B_0'^+\right)\Big]\\&-i\zeta_n\Big\{\mu\left[\chi_0\beta_0^2\left(B_0^--b\right)-\chi_0^3\left(B_0^--b\right)-2\alpha_0^2\beta_0\left(A_0^-+a\right)\right]\\&+\mu'\left[\beta_0^2B_0'^+\chi'_0-\chi_0'^3B_0'^+-2\left(-\alpha_0'^2\beta_0A_0'^+\right)\right]\Big\}\end{aligned}$$

$$\begin{aligned}d_4=&-\mathrm{i}np\zeta_n\Big\{\mu\left[\left(b\beta_0^2+\beta_0^2B_0^-\right)-\left(b\chi_0^2+\chi_0^2B_0^-\right)+2\left(a\alpha_0\beta_0-\alpha_0\beta_0A_0^-\right)\right]\\&+\mu'\left(-\beta_0^2B_0'^++\chi_0'^2B_0'^+-2\alpha'_0\beta_0A_0'^+\right)\Big\}\\&-\mathrm{i}\zeta_n\Big\{(\lambda+2\mu)\left[\alpha_0^3\left(A_0^--a\right)-\chi_0^2\beta_0\left(b+B_0^-\right)\right]\\&+\lambda\left[\alpha_0\beta_0^2\left(A_0^--a\right)+\chi_0^2\beta_0\left(b+B_0^-\right)\right]\\&+(\lambda'+2\mu')\left(\alpha_0'^3A_0'^++\beta_0\chi_0'^2B_0'^+\right)+\lambda'\left(\alpha'_0\beta_0^2A_0'^+-\beta_0\chi_0'^2B_0'^+\right)\Big\}\end{aligned}$$

通过式 (3.4.68) 可以得到关于 A_n^-，$A_n'^+$, B_n^-，$B_n'^+$ 的一阶近似解。

第 4 章　弹性波在多层介质中的反射和透射

在第 3 章我们研究了弹性波通过两个介质的分界面的反射和透射问题，在这一章，我们将进一步研究弹性波通过单层介质和多层介质的弹性波反射和透射问题。这个问题实际背景之一就是地震波从震源通过不同性质的地层传播到地面时地震波强度问题的研究。工程机械和结构的减震降噪以及吸声材料的声学结构设计，也需要研究弹性波通过多层介质的反射和透射系数。由于弹性波通过单层介质的反射和透射是进一步研究弹性波通过多层介质反射和透射的基础，所以本章首先介绍弹性波通过单层介质的反射和透射的五种方法，再进一步讨论如何扩展这五种方法用于研究弹性波通过多层介质的反射和透射问题。

4.1　联立界面条件方法

在本节我们来研究弹性波通过三明治夹层的反射和透射问题。具有有限厚度 h 的三明治夹层处于两个半无限大介质中间。两半无限大介质的介质参数分别为: λ_1, μ_1, ρ_1 和 λ_3, μ_3, ρ_3。有限厚度夹层的材料参数为 λ_2, μ_2, ρ_2。入射波从介质 1 入射，在介质 1 产生反射波，在介质 3 产生透射波，如图 4.1.1 所示。

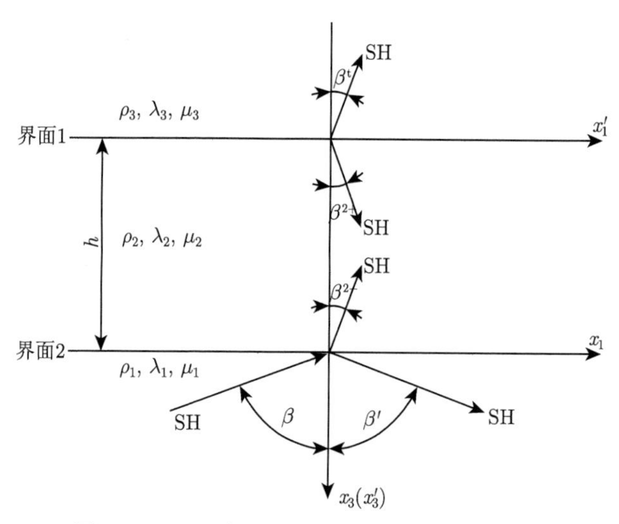

图 4.1.1　SH 波通过三明治夹层的反射和透射

首先考虑入射 SH 波经有限厚度夹层的反射和透射。设界面 $2(x_3 = 0)$ 处的

入射 SH 波、反射 SH 波、透射 SH 波 (夹层中的下行波) 的位移场分别为

$$u_2^{\mathrm{i}} = C^{\mathrm{i}} \exp\left[\mathrm{i}\left(\xi x_1 - k_{\mathrm{S3}}^{(1)} x_3 - \omega_{\mathrm{S}} t\right)\right] \tag{4.1.1a}$$

$$u_2^{\mathrm{r}} = C^{\mathrm{r}} \exp\left[\mathrm{i}\left(\xi x_1 + k_{\mathrm{S3}}^{(1)} x_3 - \omega_{\mathrm{S}} t\right)\right] \tag{4.1.1b}$$

$$u_2^{2-} = C^{2-} \exp\left[\mathrm{i}\left(\xi x_1 - k_{\mathrm{S3}}^{(2)} x_3 - \omega_{\mathrm{S}} t\right)\right] \tag{4.1.1c}$$

设界面 1 $(x_3 = -h)$ 处的反射 SH 波 (夹层中的上行波)、透射 SH 波的位移场分别为

$$u_2^{2+} = C^{2+} \exp\left\{\mathrm{i}\left[\xi x_1 + k_{\mathrm{S3}}^{(2)}\left(x_3 + h\right) - \omega_{\mathrm{S}} t\right]\right\} \tag{4.1.1d}$$

$$u_2^{\mathrm{t}} = C^{\mathrm{t}} \exp\left\{\mathrm{i}\left[\xi x_1 - k_{\mathrm{S3}}^{(3)}\left(x_3 + h\right) - \omega_{\mathrm{S}} t\right]\right\} \tag{4.1.1e}$$

上式已经隐含反射波、透射波与入射波具有相同的频率和视波数 (斯涅耳定律)。式中，

$$\xi = \frac{\omega_{\mathrm{S}}}{c_{\mathrm{S}}} \sin\beta, \quad k_{\mathrm{S3}}^{(1)} = \frac{\omega_{\mathrm{S}}}{c_{\mathrm{S}}} \cos\beta, \quad k_{\mathrm{S3}}^{(1)} = \frac{\omega_{\mathrm{S}}}{c_{\mathrm{S}}} \cos\beta^{\mathrm{r}}$$

$$k_{\mathrm{S3}}^{(2)} = \frac{\omega_{\mathrm{S}}}{c_{\mathrm{S}}^{(2)}} \cos\beta^{2-}, \quad k_{\mathrm{S3}}^{(2)} = \frac{\omega_{\mathrm{S}}}{c_{\mathrm{S}}^{(2)}} \cos\beta^{2+}, \quad k_{\mathrm{S3}}^{(3)} = \frac{\omega_{\mathrm{S}}}{c_{\mathrm{S}}^{(3)}} \cos\beta^{\mathrm{t}}$$

其中，$\beta^{\mathrm{r}} = \beta, \beta^{2-} = \beta^{2+}$。

在界面 $2(x_3 = 0)$ 和界面 $1(x_3 = -h)$ 处，位移和应力在界面两侧需满足连续性条件

$$u_2^{+}\big|_{x_3=0} = u_2^{-}\big|_{x_3=0} \tag{4.1.2a}$$

$$\sigma_{32}^{+}\big|_{x_3=0} = \sigma_{32}^{-}\big|_{x_3=0} \tag{4.1.2b}$$

$$u_2^{+}\big|_{x_3=-h} = u_2^{-}\big|_{x_3=-h} \tag{4.1.2c}$$

$$\sigma_{32}^{+}\big|_{x_3=-h} = \sigma_{32}^{-}\big|_{x_3=-h} \tag{4.1.2d}$$

即

$$\begin{aligned} &C^{\mathrm{i}} \exp\left[\mathrm{i}\left(\xi x_1 - \omega_{\mathrm{S}} t\right)\right] + C^{\mathrm{r}} \exp\left[\mathrm{i}\left(\xi x_1 - \omega_{\mathrm{S}} t\right)\right] \\ &= C^{2-} \exp\left[\mathrm{i}\left(\xi x_1 - \omega_{\mathrm{S}} t\right)\right] + C^{2+} \exp\left[\mathrm{i}\left(\xi x_1 + k_{\mathrm{S3}}^{(2)} h - \omega_{\mathrm{s}} t\right)\right] \end{aligned} \tag{4.1.3a}$$

$$\begin{aligned} &\mu_1\left\{-\mathrm{i}k_{\mathrm{S3}}^{(1)} C^{\mathrm{i}} \exp\left[\mathrm{i}\left(\xi x_1 - \omega_{\mathrm{S}} t\right)\right] + \mathrm{i}k_{\mathrm{S3}}^{(1)} C^{\mathrm{r}} \exp\left[\mathrm{i}\left(\xi x_1 - \omega_{\mathrm{S}} t\right)\right]\right\} \\ &= \mu_2\left\{-\mathrm{i}k_{\mathrm{S3}}^{(2)} C^{2-} \exp\left[\mathrm{i}\left(\xi x_1 - \omega_s t\right)\right] + \mathrm{i}k_{\mathrm{S3}}^{(2)} C^{2+} \exp\left[\mathrm{i}\left(\xi x_1 + k_{\mathrm{S3}}^{(2)} h - \omega_{\mathrm{S}} t\right)\right]\right\} \end{aligned} \tag{4.1.3b}$$

$$C^{2-} \exp\left[\mathrm{i}\left(\xi x_1 + k_{\mathrm{S3}}^{(2)} h - \omega_{\mathrm{S}} t\right)\right] + C^{2+} \exp\left[\mathrm{i}\left(\xi x_1 - \omega_{\mathrm{S}} t\right)\right] = C^{t} \exp\left[\mathrm{i}\left(\xi x_1 - \omega_{\mathrm{S}} t\right)\right] \tag{4.1.3c}$$

$$\mu_2\left\{-\mathrm{i}k_{\mathrm{S3}}^{(2)}C^{2-}\exp\left[\mathrm{i}\left(\xi x_1+k_{\mathrm{S3}}^{(2)}h-\omega_{\mathrm{S}}t\right)\right]+\mathrm{i}k_{\mathrm{S3}}^{(2)}C^{2+}\exp\left[\mathrm{i}\left(\xi x_1-\omega_{\mathrm{S}}t\right)\right]\right\}$$
$$=\mu_3\left\{-\mathrm{i}k_{\mathrm{S3}}^{(3)}C^{t}\exp\left[\mathrm{i}\left(\xi x_1-\omega_{\mathrm{S}}t\right)\right]\right\} \tag{4.1.3d}$$

化简方程得

$$C^{\mathrm{i}}+C^{\mathrm{r}}=C^{2-}+C^{2+}\mathrm{e}^{\mathrm{i}k_{\mathrm{S3}}^{(2)}h} \tag{4.1.4a}$$

$$\mu_1\left(k_{\mathrm{S3}}^{(1)}C^{\mathrm{i}}-k_{\mathrm{S3}}^{(1)}C^{\mathrm{r}}\right)=\mu_2\left(k_{\mathrm{S3}}^{(2)}C^{2-}-k_{\mathrm{S3}}^{(2)}C^{2+}\mathrm{e}^{\mathrm{i}k_{\mathrm{S3}}^{(2)}h}\right) \tag{4.1.4b}$$

$$C^{2-}\mathrm{e}^{\mathrm{i}k_{\mathrm{S3}}^{(2)}h}+C^{2+}=C^{\mathrm{t}} \tag{4.1.4c}$$

$$\mu_2\left(k_{\mathrm{S3}}^{(2)}C^{2-}\mathrm{e}^{\mathrm{i}k_{\mathrm{S3}}^{(2)}h}-k_{\mathrm{S3}}^{(2)}C^{2+}\right)=\mu_3k_{\mathrm{S3}}^{(3)}C^{\mathrm{t}} \tag{4.1.4d}$$

写成矩阵形式

$$\begin{pmatrix} -1 & 1 & \mathrm{e}^{\mathrm{i}k_{\mathrm{S3}}^{(2)}h} & 0 \\ 1 & \dfrac{\mu_2k_{\mathrm{S3}}^{(2)}}{\mu_1k_{\mathrm{S3}}^{(1)}} & -\dfrac{\mu_2k_{\mathrm{S3}}^{(2)}}{\mu_1k_{\mathrm{S3}}^{(1)}}\mathrm{e}^{\mathrm{i}k_{\mathrm{S3}}^{(2)}h} & 0 \\ 0 & \mathrm{e}^{\mathrm{i}k_{\mathrm{S3}}^{(2)}h} & 1 & -1 \\ 0 & \dfrac{\mu_2k_{\mathrm{S3}}^{(2)}}{\mu_3k_{\mathrm{S3}}^{(3)}}\mathrm{e}^{\mathrm{i}k_{\mathrm{S3}}^{(2)}h} & -\dfrac{\mu_2k_{\mathrm{S3}}^{(2)}}{\mu_3k_{\mathrm{S3}}^{(3)}} & -1 \end{pmatrix}\left\{\begin{matrix} C^{\mathrm{r}} \\ C^{2-} \\ C^{2+} \\ C^{\mathrm{t}} \end{matrix}\right\}=C^{\mathrm{i}}\left\{\begin{matrix} 1 \\ 1 \\ 0 \\ 0 \end{matrix}\right\} \tag{4.1.5}$$

当入射波是 P 波或 SV 波时，在介质 1 将产生反射 P 波和反射 SV 波；在介质 3 将产生透射 P 波和透射 SV 波。在介质 2 中将产生沿界面法线正负方向的 P 波和 SV 波 (分别称为夹层中的上行波和下行波)，如图 4.1.2 所示。

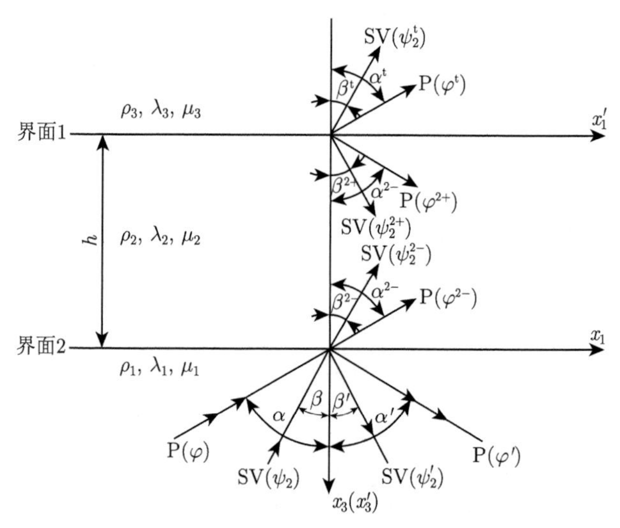

图 4.1.2　P 波和 SV 波通过三明治夹层的反射和透射

设在介质 1、介质 2 和介质 3 中的 P 波和 SV 波的波函数分别为

$$\varphi^{\rm i} = A^{\rm i}\exp\left[{\rm i}(\xi x_1 - k_{\rm P3}^{(1)}x_3 - \omega t)\right] \tag{4.1.6a}$$

$$\psi^{\rm i} = B^{\rm i}\exp\left[{\rm i}(\xi x_1 - k_{\rm S3}^{(1)}x_3 - \omega t)\right] \tag{4.1.6b}$$

$$\varphi^{\rm r} = A^{\rm r}\exp\left[{\rm i}(\xi x_1 + k_{\rm P3}^{(1)}x_3 - \omega t)\right] \tag{4.1.6c}$$

$$\psi^{\rm r} = B^{\rm r}\exp\left[{\rm i}(\xi x_1 + k_{\rm S3}^{(1)}x_3 - \omega t)\right] \tag{4.1.6d}$$

$$\varphi^{2-} = A^{2-}\exp\left[{\rm i}(\xi x_1 - k_{\rm P3}^{(2)}x_3 - \omega t)\right] \tag{4.1.6e}$$

$$\psi^{2-} = B^{2-}\exp\left[{\rm i}(\xi x_1 - k_{\rm S3}^{(2)}x_3 - \omega t)\right] \tag{4.1.6f}$$

$$\varphi^{2+} = A^{2+}\exp\left[{\rm i}(\xi x_1 + k_{\rm P3}^{(2)}(x_3+h) - \omega t)\right] \tag{4.1.6g}$$

$$\psi^{2+} = B^{2+}\exp\left[{\rm i}(\xi x_1 + k_{\rm S3}^{(2)}(x_3+h) - \omega t)\right] \tag{4.1.6h}$$

$$\varphi^{\rm t} = A^{\rm t}\exp\left[{\rm i}(\xi x_1 - k_{\rm P3}^{(3)}(x_3+h) - \omega t)\right] \tag{4.1.6i}$$

$$\psi^{\rm t} = B^{\rm t}\exp\left[{\rm i}(\xi x_1 - k_{\rm S3}^{(3)}(x_3+h) - \omega t)\right] \tag{4.1.6j}$$

在介质 1 中，位移和应力的表达式为

$$\begin{aligned}
u_1 &= \frac{\partial(\varphi^{\rm i}+\varphi^{\rm r})}{\partial x_1} - \frac{\partial(\psi^{\rm i}+\psi^{\rm r})}{\partial x_3} \\
&= {\rm i}\xi A^{\rm i}\exp\left[{\rm i}(\xi x_1 - k_{\rm P3}^{(1)}x_3 - \omega t)\right] + {\rm i}\xi A^{\rm r}\exp\left[{\rm i}(\xi x_1 + k_{\rm P3}^{(1)}x_3 - \omega t)\right] \\
&\quad + {\rm i}k_{\rm S3}^{(1)}B^{\rm i}\exp\left[{\rm i}(\xi x_1 - k_{\rm S3}^{(1)}x_3 - \omega t)\right] - {\rm i}k_{\rm S3}^{(1)}B^{\rm r}\exp\left[{\rm i}(\xi x_1 + k_{\rm S3}^{(1)}x_3 - \omega t)\right]
\end{aligned} \tag{4.1.7a}$$

$$\begin{aligned}
u_3 &= \frac{\partial(\varphi^{\rm i}+\varphi^{\rm r})}{\partial x_3} + \frac{\partial(\psi^{\rm i}+\psi^{\rm r})}{\partial x_1} \\
&= -{\rm i}k_{\rm P3}^{(1)}A^{\rm i}\exp\left[{\rm i}(\xi x_1 - k_{\rm P3}^{(1)}x_3 - \omega t)\right] + {\rm i}k_{\rm P3}^{(1)}A^{\rm r}\exp\left[{\rm i}(\xi x_1 + k_{\rm P3}^{(1)}x_3 - \omega t)\right] \\
&\quad + {\rm i}\xi B^{\rm i}\exp\left[{\rm i}(\xi x_1 - k_{\rm S3}^{(1)}x_3 - \omega t)\right] + {\rm i}\xi B^{\rm r}\exp\left[{\rm i}(\xi x_1 + k_{\rm S3}^{(1)}x_3 - \omega t)\right]
\end{aligned} \tag{4.1.7b}$$

$$\begin{aligned}
\sigma_{33} &= \lambda_1\frac{\partial^2(\varphi^{\rm i}+\varphi^{\rm r})}{\partial x_1^2} + (\lambda_1+2\mu_1)\frac{\partial^2(\varphi^{\rm i}+\varphi^{\rm r})}{\partial x_3^2} + 2\mu_1\frac{\partial^2(\psi^{\rm i}+\psi^{\rm r})}{\partial x_1\partial x_3} \\
&= \lambda_1\left\{-\xi^2 A^{\rm i}\exp\left[{\rm i}(\xi x_1 - k_{\rm P3}^{(1)}x_3 - \omega t)\right] - \xi^2 A^{\rm r}\exp\left[{\rm i}(\xi x_1 + k_{\rm P3}^{(1)}x_3 - \omega t)\right]\right\} \\
&\quad + (\lambda_1+2\mu_1)\Big\{-(k_{\rm P3}^{(1)})^2 A^{\rm i}\exp\left[{\rm i}(\xi x_1 - k_{\rm P3}^{(1)}x_3 - \omega t)\right] \\
&\quad - (k_{\rm P3}^{(1)})^2 A^{\rm r}\exp\left[{\rm i}(\xi x_1 + k_{\rm P3}^{(1)}x_3 - \omega t)\right]\Big\}
\end{aligned}$$

$$
\begin{aligned}
&+2\mu_1\Big\{\xi k_{\mathrm{S3}}^{(1)}B^{\mathrm{i}}\exp\Big[\mathrm{i}(\xi x_1-k_{\mathrm{S3}}^{(1)}x_3-\omega t)\Big]\\
&-\xi k_{\mathrm{S3}}^{(1)}B^{\mathrm{r}}\exp\Big[\mathrm{i}(\xi x_1+k_{\mathrm{S3}}^{(1)}x_3-\omega t)\Big]\Big\}
\end{aligned}
\tag{4.1.7c}
$$

$$
\begin{aligned}
\sigma_{31}&=\mu_1\left[2\frac{\partial^2(\varphi^{\mathrm{i}}+\varphi^{\mathrm{r}})}{\partial x_1\partial x_3}+\frac{\partial^2(\psi^{\mathrm{i}}+\psi^{\mathrm{r}})}{\partial x_1^2}-\frac{\partial^2(\psi^{\mathrm{i}}+\psi^{\mathrm{r}})}{\partial x_3^2}\right]\\
&=\mu_1\Big\{2\xi k_{\mathrm{P3}}^{(1)}A^{\mathrm{i}}\exp\Big[\mathrm{i}(\xi x_1-k_{\mathrm{P3}}^{(1)}x_3-\omega t)\Big]\\
&\quad-2\xi k_{\mathrm{P3}}^{(1)}A^{\mathrm{r}}\exp\Big[\mathrm{i}(\xi x_1+k_{\mathrm{P3}}^{(1)}x_3-\omega t)\Big]\\
&\quad-\xi^2B^{\mathrm{i}}\exp\Big[\mathrm{i}(\xi x_1-k_{\mathrm{S3}}^{(1)}x_3-\omega t)\Big]-\xi^2B^{\mathrm{r}}\exp\Big[\mathrm{i}(\xi x_1+k_{\mathrm{S3}}^{(1)}x_3-\omega t)\Big]\\
&\quad+(k_{\mathrm{S3}}^{(1)})^2B^{\mathrm{i}}\exp\Big[\mathrm{i}(\xi x_1-k_{\mathrm{S3}}^{(1)}x_3-\omega t)\Big]\\
&\quad+(k_{\mathrm{S3}}^{(1)})^2B^{\mathrm{r}}\exp\Big[\mathrm{i}(\xi x_1+k_{\mathrm{S3}}^{(1)}x_3-\omega t)\Big]\Big\}
\end{aligned}
\tag{4.1.7d}
$$

在介质 2 中，位移和应力的表达式为

$$
\begin{aligned}
u_1'&=\frac{\partial(\varphi^{2-}+\varphi^{2+})}{\partial x_1}-\frac{\partial(\psi^{2-}+\psi^{2+})}{\partial x_3}\\
&=\mathrm{i}\xi A^{2-}\exp\Big[\mathrm{i}(\xi x_1-k_{\mathrm{P3}}^{(2)}x_3-\omega t)\Big]+\mathrm{i}\xi A^{2+}\exp\Big[\mathrm{i}(\xi x_1+k_{\mathrm{P3}}^{(2)}(x_3+h)-\omega t)\Big]\\
&\quad+\mathrm{i}k_{\mathrm{S3}}^{(2)}B^{2-}\exp\Big[\mathrm{i}(\xi x_1-k_{\mathrm{S3}}^{(2)}x_3-\omega t)\Big]\\
&\quad-\mathrm{i}k_{\mathrm{S3}}^{(2)}B^{2+}\exp\Big[\mathrm{i}(\xi x_1+k_{\mathrm{S3}}^{(2)}(x_3+h)-\omega t)\Big]
\end{aligned}
\tag{4.1.8a}
$$

$$
\begin{aligned}
u_3'&=\frac{\partial(\varphi^{2-}+\varphi^{2+})}{\partial x_3}+\frac{\partial(\psi^{2-}+\psi^{2+})}{\partial x_1}\\
&=-\mathrm{i}k_{\mathrm{P3}}^{(2)}A^{2-}\exp\Big[\mathrm{i}(\xi x_1-k_{\mathrm{P3}}^{(2)}x_3-\omega t)\Big]\\
&\quad+\mathrm{i}k_{\mathrm{P3}}^{(2)}A^{2+}\exp\Big[\mathrm{i}(\xi x_1+k_{\mathrm{P3}}^{(2)}(x_3+h)-\omega t)\Big]\\
&\quad+\mathrm{i}\xi B^{2-}\exp\Big[\mathrm{i}(\xi x_1-k_{\mathrm{S3}}^{(2)}x_3-\omega t)\Big]\\
&\quad+\mathrm{i}\xi B^{2+}\exp\Big[\mathrm{i}(\xi x_1+k_{\mathrm{S3}}^{(2)}(x_3+h)-\omega t)\Big]
\end{aligned}
\tag{4.1.8b}
$$

$$
\begin{aligned}
\sigma_{33}'&=\lambda_2\frac{\partial^2(\varphi^{2-}+\varphi^{2+})}{\partial x_1^2}+(\lambda_2+2\mu_2)\frac{\partial^2(\varphi^{2-}+\varphi^{2+})}{\partial x_3^2}+2\mu_2\frac{\partial^2(\psi^{2-}+\psi^{2+})}{\partial x_1\partial x_3}\\
&=\lambda_2\Big\{-\xi^2A^{2-}\exp\Big[\mathrm{i}(\xi x_1-k_{\mathrm{P3}}^{(2)}x_3-\omega t)\Big]\\
&\quad-\xi^2A^{2+}\exp\Big[\mathrm{i}(\xi x_1+k_{\mathrm{P3}}^{(2)}(x_3+h)-\omega t)\Big]\Big\}\\
&\quad+(\lambda_2+2\mu_2)\Big\{-(k_{\mathrm{P3}}^{(2)})^2A^{2-}\exp\Big[\mathrm{i}(\xi x_1-k_{\mathrm{P3}}^{(2)}x_3-\omega t)\Big]\\
&\quad-(k_{\mathrm{P3}}^{(2)})^2A^{2+}\exp\Big[\mathrm{i}(\xi x_1+k_{\mathrm{P3}}^{(2)}(x_3+h)-\omega t)\Big]\Big\}
\end{aligned}
$$

$$
\begin{aligned}
&+ 2\mu_2\Big\{\xi k_{\mathrm{S3}}^{(2)} B^{2-} \exp\left[\mathrm{i}(\xi x_1 - k_{\mathrm{S3}}^{(2)} x_3 - \omega t)\right] \\
&- \xi k_{\mathrm{S3}}^{(2)} B^{2+} \exp\left[\mathrm{i}(\xi x_1 + k_{\mathrm{S3}}^{(2)} (x_3 + h) - \omega t)\right]\Big\} \qquad (4.1.8\mathrm{c})
\end{aligned}
$$

$$
\begin{aligned}
\sigma'_{31} &= \mu_2\left[2\frac{\partial^2(\varphi^{2-}+\varphi^{2+})}{\partial x_1 \partial x_3} + \frac{\partial^2(\psi^{2-}+\psi^{2+})}{\partial x_1^2} - \frac{\partial^2(\psi^{2-}+\psi^{2+})}{\partial x_3^2}\right] \\
&= \mu_2\Big\{2\xi k_{\mathrm{P3}}^{(2)} A^{2-} \exp\left[\mathrm{i}(\xi x_1 - k_{\mathrm{P3}}^{(2)} x_3 - \omega t)\right] \\
&- 2\xi k_{\mathrm{P3}}^{(2)} A^{2+} \exp\left[\mathrm{i}(\xi x_1 + k_{\mathrm{P3}}^{(2)} (x_3 + h) - \omega t)\right] \\
&- \xi^2 B^{2-} \exp\left[\mathrm{i}(\xi x_1 - k_{\mathrm{S3}}^{(2)} x_3 - \omega t)\right] \\
&- \xi^2 B^{2+} \exp\left[\mathrm{i}(\xi x_1 + k_{\mathrm{S3}}^{(2)} (x_3 + h) - \omega t)\right] \\
&+ (k_{\mathrm{S3}}^{(2)})^2 B^{2-} \exp\left[\mathrm{i}(\xi x_1 - k_{\mathrm{S3}}^{(2)} x_3 - \omega t)\right] \\
&+ (k_{\mathrm{S3}}^{(2)})^2 B^{2+} \exp\left[\mathrm{i}(\xi x_1 + k_{\mathrm{S3}}^{(2)} (x_3 + h) - \omega t)\right]\Big\} \qquad (4.1.8\mathrm{d})
\end{aligned}
$$

在介质 3 中，位移和应力的表达式为

$$
\begin{aligned}
u''_1 &= \frac{\partial \varphi^{\mathrm{t}}}{\partial x_1} - \frac{\partial \psi_2^{\mathrm{t}}}{\partial x_3} \\
&= \mathrm{i}\xi A^{\mathrm{t}} \exp\left[\mathrm{i}(\xi x_1 - k_{\mathrm{P3}}^{(3)} (x_3 + h) - \omega t)\right] \\
&+ \mathrm{i}k_{\mathrm{S3}}^{(3)} B^{\mathrm{t}} \exp\left[\mathrm{i}(\xi x_1 - k_{\mathrm{S3}}^{(3)} (x_3 + h) - \omega t)\right] \qquad (4.1.9\mathrm{a})
\end{aligned}
$$

$$
\begin{aligned}
u''_3 &= \frac{\partial \varphi^{\mathrm{t}}}{\partial x_3} + \frac{\partial \psi_2^{\mathrm{t}}}{\partial x_1} \\
&= -\mathrm{i}k_{\mathrm{P3}}^{(3)} A^{\mathrm{t}} \exp\left[\mathrm{i}(\xi x_1 - k_{\mathrm{P3}}^{(3)} (x_3 + h) - \omega t)\right] \\
&+ \mathrm{i}\xi B^{\mathrm{t}} \exp\left[\mathrm{i}(\xi x_1 - k_{\mathrm{S3}}^{(3)} (x_3 + h) - \omega t)\right] \qquad (4.1.9\mathrm{b})
\end{aligned}
$$

$$
\begin{aligned}
\sigma''_{33} &= \lambda_3 \frac{\partial^2 \varphi^{\mathrm{t}}}{\partial x_1^2} + (\lambda_3 + 2\mu_3)\frac{\partial^2 \varphi^{\mathrm{t}}}{\partial x_3^2} + 2\mu_3 \frac{\partial^2 \psi^{\mathrm{t}}}{\partial x_1 \partial x_3} \\
&= -\lambda_3 \xi^2 A^{\mathrm{t}} \exp\left[\mathrm{i}(\xi x_1 - k_{\mathrm{P3}}^{(3)} (x_3 + h) - \omega t)\right] \\
&- (\lambda_3 + 2\mu_3)(k_{\mathrm{P3}}^{(3)})^2 A^{\mathrm{t}} \exp\left[\mathrm{i}(\xi x_1 - k_{\mathrm{P3}}^{(3)} (x_3 + h) - \omega t)\right] \\
&+ 2\mu_3 \xi k_{\mathrm{S3}}^{(3)} B^{\mathrm{t}} \exp\left[\mathrm{i}(\xi x_1 - k_{\mathrm{S3}}^{(3)} (x_3 + h) - \omega t)\right] \qquad (4.1.9\mathrm{c})
\end{aligned}
$$

$$
\begin{aligned}
\sigma''_{31} &= \mu_3 \left(2\frac{\partial^2 \varphi^{\mathrm{t}}}{\partial x_1 \partial x_3} + \frac{\partial^2 \psi^{\mathrm{t}}}{\partial x_1^2} - \frac{\partial^2 \psi^{\mathrm{t}}}{\partial x_3^2}\right) \\
&= \mu_3\Big\{2\xi k_{\mathrm{P3}}^{(3)} A^{\mathrm{t}} \exp\left[\mathrm{i}(\xi x_1 - k_{\mathrm{P3}}^{(3)} (x_3 + h) - \omega t)\right]
\end{aligned}
$$

$$
\begin{aligned}
&- \xi^2 B^{\mathrm{t}} \exp\left[\mathrm{i}(\xi x_1 - k_{\mathrm{S3}}^{(3)}(x_3+h) - \omega t)\right] \\
&+ (k_{\mathrm{S3}}^{(3)})^2 B^{\mathrm{t}} \exp\left[\mathrm{i}(\xi x_1 - k_{\mathrm{S3}}^{(3)}(x_3+h) - \omega t)\right] \Big\}
\end{aligned} \tag{4.1.9d}
$$

在界面 1 和界面 2 处位移和应力应满足连续性条件，即

$$u_1|_{x_3=0} = u_1'|_{x_3=0}, \quad u_3|_{x_3=0} = u_3'|_{x_3=0} \tag{4.1.10a}$$

$$\sigma_{33}|_{x_3=0} = \sigma_{33}'|_{x_3=0}, \quad \sigma_{31}|_{x_3=0} = \sigma_{31}'|_{x_3=0} \tag{4.1.10b}$$

$$u_1'|_{x_3=-h} = u_1''|_{x_3=-h}, \quad u_3'|_{x_3=-h} = u_3''|_{x_3=-h} \tag{4.1.11a}$$

$$\sigma_{33}'|_{x_3=-h} = \sigma_{33}''|_{x_3=-h}, \quad \sigma_{31}'|_{x_3=-h} = \sigma_{31}''|_{x_3=-h} \tag{4.1.11b}$$

在界面 2 处，由 $u_1|_{x_3=0} = u_1'|_{x_3=0}$ 得

$$\mathrm{i}\xi A^{\mathrm{i}} + \mathrm{i}\xi A^{\mathrm{r}} + \mathrm{i}k_{\mathrm{S3}}^{(1)} B^{\mathrm{i}} - \mathrm{i}k_{\mathrm{S3}}^{(1)} B^{\mathrm{r}} = \mathrm{i}\xi A^{2-} + \mathrm{i}\xi A^{2+}\mathrm{e}^{\mathrm{i}k_{\mathrm{P3}}^{(2)}h} + \mathrm{i}k_{\mathrm{S3}}^{(2)} B^{2-} - \mathrm{i}k_{\mathrm{S3}}^{(2)} B^{2+}\mathrm{e}^{\mathrm{i}k_{\mathrm{S3}}^{(2)}h}$$

化简得

$$-A^{\mathrm{r}} + P_2 B^{\mathrm{r}} + A^{2-} + P_4 B^{2-} + \mathrm{e}^{\mathrm{i}k_{\mathrm{P3}}^{(2)}h} A^{2+} - P_4 \mathrm{e}^{\mathrm{i}k_{\mathrm{S3}}^{(2)}h} B^{2+} = A^{\mathrm{i}} + P_2 B^{\mathrm{i}} \tag{4.1.12a}$$

由 $u_3|_{x_3=0} = u_3'|_{x_3=0}$ 得

$$-\mathrm{i}k_{\mathrm{P3}}^{(1)} A^{\mathrm{i}} + \mathrm{i}k_{\mathrm{P3}}^{(1)} A^{\mathrm{r}} + \mathrm{i}\xi B^{\mathrm{i}} + \mathrm{i}\xi B^{\mathrm{r}} = -\mathrm{i}k_{\mathrm{P3}}^{(2)} A^{2-} + \mathrm{i}k_{\mathrm{P3}}^{(2)} A^{2+}\mathrm{e}^{\mathrm{i}k_{\mathrm{P3}}^{(2)}h} + \mathrm{i}\xi B^{2-} + \mathrm{i}\xi B^{2+}\mathrm{e}^{\mathrm{i}k_{\mathrm{S3}}^{(2)}h}$$

化简得

$$-P_1 A^{\mathrm{r}} - B^{\mathrm{r}} - P_3 A^{2-} + B^{2-} + P_3 \mathrm{e}^{\mathrm{i}k_{\mathrm{P3}}^{(2)}h} A^{2+} + \mathrm{e}^{\mathrm{i}k_{\mathrm{S3}}^{(2)}h} B^{2+} = -P_1 A^{\mathrm{i}} + B^{\mathrm{i}} \tag{4.1.12b}$$

由 $\sigma_{33}|_{x_3=0} = \sigma_{33}'|_{x_3=0}$ 得

$$
\begin{aligned}
&\lambda_1(-\xi^2 A^{\mathrm{i}} - \xi^2 A^{\mathrm{r}}) + (\lambda_1 + 2\mu_1)[-(k_{\mathrm{P3}}^{(1)})^2 A^{\mathrm{i}} - (k_{\mathrm{P3}}^{(1)})^2 A^{\mathrm{r}}] \\
&+ 2\mu_1(\xi k_{\mathrm{S3}}^{(1)} B^{\mathrm{i}} - \xi k_{\mathrm{S3}}^{(1)} B^{\mathrm{r}}) \\
= &\lambda_2(-\xi^2 A^{2-} - \xi^2 A^{2+}\mathrm{e}^{\mathrm{i}k_{\mathrm{P3}}^{(2)}h}) + (\lambda_2 + 2\mu_2)\left[-(k_{\mathrm{P3}}^{(2)})^2 A^{2-} - (k_{\mathrm{P3}}^{(2)})^2 A^{2+}\mathrm{e}^{\mathrm{i}k_{\mathrm{P3}}^{(2)}h}\right] \\
&+ 2\mu_2(\xi k_{\mathrm{S3}}^{(2)} B^{2-} - \xi k_{\mathrm{S3}}^{(2)} B^{2+}\mathrm{e}^{\mathrm{i}k_{\mathrm{S3}}^{(2)}h})
\end{aligned}
$$

化简得

$$
\begin{aligned}
&\left[\lambda_1 + (\lambda_1 + 2\mu_1)P_1^2\right] A^{\mathrm{r}} + 2\mu_1 P_2 B^{\mathrm{r}} - \left[\lambda_2 + (\lambda_2 + 2\mu_2)P_3^2\right] A^{2-} + 2\mu_2 P_4 B^{2-} \\
&- \left[\lambda_2 + (\lambda_2 + 2\mu_2)P_3^2\right] \mathrm{e}^{\mathrm{i}k_{\mathrm{P3}}^{(2)}h} A^{2+} - 2\mu_2 P_4 \mathrm{e}^{\mathrm{i}k_{\mathrm{S3}}^{(2)}h} B^{2+} \\
= &-\left[\lambda_1 + (\lambda_1 + 2\mu_1)P_1^2\right] A^{\mathrm{i}} + 2\mu_1 P_2 B^{\mathrm{i}}
\end{aligned} \tag{4.1.12c}
$$

由 $\sigma_{31}|_{x_3=0} = \sigma'_{31}|_{x_3=0}$ 得

$$
\begin{aligned}
&\mu_1\left[2\xi k_{\mathrm{P3}}^{(1)}A^{\mathrm{i}} - 2\xi k_{\mathrm{P3}}^{(1)}A^{\mathrm{r}} - \xi^2 B^{\mathrm{i}} - \xi^2 B^{\mathrm{r}} + (k_{\mathrm{S3}}^{(1)})^2 B^{\mathrm{i}} + (k_{\mathrm{S3}}^{(1)})^2 B^{\mathrm{r}}\right] \\
=\ &\mu_2\Big[2\xi k_{\mathrm{P3}}^{(2)}A^{2-} - 2\xi k_{\mathrm{P3}}^{(2)}A^{2+}\mathrm{e}^{\mathrm{i}k_{\mathrm{P3}}^{(2)}h} - \xi^2 B^{2-} - \xi^2 B^{2+}\mathrm{e}^{\mathrm{i}k_{\mathrm{S3}}^{(2)}h} \\
&+ (k_{\mathrm{S3}}^{(2)})^2 B^{2-} + (k_{\mathrm{S3}}^{(2)})^2 B^{2+}\mathrm{e}^{\mathrm{i}k_{\mathrm{S3}}^{(2)}h}\Big]
\end{aligned}
$$

化简得

$$
\begin{aligned}
&2\mu_1 P_1 A^{\mathrm{r}} - \mu_1(P_2^2-1)B^{\mathrm{r}} + 2\mu_2 P_3 A^{2-} + \mu_2(P_4^2-1)B^{2-} - 2\mu_2 P_3 \mathrm{e}^{\mathrm{i}k_{\mathrm{P3}}^{(2)}h}A^{2+} \\
&+ \mu_2(P_4^2-1)\mathrm{e}^{\mathrm{i}k_{\mathrm{S3}}^{(2)}h}B^{2+} \\
=\ &2\mu_1 P_1 A^i + \mu_1(P_2^2-1)B^{\mathrm{i}}
\end{aligned} \tag{4.1.12d}
$$

在界面 1 处，由 $u'_1|_{x_3=-h} = u''_1|_{x_3=-h}$ 得

$$
\mathrm{i}\xi\mathrm{e}^{\mathrm{i}k_{\mathrm{P3}}^{(2)}h}A^{2-} + \mathrm{i}\xi A^{2+} + \mathrm{i}k_{\mathrm{S3}}^{(2)}B^{2-}\mathrm{e}^{\mathrm{i}k_{\mathrm{S3}}^{(2)}h} - \mathrm{i}k_{\mathrm{S3}}^{(2)}B^{2+} = \mathrm{i}\xi A^{\mathrm{t}} + \mathrm{i}k_{\mathrm{S3}}^{(3)}B^{\mathrm{t}}
$$

化简得

$$
\mathrm{e}^{\mathrm{i}k_{\mathrm{P3}}^{(2)}h}A^{2-} + P_4\mathrm{e}^{\mathrm{i}k_{\mathrm{S3}}^{(2)}h}B^{2-} + A^{2+} - P_4 B^{2+} - A^{\mathrm{t}} - P_6 B^{\mathrm{t}} = 0 \tag{4.1.13a}
$$

由 $u'_3|_{x_3=-h} = u''_3|_{x_3=-h}$ 得

$$
-\mathrm{i}k_{\mathrm{P3}}^{(2)}A^{2-}\mathrm{e}^{\mathrm{i}k_{\mathrm{P3}}^{(2)}h} + \mathrm{i}k_{\mathrm{P3}}^{(2)}A^{2+} + \mathrm{i}\xi B^{2-}\mathrm{e}^{\mathrm{i}k_{\mathrm{S3}}^{(2)}h} + \mathrm{i}\xi B^{2+} = -\mathrm{i}k_{\mathrm{P3}}^{(3)}A^{\mathrm{t}} + \mathrm{i}\xi B^{\mathrm{t}}
$$

化简得

$$
-P_3\mathrm{e}^{\mathrm{i}k_{\mathrm{P3}}^{(2)}h}A^{2-} + \mathrm{e}^{\mathrm{i}k_{\mathrm{S3}}^{(2)}h}B^{2-} + P_3 A^{2+} + B^{2+} + P_5 A^{\mathrm{t}} - B^{\mathrm{t}} = 0 \tag{4.1.13b}
$$

由 $\sigma'_{33}|_{x_3=-h} = \sigma''_{33}|_{x_3=-h}$ 得

$$
\begin{aligned}
&\lambda_2\left[-\xi^2 A^{2-}\mathrm{e}^{\mathrm{i}k_{\mathrm{P3}}^{(2)}h} - \xi^2 A^{2+}\right] + (\lambda_2+2\mu_2)\left[-(k_{\mathrm{P3}}^{(2)})^2 A^{2-}\mathrm{e}^{\mathrm{i}k_{\mathrm{P3}}^{(2)}h} - (k_{\mathrm{P3}}^{(2)})^2 A^{2+}\right] \\
&+ 2\mu_2\left(\xi k_{\mathrm{S3}}^{(2)}B^{2-}\mathrm{e}^{\mathrm{i}k_{\mathrm{S3}}^{(2)}h} - \xi k_{\mathrm{S3}}^{(2)}B^{2+}\right) \\
=\ &-\lambda_3\xi^2 A^{\mathrm{t}} - (\lambda_3+2\mu_3)(k_{\mathrm{P3}}^{(3)})^2 A^{\mathrm{t}} + 2\mu_3\xi k_{\mathrm{S3}}^{(3)}B^{\mathrm{t}}
\end{aligned}
$$

化简得

$$
\begin{aligned}
&-\left[\lambda_2 + (\lambda_2+2\mu_2)P_3^2\right]\mathrm{e}^{\mathrm{i}k_{\mathrm{P3}}^{(2)}h}A^{2-} + 2\mu_2 P_4\mathrm{e}^{\mathrm{i}k_{\mathrm{S3}}^{(2)}h}B^{2-} \\
&-\left[\lambda_2 + (\lambda_2+2\mu_2)P_3^2\right]A^{2+} - 2\mu_2 P_4 B^{2+}
\end{aligned}
$$

$$+\left[\lambda_3+(\lambda_3+2\mu_3)P_5^2\right]A^{\mathrm{t}}-2\mu_3P_6B^{\mathrm{t}}=0 \tag{4.1.13c}$$

由 $\sigma'_{31}|_{x_3=-h}=\sigma''_{31}|_{x_3=-h}$ 得

$$\begin{aligned}&\mu_2\Big[2\xi k_{\mathrm{P3}}^{(2)}A^{2-}\mathrm{e}^{\mathrm{i}k_{\mathrm{P3}}^{(2)}h}-2\xi k_{\mathrm{P3}}^{(2)}A^{2+}-\xi^2B^{2-}\mathrm{e}^{\mathrm{i}k_{\mathrm{S3}}^{(2)}h}-\xi^2B^{2+}\\&+\left(k_{\mathrm{S3}}^{(2)}\right)^2B^{2-}\mathrm{e}^{\mathrm{i}k_{\mathrm{S3}}^{(2)}h}+\left(k_{\mathrm{S3}}^{(2)}\right)^2B^{2+}\Big]\\=&\mu_3\left[2\xi k_{\mathrm{P3}}^{(3)}A^{\mathrm{t}}-\xi^2B^{\mathrm{t}}+\left(k_{\mathrm{S3}}^{(3)}\right)^2B^{\mathrm{t}}\right]\end{aligned}$$

化简得

$$\begin{aligned}&2\mu_2P_3A^{2-}\mathrm{e}^{\mathrm{i}k_{\mathrm{P3}}^{(2)}h}+\mu_2(P_4^2-1)B^{2-}\mathrm{e}^{\mathrm{i}k_{\mathrm{S3}}^{(2)}h}\\&-2\mu_2P_3A^{2+}+\mu_2(P_4^2-1)B^{2+}-2\mu_3P_5A^{\mathrm{t}}-\mu_3(P_6^2-1)B^{\mathrm{t}}=0\end{aligned} \tag{4.1.13d}$$

将式 (4.1.12) 和式 (4.1.13) 写成矩阵的形式

$$\left[\begin{array}{cccccccc}
-1 & P_2 & 1 & P_4 & \mathrm{e}^{\mathrm{i}k_{\mathrm{P3}}^{(2)}h} & -P_4\mathrm{e}^{\mathrm{i}k_{\mathrm{S3}}^{(2)}h} & 0 & 0\\
-P_1 & -1 & -P_3 & 1 & P_3\mathrm{e}^{\mathrm{i}k_{\mathrm{P3}}^{(2)}h} & \mathrm{e}^{\mathrm{i}k_{\mathrm{S3}}^{(2)}h} & 0 & 0\\
\lambda_1+(\lambda_1+2\mu_1)P_1^2 & 2\mu_1P_2 & -\lambda_2-(\lambda_2+2\mu_2)P_3^2 & 2\mu_2P_4 & [-\lambda_2-(\lambda_2+2\mu_2)P_3^2]\mathrm{e}^{\mathrm{i}k_{\mathrm{P3}}^{(2)}h} & -2\mu_2P_4\mathrm{e}^{\mathrm{i}k_{\mathrm{S3}}^{(2)}h} & 0 & 0\\
2\mu_1P_1 & -\mu_1(P_2^2-1) & 2\mu_2P_3 & \mu_2(P_4^2-1) & -2\mu_2P_3\mathrm{e}^{\mathrm{i}k_{\mathrm{P3}}^{(2)}h} & \mu_2(P_4^2-1)\mathrm{e}^{\mathrm{i}k_{\mathrm{S3}}^{(2)}h} & 0 & 0\\
0 & 0 & \mathrm{e}^{\mathrm{i}k_{\mathrm{P3}}^{(2)}h} & P_4\mathrm{e}^{\mathrm{i}k_{\mathrm{S3}}^{(2)}h} & 1 & -P_4 & -1 & -P_6\\
0 & 0 & -P_3\mathrm{e}^{\mathrm{i}k_{\mathrm{P3}}^{(2)}h} & \mathrm{e}^{\mathrm{i}k_{\mathrm{S3}}^{(2)}h} & P_3 & 1 & P_5 & -1\\
0 & 0 & -\left[\lambda_2+(\lambda_2+2\mu_2)P_3^2\right]\mathrm{e}^{\mathrm{i}k_{\mathrm{P3}}^{(2)}h} & 2\mu_2P_4\mathrm{e}^{\mathrm{i}k_{\mathrm{S3}}^{(2)}h} & -\left[\lambda_2+(\lambda_2+2\mu_2)P_3^2\right] & -2\mu_2P_4 & \lambda_3+(\lambda_3+2\mu_3)P_5^2 & -2\mu_3P_6\\
0 & 0 & 2\mu_2P_3\mathrm{e}^{\mathrm{i}k_{\mathrm{P3}}^{(2)}h} & \mu_2(P_4^2-1)\mathrm{e}^{\mathrm{i}k_{\mathrm{S3}}^{(2)}h} & -2\mu_2P_3 & \mu_2(P_4^2-1) & -2\mu_3P_5 & -\mu_3(P_6^2-1)
\end{array}\right]$$

$$
\begin{bmatrix} A^{\mathrm{r}} \\ B^{\mathrm{r}} \\ A^{2-} \\ B^{2-} \\ A^{2+} \\ B^{2+} \\ A^{\mathrm{t}} \\ B^{\mathrm{t}} \end{bmatrix} = \begin{bmatrix} 1 \\ -P_1 \\ -[\lambda_1+(\lambda_1+2\mu_1)P_1^2] \\ 2\mu_1 P_1 \\ 0 \\ 0 \\ 0 \\ 0 \end{bmatrix} A^{\mathrm{i}} + \begin{bmatrix} P_2 \\ 1 \\ 2\mu_1 P_2 \\ \mu_1(P_2^2-1) \\ 0 \\ 0 \\ 0 \\ 0 \end{bmatrix} B^{\mathrm{i}} \tag{4.1.14}
$$

式中，

$$
P_1=\frac{k_{\mathrm{P3}}^{(1)}}{\xi}=\cot\alpha,\quad P_2=\frac{k_{\mathrm{S3}}^{(1)}}{\xi}=\cot\beta
$$

$$
P_3=\frac{k_{\mathrm{P3}}^{(2)}}{\xi}=\cot\alpha^{2-},\quad P_4=\frac{k_{\mathrm{S3}}^{(2)}}{\xi}=\cot\beta^{2-}
$$

$$
P_5=\frac{k_{\mathrm{P3}}^{(3)}}{\xi}=\cot\alpha^{t},\quad P_6=\frac{k_{\mathrm{S3}}^{(3)}}{\xi}=\cot\beta^{t}
$$

当 $A^{\mathrm{i}}=0, B^{\mathrm{i}}\neq 0$ 时表示 SV 波入射，当 $A^{\mathrm{i}}\neq 0, B^{\mathrm{i}}=0$ 时表示 P 波入射，当 $A^{\mathrm{i}}\neq 0, B^{\mathrm{i}}\neq 0$ 时表示 P 波和 SV 波同时入射。

联立求解边界条件方法，也可以推广到多层介质的情况。一般地，由边界条件可得线性代数方程组

$$
\boldsymbol{D}\cdot\boldsymbol{X}=\boldsymbol{b}_1 A^{\mathrm{i}}+\boldsymbol{b}_2 B^{\mathrm{i}} \tag{4.1.15}
$$

其中，$\boldsymbol{X}$ 对应于反射波、透射波以及夹层中上行波和下行波的振幅；A^{i} 和 B^{i} 是入射 P 波和 SV 波的振幅。当介质层数 N 增加时，界面数目 $N+1$ 随之增加。边界条件数目 $(N+1)\times 4$ (对应 P 波和 SV 波入射问题) 也随之增加，这将导致最终线性代数方程组的系数矩阵 $\boldsymbol{D}$ 阶数变得很大。不仅大幅增加计算量，计算误差和算法稳定性也无法保证。

4.2 传递矩阵方法

首先考虑 SH 波入射。在介质 2 中，

$$
\begin{aligned}
u_2 &= C^{2+}\exp\left[\mathrm{i}\left(\xi x_1+k_{\mathrm{S3}}^{(2)}x_3-\omega_{\mathrm{S}}t\right)\right]+C^{2-}\exp\left[\mathrm{i}\left(\xi x_1-k_{\mathrm{S3}}^{(2)}x_3-\omega_{\mathrm{S}}t\right)\right] \\
&= \left(C^{2+}\mathrm{e}^{\mathrm{i}k_{\mathrm{S3}}^{(2)}x_3}+C^{2-}\mathrm{e}^{-\mathrm{i}k_{\mathrm{S3}}^{(2)}x_3}\right)\exp\left[\mathrm{i}\left(\xi x_1-\omega_{\mathrm{S}}t\right)\right]
\end{aligned} \tag{4.2.1}
$$

$$\sigma_{32}=\mu_2\left(\mathrm{i}k_{\mathrm{S3}}^{(2)}C^{2+}\mathrm{e}^{\mathrm{i}k_{\mathrm{S3}}^{(2)}x_3}-\mathrm{i}k_{\mathrm{S3}}^{(2)}C^{2-}\mathrm{e}^{-\mathrm{i}k_{\mathrm{S3}}^{(2)}x_3}\right)\exp\left[\mathrm{i}\left(\xi x_1-\omega_{\mathrm{S}}t\right)\right]$$

$$\begin{aligned}&\left\{\begin{array}{c}u_2\\ \sigma_{32}\end{array}\right\}\\ &=\left(\begin{array}{cc}1 & 1\\ \mathrm{i}\mu_2k_{\mathrm{S3}}^{(2)} & -\mathrm{i}\mu_2k_{\mathrm{S3}}^{(2)}\end{array}\right)\left(\begin{array}{cc}\mathrm{e}^{\mathrm{i}k_{\mathrm{S3}}^{(2)}x_3} & 0\\ 0 & \mathrm{e}^{-\mathrm{i}k_{\mathrm{S3}}^{(2)}x_3}\end{array}\right)\left\{\begin{array}{c}C^{2+}\\ C^{2-}\end{array}\right\}\exp\left[\mathrm{i}\left(\xi x_1-\omega_{\mathrm{S}}t\right)\right]\end{aligned}\tag{4.2.2}$$

令

$$\boldsymbol{P}=\left\{\begin{array}{c}u_2\\ \sigma_{32}\end{array}\right\},\quad \boldsymbol{X}=\left(\begin{array}{cc}1 & 1\\ \mathrm{i}\mu_2k_{\mathrm{S3}}^{(2)} & -\mathrm{i}\mu_2k_{\mathrm{S3}}^{(2)}\end{array}\right),\quad \boldsymbol{D}=\left(\begin{array}{cc}\mathrm{e}^{\mathrm{i}k_{\mathrm{S3}}^{(2)}x_3} & 0\\ 0 & \mathrm{e}^{-\mathrm{i}k_{\mathrm{S3}}^{(2)}x_3}\end{array}\right)$$

$$\boldsymbol{U}=\left\{\begin{array}{c}C^{2+}\\ C^{2-}\end{array}\right\}\tag{4.2.3}$$

则

$$\boldsymbol{P}=\boldsymbol{X}\cdot\boldsymbol{D}\cdot\boldsymbol{U}\exp\left[\mathrm{i}\left(\xi x_1-\omega_{\mathrm{S}}t\right)\right]\tag{4.2.4}$$

通常称列向量 $\boldsymbol{P}$ 为状态矢量 (简称态矢量)。式 (4.2.4) 给出了某介质中不同位置态矢量的计算公式。通常，态矢量是位置的依赖函数。

在介质 2 的上下边界处，

$$\begin{aligned}&\left\{\begin{array}{c}u_2\\ \sigma_{32}\end{array}\right\}_{x_3=0^-}\\ &=\left(\begin{array}{cc}1 & 1\\ \mathrm{i}\mu_2k_{\mathrm{S3}}^{(2)} & -\mathrm{i}\mu_2k_{\mathrm{S3}}^{(2)}\end{array}\right)\left\{\begin{array}{c}C^{2+}\\ C^{2-}\end{array}\right\}\exp\left[\mathrm{i}\left(\xi x_1-\omega_{\mathrm{S}}t\right)\right]\end{aligned}\tag{4.2.5a}$$

$$\begin{aligned}&\left\{\begin{array}{c}u_2\\ \sigma_{32}\end{array}\right\}_{x_3=-h^+}\\ &=\left(\begin{array}{cc}1 & 1\\ \mathrm{i}\mu_2k_{\mathrm{S3}}^{(2)} & -\mathrm{i}\mu_2k_{\mathrm{S3}}^{(2)}\end{array}\right)\left(\begin{array}{cc}\mathrm{e}^{-\mathrm{i}k_{\mathrm{S3}}^{(2)}h} & 0\\ 0 & \mathrm{e}^{\mathrm{i}k_{\mathrm{S3}}^{(2)}h}\end{array}\right)\left\{\begin{array}{c}C^{2+}\\ C^{2-}\end{array}\right\}\exp\left[\mathrm{i}\left(\xi x_1-\omega_{\mathrm{S}}t\right)\right]\end{aligned}\tag{4.2.5b}$$

由

$$\boldsymbol{P}(x_3=0^-)=\boldsymbol{X}\cdot\boldsymbol{U}\exp\left[\mathrm{i}\left(\xi x_1-\omega_{\mathrm{S}}t\right)\right]\tag{4.2.6}$$

得

$$\boldsymbol{X}^{-1}\cdot\boldsymbol{P}(x_3=0^-)=\boldsymbol{U}\exp\left[\mathrm{i}\left(\xi x_1-\omega_{\mathrm{S}}t\right)\right]\tag{4.2.7}$$

从而

$$
\begin{aligned}
\boldsymbol{P}(x_3=-h^+) &= \boldsymbol{X}\cdot\boldsymbol{D}(x_3=-h^+)\cdot\boldsymbol{U}\exp\left[\mathrm{i}\left(\xi x_1-\omega_{\mathrm{S}}t\right)\right] \\
&= \boldsymbol{X}\cdot\boldsymbol{D}(x_3=-h^+)\cdot\boldsymbol{X}^{-1}\cdot\boldsymbol{P}(x_3=0^-)
\end{aligned} \tag{4.2.8}
$$

令

$$
\begin{aligned}
\boldsymbol{T}(h) &= \boldsymbol{X}\cdot\boldsymbol{D}(x_3=-h^+)\cdot\boldsymbol{X}^{-1} \\
&= \begin{pmatrix} 1 & 1 \\ \mathrm{i}\mu_2 k_{\mathrm{S3}}^{(2)} & -\mathrm{i}\mu_2 k_{\mathrm{S3}}^{(2)} \end{pmatrix}\begin{pmatrix} \mathrm{e}^{-\mathrm{i}k_{\mathrm{S3}}^{(2)}h} & 0 \\ 0 & \mathrm{e}^{\mathrm{i}k_{\mathrm{S3}}^{(2)}h} \end{pmatrix}\begin{pmatrix} 1 & 1 \\ \mathrm{i}\mu_2 k_{\mathrm{S3}}^{(2)} & -\mathrm{i}\mu_2 k_{\mathrm{S3}}^{(2)} \end{pmatrix}^{-1}
\end{aligned}
$$

则介质 2 上下边界处的态矢量存在如下关系：

$$
\boldsymbol{P}(x_3=-h^+) = \boldsymbol{T}(h)\cdot\boldsymbol{P}(x_3=0^-) \tag{4.2.9}
$$

通常称 $\boldsymbol{T}(h)$ 为介质中态矢量的传递矩阵。

现在来计算介质 1 和介质 3 中的态矢量。界面 $2(x_3=0^+)$ 处的位移场为

$$
u_2|_{x_3=0^+} = C^{\mathrm{i}}\mathrm{e}^{\mathrm{i}(\xi x_1-\omega_{\mathrm{S}}t)} + C^{\mathrm{r}}\mathrm{e}^{\mathrm{i}(\xi x_1-\omega_{\mathrm{S}}t)} = \left(C^{\mathrm{i}}+C^{\mathrm{r}}\right)\mathrm{e}^{\mathrm{i}(\xi x_1-\omega_{\mathrm{S}}t)} \tag{4.2.10}
$$

界面 $2(x_3=0^+)$ 处的应力场为

$$
\begin{aligned}
\sigma_{32}|_{x_3=0^+} &= \mu_1\left(-\mathrm{i}k_{\mathrm{S3}}^{(1)}C^{\mathrm{i}}\mathrm{e}^{\mathrm{i}(\xi x_1-\omega_{\mathrm{S}}t)} + \mathrm{i}k_{\mathrm{S3}}^{\mathrm{r}}C^{\mathrm{r}}\mathrm{e}^{\mathrm{i}(\xi x_1-\omega_{\mathrm{S}}t)}\right) \\
&= \mathrm{i}\mu_1 k_{\mathrm{S3}}^{(1)}\left(C^{\mathrm{r}}-C^{\mathrm{i}}\right)\mathrm{e}^{\mathrm{i}(\xi x_1-\omega_{\mathrm{S}}t)}
\end{aligned} \tag{4.2.11}
$$

从而

$$
\begin{aligned}
\begin{Bmatrix} u_2 \\ \sigma_{32} \end{Bmatrix}_{x_3=0^+} &= \begin{pmatrix} C^{\mathrm{i}}+C^{\mathrm{r}} \\ \mathrm{i}\mu_1 k_{\mathrm{S3}}^{(1)}\left(C^{\mathrm{r}}-C^{\mathrm{i}}\right) \end{pmatrix}\cdot\mathrm{e}^{\mathrm{i}(\xi x_1-\omega_{\mathrm{S}}t)} \\
&= \begin{pmatrix} 1 & 1 \\ \mathrm{i}\mu_1 k_{\mathrm{S3}}^{(1)} & -\mathrm{i}\mu_1 k_{\mathrm{S3}}^{(1)} \end{pmatrix}\begin{Bmatrix} C^{\mathrm{r}} \\ C^{\mathrm{i}} \end{Bmatrix}\cdot\mathrm{e}^{\mathrm{i}(\xi x_1-\omega_{\mathrm{S}}t)} \\
&= \boldsymbol{X}_1\begin{Bmatrix} C^{\mathrm{r}} \\ C^{\mathrm{i}} \end{Bmatrix}\cdot\mathrm{e}^{\mathrm{i}(\xi x_1-\omega_{\mathrm{S}}t)}
\end{aligned} \tag{4.2.12}
$$

界面 $1(x_3=-h^-)$ 处的位移场为

$$
u_2|_{x_3=-h^-} = C^{\mathrm{t}}\mathrm{e}^{\mathrm{i}(\xi x_1-\omega_{\mathrm{S}}t)} \tag{4.2.13}
$$

界面 $1(x_3=-h^-)$ 处的应力场为

$$
\sigma_{32}|_{x_3=-h^-} = -\mathrm{i}\mu_3 k_{\mathrm{S3}}^{(3)}C^{\mathrm{t}}\mathrm{e}^{\mathrm{i}(\xi x_1-\omega_{\mathrm{S}}t)} \tag{4.2.14}
$$

从而

$$\left\{\begin{array}{c} u_2 \\ \sigma_{32} \end{array}\right\}_{x_3=-h^-} = \left\{\begin{array}{c} 1 \\ -\mathrm{i}\mu_3 k_{\mathrm{S3}}^{(3)} \end{array}\right\} C^{\mathrm{t}} \mathrm{e}^{\mathrm{i}(\xi x_1 - \omega_{\mathrm{S}} t)} = \boldsymbol{X}_3 C^{\mathrm{t}} \mathrm{e}^{\mathrm{i}(\xi x_1 - \omega_{\mathrm{S}} t)} \tag{4.2.15}$$

对于完好界面，界面两侧态矢量是连续的，即

$$\left\{\begin{array}{c} u_2 \\ \sigma_{32} \end{array}\right\}_{x_3=-h^+} = \left\{\begin{array}{c} u_2 \\ \sigma_{32} \end{array}\right\}_{x_3=-h^-} \tag{4.2.16a}$$

$$\left\{\begin{array}{c} u_2 \\ \sigma_{32} \end{array}\right\}_{x_3=0^-} = \left\{\begin{array}{c} u_2 \\ \sigma_{32} \end{array}\right\}_{x_3=0^+} \tag{4.2.16b}$$

所以

$$\left\{\begin{array}{c} u_2 \\ \sigma_{32} \end{array}\right\}_{x_3=-h^-} = \boldsymbol{T}(h) \left\{\begin{array}{c} u_2 \\ \sigma_{32} \end{array}\right\}_{x_3=0^+} \tag{4.2.17a}$$

即

$$\boldsymbol{X}_3 C^{\mathrm{t}} = \boldsymbol{T}(h) \cdot \boldsymbol{X}_1 \left\{\begin{array}{c} C^{\mathrm{r}} \\ C^{\mathrm{i}} \end{array}\right\} \tag{4.2.17b}$$

通过矩阵分块，从上式即可获得反射和透射振幅与入射振幅的依赖关系

$$\left\{\begin{array}{c} C^{\mathrm{r}} \\ C^{\mathrm{t}} \end{array}\right\} = \left\{\begin{array}{c} R \\ T \end{array}\right\} C^{\mathrm{i}}$$

其中，R 和 T 分别是 SH 波的反射和透射系数。

现在考虑通过传递矩阵方法，研究 P 波和 SV 波通过三明治夹层的反射和透射。利用式 (4.1.8)，介质 2 中的位移和应力组成的态矢量可写成矩阵形式：

$$\boldsymbol{P} = \boldsymbol{X} \cdot \boldsymbol{D} \cdot \boldsymbol{U} \mathrm{e}^{\mathrm{i}(\xi x_1 - \omega t)} \tag{4.2.18}$$

其中，

$$\boldsymbol{X} = \left[\begin{array}{cccc} \mathrm{i}\xi & \mathrm{i}\xi & \mathrm{i}k_{\mathrm{S3}}^{(2)} & -\mathrm{i}k_{\mathrm{S3}}^{(2)} \\ -\mathrm{i}k_{\mathrm{P3}}^{(2)} & \mathrm{i}k_{\mathrm{P3}}^{(2)} & \mathrm{i}\xi & \mathrm{i}\xi \\ -\lambda_2\xi^2 - (\lambda_2 + 2\mu_2)(k_{\mathrm{P3}}^{(2)})^2 & -\lambda_2\xi^2 - (\lambda_2 + 2\mu_2)(k_{\mathrm{P3}}^{(2)})^2 & 2\mu_2\xi k_{\mathrm{S3}}^{(2)} & -2\mu_2\xi k_{\mathrm{S3}}^{(2)} \\ 2\mu_2\xi k_{\mathrm{P3}}^{(2)} & -2\mu_2\xi k_{\mathrm{P3}}^{(2)} & \mu_2[(k_{\mathrm{S3}}^{(2)})^2 - \xi^2] & \mu_2[(k_{\mathrm{S3}}^{(2)})^2 - \xi^2] \end{array}\right]$$

$$\boldsymbol{D}=\begin{bmatrix} \mathrm{e}^{-\mathrm{i}k_{\mathrm{P3}}^{(2)}x_3} & & & \\ & \mathrm{e}^{\mathrm{i}k_{\mathrm{P3}}^{(2)}x_3} & & \\ & & \mathrm{e}^{-\mathrm{i}k_{\mathrm{S3}}^{(2)}x_3} & \\ & & & \mathrm{e}^{\mathrm{i}k_{\mathrm{S3}}^{(2)}x_3} \end{bmatrix},\quad \boldsymbol{P}=\begin{bmatrix} u_1 \\ u_3 \\ \sigma_{33} \\ \sigma_{31} \end{bmatrix},\quad \boldsymbol{U}=\begin{bmatrix} A^{2-} \\ A^{2+} \\ B^{2-} \\ B^{2+} \end{bmatrix} \tag{4.2.19}$$

同理，在介质 1 和介质 3 中的态矢量，也可类似地表示为

$$\boldsymbol{P}_1=\boldsymbol{X}_1\cdot\boldsymbol{D}_1\cdot\boldsymbol{U}_1\mathrm{e}^{\mathrm{i}(\xi x_1-\omega t)} \tag{4.2.20a}$$

$$\boldsymbol{P}_3=\boldsymbol{X}_3\cdot\boldsymbol{D}_3\cdot\boldsymbol{U}_3\mathrm{e}^{\mathrm{i}(\xi x_1-\omega t)} \tag{4.2.20b}$$

对于介质 2，在介质上下边界处，

$$\boldsymbol{P}(x_3=0^-)=\boldsymbol{X}\cdot\boldsymbol{U}\mathrm{e}^{\mathrm{i}(\xi x_1-\omega t)} \tag{4.2.21}$$

$$\boldsymbol{X}^{-1}\cdot\boldsymbol{P}(x_3=0^-)=\boldsymbol{U}\mathrm{e}^{\mathrm{i}(\xi x_1-\omega t)} \tag{4.2.22}$$

$$\boldsymbol{P}(x_3=-h^+)=\boldsymbol{X}\cdot\boldsymbol{D}(x_3=-h^+)\cdot\boldsymbol{U}\mathrm{e}^{\mathrm{i}(\xi x_1-\omega t)} \tag{4.2.23}$$

从而

$$\boldsymbol{P}(x_3=-h^+)=\boldsymbol{X}\cdot\boldsymbol{D}(x_3=-h^+)\cdot\boldsymbol{X}^{-1}\boldsymbol{P}(x_3=0^-)=\boldsymbol{T}(h)\boldsymbol{P}(x_3=0^-) \tag{4.2.24}$$

其中，

$$\boldsymbol{T}(h)=\boldsymbol{X}\cdot\boldsymbol{D}(x_3=-h^+)\cdot\boldsymbol{X}^{-1} \tag{4.2.25}$$

界面 2 处，$x_3=0^+$ 处的位移场和应力场为

$$\boldsymbol{P}(x_3=0^+)=\boldsymbol{X}_1\cdot\begin{bmatrix} A^{\mathrm{i}} \\ A^{\mathrm{r}} \\ B^{\mathrm{i}} \\ B^{\mathrm{r}} \end{bmatrix}\mathrm{e}^{\mathrm{i}(\xi x_1-\omega t)} \tag{4.2.26}$$

界面 1 处，$x_3=-h^-$ 处的位移场和应力场为

$$\boldsymbol{P}(x_3=-h^-)=\boldsymbol{X}_3\cdot\begin{bmatrix} A^{\mathrm{t}} \\ B^{\mathrm{t}} \end{bmatrix}\mathrm{e}^{\mathrm{i}(\xi x_1-\omega t)} \tag{4.2.27}$$

在完好界面时，

$$\boldsymbol{P}(x_3=-h^+)=\boldsymbol{P}(x_3=-h^-),\quad \boldsymbol{P}(x_3=0^+)=\boldsymbol{P}(x_3=0^-) \tag{4.2.28}$$

所以

$$\boldsymbol{P}(x_3=-h^-)=\boldsymbol{T}(h)\cdot\boldsymbol{P}(x_3=0^+) \tag{4.2.29}$$

即

$$
\boldsymbol{X}_3 \begin{bmatrix} A^{\mathrm{t}} \\ B^{\mathrm{t}} \end{bmatrix} = \boldsymbol{X} \cdot \boldsymbol{D}_{x_3=-h^+} \cdot \boldsymbol{X}^{-1} \cdot \boldsymbol{X}_1 \cdot \begin{bmatrix} A^{\mathrm{i}} \\ A^{\mathrm{r}} \\ B^{\mathrm{i}} \\ B^{\mathrm{r}} \end{bmatrix} \tag{4.2.30}
$$

通过矩阵分块处理，上式一定可以写成

$$
\begin{Bmatrix} A^{\mathrm{r}} \\ B^{\mathrm{r}} \end{Bmatrix} = \begin{bmatrix} R_{AA} & R_{AB} \\ R_{BA} & R_{BB} \end{bmatrix} \begin{Bmatrix} A^{\mathrm{i}} \\ B^{\mathrm{i}} \end{Bmatrix} \tag{4.2.31a}
$$

$$
\begin{Bmatrix} A^{\mathrm{t}} \\ B^{\mathrm{t}} \end{Bmatrix} = \begin{bmatrix} T_{AA} & T_{AB} \\ T_{BA} & T_{BB} \end{bmatrix} \begin{Bmatrix} A^{\mathrm{i}} \\ B^{\mathrm{i}} \end{Bmatrix} \tag{4.2.31b}
$$

上式中矩阵 $\boldsymbol{R}$ 和 $\boldsymbol{T}$ 分别称为夹层的反射矩阵和透射矩阵。当 $A^{\mathrm{i}} = 0, B^{\mathrm{i}} \neq 0$ 时表示 SV 波入射，当 $A^{\mathrm{i}} \neq 0, B^{\mathrm{i}} = 0$ 时表示 P 波入射，当 $A^{\mathrm{i}} \neq 0, B^{\mathrm{i}} \neq 0$ 时表示 P 波和 SV 波同时入射。从而，R_{AA} 表示 P 波单独入射时，反射 P 波的反射系数；R_{AB} 表示 SV 波单独入射时，反射 P 波的反射系数；T_{AA} 表示 P 波单独入射时，透射 P 波的透射系数；T_{AB} 表示 SV 波单独入射时，透射 P 波的透射系数。其他系数的物理意义可类似地理解。

现在考虑两半无限大介质中间有多层介质的情况。假设第一层介质的传递矩阵为 $\boldsymbol{T}_1(h)$，第二层介质的传递矩阵为 $\boldsymbol{T}_2(h)$，以此类推，第 n 层介质的传递矩阵为 $\boldsymbol{T}_n(h)$。当界面均为完好界面时，有

$$
\boldsymbol{P}_{x_3=-nh^+} = \boldsymbol{P}_{x_3=-nh^-}, \cdots, \boldsymbol{P}_{x_3=0^+} = \boldsymbol{P}_{x_3=0^-} \tag{4.2.32}
$$

所以

$$
\boldsymbol{P}_{x_3=-nh^-} = \boldsymbol{T}(h)\boldsymbol{P}_{x_3=0^+} \tag{4.2.33}
$$

其中，

$$
\boldsymbol{T}(h) = \boldsymbol{T}_1(h) \cdot \boldsymbol{T}_2(h) \cdot \boldsymbol{T}_3(h) \cdot \ \cdots \tag{4.2.34}
$$

为 n 层介质总的传递矩阵。一旦总传递矩阵求得，则弹性波通过 N 层介质的反射和透射就如同通过一层介质一样。当 SH 波入射时，总传递矩阵是 2×2，当入射波是 P 波和 SV 波时，总传递矩阵是 4×4。与联立界面条件方法相比，传递矩阵方法导致的最终线性代数方程组的阶次大为降低，从而，大大降低了计算机的存储空间并大幅提高了计算效率。这是传递矩阵方法得到广泛应用的最主要原因。但传递矩阵方法自身也存在一些缺陷。随着层状介质的层数增加，传递矩阵的累计误差迅速增加，会导致基于传递矩阵方法的数值算法不稳定。

4.3 刚度矩阵方法

首先考虑 SH 波入射情况。在介质 2 中

$$\begin{bmatrix} u_2|_{x_3=0^-} \\ u_2|_{x_3=-h^+} \end{bmatrix} = \begin{bmatrix} 1 & 1 \\ \mathrm{e}^{-\mathrm{i}k_{\mathrm{S}3}^{(2)}h} & \mathrm{e}^{\mathrm{i}k_{\mathrm{S}3}^{(2)}h} \end{bmatrix} \begin{bmatrix} C^{2+} \\ C^{2-} \end{bmatrix} \exp\left[\mathrm{i}\left(\xi x_1 - \omega_{\mathrm{S}} t\right)\right] \tag{4.3.1a}$$

$$\begin{bmatrix} \sigma_{32}|_{x_3=0^-} \\ \sigma_{32}|_{x_3=-h^+} \end{bmatrix} = \begin{bmatrix} \mathrm{i}\mu_2 k_{\mathrm{S}3}^{(2)} & -\mathrm{i}\mu_2 k_{\mathrm{S}3}^{(2)} \\ \mathrm{i}\mu_2 k_{\mathrm{S}3}^{(2)} \mathrm{e}^{-\mathrm{i}k_{\mathrm{S}3}^{(2)}h} & -\mathrm{i}\mu_2 k_{\mathrm{S}3}^{(2)} \mathrm{e}^{\mathrm{i}k_{\mathrm{S}3}^{(2)}h} \end{bmatrix} \begin{bmatrix} C^{2+} \\ C^{2-} \end{bmatrix} \exp\left[\mathrm{i}\left(\xi x_1 - \omega_{\mathrm{S}} t\right)\right] \tag{4.3.1b}$$

所以

$$\begin{aligned} &\begin{bmatrix} \sigma_{32}|_{x_3=0^-} \\ \sigma_{32}|_{x_3=-h^+} \end{bmatrix} \\ &= \begin{bmatrix} \mathrm{i}\mu_2 k_{\mathrm{S}3}^{(2)} & -\mathrm{i}\mu_2 k_{\mathrm{S}3}^{(2)} \\ \mathrm{i}\mu_2 k_{\mathrm{S}3}^{(2)} \mathrm{e}^{-\mathrm{i}k_{\mathrm{S}3}^{(2)}h} & -\mathrm{i}\mu_2 k_{\mathrm{S}3}^{(2)} \mathrm{e}^{\mathrm{i}k_{\mathrm{S}3}^{(2)}h} \end{bmatrix} \begin{bmatrix} 1 & 1 \\ \mathrm{e}^{-\mathrm{i}k_{\mathrm{S}3}^{(2)}h} & \mathrm{e}^{\mathrm{i}k_{\mathrm{S}3}^{(2)}h} \end{bmatrix}^{-1} \begin{bmatrix} u_2|_{x_3=0^-} \\ u_2|_{x_3=-h^+} \end{bmatrix} \\ &= \boldsymbol{K} \cdot \begin{bmatrix} u_2|_{x_3=0^-} \\ u_2|_{x_3=-h^+} \end{bmatrix} \end{aligned} \tag{4.3.2}$$

其中，

$$\boldsymbol{K} = \begin{bmatrix} \mathrm{i}\mu_2 k_{\mathrm{S}3}^{(2)} & -\mathrm{i}\mu_2 k_{\mathrm{S}3}^{(2)} \\ \mathrm{i}\mu_2 k_{\mathrm{S}3}^{(2)} \mathrm{e}^{-\mathrm{i}k_{\mathrm{S}3}^{(2)}h} & -\mathrm{i}\mu_2 k_{\mathrm{S}3}^{(2)} \mathrm{e}^{\mathrm{i}k_{\mathrm{S}3}^{(2)}h} \end{bmatrix} \begin{bmatrix} 1 & 1 \\ \mathrm{e}^{-\mathrm{i}k_{\mathrm{S}3}^{(2)}h} & \mathrm{e}^{\mathrm{i}k_{\mathrm{S}3}^{(2)}h} \end{bmatrix}^{-1} \tag{4.3.3}$$

称为介质 2 的刚度矩阵，它建立了介质 2 上下边界处的应力与位移之间的联系。

在介质 1 和介质 3 中，界面 $1(x_3=-h^-)$ 处和界面 $2(x_3=0^+)$ 处的位移场为

$$\begin{bmatrix} u_2|_{x_3=0^+} \\ u_2|_{x_3=-h^-} \end{bmatrix} = \begin{bmatrix} C^{\mathrm{i}} + C^{\mathrm{r}} \\ C^{\mathrm{t}} \end{bmatrix} \mathrm{e}^{\mathrm{i}(\xi x_1 - \omega_{\mathrm{S}} t)} \tag{4.3.4}$$

界面 $1(x_3=-h^-)$ 处和界面 $2(x_3=0^+)$ 处的应力场为

$$\begin{aligned} \begin{bmatrix} \sigma_{32}|_{x_3=0^+} \\ \sigma_{32}|_{x_3=-h^-} \end{bmatrix} &= \begin{bmatrix} \mathrm{i}\mu_1 k_{\mathrm{S}3}^{(1)} & \\ & -\mathrm{i}\mu_3 k_{\mathrm{S}3}^{(3)} \end{bmatrix} \begin{bmatrix} C^{\mathrm{r}} - C^{\mathrm{i}} \\ C^{\mathrm{t}} \end{bmatrix} \mathrm{e}^{\mathrm{i}(\xi x_1 - \omega_{\mathrm{S}} t)} \\ &= \boldsymbol{X} \begin{bmatrix} C^{\mathrm{r}} - C^{\mathrm{i}} \\ C^{\mathrm{t}} \end{bmatrix} \mathrm{e}^{\mathrm{i}(\xi x_1 - \omega_{\mathrm{S}} t)} \end{aligned} \tag{4.3.5}$$

在完好界面时,

$$\begin{bmatrix} u_2|_{x_3=0^+} \\ u_2|_{x_3=-h^-} \end{bmatrix} = \begin{bmatrix} u_2|_{x_3=0^-} \\ u_2|_{x_3=-h^+} \end{bmatrix} \tag{4.3.6a}$$

$$\begin{bmatrix} \sigma_{32}|_{x_3=0^+} \\ \sigma_{32}|_{x_3=-h^-} \end{bmatrix} = \begin{bmatrix} \sigma_{32}|_{x_3=0^-} \\ \sigma_{32}|_{x_3=-h^+} \end{bmatrix} \tag{4.3.6b}$$

所以

$$\begin{aligned} &\begin{bmatrix} \sigma_{32}|_{x_3=0^+} \\ \sigma_{32}|_{x_3=-h^-} \end{bmatrix} \\ &= \begin{bmatrix} \mathrm{i}\mu_2 k_{\mathrm{S3}}^{(2)} & -\mathrm{i}\mu_2 k_{\mathrm{S3}}^{(2)} \\ \mathrm{i}\mu_2 k_{\mathrm{S3}}^{(2)} \mathrm{e}^{-\mathrm{i}k_{\mathrm{S3}}^{(2)} h} & -\mathrm{i}\mu_2 k_{\mathrm{S3}}^{(2)}{}_{\mathrm{S3}} \mathrm{e}^{\mathrm{i}k_{\mathrm{S3}}^{(2)} h} \end{bmatrix} \begin{bmatrix} 1 & 1 \\ \mathrm{e}^{-\mathrm{i}k_{\mathrm{S3}}^{(2)} h} & \mathrm{e}^{\mathrm{i}k_{\mathrm{S3}}^{(2)} h} \end{bmatrix}^{-1} \begin{bmatrix} u_2|_{x_3=0^+} \\ u_2|_{x_3=-h^-} \end{bmatrix} \end{aligned} \tag{4.3.7}$$

即

$$\begin{aligned} &\begin{bmatrix} \mathrm{i}\mu_1 k_{\mathrm{S3}}^{(1)} & \\ & -\mathrm{i}\mu_3 k_{\mathrm{S3}}^{(3)} \end{bmatrix} \begin{bmatrix} C^{\mathrm{r}} - C^{\mathrm{i}} \\ C^{\mathrm{t}} \end{bmatrix} \\ &= \begin{bmatrix} \mathrm{i}\mu_2 k_{\mathrm{S3}}^{(2)} & -\mathrm{i}\mu_2 k_{\mathrm{S3}}^{(2)} \\ \mathrm{i}\mu_2 k_{\mathrm{S3}}^{(2)} \mathrm{e}^{-\mathrm{i}k_{\mathrm{S3}}^{(2)} h} & -\mathrm{i}\mu_2 k_{\mathrm{S3}}^{(2)}{}_{\mathrm{S3}} \mathrm{e}^{\mathrm{i}k_{\mathrm{S3}}^{(2)} h} \end{bmatrix} \begin{bmatrix} 1 & 1 \\ \mathrm{e}^{-\mathrm{i}k_{\mathrm{S3}}^{(2)} h} & \mathrm{e}^{\mathrm{i}k_{\mathrm{S3}}^{(2)} h} \end{bmatrix}^{-1} \begin{bmatrix} C^{\mathrm{i}} + C^{\mathrm{r}} \\ C^{\mathrm{t}} \end{bmatrix} \end{aligned} \tag{4.3.8}$$

简写为

$$\boldsymbol{X} \cdot \begin{bmatrix} C^{\mathrm{r}} - C^{\mathrm{i}} \\ C^{\mathrm{t}} \end{bmatrix} = \boldsymbol{K} \cdot \begin{bmatrix} C^{\mathrm{i}} + C^{\mathrm{r}} \\ C^{\mathrm{t}} \end{bmatrix} \tag{4.3.9}$$

上式可以改写为

$$(\boldsymbol{X} - \boldsymbol{K}) \cdot \begin{bmatrix} C^{\mathrm{r}} \\ C^{\mathrm{t}} \end{bmatrix} = (\boldsymbol{X} + \boldsymbol{K}) \cdot \begin{bmatrix} C^{\mathrm{i}} \\ 0 \end{bmatrix} \tag{4.3.10}$$

从而，反射系数和透射系数得以求得。

当两半无限大介质中间有两层夹层时，假设

$$\begin{bmatrix} \sigma_{32}|_{x_3=0^-} \\ \sigma_{32}|_{x_3=-h^+} \end{bmatrix} = \begin{bmatrix} k_{11}^{(1)} & k_{12}^{(1)} \\ k_{21}^{(1)} & k_{22}^{(1)} \end{bmatrix} \begin{bmatrix} u_2|_{x_3=0^-} \\ u_2|_{x_3=-h^+} \end{bmatrix} \tag{4.3.11a}$$

$$\begin{bmatrix} \sigma_{32}|_{x_3=-h^-} \\ \sigma_{32}|_{x_3=-2h^+} \end{bmatrix} = \begin{bmatrix} k_{11}^{(2)} & k_{12}^{(2)} \\ k_{21}^{(2)} & k_{22}^{(2)} \end{bmatrix} \begin{bmatrix} u_2|_{x_3=-h^-} \\ u_2|_{x_3=-2h^+} \end{bmatrix} \tag{4.3.11b}$$

在完好界面时，

$$\begin{bmatrix} \sigma_{32}|_{x_3=-h^+} \\ u_2|_{x_3=-h^+} \end{bmatrix} = \begin{bmatrix} \sigma_{32}|_{x_3=-h^-} \\ u_2|_{x_3=-h^-} \end{bmatrix} \tag{4.3.12}$$

则

$$\begin{bmatrix} \sigma_{32}|_{x_3=0^-} \\ \sigma_{32}|_{x_3=-2h^+} \end{bmatrix} = \begin{bmatrix} m_{11}^{(2)} & m_{12}^{(2)} \\ m_{21}^{(2)} & m_{22}^{(2)} \end{bmatrix} \begin{bmatrix} u_2|_{x_3=0^-} \\ u_2|_{x_3=-2h^+} \end{bmatrix} \tag{4.3.13}$$

其中，

$$m_{11}^{(2)} = k_{11}^{(1)} + k_{12}^{(1)}(k_{11}^{(2)} - k_{22}^{(1)})^{-1}k_{21}^{(1)}, \quad m_{12}^{(2)} = -k_{12}^{(1)}(k_{11}^{(2)} - k_{22}^{(1)})^{-1}k_{12}^{(2)}$$
$$m_{21}^{(2)} = k_{21}^{(2)}(k_{11}^{(2)} - k_{22}^{(1)})^{-1}k_{21}^{(1)}, \quad m_{22}^{(2)} = k_{22}^{(2)} - k_{21}^{(2)}(k_{11}^{(2)} - k_{22}^{(1)})^{-1}k_{12}^{(2)}$$

当中间有 n 层夹层时，假设

$$\begin{bmatrix} \sigma_{32}|_{x_3=-(n-1)h^-} \\ \sigma_{32}|_{x_3=-nh^+} \end{bmatrix} = \begin{bmatrix} k_{11}^{(n)} & k_{12}^{(n)} \\ k_{21}^{(n)} & k_{22}^{(n)} \end{bmatrix} \begin{bmatrix} u_2|_{x_3=-(n-1)h^-} \\ u_2|_{x_3=-nh^+} \end{bmatrix} \tag{4.3.14}$$

在完好界面时，

$$\begin{bmatrix} \sigma_{32}|_{x_3=-(n-1)h^+} \\ u_2|_{x_3=-(n-1)h^+} \end{bmatrix} = \begin{bmatrix} \sigma_{32}|_{x_3=-(n-1)h^-} \\ u_2|_{x_3=-(n-1)h^-} \end{bmatrix} \tag{4.3.15}$$

则

$$\begin{bmatrix} \sigma_{32}|_{x_3=0^-} \\ \sigma_{32}|_{x_3=-nh^+} \end{bmatrix} = \begin{bmatrix} m_{11}^{(n)} & m_{12}^{(n)} \\ m_{21}^{(n)} & m_{22}^{(n)} \end{bmatrix} \begin{bmatrix} u_2|_{x_3=0^-} \\ u_2|_{x_3=-nh^+} \end{bmatrix} \tag{4.3.16}$$

其中,

$$\begin{aligned} m_{11}^{(n)} &= m_{11}^{(n-1)} + m_{12}^{(n-1)}(k_{11}^{(n)} - m_{22}^{(n-1)})^{-1}m_{21}^{(n-1)} \\ m_{12}^{(n)} &= -m_{12}^{(n-1)}(k_{11}^{(n)} - m_{22}^{(n-1)})^{-1}k_{12}^{(n)} \\ m_{21}^{(n)} &= k_{21}^{(n)}(k_{11}^{(n)} - m_{22}^{(n-1)})^{-1}m_{21}^{(n-1)} \\ m_{22}^{(n)} &= k_{22}^{(n)} - k_{21}^{(n)}(k_{11}^{(n)} - m_{22}^{(n-1)})^{-1}k_{12}^{(n)} \end{aligned}$$

上式中,$k_{ij}^{(n)}(i=1,2;j=1,2)$ 表示第 n 层的刚度矩阵系数;$m_{ij}^{(n)}(i=1,2;j=1,2)$ 表示前 n 层的总体刚度矩阵系数。一旦求得 N 层介质的刚度矩阵，则弹性波通过 N 层介质的反射和透射就如同通过一层介质一样。

当入射波是 P 波和 SV 波时，界面 $1(x_3=-h^+)$ 处和界面 $2(x_3=0^-)$ 处的位移场为

$$u_1|_{x_3=0^-}=(\mathrm{i}\xi A^{2-}+\mathrm{i}\xi A^{2+}+\mathrm{i}k_{\mathrm{S3}}^{(2)}B^{2-}-\mathrm{i}k_{\mathrm{S3}}^{(2)}B^{2+})\mathrm{e}^{\mathrm{i}(\xi x_1-\omega t)} \tag{4.3.17a}$$

$$u_3|_{x_3=0^-}=(-\mathrm{i}k_{\mathrm{P3}}^{(2)}A^{2-}+\mathrm{i}k_{\mathrm{P3}}^{(2)}A^{2+}+\mathrm{i}\xi B^{2-}+\mathrm{i}\xi B^{2+})\mathrm{e}^{\mathrm{i}(\xi x_1-\omega t)} \tag{4.3.17b}$$

$$\begin{aligned}&u_1|_{x_3=-h^+}\\&=\left(\mathrm{i}\xi\mathrm{e}^{\mathrm{i}k_{\mathrm{P3}}^{(2)}h}A^{2-}+\mathrm{i}\xi\mathrm{e}^{-\mathrm{i}k_{\mathrm{P3}}^{(2)}h}A^{2+}+\mathrm{i}k_{\mathrm{S3}}^{(2)}B^{2-}\mathrm{e}^{\mathrm{i}k_{\mathrm{S3}}^{(2)}h}-\mathrm{i}k_{\mathrm{S3}}^{(2)}\mathrm{e}^{-\mathrm{i}k_{\mathrm{S3}}^{(2)}h}B^{2+}\right)\mathrm{e}^{\mathrm{i}(\xi x_1-\omega t)}\end{aligned} \tag{4.3.17c}$$

$$\begin{aligned}&u_3|_{x_3=-h^+}\\&=\left(-\mathrm{i}k_{\mathrm{P3}}^{(2)}A^{2-}\mathrm{e}^{\mathrm{i}k_{\mathrm{P3}}^{(2)}h}+\mathrm{i}k_{\mathrm{P3}}^{(2)}\mathrm{e}^{-\mathrm{i}k_{\mathrm{P3}}^{(2)}h}A^{2+}+\mathrm{i}\xi B^{2-}\mathrm{e}^{\mathrm{i}k_{\mathrm{S3}}^{(2)}h}+\mathrm{i}\xi\mathrm{e}^{-\mathrm{i}k_{\mathrm{S3}}^{(2)}h}B^{2+}\right)\mathrm{e}^{\mathrm{i}(\xi x_1-\omega t)}\end{aligned} \tag{4.3.17d}$$

将其写成矩阵的形式

$$\begin{bmatrix}u_1|_{x_3=0^-}\\u_3|_{x_3=0^-}\\u_1|_{x_3=-h^+}\\u_3|_{x_3=-h^+}\end{bmatrix}=\boldsymbol{M}\begin{bmatrix}A^{2-}\\A^{2+}\\B^{2-}\\B^{2+}\end{bmatrix}\mathrm{e}^{\mathrm{i}(\xi x_1-\omega t)} \tag{4.3.18}$$

其中，

$$\boldsymbol{M}=\begin{bmatrix}\mathrm{i}\xi & \mathrm{i}\xi & \mathrm{i}k_{\mathrm{S3}}^{(2)} & -\mathrm{i}k_{\mathrm{S3}}^{(2)}\\ -\mathrm{i}k_{\mathrm{P3}}^{(2)} & \mathrm{i}k_{\mathrm{P3}}^{(2)} & \mathrm{i}\xi & \mathrm{i}\xi\\ \mathrm{i}\xi\mathrm{e}^{\mathrm{i}k_{\mathrm{P3}}^{(2)}h} & \mathrm{i}\xi\mathrm{e}^{-\mathrm{i}k_{\mathrm{P3}}^{(2)}h} & \mathrm{i}k_{\mathrm{S3}}^{(2)}\mathrm{e}^{\mathrm{i}k_{\mathrm{S3}}^{(2)}h} & -\mathrm{i}k_{\mathrm{S3}}^{(2)}\mathrm{e}^{-\mathrm{i}k_{\mathrm{S3}}^{(2)}h}\\ -\mathrm{i}k_{\mathrm{P3}}^{(2)}\mathrm{e}^{\mathrm{i}k_{\mathrm{P3}}^{(2)}h} & \mathrm{i}k_{\mathrm{P3}}^{(2)}\mathrm{e}^{-\mathrm{i}k_{\mathrm{P3}}^{(2)}h} & \mathrm{i}\xi\mathrm{e}^{\mathrm{i}k_{\mathrm{S3}}^{(2)}h} & \mathrm{i}\xi\mathrm{e}^{-\mathrm{i}k_{\mathrm{S3}}^{(2)}h}\end{bmatrix} \tag{4.3.19}$$

界面 $1(x_3=-h^+)$ 处和界面 $2(x_3=0^-)$ 处的应力场为

$$\begin{aligned}\sigma_{33}|_{x_3=0^-}=&\left\{\left[-\lambda_2\xi^2-(\lambda_2+2\mu_2)(k_{\mathrm{P3}}^{(2)})^2\right]A^{2-}+\left[-\lambda_2\xi^2-(\lambda_2+2\mu_2)(k_{\mathrm{P3}}^{(2)})^2\right]A^{2+}\right.\\&\left.+2\mu_2\xi k_{\mathrm{S3}}^{(2)}B^{2-}-2\mu_2\xi k_{\mathrm{S3}}^{(2)}B^{2+}\right\}\mathrm{e}^{\mathrm{i}(\xi x_1-\omega t)}\end{aligned} \tag{4.3.20a}$$

$$\begin{aligned}\sigma_{31}|_{x_3=0^-}=&\{2\mu_2\xi k_{\mathrm{P3}}^{(2)}A^{2-}-2\mu_2\xi k_{\mathrm{P3}}^{(2)}A^{2+}+\mu_2[(k_{s3}^{(2)})^2-\xi^2]B^{2-}\\&+\mu_2[(k_{\mathrm{S3}}^{(2)})^2-\xi^2]B^{2+}\}\mathrm{e}^{\mathrm{i}(\xi x_1-\omega t)}\end{aligned} \tag{4.3.20b}$$

$$\begin{aligned}\sigma_{33}|_{x_3=-h^+}=&\{[-\lambda_2\xi^2-(\lambda_2+2\mu_2)(k_{\mathrm{P3}}^{(2)})^2]\mathrm{e}^{\mathrm{i}k_{\mathrm{P3}}^{(2)}h}A^{2-}\\&+[-\lambda_2\xi^2-(\lambda_2+2\mu_2)(k_{\mathrm{P3}}^{(2)})^2]\mathrm{e}^{-\mathrm{i}k_{\mathrm{P3}}^{(2)}h}A^{2+}\end{aligned}$$

$$+2\mu_2\xi k_{\mathrm{S3}}^{(2)}\mathrm{e}^{\mathrm{i}k_{\mathrm{S3}}^{(2)}h}B^{2-}-2\mu_2\xi k_{\mathrm{S3}}^{(2)}\mathrm{e}^{-\mathrm{i}k_{\mathrm{S3}}^{(2)}h}B^{2+}\}\mathrm{e}^{\mathrm{i}(\xi x_1-\omega t)} \tag{4.3.20c}$$

$$\sigma_{31}|_{x_3=-h^+}=\{2\mu_2\xi k_{\mathrm{P3}}^{(2)}\mathrm{e}^{\mathrm{i}k_{\mathrm{S3}}^{(2)}h}A^{2-}-2\mu_2\xi k_{\mathrm{P3}}^{(2)}\mathrm{e}^{-\mathrm{i}k_{\mathrm{P3}}^{(2)}h}A^{2+}+\mu_2[(k_{\mathrm{S3}}^{(2)})^2-\xi^2]\mathrm{e}^{\mathrm{i}k_{\mathrm{S3}}^{(2)}h}B^{2-}$$
$$+\mu_2[(k_{\mathrm{S3}}^{(2)})^2-\xi^2]\mathrm{e}^{-\mathrm{i}k_{\mathrm{S3}}^{(2)}h}B^{2+}\}\mathrm{e}^{\mathrm{i}(\xi x_1-\omega t)} \tag{4.3.20d}$$

将其写成矩阵的形式

$$\begin{bmatrix}\sigma_{33}|_{x_3=0^-}\\ \sigma_{31}|_{x_3=0^-}\\ \sigma_{33}|_{x_3=-h^+}\\ \sigma_{31}|_{x_3=-h^+}\end{bmatrix}=\boldsymbol{N}\begin{bmatrix}A^{2-}\\ A^{2+}\\ B^{2-}\\ B^{2+}\end{bmatrix}\mathrm{e}^{\mathrm{i}(\xi x_1-\omega t)} \tag{4.3.21}$$

其中，

$$\boldsymbol{N}=\begin{bmatrix}-\lambda_2\xi^2-(\lambda_2+2\mu_2)(k_{\mathrm{P3}}^{(2)})^2 & -\lambda_2\xi^2-(\lambda_2+2\mu_2)(k_{\mathrm{P3}}^{(2)})^2 & 2\mu_2\xi k_{\mathrm{S3}}^{(2)} & -2\mu_2\xi k_{\mathrm{S3}}^{(2)}\\ 2\mu_2\xi k_{\mathrm{P3}}^{(2)} & -2\mu_2\xi k_{\mathrm{P3}}^{(2)} & \mu_2\left[(k_{\mathrm{S3}}^{(2)})^2-\xi^2\right] & \mu_2\left[(k_{\mathrm{S3}}^{(2)})^2-\xi^2\right]\\ \left[-\lambda_2\xi^2-(\lambda_2+2\mu_2)(k_{\mathrm{P3}}^{(2)})^2\right]\mathrm{e}^{\mathrm{i}k_{\mathrm{P3}}^{(2)}h} & \left[-\lambda_2\xi^2-(\lambda_2+2\mu_2)(k_{\mathrm{P3}}^{(2)})^2\right]\mathrm{e}^{-\mathrm{i}k_{\mathrm{P3}}^{(2)}h} & 2\mu_2\xi k_{\mathrm{S3}}^{(2)}\mathrm{e}^{\mathrm{i}k_{\mathrm{S3}}^{(2)}h} & -2\mu_2\xi k_{\mathrm{S3}}^{(2)}\mathrm{e}^{-\mathrm{i}k_{\mathrm{S3}}^{(2)}h}\\ 2\mu_2\xi k_{\mathrm{P3}}^{(2)}\mathrm{e}^{\mathrm{i}k_{\mathrm{P3}}^{(2)}h} & -2\mu_2\xi k_{\mathrm{P3}}^{(2)}\mathrm{e}^{-\mathrm{i}k_{\mathrm{P3}}^{(2)}h} & \mu_2\left[(k_{\mathrm{S3}}^{(2)})^2-\xi^2\right]\mathrm{e}^{\mathrm{i}k_{\mathrm{S3}}^{(2)}h} & \mu_2\left[(k_{\mathrm{S3}}^{(2)})^2-\xi^2\right]\mathrm{e}^{-\mathrm{i}k_{\mathrm{S3}}^{(2)}h}\end{bmatrix}$$

所以

$$\begin{bmatrix}\sigma_{33}|_{x_3=0^-}\\ \sigma_{31}|_{x_3=0^-}\\ \sigma_{33}|_{x_3=-h^+}\\ \sigma_{31}|_{x_3=-h^+}\end{bmatrix}=\boldsymbol{N}\cdot\boldsymbol{M}^{-1}\begin{bmatrix}u_1|_{x_3=0^-}\\ u_3|_{x_3=0^-}\\ u_1|_{x_3=-h^+}\\ u_3|_{x_3=-h^+}\end{bmatrix}=\boldsymbol{K}\cdot\begin{bmatrix}u_1|_{x_3=0^-}\\ u_3|_{x_3=0^-}\\ u_1|_{x_3=-h^+}\\ u_3|_{x_3=-h^+}\end{bmatrix} \tag{4.3.22}$$

界面 $1(x_3=-h^-)$ 处和界面 $2(x_3=0^+)$ 处的位移场为

$$u_1|_{x_3=0^+}=(\mathrm{i}\xi A^{\mathrm{i}}+\mathrm{i}\xi A^{\mathrm{r}}+\mathrm{i}k_{\mathrm{S3}}^{(1)}B^{\mathrm{i}}-\mathrm{i}k_{\mathrm{S3}}^{(1)}B^{\mathrm{r}})\mathrm{e}^{\mathrm{i}(\xi x_1-\omega t)} \tag{4.3.23a}$$

$$u_3|_{x_3=0^+}=(-\mathrm{i}k_{\mathrm{P3}}^{(1)}A^{\mathrm{i}}+\mathrm{i}k_{\mathrm{P3}}^{(1)}A^{\mathrm{r}}+\mathrm{i}\xi B^{\mathrm{i}}+\mathrm{i}\xi B^{\mathrm{r}})\mathrm{e}^{\mathrm{i}(\xi x_1-\omega t)} \tag{4.3.23b}$$

$$u_1|_{x_3=-h^-}=(\mathrm{i}\xi A^{\mathrm{t}}+\mathrm{i}k_{\mathrm{S3}}^{(3)}B^{\mathrm{t}})\mathrm{e}^{\mathrm{i}(\xi x_1-\omega t)} \tag{4.3.23c}$$

$$u_3|_{x_3=-h^-}=(-\mathrm{i}k_{\mathrm{P3}}^{(3)}A^{\mathrm{t}}+\mathrm{i}\xi B^{\mathrm{t}})\mathrm{e}^{\mathrm{i}(\xi x_1-\omega t)} \tag{4.3.23d}$$

将其写成矩阵形式

$$\begin{bmatrix} u_1|_{x_3=0^+} \\ u_3|_{x_3=0^+} \\ u_1|_{x_3=-h^-} \\ u_3|_{x_3=-h^-} \end{bmatrix} = \boldsymbol{P} \begin{bmatrix} A^{\mathrm{i}} \\ A^{\mathrm{r}} \\ B^{\mathrm{i}} \\ B^{\mathrm{r}} \\ A^{\mathrm{t}} \\ B^{\mathrm{t}} \end{bmatrix} \mathrm{e}^{\mathrm{i}(\xi x_1-\omega t)} \tag{4.3.24}$$

其中，

$$\boldsymbol{P} = \begin{bmatrix} \mathrm{i}\xi & \mathrm{i}\xi & \mathrm{i}k_{\mathrm{S3}}^{(1)} & -\mathrm{i}k_{\mathrm{S3}}^{(1)} & 0 & 0 \\ -\mathrm{i}k_{\mathrm{P3}}^{(1)} & \mathrm{i}k_{\mathrm{P3}}^{(1)} & \mathrm{i}\xi & \mathrm{i}\xi & 0 & 0 \\ 0 & 0 & 0 & 0 & \mathrm{i}\xi & \mathrm{i}k_{\mathrm{S3}}^{(3)} \\ 0 & 0 & 0 & 0 & -\mathrm{i}k_{\mathrm{P3}}^{(3)} & \mathrm{i}\xi \end{bmatrix} \tag{4.3.25}$$

界面 $1(x_3=-h^-)$ 处和界面 $2(x_3=0^+)$ 处的应力场为

$$\begin{aligned} \sigma_{33}|_{x_3=0^+} = &\Big\{[-\lambda_1\xi^2-(\lambda_1+2\mu_1)(k_{\mathrm{P3}}^{(1)})^2]A^i+[-\lambda_1\xi^2-(\lambda_1+2\mu_1)(k_{\mathrm{P3}}^{(1)})^2]A^{\mathrm{r}} \\ &+2\mu_1\xi k_{\mathrm{S3}}^{(1)}B^{\mathrm{i}}-2\mu_1\xi k_{\mathrm{S3}}^{(1)}B^{\mathrm{r}}\Big\}\mathrm{e}^{\mathrm{i}(\xi x_1-\omega t)} \end{aligned} \tag{4.3.26a}$$

$$\begin{aligned} \sigma_{31}|_{x_3=0^+} = &\Big\{2\mu_1\xi k_{\mathrm{P3}}^{(1)}A^{\mathrm{i}}-2\mu_1\xi k_{\mathrm{P3}}^{(1)}A^{\mathrm{r}}+\mu_1[(k_{\mathrm{S3}}^{(1)})^2-\xi^2]B^{\mathrm{i}} \\ &+\mu_1[(k_{\mathrm{S3}}^{(1)})^2-\xi^2]B^{\mathrm{r}}\Big\}\mathrm{e}^{\mathrm{i}(\xi x_1-\omega t)} \end{aligned} \tag{4.3.26b}$$

$$\sigma_{33}|_{x_3=-h^-} = \Big\{[-\lambda_3\xi^2-(\lambda_3+2\mu_3)(k_{\mathrm{P3}}^{(3)})^2]A^{\mathrm{t}}+2\mu_3\xi k_{\mathrm{S3}}^{(3)}B^t\Big\}\mathrm{e}^{\mathrm{i}(\xi x_1-\omega t)} \tag{4.3.26c}$$

$$\sigma_{31}|_{x_3=-h^-} = \Big\{2\mu_3\xi k_{\mathrm{P3}}^{(3)}A^t+\mu_3[(k_{\mathrm{S3}}^{(3)})^2-\xi^2]B^{\mathrm{t}}\Big\}\mathrm{e}^{\mathrm{i}(\xi x_1-\omega t)} \tag{4.3.26d}$$

将其写成矩阵形式

$$\begin{bmatrix} \sigma_{33}|_{x_3=0^+} \\ \sigma_{31}|_{x_3=0^+} \\ \sigma_{33}|_{x_3=-h^-} \\ \sigma_{31}|_{x_3=-h^-} \end{bmatrix} = \boldsymbol{Q} \begin{bmatrix} A^{\mathrm{i}} \\ A^{\mathrm{r}} \\ B^{\mathrm{i}} \\ B^{\mathrm{r}} \\ A^{\mathrm{t}} \\ B^{\mathrm{t}} \end{bmatrix} \mathrm{e}^{\mathrm{i}(\xi x_1-\omega t)} \tag{4.3.27}$$

其中，非零元素为：

$$Q_{11}=Q_{12}=-\lambda_1\xi^2-(\lambda_1+2\mu_1)(k_{\mathrm{P3}}^{(1)})^2, \quad Q_{13}=-Q_{14}=2\mu_1\xi k_{\mathrm{S3}}^{(1)}$$

$$Q_{21}=-Q_{22}=2\mu_1\xi k_{\mathrm{P3}}^{(1)},\quad Q_{23}=-Q_{24}=\mu_1[(k_{\mathrm{S3}}^{(1)})^2-\xi^2]$$
$$Q_{35}=-\lambda_3\xi^2-(\lambda_3+2\mu_3)(k_{\mathrm{P3}}^{(3)})^2,\quad Q_{36}=2\mu_3\xi k_{\mathrm{S3}}^{(3)},\quad Q_{45}=2\mu_3\xi k_{\mathrm{P3}}^{(3)}$$
$$Q_{46}=\mu_3[(k_{\mathrm{S3}}^{(3)})^2-\xi^2].$$

在完好界面时，

$$\begin{bmatrix} u_1|_{x_3=0^+} \\ u_3|_{x_3=0^+} \\ u_1|_{x_3=-h^-} \\ u_3|_{x_3=-h^-} \end{bmatrix}=\begin{bmatrix} u_1|_{x_3=0^-} \\ u_3|_{x_3=0^-} \\ u_1|_{x_3=-h^+} \\ u_3|_{x_3=-h^+} \end{bmatrix},\quad \begin{bmatrix} \sigma_{33}|_{x_3=0^+} \\ \sigma_{31}|_{x_3=0^+} \\ \sigma_{33}|_{x_3=-h^-} \\ \sigma_{31}|_{x_3=-h^-} \end{bmatrix}=\begin{bmatrix} \sigma_{33}|_{x_3=0^-} \\ \sigma_{31}|_{x_3=0^-} \\ \sigma_{33}|_{x_3=-h^+} \\ \sigma_{31}|_{x_3=-h^+} \end{bmatrix} \tag{4.3.28}$$

所以

$$\begin{bmatrix} \sigma_{33}|_{x_3=0^+} \\ \sigma_{31}|_{x_3=0^+} \\ \sigma_{33}|_{x_3=-h^-} \\ \sigma_{31}|_{x_3=-h^-} \end{bmatrix}=\boldsymbol{N}\cdot\boldsymbol{M}^{-1}\begin{bmatrix} u_1|_{x_3=0^+} \\ u_3|_{x_3=0^+} \\ u_1|_{x_3=-h^-} \\ u_3|_{x_3=-h^-} \end{bmatrix} \tag{4.3.29}$$

即

$$\boldsymbol{Q}\begin{bmatrix} A^{\mathrm{i}} \\ A^{\mathrm{r}} \\ B^{\mathrm{i}} \\ B^{\mathrm{r}} \\ A^{\mathrm{t}} \\ B^{\mathrm{t}} \end{bmatrix}=\boldsymbol{N}\cdot\boldsymbol{M}^{-1}\cdot\boldsymbol{P}\begin{bmatrix} A^{\mathrm{i}} \\ A^{\mathrm{r}} \\ B^{\mathrm{i}} \\ B^{\mathrm{r}} \\ A^{\mathrm{t}} \\ B^{\mathrm{t}} \end{bmatrix} \tag{4.3.30}$$

所以

$$(\boldsymbol{Q}-\boldsymbol{N}\cdot\boldsymbol{M}^{-1}\cdot\boldsymbol{P})\begin{bmatrix} A^{\mathrm{i}} \\ A^{\mathrm{r}} \\ B^{\mathrm{i}} \\ B^{\mathrm{r}} \\ A^{\mathrm{t}} \\ B^{\mathrm{t}} \end{bmatrix}=0 \tag{4.3.31}$$

上式通过矩阵分块，可以改写成

$$\boldsymbol{D}\cdot\begin{Bmatrix} A^{\mathrm{r}} \\ B^{\mathrm{r}} \\ A^{\mathrm{t}} \\ B^{\mathrm{t}} \end{Bmatrix}=\boldsymbol{b}_1A^{\mathrm{i}}+\boldsymbol{b}_2B^{\mathrm{i}} \tag{4.3.32}$$

当 $A^{\mathrm{i}}=0, B^{\mathrm{i}}\neq 0$ 时表示 SV 波单独入射，当 $A^{\mathrm{i}}\neq 0, B^{\mathrm{i}}=0$ 时表示 P 波单独入射，当 $A^{\mathrm{i}}\neq 0, B^{\mathrm{i}}\neq 0$ 时表示 P 波和 SV 波同时入射。

现在考虑中间有两层夹层时的情况，假设

$$\begin{bmatrix} \sigma_{33}|_{x_3=0^-} \\ \sigma_{31}|_{x_3=0^-} \\ \sigma_{33}|_{x_3=-h^+} \\ \sigma_{31}|_{x_3=-h^+} \end{bmatrix} = \begin{bmatrix} \boldsymbol{K}_{11}^{(1)} & \boldsymbol{K}_{12}^{(1)} \\ \boldsymbol{K}_{21}^{(1)} & \boldsymbol{K}_{22}^{(1)} \end{bmatrix} \begin{bmatrix} u_1|_{x_3=0^-} \\ u_3|_{x_3=0^-} \\ u_1|_{x_3=-h^+} \\ u_3|_{x_3=-h^+} \end{bmatrix} \tag{4.3.33a}$$

$$\begin{bmatrix} \sigma_{33}|_{x_3=-h^-} \\ \sigma_{31}|_{x_3=-h^-} \\ \sigma_{33}|_{x_3=-2h^+} \\ \sigma_{31}|_{x_3=-2h^+} \end{bmatrix} = \begin{bmatrix} \boldsymbol{K}_{11}^{(2)} & \boldsymbol{K}_{12}^{(2)} \\ \boldsymbol{K}_{21}^{(2)} & \boldsymbol{K}_{22}^{(2)} \end{bmatrix} \begin{bmatrix} u_1|_{x_3=-h^-} \\ u_3|_{x_3=-h^-} \\ u_1|_{x_3=-2h^+} \\ u_3|_{x_3=-2h^+} \end{bmatrix} \tag{4.3.33b}$$

在完好界面时，

$$\begin{bmatrix} \sigma_{33}|_{x_3=-h^+} \\ \sigma_{31}|_{x_3=-h^+} \\ u_1|_{x_3=-h^+} \\ u_3|_{x_3=-h^+} \end{bmatrix} = \begin{bmatrix} \sigma_{33}|_{x_3=-h^-} \\ \sigma_{31}|_{x_3=-h^-} \\ u_1|_{x_3=-h^-} \\ u_3|_{x_3=-h^-} \end{bmatrix} \tag{4.3.34}$$

则

$$\begin{bmatrix} \sigma_{33}|_{x_3=0^-} \\ \sigma_{31}|_{x_3=0^-} \\ \sigma_{33}|_{x_3=-2h^+} \\ \sigma_{31}|_{x_3=-2h^+} \end{bmatrix} = \begin{bmatrix} \boldsymbol{M}_{11}^{(2)} & \boldsymbol{M}_{12}^{(2)} \\ \boldsymbol{M}_{21}^{(2)} & \boldsymbol{M}_{22}^{(2)} \end{bmatrix} \begin{bmatrix} u_1|_{x_3=0^-} \\ u_3|_{x_3=0^-} \\ u_1|_{x_3=-2h^+} \\ u_3|_{x_3=-2h^+} \end{bmatrix} \tag{4.3.35}$$

其中，

$$\begin{aligned} \boldsymbol{M}_{11}^{(2)} &= \boldsymbol{K}_{11}^{(1)} + \boldsymbol{K}_{12}^{(1)}(\boldsymbol{K}_{11}^{(2)} - \boldsymbol{K}_{22}^{(1)})^{-1}\boldsymbol{K}_{21}^{(1)} \\ \boldsymbol{M}_{12}^{(2)} &= -\boldsymbol{K}_{12}^{(1)}(\boldsymbol{K}_{11}^{(2)} - \boldsymbol{K}_{22}^{(1)})^{-1}\boldsymbol{K}_{12}^{(2)} \\ \boldsymbol{M}_{21}^{(2)} &= \boldsymbol{K}_{21}^{(2)}(\boldsymbol{K}_{11}^{(2)} - \boldsymbol{K}_{22}^{(1)})^{-1}\boldsymbol{K}_{21}^{(1)} \\ \boldsymbol{M}_{22}^{(2)} &= \boldsymbol{K}_{22}^{(2)} - \boldsymbol{K}_{21}^{(2)}(\boldsymbol{K}_{11}^{(2)} - \boldsymbol{K}_{22}^{(1)})^{-1}\boldsymbol{K}_{12}^{(2)} \end{aligned}$$

当有 n 层夹层时，假设第 n 层

$$\begin{bmatrix} \sigma_{33}|_{x_3=-(n-1)h^-} \\ \sigma_{31}|_{x_3=-(n-1)h^-} \\ \sigma_{33}|_{x_3=-nh^+} \\ \sigma_{31}|_{x_3=-nh^+} \end{bmatrix} = \begin{bmatrix} \boldsymbol{K}_{11}^{(n)} & \boldsymbol{K}_{12}^{(n)} \\ \boldsymbol{K}_{21}^{(n)} & \boldsymbol{K}_{22}^{(n)} \end{bmatrix} \begin{bmatrix} u_1|_{x_3=-(n-1)h^-} \\ u_3|_{x_3=-(n-1)h^-} \\ u_1|_{x_3=-nh^+} \\ u_3|_{x_3=-nh^+} \end{bmatrix} \tag{4.3.36}$$

在完好界面时，

$$\begin{bmatrix} \sigma_{33}|_{x_3=-(n-1)h^+} \\ \sigma_{31}|_{x_3=-(n-1)h^+} \\ u_1|_{x_3=-(n-1)h^+} \\ u_3|_{x_3=-(n-1)h^+} \end{bmatrix} = \begin{bmatrix} \sigma_{33}|_{x_3=-(n-1)h^-} \\ \sigma_{31}|_{x_3=-(n-1)h^-} \\ u_1|_{x_3=-(n-1)h^-} \\ u_3|_{x_3=-(n-1)h^-} \end{bmatrix} \tag{4.3.37}$$

则

$$\begin{bmatrix} \sigma_{33}|_{x_3=0^-} \\ \sigma_{31}|_{x_3=0^-} \\ \sigma_{33}|_{x_3=-nh^+} \\ \sigma_{31}|_{x_3=-nh^+} \end{bmatrix} = \begin{bmatrix} \boldsymbol{M}_{11}^{(n)} & \boldsymbol{M}_{12}^{(n)} \\ \boldsymbol{M}_{21}^{(n)} & \boldsymbol{M}_{22}^{(n)} \end{bmatrix} \begin{bmatrix} u_1|_{x_3=0^-} \\ u_3|_{x_3=0^-} \\ u_1|_{x_3=-nh^+} \\ u_3|_{x_3=-nh^+} \end{bmatrix} \tag{4.3.38}$$

其中，

$$\begin{aligned} \boldsymbol{M}_{11}^{(n)} &= \boldsymbol{M}_{11}^{(n-1)} + \boldsymbol{M}_{12}^{(n-1)}(\boldsymbol{K}_{11}^{(n)} - \boldsymbol{M}_{22}^{(n-1)})^{-1}\boldsymbol{M}_{21}^{(n-1)} \\ \boldsymbol{M}_{12}^{(n)} &= -\boldsymbol{M}_{12}^{(n-1)}(\boldsymbol{K}_{11}^{(n)} - \boldsymbol{M}_{22}^{(n-1)})^{-1}\boldsymbol{K}_{12}^{(n)} \\ \boldsymbol{M}_{21}^{(n)} &= \boldsymbol{K}_{21}^{(n)}(\boldsymbol{K}_{11}^{(n)} - \boldsymbol{M}_{22}^{(n-1)})^{-1}\boldsymbol{M}_{21}^{(n-1)} \\ \boldsymbol{M}_{22}^{(n)} &= \boldsymbol{K}_{22}^{(n)} - \boldsymbol{K}_{21}^{(n)}(\boldsymbol{K}_{11}^{(n)} - \boldsymbol{M}_{22}^{(n-1)})^{-1}\boldsymbol{K}_{12}^{(n)} \end{aligned}$$

上式中，$\boldsymbol{K}_{ij}^{(n)}(i=1,2;j=1,2)$ 表示第 n 层的刚度矩阵系数；$\boldsymbol{M}_{ij}^{(n)}(i=1,2;j=1,2)$ 表示前 n 层的总体刚度矩阵系数。一旦求得 N 层介质的刚度矩阵，则弹性波通过 N 层介质的反射和透射就如同通过一层介质一样。与传递矩阵方法对比，获得总体刚度矩阵比获得总体传递矩阵要复杂一些，计算工作量也大幅增加。但当层数较多时，传递矩阵方法可能变得不稳定，而刚度矩阵方法可以抑制数值误差的传播，从而仍然具有很好的稳定性。

4.4 多重反射/透射方法

首先考虑 SH 波入射情况。按照波传播的过程，当 SH 波入射到入射介质和夹层的界面时，将产生反射 SH 波和透射 SH 波。透射 SH 波行进到夹层与透射介质界面时将再次发生反射和透射。被反射回夹层中的波将反复在夹层的上下界面被反射形成 SH^+ 波 (上行波) 和 SH^- 波 (下行波)。这些波相互叠加最终形成沿夹层平面传播的导波。在入射介质中，被多次反射和透射进入入射介质的波相互叠加最终形成夹层的反射波。在透射介质中，被多次透射进入透射介质的波相互叠加最终形成通过夹层的透射波。SH 波入射情况下，波在夹层的上下界面处的多次反射/透射过程如图 4.4.1 所示。多重反射和透射方法的本质，就是根据波的传播过程，考虑多次反射/透射波之间的相位差，将多次反射波叠加，得到夹层的反射波；将多次透射波叠加，得到夹层的透射波。

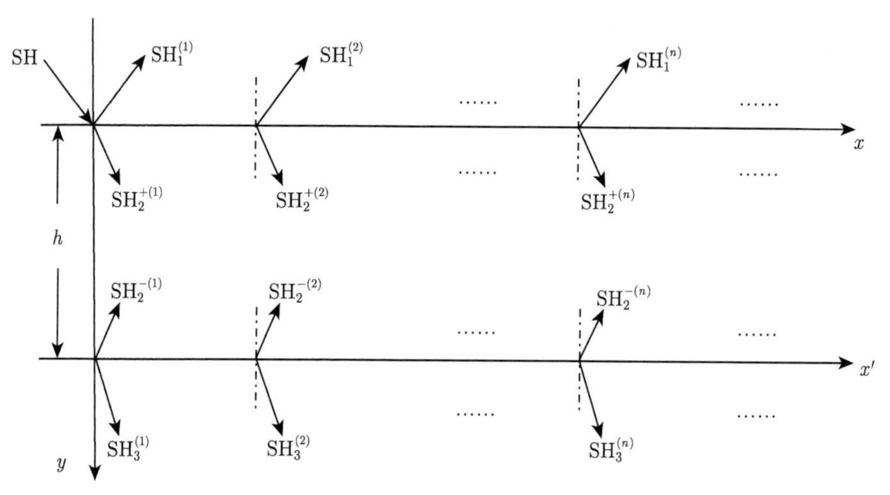

图 4.4.1 SH 波的多重反射和透射示意图

SH 波入射时，没有波的模式转换，传播过程相对简单。因此，SH 波多次反射和透射的结果可以表示成

$$\begin{aligned}H^{\mathrm{R}} =& R_{12}H^{\mathrm{I}} + T_{21}R_{23}T_{12}H^{\mathrm{I}}\exp(\mathrm{i}2k_y^{\mathrm{SH}}h)\\&+ T_{21}R_{23}R_{21}R_{23}T_{12}H^{\mathrm{I}}\exp(\mathrm{i}4k_y^{\mathrm{SH}}h) + \cdots\end{aligned}\tag{4.4.1}$$

$$\begin{aligned}H^{\mathrm{T}} =& T_{23}T_{12}H^{\mathrm{I}}\exp(\mathrm{i}k_y^{\mathrm{SH}}h) + T_{23}R_{21}R_{23}T_{12}H^{\mathrm{I}}\exp(\mathrm{i}3k_y^{\mathrm{SH}}h)\\&+ T_{23}R_{21}R_{23}R_{21}R_{23}T_{12}H^{\mathrm{I}}\exp(\mathrm{i}5k_y^{\mathrm{SH}}h) + \cdots\end{aligned}\tag{4.4.2}$$

其中，$H^{\mathrm{R}}, H^{\mathrm{T}}$ 和 H^{I} 分别表示反射波、透射波和入射波的振幅。当入射波从介质 i 入射时，R_{ij} 和 T_{ij} 分别表示在介质 i 和介质 j 之间的界面上的反射和透射

系数；式 (4.4.1) 等号右边的第一项表示在界面 1 (介质 1 和介质 2 之间的界面) 上的反射波；第二项表示从界面 1 透射到介质 2 中，又在界面 2 (介质 2 和介质 3 之间的界面) 上反射到界面 1，再从界面 1 透射出来的波，在整个传播过程中的相位移是 $\exp(\mathrm{i}2k_y^{\mathrm{SH}}h)$；第三项表示的是从界面 1 透射到介质 2 中，在界面 2 上反射，再到界面 1 上反射，再从界面 2 上反射，最后从界面 1 上透射出去，在夹层中共反射了 3 次运行了 2 圈。式 (4.4.2) 等号右边的每一项，与式 (4.4.1) 的理解是相似的。第一项表示从界面 1 透射到介质 2 中，再从界面 2 透射出去的波；第二项表示从界面 1 透射到介质 2，在界面 2 和界面 1 上各反射 1 次之后，从界面 2 透射出去的波。式 (4.4.1) 和式 (4.4.2) 是等比级数，可写成

$$\begin{aligned} H^{\mathrm{R}} =& R_{12}H^{\mathrm{I}} + T_{21}R_{23}T_{12}H^{\mathrm{I}}\exp(\mathrm{i}2k_y^{\mathrm{SH}}h) \\ &+ T_{21}(R_{23}R_{21})R_{23}T_{12}H^{\mathrm{I}}\exp(\mathrm{i}4k_y^{\mathrm{SH}}h) \\ &+ T_{21}(R_{23}R_{21}R_{23}R_{21})R_{23}T_{12}H^{\mathrm{I}}\exp(\mathrm{i}6k_y^{\mathrm{SH}}h) + \cdots \end{aligned} \tag{4.4.3}$$

$$\begin{aligned} H^{\mathrm{T}} =& T_{23}T_{12}H^{\mathrm{I}}\exp(\mathrm{i}k_y^{\mathrm{SH}}h) + T_{23}(R_{21}R_{23})T_{12}H^{\mathrm{I}}\exp(\mathrm{i}3k_y^{\mathrm{SH}}h) \\ &+ T_{23}(R_{21}R_{23}R_{21}R_{23})T_{12}H^{\mathrm{I}}\exp(\mathrm{i}5k_y^{\mathrm{SH}}h) + \cdots \end{aligned} \tag{4.4.4}$$

因此，按照等比级数求和公式得

$$H^{\mathrm{R}} = \left[R_{12} + \frac{T_{21}R_{23}T_{12}\exp(\mathrm{i}2k_y^{\mathrm{SH}}h)}{I - R_{23}R_{21}\exp(\mathrm{i}2k_y^{\mathrm{SH}}h)}\right]H^{\mathrm{I}} \tag{4.4.5}$$

$$H^{\mathrm{T}} = \frac{T_{23}T_{12}\exp(\mathrm{i}k_y^{\mathrm{SH}}h)}{I - R_{21}R_{23}\exp(\mathrm{i}2k_y^{\mathrm{SH}}h)}H^{\mathrm{I}} \tag{4.4.6}$$

只要介质参数给定，上式中的反射系数 R_{ij} 和透射系数 T_{ij} 就是已知的。从而，由上式就可得到三明治夹层的反射系数和透射系数。注意到式 (4.4.5) 和式 (4.4.6) 中含有因子 $\exp(\mathrm{i}2k_y^{\mathrm{SH}}h)$，只要 $2k_y^{\mathrm{SH}}h = 2\pi n$，或者说，$h = \dfrac{\lambda}{2}n$ (夹层的厚度是半波长的整数倍)，则三明治夹层的反射和透射系数并无改变。也可以说，三明治夹层的反射和透射系数是关于半波长的周期函数。

当 P 波或者 SV 波入射时, 由于存在模式转换，所以多次反射和透射过程更加复杂 (图 4.4.2)。借助于反射矩阵和透射矩阵来表示各种波在夹层的上下界面处的反射和透射过程，可以将多重反射和透射过程更清晰和简洁地表示出来。

设 $\boldsymbol{A}^{\mathrm{I}} = (A_{0,}B_0)^{\mathrm{T}}$, $\boldsymbol{A}^{\mathrm{R}} = (A_1, B_1)^{\mathrm{T}}$ 和 $\boldsymbol{A}^{\mathrm{T}} = (A_3, B_3)^{\mathrm{T}}$ 分别表示入射波、反射波和透射波的振幅矩阵。当入射波从介质 i 入射时，$\boldsymbol{R}_{ij}$ 和 $\boldsymbol{T}_{ij}$ 分别表示介质 i 和介质 j 之间的反射和透射矩阵，P 波和 SV 波多次反射和透射的过程可表示为

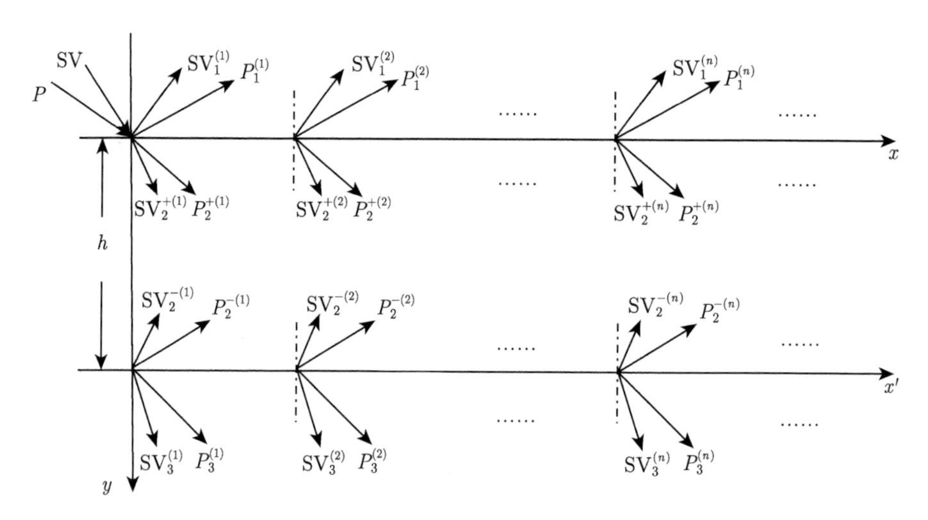

图 4.4.2　P 波和 SV 波的多次反射和透射示意图

$$\begin{aligned}\boldsymbol{A}^{\mathrm{R}} =& \boldsymbol{R}_{12}\boldsymbol{A}^{\mathrm{I}} + \boldsymbol{T}_{21}\boldsymbol{\Lambda}\boldsymbol{R}_{23}\boldsymbol{\Lambda}\boldsymbol{T}_{12}\boldsymbol{A}^{\mathrm{I}} + \boldsymbol{T}_{21}(\boldsymbol{\Lambda}\boldsymbol{R}_{23}\boldsymbol{\Lambda}\boldsymbol{R}_{21})\boldsymbol{\Lambda}\boldsymbol{R}_{23}\boldsymbol{\Lambda}\boldsymbol{T}_{12}\boldsymbol{A}^{\mathrm{I}} \\ &+ \boldsymbol{T}_{21}(\boldsymbol{\Lambda}\boldsymbol{R}_{23}\boldsymbol{\Lambda}\boldsymbol{R}_{21}\boldsymbol{\Lambda}\boldsymbol{R}_{23}\boldsymbol{\Lambda}\boldsymbol{R}_{21})\boldsymbol{\Lambda}\boldsymbol{R}_{23}\boldsymbol{\Lambda}\boldsymbol{T}_{12}\boldsymbol{A}^{\mathrm{I}} + \cdots \end{aligned} \tag{4.4.7}$$

$$\begin{aligned}\boldsymbol{A}^{\mathrm{T}} =& \boldsymbol{T}_{23}\boldsymbol{\Lambda}\boldsymbol{T}_{12}\boldsymbol{A}^{\mathrm{I}} + \boldsymbol{T}_{23}(\boldsymbol{\Lambda}\boldsymbol{R}_{21}\boldsymbol{\Lambda}\boldsymbol{R}_{23})\boldsymbol{\Lambda}\boldsymbol{T}_{12}\boldsymbol{A}^{\mathrm{I}} \\ &+ \boldsymbol{T}_{23}(\boldsymbol{\Lambda}\boldsymbol{R}_{21}\boldsymbol{\Lambda}\boldsymbol{R}_{23}\boldsymbol{\Lambda}\boldsymbol{R}_{21}\boldsymbol{\Lambda}\boldsymbol{R}_{23})\boldsymbol{\Lambda}\boldsymbol{T}_{12}\boldsymbol{A}^{\mathrm{I}} + \cdots \end{aligned} \tag{4.4.8}$$

其中，

$$\boldsymbol{\Lambda} = \begin{pmatrix} \exp(\mathrm{i}k_y^{\mathrm{P}}h) & 0 \\ 0 & \exp(\mathrm{i}k_y^{\mathrm{S}}h) \end{pmatrix}$$

表示 P 波和 SV 波在界面 1 和界面 2 之间传播时产生的相位差矩阵。按照等比级数求和公式得

$$\boldsymbol{A}^{\mathrm{R}} = \left[\boldsymbol{R}_{12} + \boldsymbol{T}_{21}(I - \boldsymbol{\Lambda}\boldsymbol{R}_{23}\boldsymbol{\Lambda}\boldsymbol{R}_{21})^{-1}\boldsymbol{\Lambda}\boldsymbol{R}_{23}\boldsymbol{\Lambda}\boldsymbol{T}_{12}\right]\boldsymbol{A}^{\mathrm{I}} \tag{4.4.9}$$

$$\boldsymbol{A}^{\mathrm{T}} = \boldsymbol{T}_{23}(I - \boldsymbol{\Lambda}\boldsymbol{R}_{21}\boldsymbol{\Lambda}\boldsymbol{R}_{23})^{-1}\boldsymbol{\Lambda}\boldsymbol{T}_{12}\boldsymbol{A}^{\mathrm{I}} \tag{4.4.10}$$

从 $\exp(\mathrm{i}k_y^{\mathrm{P}}h)$ 和 $\exp(\mathrm{i}k_y^{\mathrm{S}}h)$ 式可以看出，夹层的反射 P 波和透射 P 波是关于厚度 h 的周期为 P 波半波长的周期函数。夹层的反射 SV 波和透射 SV 波是关于厚度 h 的周期为 SV 波半波长的周期函数。

与前几节的方法相比，多重反射和透射的方法，可以反映出波在夹层中传播以及反射和透射的形成过程，将波通过三明治夹层的物理图像清晰地展示出来了，使人们对波通过三明治夹层的物理过程有更深刻的认识。但这种方法比较烦琐，不太适合于推广到多层介质。

4.5 超级界面方法

首先考虑图 4.5.1 所示界面处在双侧同时入射 SH 波时的反射和透射矩阵。

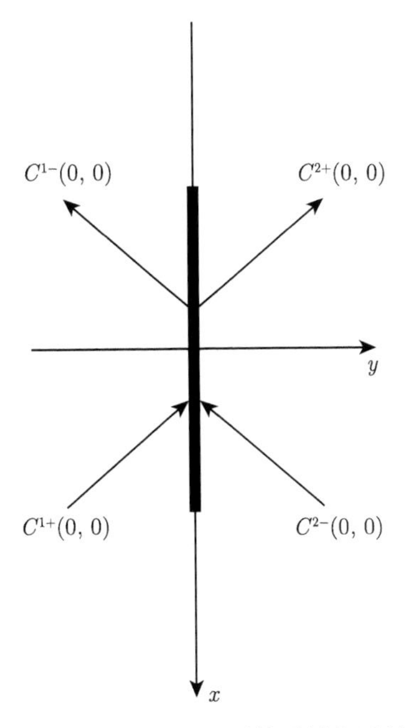

图 4.5.1 双侧入射单界面的反射和透射问题

设界面两侧 SH 波的位移分别为

$$u^{1+} = C^{1+}(0,0)\exp[\mathrm{i}(-\xi x_1 + k_{\mathrm{S}3}^{(1)} x_3 - \omega t)] \tag{4.5.1a}$$

$$u^{1-} = C^{1-}(0,0)\exp[\mathrm{i}(-\xi x_1 - k_{\mathrm{S}3}^{(1)} x_3 - \omega t)] \tag{4.5.1b}$$

$$u^{2-} = C^{2-}(0,0)\exp[\mathrm{i}(-\xi x_1 - k_{\mathrm{S}3}^{(2)} x_3 - \omega t)] \tag{4.5.1c}$$

$$u^{2+} = C^{2+}(0,0)\exp[\mathrm{i}(-\xi x_1 + k_{\mathrm{S}3}^{(2)} x_3 - \omega t)] \tag{4.5.1d}$$

定义 R_{ij} 为弹性波从 i 介质入射到 j 介质的反射系数，T_{ij} 为弹性波从 i 介质入射到 j 介质的透射系数。则在 $x_3 = 0$ 处，位移满足如下方程：

$$\begin{cases} u^{1-} = R_{12}u^{1+} + T_{21}u^{2-} \\ u^{2+} = T_{12}u^{1+} + R_{21}u^{2-} \end{cases} \tag{4.5.2}$$

或者写成

$$\begin{cases} C^{1-}(0,0) = R_{12}(0,0)C^{1+}(0,0) + T_{21}(0,0)C^{2-}(0,0) \\ C^{2+}(0,0) = T_{12}(0,0)C^{1+}(0,0) + R_{21}(0,0)C^{2-}(0,0) \end{cases} \tag{4.5.3}$$

写成矩阵形式即

$$\begin{bmatrix} C^{1-}(0,0) \\ C^{2+}(0,0) \end{bmatrix} = \begin{bmatrix} R_{12}(0,0) & T_{21}(0,0) \\ T_{12}(0,0) & R_{21}(0,0) \end{bmatrix} \cdot \begin{bmatrix} C^{1+}(0,0) \\ C^{2-}(0,0) \end{bmatrix} \tag{4.5.4}$$

现在考虑图 4.5.2 所示含侧翼界面的反射和透射问题。假设界面两侧翼厚度分别是 a 和 b。在左右侧翼处的入射 SH 波振幅记为 $C^{1+}(a,b)$ 和 $C^{2-}(a,b)$，反射波和透射波振幅分别为 $C^{1-}(a,b)$ 和 $C^{2+}(a,b)$。在界面中心处的振幅分别记为 $C^{1+}(a,b)$，$C^{2-}(a,b)$，$C^{1-}(a,b)$ 和 $C^{2+}(a,b)$。由入射波、反射波和透射波的位移表达式 (4.5.1) 可知

$$\begin{aligned} u^{1+}|_{x_3=-a} &= C^{1+}(0,0)\exp[\mathrm{i}(-\xi x_1 - k_{\mathrm{S}3}^{(1)}a - \omega t)] \\ &= \exp(-\mathrm{i}k_{\mathrm{S}3}^{(1)}a)C^{1+}(0,0)\exp[\mathrm{i}(-\xi x_1 - \omega t)] \\ &= C^{1+}(a,b)\exp[\mathrm{i}(-\xi x_1 - \omega t)] \end{aligned} \tag{4.5.5a}$$

$$\begin{aligned} u^{1-}|_{x_3=-a} &= C^{1-}(0,0)\exp[\mathrm{i}(-\xi x_1 + k_{\mathrm{S}3}^{(1)}a - \omega t)] \\ &= \exp(\mathrm{i}k_{\mathrm{S}3}^{(1)}a)C^{1-}(0,0)\exp[\mathrm{i}(-\xi x_1 - \omega t)] \\ &= C^{1-}(a,b)\exp[\mathrm{i}(-\xi x_1 - \omega t)] \end{aligned} \tag{4.5.5b}$$

$$\begin{aligned} u^{2+}|_{x_3=b} &= C^{2+}(0,0)\exp[\mathrm{i}(-\xi x_1 + k_{\mathrm{S}3}^{(2)}b - \omega t)] \\ &= \exp(\mathrm{i}k_{\mathrm{S}3}^{(2)}b)C^{2+}(0,0)\exp[\mathrm{i}(-\xi x_1 - \omega t)] \\ &= C^{2+}(a,b)\exp[\mathrm{i}(-\xi x_1 - \omega t)] \end{aligned} \tag{4.5.5c}$$

$$\begin{aligned} u^{2-}|_{x_3=b} &= C^{2-}(0,0)\exp[\mathrm{i}(-\xi x_1 - k_{\mathrm{S}3}^{(2)}b - \omega t)] \\ &= \exp(-\mathrm{i}k_{\mathrm{S}3}^{(2)}b)C^{2-}(0,0)\exp[\mathrm{i}(-\xi x_1 - \omega t)] \\ &= C^{2-}(a,b)\exp[\mathrm{i}(-\xi x_1 - \omega t)] \end{aligned} \tag{4.5.5d}$$

从而

$$\begin{aligned} C^{1+}(a,b) &= \mathrm{e}^{-\mathrm{i}k_{\mathrm{S}3}^{(1)}a}C^{1+}(0,0), \quad C^{1-}(a,b) = \mathrm{e}^{\mathrm{i}k_{\mathrm{S}3}^{(1)}a}C^{1-}(0,0) \\ C^{2+}(a,b) &= \mathrm{e}^{\mathrm{i}k_{\mathrm{S}3}^{(2)}b}C^{2+}(0,0), \quad C^{2-}(a,b) = \mathrm{e}^{-\mathrm{i}k_{\mathrm{S}3}^{(2)}b}C^{2-}(0,0) \end{aligned} \tag{4.5.6}$$

写成矩阵形式为

$$\begin{pmatrix} C^{1-}(a,b) \\ C^{2+}(a,b) \end{pmatrix} = \begin{pmatrix} \mathrm{e}^{\mathrm{i}k_{\mathrm{S}3}^{(1)}a} & \\ & \mathrm{e}^{\mathrm{i}k_{\mathrm{S}3}^{(2)}b} \end{pmatrix} \begin{pmatrix} C^{1-}(0,0) \\ C^{2+}(0,0) \end{pmatrix} \tag{4.5.7a}$$

$$\begin{pmatrix} C^{1+}(a,b) \\ C^{2-}(a,b) \end{pmatrix} = \begin{pmatrix} \mathrm{e}^{-\mathrm{i}k_{\mathrm{S}3}^{(1)}a} & \\ & \mathrm{e}^{-\mathrm{i}k_{\mathrm{S}3}^{(2)}b} \end{pmatrix} \begin{pmatrix} C^{1+}(0,0) \\ C^{2-}(0,0) \end{pmatrix} \tag{4.5.7b}$$

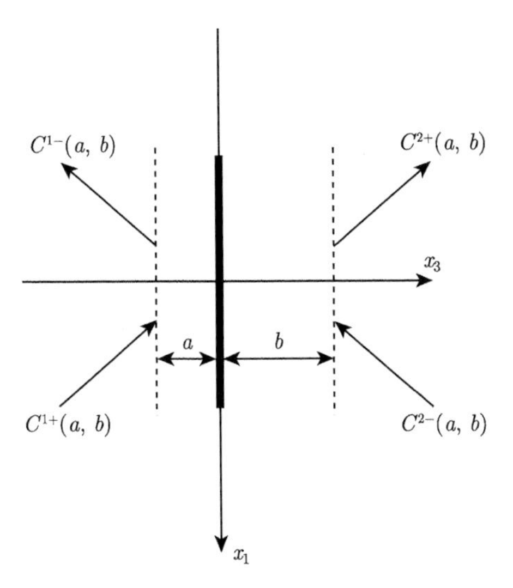

图 4.5.2 含侧翼界面的反射和透射

不妨设

$$\begin{aligned} C^{1-}(a,b) &= R_{12}(a,b)C^{1+}(a,b) + T_{21}(a,b)C^{2-}(a,b) \\ C^{2+}(a,b) &= T_{12}(a,b)C^{1+}(a,b) + R_{21}(a,b)C^{2-}(a,b) \end{aligned} \tag{4.5.8}$$

写成矩阵形式为

$$\begin{pmatrix} C^{1-}(a,b) \\ C^{2+}(a,b) \end{pmatrix} = \begin{pmatrix} R_{12}(a,b) & T_{21}(a,b) \\ T_{12}(a,b) & R_{21}(a,b) \end{pmatrix} \begin{pmatrix} C^{1+}(a,b) \\ C^{2-}(a,b) \end{pmatrix} \tag{4.5.9}$$

将式 (4.5.7) 代入式 (4.5.9) 有

$$\begin{aligned} &\begin{pmatrix} \mathrm{e}^{\mathrm{i}k_{S3}^{(1)}a} & \\ & \mathrm{e}^{\mathrm{i}k_{S3}^{(2)}b} \end{pmatrix} \begin{pmatrix} C^{1-}(0,0) \\ C^{2+}(0,0) \end{pmatrix} \\ =& \begin{pmatrix} R_{12}(a,b) & T_{21}(a,b) \\ T_{12}(a,b) & R_{21}(a,b) \end{pmatrix} \begin{pmatrix} \mathrm{e}^{-\mathrm{i}k_{S3}^{(1)}a} & \\ & \mathrm{e}^{-\mathrm{i}k_{S3}^{(2)}b} \end{pmatrix} \begin{pmatrix} C^{1+}(0,0) \\ C^{2-}(0,0) \end{pmatrix} \end{aligned} \tag{4.5.10}$$

考虑到

$$\begin{pmatrix} C^{1-}(0,0) \\ C^{2+}(0,0) \end{pmatrix} = \begin{pmatrix} R_{12}(0,0) & T_{21}(0,0) \\ T_{12}(0,0) & R_{21}(0,0) \end{pmatrix} \begin{pmatrix} C^{1+}(0,0) \\ C^{2-}(0,0) \end{pmatrix} \tag{4.5.11}$$

可得到含侧翼界面与不含侧翼界面的反射/透射系数之间存在如下关系:

$$\begin{pmatrix} R_{12}\left(0,0\right) & T_{21}\left(0,0\right) \\ T_{12}\left(0,0\right) & R_{21}\left(0,0\right) \end{pmatrix}$$

$$= \begin{pmatrix} e^{ik_{S3}^{(1)}a} & \\ & e^{ik_{S3}^{(2)}b} \end{pmatrix}^{-1} \begin{pmatrix} R_{12}(a,b) & T_{21}(a,b) \\ T_{12}(a,b) & R_{21}(a,b) \end{pmatrix} \begin{pmatrix} e^{-ik_{S3}^{(1)}a} & \\ & e^{-ik_{S3}^{(2)}b} \end{pmatrix} \tag{4.5.12}$$

$$\begin{aligned} &\begin{pmatrix} R_{12}(a,b) & T_{21}(a,b) \\ T_{12}(a,b) & R_{21}(a,b) \end{pmatrix} \\ &= \begin{pmatrix} e^{ik_{S3}^{(1)}a} & \\ & e^{ik_{S3}^{(2)}b} \end{pmatrix} \begin{pmatrix} R_{12}(0,0) & T_{21}(0,0) \\ T_{12}(0,0) & R_{21}(0,0) \end{pmatrix} \begin{pmatrix} e^{-ik_{S3}^{(1)}a} & \\ & e^{-ik_{S3}^{(2)}b} \end{pmatrix}^{-1} \end{aligned} \tag{4.5.13}$$

或者

$$\begin{pmatrix} R_{12}(a,b) & T_{21}(a,b) \\ T_{12}(a,b) & R_{21}(a,b) \end{pmatrix} = \begin{pmatrix} e^{ik_{S3}^{(1)}a}R_{12}(0,0)e^{ik_{S3}^{(1)}a} & e^{ik_{S3}^{(1)}a}T_{21}(0,0)e^{ik_{S3}^{(2)}b} \\ e^{ik_{S3}^{(2)}b}T_{12}(0,0)e^{ik_{S3}^{(1)}a} & e^{ik_{S3}^{(2)}b}R_{21}(0,0)e^{ik_{S3}^{(2)}b} \end{pmatrix} \tag{4.5.14}$$

当研究弹性波穿过厚度为 h 的夹层的反射和透射问题时，可以将夹层看成两个含侧翼界面的组合问题，如图 4.5.3 和图 4.5.4 所示。

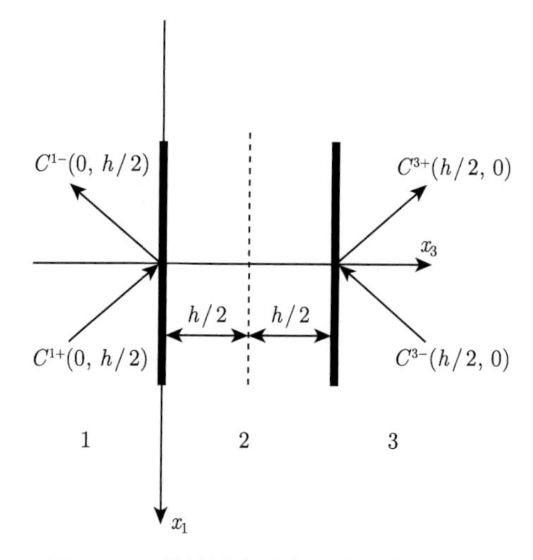

图 4.5.3　弹性波穿过夹层的反射和透射

对于图 4.5.4(a) 所示的含右侧翼界面，有

$$C^{1-}(0,h/2) = R_{12}(0,h/2)C^{1+}(0,h/2) + T_{21}(0,h/2)C^{2-}(0,h/2) \tag{4.5.15a}$$

$$C^{2+}(0,h/2) = T_{12}(0,h/2)C^{1+}(0,h/2) + R_{21}(0,h/2)C^{2-}(0,h/2) \tag{4.5.15b}$$

对于图 4.5.4(b) 所示的含左侧翼界面，有

$$C^{2-}(h/2,0) = R_{23}(h/2,0)C^{2+}(h/2,0) + T_{32}(h/2,0)C^{3-}(h/2,0) \tag{4.5.16a}$$

$$C^{3+}(h/2,0) = T_{23}(h/2,0)C^{2+}(h/2,0) + R_{32}(h/2,0)C^{3-}(h/2,0) \tag{4.5.16b}$$

考虑到

$$C^{2-}(h/2,0) = C^{2-}(0,h/2) = C^{2-}, \quad C^{2+}(h/2,0) = C^{2+}(0,h/2) = C^{2+} \tag{4.5.17}$$

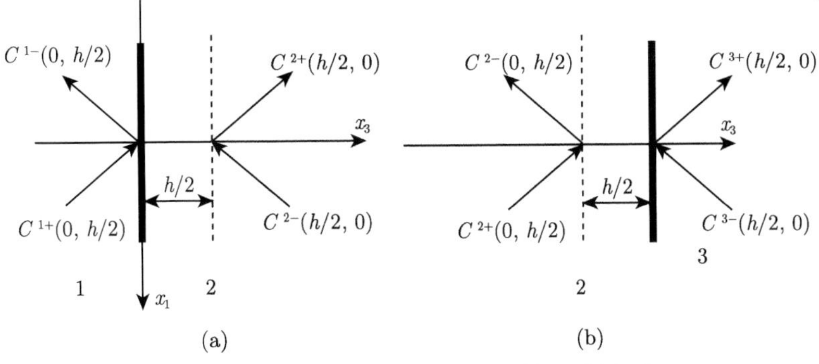

图 4.5.4 单层板分割成两个含侧翼界面的组合

(a) 侧翼 $a=0, b=h/2$；(b) 侧翼 $a=h/2, b=0$

有

$$C^{1-}(0,h/2) = R_{12}(0,h/2)C^{1+}(0,h/2) + T_{21}(0,h/2)C^{2-} \tag{4.5.18a}$$

$$C^{2+} = T_{12}(0,h/2)C^{1+}(0,h/2) + R_{21}(0,h/2)C^{2-} \tag{4.5.18b}$$

$$C^{2-} = R_{23}(h/2,0)C^{2+} + T_{32}(h/2,0)C^{3-}(h/2,0) \tag{4.5.18c}$$

$$C^{3+}(h/2,0) = T_{23}(h/2,0)C^{2+} + R_{32}(h/2,0)C^{3-}(h/2,0) \tag{4.5.18d}$$

由式 (4.5.18b) 和式 (4.5.18c) 得

$$C^{2+} = \frac{T_{12}(0,h/2)C^{1+}(0,h/2) + R_{21}(0,h/2)T_{32}(h/2,0)C^{3-}(h/2,0)}{I - R_{21}(0,h/2)R_{23}(h/2,0)} \tag{4.5.19a}$$

$$C^{2-} = \frac{R_{23}(h/2,0)T_{12}(0,h/2)C^{1+}(0,h/2) + T_{32}(h/2,0)C^{3-}(h/2,0)}{I - R_{21}(0,h/2)R_{23}(h/2,0)} \tag{4.5.19b}$$

代入式 (4.5.18a) 和式 (4.5.18d) 得

$$\begin{aligned}C^{1-}(0,h/2) = &\left[R_{12}(0,h/2) + \frac{T_{21}(0,h/2)R_{23}(h/2,0)T_{12}(0,h/2)}{I - R_{21}(0,h/2)R_{23}(h/2,0)}\right]C^{1+}(0,h/2) \\ &+ \frac{T_{21}(0,h/2)T_{32}(h/2,0)}{I - R_{21}(0,h/2)R_{23}(h/2,0)}C^{3-}(h/2,0)\end{aligned} \tag{4.5.20a}$$

$$
\begin{aligned}
C^{3+}(h/2,0)=&\frac{T_{23}(h/2,0)T_{12}(0,h/2)}{I-R_{21}(0,h/2)R_{23}(h/2,0)}C^{1+}(0,h/2)\\
&+\left[R_{32}(h/2,0)+\frac{T_{23}(h/2,0)R_{21}(0,h/2)T_{32}(h/2,0)}{I-R_{21}(0,h/2)R_{23}(h/2,0)}\right]C^{3-}(h/2,0)
\end{aligned}
\tag{4.5.20b}
$$

考虑到式 (4.5.13)，通过厚度为 h 的夹层的反射波和透射波振幅与入射波振幅之间存在如下关系：

$$
\begin{aligned}
C^{1-}=&\left[R_{12}+\frac{\left(T_{21}\mathrm{e}^{\mathrm{i}k_{\mathrm{S3}}^{(2)}\frac{h}{2}}\right)\cdot\left(\mathrm{e}^{\mathrm{i}k_{\mathrm{S3}}^{(2)}\frac{h}{2}}R_{23}\mathrm{e}^{\mathrm{i}k_{\mathrm{S3}}^{(2)}\frac{h}{2}}\right)\cdot\left(\mathrm{e}^{\mathrm{i}k_{\mathrm{S3}}^{(2)}\frac{h}{2}}T_{12}\right)}{I-\left(\mathrm{e}^{\mathrm{i}k_{\mathrm{S3}}^{(2)}\frac{h}{2}}R_{21}\mathrm{e}^{\mathrm{i}k_{\mathrm{S3}}^{(2)}\frac{h}{2}}\right)\cdot\left(\mathrm{e}^{\mathrm{i}k_{\mathrm{S3}}^{(2)}\frac{h}{2}}R_{23}\mathrm{e}^{\mathrm{i}k_{\mathrm{S3}}^{(2)}\frac{h}{2}}\right)}\right]C^{1+}\\
&+\frac{\left(T_{21}\mathrm{e}^{\mathrm{i}k_{\mathrm{S3}}^{(2)}\frac{h}{2}}\right)\cdot\left(\mathrm{e}^{\mathrm{i}k_{\mathrm{S3}}^{(2)}\frac{h}{2}}T_{32}\right)}{I-\left(\mathrm{e}^{\mathrm{i}k_{\mathrm{S3}}^{(2)}\frac{h}{2}}R_{21}\mathrm{e}^{\mathrm{i}k_{\mathrm{S3}}^{(2)}\frac{h}{2}}\right)\cdot\left(\mathrm{e}^{\mathrm{i}k_{\mathrm{S3}}^{(2)}\frac{h}{2}}R_{23}\mathrm{e}^{\mathrm{i}k_{\mathrm{S3}}^{(2)}\frac{h}{2}}\right)}C^{3-}
\end{aligned}
\tag{4.5.21a}
$$

$$
\begin{aligned}
C^{3+}=&\frac{\left(T_{23}\mathrm{e}^{\mathrm{i}k_{\mathrm{S3}}^{(2)}\frac{h}{2}}\right)\cdot\left(\mathrm{e}^{\mathrm{i}k_{\mathrm{S3}}^{(2)}\frac{h}{2}}T_{12}\right)}{I-\left(\mathrm{e}^{\mathrm{i}k_{\mathrm{S3}}^{(2)}\frac{h}{2}}R_{21}\mathrm{e}^{\mathrm{i}k_{\mathrm{S3}}^{(2)}\frac{h}{2}}\right)\cdot\left(\mathrm{e}^{\mathrm{i}k_{\mathrm{S3}}^{(2)}\frac{h}{2}}R_{23}\mathrm{e}^{\mathrm{i}k_{\mathrm{S3}}^{(2)}\frac{h}{2}}\right)}C^{1+}\\
&+\left[R_{32}+\frac{\left(T_{23}\mathrm{e}^{\mathrm{i}k_{\mathrm{S3}}^{(2)}\frac{h}{2}}\right)\cdot\left(\mathrm{e}^{\mathrm{i}k_{\mathrm{S3}}^{(2)}\frac{h}{2}}R_{21}\mathrm{e}^{\mathrm{i}k_{\mathrm{S3}}^{(2)}\frac{h}{2}}\right)\cdot\left(\mathrm{e}^{\mathrm{i}k_{\mathrm{S3}}^{(2)}\frac{h}{2}}T_{32}\right)}{I-\left(\mathrm{e}^{\mathrm{i}k_{\mathrm{S3}}^{(2)}\frac{h}{2}}R_{21}\mathrm{e}^{\mathrm{i}k_{\mathrm{S3}}^{(2)}\frac{h}{2}}\right)\cdot\left(\mathrm{e}^{\mathrm{i}k_{\mathrm{S3}}^{(2)}\frac{h}{2}}R_{23}\mathrm{e}^{\mathrm{i}k_{\mathrm{S3}}^{(2)}\frac{h}{2}}\right)}\right]C^{3-}
\end{aligned}
\tag{4.5.21b}
$$

整理得到

$$
C^{1-}=\left[R_{12}+\frac{T_{21}R_{23}T_{12}\mathrm{e}^{\mathrm{i}k_{\mathrm{S3}}^{(2)}\cdot 2h}}{I-R_{21}R_{23}\mathrm{e}^{\mathrm{i}k_{\mathrm{S3}}^{(2)}\cdot 2h}}\right]C^{1+}+\frac{T_{21}T_{32}\mathrm{e}^{\mathrm{i}k_{\mathrm{S3}}^{(2)}\cdot h}}{I-R_{21}R_{23}\mathrm{e}^{\mathrm{i}k_{\mathrm{S3}}^{(2)}\cdot 2h}}C^{3-}
\tag{4.5.22a}
$$

$$
C^{3+}=\frac{T_{23}T_{12}\mathrm{e}^{\mathrm{i}k_{\mathrm{S3}}^{(2)}\cdot h}}{I-R_{21}R_{23}\mathrm{e}^{\mathrm{i}k_{\mathrm{S3}}^{(2)}\cdot 2h}}C^{1+}+\left[R_{32}+\frac{T_{23}R_{21}T_{32}\mathrm{e}^{\mathrm{i}k_{\mathrm{S3}}^{(2)}\cdot 2h}}{I-R_{21}R_{23}\mathrm{e}^{\mathrm{i}k_{\mathrm{S3}}^{(2)}\cdot 2h}}\right]C^{3-}
\tag{4.5.22b}
$$

写成矩阵形式为

$$
\begin{pmatrix} C^{1-} \\ C^{3+} \end{pmatrix}=\begin{pmatrix} R_{13} & T_{31} \\ T_{13} & R_{31} \end{pmatrix}\begin{pmatrix} C^{1+} \\ C^{3-} \end{pmatrix}
\tag{4.5.23}
$$

其中，

$$
R_{13}=R_{12}+\frac{T_{21}R_{23}T_{12}\mathrm{e}^{\mathrm{i}k_{\mathrm{S3}}^{(2)}\cdot 2h}}{I-R_{21}R_{23}\mathrm{e}^{\mathrm{i}k_{\mathrm{S3}}^{(2)}\cdot 2h}}
\tag{4.5.24a}
$$

$$
T_{31}=\frac{T_{21}T_{32}\mathrm{e}^{\mathrm{i}k_{\mathrm{S3}}^{(2)}\cdot h}}{I-R_{21}R_{23}\mathrm{e}^{\mathrm{i}k_{\mathrm{S3}}^{(2)}\cdot 2h}}
\tag{4.5.24b}
$$

$$T_{13}=\frac{T_{23}T_{12}\mathrm{e}^{\mathrm{i}k_{\mathrm{S3}}^{(2)}\cdot h}}{I-R_{21}R_{23}\mathrm{e}^{\mathrm{i}k_{\mathrm{S3}}^{(2)}\cdot 2h}}, \tag{4.5.24c}$$

$$R_{31}=R_{32}+\frac{T_{23}R_{21}T_{32}\mathrm{e}^{\mathrm{i}k_{\mathrm{S3}}^{(2)}\cdot 2h}}{I-R_{21}R_{23}\mathrm{e}^{\mathrm{i}k_{\mathrm{S3}}^{(2)}\cdot 2h}} \tag{4.5.24d}$$

这样弹性波通过双界面 (夹层的两侧) 的反射和透射问题，就等效于通过一个等效界面的反射和透射问题。这个等效界面就是所谓的**超级界面**。对于弹性波通过 n 层介质 ($n+1$ 界面问题) 的反射和透射问题，也可以等效为一个超级界面的反射和透射问题。让我们首先考虑 SH 波通过双层介质 (3 个界面) 的反射和透射问题。先将前两个界面等效为一个超级界面，得到该超级界面的反射和透射矩阵，即 R_{13}, R_{31}, T_{13} 和 T_{31}。然后将 3 界面问题看成是 1 个超级界面与 1 个含左侧翼界面的组合，进一步这个组合又可以等效为 1 个新的超级界面。设最终的超级界面存在如下反射和透射关系：

$$\begin{pmatrix} C^{1-} \\ C^{4+} \end{pmatrix}=\begin{pmatrix} R_{14} & T_{41} \\ T_{14} & R_{41} \end{pmatrix}\begin{pmatrix} C^{1+} \\ C^{4-} \end{pmatrix} \tag{4.5.25}$$

则

$$\begin{pmatrix} R_{14} & T_{41} \\ T_{14} & R_{41} \end{pmatrix}=\begin{pmatrix} R_{13}+\dfrac{T_{31}R_{34}T_{13}\mathrm{e}^{\mathrm{i}k_{\mathrm{S3}}^{(3)}\cdot 2h}}{I-R_{31}R_{34}\mathrm{e}^{\mathrm{i}k_{\mathrm{S3}}^{(3)}\cdot 2h}} & \dfrac{T_{31}T_{43}\mathrm{e}^{\mathrm{i}k_{\mathrm{S3}}^{(3)}\cdot h}}{I-R_{31}R_{34}\mathrm{e}^{\mathrm{i}k_{\mathrm{S3}}^{(3)}\cdot 2h}} \\ \dfrac{T_{34}T_{13}\mathrm{e}^{\mathrm{i}k_{\mathrm{S3}}^{(3)}\cdot h}}{I-R_{31}R_{34}\mathrm{e}^{\mathrm{i}k_{\mathrm{S3}}^{(3)}\cdot 2h}} & R_{43}+\dfrac{T_{34}R_{31}T_{43}\mathrm{e}^{\mathrm{i}k_{\mathrm{S3}}^{(3)}\cdot 2h}}{I-R_{31}R_{34}\mathrm{e}^{\mathrm{i}k_{\mathrm{S3}}^{(3)}\cdot 2h}} \end{pmatrix} \tag{4.5.26}$$

对于 $N=n-2$ 层介质问题，设反射波振幅与入射波振幅由超级界面的反射和透射矩阵联系如下：

$$\begin{pmatrix} C^{1-} \\ C^{n+} \end{pmatrix}=\begin{pmatrix} R_{1n} & T_{n1} \\ T_{1n} & R_{n1} \end{pmatrix}\begin{pmatrix} C^{1+} \\ C^{n-} \end{pmatrix} \tag{4.5.27}$$

则

$$\begin{aligned}&\begin{pmatrix} R_{1n} & T_{n1} \\ T_{1n} & R_{n1} \end{pmatrix}\\ &=\begin{pmatrix} R_{1,n-1}+\dfrac{T_{n-1,1}R_{n-1,n}T_{1,n-1}\mathrm{e}^{\mathrm{i}k_{\mathrm{S3}}^{(n-1)}\cdot 2h}}{I-R_{n-1,1}R_{n-1,n}\mathrm{e}^{\mathrm{i}k_{\mathrm{S3}}^{(n-1)}\cdot 2h}} & \dfrac{T_{n-1,1}T_{n,n-1}\mathrm{e}^{\mathrm{i}k_{\mathrm{S3}}^{(n-1)}\cdot h}}{I-R_{n-1,1}R_{n-1,n}\mathrm{e}^{\mathrm{i}k_{\mathrm{S3}}^{(n-1)}\cdot 2h}} \\ \dfrac{T_{n-1,n}T_{1,n-1}\mathrm{e}^{\mathrm{i}k_{\mathrm{S3}}^{(n-1)}\cdot h}}{I-R_{n-1,1}R_{n-1,n}\mathrm{e}^{\mathrm{i}k_{\mathrm{S3}}^{(n-1)}\cdot 2h}} & R_{n,n-1}+\dfrac{T_{n-1,n}R_{n-1,1}T_{n,n-1}\mathrm{e}^{\mathrm{i}k_{\mathrm{S3}}^{(n-1)}\cdot 2h}}{I-R_{n-1,1}R_{n-1,n}\mathrm{e}^{\mathrm{i}k_{\mathrm{S3}}^{(n-1)}\cdot 2h}} \end{pmatrix}\end{aligned} \tag{4.5.28}$$

用此递推公式可以求得 SH 波通过 N 层介质的反射和透射系数。

现在考虑 P 波和 SV 波通过 N 层介质的反射、透射问题。首先考虑 P 波和 SV 波通过单界面的反射、透射。设界面两侧的势函数为

$$\varphi^{1+} = A^{1+}(0,0)\exp[\mathrm{i}(-\xi x_1 + k_{\mathrm{P3}}^{(1)}x_3 - \omega t)] \tag{4.5.29a}$$

$$\psi^{1+} = B^{1+}(0,0)\exp[\mathrm{i}(-\xi x_1 + k_{\mathrm{S3}}^{(1)}x_3 - \omega t)] \tag{4.5.29b}$$

$$\varphi^{1-} = A^{1-}(0,0)\exp[\mathrm{i}(-\xi x_1 - k_{\mathrm{P3}}^{(1)}x_3 - \omega t)] \tag{4.5.29c}$$

$$\psi^{1-} = B^{1-}(0,0)\exp[\mathrm{i}(-\xi x_1 - k_{\mathrm{S3}}^{(1)}x_3 - \omega t)] \tag{4.5.29d}$$

$$\varphi^{2+} = A^{2+}(0,0)\exp[\mathrm{i}(-\xi x_1 + k_{\mathrm{P3}}^{(2)}x_3 - \omega t)] \tag{4.5.29e}$$

$$\psi^{2+} = B^{2+}(0,0)\exp[\mathrm{i}(-\xi x_1 + k_{\mathrm{S3}}^{(2)}x_3 - \omega t)] \tag{4.5.29f}$$

$$\varphi^{2-} = A^{2-}(0,0)\exp[\mathrm{i}(-\xi x_1 - k_{\mathrm{P3}}^{(2)}x_3 - \omega t)] \tag{4.5.29g}$$

$$\psi^{2-} = B^{2-}(0,0)\exp[\mathrm{i}(-\xi x_1 - k_{\mathrm{S3}}^{(2)}x_3 - \omega t)] \tag{4.5.29h}$$

定义 $\boldsymbol{R}_{ij}$ 为弹性波从 i 介质入射到 j 介质的反射系数矩阵，$\boldsymbol{T}_{ij}$ 为弹性波从 i 介质入射到 j 介质的透射系数矩阵。设各入射波、反射波和透射波的振幅为

$$\boldsymbol{C}^{1-} = \begin{pmatrix} A^{1-} \\ B^{1-} \end{pmatrix},\ \boldsymbol{C}^{1+} = \begin{pmatrix} A^{1+} \\ B^{1+} \end{pmatrix},\ \boldsymbol{C}^{2-} = \begin{pmatrix} A^{2-} \\ B^{2-} \end{pmatrix},\ \boldsymbol{C}^{2+} = \begin{pmatrix} A^{2+} \\ B^{2+} \end{pmatrix} \tag{4.5.30}$$

则振幅满足如下关系：

$$\boldsymbol{C}^{1-}(0,0) = \boldsymbol{R}_{12}(0,0)\boldsymbol{C}^{1+}(0,0) + \boldsymbol{T}_{21}(0,0)\boldsymbol{C}^{2-}(0,0) \tag{4.5.31a}$$

$$\boldsymbol{C}^{2+}(0,0) = \boldsymbol{T}_{12}(0,0)\boldsymbol{C}^{1+}(0,0) + \boldsymbol{R}_{21}(0,0)\boldsymbol{C}^{2-}(0,0) \tag{4.5.31b}$$

对于带有左右侧翼的界面，类似地,

$$\boldsymbol{C}^{1-}(a,b) = \boldsymbol{R}_{12}(a,b)\boldsymbol{C}^{1+}(a,b) + \boldsymbol{T}_{21}(a,b)\boldsymbol{C}^{2-}(a,b) \tag{4.5.32a}$$

$$\boldsymbol{C}^{2+}(a,b) = \boldsymbol{T}_{12}(a,b)\boldsymbol{C}^{1+}(a,b) + \boldsymbol{R}_{21}(a,b)\boldsymbol{C}^{2-}(a,b) \tag{4.5.32b}$$

考虑到

$$\begin{aligned}\varphi^{1+}|_{x_3=-a} &= A^{1+}(0,0)\exp[\mathrm{i}(-\xi x_1 - k_{\mathrm{P3}}^{(1)}a - \omega t)] \\ &= \exp(-\mathrm{i}k_{\mathrm{P3}}^{(1)}a)A^{1+}(0,0)\exp[\mathrm{i}(-\xi x_1 - \omega t)] \\ &= A^{1+}(a,b)\exp[\mathrm{i}(-\xi x_1 - \omega t)]\end{aligned} \tag{4.5.33a}$$

$$\begin{aligned}\psi^{1+}|_{x_3=-a} &= B^{1+}(0,0)\exp[\mathrm{i}(-\xi x_1 - k_{\mathrm{S3}}^{(1)}a - \omega t)] \\ &= \exp(-\mathrm{i}k_{\mathrm{S3}}^{(1)}a)B^{1+}(0,0)\exp[\mathrm{i}(-\xi x_1 - \omega t)]\end{aligned}$$

$$= B^{1+}(a,b)\exp[\mathrm{i}(-\xi x_1 - \omega t)] \tag{4.5.33b}$$

$$\begin{aligned}\varphi^{1-}|_{x_3=-a} &= A^{1-}(0,0)\exp[\mathrm{i}(-\xi x_1 + k_{\mathrm{P3}}^{(1)}a - \omega t)] \\ &= \exp(\mathrm{i}k_{\mathrm{P3}}^{(1)}a)A^{1-}(0,0)\exp[\mathrm{i}(-\xi x_1 - \omega t)] \\ &= A^{1-}(a,b)\exp[\mathrm{i}(-\xi x_1 - \omega t)]\end{aligned} \tag{4.5.33c}$$

$$\begin{aligned}\psi^{1-}|_{x_3=-a} &= B^{1-}(0,0)\exp[\mathrm{i}(-\xi x_1 + k_{\mathrm{S3}}^{(1)}a - \omega t)] \\ &= \exp(\mathrm{i}k_{\mathrm{S3}}^{(1)}a)B^{1-}(0,0)\exp[\mathrm{i}(-\xi x_1 - \omega t)] \\ &= B^{1-}(a,b)\exp[\mathrm{i}(-\xi x_1 - \omega t)]\end{aligned} \tag{4.5.33d}$$

$$\begin{aligned}\varphi^{2+}|_{x_3=b} &= A^{1+}(0,0)\exp[\mathrm{i}(-\xi x_1 + k_{\mathrm{P3}}^{(1)}b - \omega t)] \\ &= \exp(\mathrm{i}k_{\mathrm{P3}}^{(1)}b)A^{2+}(0,0)\exp[\mathrm{i}(-\xi x_1 - \omega t)] \\ &= A^{2+}(a,b)\exp[\mathrm{i}(-\xi x_1 - \omega t)]\end{aligned} \tag{4.5.33e}$$

$$\begin{aligned}\psi^{2+}|_{x_3=b} &= B^{2+}(0,0)\exp[\mathrm{i}(-\xi x_1 + k_{\mathrm{S3}}^{(2)}b - \omega t)] \\ &= \exp(\mathrm{i}k_{\mathrm{S3}}^{(2)}b)B^{2+}(0,0)\exp[\mathrm{i}(-\xi x_1 - \omega t)] \\ &= B^{2+}(a,b)\exp[\mathrm{i}(-\xi x_1 - \omega t)]\end{aligned} \tag{4.5.33f}$$

$$\begin{aligned}\varphi^{2-}|_{x_3=b} &= A^{2-}(0,0)\exp[\mathrm{i}(-\xi x_1 - k_{\mathrm{P3}}^{(1)}b - \omega t)] \\ &= \exp(-\mathrm{i}k_{\mathrm{P3}}^{(2)}b)A^{2-}(0,0)\exp[\mathrm{i}(-\xi x_1 - \omega t)] \\ &= A^{2-}(a,b)\exp[\mathrm{i}(-\xi x_1 - \omega t)]\end{aligned} \tag{4.5.33g}$$

$$\begin{aligned}\psi^{2-}|_{x_3=b} &= B^{2-}(0,0)\exp[\mathrm{i}(-\xi x_1 - k_{\mathrm{S3}}^{(1)}b - \omega t)] \\ &= \exp(-\mathrm{i}k_{\mathrm{S3}}^{(2)}b)B^{2-}(0,0)\exp[\mathrm{i}(-\xi x_1 - \omega t)] \\ &= B^{2-}(a,b)\exp[\mathrm{i}(-\xi x_1 - \omega t)]\end{aligned} \tag{4.5.33h}$$

可得

$$\begin{aligned}\boldsymbol{C}^{1-}(a,b) &= \begin{pmatrix} A^{1-}(a,b) \\ B^{1-}(a,b) \end{pmatrix} = \begin{pmatrix} \exp(\mathrm{i}k_{\mathrm{P3}}^{(1)}a) & \\ & \exp(\mathrm{i}k_{\mathrm{S3}}^{(1)}a) \end{pmatrix} \begin{pmatrix} A^{1-}(0,0) \\ B^{1-}(0,0) \end{pmatrix} \\ &= \begin{pmatrix} \exp(\mathrm{i}k_{\mathrm{P3}}^{(1)}a) & \\ & \exp(\mathrm{i}k_{\mathrm{S3}}^{(1)}a) \end{pmatrix} \boldsymbol{C}^{1-}(0,0)\end{aligned} \tag{4.5.34a}$$

$$\begin{aligned}\boldsymbol{C}^{1+}(a,b) &= \begin{pmatrix} A^{1+}(a,b) \\ B^{1+}(a,b) \end{pmatrix} = \begin{pmatrix} \exp(-\mathrm{i}k_{\mathrm{P3}}^{(1)}a) & \\ & \exp(-\mathrm{i}k_{\mathrm{S3}}^{(1)}a) \end{pmatrix} \begin{pmatrix} A^{1+}(0,0) \\ B^{1+}(0,0) \end{pmatrix} \\ &= \begin{pmatrix} \exp(-\mathrm{i}k_{\mathrm{P3}}^{(1)}a) & \\ & \exp(-\mathrm{i}k_{\mathrm{S3}}^{(1)}a) \end{pmatrix} \boldsymbol{C}^{1+}(0,0)\end{aligned} \tag{4.5.34b}$$

$$\boldsymbol{C}^{2-}(a,b) = \begin{pmatrix} A^{2-}(a,b) \\ B^{2-}(a,b) \end{pmatrix} = \begin{pmatrix} \exp(-\mathrm{i}k_{\mathrm{P3}}^{(2)}b) & \\ & \exp(-\mathrm{i}k_{\mathrm{S3}}^{(2)}b) \end{pmatrix} \begin{pmatrix} A^{2-}(0,0) \\ B^{2-}(0,0) \end{pmatrix}$$

$$= \begin{pmatrix} \exp(-\mathrm{i}k_{\mathrm{P3}}^{(2)}b) & \\ & \exp(-\mathrm{i}k_{\mathrm{S3}}^{(2)}b) \end{pmatrix} \boldsymbol{C}^{2-}(0,0) \tag{4.5.34c}$$

$$\boldsymbol{C}^{2+}(a,b) = \begin{pmatrix} A^{2+}(a,b) \\ B^{2+}(a,b) \end{pmatrix} = \begin{pmatrix} \exp(\mathrm{i}k_{\mathrm{P3}}^{(2)}b) & \\ & \exp(\mathrm{i}k_{\mathrm{S3}}^{(2)}b) \end{pmatrix} \begin{pmatrix} A^{2+}(0,0) \\ B^{2+}(0,0) \end{pmatrix}$$

$$= \begin{pmatrix} \exp(\mathrm{i}k_{\mathrm{P3}}^{(2)}b) & \\ & \exp(\mathrm{i}k_{\mathrm{S3}}^{(2)}b) \end{pmatrix} \boldsymbol{C}^{2+}(0,0) \tag{4.5.34d}$$

代入式 (4.5.32) 得

$$\boldsymbol{R}_{12}(a,b) = \boldsymbol{\Lambda}^{(1)}(+a)\boldsymbol{R}_{12}(0,0)[\boldsymbol{\Lambda}^{(1)}]^{-1}(-a) \tag{4.5.35a}$$

$$\boldsymbol{T}_{21}(a,b) = \boldsymbol{\Lambda}^{(1)}(+a)\boldsymbol{T}_{21}(0,0)[\boldsymbol{\Lambda}^{(2)}]^{-1}(-b) \tag{4.5.35b}$$

$$\boldsymbol{R}_{21}(a,b) = \boldsymbol{\Lambda}^{(2)}(+b)\boldsymbol{R}_{12}(0,0)[\boldsymbol{\Lambda}^{(2)}]^{-1}(-b) \tag{4.5.35c}$$

$$\boldsymbol{T}_{12}(a,b) = \boldsymbol{\Lambda}^{(2)}(+b)\boldsymbol{T}_{21}(0,0)[\boldsymbol{\Lambda}^{(1)}]^{-1}(-a) \tag{4.5.35d}$$

其中，

$$\boldsymbol{\Lambda}^{(1)}(s) = \begin{pmatrix} \mathrm{e}^{\mathrm{i}k_{\mathrm{P3}}^{(1)}s} & 0 \\ 0 & \mathrm{e}^{\mathrm{i}k_{\mathrm{S3}}^{(1)}s} \end{pmatrix} \tag{4.5.36a}$$

$$\boldsymbol{\Lambda}^{(2)}(s) = \begin{pmatrix} \mathrm{e}^{\mathrm{i}k_{\mathrm{P3}}^{(2)}s} & 0 \\ 0 & \mathrm{e}^{\mathrm{i}k_{\mathrm{S3}}^{(2)}s} \end{pmatrix} \tag{4.5.36b}$$

当研究弹性波穿过厚度为 h 的夹层的反射和透射问题时，可以将夹层看成两个含侧翼界面的组合问题。对于含右侧翼界面有

$$\boldsymbol{C}^{1-}(0,h/2) = \boldsymbol{R}_{12}(0,h/2)\boldsymbol{C}^{1+}(0,h/2) + \boldsymbol{T}_{21}(0,h/2)\boldsymbol{C}^{2-}(0,h/2) \tag{4.5.37a}$$

$$\boldsymbol{C}^{2+}(0,h/2) = \boldsymbol{T}_{12}(0,h/2)\boldsymbol{C}^{1+}(0,h/2) + \boldsymbol{R}_{21}(0,h/2)\boldsymbol{C}^{2-}(0,h/2) \tag{4.5.37b}$$

对于含左侧翼界面有

$$\boldsymbol{C}^{2-}(h/2,0) = \boldsymbol{R}_{23}(h/2,0)\boldsymbol{C}^{1+}(h/2,0) + \boldsymbol{T}_{32}(h/2,0)\boldsymbol{C}^{3-}(h/2,0) \tag{4.5.38a}$$

$$\boldsymbol{C}^{3+}(h/2,0) = \boldsymbol{T}_{23}(h/2,0)\boldsymbol{C}^{2+}(h/2,0) + \boldsymbol{R}_{32}(h/2,0)\boldsymbol{C}^{3-}(h/2,0) \tag{4.5.38b}$$

考虑到

$$\boldsymbol{C}^{2-}(h/2,0) = \boldsymbol{C}^{2-}(0,h/2) = \boldsymbol{C}^{2-}, \quad \boldsymbol{C}^{2+}(h/2,0) = \boldsymbol{C}^{2+}(0,h/2) = \boldsymbol{C}^{2+} \tag{4.5.39}$$

有

$$\boldsymbol{C}^{1-}(0,h/2) = \boldsymbol{R}_{12}(0,h/2)\boldsymbol{C}^{1+}(0,h/2) + \boldsymbol{T}_{21}(0,h/2)\boldsymbol{C}^{2-} \tag{4.5.40a}$$

$$\boldsymbol{C}^{2+} = \boldsymbol{T}_{12}(0,h/2)\boldsymbol{C}^{1+}(0,h/2) + \boldsymbol{R}_{21}(0,h/2)\boldsymbol{C}^{2-} \tag{4.5.40b}$$

$$\boldsymbol{C}^{2-} = \boldsymbol{R}_{23}(h/2,0)C^{2+} + \boldsymbol{T}_{32}(h/2,0)\boldsymbol{C}^{3-}(h/2,0) \tag{4.5.40c}$$

$$\boldsymbol{C}^{3+}(h/2,0) = \boldsymbol{T}_{23}(h/2,0)\boldsymbol{C}^{2+} + \boldsymbol{R}_{32}(h/2,0)\boldsymbol{C}^{3-}(h/2,0) \tag{4.5.40d}$$

由式 (4.5.40b) 和式 (4.5.40c) 得

$$\begin{aligned}\boldsymbol{C}^{2+} =& [\boldsymbol{E} - \boldsymbol{R}_{21}(0,h/2)\boldsymbol{R}_{23}(h/2,0)]^{-1} \\ &\times[\boldsymbol{T}_{12}(0,h/2)\boldsymbol{C}^{1+}(0,h/2) + \boldsymbol{R}_{21}(0,h/2)\boldsymbol{T}_{32}(h/2,0)\boldsymbol{C}^{3-}(h/2,0)]\end{aligned} \tag{4.5.41a}$$

$$\begin{aligned}\boldsymbol{C}^{2-} =& [\boldsymbol{E} - \boldsymbol{R}_{23}(h/2,0)\boldsymbol{R}_{21}(0,h/2)]^{-1} \\ &\times[\boldsymbol{R}_{23}(h/2,0)\boldsymbol{T}_{12}(0,h/2)\boldsymbol{C}^{1+}(0,h/2) + \boldsymbol{T}_{32}(h/2,0)\boldsymbol{C}^{3-}(h/2,0)]\end{aligned} \tag{4.5.41b}$$

代入式 (4.5.40a) 和式 (4.5.40d) 得

$$\begin{aligned}&\boldsymbol{C}^{1-}(0,h/2) \\ =&\{\boldsymbol{R}_{12}(0,h/2) + \boldsymbol{T}_{21}(0,h/2) \\ &\times[\boldsymbol{E} - \boldsymbol{R}_{23}(h/2,0)\boldsymbol{R}_{21}(0,h/2)]^{-1}\boldsymbol{R}_{23}(h/2,0)\boldsymbol{T}_{12}(0,h/2)\}\boldsymbol{C}^{1+}(0,h/2) \\ &+\boldsymbol{T}_{21}(0,h/2)[\boldsymbol{E} - \boldsymbol{R}_{23}(h/2,0)\boldsymbol{R}_{21}(0,h/2)]^{-1}\boldsymbol{T}_{32}(h/2,0)\boldsymbol{C}^{3-}(h/2,0)\end{aligned} \tag{4.5.42a}$$

$$\begin{aligned}&\boldsymbol{C}^{3+}(h/2,0) \\ =&\boldsymbol{T}_{23}(h/2,0)[\boldsymbol{E} - \boldsymbol{R}_{21}(0,h/2)\boldsymbol{R}_{23}(h/2,0)]^{-1} \\ &\times\boldsymbol{T}_{12}(0,h/2)\boldsymbol{C}^{1+}(0,h/2) + \{\boldsymbol{R}_{32}(h/2,0) + \boldsymbol{T}_{23}(h/2,0) \\ &\times[\boldsymbol{E} - \boldsymbol{R}_{21}(0,h/2)\boldsymbol{R}_{23}(h/2,0)]^{-1}\boldsymbol{R}_{21}(0,h/2)\boldsymbol{T}_{32}(h/2,0)\}\boldsymbol{C}^{3-}(h/2,0)\end{aligned} \tag{4.5.42b}$$

考虑到式 (4.5.35)

$$\begin{aligned}&\boldsymbol{C}^{1-}(0,h/2) \\ =&\{\boldsymbol{R}_{12} + \boldsymbol{T}_{21}\boldsymbol{\Lambda}'[\boldsymbol{E} - \boldsymbol{\Lambda}'\boldsymbol{R}_{23}\boldsymbol{\Lambda}'\boldsymbol{\Lambda}'\boldsymbol{R}_{21}\boldsymbol{\Lambda}']^{-1}\boldsymbol{\Lambda}'\boldsymbol{R}_{23}\boldsymbol{\Lambda}'\boldsymbol{\Lambda}'\boldsymbol{T}_{12}\}\boldsymbol{C}^{1+}(0,h/2) \\ &+\boldsymbol{T}_{21}\boldsymbol{\Lambda}'[\boldsymbol{E} - \boldsymbol{\Lambda}'R_{23}\boldsymbol{\Lambda}'\boldsymbol{\Lambda}'\boldsymbol{R}_{21}\boldsymbol{\Lambda}']^{-1}\boldsymbol{\Lambda}'\boldsymbol{T}_{32}\boldsymbol{C}^{3-}(h/2,0)\end{aligned} \tag{4.5.43a}$$

$$\begin{aligned}&\boldsymbol{C}^{3+}(h/2,0) \\ =&\boldsymbol{T}_{23}\boldsymbol{\Lambda}'[\boldsymbol{E} - \boldsymbol{\Lambda}'\boldsymbol{R}_{21}\boldsymbol{\Lambda}'\boldsymbol{\Lambda}'\boldsymbol{R}_{23}\boldsymbol{\Lambda}']^{-1}\boldsymbol{\Lambda}'\boldsymbol{T}_{12}\boldsymbol{C}^{1+}(0,h/2) \\ &+\{\boldsymbol{R}_{32} + \boldsymbol{T}_{23}\boldsymbol{\Lambda}'[\boldsymbol{E} - \boldsymbol{\Lambda}'\boldsymbol{R}_{21}\boldsymbol{\Lambda}'\boldsymbol{\Lambda}'\boldsymbol{R}_{23}\boldsymbol{\Lambda}']^{-1}\boldsymbol{\Lambda}'\boldsymbol{R}_{21}\boldsymbol{\Lambda}'\boldsymbol{\Lambda}'\boldsymbol{T}_{32}\}\boldsymbol{C}^{3-}(h/2,0)\end{aligned} \tag{4.5.43b}$$

其中，

$$\boldsymbol{\Lambda}' = \begin{pmatrix} \mathrm{e}^{\mathrm{i}k_{\mathrm{P3}}^{(2)}\cdot\frac{h}{2}} & 0 \\ 0 & \mathrm{e}^{\mathrm{i}k_{\mathrm{S3}}^{(2)}\cdot\frac{h}{2}} \end{pmatrix}$$

整理得到

$$\begin{aligned}\boldsymbol{C}^{1-}(0,h/2)=&\{\boldsymbol{R}_{12}+\boldsymbol{T}_{21}[[\boldsymbol{\Lambda}'']^{-1}-\boldsymbol{R}_{23}\boldsymbol{\Lambda}''\boldsymbol{R}_{21}]^{-1}\boldsymbol{R}_{23}\boldsymbol{\Lambda}''\boldsymbol{T}_{12}\}\boldsymbol{C}^{1+}(0,h/2)\\&+\boldsymbol{T}_{21}[[\boldsymbol{\Lambda}'']^{-1}-\boldsymbol{R}_{23}\boldsymbol{\Lambda}''\boldsymbol{R}_{21}]^{-1}\boldsymbol{T}_{32}\boldsymbol{C}^{3-}(h/2,0)\end{aligned} \tag{4.5.44a}$$

$$\begin{aligned}\boldsymbol{C}^{3+}(h/2,0)=&\boldsymbol{T}_{23}[[\boldsymbol{\Lambda}'']^{-1}-\boldsymbol{R}_{21}\boldsymbol{\Lambda}''\boldsymbol{R}_{23}]^{-1}\boldsymbol{T}_{12}\boldsymbol{C}^{1+}(0,h/2)\\&+\{\boldsymbol{R}_{32}+\boldsymbol{T}_{23}[[\boldsymbol{\Lambda}'']^{-1}-\boldsymbol{R}_{21}\boldsymbol{\Lambda}''\boldsymbol{R}_{23}]^{-1}\boldsymbol{R}_{21}\boldsymbol{\Lambda}''\boldsymbol{T}_{32}\}\boldsymbol{C}^{3-}(h/2,0)\end{aligned} \tag{4.5.44b}$$

其中

$$\boldsymbol{\Lambda}''=\boldsymbol{\Lambda}'\cdot\boldsymbol{\Lambda}'=\begin{pmatrix}\mathrm{e}^{\mathrm{i}k_{\mathrm{P3}}^{(2)}\cdot h} & 0\\ 0 & \mathrm{e}^{\mathrm{i}k_{\mathrm{S3}}^{(2)}\cdot h}\end{pmatrix}$$

写成矩阵形式为

$$\begin{pmatrix}\boldsymbol{C}^{1-}\\ \boldsymbol{C}^{3+}\end{pmatrix}=\begin{pmatrix}\boldsymbol{R}_{13} & \boldsymbol{T}_{31}\\ \boldsymbol{T}_{13} & \boldsymbol{R}_{31}\end{pmatrix}\begin{pmatrix}\boldsymbol{C}^{1+}\\ \boldsymbol{C}^{3-}\end{pmatrix}$$

其中，

$$\boldsymbol{R}_{13}=\boldsymbol{R}_{12}+\boldsymbol{T}_{21}[[\boldsymbol{\Lambda}'']^{-1}-\boldsymbol{R}_{23}\boldsymbol{\Lambda}''\boldsymbol{R}_{21}]^{-1}\boldsymbol{R}_{23}\boldsymbol{\Lambda}''\boldsymbol{T}_{12} \tag{4.5.45a}$$

$$\boldsymbol{T}_{31}=\boldsymbol{T}_{21}[[\boldsymbol{\Lambda}'']^{-1}-\boldsymbol{R}_{23}\boldsymbol{\Lambda}''\boldsymbol{R}_{21}]^{-1}\boldsymbol{T}_{32} \tag{4.5.45b}$$

$$\boldsymbol{T}_{13}=\boldsymbol{T}_{23}[[\boldsymbol{\Lambda}'']^{-1}-\boldsymbol{R}_{21}\boldsymbol{\Lambda}''\boldsymbol{R}_{23}]^{-1}\boldsymbol{T}_{12} \tag{4.5.45c}$$

$$\boldsymbol{R}_{31}=\boldsymbol{R}_{32}+\boldsymbol{T}_{23}[[\boldsymbol{\Lambda}'']^{-1}-\boldsymbol{R}_{21}\boldsymbol{\Lambda}''\boldsymbol{R}_{23}]^{-1}\boldsymbol{R}_{21}\boldsymbol{\Lambda}''\boldsymbol{T}_{32} \tag{4.5.45d}$$

注意：式 (4.5.45a) 和式 (4.5.45c) 两式与式 (4.4.9) 和式 (4.4.10) 两式完全相同，表明超级界面方法与多重反射/透射方法具有相同的结果。但这两种方法研究问题的思路完全不同。

现在考虑 P 波和 SV 波同时入射两层介质的情况。设双层介质的反射和透射振幅满足

$$\begin{pmatrix}\boldsymbol{C}^{1-}\\ \boldsymbol{C}^{4+}\end{pmatrix}=\begin{pmatrix}\boldsymbol{R}_{14} & \boldsymbol{T}_{41}\\ \boldsymbol{T}_{14} & \boldsymbol{R}_{41}\end{pmatrix}\begin{pmatrix}\boldsymbol{C}^{1+}\\ \boldsymbol{C}^{4-}\end{pmatrix} \tag{4.5.46}$$

则

$$\boldsymbol{R}_{14}=\boldsymbol{R}_{13}+\boldsymbol{T}_{31}[[\boldsymbol{\Lambda}'']^{-1}-\boldsymbol{R}_{34}\boldsymbol{\Lambda}''\boldsymbol{R}_{31}]^{-1}\boldsymbol{R}_{34}\boldsymbol{\Lambda}''\boldsymbol{T}_{13} \tag{4.5.47a}$$

$$\boldsymbol{T}_{41}=\boldsymbol{T}_{31}[[\boldsymbol{\Lambda}'']^{-1}-\boldsymbol{R}_{34}\boldsymbol{\Lambda}''\boldsymbol{R}_{31}]^{-1}\boldsymbol{T}_{43} \tag{4.5.47b}$$

$$\boldsymbol{T}_{14}=\boldsymbol{T}_{34}[[\boldsymbol{\Lambda}'']^{-1}-\boldsymbol{R}_{31}\boldsymbol{\Lambda}''\boldsymbol{R}_{34}]^{-1}\boldsymbol{T}_{13} \tag{4.5.47c}$$

$$\boldsymbol{R}_{41}=\boldsymbol{R}_{43}+\boldsymbol{T}_{34}[[\boldsymbol{\Lambda}'']^{-1}-\boldsymbol{R}_{31}\boldsymbol{\Lambda}''\boldsymbol{R}_{34}]^{-1}\boldsymbol{R}_{31}\boldsymbol{\Lambda}''\boldsymbol{T}_{43} \tag{4.5.47d}$$

其中，

$$\boldsymbol{\Lambda}'' = \begin{pmatrix} \mathrm{e}^{\mathrm{i}k_{\mathrm{P3}}^{(3)}\cdot h} & 0 \\ 0 & \mathrm{e}^{\mathrm{i}k_{\mathrm{S3}}^{(3)}\cdot h} \end{pmatrix}$$

对于有 $n-2$ 层夹层 (对应第有 $n-1$ 个界面和 n 种介质) 的情况。设 $n-2$ 层介质的反射和透射波振幅满足

$$\begin{pmatrix} \boldsymbol{C}^{1-} \\ \boldsymbol{C}^{n+} \end{pmatrix} = \begin{pmatrix} \boldsymbol{R}_{1,n} & \boldsymbol{T}_{n,1} \\ \boldsymbol{T}_{1,n} & \boldsymbol{R}_{n,1} \end{pmatrix} \begin{pmatrix} \boldsymbol{C}^{1+} \\ \boldsymbol{C}^{n-} \end{pmatrix} \tag{4.5.48}$$

则

$$\boldsymbol{R}_{1,n} = \boldsymbol{R}_{1,n-1} + \boldsymbol{T}_{n-1,1}[[\boldsymbol{\Lambda}'']^{-1} - \boldsymbol{R}_{n-1,n}\boldsymbol{\Lambda}''\boldsymbol{R}_{n-1,1}]^{-1}\boldsymbol{R}_{n-1,n}\boldsymbol{\Lambda}''\boldsymbol{T}_{1,n-1} \tag{4.5.49a}$$

$$\boldsymbol{T}_{n,1} = \boldsymbol{T}_{n-1,1}[[\boldsymbol{\Lambda}'']^{-1} - \boldsymbol{R}_{n-1,n}\boldsymbol{\Lambda}''\boldsymbol{R}_{n-1,1}]^{-1}\boldsymbol{T}_{n,n-1} \tag{4.5.49b}$$

$$\boldsymbol{T}_{1,n} = \boldsymbol{T}_{n-1,n}[[\boldsymbol{\Lambda}'']^{-1} - \boldsymbol{R}_{n-1,1}\boldsymbol{\Lambda}''\boldsymbol{R}_{n-1,n}]^{-1}\boldsymbol{T}_{1,n-1} \tag{4.5.49c}$$

$$\boldsymbol{R}_{n,1} = \boldsymbol{R}_{n,n-1} + \boldsymbol{T}_{n-1,n}[[\boldsymbol{\Lambda}'']^{-1} - \boldsymbol{R}_{n-1,1}\boldsymbol{\Lambda}''\boldsymbol{R}_{n-1,n}]^{-1}\boldsymbol{R}_{n-1,1}\boldsymbol{\Lambda}''\boldsymbol{T}_{n,n-1} \tag{4.5.49d}$$

其中，

$$\boldsymbol{\Lambda}'' = \begin{pmatrix} \mathrm{e}^{\mathrm{i}k_{\mathrm{P3}}^{(n-1)}\cdot h} & 0 \\ 0 & \mathrm{e}^{\mathrm{i}k_{\mathrm{S3}}^{(n-1)}\cdot h} \end{pmatrix}$$

利用式 (4.5.49) 的递推公式，可得弹性波穿过任意层的层状介质的反射和透射系数。

超级界面法将夹层的反射和透射问题归结为超级界面的反射和透射问题。对于多层介质的反射和透射问题，利用式 (4.5.28) 和式 (4.5.49) 的递推公式，亦可归结为超级界面的反射和透射问题，其处理过程如图 4.5.5 和图 4.5.6 所示。

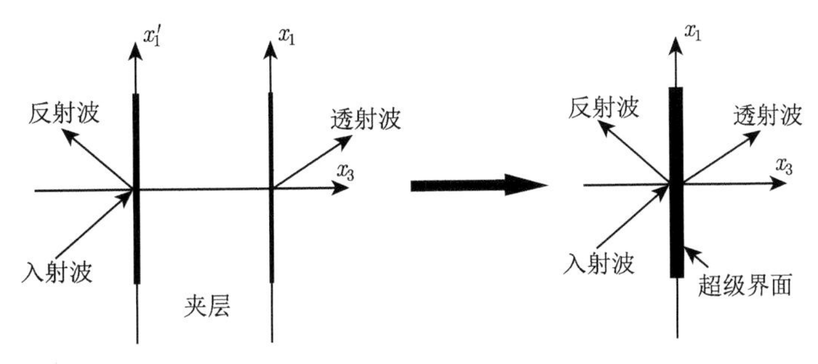

图 4.5.5 将单个夹层等效为超级界面示意图

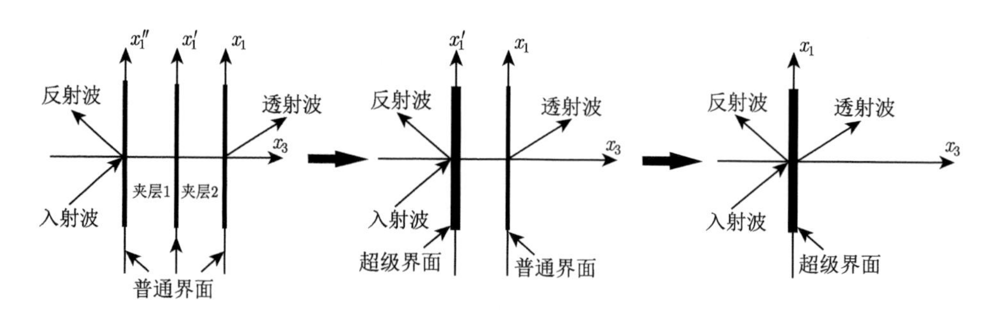

图 4.5.6　将多个夹层渐次等效为超级界面示意图

4.6　状态转移方程方法

前面介绍的几种方法对于求解均匀夹层问题不存在任何困难，但用于求解非均匀夹层，即夹层的力学参数 (弹性常数、密度等) 沿厚度不均匀分布，将遇到困难。本节介绍的状态转移方程方法对于求解非均匀夹层问题具有特别的优势。在状态转移方程方法中，像传递矩阵方法和刚度矩阵方法一样，引入了状态向量的概念，然后直接由物理问题的控制方程，通过降阶处理得到状态转移方程，进而通过求解状态转移方程，得到状态向量的传递矩阵。由于状态转移方程是由控制方程降阶处理得到的，所以状态转移方程实际上就是物理问题的控制方程，数学上它与控制方程是等价的。形式上，物理问题的控制方程多数是二阶微分方程组，而状态转移方程是一阶矩阵方程。

首先考虑入射 SH 波经有限厚度夹层的反射和透射。在介质 1 将产生反射 SH 波，在介质 3 将产生透射 SH 波，在介质 2 中将产生上行和下行 SH 波，如图 4.6.1 所示。设界面 $2(x_3=0)$ 处的入射 SH 波、反射 SH 波、透射 SH 波 (夹层中的下行波) 的位移场分别为

$$u_2^{\mathrm{i}} = C^{\mathrm{i}} \exp\left[\mathrm{i}\left(\xi x_1 - k_{\mathrm{S}3}^{(1)} x_3 - \omega_{\mathrm{S}} t\right)\right] \tag{4.6.1a}$$

$$u_2^{\mathrm{r}} = C^{\mathrm{r}} \exp\left[\mathrm{i}\left(\xi x_1 + k_{\mathrm{S}3}^{(1)} x_3 - \omega_{\mathrm{S}} t\right)\right] \tag{4.6.1b}$$

$$u_2^{2-} = C^{2-} \exp\left[\mathrm{i}\left(\xi x_1 - k_{\mathrm{S}3}^{(2)} x_3 - \omega_{\mathrm{S}} t\right)\right] \tag{4.6.1c}$$

设界面 $1(x_3=-h)$ 处的反射 SH 波 (夹层中的上行波)、透射 SH 波的位移场分别为

$$u_2^{2+} = C^{2+} \exp\left\{\mathrm{i}\left[\xi x_1 + k_{\mathrm{S}3}^{(2)}\left(x_3+h\right) - \omega_{\mathrm{S}} t\right]\right\} \tag{4.6.1d}$$

$$u_2^{\mathrm{t}} = C^{\mathrm{t}} \exp\left\{\mathrm{i}\left[\xi x_1 - k_{\mathrm{S}3}^{(3)}\left(x_3+h\right) - \omega_{\mathrm{S}} t\right]\right\} \tag{4.6.1e}$$

在介质 1 中，位移和应力的表达式为

$$
\begin{aligned}
u_2 =& u_2^{\mathrm{i}} + u_2^{\mathrm{r}} = C^{\mathrm{i}} \exp\left[\mathrm{i}\left(\xi x_1 - k_{\mathrm{S}3}^{(1)} x_3 - \omega_{\mathrm{S}} t\right)\right] \\
&+ C^{\mathrm{r}} \exp\left[\mathrm{i}\left(\xi x_1 + k_{\mathrm{S}3}^{(1)} x_3 - \omega_{\mathrm{S}} t\right)\right]
\end{aligned} \tag{4.6.2a}
$$

$$
\begin{aligned}
\sigma_{32} =& \mu_1 u_{2,3} = \mu_1 \Big\{ -\mathrm{i} k_{\mathrm{S}3}^{(1)} C^{\mathrm{i}} \exp\left[\mathrm{i}\left(\xi x_1 - k_{\mathrm{S}3}^{(1)} x_3 - \omega_{\mathrm{S}} t\right)\right] \\
&+ \mathrm{i} k_{\mathrm{S}3}^{(1)} C^{\mathrm{r}} \exp\left[\mathrm{i}\left(\xi x_1 + k_{\mathrm{S}3}^{(1)} x_3 - \omega_{\mathrm{S}} t\right)\right] \Big\}
\end{aligned} \tag{4.6.2b}
$$

在介质 2 中，位移和应力的表达式为

$$
\begin{aligned}
u_2' =& u_2^{2-} + u_2^{2+} = C^{2-} \exp\left[\mathrm{i}\left(\xi x_1 - k_{\mathrm{S}3}^{(2)} x_3 - \omega_{\mathrm{S}} t\right)\right] \\
&+ C^{2+} \exp\left\{\mathrm{i}\left[\xi x_1 + k_{\mathrm{S}3}^{(2)} (x_3 + h) - \omega_{\mathrm{S}} t\right]\right\}
\end{aligned} \tag{4.6.3a}
$$

$$
\begin{aligned}
\sigma_{32}' =& \mu_2 u_{2,3}' = \mu_2 \Big\{ -\mathrm{i} k_{\mathrm{S}3}^{(2)} C^{2-} \exp\left[\mathrm{i}\left(\xi x_1 - k_{\mathrm{S}3}^{(2)} x_3 - \omega_{\mathrm{S}} t\right)\right] \\
&+ \mathrm{i} k_{\mathrm{S}3}^{(2)} C^{2+} \exp\left\{\mathrm{i}\left[\xi x_1 + k_{\mathrm{S}3}^{(2)} (x_3 + h) - \omega_{\mathrm{S}} t\right]\right\} \Big\}
\end{aligned} \tag{4.6.3b}
$$

在介质 3 中，位移和应力的表达式为

$$
u_2'' = u_2^{\mathrm{t}} = C^{\mathrm{t}} \exp\left\{\mathrm{i}\left[\xi x_1 - k_{\mathrm{S}3}^{(3)} (x_3 + h) - \omega_{\mathrm{S}} t\right]\right\} \tag{4.6.4a}
$$

$$
\sigma_{32}'' = \mu_3 u_{2,3}'' = \mu_3 \left\{ -\mathrm{i} k_{\mathrm{S}3}^{(3)} C^{\mathrm{t}} \exp\left\{\mathrm{i}\left[\xi x_1 - k_{\mathrm{S}3}^{(3)} (x_3 + h) - \omega_{\mathrm{S}} t\right]\right\} \right\} \tag{4.6.4b}
$$

将二阶微分方程的控制方程

$$
\rho \ddot{u}_i = \sigma_{ij,j} \tag{4.6.5}
$$

进行降阶处理，得到一阶微分方程组

$$
\begin{cases}
\mu u_{2,3} = \sigma_{32} \\
\sigma_{32,3} = -\rho \omega^2 u_2
\end{cases} \tag{4.6.6}
$$

定义状态矢量

$$
\boldsymbol{\xi} = \begin{bmatrix} u_2(x_3) \\ \sigma_{32}(x_3) \end{bmatrix} \tag{4.6.7}
$$

则由式 (4.6.6) 得到

$$
\begin{bmatrix} \mu & 0 \\ 0 & 1 \end{bmatrix} \begin{bmatrix} u_{2,3} \\ \sigma_{32,3} \end{bmatrix} = \begin{bmatrix} 0 & 1 \\ -\rho\omega^2 & 0 \end{bmatrix} \begin{bmatrix} u_2 \\ \sigma_{32} \end{bmatrix} \tag{4.6.8a}
$$

或

$$\begin{bmatrix} u_{2,3} \\ \sigma_{32,3} \end{bmatrix} = \begin{bmatrix} \mu & 0 \\ 0 & 1 \end{bmatrix}^{-1} \begin{bmatrix} 0 & 1 \\ -\rho\omega^2 & 0 \end{bmatrix} \begin{bmatrix} u_2 \\ \sigma_{32} \end{bmatrix} \tag{4.6.8b}$$

$$\begin{bmatrix} u_{2,3} \\ \sigma_{32,3} \end{bmatrix} = \begin{bmatrix} 0 & \dfrac{1}{\mu} \\ -\rho\omega^2 & 0 \end{bmatrix} \begin{bmatrix} u_2 \\ \sigma_{32} \end{bmatrix} \tag{4.6.8c}$$

上述推导过程对于非均匀介质，即 $\mu = \mu(x_3)$ 和 $\lambda = \lambda(x_3)$ 的情况也是成立的。一般地称下述形式的一阶微分方程

$$\frac{\mathrm{d}\boldsymbol{\xi}}{\mathrm{d}x_3} = \boldsymbol{A}(x_3)\,\boldsymbol{\xi} \tag{4.6.9}$$

为各向同性弹性夹层的状态转移微分方程。其中，系数矩阵

$$\boldsymbol{A}(x_3) = \begin{bmatrix} 0 & \dfrac{1}{\mu(x_3)} \\ -\rho(x_3)\omega^2 & 0 \end{bmatrix} \tag{4.6.10}$$

假定 x_3^0 位置和 x_3 位置处状态矢量满足如下关系：

$$\boldsymbol{\xi}(x_3) = \boldsymbol{Q}\left(x_3, x_3^0\right)\,\boldsymbol{\xi}\left(x_3^0\right) \tag{4.6.11}$$

则称矩阵 $\boldsymbol{Q}(x_3, x_3^0)$ 为状态矢量的传递矩阵。显然，传递矩阵满足 $\boldsymbol{Q}(x_3^0, x_3^0) = \boldsymbol{I}$。将式 (4.6.11) 代入状态转移微分方程中得

$$\frac{\mathrm{d}\boldsymbol{Q}(x_3, x_3^0)}{\mathrm{d}x_3} = \boldsymbol{A}(x_3)\boldsymbol{Q}(x_3, x_3^0), \quad \boldsymbol{Q}(x_3^0, x_3^0) = \boldsymbol{I} \tag{4.6.12}$$

上式为传递矩阵满足的方程，一般可从该方程中解得传递矩阵 $\boldsymbol{Q}(x_3, x_3^0)$。

当中间夹层为均匀各向同性弹性材料时，$\boldsymbol{A}(x_3)$ 为常数矩阵，式 (4.6.12) 的解为

$$\boldsymbol{Q}(x_3, x_3^0) = \mathrm{e}^{\boldsymbol{A}(x_3 - x_3^0)} \tag{4.6.13}$$

设夹层的厚度为 h，则夹层左右两侧状态矢量对应的传递矩阵为

$$\boldsymbol{Q}(h) = \mathrm{e}^{\boldsymbol{A}h} \tag{4.6.14}$$

设矩阵 $\boldsymbol{A}$ 的两个特征值是 $\lambda_n (n = 1, 2)$，其对应的两个特征向量组成的 2×2 矩阵为 $\boldsymbol{W}$。两个特征根与夹层中的上行波和下行波相对应。用 λ^- 表示小于零的

特征根，其对应的特征向量为 $\boldsymbol{W}^-=\begin{bmatrix}P^-\\D^-\end{bmatrix}$；用 λ^+ 表示大于零的特征根，其对应的特征向量为 $\boldsymbol{W}^+=\begin{bmatrix}P^+\\D^+\end{bmatrix}$，则系数矩阵

$$\boldsymbol{A}=\begin{bmatrix}P^- & P^+\\D^- & D^+\end{bmatrix}\begin{bmatrix}\lambda^- & 0\\0 & \lambda^+\end{bmatrix}\begin{bmatrix}P^- & P^+\\D^- & D^+\end{bmatrix}^{-1} \tag{4.6.15}$$

从而，传递矩阵

$$\begin{aligned}\boldsymbol{Q}(h)&=\mathrm{e}^{\boldsymbol{A}h}=\boldsymbol{I}+\boldsymbol{A}h+\frac{1}{2!}(\boldsymbol{A}h)^2+\frac{1}{3!}(\boldsymbol{A}h)^3+\cdots+\frac{1}{n!}(\boldsymbol{A}h)^n+\cdots\\&=\boldsymbol{I}+h\boldsymbol{W}\boldsymbol{\Lambda}\boldsymbol{W}^{-1}+\frac{1}{2!}h^2(\boldsymbol{W}\boldsymbol{\Lambda}\boldsymbol{W}^{-1})(\boldsymbol{W}\boldsymbol{\Lambda}\boldsymbol{W}^{-1})\\&\quad+\frac{1}{3!}h^3(\boldsymbol{W}\boldsymbol{\Lambda}\boldsymbol{W}^{-1})(\boldsymbol{W}\boldsymbol{\Lambda}\boldsymbol{W}^{-1})(\boldsymbol{W}\boldsymbol{\Lambda}\boldsymbol{W}^{-1})+\cdots\\&\quad+\frac{1}{n!}h^n\underbrace{(\boldsymbol{W}\boldsymbol{\Lambda}\boldsymbol{W}^{-1})(\boldsymbol{W}\boldsymbol{\Lambda}\boldsymbol{W}^{-1})(\boldsymbol{W}\boldsymbol{\Lambda}\boldsymbol{W}^{-1})\cdots}_{n\text{个}}+\cdots\\&=\boldsymbol{W}\left(\boldsymbol{I}+h\boldsymbol{\Lambda}+\frac{1}{2!}h^2\boldsymbol{\Lambda}^2+\frac{1}{3!}h^3\boldsymbol{\Lambda}^3+\cdots+\frac{1}{n!}h^n\boldsymbol{\Lambda}^n+\cdots\right)\boldsymbol{W}^{-1}\\&=\boldsymbol{W}\mathrm{e}^{\boldsymbol{\Lambda}h}\boldsymbol{W}^{-1}=\boldsymbol{W}\begin{bmatrix}\mathrm{e}^{\lambda^-h} & 0\\0 & \mathrm{e}^{\lambda^+h}\end{bmatrix}\boldsymbol{W}^{-1}\end{aligned} \tag{4.6.16}$$

其中，$\boldsymbol{\Lambda}=\begin{bmatrix}\lambda^- & 0\\0 & \lambda^+\end{bmatrix}$。

界面 2，$x_3=0^+$ 处的位移场和应力场为

$$\begin{aligned}\boldsymbol{\xi}_{x_3=0^+}&=\begin{bmatrix}u_2(x_3=0^+)\\\sigma_{32}(x_3=0^+)\end{bmatrix}=\begin{bmatrix}1 & 1\\-\mathrm{i}\mu_1k_{\mathrm{S3}}^{(1)} & \mathrm{i}\mu_1k_{\mathrm{S3}}^{(1)}\end{bmatrix}\cdot\begin{bmatrix}C^{\mathrm{i}}\\C^{\mathrm{r}}\end{bmatrix}\mathrm{e}^{\mathrm{i}(\xi x_1-\omega t)}\\&=\boldsymbol{X}_1\begin{bmatrix}C^{\mathrm{i}}\\C^{\mathrm{r}}\end{bmatrix}\mathrm{e}^{\mathrm{i}(\xi x_1-\omega t)}\end{aligned} \tag{4.6.17}$$

界面 1，$x_3=-h^-$ 处的位移场和应力场为

$$\boldsymbol{\xi}''_{x_3=-h^-}=\begin{bmatrix}u_2(x_3=-h^-)\\\sigma_{32}(x_3=-h^-)\end{bmatrix}=\begin{bmatrix}1\\-\mathrm{i}\mu_3k_{\mathrm{S3}}^{(3)}\end{bmatrix}C^{\mathrm{t}}\mathrm{e}^{\mathrm{i}(\xi x_1-\omega t)}=\boldsymbol{X}_3C^{\mathrm{t}}\mathrm{e}^{\mathrm{i}(\xi x_1-\omega t)} \tag{4.6.18}$$

在界面 $2(x_3=0)$ 和界面 $1(x_3=-h)$ 处，位移和应力在界面两侧需满足连续性条件

$$u_2|_{x_3=0}=u_2'|_{x_3=0},\quad \sigma_{32}|_{x_3=0}=\sigma_{32}'|_{x_3=0} \tag{4.6.19a}$$

$$u_2'|_{x_3=-h} = u_2''|_{x_3=-h}, \quad \sigma_{32}'|_{x_3=-h} = \sigma_{32}''|_{x_3=-h} \tag{4.6.19b}$$

即

$$\boldsymbol{\xi}'_{x_3=-h^+} = \boldsymbol{\xi}''_{x_3=-h^-}, \quad \boldsymbol{\xi}_{x_3=0^+} = \boldsymbol{\xi}'_{x_3=0^-} \tag{4.6.20}$$

这里，

$$\boldsymbol{\xi} = \begin{bmatrix} u_2(x_3) \\ \sigma_{32}(x_3) \end{bmatrix}, \quad \boldsymbol{\xi}' = \begin{bmatrix} u_2'(x_3) \\ \sigma_{32}'(x_3) \end{bmatrix}, \quad \boldsymbol{\xi}'' = \begin{bmatrix} u_2''(x_3) \\ \sigma_{32}''(x_3) \end{bmatrix} \tag{4.6.21}$$

所以

$$\boldsymbol{\xi}''(x_3 = -h^-) = \boldsymbol{Q}(h) \cdot \boldsymbol{\xi}(x_3 = 0^+) \tag{4.6.22}$$

即

$$\boldsymbol{X}_3 C^{\mathrm{t}} = \boldsymbol{Q}(h) \cdot \boldsymbol{X}_1 \cdot \begin{bmatrix} C^{\mathrm{i}} \\ C^{\mathrm{r}} \end{bmatrix} \tag{4.6.23}$$

由上式可以得到

$$C^{\mathrm{r}} = RC^{\mathrm{i}} \tag{4.6.24a}$$

$$C^{\mathrm{t}} = TC^{\mathrm{i}} \tag{4.6.24b}$$

其中，R 和 T 分别为 SH 波的反射和透射系数。

对于入射波是 P 波或 SV 波的情况，在介质 1 中将产生反射 P 波和反射 SV 波；在介质 3 中将产生透射 P 波和透射 SV 波。在介质 2 中将产生上行和下行的 P 波和 SV 波，如图 4.1.2 所示。设在介质 1、介质 2 和介质 3 中 P 波和 SV 波的波函数分别为

$$\varphi^{\mathrm{i}} = A^{\mathrm{i}} \exp\left[\mathrm{i}(\xi x_1 - k_{\mathrm{P3}}^{(1)} x_3 - \omega t)\right] \tag{4.6.25a}$$

$$\psi^{\mathrm{i}} = B^{\mathrm{i}} \exp\left[\mathrm{i}(\xi x_1 - k_{\mathrm{S3}}^{(1)} x_3 - \omega t)\right] \tag{4.6.25b}$$

$$\varphi^{\mathrm{r}} = A^{\mathrm{r}} \exp\left[\mathrm{i}(\xi x_1 + k_{\mathrm{P3}}^{(1)} x_3 - \omega t)\right] \tag{4.6.25c}$$

$$\psi^{\mathrm{r}} = B^{\mathrm{r}} \exp\left[\mathrm{i}(\xi x_1 + k_{\mathrm{S3}}^{(1)} x_3 - \omega t)\right] \tag{4.6.25d}$$

$$\varphi^{2-} = A^{2-} \exp\left[\mathrm{i}(\xi x_1 - k_{\mathrm{P3}}^{(2)} x_3 - \omega t)\right] \tag{4.6.25e}$$

$$\psi^{2-} = B^{2-} \exp\left[\mathrm{i}(\xi x_1 - k_{\mathrm{S3}}^{(2)} x_3 - \omega t)\right] \tag{4.6.25f}$$

$$\varphi^{2+} = A^{2+} \exp\left[\mathrm{i}(\xi x_1 + k_{\mathrm{P3}}^{(2)} (x_3 + h) - \omega t)\right] \tag{4.6.25g}$$

$$\psi^{2+} = B^{2+} \exp\left[\mathrm{i}(\xi x_1 + k_{\mathrm{S3}}^{(2)} (x_3 + h) - \omega t)\right] \tag{4.6.25h}$$

$$\varphi^{\mathrm{t}} = A^{\mathrm{t}} \exp\left[\mathrm{i}(\xi x_1 - k_{\mathrm{P3}}^{(3)} (x_3 + h) - \omega t)\right] \tag{4.6.25i}$$

$$\psi^{\mathrm{t}} = B^{\mathrm{t}} \exp\left[\mathrm{i}(\xi x_1 - k_{\mathrm{S3}}^{(3)}(x_3 + h) - \omega t)\right] \tag{4.6.25j}$$

在介质 1 中，位移和应力的表达式为

$$\begin{aligned} u_1 =& \frac{\partial(\varphi^{\mathrm{i}} + \varphi^{\mathrm{r}})}{\partial x_1} - \frac{\partial(\psi^{\mathrm{i}} + \psi^{\mathrm{r}})}{\partial x_3} \\ =& \mathrm{i}\xi A^{\mathrm{i}} \exp\left[\mathrm{i}(\xi x_1 - k_{\mathrm{P3}}^{(1)} x_3 - \omega t)\right] + \mathrm{i}\xi A^{\mathrm{r}} \exp\left[\mathrm{i}(\xi x_1 + k_{\mathrm{P3}}^{(1)} x_3 - \omega t)\right] \\ &+ \mathrm{i}k_{\mathrm{S3}}^{(1)} B^{\mathrm{i}} \exp\left[\mathrm{i}(\xi x_1 - k_{\mathrm{S3}}^{(1)} x_3 - \omega t)\right] - \mathrm{i}k_{\mathrm{S3}}^{(1)} B^{\mathrm{r}} \exp\left[\mathrm{i}(\xi x_1 + k_{\mathrm{S3}}^{(1)} x_3 - \omega t)\right] \end{aligned} \tag{4.6.26a}$$

$$\begin{aligned} u_3 =& \frac{\partial(\varphi^{\mathrm{i}} + \varphi^{\mathrm{r}})}{\partial x_3} + \frac{\partial(\psi^{\mathrm{i}} + \psi^{\mathrm{r}})}{\partial x_1} \\ =& -\mathrm{i}k_{\mathrm{P3}}^{(1)} A^{\mathrm{i}} \exp\left[\mathrm{i}(\xi x_1 - k_{\mathrm{P3}}^{(1)} x_3 - \omega t)\right] + \mathrm{i}k_{\mathrm{P3}}^{(1)} A^{\mathrm{r}} \exp\left[\mathrm{i}(\xi x_1 + k_{\mathrm{P3}}^{(1)} x_3 - \omega t)\right] \\ &+ \mathrm{i}\xi B^{\mathrm{i}} \exp\left[\mathrm{i}(\xi x_1 - k_{\mathrm{S3}}^{(1)} x_3 - \omega t)\right] + \mathrm{i}\xi B^{\mathrm{r}} \exp\left[\mathrm{i}(\xi x_1 + k_{\mathrm{S3}}^{(1)} x_3 - \omega t)\right] \end{aligned} \tag{4.6.26b}$$

$$\begin{aligned} \sigma_{33} =& \lambda_1 \frac{\partial^2(\varphi^{\mathrm{i}} + \varphi^{\mathrm{r}})}{\partial x_1^2} + (\lambda_1 + 2\mu_1)\frac{\partial^2(\varphi^{\mathrm{i}} + \varphi^{\mathrm{r}})}{\partial x_3^2} + 2\mu_1 \frac{\partial^2(\psi^{\mathrm{i}} + \psi^{\mathrm{r}})}{\partial x_1 \partial x_3} \\ =& \lambda_1 \left\{ -\xi^2 A^{\mathrm{i}} \exp\left[\mathrm{i}(\xi x_1 - k_{\mathrm{P3}}^{(1)} x_3 - \omega t)\right] \right. \\ & \left. - \xi^2 A^{\mathrm{r}} \exp\left[\mathrm{i}(\xi x_1 + k_{\mathrm{P3}}^{(1)} x_3 - \omega t)\right] \right\} \\ & + (\lambda_1 + 2\mu_1)\left\{ -(k_{\mathrm{P3}}^{(1)})^2 A^{\mathrm{i}} \exp\left[\mathrm{i}(\xi x_1 - k_{\mathrm{P3}}^{(1)} x_3 - \omega t)\right] \right. \\ & \left. - (k_{\mathrm{P3}}^{(1)})^2 A^{\mathrm{r}} \exp\left[\mathrm{i}(\xi x_1 + k_{\mathrm{P3}}^{(1)} x_3 - \omega t)\right] \right\} \\ & + 2\mu_1 \left\{ \xi k_{\mathrm{S3}}^{(1)} B^{\mathrm{i}} \exp\left[\mathrm{i}(\xi x_1 - k_{\mathrm{S3}}^{(1)} x_3 - \omega t)\right] \right. \\ & \left. - \xi k_{\mathrm{S3}}^{(1)} B^{\mathrm{r}} \exp\left[\mathrm{i}(\xi x_1 + k_{\mathrm{S3}}^{(1)} x_3 - \omega t)\right] \right\} \end{aligned} \tag{4.6.26c}$$

$$\begin{aligned} \sigma_{31} =& \mu_1 \left[2\frac{\partial^2(\varphi^{\mathrm{i}} + \varphi^{\mathrm{r}})}{\partial x_1 \partial x_3} + \frac{\partial^2(\psi^{\mathrm{i}} + \psi^{\mathrm{r}})}{\partial x_1^2} - \frac{\partial^2(\psi^{\mathrm{i}} + \psi^{\mathrm{r}})}{\partial x_3^2} \right] \\ =& \mu_1 \left\{ 2\xi k_{\mathrm{P3}}^{(1)} A^{\mathrm{i}} \exp\left[\mathrm{i}(\xi x_1 - k_{\mathrm{P3}}^{(1)} x_3 - \omega t)\right] \right. \\ & - 2\xi k_{\mathrm{P3}}^{(1)} A^{\mathrm{r}} \exp\left[\mathrm{i}(\xi x_1 + k_{\mathrm{P3}}^{(1)} x_3 - \omega t)\right] \\ & - \xi^2 B^{\mathrm{i}} \exp\left[\mathrm{i}(\xi x_1 - k_{\mathrm{S3}}^{(1)} x_3 - \omega t)\right] \\ & - \xi^2 B^{\mathrm{r}} \exp\left[\mathrm{i}(\xi x_1 + k_{\mathrm{S3}}^{(1)} x_3 - \omega t)\right] \end{aligned}$$

$$
\left.\begin{aligned}
&+(k_{\mathrm{S3}}^{(1)})^2 B^{\mathrm{i}} \exp\left[\mathrm{i}(\xi x_1 - k_{\mathrm{S3}}^{(1)} x_3 - \omega t)\right] \\
&+(k_{\mathrm{S3}}^{(1)})^2 B^{\mathrm{r}} \exp\left[\mathrm{i}(\xi x_1 + k_{\mathrm{S3}}^{(1)} x_3 - \omega t)\right]
\end{aligned}\right\} \tag{4.6.26d}
$$

在介质 2 中，位移和应力的表达式为

$$
\begin{aligned}
u_1' =& \frac{\partial(\varphi^{2-} + \varphi^{2+})}{\partial x_1} - \frac{\partial(\psi^{2-} + \psi^{2+})}{\partial x_3} \\
=& \mathrm{i}\xi A^{2-} \exp\left[\mathrm{i}(\xi x_1 - k_{\mathrm{P3}}^{(2)} x_3 - \omega t)\right] \\
&+ \mathrm{i}\xi A^{2+} \exp\left[\mathrm{i}(\xi x_1 + k_{\mathrm{P3}}^{(2)} (x_3 + h) - \omega t)\right] \\
&+ \mathrm{i}k_{\mathrm{S3}}^{(2)} B^{2-} \exp\left[\mathrm{i}(\xi x_1 - k_{\mathrm{S3}}^{(2)} x_3 - \omega t)\right] \\
&- \mathrm{i}k_{\mathrm{S3}}^{(2)} B^{2+} \exp\left[\mathrm{i}(\xi x_1 + k_{\mathrm{S3}}^{(2)} (x_3 + h) - \omega t)\right]
\end{aligned} \tag{4.6.27a}
$$

$$
\begin{aligned}
u_3' =& \frac{\partial(\varphi^{2-} + \varphi^{2+})}{\partial x_3} + \frac{\partial(\psi^{2-} + \psi^{2+})}{\partial x_1} \\
=& -\mathrm{i}k_{\mathrm{P3}}^{(2)} A^{2-} \exp\left[\mathrm{i}(\xi x_1 - k_{\mathrm{P3}}^{(2)} x_3 - \omega t)\right] \\
&+ \mathrm{i}k_{\mathrm{P3}}^{(2)} A^{2+} \exp\left[\mathrm{i}(\xi x_1 + k_{\mathrm{P3}}^{(2)} (x_3 + h) - \omega t)\right] \\
&+ \mathrm{i}\xi B^{2-} \exp\left[\mathrm{i}(\xi x_1 - k_{\mathrm{S3}}^{(2)} x_3 - \omega t)\right] \\
&+ \mathrm{i}\xi B^{2+} \exp\left[\mathrm{i}(\xi x_1 + k_{\mathrm{S3}}^{(2)} (x_3 + h) - \omega t)\right]
\end{aligned} \tag{4.6.27b}
$$

$$
\begin{aligned}
\sigma_{33}' =& \lambda_2 \frac{\partial^2(\varphi^{2-} + \varphi^{2+})}{\partial x_1^2} + (\lambda_2 + 2\mu_2) \frac{\partial^2(\varphi^{2-} + \varphi^{2+})}{\partial x_3^2} \\
&+ 2\mu_2 \frac{\partial^2(\psi^{2-} + \psi^{2+})}{\partial x_1 \partial x_3} \\
=& \lambda_2 \left\{ -\xi^2 A^{2-} \exp\left[\mathrm{i}(\xi x_1 - k_{\mathrm{P3}}^{(2)} x_3 - \omega t)\right] \right. \\
&\left. - \xi^2 A^{2+} \exp\left[\mathrm{i}(\xi x_1 + k_{\mathrm{P3}}^{(2)} (x_3 + h) - \omega t)\right] \right\} \\
&+ (\lambda_2 + 2\mu_2) \left\{ -(k_{\mathrm{P3}}^{(2)})^2 A^{2-} \exp\left[\mathrm{i}(\xi x_1 - k_{\mathrm{P3}}^{(2)} x_3 - \omega t)\right] \right. \\
&\left. - (k_{\mathrm{P3}}^{(2)})^2 A^{2+} \exp\left[\mathrm{i}(\xi x_1 + k_{\mathrm{P3}}^{(2)} (x_3 + h) - \omega t)\right] \right\} \\
&+ 2\mu_2 \left\{ \xi k_{\mathrm{S3}}^{(2)} B^{2-} \exp\left[\mathrm{i}(\xi x_1 - k_{\mathrm{S3}}^{(2)} x_3 - \omega t)\right] \right. \\
&\left. - \xi k_{\mathrm{S3}}^{(2)} B^{2+} \exp\left[\mathrm{i}(\xi x_1 + k_{\mathrm{S3}}^{(2)} (x_3 + h) - \omega t)\right] \right\}
\end{aligned} \tag{4.6.27c}
$$

$$\sigma'_{31}=\mu_2\left[2\frac{\partial^2(\varphi^{2-}+\varphi^{2+})}{\partial x_1\partial x_3}+\frac{\partial^2(\psi^{2-}+\psi^{2+})}{\partial x_1^2}-\frac{\partial^2(\psi^{2-}+\psi^{2+})}{\partial x_3^2}\right]$$
$$=\mu_2\left\{2\xi k_{\mathrm{P3}}^{(2)}A^{2-}\exp\left[\mathrm{i}(\xi x_1-k_{\mathrm{P3}}^{(2)}x_3-\omega t)\right]\right.$$
$$-2\xi k_{\mathrm{P3}}^{(2)}A^{2+}\exp\left[\mathrm{i}(\xi x_1+k_{\mathrm{P3}}^{(2)}(x_3+h)-\omega t)\right]$$
$$-\xi^2B^{2-}\exp\left[\mathrm{i}(\xi x_1-k_{\mathrm{S3}}^{(2)}x_3-\omega t)\right]$$
$$-\xi^2B^{2+}\exp\left[\mathrm{i}(\xi x_1+k_{\mathrm{S3}}^{(2)}(x_3+h)-\omega t)\right]$$
$$+(k_{\mathrm{S3}}^{(2)})^2B^{2-}\exp\left[\mathrm{i}(\xi x_1-k_{\mathrm{S3}}^{(2)}x_3-\omega t)\right]$$
$$\left.+(k_{\mathrm{S3}}^{(2)})^2B^{2+}\exp\left[\mathrm{i}(\xi x_1+k_{\mathrm{S3}}^{(2)}(x_3+h)-\omega t)\right]\right\}\tag{4.6.27d}$$

在介质 3 中，位移和应力的表达式为

$$u''_1=\frac{\partial\varphi^{\mathrm{t}}}{\partial x_1}-\frac{\partial\psi_2^{\mathrm{t}}}{\partial x_3}$$
$$=\mathrm{i}\xi A^{\mathrm{t}}\exp\left[\mathrm{i}(\xi x_1-k_{\mathrm{P3}}^{(3)}(x_3+h)-\omega t)\right]$$
$$+\mathrm{i}k_{\mathrm{S3}}^{(3)}B^{\mathrm{t}}\exp\left[\mathrm{i}(\xi x_1-k_{\mathrm{S3}}^{(3)}(x_3+h)-\omega t)\right]\tag{4.6.28a}$$

$$u''_3=\frac{\partial\varphi^{\mathrm{t}}}{\partial x_3}+\frac{\partial\psi_2^{\mathrm{t}}}{\partial x_1}$$
$$=-\mathrm{i}k_{\mathrm{P3}}^{(3)}A^{\mathrm{t}}\exp\left[\mathrm{i}(\xi x_1-k_{\mathrm{P3}}^{(3)}(x_3+h)-\omega t)\right]$$
$$+\mathrm{i}\xi B^{\mathrm{t}}\exp\left[\mathrm{i}(\xi x_1-k_{\mathrm{S3}}^{(3)}(x_3+h)-\omega t)\right]\tag{4.6.28b}$$

$$\sigma''_{33}=\lambda_3\frac{\partial^2\varphi^{\mathrm{t}}}{\partial x_1^2}+(\lambda_3+2\mu_3)\frac{\partial^2\varphi^{\mathrm{t}}}{\partial x_3^2}+2\mu_3\frac{\partial^2\psi^{\mathrm{t}}}{\partial x_1\partial x_3}$$
$$=-\lambda_3\xi^2A^{\mathrm{t}}\exp\left[\mathrm{i}(\xi x_1-k_{\mathrm{P3}}^{(3)}(x_3+h)-\omega t)\right]$$
$$-(\lambda_3+2\mu_3)(k_{\mathrm{P3}}^{(3)})^2A^{\mathrm{t}}\exp\left[\mathrm{i}(\xi x_1-k_{\mathrm{P3}}^{(3)}(x_3+h)-\omega t)\right]$$
$$+2\mu_3\xi k_{\mathrm{S3}}^{(3)}B^{\mathrm{t}}\exp\left[\mathrm{i}(\xi x_1-k_{\mathrm{S3}}^{(3)}(x_3+h)-\omega t)\right]\tag{4.6.29a}$$

$$\sigma''_{31}=\mu_3\left(2\frac{\partial^2\varphi^{\mathrm{t}}}{\partial x_1\partial x_3}+\frac{\partial^2\psi^{\mathrm{t}}}{\partial x_1^2}-\frac{\partial^2\psi^{\mathrm{t}}}{\partial x_3^2}\right)$$
$$=\mu_3\left\{2\xi k_{\mathrm{P3}}^{(3)}A^{\mathrm{t}}\exp\left[\mathrm{i}(\xi x_1-k_{\mathrm{P3}}^{(3)}(x_3+h)-\omega t)\right]\right.$$
$$-\xi^2B^{\mathrm{t}}\exp\left[\mathrm{i}(\xi x_1-k_{\mathrm{S3}}^{(3)}(x_3+h)-\omega t)\right]$$
$$\left.+(k_{\mathrm{S3}}^{(3)})^2B^{\mathrm{t}}\exp\left[\mathrm{i}(\xi x_1-k_{\mathrm{S3}}^{(3)}(x_3+h)-\omega t)\right]\right\}\tag{4.6.29b}$$

将二阶微分方程的控制方程

$$\rho \ddot{u}_i = \sigma_{ij,j} \tag{4.6.30}$$

进行降阶处理，得到一阶微分方程组

$$\begin{cases} \sigma_{11} = (\lambda + 2\mu)\, u_{1,1} + \lambda u_{3,3} \\ \sigma_{13} = \mu u_{1,3} + \mu u_{3,1} \\ \sigma_{33} = \lambda u_{1,1} + (\lambda + 2\mu)\, u_{3,3} \\ \rho u_{1,tt} = \sigma_{11,1} + \sigma_{13,3} \\ \rho u_{3,tt} = \sigma_{31,1} + \sigma_{33,3} \end{cases} \tag{4.6.31}$$

上式进一步化简为

$$\begin{cases} \mu u_{1,3} = -\mathrm{i}\xi\mu u_3 + \sigma_{13} \\ (\lambda + 2\mu)\, u_{3,3} = -\mathrm{i}\xi\lambda u_1 + \sigma_{33} \\ \mathrm{i}\xi\lambda u_{3,3} + \sigma_{13,3} = \xi^2 (\lambda + 2\mu)\, u_1 - \rho\omega^2 u_1 \\ \mathrm{i}\xi\mu u_{1,3} + \sigma_{33,3} = \xi^2 \mu u_3 - \rho\omega^2 u_3 \end{cases} \tag{4.6.32}$$

设位移矢量 $\boldsymbol{U} = [u_1, u_3]^{\mathrm{T}}$，应力矢量 $\boldsymbol{T} = [\sigma_{13}, \sigma_{33}]^{\mathrm{T}}$，并定义状态矢量 $\boldsymbol{\xi}$ 为

$$\boldsymbol{\xi} = \begin{bmatrix} \boldsymbol{U} \\ \boldsymbol{T} \end{bmatrix} = \begin{bmatrix} u_1(x_3) \\ u_3(x_3) \\ \sigma_{13}(x_3) \\ \sigma_{33}(x_3) \end{bmatrix} \tag{4.6.33}$$

则由式 (4.6.32) 得

$$\begin{aligned} &\begin{bmatrix} \mu & 0 & 0 & 0 \\ 0 & \lambda + 2\mu & 0 & 0 \\ 0 & \mathrm{i}\xi\lambda & 1 & 0 \\ \mathrm{i}\xi\mu & 0 & 0 & 1 \end{bmatrix} \begin{bmatrix} u_{1,3} \\ u_{3,3} \\ \sigma_{13,3} \\ \sigma_{33,3} \end{bmatrix} \\ =& \begin{bmatrix} 0 & -\mathrm{i}\xi\mu & 1 & 0 \\ -\mathrm{i}\xi\lambda & 0 & 0 & 1 \\ \xi^2 (\lambda + 2\mu) - \rho\omega^2 & 0 & 0 & 0 \\ 0 & \xi^2\mu - \rho\omega^2 & 0 & 0 \end{bmatrix} \begin{bmatrix} u_1 \\ u_3 \\ \sigma_{13} \\ \sigma_{33} \end{bmatrix} \end{aligned} \tag{4.6.34}$$

将其写成如下分块矩阵的形式：

$$\begin{bmatrix} \boldsymbol{\Gamma}_{33}(x_3) & 0 \\ \mathrm{i}\xi\boldsymbol{\Gamma}_{13}(x_3) & \boldsymbol{I} \end{bmatrix} \begin{bmatrix} \dfrac{\partial \boldsymbol{U}}{\partial x_3} \\ \dfrac{\partial \boldsymbol{T}}{\partial x_3} \end{bmatrix} = \begin{bmatrix} -\mathrm{i}\xi\boldsymbol{\Gamma}_{31}(x_3) & \boldsymbol{I} \\ \xi^2\boldsymbol{\Gamma}_{11}(x_3) - \rho\omega^2\boldsymbol{I} & 0 \end{bmatrix} \begin{bmatrix} \boldsymbol{U} \\ \boldsymbol{T} \end{bmatrix} \tag{4.6.35}$$

其中，

$$\boldsymbol{\Gamma}_{33}=\begin{bmatrix}\mu & 0\\ 0 & \lambda+2\mu\end{bmatrix},\quad \boldsymbol{\Gamma}_{13}=\begin{bmatrix}0 & \lambda\\ \mu & 0\end{bmatrix},\quad \boldsymbol{\Gamma}_{31}=\begin{bmatrix}0 & \mu\\ \lambda & 0\end{bmatrix}$$

$$\boldsymbol{\Gamma}_{11}=\begin{bmatrix}\lambda+2\mu & 0\\ 0 & \mu\end{bmatrix},\quad \boldsymbol{I}=\begin{bmatrix}1 & 0\\ 0 & 1\end{bmatrix}$$

将其写成矩阵方程为

$$\begin{cases}\boldsymbol{\Gamma}_{33}\left(x_3\right)\boldsymbol{U}'=-\mathrm{i}\xi\boldsymbol{\Gamma}_{31}\left(x_3\right)\mathbf{U}+\boldsymbol{T}\\ \mathrm{i}\xi\boldsymbol{\Gamma}_{13}\left(x_3\right)\boldsymbol{U}'+\boldsymbol{T}'=[\xi^2\boldsymbol{\Gamma}_{11}\left(x_3\right)-\rho\omega^2\boldsymbol{I}]\boldsymbol{U}\end{cases}\tag{4.6.36}$$

其中，$\begin{bmatrix}\boldsymbol{U}'(x_3)\\ \boldsymbol{T}'(x_3)\end{bmatrix}=\dfrac{\partial}{\partial x_3}\begin{bmatrix}\boldsymbol{U}(x_3)\\ \boldsymbol{T}(x_3)\end{bmatrix}$。设 $\boldsymbol{X}(x_3)=[\boldsymbol{\Gamma}_{33}(x_3)]^{-1}$，则可进一步写成

$$\begin{cases}\boldsymbol{U}'(x_3)=-\mathrm{i}\xi\boldsymbol{X}(x_3)\boldsymbol{\Gamma}_{31}(x_3)\boldsymbol{U}(x_3)+\boldsymbol{X}(x_3)\boldsymbol{T}(x_3)\\ \boldsymbol{T}'(x_3)=\{\xi^2[\boldsymbol{\Gamma}_{11}(x_3)-\boldsymbol{\Gamma}_{13}(x_3)\boldsymbol{X}(x_3)\boldsymbol{\Gamma}_{31}(x_3)]\\ \qquad -\rho(x_3)\omega^2\boldsymbol{I}\}\boldsymbol{U}(x_3)-\mathrm{i}\xi\boldsymbol{\Gamma}_{13}(x_3)\boldsymbol{X}(x_3)\boldsymbol{T}(x_3)\end{cases}\tag{4.6.37}$$

从而得到状态转移微分方程

$$\frac{\mathrm{d}\boldsymbol{\xi}}{\mathrm{d}x_3}=\mathrm{i}\boldsymbol{A}(x_3)\boldsymbol{\xi}\tag{4.6.38}$$

其中，

$$\begin{aligned}&\boldsymbol{A}(x_3)\\ &=\begin{bmatrix}-\xi\boldsymbol{X}\left(x_3\right)\boldsymbol{\Gamma}_{31}(x_3) & -\mathrm{i}\boldsymbol{X}\left(x_3\right)\\ -\mathrm{i}\xi^2[\boldsymbol{\Gamma}_{11}(x_3)-\boldsymbol{\Gamma}_{13}(x_3)\boldsymbol{X}\left(x_3\right)\boldsymbol{\Gamma}_{31}(x_3)]+\mathrm{i}\rho(x_3)\omega^2\boldsymbol{I} & -\xi\boldsymbol{\Gamma}_{13}(x_3)\boldsymbol{X}\left(x_3\right)\end{bmatrix}\end{aligned}\tag{4.6.39}$$

定义传递矩阵 $\boldsymbol{Q}$ 满足

$$\boldsymbol{\xi}\left(x_3\right)=\boldsymbol{Q}\left(x_3,x_3^0\right)\ \boldsymbol{\xi}\left(x_3^0\right),\quad \boldsymbol{Q}(x_3^0,x_3^0)=\boldsymbol{I}\tag{4.6.40}$$

由状态转移矩阵方程可得传递矩阵 $\boldsymbol{Q}$ 满足

$$\frac{\mathrm{d}\boldsymbol{Q}(x_3,x_3^0)}{\mathrm{d}x_3}=\mathrm{i}\boldsymbol{A}(x_3)\boldsymbol{Q}(x_3,x_3^0)\tag{4.6.41}$$

当夹层为均匀各向同性弹性材料时，$\boldsymbol{A}(x_3)$ 为常数矩阵 $\boldsymbol{A}$，由式 (4.6.41) 可得

$$
\boldsymbol{Q}(h) = \mathrm{e}^{\mathrm{i}\boldsymbol{A}h} \tag{4.6.42}
$$

设系数矩阵 $\boldsymbol{A}$ 的 4 个特征值 $\lambda_n(n=1,2,\cdots,4)$ 及其对应的 4 个特征向量组成的矩阵分别为 $\boldsymbol{\Lambda}$ 和 $\boldsymbol{W}$。取 $\lambda_n<0$ 的 2 个特征根为 λ_1^-,λ_2^-，令 $\boldsymbol{\beta}_{x_3}^-=\mathrm{diag}(\lambda_1^-,\lambda_2^-)$，对应的特征向量所组成的矩阵为 $\boldsymbol{W}^-=\begin{bmatrix}\boldsymbol{P}^-\\ \boldsymbol{D}^-\end{bmatrix}$。取 $\lambda_n>0$ 的 2 个特征根为 λ_3^+,λ_4^+，令 $\boldsymbol{\beta}_{x_3}^+=\mathrm{diag}(\lambda_3^+,\lambda_4^+)$，对应的特征向量所组成的矩阵为 $\boldsymbol{W}^+=\begin{bmatrix}\boldsymbol{P}^+\\ \boldsymbol{D}^+\end{bmatrix}$(式中的 $\boldsymbol{P}$ 和 $\boldsymbol{D}$ 分别表示对应于广义位移部分和广义应力部分)，则系数矩阵

$$
\boldsymbol{A}=\begin{bmatrix}\boldsymbol{P}^- & \boldsymbol{P}^+\\ \boldsymbol{D}^- & \boldsymbol{D}^+\end{bmatrix}\begin{bmatrix}\boldsymbol{\beta}_{x_3}^- & 0\\ 0 & \boldsymbol{\beta}_{x_3}^+\end{bmatrix}\begin{bmatrix}\boldsymbol{P}^- & \boldsymbol{P}^+\\ \boldsymbol{D}^- & \boldsymbol{D}^+\end{bmatrix}^{-1}=\boldsymbol{W}\boldsymbol{\beta}_{x_3}\boldsymbol{W}^{-1} \tag{4.6.43}
$$

从而传递矩阵

$$
\begin{aligned}
\boldsymbol{Q}(x_3,x_3^0) &= \mathrm{e}^{\mathrm{i}\boldsymbol{A}(x_3-x_3^0)}\\
&=\boldsymbol{W}\begin{bmatrix}\mathrm{e}^{\mathrm{i}\lambda_1^-(x_3-x_3^0)} & 0 & 0 & 0\\ 0 & \mathrm{e}^{\mathrm{i}\lambda_2^-(x_3-x_3^0)} & 0 & 0\\ 0 & 0 & \mathrm{e}^{\mathrm{i}\lambda_3^+(x_3-x_3^0)} & 0\\ 0 & 0 & 0 & \mathrm{e}^{\mathrm{i}\lambda_4^+(x_3-x_3^0)}\end{bmatrix}\boldsymbol{W}^{-1}
\end{aligned} \tag{4.6.44}
$$

将式 (4.6.44) 代入式 (4.6.40) 中，状态矢量可表示为

$$
\begin{aligned}
\boldsymbol{\xi}(x_3) &= \boldsymbol{Q}(x_3,x_3^0)\boldsymbol{\xi}(x_3^0)\\
&=\boldsymbol{W}\begin{bmatrix}\mathrm{e}^{\mathrm{i}\lambda_1^-(x_3-x_3^0)} & 0 & 0 & 0\\ 0 & \mathrm{e}^{\mathrm{i}\lambda_2^-(x_3-x_3^0)} & 0 & 0\\ 0 & 0 & \mathrm{e}^{\mathrm{i}\lambda_3^+(x_3-x_3^0)} & 0\\ 0 & 0 & 0 & \mathrm{e}^{\mathrm{i}\lambda_4^+(x_3-x_3^0)}\end{bmatrix}\boldsymbol{W}^{-1}\boldsymbol{\xi}(x_3^0)
\end{aligned} \tag{4.6.45}
$$

令

$$
\boldsymbol{X}_1=\begin{bmatrix}\mathrm{i}\xi & \mathrm{i}\xi & \mathrm{i}k_{\mathrm{S3}}^{(1)} & -\mathrm{i}k_{\mathrm{S3}}^{(1)}\\ -\mathrm{i}k_{\mathrm{P3}}^{(1)} & \mathrm{i}k_{\mathrm{P3}}^{(1)} & \mathrm{i}\xi & \mathrm{i}\xi\\ 2\mu_1\xi k_{\mathrm{P3}}^{(1)} & -2\mu_1\xi k_{\mathrm{P3}}^{(1)} & \mu_1[(k_{\mathrm{S3}}^{(1)})^2-\xi^2] & \mu_1[(k_{\mathrm{S3}}^{(1)})^2-\xi^2]\\ -\lambda_1\xi^2-(\lambda_1+2\mu_1)\left(k_{\mathrm{P3}}^{(1)}\right)^2 & -\lambda_1\xi^2-(\lambda_1+2\mu_1)\left(k_{\mathrm{P3}}^{(1)}\right)^2 & 2\mu_1\xi k_{\mathrm{S3}}^{(1)} & -2\mu_1\xi k_{\mathrm{S3}}^{(1)}\end{bmatrix}
$$

$$\boldsymbol{X}_3 = \begin{bmatrix} \mathrm{i}\xi & \mathrm{i}k_{\mathrm{S3}}^{(3)} \\ -\mathrm{i}k_{\mathrm{P3}}^{(3)} & \mathrm{i}\xi \\ 2\mu_3\xi k_{\mathrm{P3}}^{(3)} & \mu_3[(k_{\mathrm{S3}}^{(3)})^2 - \xi^2] \\ -\lambda_3\xi^2 - (\lambda_3 + 2\mu_3)(k_{\mathrm{P3}}^{(3)})^2 & 2\mu_3\xi k_{\mathrm{P3}}^{(3)} \end{bmatrix}$$

则界面 2 处，$x_3 = 0^+$ 处的位移场和应力场为

$$\boldsymbol{\xi}_{x_3=0^+} = \boldsymbol{X}_1 \cdot \begin{bmatrix} A^{\mathrm{i}} \\ A^{\mathrm{r}} \\ B^{\mathrm{i}} \\ B^{\mathrm{r}} \end{bmatrix} \mathrm{e}^{\mathrm{i}(\xi x_1 - \omega t)} \tag{4.6.46}$$

界面 1 处，$x_3 = -h^-$ 处的位移场和应力场为

$$\boldsymbol{\xi}''_{x_3=-h^-} = \boldsymbol{X}_2 \begin{bmatrix} A^{\mathrm{t}} \\ B^{\mathrm{t}} \end{bmatrix} \mathrm{e}^{\mathrm{i}(\xi x_1 - \omega t)} \tag{4.6.47}$$

对于完好界面，界面 1 和界面 2 处位移和应力应满足连续性条件

$$u_1|_{x_3=0} = u'_1|_{x_3=0}, \quad u_3|_{x_3=0} = u'_3|_{x_3=0} \tag{4.6.48a}$$

$$\sigma_{33}|_{x_3=0} = \sigma'_{33}|_{x_3=0}, \quad \sigma_{31}|_{x_3=0} = \sigma'_{31}|_{x_3=0} \tag{4.6.48b}$$

$$u'_1|_{x_3=-h} = u''_1|_{x_3=-h}, \quad u'_3|_{x_3=-h} = u''_3|_{x_3=-h} \tag{4.6.49a}$$

$$\sigma'_{33}|_{x_3=-h} = \sigma''_{33}|_{x_3=-h}, \quad \sigma'_{31}|_{x_3=-h} = \sigma''_{31}|_{x_3=-h} \tag{4.6.49b}$$

即

$$\boldsymbol{\xi}'_{x_3=-h^+} = \boldsymbol{\xi}''_{x_3=-h^-}, \quad \boldsymbol{\xi}_{x_3=0^+} = \boldsymbol{\xi}'_{x_3=0^-} \tag{4.6.50}$$

这里，

$$\boldsymbol{\xi} = \begin{bmatrix} \boldsymbol{U} \\ \boldsymbol{T} \end{bmatrix} = \begin{bmatrix} u_1(x_3) \\ u_3(x_3) \\ \sigma_{13}(x_3) \\ \sigma_{33}(x_3) \end{bmatrix}, \quad \boldsymbol{\xi}' = \begin{bmatrix} \boldsymbol{U}' \\ \boldsymbol{T}' \end{bmatrix} = \begin{bmatrix} u'_1(x_3) \\ u'_3(x_3) \\ \sigma'_{13}(x_3) \\ \sigma'_{33}(x_3) \end{bmatrix}$$

$$\boldsymbol{\xi}'' = \begin{bmatrix} \boldsymbol{U}'' \\ \boldsymbol{T}'' \end{bmatrix} = \begin{bmatrix} u''_1(x_3) \\ u''_3(x_3) \\ \sigma''_{13}(x_3) \\ \sigma''_{33}(x_3) \end{bmatrix} \tag{4.6.51}$$

所以

$$\boldsymbol{\xi}''(x_3=-h^-)=\boldsymbol{Q}(h)\cdot\boldsymbol{\xi}(x_3=0^+) \tag{4.6.52}$$

即

$$\boldsymbol{X}_3\begin{bmatrix}A^{\mathrm{t}}\\B^{\mathrm{t}}\end{bmatrix}=\boldsymbol{Q}(h)\cdot\boldsymbol{X}_1\cdot\begin{bmatrix}A^{\mathrm{i}}\\A^{\mathrm{r}}\\B^{\mathrm{i}}\\B^{\mathrm{r}}\end{bmatrix} \tag{4.6.53}$$

通过矩阵分块处理，上式一定可以写成

$$\begin{Bmatrix}A^{\mathrm{r}}\\B^{\mathrm{r}}\end{Bmatrix}=\begin{bmatrix}R_{AA}&R_{AB}\\R_{BA}&R_{BB}\end{bmatrix}\begin{Bmatrix}A^{\mathrm{i}}\\B^{\mathrm{i}}\end{Bmatrix} \tag{4.6.54a}$$

$$\begin{Bmatrix}A^{\mathrm{t}}\\B^{\mathrm{t}}\end{Bmatrix}=\begin{bmatrix}T_{AA}&T_{AB}\\T_{BA}&T_{BB}\end{bmatrix}\begin{Bmatrix}A^{\mathrm{i}}\\B^{\mathrm{i}}\end{Bmatrix} \tag{4.6.54b}$$

上式中，矩阵 $\boldsymbol{R}$ 和 $\boldsymbol{T}$ 称为夹层的反射矩阵和透射矩阵。当 $A=0,B\neq0$ 时，表示 SV 波入射；当 $A\neq0,B=0$ 时，表示 P 波入射；当 $A\neq0,B\neq0$ 时，表示 P 波和 SV 波同时入射。从而，R_{AA} 表示 P 波单独入射时，反射 P 波的反射系数；R_{AB} 表示 SV 波单独入射时，反射 P 波的反射系数；T_{AA} 表示 P 波单独入射时，透射 P 波的透射系数；T_{AB} 表示 SV 波单独入射时，透射 P 波的透射系数。其他系数的物理意义可类似地理解。

相对于其他方法，状态转移方程方法的最大好处是方便处理非均匀夹层。对于非均匀夹层，材料参数将随位置变化，式 (4.6.41) 的解可以表示成

$$\boldsymbol{Q}(h)=\boldsymbol{Q}(x_3^0+h,x_3^0)=\mathrm{e}^{\boldsymbol{\Lambda}(x_3^0+h,x_3^0)} \tag{4.6.55}$$

其中，$\boldsymbol{\Lambda}(x_3^0+h,x_3^0)$ 是矩阵 $\boldsymbol{A}(x_3)$ 的无穷级数

$$\begin{aligned}&\boldsymbol{\Lambda}(x_3^0+h,x_3^0)\\&=\int_{x_3^0}^{x_3^0+h}\mathrm{i}\boldsymbol{A}(\tau)\mathrm{d}\tau+\frac{1}{2}\int_{x_3^0}^{x_3^0+h}\mathrm{d}\tau_1\int_{x_3^0}^{\tau_1}\mathrm{d}\tau_2[\mathrm{i}\boldsymbol{A}(\tau_1),\mathrm{i}\boldsymbol{A}(\tau_2)]\\&\quad+\frac{1}{12}\int_{x_3^0}^{x_3^0+h}\mathrm{d}\tau_1\int_{x_3^0}^{\tau_1}\mathrm{d}\tau_2\int_{x_3^0}^{\tau_1}\mathrm{d}\tau_3(\{\mathrm{i}\boldsymbol{A}(\tau_3),[\mathrm{i}\boldsymbol{A}(\tau_2),\mathrm{i}\boldsymbol{A}(\tau_1)]\})\\&\quad+\frac{1}{4}\int_{x_3^0}^{x_3^0+h}\mathrm{d}\tau_1\int_{x_3^0}^{\tau_1}\mathrm{d}\tau_2\int_{x_3^0}^{\tau_2}\mathrm{d}\tau_3(\{[\mathrm{i}\boldsymbol{A}(\tau_3),\mathrm{i}\boldsymbol{A}(\tau_2)],\mathrm{i}\boldsymbol{A}(\tau_1)\})+\cdots\end{aligned} \tag{4.6.56}$$

称为 Magnus 级数。在式 (4.6.56) 中，$[\mathrm{i}\boldsymbol{A}(\tau_m),\mathrm{i}\boldsymbol{A}(\tau_n)]$ 是李代数中的换位子，有

$$[\mathrm{i}\boldsymbol{A}(\tau_m),\mathrm{i}\boldsymbol{A}(\tau_n)]=\mathrm{i}\boldsymbol{A}(\tau_m)\mathrm{i}\boldsymbol{A}(\tau_n)-\mathrm{i}\boldsymbol{A}(\tau_n)\mathrm{i}\boldsymbol{A}(\tau_m) \tag{4.6.57}$$

(1) 求解指数 $\boldsymbol{\Lambda}$。

通过截断 Magnus 级数 (4.6.56)，$\boldsymbol{\Lambda}(x_3^0+h,x_3^0)$ 的近似解可以通过如下简单而有效的方法进行计算：引入矩阵 $\boldsymbol{M}_j$

$$\boldsymbol{M}_j=\frac{1}{h^j}\int_{x_3^0}^{x_3^0+h}\left[\tau-\left(x_3^0+\frac{h}{2}\right)\right]^j\mathrm{i}\boldsymbol{A}(\tau)\mathrm{d}\tau,\quad j=0,1,2,\cdots \tag{4.6.58}$$

则截断 Magnus 级数 $\boldsymbol{\Lambda}(x_3^0+h,x_3^0)$ 可以写成 $\boldsymbol{M}_j$ 与它们的换位子的线性组合。Magnus 展开的 6 阶近似可以写成

$$\boldsymbol{\Lambda}^{(6)}=\boldsymbol{M}_0+\frac{1}{240}[-20\boldsymbol{b}_1-\boldsymbol{b}_3+\boldsymbol{s}_1,\boldsymbol{b}_2+\boldsymbol{s}_2] \tag{4.6.59}$$

其中

$$\boldsymbol{s}_1=[\boldsymbol{b}_1,\boldsymbol{b}_2],\quad \boldsymbol{s}_2=-\frac{1}{60}[\boldsymbol{b}_1,2\boldsymbol{b}_3+\boldsymbol{s}_1] \tag{4.6.60}$$

$$\boldsymbol{b}_1=\frac{3}{4}(3\boldsymbol{M}_0-20\boldsymbol{M}_2),\quad \boldsymbol{b}_2=12\boldsymbol{M}_1,\quad \boldsymbol{b}_3=-15(\boldsymbol{M}_0-12\boldsymbol{M}_2) \tag{4.6.61}$$

(2) 求解 $\mathrm{e}^{\boldsymbol{\Lambda}}$ 给出 $\boldsymbol{Q}$。

运用 Padé 近似来获得渐进解的方法来求解 $\mathrm{e}^{\boldsymbol{\Lambda}}$。$2m$ 阶的 Padé 近似可以被写成

$$\boldsymbol{Q}(h)=[\boldsymbol{P}_m(-\boldsymbol{\Lambda})]^{-1}[\boldsymbol{P}_m(\boldsymbol{\Lambda})] \tag{4.6.62}$$

其中，

$$\boldsymbol{P}_0(\boldsymbol{\Lambda})=1,\quad \boldsymbol{P}_1(\boldsymbol{\Lambda})=2+\boldsymbol{\Lambda} \tag{4.6.63}$$

$$\boldsymbol{P}_m(\boldsymbol{\Lambda})=2(2m-1)\boldsymbol{P}_{m-1}(\boldsymbol{\Lambda})+\boldsymbol{\Lambda}^2\boldsymbol{P}_{m-2}(\boldsymbol{\Lambda}) \tag{4.6.64}$$

采用 8 阶的 Padé 近似，三明治夹层的传递矩阵为

$$\boldsymbol{Q}(h)=[\boldsymbol{P}_4(-\boldsymbol{\Lambda})]^{-1}[\boldsymbol{P}_4(\boldsymbol{\Lambda})] \tag{4.6.65}$$

4.7 周期层状结构中的布洛赫波

弹性波在周期层状结构中的传播具有“带隙”特性，即某些频率的波不能在这种层状结构中传播，或者说周期层状结构对弹性波的传播具有频率选择性。周期层状结构也被称为一维声子晶体 (phononic crystal)。由于周期结构的存在，弹性波在界面处发生布拉格反射 (Bragg reflection)，某些频率的弹性波会发生相消干涉，从而无法在这种周期结构中传播。声子晶体的“禁带”特性，在减振、隔声、声学滤波及声学功能器件等领域有着广阔的应用前景。本节根据弹性波的波动方程及周期结构中弹性波传播的布洛赫定理 (Bloch theorem)，基于传递矩阵方法，

首先针对具有完好黏接界面的二组元层状周期结构，推导了周期层状结构的典型单胞的传递矩阵以及布洛赫波的色散方程；然后针对三种非完好界面模型 (即位移间断型，面力间断型，位移和面力均间断) 推导非完好界面传递矩阵，并将非完好界面的传递矩阵嵌入典型单胞的传递矩阵中，进一步研究含有非完好界面的周期层状结构的布洛赫波色散关系以及对应的“带隙”。通过比较完好界面与非完好界面下的带隙结构，分析非完好界面对声子晶体带隙结构的影响。

考虑一维二元层状周期结构，如图 4.7.1 所示。A，B 的材料参数为：弹性模量 $E_j[E_j=\mu_j(3\lambda_j+2\mu_j)/(\lambda_j+\mu_j)]$，密度 ρ_j，拉梅常数 λ_j, μ_j。典型单胞的总长度为 $a=a_1+a_2$，a_1 和 a_2 分别称为材料 A 和材料 B 的子层厚度。周期层状结构界面的法线方向为 x 轴方向。在各子层的界面处，由于弹性波的反射和透射，子层中存在传播方向相反的上行波和下行波 (图 4.7.2)。材料 A 中的上行波和下行波分别记为 A_1 和 A_2。材料 B 中的上行波和下行波分别记为 B_1 和 B_2。

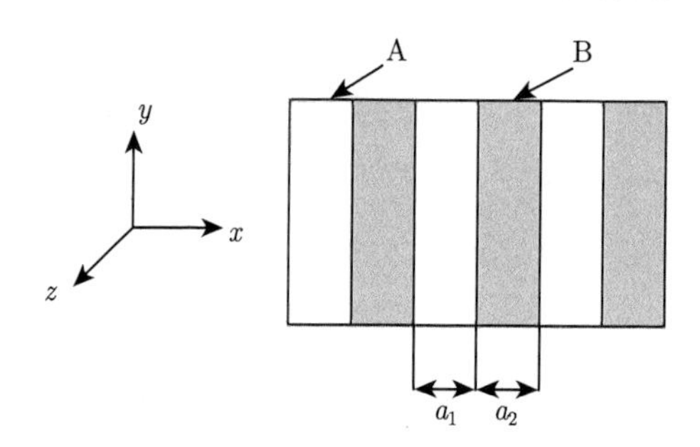

图 4.7.1　层状周期结构 (一维声子晶体) 示意图

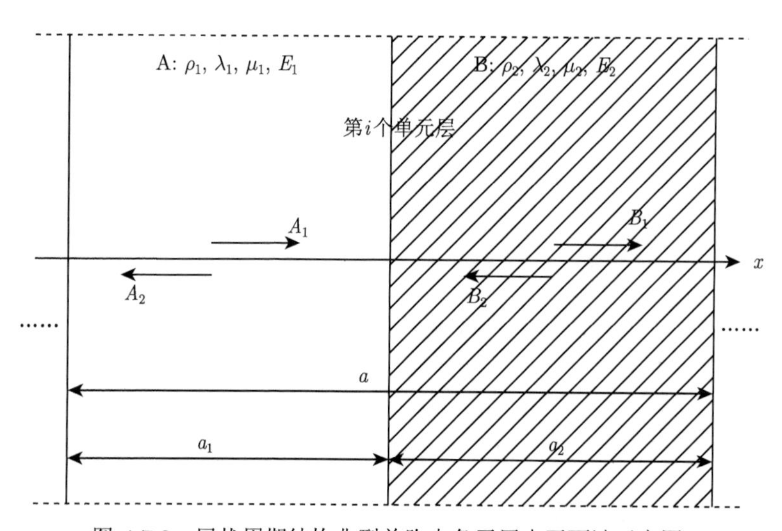

图 4.7.2　层状周期结构典型单胞中各子层中平面波示意图

首先考虑沿 x 方向传播的 SH 波，其偏振方向为 z 方向，即

$$\boldsymbol{u}(x,y,z)=\boldsymbol{u}(x)=u_z(x)\boldsymbol{e}_z \tag{4.7.1}$$

从而运动方程简化为

$$\frac{\partial^2 u_z(x)}{\partial x^2}+k_t^2 u_z(x)=0 \tag{4.7.2}$$

其中，$k_t=\dfrac{\omega}{c_t}$，$c_t=\sqrt{\dfrac{\mu}{\rho}}$。方程的一般解可写为

$$u_z(x)=A_1\mathrm{e}^{\mathrm{i}k_t x}+A_2\mathrm{e}^{-\mathrm{i}k_t x} \tag{4.7.3}$$

对应的应力分量为

$$\tau=\mu\frac{\partial u_z}{\partial x}=\mathrm{i}\mu k_t\left(A_1\mathrm{e}^{\mathrm{i}k_t x}-A_2\mathrm{e}^{-\mathrm{i}k_t x}\right) \tag{4.7.4}$$

同理，对于沿 x_1 方向传播的 P 波

$$\boldsymbol{u}(x,y,z)=\boldsymbol{u}(x)=u_x(x)\boldsymbol{e}_x \tag{4.7.5}$$

从而运动方程简化为

$$\frac{\partial^2 u_x(x)}{\partial x^2}+k_l^2 u_x(x)=0 \tag{4.7.6}$$

其中，$k_l=\dfrac{\omega}{c_l}$，$c_l=\sqrt{\dfrac{(\lambda+2\mu)}{\rho}}$。方程的一般解可写为

$$u_x(x)=A_1\mathrm{e}^{\mathrm{i}k_l x}+A_2\mathrm{e}^{-\mathrm{i}k_l x} \tag{4.7.7}$$

对应的应力分量为

$$\sigma=(\lambda+2\mu)\frac{\partial u_x}{\partial x}=\mathrm{i}(\lambda+2\mu)k_l\left(A_1\mathrm{e}^{\mathrm{i}k_l x}-A_2\mathrm{e}^{-\mathrm{i}k_l x}\right) \tag{4.7.8}$$

对沿界面法线方向传播的 SH 波或 P 波的位移和应力可统一写为

$$u(x_j)=A_1\mathrm{e}^{\mathrm{i}k_j x_j}+A_2\mathrm{e}^{-\mathrm{i}k_j x_j} \tag{4.7.9}$$

$$\sigma_j=(\lambda_j+2\mu_j)\frac{\partial u_j}{\partial x}=\mathrm{i}k_j\rho_j c_{lj}^2\left(A_1\mathrm{e}^{\mathrm{i}k_j x_j}-A_2\mathrm{e}^{-\mathrm{i}k_j x_j}\right) \tag{4.7.10a}$$

$$\tau_j=\mu_j\frac{\partial u_j}{\partial x}=\mathrm{i}k_j\rho_j c_{tj}^2\left(A_1\mathrm{e}^{\mathrm{i}k_j x_j}-A_2\mathrm{e}^{-\mathrm{i}k_j x_j}\right) \tag{4.7.10b}$$

其中，$c_{tj}=\sqrt{\mu_j/\rho_j}$，$c_{lj}=\sqrt{(\lambda_j+2\mu_j)/\rho_j}$。

由于层状结构具有周期性，从而

$$u(x) = u(x+na) \tag{4.7.11}$$

周期层状结构中的布洛赫波可以表示为

$$u(x,t) = A(q,x)\,\mathrm{e}^{\mathrm{i}(qx-\omega t)} \tag{4.7.12a}$$

或者

$$u(x) = A(q,x)\,\mathrm{e}^{\mathrm{i}qx} \tag{4.7.12b}$$

其中，振幅 $A(q,x)$ 满足周期性条件

$$A(q,x) = A(q,x+a) \tag{4.7.13}$$

由式 (4.7.3) 和式 (4.7.11) 得

$$A(q,x_j) = \mathrm{e}^{-\mathrm{i}qx_j}\left(A_1\mathrm{e}^{\mathrm{i}k_jx_j} + A_2\mathrm{e}^{-\mathrm{i}k_jx_j}\right) \tag{4.7.14}$$

由于 $A(q,x)$ 是周期函数，将 $x-na$ 代替 x，有

$$A(q,x_j) = \mathrm{e}^{-\mathrm{i}q(x_j-na)}\left[A_1\mathrm{e}^{\mathrm{i}k_j(x_j-na)} + A_2\mathrm{e}^{-\mathrm{i}k_j(x_j-na)}\right] \tag{4.7.15}$$

当 $na<x<a+a_1$ 时，由式 (4.7.12b) 和式 (4.7.14) 可得位移以及应力表达式为

$$u_1(x) = \mathrm{e}^{\mathrm{i}qna}\left[A_1\mathrm{e}^{\mathrm{i}k_1(x-na)} + A_2\mathrm{e}^{-\mathrm{i}k_1(x-na)}\right] \tag{4.7.16a}$$

$$\sigma_1(x) = \mathrm{i}k_1\rho_1c_{l1}^2\mathrm{e}^{\mathrm{i}qna}\left[A_1\mathrm{e}^{\mathrm{i}k_1(x-na)} - A_2\mathrm{e}^{-\mathrm{i}k_1(x-na)}\right] \tag{4.7.16b}$$

$$\tau_1(x) = \mathrm{i}k_1\rho_1c_{t1}^2\mathrm{e}^{\mathrm{i}qna}\left[A_1\mathrm{e}^{\mathrm{i}k_1(x-na)} - A_2\mathrm{e}^{-\mathrm{i}k_1(x-na)}\right] \tag{4.7.16c}$$

当 $na+a_1<x<(n+1)a$ 时，同样地，得到位移和应力表达式

$$u_2(x) = \mathrm{e}^{\mathrm{i}qna}\left[B_1\mathrm{e}^{\mathrm{i}k_2(x-na-a_1)} + B_2\mathrm{e}^{-\mathrm{i}k_2(x-na-a_1)}\right] \tag{4.7.17a}$$

$$\sigma_2(x) = \mathrm{i}k_2\rho_2c_{l2}^2\mathrm{e}^{\mathrm{i}qna}\left[B_1\mathrm{e}^{\mathrm{i}k_2(x-na-a_1)} - B_2\mathrm{e}^{-\mathrm{i}k_2(x-na-a_1)}\right] \tag{4.7.17b}$$

$$\tau_2(x) = \mathrm{i}k_2\rho_2c_{t2}^2\mathrm{e}^{\mathrm{i}qna}\left[B_1\mathrm{e}^{\mathrm{i}k_2(x-na-a_1)} - B_2\mathrm{e}^{-\mathrm{i}k_2(x-na-a_1)}\right] \tag{4.7.17c}$$

对 SH 波，在材料 A(子层 1：$na<x<na+a_1$) 的两侧 (用 L 和 R 表示) 位移和应力表达式

$$u_{1\mathrm{L}} = A_1 + A_2,\quad \tau_{1\mathrm{L}} = \mathrm{i}k_1\rho_1c_1^2(A_1-A_2) \tag{4.7.18a}$$

$$u_{1\mathrm{R}} = A_1\mathrm{e}^{\mathrm{i}k_1a_1} + A_2\mathrm{e}^{-\mathrm{i}k_1a_1},\quad \tau_{1\mathrm{R}} = \mathrm{i}k_1\rho_1c_1^2\left(A_1\mathrm{e}^{\mathrm{i}k_1a_1} - A_2\mathrm{e}^{-\mathrm{i}k_1a_1}\right) \tag{4.7.18b}$$

即

$$\begin{Bmatrix} u_{1,\mathrm{L}}^{(i)} \\ \tau_{1,\mathrm{L}}^{(i)} \end{Bmatrix} = \begin{pmatrix} 1 & 1 \\ \mathrm{i}k_1\rho_1 c_1^2 & -\mathrm{i}k_1\rho_1 c_1^2 \end{pmatrix} \begin{Bmatrix} A_1 \\ A_2 \end{Bmatrix} = D_{\mathrm{L}} \cdot \begin{Bmatrix} A_1 \\ A_2 \end{Bmatrix} \tag{4.7.19a}$$

$$\begin{Bmatrix} u_{1,\mathrm{R}}^{(i)} \\ \tau_{1,\mathrm{R}}^{(i)} \end{Bmatrix} = \begin{pmatrix} \mathrm{e}^{\mathrm{i}k_1 a_1} & \mathrm{e}^{-\mathrm{i}k_1 a_1} \\ \mathrm{i}k_1\rho_1 c_1^2 \mathrm{e}^{\mathrm{i}k_1 a_1} & -\mathrm{i}k_1\rho_1 c_1^2 \mathrm{e}^{-\mathrm{i}k_1 a_1} \end{pmatrix} \begin{Bmatrix} A_1 \\ A_2 \end{Bmatrix} = D_{\mathrm{R}} \cdot \begin{Bmatrix} A_1 \\ A_2 \end{Bmatrix} \tag{4.7.19b}$$

从而

$$\begin{Bmatrix} u_{1,\mathrm{R}}^{(i)} \\ \tau_{1,\mathrm{R}}^{(i)} \end{Bmatrix} = D_{\mathrm{R}} \cdot \begin{Bmatrix} A_1 \\ A_2 \end{Bmatrix} = D_{\mathrm{R}} \cdot D_{\mathrm{L}}^{-1} \begin{Bmatrix} u_{1,\mathrm{L}}^{(i)} \\ \tau_{1,\mathrm{L}}^{(i)} \end{Bmatrix} = \boldsymbol{T}_1' \cdot \begin{Bmatrix} u_{1,\mathrm{L}}^{(i)} \\ \tau_{1,\mathrm{L}}^{(i)} \end{Bmatrix} \tag{4.7.20}$$

其中，材料 A (子层 1) 的传递矩阵 $\boldsymbol{T}_1'$ 各元素的表达式为

$$\boldsymbol{T}_1' = \begin{bmatrix} \cos k_1 a_1 & \dfrac{\sin k_1 a_1}{i\omega\rho_1 c_1} \\ i\omega\rho_1 c_1 \sin k_1 a_1 & \cos k_1 a_1 \end{bmatrix} \tag{4.7.21}$$

同理可求出材料 B(子层 2) 的传递矩阵 $\boldsymbol{T}_2'$

$$\boldsymbol{T}_2' = \begin{bmatrix} \cos k_2 a_2 & \dfrac{\sin k_2 a_2}{i\omega\rho_2 c_2} \\ i\omega\rho_2 c_2 \sin k_2 a_2 & \cos k_2 a_2 \end{bmatrix} \tag{4.7.22}$$

其中，$k_j = \omega/c_j$，$c_j = c_{tj} = \sqrt{\mu_j/\rho_j}(j=1,2)$ 为 SH 波在各子层的波速。同理可求得 P 波的子层传递矩阵，仅变化 $c_j = c_{lj} = \sqrt{(\lambda_j + 2\mu_j)/\rho_j}$。

材料 A 和材料 B 组成一个层状周期结构的典型单胞，用 $i(i=1,2,\cdots,n)$ 表示单胞。定义第 i 个单胞的各子层 $(j=1,2)$ 左右界面 (用 L 和 R 表示) 处的状态向量 $V_{j\mathrm{L}}^{(i)}$ 和 $V_{j\mathrm{R}}^{(i)}\,(j=1,2)$ 分别为

$$V_{j\mathrm{L}}^{(i)} = \left\{\tau_{zxj\mathrm{L}}^{(i)}, u_{zj\mathrm{L}}^{(i)}\right\}^{\mathrm{T}}, \quad V_{j\mathrm{R}}^{(i)} = \left\{\tau_{zxj\mathrm{R}}^{(i)}, u_{zj\mathrm{R}}^{(i)}\right\}^{\mathrm{T}} \quad (\text{对应于 SH 波传播}) \tag{4.7.23a}$$

$$V_{j\mathrm{L}}^{(i)} = \left\{\sigma_{xj\mathrm{L}}^{(i)}, u_{xj\mathrm{L}}^{(i)}\right\}^{\mathrm{T}}, \quad V_{j\mathrm{R}}^{(i)} = \left\{\sigma_{xj\mathrm{R}}^{(i)}, u_{xj\mathrm{R}}^{(i)}\right\}^{\mathrm{T}} \quad (\text{对应于 P 波传播}) \tag{4.7.23b}$$

各子层左右边界处状态向量可通过传递矩阵相联系，即

$$V_{j\mathrm{R}}^{(i)} = T_j' V_{j\mathrm{L}}^{(i)} \tag{4.7.24}$$

而典型单胞左右边界处的状态向量可通过单胞的传递矩阵 T_i 相联系

$$V_{\mathrm{R}}^{(i)} = T_i V_{\mathrm{L}}^{(i)} \tag{4.7.25}$$

对于完好界面，位移和面力是连续的，即

$$V_{j\mathrm{R}}^{(i)} = V_{(j+1)\mathrm{L}}^{(i)}, \quad V_{\mathrm{R}}^{(i)} = V_{\mathrm{L}}^{(i+1)} \tag{4.7.26}$$

从而，典型单胞的传递矩阵

$$\boldsymbol{T}_i = \boldsymbol{T}_2' \boldsymbol{T}_1' \tag{4.7.27}$$

根据式 (4.7.21) 和式 (4.7.22), 由 $\boldsymbol{T}_i = \boldsymbol{T}_1' \boldsymbol{T}_2'$ 得

$$\boldsymbol{T}_i = \begin{bmatrix} \cos\gamma_1\cos\gamma_2 - \dfrac{w_2}{w_1}\sin\gamma_1\sin\gamma_2 & \dfrac{1}{\omega}\left(\dfrac{1}{w_1}\sin\gamma_1\cos\gamma_2 + \dfrac{1}{w_2}\cos\gamma_1\sin\gamma_2\right) \\ -\omega\left(w_1\sin\gamma_1\cos\gamma_2 + w_2\cos\gamma_1\sin\gamma_2\right) & \cos\gamma_1\cos\gamma_2 - \dfrac{w_1}{w_2}\sin\gamma_1\sin\gamma_2 \end{bmatrix} \tag{4.7.28}$$

其中，$\gamma_1 = k_1a_1 = \omega a_1/c_1, \gamma_2 = k_2a_2 = \omega a_2/c_2$ 为无量纲波数；$w_1 = i\rho_1c_1, w_2 = i\rho_2c_2$ 为波阻抗。

对一维层状周期结构，根据式 (4.7.12) 和式 (4.7.13) 可得

$$\left\{\begin{matrix} u\,(na) \\ \tau\,(na) \end{matrix}\right\} = \mathrm{e}^{\mathrm{i}ka}\left\{\begin{matrix} u\,[(n-1)\,a] \\ \tau\,[(n-1)\,a] \end{matrix}\right\} \tag{4.7.29}$$

该式通常称为布洛赫定理。其中，k 为布洛赫波的波矢。由式 (4.7.25) 和式 (4.7.29) 得

$$\left|\boldsymbol{T}_i - \mathrm{e}^{\mathrm{i}ka}\boldsymbol{I}\right| = 0 \tag{4.7.30}$$

代入式 (4.7.28) 得

$$\begin{vmatrix} \cos\gamma_1\cos\gamma_2 - \dfrac{w_2}{w_1}\sin\gamma_1\sin\gamma_2 - \mathrm{e}^{\mathrm{i}ka} & \dfrac{1}{\omega}\left(\dfrac{1}{w_1}\sin\gamma_1\cos\gamma_2 + \dfrac{1}{w_2}\cos\gamma_1\sin\gamma_2\right) \\ -\omega\left(w_1\sin\gamma_1\cos\gamma_2 + w_2\cos\gamma_1\sin\gamma_2\right) & \cos\gamma_1\cos\gamma_2 - \dfrac{w_1}{w_2}\sin\gamma_1\sin\gamma_2 - \mathrm{e}^{\mathrm{i}ka} \end{vmatrix} = 0 \tag{4.7.31}$$

展开后得

$$\left(\mathrm{e}^{ika}\right)^2 - \left[2\cos\gamma_1\cos\gamma_2 - \left(\frac{\rho_2c_2}{\rho_1c_1} + \frac{\rho_1c_1}{\rho_2c_2}\right)\sin\gamma_1\sin\gamma_2\right]\mathrm{e}^{ika} + 1 = 0 \tag{4.7.32}$$

即布洛赫波的色散关系式 $\omega = \omega\,(k_x)$ 具体为

$$\cos ka = \cos k_1 a_1 \cos k_2 a_2 - \frac{1}{2}\left(\frac{\rho_2 c_2}{\rho_1 c_1} + \frac{\rho_1 c_1}{\rho_2 c_2}\right)\sin k_1 a_1 \sin k_2 a_2 \tag{4.7.33}$$

由于结构的周期性，可以仅对第一 Brillouin 区进行布洛赫波的色散分析，即限定布洛赫波的波数 k 在 $[-\pi/a, \pi/a]$ 范围内取值，对式 (4.7.33) 进行求解，从而得到 SH 型布洛赫波和 P 型布洛赫波的色散曲线。根据布洛赫波的色散曲线可进一步分析一维声子晶体的带隙结构。

当子层中的弹性波传播方向与界面法线方向有夹角时，子层中的弹性波场不仅是坐标 x 的函数也是坐标 y 的函数。首先考虑 SH 波传播问题。假设 SH 波在 xOy 平面内传播，质点位移方向为 z 方向。如图 4.7.3 所示。

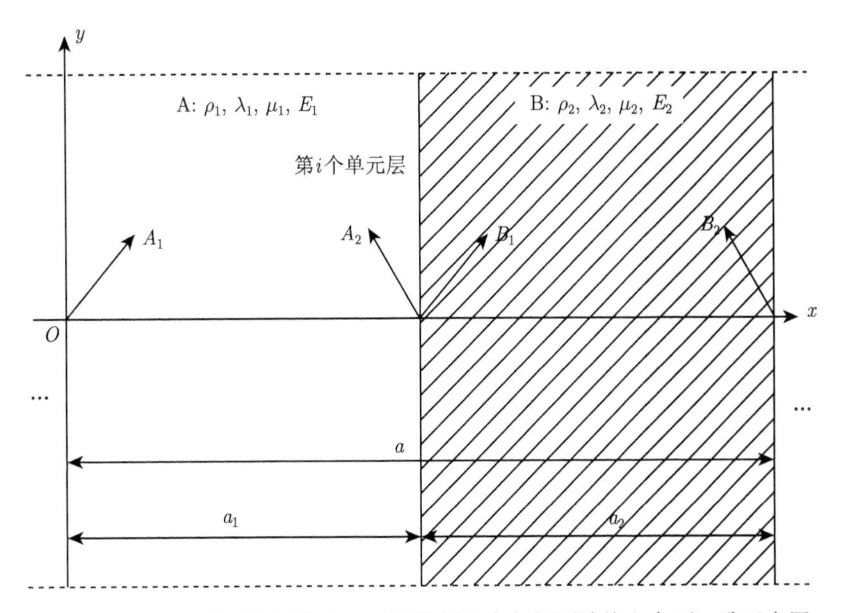

图 4.7.3 二元层状周期结构中 SH 波传播方向与界面法线方向不一致示意图

对于在 xOy 平面内传播的 SH 波，运动方程为

$$\frac{\partial^2 u_z(x,y)}{\partial x^2} + \frac{\partial^2 u_z(x,y)}{\partial y^2} + k_t^2 u_z(x,y) = 0 \tag{4.7.34}$$

其中，$k_t^2 = \omega/c_t$，$c_t = \sqrt{\dfrac{\mu}{\rho}}$。方程的解为

$$u_z(x,y) = \mathrm{e}^{\mathrm{i}k_y y}\left(A_1\mathrm{e}^{\mathrm{i}qx} + A_2\mathrm{e}^{-\mathrm{i}qx}\right) \tag{4.7.35}$$

其中，$q = \sqrt{k_t^2 - k_y^2} = \sqrt{(\omega/c_t)^2 - k_y^2}$。$k_y$ 为视波数，根据斯涅耳定律，各子层中的 SH 波均具有相同的视波数，因此，视波数可以用来表征 SH 波与界面法线

方向的不一致程度。当 $na < x < na + a_1$ 时，

$$u_z(x,y) = \mathrm{e}^{ikna}\left[A_+\mathrm{e}^{\mathrm{i}q_1(x-na)} + A_-\mathrm{e}^{-\mathrm{i}q_1(x-na)}\right]\mathrm{e}^{\mathrm{i}k_y y} \tag{4.7.36}$$

$$\tau_{zx}(x,y) = iq_1\mu\mathrm{e}^{\mathrm{i}kna}\left[A_+\mathrm{e}^{\mathrm{i}q_1(x-na)} - A_-\mathrm{e}^{-\mathrm{i}q_1(x-na)}\right]\mathrm{e}^{\mathrm{i}k_y y} \tag{4.7.37}$$

当 $na + a_1 < x < (n+1)a$ 时，同样地，得到位移以及应力表达式

$$u_z(x,y) = \mathrm{e}^{ikna}\left[B_+\mathrm{e}^{\mathrm{i}q_2(x-na-a_1)} - B_-\mathrm{e}^{-\mathrm{i}q_2(x-na-a_1)}\right]\mathrm{e}^{\mathrm{i}k_y y} \tag{4.7.38}$$

$$\tau_{zx}(x,y) = iq_2\mu\mathrm{e}^{\mathrm{i}kna}\left[B_+\mathrm{e}^{\mathrm{i}q_2(x-na-a_1)} + B_-\mathrm{e}^{-\mathrm{i}q_2(x-na-a_1)}\right]\mathrm{e}^{\mathrm{i}k_y y} \tag{4.7.39}$$

其中，$q_1 = \sqrt{(\omega/c_{t1})^2 - k_y^2}$，$q_2 = \sqrt{(\omega/c_{t2})^2 - k_y^2}$。

各单层的传递矩阵 $\boldsymbol{T}'_j$ 为

$$\boldsymbol{T}'_j = \begin{bmatrix} \cos q_{tj}a_j & \dfrac{\sin q_{tj}a_j}{iq_{tj}\mu_j} \\ \mathrm{i}q_{tj}\mu_j \sin q_{tj}a_j & \cos q_{tj}a_j \end{bmatrix} \tag{4.7.40}$$

其中，$q_{tj} = \sqrt{(\omega/c_{tj})^2 - k_y^2}(j=1,2)$。由 $\boldsymbol{T}_i = \boldsymbol{T}'_1\boldsymbol{T}'_2$ 得典型单胞的传递矩阵

$$\boldsymbol{T}_i = \begin{bmatrix} \cos q_1a_1\cos q_2a_2 - \dfrac{\mu_1 q_{t1}}{\mu_2 q_{t2}}\sin q_1a_1 \sin q_2a_2 & \mathrm{i}\dfrac{1}{\mu_1 q_{t1}}\left(\sin q_1a_1\cos q_2a_2 + \dfrac{\mu_1 q_{t1}}{\mu_2 q_{t2}}\cos q_1a_1\sin q_2a_2\right) \\ \mathrm{i}\mu_1 q_{t1}\left(\sin q_1a_1\cos q_2a_2 + \dfrac{\mu_2 q_{t2}}{\mu_1 q_{t1}}\cos q_1a_1\sin q_2a_2\right) & \cos q_1a_1\cos q_2a_2 - \dfrac{\mu_2 q_{t2}}{\mu_1 q_{t1}}\sin q_1a_1\sin q_2a_2 \end{bmatrix} \tag{4.7.41}$$

由布洛赫定理得特征方程

$$\left|\boldsymbol{T}_\mathrm{i} - \mathrm{e}^{\mathrm{i}ka}\boldsymbol{I}\right| = 0 \tag{4.7.42}$$

展开后得 SH 波倾斜传播时的色散关系 $\omega = \omega(k, k_y)$ 具体为

$$\cos ka = \cos q_1a_1\cos q_2a_2 - \frac{1}{2}\left(\frac{q_1\mu_1}{q_2\mu_2} + \frac{q_2\mu_2}{q_1\mu_1}\right)\sin q_1a_1\sin q_2a_2 \tag{4.7.43}$$

当 $k_y = 0$ 时，则退化为沿界面法线传播时的色散方程，即 (4.7.33)。

现在考虑 P 波或者 SV 波倾斜传播的情况。当子层中的弹性波传播方向与界面法线方向有夹角，在界面处发生反射和透射时，存在 P 波和 SV 波的耦合。因

此在各子层的上行波和下行波中既有 P 波，也有 SV 波，它们都对位移和应力有贡献。假设 P 波和 SV 波在 xy 平面传播，则位移为

$$\boldsymbol{u}=u_x\left(x,y\right)\boldsymbol{e}_x+u_y\left(x,y\right)\boldsymbol{e}_y \tag{4.7.44}$$

运动方程为

$$\left\{\begin{array}{l}(\lambda+2\mu)\left(\dfrac{\partial^2u_x}{\partial x^2}+\dfrac{\partial^2u_y}{\partial x\partial y}\right)+\mu\left(\dfrac{\partial^2u_x}{\partial y^2}-\dfrac{\partial^2u_y}{\partial x\partial y}\right)=-\rho\omega^2u_x\\(\lambda+2\mu)\left(\dfrac{\partial^2u_x}{\partial x\partial y}+\dfrac{\partial^2u_y}{\partial y^2}\right)+\mu\left(\dfrac{\partial^2u_y}{\partial x^2}-\dfrac{\partial^2u_x}{\partial y\partial x}\right)=-\rho\omega^2u_y\end{array}\right. \tag{4.7.45}$$

引入势函数 $\phi\left(x,y\right)$ 和 $\psi\left(x,y\right)\boldsymbol{e_z}$ 表示位移，即

$$\boldsymbol{u}\left(x,y\right)=\nabla\phi\left(x,y\right)+\nabla\times\psi\left(x,y\right)\boldsymbol{e_z} \tag{4.7.46}$$

从而运动方程简化为

$$\nabla^2\phi\left(x,y\right)+k_l^2\phi\left(x,y\right)=0 \tag{4.7.47a}$$

$$\nabla^2\psi\left(x,y\right)+k_t^2\psi\left(x,y\right)=0 \tag{4.7.47b}$$

其中，$k_t=\omega/c_t,k_l=\omega/c_l$，$c_t=\sqrt{\dfrac{\mu}{\rho}},c_l=\sqrt{\dfrac{\lambda+2\mu}{\rho}}$。方程 (4.7.47) 的一般解可写为

$$\phi\left(x,y\right)=\mathrm{e}^{\mathrm{i}k_yy}\left(A_1\mathrm{e}^{\mathrm{i}\alpha x}+A_2\mathrm{e}^{-\mathrm{i}\alpha x}\right) \tag{4.7.48a}$$

$$\psi\left(x,y\right)=\mathrm{e}^{\mathrm{i}k_yy}\left(B_1\mathrm{e}^{\mathrm{i}\beta x}+B_2\mathrm{e}^{-\mathrm{i}\beta x}\right) \tag{4.7.48b}$$

其中，$\alpha=\sqrt{\left(\omega/c_l\right)^2-k_y^2},\beta=\sqrt{\left(\omega/c_t\right)^2-k_y^2}$，$A_1,A_2,B_1,B_2$ 为四个未知常数。进一步可求得位移与应力的表达式

$$\begin{aligned}u_x=&\frac{\partial\phi}{\partial x}+\frac{\partial\psi}{\partial y}=\alpha\mathrm{e}^{\mathrm{i}k_yy}\left(A_1\mathrm{e}^{\alpha x}-A_2\mathrm{e}^{-\alpha x}\right)+\mathrm{i}k_y\mathrm{e}^{\mathrm{i}k_yy}\left(B_1\mathrm{e}^{\beta x}+B_2\mathrm{e}^{-\beta x}\right)\\u_y=&\frac{\partial\phi}{\partial y}-\frac{\partial\psi}{\partial x}=\mathrm{i}k_y\mathrm{e}^{\mathrm{i}k_yy}\left(A_1\mathrm{e}^{\alpha x}+A_2\mathrm{e}^{-\alpha x}\right)-\beta\mathrm{e}^{\mathrm{i}k_yy}\left(B_1\mathrm{e}^{\beta x}-B_2\mathrm{e}^{-\beta x}\right)\\\sigma_x=&\lambda\left(\frac{\partial^2\phi}{\partial x^2}+\frac{\partial^2\phi}{\partial y^2}\right)+2\mu\left(\frac{\partial^2\phi}{\partial x^2}+\frac{\partial^2\psi}{\partial x\partial y}\right)\\=&\left(\lambda+2\mu\right)\alpha^2\mathrm{e}^{\mathrm{i}k_yy}\left(A_1\mathrm{e}^{\alpha x}+A_2\mathrm{e}^{-\alpha x}\right)\\&+\left(-\lambda k_y+2\mu\beta\mathrm{i}\right)k_y\mathrm{e}^{\mathrm{i}k_yy}\left(B_1\mathrm{e}^{\beta x}+B_2\mathrm{e}^{-\beta x}\right)\\\tau_{yx}=&\mu\left(2\frac{\partial^2\phi}{\partial x\partial y}+\frac{\partial^2\psi}{\partial y^2}-\frac{\partial^2\psi}{\partial x^2}\right)\end{aligned}$$

$$
\begin{aligned}
&= i2\mu k_y \alpha \mathrm{e}^{\mathrm{i}k_y y}\left(A_1\mathrm{e}^{\alpha x} - A_2\mathrm{e}^{-\alpha x}\right) \\
&\quad - \mu\alpha^2\mathrm{e}^{\mathrm{i}k_y y}\left(A_1\mathrm{e}^{\alpha x} + A_2\mathrm{e}^{-\alpha x}\right) - \mu k_y^2\mathrm{e}^{\mathrm{i}k_y y}\left(B_1\mathrm{e}^{\beta x} + B_2\mathrm{e}^{-\beta x}\right)
\end{aligned} \tag{4.7.49}
$$

定义各子层在左右界面处的状态向量 $V_{j\mathrm{L}}^{(i)}, V_{j\mathrm{R}}^{(i)}\ (j=1,2)$ 分别为

$$
V_{j\mathrm{L}}^{(i)} = \left\{\sigma_{xj\mathrm{L}}^{(i)}, \tau_{yxj\mathrm{L}}^{(i)}, u_{xj\mathrm{L}}^{(i)}, u_{yj\mathrm{L}}^{(i)}\right\}^{\mathrm{T}} \tag{4.7.50a}
$$

$$
V_{j\mathrm{R}}^{(i)} = \left\{\sigma_{xj\mathrm{R}}^{(i)}, \tau_{yxj\mathrm{R}}^{(i)}, u_{xj\mathrm{R}}^{(i)}, u_{yj\mathrm{R}}^{(i)}\right\}^{\mathrm{T}} \tag{4.7.50b}
$$

它们通过子层传递矩阵相联系，即

$$
V_{j\mathrm{R}}^{(i)} = \boldsymbol{T}_j' V_{j\mathrm{L}}^{(i)} \tag{4.7.51}
$$

其中，$\boldsymbol{T}_j'$ 为 4×4 的传递矩阵。重新定义四个未知常数，位移又可写成如下形式(省略时间因子)：

$$
\begin{aligned}
u_y(x,y) = &\left[A_{j,\mathrm{R}}^{(i)}\cos q_{lj}x - \mathrm{i}A_{j,\mathrm{L}}^{(i)}\sin q_{lj}x\right. \\
&\left.+ B_{j,\mathrm{R}}^{(i)}\cos q_{tj}x - \mathrm{i}B_{j,\mathrm{L}}^{(i)}\sin q_{tj}x\right]\mathrm{e}^{\mathrm{i}k_y y}
\end{aligned} \tag{4.7.52a}
$$

$$
\begin{aligned}
u_x(x,y) = &\left[\frac{q_{lj}}{\mathrm{i}k_y}\left(\mathrm{i}A_{j,\mathrm{R}}^{(i)}\sin q_{lj}x - A_{j,\mathrm{L}}^{(i)}\cos q_{lj}x\right)\right. \\
&\left.- \frac{k_y}{q_{tj}}\left(\mathrm{i}B_{j,\mathrm{R}}^{(i)}\sin q_{tj}x - B_{j,\mathrm{L}}^{(i)}\cos q_{tj}x\right)\right]\mathrm{e}^{\mathrm{i}k_y y}
\end{aligned} \tag{4.7.52b}
$$

其中，$q_{lj} = \sqrt{(\omega/c_{lj})^2 - k_y^2}$，$q_{tj} = \sqrt{(\omega/c_{tj})^2 - k_y^2}$，$c_{lj} = \sqrt{(\lambda_j + 2\mu_j)/\rho_j}$，$c_{tj} = \sqrt{\mu_j/\rho_j}$。在获得各子层传递矩阵后，可进一步由 $\boldsymbol{T} = \boldsymbol{T}_2'\boldsymbol{T}_1'$ 获得典型单胞的传递矩阵。

由层状周期结构中的布洛赫定理，令 $T = T_i$，得特征方程

$$
\left|\boldsymbol{T} - \mathrm{e}^{\mathrm{i}ka}\boldsymbol{I}\right| = 0 \tag{4.7.53}
$$

展开后并化简得 P 波和 SV 波倾斜传播时的色散方程为

$$
\cos ka = \cos q_{p1}a_1\cos q_{p2}a_2 - \frac{1}{2}\left(\frac{q_{p1}\rho_1 c_{p1}^2}{q_{p2}\rho_2 c_{p2}^2} + \frac{q_{p2}\rho_2 c_{p2}^2}{q_{p1}\rho_1 c_{p1}^2}\right)\sin q_{p1}a_1\sin q_{p2}a_2 \tag{4.7.54}
$$

其中，p 表示 l 和 t，即纵波和横波模式。

对于完好黏接界面，界面上沿法向和切向的位移和应力分量均连续，即在界面上有如下边界条件：

$$
[\boldsymbol{t}] = 0, \quad [\boldsymbol{u}] = 0 \tag{4.7.55}
$$

式中，$[\cdot]$ 表示界面上的间断值；$[\boldsymbol{t}]=\boldsymbol{t}^{+}-\boldsymbol{t}^{-}$ 表示面力间断；$[\boldsymbol{u}]=\boldsymbol{u}^{+}-\boldsymbol{u}^{-}$ 表示位移间断；$\boldsymbol{t}^{+}$，$\boldsymbol{t}^{-}$，$\boldsymbol{u}^{+}$，$\boldsymbol{u}^{-}$ 分别表示界面两侧的面力和位移。

对于非完好界面，位移或面力不满足连续性条件。下面我们来讨论非完好界面的处理。为简便起见，仅就 P 波或 SV 沿界面法线传播的情况进行讨论，倾斜传播情况可以作类似处理。对于弹簧界面模型，界面两侧的面力连续但位移存在间断。边界条件可表示为

$$\sigma_{xs}^{(i+1)}=\sigma_{xs}^{(i)},u_s^{(i+1)}-u_s^{(i)}=F_{\mathrm{s}}\sigma_s^{(i)}\quad(s=x,y)\tag{4.7.56}$$

其中，F_{s} 称为柔度系数。对于同一单胞及不同单胞中材料 A 和材料 B 的黏接界面，边界条件用状态向量可表示为

$$\boldsymbol{V}_{j\mathrm{L}}^{(i)}=\boldsymbol{T}_3'\boldsymbol{V}_{(j-1)\mathrm{R}}^{(i)},\quad \boldsymbol{V}_{j\mathrm{L}}^{(i+1)}=\boldsymbol{T}_4'\boldsymbol{V}_{(j+1)\mathrm{R}}^{(i)}\quad(j=1,2)\tag{4.7.57}$$

其中，$\boldsymbol{T}_3'$ 和 $\boldsymbol{T}_4'$ 反映了非完好界面的影响，其表达式为

$$\boldsymbol{T}_3'=\boldsymbol{T}_4'=\begin{bmatrix}1 & F_{\mathrm{s}}\\ 0 & 1\end{bmatrix}\tag{4.7.58}$$

对于二组元周期层状结构的声子晶体，含非完好界面的典型单胞的传递矩阵应修正为

$$\boldsymbol{T}=\boldsymbol{T}_1'\boldsymbol{T}_3'\boldsymbol{T}_2'\boldsymbol{T}_4'=\begin{bmatrix}T_{11} & T_{12}\\ T_{21} & T_{22}\end{bmatrix}\tag{4.7.59}$$

其中，

$$\begin{aligned}
T_{11}=&\cos k_1a_1\cos k_2a_2-\frac{w_2}{w_1}\sin k_1a_1\sin k_2a_2-F_{\mathrm{s}}w_2\cos k_1a_1\sin k_2a_2\\
T_{12}=&F_{\mathrm{s}}\left(2\cos k_1a_1\cos k_2a_2-\frac{w_2}{w_1}\sin k_1a_1\sin k_2a_2\right)-F_{\mathrm{s}}^2w_2\cos k_1a_1\sin k_2a_2\\
&+\frac{1}{w_2}\cos k_1a_1\sin k_2a_2+\frac{1}{w_1}\sin k_1a_1\cos k_2a_2\\
T_{21}=&-w_1\sin k_1a_1\cos k_2a_2-w_2\cos k_1a_1\sin k_2a_2+F_{\mathrm{s}}w_1w_2\sin k_1a_1\sin k_2a_2\\
T_{22}=&-2F_{\mathrm{s}}\left(w_1\sin k_1a_1\cos k_2a_2+w_2\cos k_1a_1\sin k_2a_2\right)\\
&+F_{\mathrm{s}}^2w_1w_2\sin k_1a_1\sin k_2a_2\\
&+\cos k_1a_1\cos k_2a_2-\frac{w_1}{w_2}\sin k_1a_1\sin k_2a_2\\
w_j=&\omega\rho_jc_j,\quad j=1,2
\end{aligned}$$

对于非完好界面的质量模型，边界条件可表示为

$$u_s^{(i+1)}=u_s^{(i)},\quad \sigma_{xs}^{(i+1)}-\sigma_{xs}^{(i)}=G_su_s^{(i)}\tag{4.7.60}$$

类似地，反映非完好界面的传递矩阵 $\boldsymbol{T}_3', \boldsymbol{T}_4'$ 的表达式为

$$\boldsymbol{T}_3' = \boldsymbol{T}_4' = \begin{bmatrix} 1 & 0 \\ G_{\mathrm{s}} & 1 \end{bmatrix} \tag{4.7.61}$$

层状周期结构的典型单胞的传递矩阵 $\boldsymbol{T}$ 应修正为 $\boldsymbol{T} = \boldsymbol{T}_1'\boldsymbol{T}_3'\boldsymbol{T}_2'\boldsymbol{T}_4'$。

对于弹簧–质量模型，界面两侧位移和应力都是间断的，其边界条件表示为

$$u_s^{(i+1)} - u_s^{(i)} = F_{\mathrm{s}} \frac{\sigma_{xs}^{(i+1)} + \sigma_{xs}^{(i)}}{2}, \quad \sigma_{xs}^{(i+1)} + \sigma_{xs}^{(i)} = G_s \frac{u_s^{(i+1)} + u_s^{(i)}}{2} \tag{4.7.62}$$

此时，反映非完好界面的传递矩阵 $\boldsymbol{T}_3'$ 和 $\boldsymbol{T}_4'$ 的表达式为

$$\boldsymbol{T}_3' = \boldsymbol{T}_4' = \begin{bmatrix} \dfrac{4 + F_{\mathrm{s}}G_{\mathrm{s}}}{4 - F_{\mathrm{s}}G_{\mathrm{s}}} & \dfrac{4F_{\mathrm{s}}}{4 + F_{\mathrm{s}}G_{\mathrm{s}}} \\ \dfrac{4G_{\mathrm{s}}}{4 - F_{\mathrm{s}}G_{\mathrm{s}}} & \dfrac{4 + F_{\mathrm{s}}G_{\mathrm{s}}}{4 - F_{\mathrm{s}}G_{\mathrm{s}}} \end{bmatrix} \tag{4.7.63}$$

典型单胞的传递矩阵 $\boldsymbol{T}$ 应修正为 $\boldsymbol{T} = \boldsymbol{T}_1'\boldsymbol{T}_3'\boldsymbol{T}_2'\boldsymbol{T}_4'$。当质量系数 G_{s} 和柔度系数 F_{s} 均为零时，式 (4.7.63) 退化单位矩阵，对应于完好界面情况；当质量系数 $G_{\mathrm{s}} = 0$ 时，退化为非完好界面的弹簧模型；当柔度系数 $F_{\mathrm{s}} = 0$ 时，退化为非完好界面的质量模型。只要质量系数 G_{s} 和柔度系数 F_{s} 不同时为零，界面传递矩阵就不是单位矩阵。它们反映了非完好界面对波传播的影响。

对于非完好界面，布洛赫定理同样成立。在弹簧模型下，布洛赫波的色散曲线为

$$\begin{aligned} \cos ka =& \cos k_1a_1 \cos k_2a_2 - \frac{1}{2}\left(\frac{\rho_2c_2}{\rho_1c_1} + \frac{\rho_1c_1}{\rho_2c_2}\right) \sin k_1a_1 \sin k_2a_2 \\ & - F_{\mathrm{s}}\left(w_1 \sin k_1a_1 \cos k_2a_2 + w_2 \cos k_1a_1 \sin k_2a_2\right) \\ & + \frac{1}{2}F_{\mathrm{s}}^2 w_1w_2 \sin k_1a_1 \sin k_2a_2 \end{aligned} \tag{4.7.64}$$

其中，F_{s} 为柔度系数；$\dfrac{\rho_1c_1}{\rho_2c_2}$ 为波阻抗比；$w_1 = \mathrm{i}\omega\rho_1c_1, w_2 = \mathrm{i}\omega\rho_2c_2$。

在质量模型下，布洛赫波的色散曲线为

$$\begin{aligned} \cos ka =& \cos k_1a_1 \cos k_2a_2 - \frac{1}{2}\left(\frac{\rho_2c_2}{\rho_1c_1} + \frac{\rho_1c_1}{\rho_2c_2}\right) \sin k_1a_1 \sin k_2a_2 \\ & + G_{\mathrm{s}}\left(\frac{1}{w_1} \sin k_1a_1 \cos k_2a_2 + \frac{1}{w_2} \cos k_1a_1 \sin k_2a_2\right) \\ & + \frac{G_{\mathrm{s}}^2}{2w_1w_2} \sin k_1a_1 \sin k_2a_2 \end{aligned} \tag{4.7.65}$$

其中，G_s 为质量系数。

在弹簧–质量模型下，布洛赫波的色散曲线为

$$\begin{aligned}\cos ka =& \frac{1}{(4-F_sG_s)^2}\left[(4+F_sG_s)^2+16F_sG_s\right]\cos k_1a_1\cos k_2a_2 \\ &-\frac{1}{2(4-F_sG_s)^2}\left[(4+F_sG_s)^2\left(\frac{\rho_2c_2}{\rho_1c_1}+\frac{\rho_1c_1}{\rho_2c_2}\right)\right. \\ &\left.-16\left(F_s^2w_1w_2+\frac{G_s^2}{w_1w_2}\right)\right]\sin k_1a_1\sin k_2a_2 \\ &-\frac{4(4+F_sG_s)}{(4-F_sG_s)^2}\left[\left(F_sw_1-\frac{G_s}{w_1}\right)\sin k_1a_1\cos k_2a_2\right. \\ &\left.+\left(F_sw_2-\frac{G_s}{w_2}\right)\cos k_1a_1\sin k_2a_2\right]\end{aligned} \tag{4.7.66}$$

以铅 (Pb) 和环氧层 (epoxy) 组成的一维二元周期结构声子晶体为例进行数值模拟。组分材料的密度和弹性参数列于表 4.7.1 中。非完好界面的柔度系数和质量系数列于表 4.7.2 中。假设 P 波和 SH 波均沿界面法线方向传播。填充层 $f=a_{\rm Pb}/a=0.5$，$a_{\rm Pb}$ 为铅层厚度，晶格常数为 $a=20\text{mm}$。SH 波的平均波速 $c_{t,\rm ave}=(a_1c_{t1}+a_2c_{t2})/a$。

表 4.7.1 材料密度及弹性系数

组分材料	材料密度/(kg/m^3)	拉梅常数/Pa (或 kg/(m·s^2))
铅 (Pb)	$\rho_{\rm Pb}=11600$	$\lambda_{\rm Pb}=4.23\times10^{10}, \mu_{\rm Pb}=1.49\times10^{10}$
环氧层 (epoxy)	$\rho_{\rm epoxy}=1180$	$\lambda_{\rm epoxy}=4.43\times10^{9}, \mu_{\rm epoxy}=1.59\times10^{9}$

表 4.7.2 非完好界面模型中的柔度系数 F_s 和质量系数 G_s

F_s	F_s	F_s/F_0	G_s	G_s/G_0
$F_{t1}=2.5\times10^{-13}$	$F_{n1}=1.47\times10^{-13}$	0.2	$G_1=1.278\times10^{11}$	0.2
$F_{t2}=1.25\times10^{-12}$	$F_{n2}=7.35\times10^{-13}$	1	$G_2=6.39\times10^{11}$	1

图 4.7.4 是完好界面下的色散曲线和带隙分布图。其中实线为 SH 波的色散曲线，虚线为 P 波的色散曲线，阴影部分为带隙。图 4.7.5～ 图 4.7.7 为 P 波和 SH 波沿界面法线传播时的色散曲线。由图可看出，界面柔度系数增加，色散曲线向低频方向移动。这是由于界面柔度增加，所以整个层状结构的刚度下降。而界面质量系数对色散曲线的影响与界面柔度系数正好相反。另外，高频模态对界面柔度系数比较敏感；而低频模态对界面质量系数比较敏感。非完好界面对布洛赫波的色散和“带隙”分布有明显影响，使得“禁带”数目增加。这主要归结于，一方面，非完好界面降低了整个层状结构的刚度，使得 P 波和 SH 波的色散曲线下

移；另一方面，非完好界面诱导局域共振模式出现，使得色散曲线变得更为平坦，有利于禁带形成。

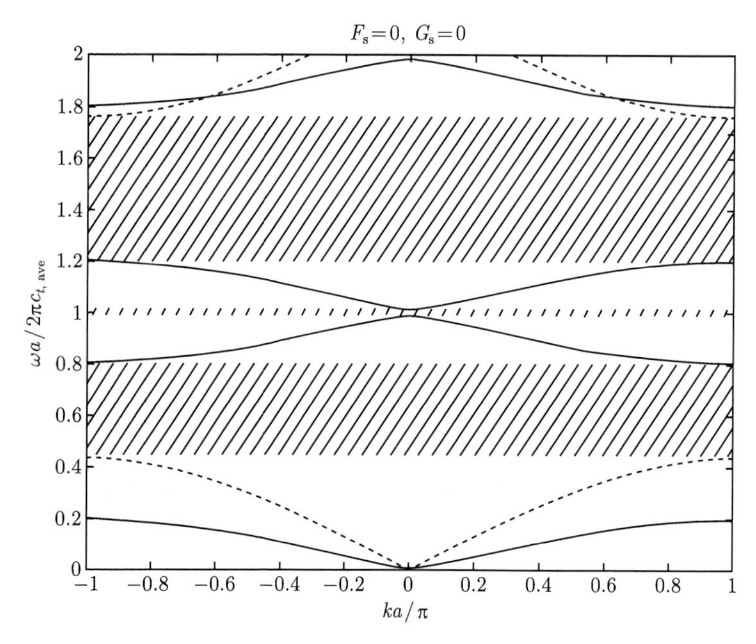

图 4.7.4　完好界面下的色散曲线及带隙 (实线表示 SH 波，虚线表示 P 波)

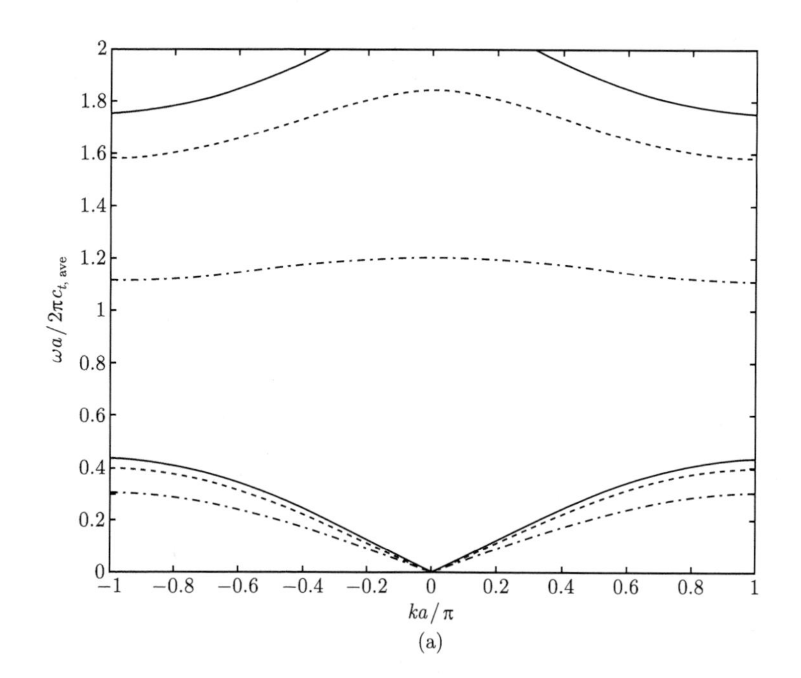

(a)

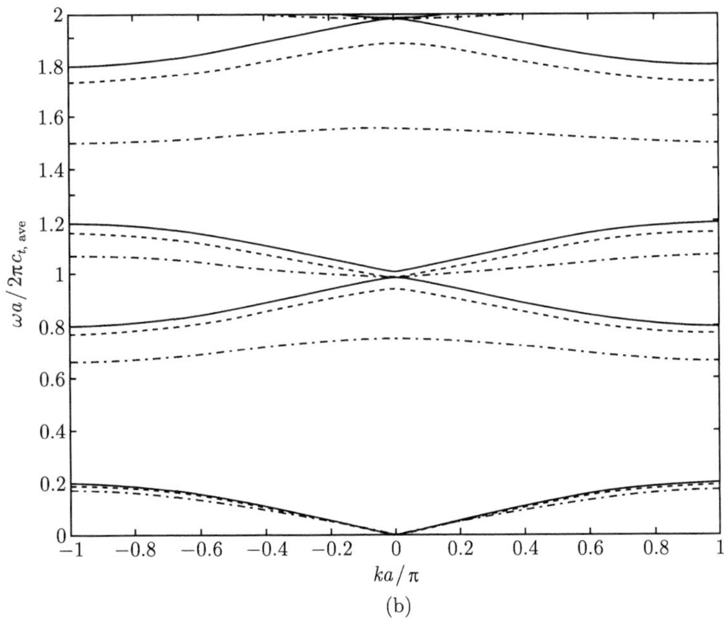

(b)

图 4.7.5 弹簧界面模型下带隙结构

(a) P；(b) SH；实线表示 $F_s = 0$；虚线表示 $F_s = 0.2F_0$；点划线表示 $F_s = F_0$

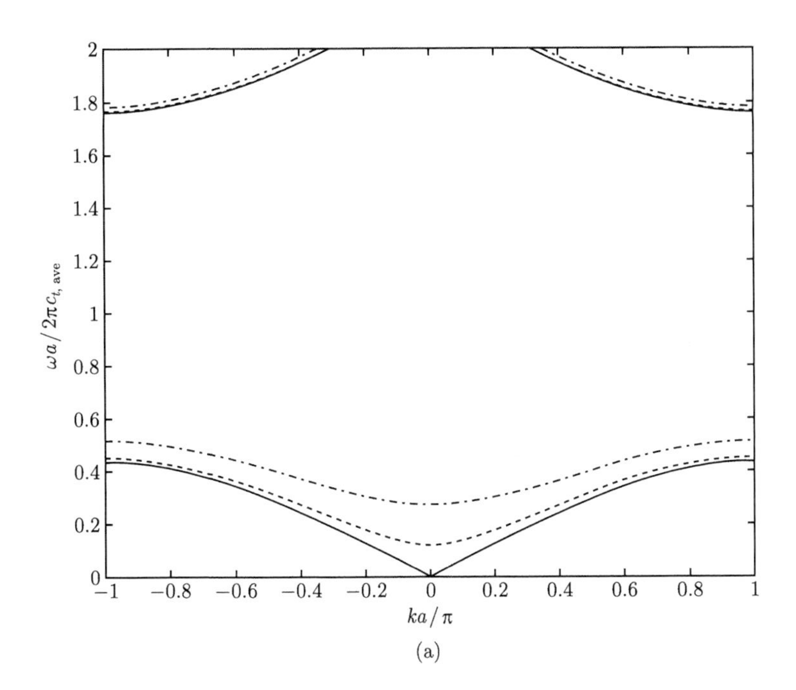

(a)

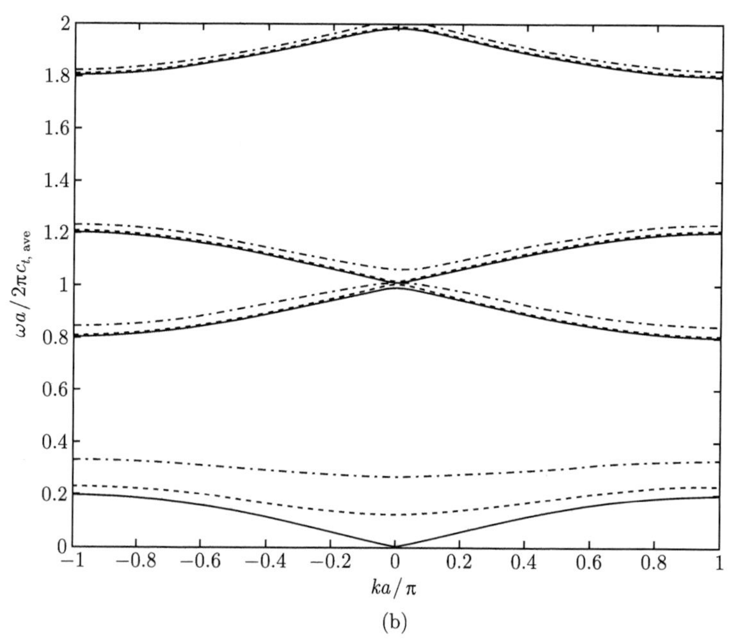

(b)

图 4.7.6　质量界面模型下带隙结构

(a) P；(b) SH；实线表示 $G_s = 0$；虚线表示 $G_s = 0.2G_0$；点划线表示 $G_s = G_0$

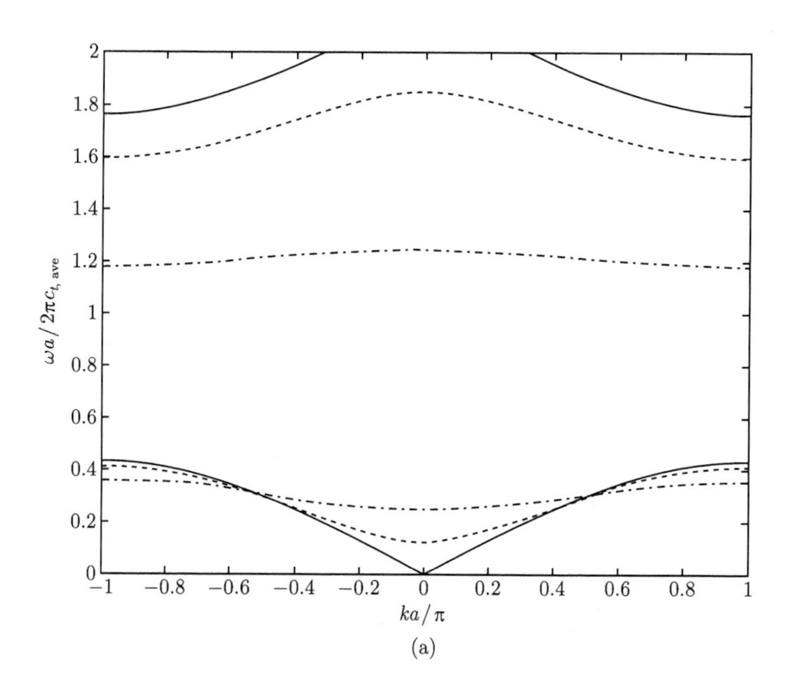

(a)

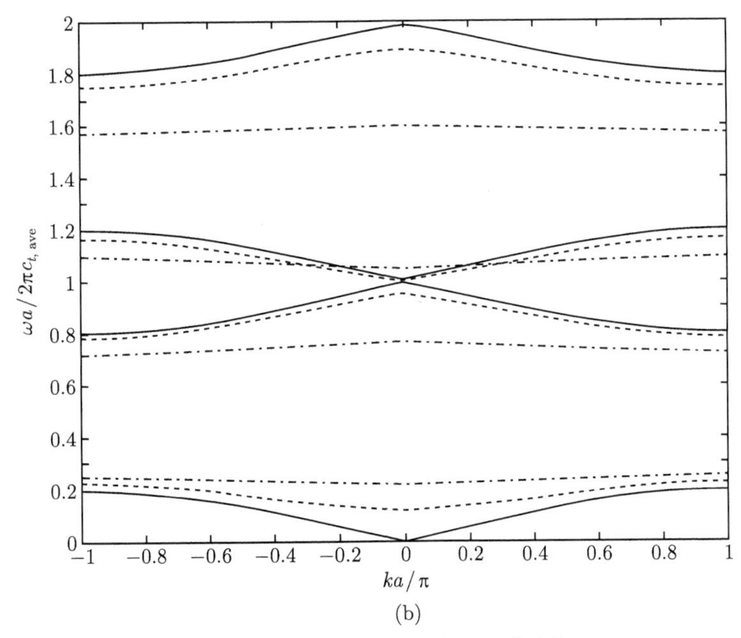

(b)

图 4.7.7 弹簧–质量界面模型带隙结构

(a) P; (b) SH; 实线表示 $F_s = 0, G_s = 0$; 虚线表示 $F_s = 0.2F_0, G_s = 0.2G_0$; 点划线表示 $F_s = F_0, G_s = G_0$

第 5 章　表面波与界面波

在弹性分界面上形成的反射波和透射波，随着时间的增加，将向整个弹性介质内部传播，因此这些波统称为体波。相对于体波而言，在弹性介质分界面附近还存在着另一类波动，其振幅仅在界面附近存在一定量值，随着离开界面或表面距离的增加，振幅迅速减小。从能量意义上来说，它们的能量集中在表面或界面附近，故称为表面波和界面波。表/界面波的速度要小于体波的速度。

本章我们主要来讨论分布在自由界面附近的 P 型表面波和 SV 型表面波，以及由它们叠加而形成的瑞利波 (Rayleigh wave)；在地表的覆盖层内部及其底部附近的 SH 型面波，即勒夫波 (Love wave)；存在于两个半无限大均匀弹性介质分界面的类似瑞利波波型的面波，即斯通莱波 (Stoneley wave)。

5.1　P 型表面波与 SV 型表面波

在第 3 章中讨论过 SV 波单独入射到自由表面的情况。在 SV 波入射角等于临界角 β_{cr} 时，反射 P 波的反射角达到 90°，其传播方向变成沿 x_1 方向，如图 5.1.1 所示。当入射角继续增大，即 $\beta > \beta_{\text{cr}}$ 时，沿 x_1 方向传播的反射 P 波，其表达式可写成

$$\varphi = A\mathrm{e}^{-\xi x_3}\mathrm{e}^{\mathrm{i}(k_{p1}x_1-\omega t)} \tag{5.1.1}$$

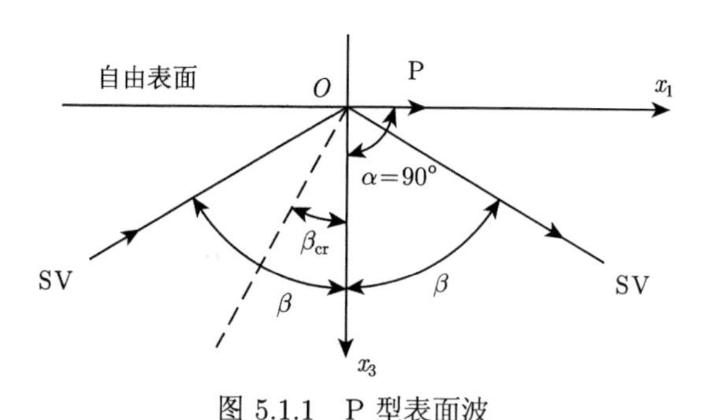

图 5.1.1　P 型表面波

该波的等相位面垂直 x_1 方向，即

$$x_1 = 常数 \tag{5.1.2}$$

但在波阵面或等相位面上，振幅不再是常数而是随 x_3 指数衰减的。如图 5.1.2 所示，该波的等振幅面可表示成

$$x_3 = \text{常数} \tag{5.1.3}$$

即等振幅面垂直于 x_3 轴，通常将等相位面与等振幅面不重合的平面波称为**非均匀波**，因为波阵面或等相位面上位移分布不均匀；而将等相位面与等振幅面重合的平面波称为**均匀波**。对于沿 x_1 方向传播的表面波，当等振幅面 (其方向为波的衰减方向) 与等相位面 (其方向为波的传播方向) 垂直时，振幅只在自由表面附近薄层内存在，离开自由表面，振幅将按照指数规律迅速衰减，通常称这样的不均匀波为表面波，而将式 (5.1.1) 表示的表面波称为 P 型表面波。

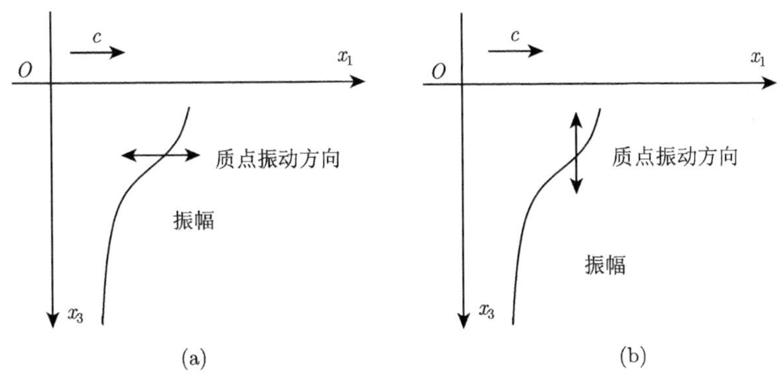

图 5.1.2　P 型和 S 型表面波振幅变化及质点振动方向

(a) P 型表面波；(b) S 型表面波

当 SV 波从介质 1 入射到介质 1 与介质 2 的分界面时，如图 5.1.3 所示。当满足下列条件：

$$c_{\mathrm{S}}^{(1)} < c_{\mathrm{P}}^{(1)} < c_{\mathrm{S}}^{(2)} < c_{\mathrm{P}}^{(2)} \tag{5.1.4}$$

时，入射波存在 3 个临界角，即当

$$\beta_1 = \beta_{\mathrm{cr}_1} \tag{5.1.5}$$

时，透射 P 波方向与 x_1 方向一致；当

$$\beta_2 = \beta_{\mathrm{cr}_2} \tag{5.1.6}$$

时，透射 SV 波传播方向与 x_1 方向一致；当

$$\beta_3 = \beta_{\mathrm{cr}_3} \tag{5.1.7}$$

时，反射 P 波传播方向与 x_1 方向一致。

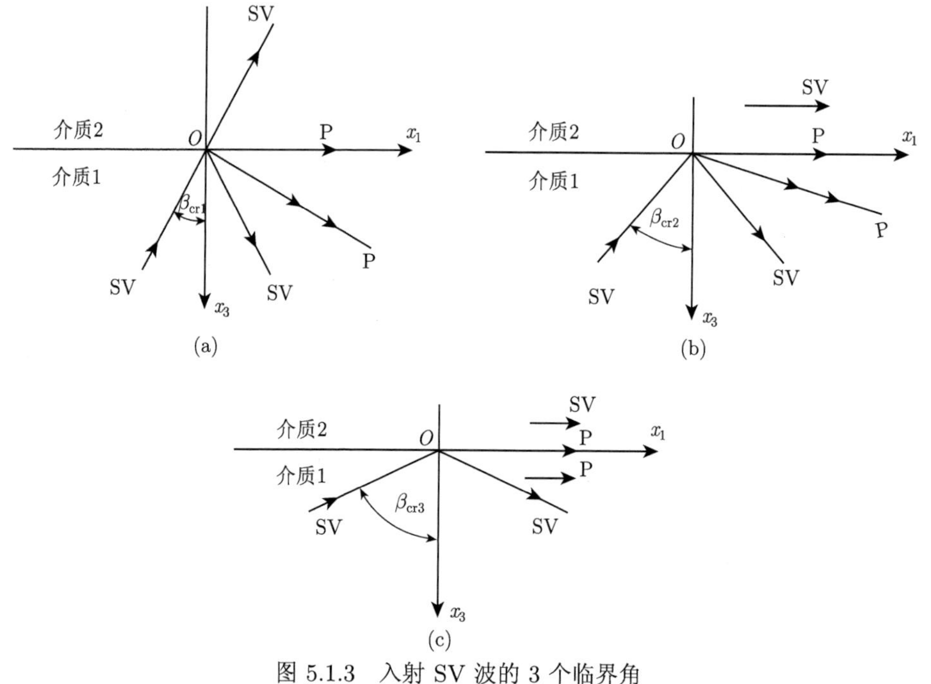

图 5.1.3　入射 SV 波的 3 个临界角

(a) 第 1 临界角；(b) 第 2 临界角；(c) 第 3 临界角

当入射角 β 大于 β_{cr_3} 时，反射 P 波与透射 P 波，透射 SV 波都变成了表面型波，它们的表达式可写成

$$\varphi^{\mathrm{r}}=A^{\mathrm{r}}\mathrm{e}^{-\xi_1 x_3}\mathrm{e}^{\mathrm{i}\left(k_{p1}^{(1)}x_1-\omega t\right)} \tag{5.1.8}$$

$$\varphi^{\mathrm{t}}=A^{\mathrm{t}}\mathrm{e}^{\xi_2 x_3}\mathrm{e}^{\mathrm{i}\left(k_{p1}^{(2)}x_1-\omega t\right)} \tag{5.1.9}$$

$$\psi^{\mathrm{t}}=B^{\mathrm{t}}\mathrm{e}^{\xi_3 x_3}\mathrm{e}^{\mathrm{i}\left(k_{p2}^{(2)}x_1-\omega t\right)} \tag{5.1.10}$$

称 φ^{r} 和 φ^{t} 为 P 型表面波，它们的质点振动方向沿波的传播方向；而称 ψ^{t} 为 SV 型表面波，它的质点振动方向垂直于波的传播方向。

5.2　瑞　利　波

弹性半空间自由表面附近的瑞利波，是由非均匀的平面 P 波和非均匀的平面 SV 波在一定条件下叠加而成的。这里所指的条件就是要求这两个非均匀的平面波具有相同的传播速度。本节我们讨论瑞利波的波函数、瑞利波的生成条件及其性质。

5.2.1 瑞利波的波函数

设 x_1x_2 平面为均匀弹性半空间的自由表面，x_1x_3 平面为波的入射面。弹性半空间自由表面附近的瑞利波，是由具有相同传播速度的 P 型表面波与 SV 型表面波叠加形成的。设 P 型表面波和 SV 型表面波的波函数的表达式为

$$\varphi(x_1,x_3,t)=\varPhi(x_3)\,\mathrm{e}^{\mathrm{i}k(x_1-ct)} \tag{5.2.1}$$

$$\psi(x_1,x_3,t)=\varPsi(x_3)\,\mathrm{e}^{\mathrm{i}k(x_1-ct)} \tag{5.2.2}$$

代入势函数满足的波动方程得

$$\varPhi''(x_3)+k^2\left(\frac{c^2}{c_{\mathrm{P}}^2}-1\right)\varPhi=0 \tag{5.2.3}$$

$$\varPsi''(x_3)+k^2\left(\frac{c^2}{c_{\mathrm{S}}^2}-1\right)\varPsi=0 \tag{5.2.4}$$

上式的解依 $p=\dfrac{c^2}{c_{\mathrm{P}}^2}-1$ 和 $q=\dfrac{c^2}{c_{\mathrm{S}}^2}-1$ 取值的不同而不同。

分析如下 5 种情形。

(1) 当 $c>c_{\mathrm{P}}>c_{\mathrm{S}}$ 时，$p>0$，$q>0$，则式 (5.2.3) 和式 (5.2.4) 的解为

$$\varPhi(x_3)=A_1\mathrm{e}^{-\mathrm{i}k\sqrt{p}x_3}+A_2\mathrm{e}^{\mathrm{i}k\sqrt{p}x_3} \tag{5.2.5}$$

$$\varPsi(x_3)=B_1\mathrm{e}^{-\mathrm{i}k\sqrt{q}x_3}+B_2\mathrm{e}^{\mathrm{i}k\sqrt{q}x_3} \tag{5.2.6}$$

此时 P 波和 SV 波的传播方向指向介质内部，二者都是体波，对应于 SV 波以小于临界角入射自由表面的情形。

(2) 当 $c=c_{\mathrm{P}}>c_{\mathrm{S}}$ 时，$p=0$，$q>0$，则式 (5.2.3) 和式 (5.2.4) 的解为

$$\varPhi(x_3)=A_1x_3+A_2 \tag{5.2.7}$$

$$\varPsi(x_3)=B_1\mathrm{e}^{-\mathrm{i}k\sqrt{q}x_3}+B_2\mathrm{e}^{\mathrm{i}k\sqrt{q}x_3} \tag{5.2.8}$$

为了保证 $x_3\to\infty$ 时，振幅是有界的，要求 $A_1=0$。此时，P 波和 SV 波还是均匀平面波，但 P 波沿 x_1 方向传播，SV 波的传播方向指向介质内部。这对应于 SV 波以临界角入射自由表面的情形。

(3) 当 $c_{\mathrm{S}}<c<c_{\mathrm{P}}$ 时，$p<0$，$q>0$，则式 (5.2.3) 和式 (5.2.4) 的解为

$$\varPhi(x_3)=A_1\mathrm{e}^{-k\sqrt{-p}x_3}+A_2\mathrm{e}^{k\sqrt{-p}x_3} \tag{5.2.9}$$

$$\varPsi(x_3)=B_1\mathrm{e}^{-\mathrm{i}k\sqrt{q}x_3}+B_2\mathrm{e}^{\mathrm{i}k\sqrt{q}x_3} \tag{5.2.10}$$

为了保证 $x_3 \to \infty$ 时，振幅是有界的，要求 $A_2 = 0$，此时 SV 波还是均匀平面波，且传播方向指向介质内部。但 P 波已变成 P 型表面波。这对应于 SV 波超过临界角入射的情形。

(4) 当 $c = c_{\mathrm{S}} < c_{\mathrm{P}}$ 时，$p < 0$，$q = 0$，则式 (5.2.3) 和式 (5.2.4) 的解为

$$\varPhi(x_3) = A_1 \mathrm{e}^{-k\sqrt{-p}x_3} + A_2 \mathrm{e}^{k\sqrt{-p}x_3} \tag{5.2.11}$$

$$\varPsi(x_3) = B_1 x_3 + B_2 \tag{5.2.12}$$

为了保证 $x_3 \to \infty$ 时，振幅是有界的，要求 $A_2 = 0$, $B_1 = 0$，此时 P 波和 SV 波都变成沿 x_1 方向传播。这对应于 SV 波掠入射的情形。

(5) 当 $c < c_{\mathrm{S}} < c_{\mathrm{P}}$ 时，$p < 0$，$q < 0$，则式 (5.2.3) 和式 (5.2.4) 的解为

$$\varPhi(x_3) = A_1 \mathrm{e}^{-k\sqrt{-p}x_3} + A_2 \mathrm{e}^{k\sqrt{-p}x_3} \tag{5.2.13}$$

$$\varPsi(x_3) = B_1 \mathrm{e}^{-k\sqrt{-q}x_3} + B_2 \mathrm{e}^{k\sqrt{-q}x_3} \tag{5.2.14}$$

为了保证 $x_3 \to \infty$，振幅是有界的，$A_2 = B_2 = 0$，此时，P 波和 SV 波都变成了沿 x_1 方向传播的不均匀平面波，正是我们关心的情形。

将式 (5.2.13) 和式 (5.2.14) 代入式 (5.2.1) 和式 (5.2.2)，得到瑞利波的波函数为

$$\varphi(x_1, x_3, t) = A_1 \mathrm{e}^{-k\sqrt{-p}x_3} \mathrm{e}^{\mathrm{i}k(x_1 - ct)} \tag{5.2.15}$$

$$\psi(x_1, x_3, t) = B_1 \mathrm{e}^{-k\sqrt{-q}x_3} \mathrm{e}^{\mathrm{i}k(x_1 - ct)} \tag{5.2.16}$$

它是在 $c < c_{\mathrm{S}} < c_{\mathrm{P}}$ 条件下得到的，即瑞利波的波速小于横波波速。

5.2.2　瑞利方程

瑞利波在半无限大体的表面传播，因而，必须满足表面的应力边界条件。下面我们就来看一下瑞利波的生成条件以及瑞利波的传播速度。令

$$r = \sqrt{-p} = \left[1 - (c/c_{\mathrm{P}})^2\right]^{\frac{1}{2}} \tag{5.2.17a}$$

$$s = \sqrt{-q} = \left[1 - (c/c_{\mathrm{S}})^2\right]^{\frac{1}{2}} \tag{5.2.17b}$$

则式 (5.2.15) 和式 (5.2.16) 可改写为

$$\varphi(x_1, x_3, t) = A_1 \mathrm{e}^{-krx_3} \mathrm{e}^{\mathrm{i}k(x_1 - ct)} \tag{5.2.18}$$

$$\psi(x_1, x_3, t) = B_1 \mathrm{e}^{-ksx_3} \mathrm{e}^{\mathrm{i}k(x_1 - ct)} \tag{5.2.19}$$

代入自由表面边界条件

$$\sigma_{33}\left|_{x_3=0}\right. = 0 \tag{5.2.20a}$$

$$\sigma_{31}\left|_{x_3=0}\right. = 0 \tag{5.2.20b}$$

可得

$$\left[c_{\mathrm{P}}^2\nabla^2\varphi + 2c_{\mathrm{S}}^2\left(\frac{\partial^2\psi}{\partial x_1\partial x_3} - \frac{\partial^2\varphi}{\partial x_1^2}\right)\right]\Big|_{x_3=0} = 0 \tag{5.2.21a}$$

$$\left[2\frac{\partial^2\varphi}{\partial x_1\partial x_3} + \frac{\partial^2\psi}{\partial x_1^2} - \frac{\partial^2\psi}{\partial x_3^2}\right]\Big|_{x_3=0} = 0 \tag{5.2.21b}$$

将式 (5.2.18) 和式 (5.2.19) 代入上式得到方程组

$$\left(2c_{\mathrm{S}}^2 - c^2\right)A_1 - 2\mathrm{i}sc_{\mathrm{S}}^2 B_1 = 0 \tag{5.2.22a}$$

$$2\mathrm{i}rc_{\mathrm{S}}^2 A_1 + \left(2c_{\mathrm{S}}^2 - c^2\right)B_1 = 0 \tag{5.2.22b}$$

要使式 (5.2.22) 有非零解，其系数行列式应为零，即

$$\begin{vmatrix} 2c_{\mathrm{S}}^2 - c^2 & -2\mathrm{i}sc_{\mathrm{S}}^2 \\ 2\mathrm{i}rc_{\mathrm{S}}^2 & 2c_{\mathrm{S}}^2 - c^2 \end{vmatrix} = 0 \tag{5.2.23}$$

或者

$$\left(2c_{\mathrm{S}}^2 - c^2\right)^2 - 4rsc_{\mathrm{S}}^4 = 0 \tag{5.2.24}$$

将式 (5.2.17) 代入式 (5.2.24)，有

$$\left(2 - \frac{c^2}{c_{\mathrm{S}}^2}\right)^2 - 4\sqrt{1 - \frac{c^2}{c_{\mathrm{P}}^2}}\cdot\sqrt{1 - \frac{c^2}{c_{\mathrm{S}}^2}} = 0 \tag{5.2.25}$$

式 (5.2.25) 就是著名的瑞利方程。当介质的材料参数给定时，介质中的纵波和横波波速就确定了。从瑞利方程就可以解出瑞利波的波速 c。但瑞利方程是关于波速 c 的非线性方程，一般需借助数值方法 (如二分法) 进行求解。

若令

$$x = \left(\frac{c}{c_{\mathrm{S}}}\right)^2, \quad m^2 = \left(\frac{c_{\mathrm{S}}}{c_{\mathrm{P}}}\right)^2$$

则瑞利方程可无量纲化为

$$x[x^3 - 8x^2 + 8(3 - 2m^2)x + 16(m^2 - 1)] = 0 \tag{5.2.26}$$

显然 $x=0$ 是该方程的一个根，但这时有 $c=0$，而我们关心的是问题的非零解。这样问题就归结为求下面方程的根

$$x^3-8x^2+8(3-2m^2)x+16(m^2-1)=0 \tag{5.2.27}$$

容易验证在 $x=0$ 时，式 (5.2.27) 等号左边为负数；当 $x=1$ 时，式 (5.2.27) 等号左边为正数。因此在区间 (0,1) 内，x 至少应有一个根，从而知

$$c<c_{\mathrm{S}} \tag{5.2.28}$$

记瑞利波波速 $c=c_{\mathrm{R}}$，即

$$c_{\mathrm{R}}<c_{\mathrm{S}}<c_{\mathrm{P}} \tag{5.2.29}$$

式 (5.2.29) 同情形 (5) 的分析是一致，即瑞利波的波速小于横波波速。

考虑到

$$m^2=\left(\frac{c_{\mathrm{S}}}{c_{\mathrm{P}}}\right)^2=\frac{1-2\nu}{2(1-\nu)} \tag{5.2.30}$$

瑞利波波速实际上只依赖于材料的泊松比。而真实材料的泊松比 ν 满足

$$0\leqslant\nu\leqslant\frac{1}{2} \tag{5.2.31}$$

故方程 (5.2.27) 在 (0, 1) 区间的实根是唯一存在的。瑞利波波速对泊松比的依赖关系如图 5.2.1 所示。对于泊松固体，即 $\lambda=\mu$ 或 $\nu=\dfrac{1}{4}$，从而 $m^2=\dfrac{1}{3}$，可解得瑞利波波速为

$$c_{\mathrm{R}}=0.9194c_{\mathrm{S}} \tag{5.2.32}$$

即瑞利波波速比横波波速略小。应当指出，瑞利波的传播速度 c_{R} 与频率无关，因此瑞利波在其传播过程中无频散现象，这是瑞利波的一个重要特征。

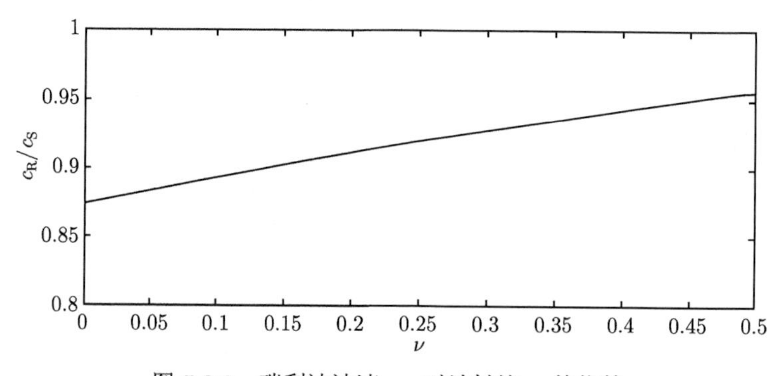

图 5.2.1　瑞利波波速 c_{R} 对泊松比 ν 的依赖

5.2.3 瑞利波的位移场

下面讨论瑞利波的质点运动轨迹。由波函数表达式 (5.2.18) 得

$$\begin{aligned} u_1 &= \frac{\partial \varphi}{\partial x_1} - \frac{\partial \psi}{\partial x_3} \\ &= \mathrm{i}kA_1 \left[\mathrm{e}^{-krx_3} - \frac{2rsc_\mathrm{S}^2}{2c_\mathrm{S}^2 - c_\mathrm{R}^2} \mathrm{e}^{-ksx_3} \right] \mathrm{e}^{\mathrm{i}(kx_1 - \omega t)} \end{aligned} \tag{5.2.33}$$

$$\begin{aligned} u_3 &= \frac{\partial \varphi}{\partial x_3} + \frac{\partial \psi}{\partial x_1} \\ &= krA_1 \left[-\mathrm{e}^{-krx_3} + \frac{2c_\mathrm{S}^2}{2c_\mathrm{S}^2 - c_\mathrm{R}^2} \mathrm{e}^{-ksx_3} \right] \mathrm{e}^{\mathrm{i}(kx_1 - \omega t)} \end{aligned} \tag{5.2.34}$$

真实位移可取上述复数表达式的实部，即

$$\begin{aligned} u_1 &= kA_1 \left[\frac{2rsc_\mathrm{S}^2}{2c_\mathrm{S}^2 - c_\mathrm{R}^2} \mathrm{e}^{-ksx_3} - \mathrm{e}^{-krx_3} \right] \sin(kx_1 - \omega t) \\ &= a(x_3) \sin(kx_1 - \omega t) \end{aligned} \tag{5.2.35}$$

$$\begin{aligned} u_3 &= krA_1 \left[\frac{2c_\mathrm{S}^2}{2c_\mathrm{S}^2 - c_\mathrm{R}^2} \mathrm{e}^{-ksx_3} - \mathrm{e}^{-krx_3} \right] \cos(kx_1 - \omega t) \\ &= b(x_3) \cos(kx_1 - \omega t) \end{aligned} \tag{5.2.36}$$

从而有

$$\frac{u_1^2(x_1, x_3, t)}{a^2(x_3)} + \frac{u_3^2(x_1, x_3, t)}{b^2(x_3)} = 1 \tag{5.2.37}$$

式 (5.2.37) 表示，瑞利波的质点运动轨迹是一个椭圆，其中，$a(x_3)$ 和 $b(x_3)$ 分别是椭圆的长、短半轴，并且长半轴 $a(x_3)$ 垂直于自由表面，短半轴 $b(x_3)$ 平行于自由表面 (图 5.2.2)。注意到长、短半轴 $a(x_3)$ 和 $b(x_3)$ 都是坐标 x_3 的指数函数，并且随 x_3 的增加而指数级减小，因此，质点偏振椭圆幅度随深度增加逐渐减小，也就是说振动能量或振动强度逐渐减小 (图 5.2.3)。这也是将瑞利波称为表面波的主要原因。对于泊松固体，在自由表面处 ($x_3 = 0$)，质点位移为

$$\begin{aligned} u_1 &= 0.426kA_1 \sin(kx_1 - \omega t) \\ u_3 &= 0.622kA_1 \cos(kx_1 - \omega t) \end{aligned}$$

长、短轴之比约为 3 : 2。

根据前面 5.2.1~5.2.3 小节的讨论，我们可以将瑞利表面波的主要性质归纳如下。

(1) 瑞利波由非均匀的平面 P 波和非均匀的平面 SV 波叠加而成，沿表面传播，沿铅直方向衰减，频率越高衰减得越迅速。

(2) 在瑞利波传播过程中，质点运动的轨迹为一倒转的椭圆。椭圆的长轴垂直于自由表面，短轴平行于自由表面，即垂直位移分量大于水平位移分量。

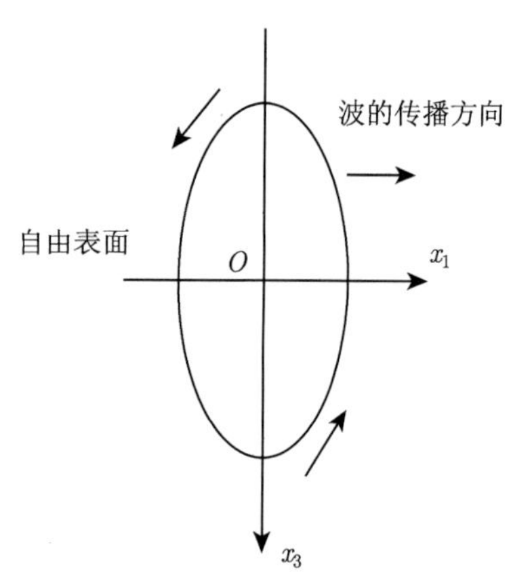

图 5.2.2　瑞利波的质点振动模式

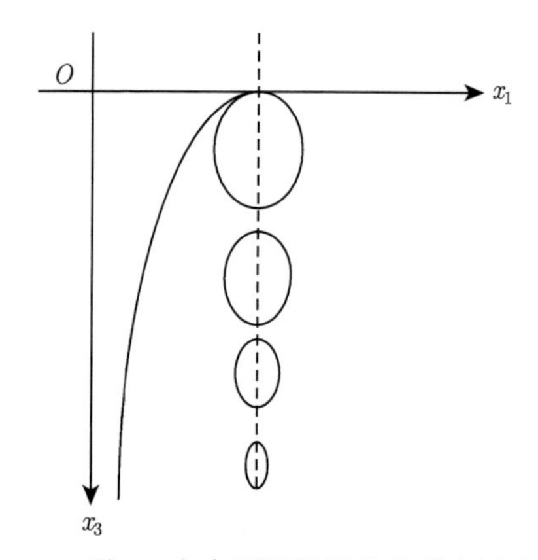

图 5.2.3　沿 x_3 方向不同位置处的质点运动轨迹

(3) 瑞利波波速略小于剪切波波速，且与频率无关，无频散现象。

(4) 理论上说，瑞利波沿自由表面的传播是非衰减的。但实际上材料总是存在黏弹性质，不可避免地存在黏性耗散。因此，瑞利波在传播过程中也是会衰减的。尽管如此，由于瑞利波集中在表面薄层中传播，其能量随沿水平方向的衰减要比弹性体内的体波的衰减要小许多，所以其传播距离更远。在远离波源的地方，表面波的影响将更明显。瑞利波的这一特征，使得它在地震引起的地面建筑物的破坏中起着比体波更大的作用。

5.3 勒 夫 波

5.2 节我们讨论的瑞利波，其质点位移分量是在 x_1x_3 平面之内的，没有水平横向位移，而且我们知道它的传播速度与频率无关，说明它在传播过程中无频散现象。然而，地震仪记录表明，在地表面存在具有很大横向位移的频散波，从而表明还存在另一类波。是否存在 SH 型的表面波呢？本节就来讨论这个问题。如果存在 SH 型的表面波

$$u_2(x_1,x_3,t)=A(x_3)\mathrm{e}^{\mathrm{i}k(x_1-ct)}$$

则在地表面

$$\sigma_{32}(x_1,x_3,t)=\mu\frac{\partial u_2}{\partial x_3}=\mu A'(x_3)\mathrm{e}^{\mathrm{i}k(x_1-ct)}\neq 0$$

即自由表面应力分量为零的条件不可能得到满足，因此 SH 型的表面波是不存在的。这与地震记录反映的现象是不一致的。为了解释地震记录反映的物理现象，需要对物理模型进行重新审视。考虑到地层的特殊结构，地表层与地下岩石层材料性质有较大差别。可以设想在半无限大弹性介质上面存在一个低速的弹性覆盖层。对于含覆盖层的半无限大介质，SH 型表面波是否可以存在呢？如果可以存在，则地震记录反映的物理现象就可以圆满揭示了。这个答案是肯定的，经过研究发现，在覆盖层确实会出现一种 SH 型的面波，通常将这种面波称为勒夫 (Love) 面波，简称勒夫波。勒夫波在 x_1x_3 面上沿 x_1 方向传播，振幅是 x_3 坐标的函数，在半无限空间，振幅随 x_3 坐标呈指数规律衰减。本节我们来讨论勒夫波的波函数及频散问题。

5.3.1 勒夫波的波函数

在均匀的弹性半空间之上覆盖一层厚度为 h、性质完全不同的弹性介质 1，从而构成含覆盖层的半无限大弹性空间，如图 5.3.1 所示。现在设在两种介质中，有 SH 型表面波沿 x_1 方向传播，由于表面波位移振幅随 x_3 而改变，故设介质 1 及介质 2 中的位移场分别为

$$u_2=f(x_3)\mathrm{e}^{\mathrm{i}k(x_1-ct)} \tag{5.3.1a}$$

$$u_2'=g(x_3)\mathrm{e}^{\mathrm{i}k(x_1-ct)} \tag{5.3.1b}$$

式中，k 为表面波的波数；c 为表面波的波速。

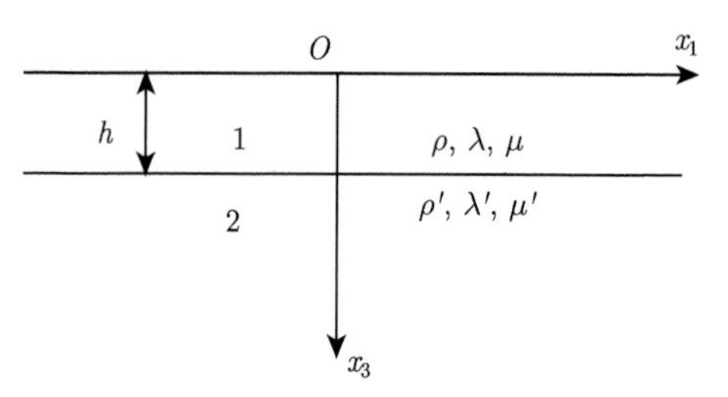

图 5.3.1　有覆盖层的弹性半空间

在介质 1 与介质 2 中的位移场 u 和 u' 满足波动方程

$$\frac{\partial^2 u_2}{\partial x_1^2}+\frac{\partial^2 u_2}{\partial x_3^2}=\frac{1}{c_{\mathrm{S}}^2}\frac{\partial^2 u_2}{\partial t^2} \tag{5.3.2a}$$

$$\frac{\partial^2 u_2'}{\partial x_1^2}+\frac{\partial^2 u_2'}{\partial x_3^2}=\frac{1}{c_{\mathrm{S}}'^2}\frac{\partial^2 u_2'}{\partial t^2} \tag{5.3.2b}$$

将式 (5.3.1) 代入式 (5.3.2) 有

$$f''(x_3)+k^2\left(\frac{c^2}{c_{\mathrm{S}}^2}-1\right)f(x_3)=0 \tag{5.3.3a}$$

$$g''(x_3)+k^2\left(\frac{c^2}{c_{\mathrm{S}}^2}-1\right)g(x_3)=0 \tag{5.3.3b}$$

令

$$p^2=\frac{c^2}{c_{\mathrm{S}}^2}-1 \tag{5.3.4a}$$

$$q^2=\frac{c^2}{c_{\mathrm{S}}'^2}-1 \tag{5.3.4b}$$

则方程 (5.3.3) 的解为

$$f(x_3)=C_1\mathrm{e}^{\mathrm{i}kpx_3}+C_2\mathrm{e}^{-\mathrm{i}kpx_3} \tag{5.3.5a}$$

$$g(x_3)=C_1'\mathrm{e}^{\mathrm{i}kqx_3}+C_2'\mathrm{e}^{-\mathrm{i}kqx_3} \tag{5.3.5b}$$

由式 (5.3.1) 可得到位移

$$u_2=(C_1\mathrm{e}^{\mathrm{i}kpx_3}+C_2\mathrm{e}^{-\mathrm{i}kpx_3})\mathrm{e}^{\mathrm{i}k(x_1-ct)} \tag{5.3.6a}$$

$$u_2'=(C_1'\mathrm{e}^{\mathrm{i}kqx_3}+C_2'\mathrm{e}^{-\mathrm{i}kqx_3})\mathrm{e}^{\mathrm{i}k(x_1-ct)} \tag{5.3.6b}$$

当 $x_3\to\infty$ 时，$u_2'\to 0$，因而 q 应当取虚数，且 $C_2'=0$。令

$$q=\mathrm{i}\xi,\quad \xi=\sqrt{1-\frac{c^2}{c_{\mathrm{S}}'^2}} \tag{5.3.7}$$

由式 (5.3.7) 可见

$$1-\frac{c^2}{c_{\mathrm{S}}'^2}>0 \tag{5.3.8}$$

即

$$c<c_{\mathrm{S}}' \tag{5.3.9}$$

再由边界条件

$$\sigma_{23}\left.\right|_{x_3=0}=0 \tag{5.3.10}$$

$$u_2\left.\right|_{x_3=h}=u_2'\left.\right|_{x_3=h} \tag{5.3.11a}$$

$$\sigma_{23}\left.\right|_{x_3=h}=\sigma_{23}'\left.\right|_{x_3=h} \tag{5.3.11b}$$

可得

$$C_1=C_2 \tag{5.3.12a}$$

$$C_1\mathrm{e}^{\mathrm{i}kph}+C_2\mathrm{e}^{-\mathrm{i}kph}=C_1'\mathrm{e}^{-k\xi h} \tag{5.3.12b}$$

$$\mathrm{i}\mu p(C_1\mathrm{e}^{\mathrm{i}kph}-C_2\mathrm{e}^{-\mathrm{i}kph})=-\mu'\xi C_1'\mathrm{e}^{-k\xi h} \tag{5.3.12c}$$

将 $C_1=C_2$ 代入其余二式中，消去 C_2 得

$$\left(\mathrm{e}^{\mathrm{i}kph}+\mathrm{e}^{-\mathrm{i}kph}\right)C_1-\mathrm{e}^{-k\xi h}C_1'=0 \tag{5.3.13a}$$

$$\mathrm{i}\mu p\left(\mathrm{e}^{\mathrm{i}kph}-\mathrm{e}^{-\mathrm{i}kph}\right)C_1+\mu'\xi\mathrm{e}^{-k\xi h}C_1'=0 \tag{5.3.13b}$$

由式 (5.3.13) 得

$$C_1'=2C_1\cos\left(kph\right)\mathrm{e}^{k\xi h} \tag{5.3.14}$$

对式 (5.3.6) 取实部，并令 $C=2C_1$，于是得到两种介质中的位移

$$u_2=C\cos(kpx_3)\mathrm{e}^{\mathrm{i}k(x_1-ct)} \tag{5.3.15a}$$

$$u_2'=C\cos(kph)\mathrm{e}^{-k\xi(x_3-h)}\mathrm{e}^{\mathrm{i}k(x_1-ct)} \tag{5.3.15b}$$

式 (5.3.15) 表明，**在介质 1 中波的振幅在 x_3 方向上作周期性变化，具有驻波特征；在介质 2 中，振幅随 x_3 的增大呈指数衰减**。但它们都是以相速度 c 沿 x_1 方向传播。它们一起构成了勒夫波。

5.3.2　勒夫波的频散方程

由式 (5.3.13) 可见，若存在不同时为零的 C_1 和 C_1'，其充要条件是系数矩阵行列式为 0，即

$$\begin{vmatrix} \mathrm{e}^{\mathrm{i}kph}+\mathrm{e}^{-\mathrm{i}kph} & -\mathrm{e}^{-k\xi h} \\ \mathrm{i}\left(\mathrm{e}^{\mathrm{i}kph}-\mathrm{e}^{-\mathrm{i}kph}\right)\mu p & \mu'\xi\mathrm{e}^{-k\xi h} \end{vmatrix}=0 \tag{5.3.16}$$

由此可得方程

$$\tan khp=\frac{\mu'\xi}{\mu p}=a\left(\frac{1-c^2/c_{\mathrm{S}}'^2}{c^2/c_{\mathrm{S}}^2-1}\right)^{\frac{1}{2}}=aF(c^2) \tag{5.3.17}$$

式中，$a=\mu'/\mu$，式 (5.3.17) 称为勒夫波的频散方程。可见，勒夫波的速度与波数有关，因而与频率有关，即勒夫波为频散波。此外，当式 (5.3.17) 最右端给定时，由于正切函数的周期性，将有多个根与之对应 (图 5.3.2)，因此, 勒夫波存在多条色散曲线。而每条色散曲线就代表一种特定色散性质的勒夫波。

若勒夫波存在，需式 (5.3.17) 最右端有实数值，因而有

$$c_{\mathrm{S}}<c<c_{\mathrm{S}}' \tag{5.3.18}$$

即勒夫波的波速大于覆盖层横体波的波速，小于底层弹性半空间横体波的波速。因而勒夫波存在条件是较软的覆盖层覆盖在较硬的半空间上，而把上层叫作低速层，下层叫作高速层。

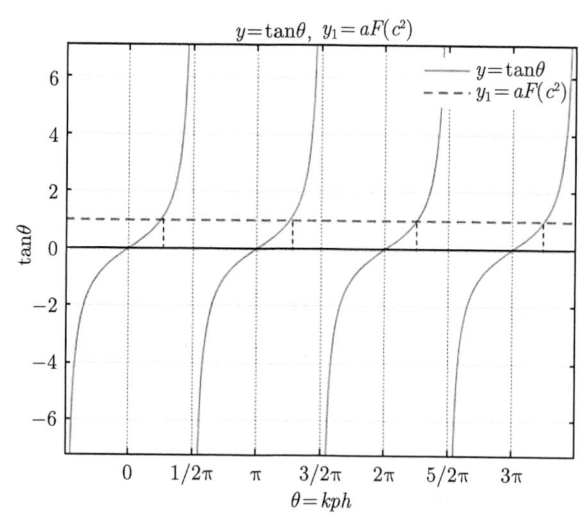

图 5.3.2　频散方程根分布示意图

下面我们的任务就是寻找式 (5.3.17) 满足 $c_{\mathrm{S}}<c<c_{\mathrm{S}}'$ 条件的实根，为此对其进行如下讨论。

(1) 当 $c \to c'_S$ 时，$F(c^2) \to 0$；当 $c \to c_S$ 时，$F(c^2) \to +\infty$。显然对于 $c_S < c < c'_S$ 范围内解 $c = c_L$，总可以找到一个波数 k 与之对应，即式 (5.3.17) 总是有解的。

(2) 将式 (5.3.17) 改写为

$$kh = \left(\frac{c^2}{c_S^2} - 1\right)^{-\frac{1}{2}} \left[\arctan a \left(\frac{1 - c^2/c_S'^2}{c^2/c_S^2 - 1}\right)^{\frac{1}{2}} + n\pi\right], \quad n = 0, 1, 2, 3, \cdots \quad (5.3.19)$$

从式 (5.3.19) 中可以看出。

(a) 当 $n = 0$ 时，波数 k 取任意正实数，方程 (5.3.19) 的右端都可以找到一个波速 c 与之对应。这样就得到一条色散曲线，即 $c_L^{(0)}(k) \sim k$，称为勒夫波的最低阶色散曲线。若令 $\lambda = 2\pi/k$ 为相应的波长，这表明对于 $n = 0$ 的最低阶勒夫波，零到无穷之间的任意波长的波都可以存在。

(b) 当 $n \neq 0$ 时，存在着一个最小的波数

$$k_{cr}^{(n)} h = n\pi \left(\frac{c_S'^2}{c_S^2} - 1\right)^{-\frac{1}{2}} \quad (5.3.20)$$

相应地 $c_L^{(n)} = c'_S$。当 $k < k_{cr}^{(n)}$ 时，方程 (5.3.19) 没有实数解。频率

$$\omega_{cr}^{(n)} = k_{cr}^{(n)} c'_S \quad (5.3.21)$$

称为勒夫波第 n 阶振型的**截止频率**, 即低于该频率的波不能在层中传播。截止频率的存在说明，不能有高于下层介质剪切波波速的勒夫波存在。

(c) 当 $c \to c_S$ 时，$k \to \infty$。因此，对于各阶勒夫波来说，能以 $c \to c_S$ 的相速度传播的勒夫波必定是频率非常高或波长极短的波。

关于勒夫波的波速必须满足 $c_S < c < c'_S$ 条件，我们还可以用多重反射现象来解释。设想有一束从层中向层底入射的 SH 波，当入射角满足

$$\gamma < \gamma_{cr} = \sin^{-1}(c_S/c'_S) \quad (5.3.22)$$

时，则既有反射回层中的波，也有透射到下层介质中的波。这样经过多次反射后，保留在层中的波很快衰减，能量基本都转移到半空间中，如图 5.3.3 所示。通常把在覆盖层传播过程中伴随有能量泄漏的波称为**漏波**。然而当入射角 $\gamma > \gamma_{cr}$ 时，将产生全反射，在交界面处形成 SH 型面波，能量的传递仅在层中进行，如图 5.3.4 所示。因而勒夫波的本质就是由俘获在表面层中的并经过自由表面和交界面处多次全反射的平面波相干涉而产生的。实际上**频散方程表示了平面波相干涉的条件**。

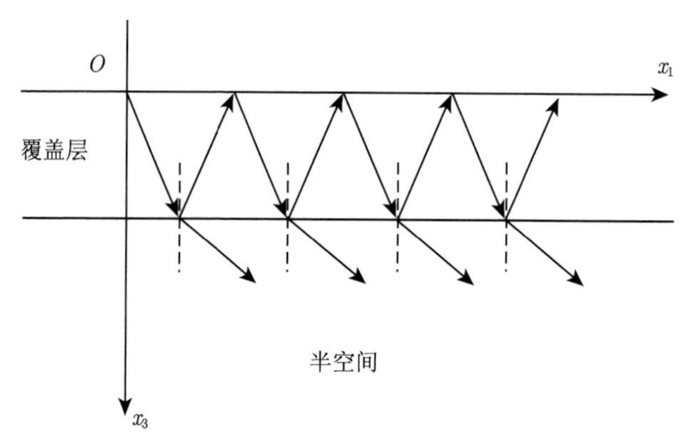

图 5.3.3　在覆盖层中沿 x_1 方向传播伴随有能量泄漏到半空间的波 (漏波)

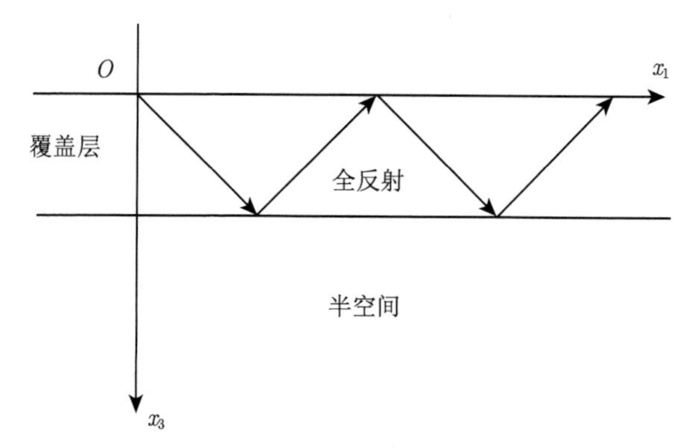

图 5.3.4　在覆盖层中沿 x_1 方向传播并且没有能量泄漏到半空间的波 (勒夫波)

最后我们来讨论各阶勒夫波在覆盖层中沿 x_3 方向的位移分布，以及在半空间中沿 x_3 方向的位移分布。从式 (5.3.15a) 可得

$$|u_2| = C\cos(k^{(n)}px_3) \tag{5.3.23}$$

当 $x_3 = h$ 时

$$|u_2| = C\cos(k^{(n)}ph) = C\cos(\theta_0 + n\pi) \tag{5.3.24}$$

其中，

$$\theta_0 = \arctan a\left(\frac{1 - c^2/c_{\mathrm{S}}'^2}{c^2/c_{\mathrm{S}}^2 - 1}\right)^{\frac{1}{2}} \in (0, \pi) \tag{5.3.25}$$

图 5.3.5 给出了 $\theta_0 = 60°$ 时，各阶勒夫波沿 x_3 方向的位移分布，一般地称它们为各阶勒夫波的振型曲线。

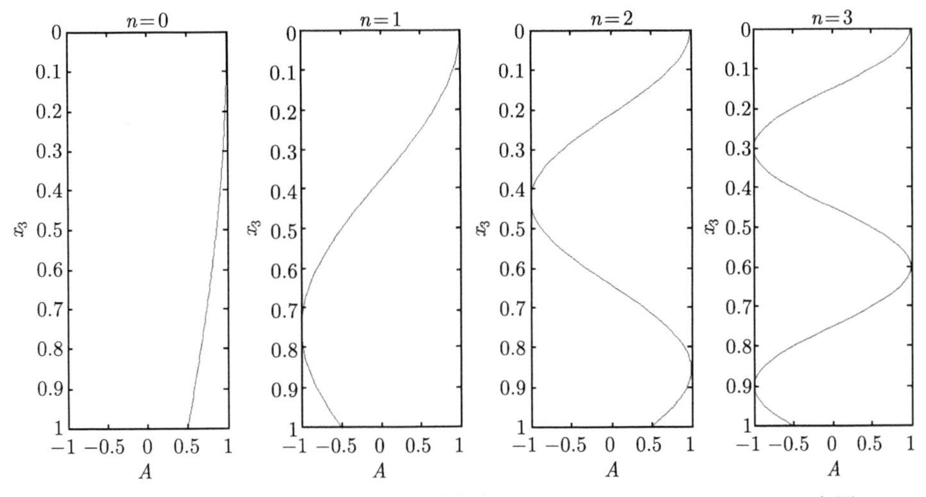

图 5.3.5 覆盖层中各阶勒夫波的振型曲线 ($\theta_0=60°$, $\cos(kph)=0.5$) 示意图

5.4 斯通莱波

前面我们曾经讨论过具有自由表面的弹性半空间沿表面传播的瑞利面波。我们已经知道，瑞利面波是由非均匀的平面 P 波和平面 SV 波叠加而成的，并沿表面以略小于剪切波速的速度传播，且波速与频率无关，是非色散波。在两个弹性半空间交界面两侧附近是否也存在这种类型的面波呢？它们沿着分界面方向传播，具有相同的传播速度，其振幅在垂直分界面的方向上在界面两侧按指数规律随着离开分界面距离的增加而逐渐衰减。本节就来讨论这个问题。问题的答案是肯定的，通常把这样的面波称为斯通莱 (Stoneley) 波。

5.4.1 斯通莱波的波函数

设有两个半无限弹性介质，x_1x_2 平面为分界面，x_1x_3 平面为波传播所在平面。由瑞利波的讨论知道，在分界面两侧，由 P 型和 SV 型两种面波叠加会形成椭圆偏振的瑞利波。如果界面两侧形成的瑞利型面波相互作用 (界面的连续性条件要求)，并最终导致沿分界面以相同的速度传播，则就会形成一种新的波。这种波沿 x_1 方向传播，其振幅沿 x_3 轴方向随 $|x_3|$ 增大而呈指数规律衰减，至 $|x_3|\to\infty$ 时，波函数振幅衰减为零。如图 5.4.1 所示，设两种介质中的波函数表达式为

$$\varphi_1(x_1,x_3,t)=\varPhi_1(x_3)\,\mathrm{e}^{\mathrm{i}k_1(x_1-c_1t)},\quad x_3\geqslant 0 \tag{5.4.1}$$

$$\psi_1(x_1,x_3,t)=\varPsi_1(x_3)\,\mathrm{e}^{\mathrm{i}k_1(x_1-c_1t)},\quad x_3\geqslant 0 \tag{5.4.2}$$

$$\varphi_2(x_1,x_3,t)=\varPhi_2(x_3)\,\mathrm{e}^{\mathrm{i}k_2(x_1-c_2t)},\quad x_3\leqslant 0 \tag{5.4.3}$$

$$\psi_2(x_1, x_3, t) = \Psi_2(x_3)\,\mathrm{e}^{\mathrm{i}k_2(x_1 - c_2 t)}, \quad x_3 \leqslant 0 \tag{5.4.4}$$

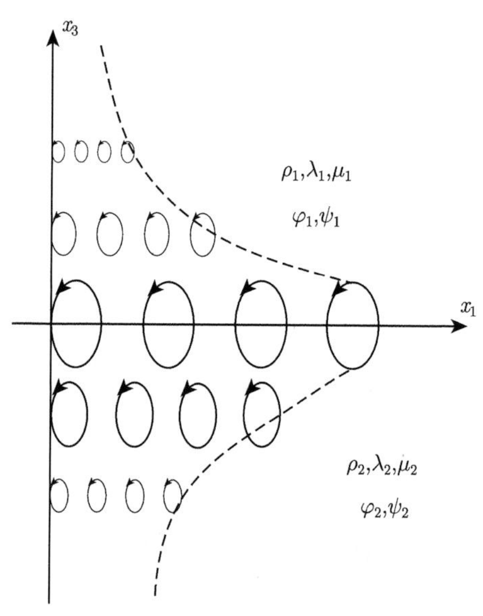

图 5.4.1　斯通莱波的振幅衰减及质点偏振

由于跨越 $x_3 = 0$ 的分界面两侧位移和应力要连续，则必须有

$$k_1 = k_2 = k \tag{5.4.5}$$

$$c_1 = c_2 = c \tag{5.4.6}$$

其中，c 为该波的波速，$c = \dfrac{\omega}{k}$。$\varPhi_1(x_3)$，$\varPsi_1(x_3)$，$\varPhi_2(x_3)$，$\varPsi_2(x_3)$ 为 P 波、SV 波随深度变化的振幅值，上述波函数分别满足纵波与横波波动方程

$$\nabla^2\varphi = \frac{1}{c_{\mathrm{P}}^2}\frac{\partial^2\varphi}{\partial t^2} \tag{5.4.7}$$

$$\nabla^2\psi = \frac{1}{c_{\mathrm{S}}^2}\frac{\partial^2\psi}{\partial t^2} \tag{5.4.8}$$

将 φ_1，ψ_1 和 φ_2，ψ_2 代入方程 (5.4.7) 和方程 (5.4.8)，可得

$$\varPhi_1''(x_3) + k^2\left(\frac{c^2}{c_{\mathrm{P}1}^2} - 1\right)\varPhi_1(x_3) = 0, \quad x_3 \geqslant 0 \tag{5.4.9}$$

$$\varPsi_1''(x_3) + k^2\left(\frac{c^2}{c_{\mathrm{S}1}^2} - 1\right)\varPsi_1(x_3) = 0, \quad x_3 \geqslant 0 \tag{5.4.10}$$

$$\varPhi_2''(x_3)+k^2\left(\frac{c^2}{c_{\mathrm{P2}}^2}-1\right)\varPhi_2(x_3)=0,\quad x_3\leqslant 0 \tag{5.4.11}$$

$$\varPsi_2''(x_3)+k^2\left(\frac{c^2}{c_{\mathrm{S2}}^2}-1\right)\varPsi_2(x_3)=0,\quad x_3\leqslant 0 \tag{5.4.12}$$

这里，

$$c_{\mathrm{P1}}=\sqrt{\frac{\lambda_1+2\mu_1}{\rho_1}},\quad c_{\mathrm{S1}}=\sqrt{\frac{\mu_1}{\rho_1}}$$

$$c_{\mathrm{P2}}=\sqrt{\frac{\lambda_2+2\mu_2}{\rho_2}},\quad c_{\mathrm{S2}}=\sqrt{\frac{\mu_2}{\rho_2}}$$

令

$$p_1^2=1-\frac{c^2}{c_{\mathrm{P1}}^2},\quad q_1^2=1-\frac{c^2}{c_{\mathrm{S1}}^2}$$

$$p_2^2=1-\frac{c^2}{c_{\mathrm{P2}}^2},\quad q_2^2=1-\frac{c^2}{c_{\mathrm{S2}}^2}$$

式 (5.4.9)~式 (5.4.12) 的解依据 p_1,p_2,q_1 和 q_2 取值的不同而不同。和讨论瑞利波相仿，只有满足

$$c<\min\left(c_{\mathrm{S1}},c_{\mathrm{S2}}\right) \tag{5.4.13}$$

才能使分界面两侧振幅沿 x_3 轴方向随 $|x_3|$ 增大而呈指数规律衰减。在此条件下式 (5.4.9)~式 (5.4.12) 的解可表示为

$$\varPhi_1(x_3)=A_1\mathrm{e}^{-kp_1x_3}+A_1'\mathrm{e}^{kp_1x_3} \tag{5.4.14}$$

$$\varPsi_1(x_3)=B_1\mathrm{e}^{-kq_1x_3}+B_1'\mathrm{e}^{kq_1x_3} \tag{5.4.15}$$

$$\varPhi_2(x_3)=A_2\mathrm{e}^{kp_2x_3}+A_2'\mathrm{e}^{-kp_2x_3} \tag{5.4.16}$$

$$\varPsi_2(x_3)=B_2\mathrm{e}^{kq_2x_3}+B_2'\mathrm{e}^{-kq_2x_3} \tag{5.4.17}$$

为满足 $|x_3|\to\infty$ 时波振幅项为零的条件，有

$$A_1'=B_1'=A_2'=B_2'=0 \tag{5.4.18}$$

这样波函数 (5.4.1)~(5.4.4) 可表示为

$$\varphi_1=A_1\mathrm{e}^{-kp_1x_3}\mathrm{e}^{\mathrm{i}k(x_1-ct)},\quad x_3\geqslant 0 \tag{5.4.19}$$

$$\psi_1=B_1\mathrm{e}^{-kq_1x_3}\mathrm{e}^{\mathrm{i}k(x_1-ct)},\quad x_3\geqslant 0 \tag{5.4.20}$$

$$\varphi_2=A_2\mathrm{e}^{kp_2x_3}\mathrm{e}^{\mathrm{i}k(x_1-ct)},\quad x_3\leqslant 0 \tag{5.4.21}$$

$$\psi_2=B_2\mathrm{e}^{kq_2x_3}\mathrm{e}^{\mathrm{i}k(x_1-ct)},\quad x_3\leqslant 0 \tag{5.4.22}$$

5.4.2 斯通莱方程

由界面连续性条件

$$u_1^{(1)}|_{x_3=0}=u_1^{(2)}|_{x_3=0} \tag{5.4.23a}$$

$$u_3^{(1)}|_{x_3=0}=u_3^{(2)}|_{x_3=0} \tag{5.4.23b}$$

$$\sigma_{33}^{(1)}|_{x_3=0}=\sigma_{33}^{(2)}|_{x_3=0} \tag{5.4.23c}$$

$$\sigma_{31}^{(1)}|_{x_3=0}=\sigma_{31}^{(2)}|_{x_3=0} \tag{5.4.23d}$$

得到

$$A_1-\mathrm{i}q_1B_1-A_2-\mathrm{i}q_2B_2=0 \tag{5.4.24a}$$

$$p_1A_1-\mathrm{i}B_1+p_2A_2+\mathrm{i}B_2=0 \tag{5.4.24b}$$

$$-\mu_1\left(q_1^2+1\right)A_1+2\mathrm{i}\mu_1q_1B_1+\mu_2\left(q_2^2+1\right)A_2+2\mathrm{i}\mu_2q_2B_2=0 \tag{5.4.24c}$$

$$2\mathrm{i}\mu_1p_1A_1+\mu_1\left(q_1^2+1\right)B_1+2\mathrm{i}\mu_2p_2A_2-\mu_2\left(q_2^2+1\right)B_2=0 \tag{5.4.24d}$$

写成矩阵形式为

$$\begin{pmatrix} 1 & -q_1 & -1 & -q_2 \\ p_1 & -1 & p_2 & 1 \\ -\mu_1\left(q_1^2+1\right) & 2\mu_1q_1 & \mu_2\left(q_2^2+1\right) & 2\mu_2q_2 \\ 2\mu_1p_1 & \mu_1\left(q_1^2+1\right) & 2\mu_2p_2 & \mu_2\left(q_2^2+1\right) \end{pmatrix}\begin{pmatrix} A_1 \\ \mathrm{i}B_1 \\ A_2 \\ \mathrm{i}B_2 \end{pmatrix}=\begin{pmatrix} 0 \\ 0 \\ 0 \\ 0 \end{pmatrix} \tag{5.4.25}$$

上述线性代数方程组有非零解的充要条件是系数行列式为零。即

$$\begin{vmatrix} 1 & -q_1 & -1 & -q_2 \\ p_1 & -1 & p_2 & 1 \\ -\mu_1\left(q_1^2+1\right) & 2\mu_1q_1 & \mu_2\left(q_2^2+1\right) & 2\mu_2q_2 \\ 2\mu_1p_1 & \mu_1\left(q_1^2+1\right) & 2\mu_2p_2 & \mu_2\left(q_2^2+1\right) \end{vmatrix}=0 \tag{5.4.26}$$

设斯通莱波的波速 $c=c_{\mathrm{st}}$，由式 (5.4.26) 可以得到一个关于 c_{st} 的 6 次方程:

$$\begin{aligned} & c_{\mathrm{st}}^4\left[\left(\rho_2-\rho_1\right)^2-\left(\rho_1p_2+\rho_2p_1\right)\left(\rho_1q_2+\rho_2q_1\right)\right] \\ & +4c_{\mathrm{st}}^2[\left(\mu_1-\mu_2\right)\left(\rho_2-\rho_1\right)+\left(\rho_1p_1+\rho_2p_1\right)(\mu_1q_2+\mu_2q_1)] \\ & 4(\mu_1-\mu_2)[\mu_1(1+p_1q_1)(1-p_2q_2)-\mu_2(1-p_1q_1)(1+p_2q_2)]=0 \end{aligned} \tag{5.4.27}$$

这就是**斯通莱方程**。由于其中 p_1，p_2，q_1，q_2 也都是 c_{st} 函数，斯通莱方程是一个关于斯通莱波速 c_{st} 的 6 次方程，求解非常困难。很难用解析方法得到方程的

根。考虑到行波对应于实数根，忽略复数根，一般可以借助于二分法在实数域获得方程的实数根。

因为 c_{st} 表示沿 x_1 方向传播的波速，从式 (5.4.19)~ 式 (5.4.22) 可以看出，这种波是一种非均匀波，振幅随 $x_3 \to +\infty$ 和 $x_3 \to -\infty$ 而指数性衰减。因而这种波的能量主要集中于分界面附近，通常称这种波为界面波。界面波首先由斯通莱 (1924 年) 发现，所以也称为斯通莱波。斯通莱波也可以看成是一种广义的瑞利波。即在分界面两侧的两个瑞利波，以相同的传播速度沿分界面传播。

方程 (5.4.27) 就是斯通莱波波速 c_{st} 满足的方程。如果从这个方程能得到实数根，则表明斯通莱波是存在的，否则，表明斯通莱波是不存在的。这里存在两个问题。第一个问题是，对任意组合的两种介质是否一定存在实数根呢？答案是否定的，即并非对任意组合的两种介质都一定存在斯通莱波。Cagniand 对泊松固体 ($\lambda = \mu$) 进行了计算，研究材料参数不同组合情况下斯通莱波的存在性，并给出了斯通莱波存在的材料组合区域，如图 5.4.2 所示。其中阴影区是斯通莱波存在的区域。另一个问题是，斯通莱波的波速与瑞利波的波速相比，谁更大一些？Koppe(1948 年) 对这个问题进行了研究并给出了明确的回答，即斯通莱波的波速比两种介质中的瑞利波波速都要大，但比两种介质中的横波波速都要小，即满足条件

$$\max\left(c_{\mathrm{R1}}, c_{\mathrm{R2}}\right) < c_{\mathrm{st}} < \min\left(c_{\mathrm{S1}}, c_{\mathrm{S2}}\right)$$

其中，c_{R1} 和 c_{R2} 是两种介质的瑞利波波速；c_{S1} 和 c_{S2} 是两种介质的横波波速。此外，从斯通莱方程 (5.4.27) 还可以看出，斯通莱波的波速与频率 ω 无关。也就是说，与瑞利波一样，斯通莱波也是非频散的。

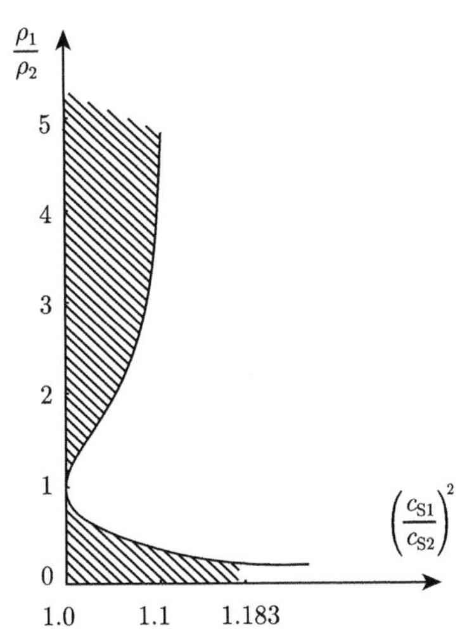

图 5.4.2 泊松固体分界面上的斯通莱波的存在区域

5.5　旋转表面波

上述几节都是在直角坐标系下对表面波和界面波进行讨论的，本节在圆柱坐标系下讨论表面波。建立圆柱坐标系如图 5.5.1 所示，(r,θ,z) 是圆柱坐标，$(\boldsymbol{e}_r,\boldsymbol{e}_\theta,\boldsymbol{e}_z)$ 是圆柱坐标系的单位基矢量。与旋转表面波相对应的位移场满足

$$u_r(r,z,t)=0,\quad u_\theta(r,z,t)\neq 0,\quad u_z(r,z,t)=0 \tag{5.5.1}$$

在这样的位移场下，半空间表面将存在非零的剪应力。因而半空间不可能承载旋转表面波。但是当半空间含有覆盖层时，情况就不一样了。就如同半空间不能承载 SH 型表面波，但含覆盖层的半空间却可以承载勒夫波一样。

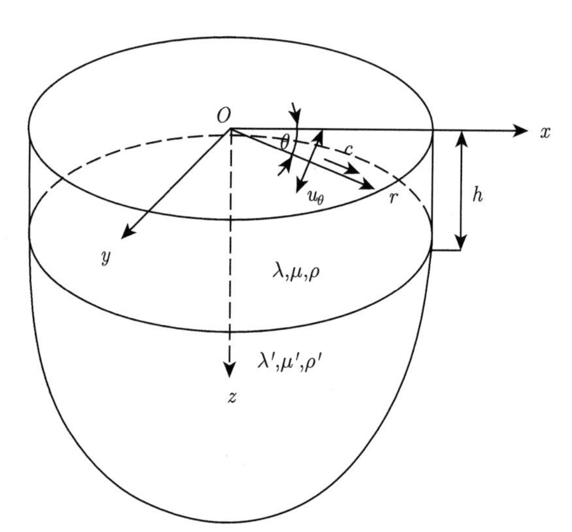

图 5.5.1　含覆盖层的弹性半空间上的旋转表面波

按照式 (5.5.1)，旋转表面波的位移场可表示为

$$\boldsymbol{u}=u_\theta(r,z,t)\,\boldsymbol{e}_\theta=u(r,z)\,\mathrm{e}^{-\mathrm{i}\omega t}\boldsymbol{e}_\theta \tag{5.5.2}$$

在圆柱坐标系下，梯度算子可以表示为

$$\boldsymbol{\nabla}=\frac{\partial}{\partial r}\boldsymbol{e}_r+\frac{\partial}{r\partial\theta}\boldsymbol{e}_\theta+\frac{\partial}{\partial z}\boldsymbol{e}_z \tag{5.5.3}$$

单位基矢量满足

$$\frac{\partial \boldsymbol{e}_r}{\partial r}=\boldsymbol{0},\quad \frac{\partial \boldsymbol{e}_r}{\partial\theta}=\boldsymbol{e}_\theta,\quad \frac{\partial \boldsymbol{e}_r}{\partial z}=\boldsymbol{0} \tag{5.5.4a}$$

$$\frac{\partial \boldsymbol{e}_\theta}{\partial r}=\mathbf{0},\quad \frac{\partial \boldsymbol{e}_\theta}{\partial \theta}=-\boldsymbol{e}_r,\quad \frac{\partial \boldsymbol{e}_\theta}{\partial z}=\mathbf{0} \tag{5.5.4b}$$

$$\frac{\partial \boldsymbol{e}_z}{\partial r}=\frac{\partial \boldsymbol{e}_z}{\partial \theta}=\frac{\partial \boldsymbol{e}_z}{\partial z}=\mathbf{0} \tag{5.5.4c}$$

将梯度算子代入控制方程

$$(\lambda+2\mu)\,\boldsymbol{\nabla}\left(\boldsymbol{\nabla}\cdot\boldsymbol{u}\right)-\mu\boldsymbol{\nabla}\times\boldsymbol{\nabla}\times\boldsymbol{u}=\rho\ddot{\boldsymbol{u}} \tag{5.5.5}$$

得到

$$\begin{aligned}&(\lambda+2\mu)\left(\frac{\partial}{\partial r}\boldsymbol{e}_r+\frac{\partial}{r\partial\theta}\boldsymbol{e}_\theta+\frac{\partial}{\partial z}\boldsymbol{e}_z\right)\left[\left(\frac{\partial}{\partial r}\boldsymbol{e}_r+\frac{\partial}{r\partial\theta}\boldsymbol{e}_\theta+\frac{\partial}{\partial z}\boldsymbol{e}_z\right)\cdot u\left(r,z\right)\boldsymbol{e}_\theta\right]\\&-\mu\left(\frac{\partial}{\partial r}\boldsymbol{e}_r+\frac{\partial}{r\partial\theta}\boldsymbol{e}_\theta+\frac{\partial}{\partial z}\boldsymbol{e}_z\right)\times\left(\frac{\partial}{\partial r}\boldsymbol{e}_r+\frac{\partial}{r\partial\theta}\boldsymbol{e}_\theta+\frac{\partial}{\partial z}\boldsymbol{e}_z\right)\times u\left(r,z\right)\boldsymbol{e}_\theta\\=&-\rho\omega^2u\left(r,z\right)\boldsymbol{e}_\theta\end{aligned} \tag{5.5.6}$$

进一步利用基矢量的微分性质，可以将控制方程化简为

$$\mu\left(\frac{\partial^2u\left(r,z\right)}{\partial r^2}+\frac{\partial u\left(r,z\right)}{r\partial r}-\frac{u\left(r,z\right)}{r^2}+\frac{\partial^2u\left(r,z\right)}{\partial z^2}\right)=-\rho\omega^2u\left(r,z\right) \tag{5.5.7}$$

为利用汉克尔 (Hankel) 变换求解上述方程，对方程两边取加权积分运算

$$\int_0^\infty\left(\frac{\partial^2}{\partial r^2}+\frac{\partial}{r\partial r}-\frac{1}{r^2}+\frac{\partial^2}{\partial z^2}\right)u\left(r,z\right)\cdot J_1\left(\xi r\right)r\mathrm{d}r=-\int_0^\infty\frac{\rho\omega^2}{\mu}u\left(r,z\right)\cdot J_1\left(\xi r\right)r\mathrm{d}r \tag{5.5.8}$$

其中，$J_1\left(\xi r\right)$ 是 1 阶第一类贝塞尔函数 (Bessel function)，整理得

$$\begin{aligned}&\int_0^\infty\left(\frac{\partial^2}{\partial r^2}+\frac{\partial}{r\partial r}-\frac{1}{r^2}\right)u\left(r,z\right)\cdot J_1\left(\xi r\right)r\mathrm{d}r\\=&-\left(\frac{\partial^2}{\partial z^2}+\frac{\rho\omega^2}{\mu}\right)\int_0^\infty u(r,z)J_1(\xi r)r\mathrm{d}r\end{aligned} \tag{5.5.9}$$

方程左边的定积分

$$\begin{aligned}&\int_0^\infty\left(\frac{\partial^2}{\partial r^2}+\frac{\partial}{r\partial r}-\frac{1}{r^2}\right)u\left(r,z\right)J_1\left(\xi r\right)r\mathrm{d}r\\=&\int_0^\infty J_1\left(\xi r\right)r\frac{\partial^2u\left(r,z\right)}{\partial r^2}\mathrm{d}r+\int_0^\infty\frac{\partial u\left(r,z\right)}{\partial r}J_1\left(\xi r\right)\mathrm{d}r-\int_0^\infty u\left(r,z\right)\frac{J_1\left(\xi r\right)}{r}\mathrm{d}r\\=&\frac{\partial u\left(r,z\right)}{\partial r}J_1\left(\xi r\right)r\Big|_0^\infty-\int_0^\infty\frac{\partial u\left(r,z\right)}{\partial r}\left(J_1\left(\xi r\right)+\xi rJ_1'\left(\xi r\right)\right)\mathrm{d}r\\&+\int_0^\infty\frac{\partial u\left(r,z\right)}{\partial r}J_1\left(\xi r\right)\mathrm{d}r-\int_0^\infty u\left(r,z\right)\frac{J_1\left(\xi r\right)}{r}\mathrm{d}r\end{aligned}$$

$$
\begin{aligned}
&= -\int_0^\infty \xi r J_1'(\xi r)\,\mathrm{d}u(r,z) - \int_0^\infty u(r,z)\frac{J_1(\xi r)}{r}\mathrm{d}r \\
&= -\xi r J_1'(\xi r) u(r,z)|_0^\infty \\
&\quad + \int_0^\infty u(r,z)(\xi J_1'(\xi r) + r\xi^2 J_1''(\xi r))\mathrm{d}r - \int_0^\infty u(r,z)\frac{J_1(\xi r)}{r}\mathrm{d}r \\
&= 0 + \int_0^\infty u(r,z)\left(\xi J_1'(\xi r) + r\xi^2 J_1''(\xi r) - \frac{J_1(\xi r)}{r}\right)\mathrm{d}r
\end{aligned}
$$

考虑到贝塞尔函数的递推公式

$$J_0(\xi r) - J_2(\xi r) = 2J_1'(\xi r)$$

$$J_2(\xi r) = \frac{2}{\xi r}J_1(\xi r) - J_0(\xi r)$$

$$J_1'(\xi r) = J_0(\xi r) - \frac{J_1(\xi r)}{\xi r}$$

被积函数

$$
\begin{aligned}
&\xi J_1'(\xi r) + r\xi^2 J_1''(\xi r) - \frac{J_1(\xi r)}{r} \\
=&\xi\left(J_0(\xi r) - \frac{J_1(\xi r)}{\xi r}\right) + r\xi^2 J_1''(\xi r) - \frac{J_1(\xi r)}{r} \\
=&\xi\left(J_0(\xi r) - \frac{J_1(\xi r)}{\xi r}\right) + r\xi^2\left(-J_1(\xi r) - \frac{J_0(\xi r)}{\xi r} + \frac{2J_1(\xi r)}{(\xi r)^2}\right) - \frac{J_1(\xi r)}{r} \\
=& -r\xi^2 J_1(\xi r)
\end{aligned}
$$

因此，原方程转化为

$$\int_0^\infty r\xi^2 J_1(\xi r)\,u(r,z)\,\mathrm{d}r = \left(\frac{\partial^2}{\partial z^2} + \frac{\rho\omega^2}{\mu}\right)\int_0^\infty u(r,z)\,J_1(\xi r)\,r\mathrm{d}r \tag{5.5.10a}$$

即

$$\frac{\partial^2}{\partial z^2}\int_0^\infty u(r,z)\,J_1(\xi r)\,r\mathrm{d}r - \left(\xi^2 - \frac{\rho\omega^2}{\mu}\right)\int_0^\infty u(r,z)\,J_1(\xi r)\,r\mathrm{d}r = 0 \tag{5.5.10b}$$

利用汉克尔变换 (Hankel transform)：

$$f^*(\xi,z) \overset{\text{def}}{=} \int_0^\infty f(r,z)\,J_1(\xi r)\,r\mathrm{d}r,\quad f(r,z) = \int_0^\infty f^*(\xi,z)\,J_1(\xi r)\,\xi\mathrm{d}\xi \tag{5.5.11}$$

可将偏微分方程化成常微分方程

$$\frac{\mathrm{d}^2 u^*(\xi,z)}{\mathrm{d}z^2}-\left(\xi^2-\frac{\rho\omega^2}{\mu}\right)u^*(\xi,z)=0 \tag{5.5.12}$$

方程的解为

$$u^*(\xi,z)=B\mathrm{e}^{-kz}+C\mathrm{e}^{kz} \tag{5.5.13}$$

其中,$k=\sqrt{\xi^2-\dfrac{\rho\omega^2}{\mu}}$。对 (5.5.13) 作汉克尔逆变换可得到位移场

$$u(r,z)=\int_0^\infty u^*(\xi,z)J_1(\xi r)\xi\mathrm{d}\xi \tag{5.5.14}$$

类似地, 可以得到半空间中的位移场。考虑到无限远处 $(z\to\infty)$ 位移场的有界性条件，半空间中的位移场可以写成

$$u^{*'}(\xi',z)=D\mathrm{e}^{-k'z} \tag{5.5.15}$$

其中，$k'=\sqrt{\xi'^2-\dfrac{\rho'\omega'^2}{\mu'}}$ 。作汉克尔逆变换得到位移场

$$u'(r,z)=\int_0^\infty u^{*\prime}(\xi,z)J_1(\xi r)\xi\mathrm{d}\xi \tag{5.5.16}$$

将旋转位移场 $\boldsymbol{u}=u_\theta(r,z,t)\boldsymbol{e}_\theta$ 代入应变表达式

$$\boldsymbol{\varepsilon}=\frac{1}{2}(\boldsymbol{\nabla u}+\boldsymbol{u\nabla}) \tag{5.5.17}$$

得到

$$\begin{aligned}\boldsymbol{\varepsilon}=&\frac{1}{2}\left(\frac{\partial}{\partial r}\boldsymbol{e}_r+\frac{\partial}{r\partial\theta}\boldsymbol{e}_\theta+\frac{\partial}{\partial z}\boldsymbol{e}_z\right)u_\theta(r,z,t)\boldsymbol{e}_\theta\\&+\frac{1}{2}u_\theta(r,z,t)\boldsymbol{e}_\theta\left(\frac{\partial}{\partial r}\boldsymbol{e}_r+\frac{\partial}{r\partial\theta}\boldsymbol{e}_\theta+\frac{\partial}{\partial z}\boldsymbol{e}_z\right)\\=&\frac{1}{2}\left(\frac{\partial u_\theta(r,z,t)}{\partial r}\boldsymbol{e}_r\boldsymbol{e}_\theta-\frac{u_\theta(r,z,t)}{r}\boldsymbol{e}_\theta\boldsymbol{e}_r+\frac{\partial u_\theta(r,z,t)}{\partial z}\boldsymbol{e}_z\boldsymbol{e}_\theta\right)\\&+\frac{1}{2}\left(\frac{\partial u_\theta(r,z,t)}{\partial r}\boldsymbol{e}_\theta\boldsymbol{e}_r-\frac{u_\theta(r,z,t)}{r}\boldsymbol{e}_r\boldsymbol{e}_\theta+\frac{\partial u_\theta(r,z,t)}{\partial z}\boldsymbol{e}_\theta\boldsymbol{e}_z\right)\end{aligned} \tag{5.5.18}$$

从而非零应变

$$\varepsilon_{r\theta}=\frac{1}{2}\left(\frac{\partial u_\theta(r,z,t)}{\partial r}-\frac{u_\theta(r,z,t)}{r}\right),\quad \varepsilon_{\theta z}=\frac{1}{2}\frac{\partial u_\theta(r,z,t)}{\partial z} \tag{5.5.19}$$

将非零应变代入本构关系

$$\tau_{pq} = \lambda\delta_{pq}\varepsilon_{jj} + 2\mu\varepsilon_{pq} \tag{5.5.20}$$

得到非零剪应力

$$\tau_{r\theta} = 2\mu\varepsilon_{r\theta} = \mu\left(\frac{\partial u_\theta(r,z,t)}{\partial r} - \frac{u_\theta(r,z,t)}{r}\right) \tag{5.5.21a}$$

$$\tau_{\theta z} = 2\mu\varepsilon_{\theta z} = \mu\frac{\partial u_\theta(r,z,t)}{\partial z} \tag{5.5.21b}$$

对于含有覆盖层的弹性半空间，在覆盖层表面应该满足自由表面条件，在覆盖层与弹性半空间界面上，应该满足位移和应力连续性条件。在 $z=0$ 处的表面条件和 $z=h$ 处的界面条件可以表示为

$$\tau_{z\theta}\big|_{z=0^+} = 0, \quad u_\theta\big|_{z=h^-} = u'_\theta\big|_{z=h^+}, \quad \tau_{z\theta}\big|_{z=h^-} = \tau'_{z\theta}\big|_{z=h^+} \tag{5.5.22}$$

将覆盖层和半空间中的剪应力和位移具体表达式代入得

$$\int_0^\infty \left(-\mu kB\mathrm{e}^{-kz} + \mu kC\mathrm{e}^{kz}\right) J_1(\xi r)\,\xi\mathrm{d}\xi\bigg|_{z=0^+} = 0 \tag{5.5.23a}$$

$$\begin{aligned}&\int_0^\infty \left(B\mathrm{e}^{-kz} + C\mathrm{e}^{kz}\right) J_1(\xi r)\,\xi\mathrm{d}\xi\bigg|_{z=h^-}\\ =&\int_0^\infty D\mathrm{e}^{-k'z} J_1(\xi' r)\,\xi'\mathrm{d}\xi'\bigg|_{z=h^+}\end{aligned} \tag{5.5.23b}$$

$$\begin{aligned}&\int_0^\infty \left(-\mu kB\mathrm{e}^{-kz} + \mu kC\mathrm{e}^{kz}\right) J_1(\xi r)\,\xi\mathrm{d}\xi\bigg|_{z=h^-}\\ =&\int_0^\infty -\mu' k' D\mathrm{e}^{-k'z} J_1(\xi' r)\,\xi'\mathrm{d}\xi'\bigg|_{z=h^+}\end{aligned} \tag{5.5.23c}$$

上述连续性条件对任意时刻和任意位置都成立, 要求圆波数和角频率满足

$$\xi = \xi', \quad \omega = \omega' \tag{5.5.24}$$

从而, 表面条件和界面条件简化为

$$-\mu kB\mathrm{e}^{-kz} + \mu kC\mathrm{e}^{kz}\big|_{z=0^+} = 0 \tag{5.5.25a}$$

$$B\mathrm{e}^{-kz} + C\mathrm{e}^{kz}\big|_{z=h^-} = D\mathrm{e}^{-k'z}\Big|_{z=h^+} \tag{5.5.25b}$$

$$-\mu kB\mathrm{e}^{-kz} + \mu kC\mathrm{e}^{kz}\big|_{z=h^-} = -\mu' k' D\mathrm{e}^{-k'z}\Big|_{z=h^+} \tag{5.5.25c}$$

上述方程可以写成矩阵形式

$$\begin{bmatrix} -\mu k & \mu k & 0 \\ \mathrm{e}^{-kh} & \mathrm{e}^{kh} & -\mathrm{e}^{-k'h} \\ -\mu k\mathrm{e}^{-kh} & \mu k\mathrm{e}^{kh} & \mu' k'\mathrm{e}^{-k'h} \end{bmatrix} \begin{Bmatrix} B \\ C \\ D \end{Bmatrix} = \begin{Bmatrix} 0 \\ 0 \\ 0 \end{Bmatrix} \tag{5.5.26}$$

方程存在非零解要求系数矩阵行列式为零，即

$$\begin{vmatrix} -\mu k & \mu k & 0 \\ \mathrm{e}^{-kh} & \mathrm{e}^{kh} & -\mathrm{e}^{-k'h} \\ -\mu k\mathrm{e}^{-kh} & \mu k\mathrm{e}^{kh} & \mu' k'\mathrm{e}^{-k'h} \end{vmatrix} = 0 \tag{5.5.27}$$

旋转表面波的频率方程可以显式表示为

$$\mathrm{e}^{2h\sqrt{\xi^2-\frac{\rho}{\mu}\omega^2}} = \frac{\mu\sqrt{\xi^2-\frac{\rho}{\mu}\omega^2}-\mu'\sqrt{\xi^2-\frac{\rho'}{\mu'}\omega^2}}{\mu\sqrt{\xi^2-\frac{\rho}{\mu}\omega^2}+\mu'\sqrt{\xi^2-\frac{\rho'}{\mu'}\omega^2}} \tag{5.5.28}$$

定义旋转表面波、覆盖层中剪切波以及半空间中剪切波的波速分别为

$$c=\frac{\omega}{\xi},\quad c_t=\sqrt{\frac{\mu}{\rho}},\quad c_t'=\sqrt{\frac{\mu'}{\rho'}} \tag{5.5.29}$$

(1) 当 $c<c_t<c_t'$ 时, 将式 (5.5.29) 代入式 (5.5.28) 得

$$\mathrm{e}^{2\xi h\sqrt{1-\left(\frac{c}{c_t}\right)^2}} = \frac{\mu\sqrt{1-\left(\frac{c}{c_t}\right)^2}-\mu'\sqrt{1-\left(\frac{c}{c_t'}\right)^2}}{\mu\sqrt{1-\left(\frac{c}{c_t}\right)^2}+\mu'\sqrt{1-\left(\frac{c}{c_t'}\right)^2}} \tag{5.5.30}$$

此时，等号左边为正，等号右边为负，方程不可能满足。

(2) 当 $c_t<c<c_t'$ 时，式 (5.5.28) 变为

$$\begin{aligned} &\cos\left[2\xi h\sqrt{\left(\frac{c}{c_t}\right)^2-1}\right]+\mathrm{i}\sin\left[2\xi h\sqrt{\left(\frac{c}{c_t}\right)^2-1}\right] \\ &=\frac{\mathrm{i}\mu\sqrt{\left(\frac{c}{c_t}\right)^2-1}-\mu'\sqrt{1-\left(\frac{c}{c_t'}\right)^2}}{\mathrm{i}\mu\sqrt{\left(\frac{c}{c_t}\right)^2-1}+\mu'\sqrt{1-\left(\frac{c}{c_t'}\right)^2}} \end{aligned} \tag{5.5.31}$$

分离实部和虚部得

$$\cos\left[2\xi h\sqrt{\left(\frac{c}{c_t}\right)^2-1}\right]=\frac{\mu^2\left[\left(\frac{c}{c_t}\right)^2-1\right]-\mu'^2\left[1-\left(\frac{c}{c_t'}\right)^2\right]}{\mu^2\left[\left(\frac{c}{c_t}\right)^2-1\right]+\mu'^2\left[1-\left(\frac{c}{c_t'}\right)^2\right]} \tag{5.5.32a}$$

$$\sin\left[2\xi h\sqrt{\left(\frac{c}{c_t}\right)^2-1}\right]=\frac{2\mu\mu'\left[\left(\frac{c}{c_t}\right)^2-1\right]\left[1-\left(\frac{c}{c_t'}\right)^2\right]}{\mu^2\left[\left(\frac{c}{c_t}\right)^2-1\right]+\mu'^2\left[1-\left(\frac{c}{c_t'}\right)^2\right]} \tag{5.5.32b}$$

联立式 (5.5.32a) 和式 (5.5.32b) 得

$$\tan\left[\xi h\sqrt{\left(\frac{c}{c_t}\right)^2-1}\right]=\frac{\mu'}{\mu}\sqrt{\frac{1-\left(\frac{c}{c_t'}\right)^2}{\left(\frac{c}{c_t}\right)^2-1}} \tag{5.5.33}$$

(3) 当 $c_t'\leqslant c\leqslant c_t$ 时，式 (5.5.28) 变为

$$\mathrm{e}^{2\xi h\sqrt{1-\left(\frac{c}{c_t}\right)^2}}=\frac{\mu\sqrt{1-\left(\frac{c}{c_t}\right)^2}-\mathrm{i}\mu'\sqrt{\left(\frac{c}{c_t'}\right)^2-1}}{\mu\sqrt{1-\left(\frac{c}{c_t}\right)^2}+\mathrm{i}\mu'\sqrt{\left(\frac{c}{c_t'}\right)^2-1}} \tag{5.5.34}$$

分离实部和虚部得

$$\mathrm{e}^{2\xi h\sqrt{1-\left(\frac{c}{c_t}\right)^2}}=\frac{\mu^2\left[1-\left(\frac{c}{c_t}\right)^2\right]-\mu'^2\left[\left(\frac{c}{c_t'}\right)^2-1\right]}{\mu^2\left[1-\left(\frac{c}{c_t}\right)^2\right]+\mu'^2\left[\left(\frac{c}{c_t'}\right)^2-1\right]} \tag{5.5.35a}$$

$$0=\frac{2\mu\mu'\sqrt{1-\left(\frac{c}{c_t}\right)^2}\sqrt{\left(\frac{c}{c_t'}\right)^2-1}}{\mu^2\left[1-\left(\frac{c}{c_t}\right)^2\right]+\mu'^2\left[\left(\frac{c}{c_t'}\right)^2-1\right]} \tag{5.5.35b}$$

由式 (5.5.35b) 得

$$c_t' = c \leqslant c_t \tag{5.5.36a}$$

或

$$c_t' \leqslant c = c_t \tag{5.5.36b}$$

分别将式 (5.5.36a) 和式 (5.5.36b) 代入式 (5.5.35a) 可得

$$c_t' = c = c_t \tag{5.5.37}$$

此时，覆盖层和半空间中的剪切波波速相等，即覆盖层和半空间为同种材料，与假设矛盾。因此，必须 $c_t < c_t'$，即覆盖层为波疏介质且半空间为波密介质时，旋转表面波才能存在。

(4) 当 $c_t < c_t' < c$ 时，式 (5.5.28) 变为

$$\cos\left[2\xi h\sqrt{\left(\frac{c}{c_t}\right)^2-1}\right]+\mathrm{isin}\left[2\xi h\sqrt{\left(\frac{c}{c_t}\right)^2-1}\right]$$
$$=\frac{\mathrm{i}\mu\sqrt{\left(\frac{c}{c_t}\right)^2-1}-\mathrm{i}\mu'\sqrt{\left(\frac{c}{c_t'}\right)^2-1}}{\mathrm{i}\mu\sqrt{\left(\frac{c}{c_t}\right)^2-1}+\mathrm{i}\mu'\sqrt{\left(\frac{c}{c_t'}\right)^2-1}} \tag{5.5.38}$$

分离实部和虚部得

$$cos\left[2\xi h\sqrt{\left(\frac{c}{c_t}\right)^2-1}\right]=\frac{\mu\sqrt{\left(\frac{c}{c_t}\right)^2-1}-\mu'\sqrt{\left(\frac{c}{c_t'}\right)^2-1}}{\mu\sqrt{\left(\frac{c}{c_t}\right)^2-1}+\mu'\sqrt{\left(\frac{c}{c_t'}\right)^2-1}} \tag{5.5.39a}$$

$$sin\left[2\xi h\sqrt{\left(\frac{c}{c_t}\right)^2-1}\right]=0 \tag{5.5.39b}$$

联立 (5.5.39a) 和 (5.5.39b) 得

$$c`_t = c_t = c \tag{5.5.40}$$

此时覆盖层和半空间中的剪切波波速相等，与假设矛盾。

因此，必须 $c_t < c < c_t'$，即覆盖层为波疏介质且半空间为波密介质时，旋转表面波才能存在。旋转表面波的波速介于覆盖层和半空间的波速之间。

选取 $\dfrac{\mu}{\mu'}=0.3,\dfrac{\rho}{\rho'}=0.6$, 根据式 (5.5.30)、式 (5.5.33) 和式 (5.5.40) 可绘制旋转表面波的色散曲线，即旋转表面波的无量纲速度 $\dfrac{c}{c_t}$ 与无量纲波数 ξh 之间的依赖关系，如图 5.5.2 所示。

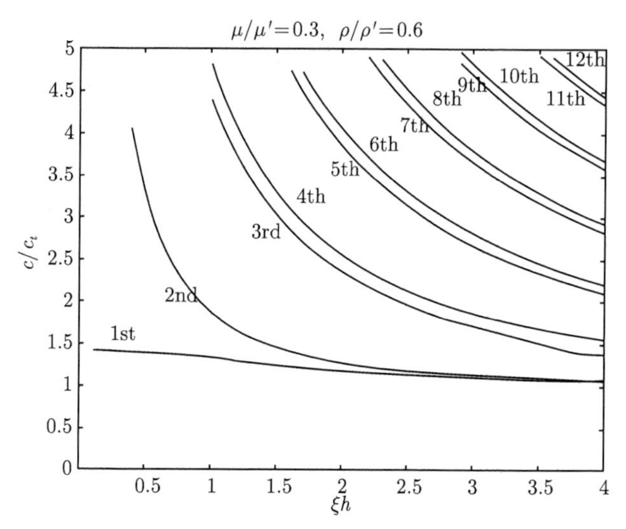

图 5.5.2　含均匀覆盖层的均匀半空间的旋转表面波的色散曲线

在对均匀半空间研究之后，我们可以进一步研究非均匀半空间上存在覆盖层时，旋转表面波的传播特性。影响旋转表面波的材料参数有剪切模量 μ 和密度 ρ。材料参数的不均匀可以有各种各样的形式，这里我们以线性分布为例进行讨论。考虑一个厚度为 h 的均匀层, 覆盖于一个密度和刚度均非均质的半空间上。在上覆盖层建立圆柱坐标系，竖直向下方向为 z 轴正方向 (图 5.5.3)。上覆盖层和半空间的密度和刚度变化规律如下。

对于上覆盖层：$\mu=\mu_0,\rho=\rho_0$。

对于半空间：$\mu=\mu_1\left(1+az\right);\rho=\rho_1\left(1+bz\right)$。

μ 和 ρ 分别为刚度和密度。常数 a 和 b 的量纲均为长度量纲的倒数。

对于沿半径传播的旋转表面波，运动方程可写为

$$\frac{\partial}{\partial r}\sigma_{r\theta}+\frac{\partial}{\partial r}\sigma_{z\theta}+\frac{2}{r}\sigma_{r\theta}=\rho\left(z\right)\frac{\partial^2 v}{\partial t^2}\tag{5.5.41}$$

其中，$v\left(r,z,t\right)$ 是沿方位角方向 θ 的位移。对于弹性介质，位移 v 与应力的关系为

$$\sigma_{r\theta}=\mu\left(z\right)\left(\frac{\partial v}{\partial r}-\frac{v}{r}\right),\quad \sigma_{z\theta}=\mu\left(z\right)\frac{\partial v}{\partial z}\tag{5.5.42}$$

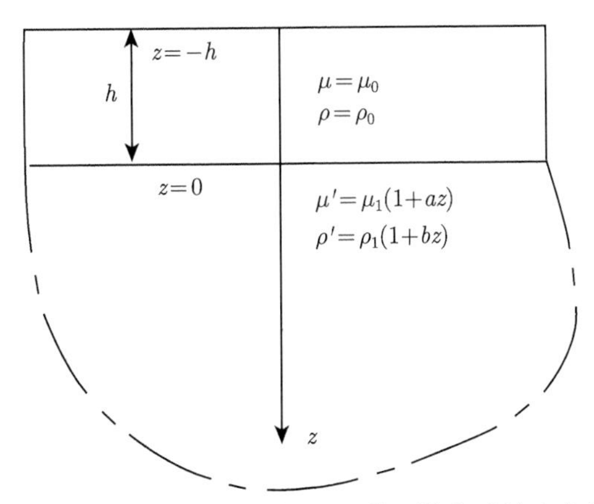

图 5.5.3 含覆盖层 (厚度为 h) 的不均匀弹性半空间

由方程 (5.5.41) 和式 (5.5.42) 得

$$\mu(z)\left(\frac{\partial^2}{\partial r^2}+\frac{1}{r}\frac{\partial}{\partial r}-\frac{1}{r^2}\right)v+\frac{\partial}{\partial z}\left(\mu(z)\frac{\partial v}{\partial z}\right)=\rho(z)\frac{\partial^2 v}{\partial t^2} \tag{5.5.43}$$

假设式 (5.5.43) 的解为

$$v=V(z)J_1(\xi r)\mathrm{e}^{\mathrm{i}\omega t} \tag{5.5.44}$$

其中，$V(z)$ 是如下方程的解：

$$V''(z)+\frac{\mu'(z)}{\mu(z)}V'(z)-\xi^2\left(1-\frac{c^2}{c_{\mathrm{S}}^2}\right)V(z)=0 \tag{5.5.45}$$

这里，$c=\omega/\xi$ 和 $c_{\mathrm{S}}=(\mu/\rho)^{1/2}$。$J_1(\xi r)$ 是第一类贝塞尔函数。

对于上覆盖层

$$\mu=\mu_0,\quad \rho=\rho_0 \tag{5.5.46}$$

通过方程 (5.5.45)，得到上覆盖中的位移方程

$$V''(z)-\xi^2\left(1-\frac{c^2}{c_0^2}\right)V(z)=0 \tag{5.5.47}$$

其中，$c_0=(\mu_0/\rho_0)^{1/2}$。方程 (5.5.47) 的解为

$$V(z)=A_1\mathrm{e}^{\left(1-\frac{c^2}{c_0^2}\right)^{1/2}\xi z}+A_2\mathrm{e}^{-\left(1-\frac{c^2}{c_0^2}\right)^{1/2}\xi z} \tag{5.5.48}$$

因此, 上覆盖层的位移为

$$v=\left[A_1\mathrm{e}^{\left(1-\frac{c^2}{c_0^2}\right)^{1/2}\xi z}+A_2\mathrm{e}^{-\left(1-\frac{c^2}{c_0^2}\right)^{1/2}\xi z}\right]J_1(\xi r)\mathrm{e}^{\mathrm{i}\omega t} \tag{5.5.49}$$

对于不均匀半空间

$$\mu=\mu_1(1+az),\quad \rho=\rho_1(1+bz) \tag{5.5.50}$$

方程 (5.5.45) 转化为

$$V''(z)+\frac{a}{1+az}V'(z)-\xi^2\left[1-\frac{c^2(1+az)}{c_1^2(1+bz)}\right]V(z)=0 \tag{5.5.51}$$

其中，$c_1=(\mu_1/\rho_1)^{1/2}$。

将 $V(z)=\phi(z)\Big/(1+az)^{1/2}$ 代入式 (5.5.51) 得

$$\phi''(z)+\left\{\frac{a^2}{4(1+az)^2}-\xi^2\left[1-\frac{c^2(1+az)}{c_1^2(1+bz)}\right]\right\}\phi(z)=0 \tag{5.5.52}$$

式 (5.5.52) 中引入无量纲参数 $\gamma=[1-c^2b/c_1^2a]^{1/2}$ 和 $\eta=2\gamma\xi(1+az)/a$ 得惠特克 (Whittaker) 方程

$$\phi''(\eta)+\left(-\frac{1}{4}+\frac{\frac{P}{2}}{\eta}+\frac{\frac{1}{4}-0}{\eta^2}\right)\phi(\eta)=0 \tag{5.5.53}$$

其中，

$$P=\frac{\omega^2(a-b)}{c_1^2a^2\gamma\xi}$$

式 (5.5.53) 满足 $\lim\limits_{z\to\infty}V(z)\to 0$ 和 $\lim\limits_{\eta\to\infty}\phi(\eta)\to 0$ 的解为

$$\phi(\eta)=D_1W_{P/2,0}(\eta) \tag{5.5.54}$$

其中，$W_{P/2,0}(\eta)$ 是惠特克函数

$$W_{P/2,0}(\eta)=\frac{\mathrm{e}^{-\frac{\eta}{2}}\eta^{\frac{P}{2}}}{\Gamma\left(\frac{1}{2}-\frac{\eta}{2}\right)}\int_0^\infty \mathrm{e}^{-\varepsilon}\varepsilon^{-\frac{\eta}{2}-\frac{1}{2}}\left(1+\frac{\varepsilon}{\eta}\right)^{\frac{P}{2}-\frac{1}{2}}\mathrm{d}\varepsilon \tag{5.5.55}$$

因此，不均匀半空间的位移 v_1 为

$$v_1=\frac{D_1W_{P/2,0}[2\gamma\xi(1+az)/a]}{(1+az)^{1/2}}J_1(\xi r)\mathrm{e}^{\mathrm{i}\omega t} \tag{5.5.56}$$

假设均匀覆盖层与不均匀半空间的界面是完好界面。表面条件和界面条件可表示为

$$v\big|_{z=0^-}=v_1\big|_{z=0^+} \tag{5.5.57a}$$

$$\sigma_{z\theta}\big|_{z=0^-}=\sigma_{z\theta}\big|_{z=0^+} \tag{5.5.57b}$$

$$\sigma_{z\theta}\big|_{z=-h}=0 \tag{5.5.57c}$$

将惠特克函数展开至线性项

$$W_{P/2,0}(\eta)\sim \mathrm{e}^{-\frac{\eta}{2}}\eta^{\frac{P}{2}}(1+\eta A) \tag{5.5.58}$$

其中，$A=\dfrac{1-P}{2}$。并代入上述边界条件得

$$A_1+A_2=D_1\left(\frac{2\gamma\xi}{a}\right)^{1/2}\mathrm{e}^{-\gamma\xi/a}\left(1+\frac{2\gamma\xi A}{a}\right) \tag{5.5.59a}$$

$$\begin{aligned}&\mu_0\xi\left(1-\frac{c^2}{c_0^2}\right)^{1/2}(A_1-A_2)\\=&D_1\mu_1\left[2\gamma\xi A-\gamma\xi\left(1+\frac{2\gamma\xi A}{a}\right)\right]\left(\frac{2\gamma\xi}{a}\right)^{1/2}\mathrm{e}^{-\gamma\xi/a}\end{aligned} \tag{5.5.59b}$$

$$A_1\mathrm{e}^{-\left(1-\frac{c^2}{c_0^2}\right)^{1/2}\xi h}+A_2\mathrm{e}^{\left(1-\frac{c^2}{c_0^2}\right)^{1/2}\xi h}=0 \tag{5.5.59c}$$

式 (5.5.59) 构成关于系数 A_1,A_2,D_1 的线性代数方程组，方程组存在非零解条件要求系数行列式为零，即

$$\frac{\mu_1\gamma}{\mu_0}\left[1-\frac{2A}{1+2\gamma\xi A/a}\right]\frac{1}{\left(c^2/c_0^2-1\right)^{1/2}}=\tan\left[\xi h\left(c^2/c_0^2-1\right)^{1/2}\right] \tag{5.5.60}$$

式 (5.5.60) 称为含均质覆盖层的非均质半空间中传播的旋转表面波的色散方程。上式是一个超越方程，由于正切函数的周期性，方程具有无穷多个解，换句话说，旋转表面波具有无穷多个模态。

特例 1 当 $b\to 0$ 时, 即半空间的密度为常数，则 $\gamma=1$ 且 $P=c^2\xi/c_0^2a$。基于上述内容，式 (5.5.60) 退化为

$$\frac{\mu_1}{\mu_0}\left[1-\frac{2A}{1+2\gamma\xi A/a}\right]\frac{1}{\left(c^2/c_0^2-1\right)^{1/2}}=\tan\left[\xi h\left(c^2/c_0^2-1\right)^{1/2}\right] \tag{5.5.61}$$

特例 2 当 $a\to 0$ 和 $b\to 0$ 时，即覆盖层和半空间的密度和刚度均为常数，式 (5.5.60) 退化为

$$\frac{\mu_1}{\mu_0}\frac{\left(1-c^2/c_1^2\right)^{1/2}}{\left(c^2/c_0^2-1\right)^{1/2}}=\tan\left[\xi h\left(c^2/c_0^2-1\right)^{1/2}\right] \tag{5.5.62}$$

上述方程为含均质覆盖层的均质半空间中传播的旋转表面波的色散方程，即式 (5.5.33)。它与含均质覆盖层的均质半空间中传播的勒夫波的色散方程 (5.3.17) 具有相同的形式。式 (5.5.62) 表明，均质各向同性介质层中，随着传播距离增加旋转表面波逐渐退化为勒夫波。

特例 3　当无覆盖层 ($h \to 0$) 时，式 (5.5.60) 退化为

$$\gamma\left[1-\frac{2A}{1+2\gamma\xi A/a}\right]=0 \tag{5.5.63}$$

因此，

$$\frac{c}{c_1}=\left(\frac{a}{b}\right)^{1/2} \tag{5.5.64}$$

或

$$1-\frac{2A}{1+2\gamma\xi A/a}=0 \tag{5.5.65}$$

式 (5.5.65) 展开为

$$X_1C^3+X_2C^2+X_3C=0 \tag{5.5.66}$$

其中，

$$C=\left(\frac{c}{c_1}\right)^{1/2}$$

$$X_1=\frac{\xi^2 b}{a^2}\left(1-\frac{b}{a}\right)^2$$

$$X_2=\left(\frac{2b}{a}-1\right)^2-\frac{\xi^2}{a^2}\left(1-\frac{b}{a}\right)^2$$

$$X_3=2\left(1-\frac{2b}{a}\right)$$

根据 3 次方程求根的卡丹公式，令

$$G=X_1^2-\frac{X_1X_2X_3}{3}+2\left(\frac{X_2}{3}\right)^3,\quad H_1=\frac{X_1X_3}{3}-\left(\frac{X_2}{3}\right)^3 \tag{5.5.67}$$

则当 $G^2+4H_1^3>0$ 时，由式 (5.5.66) 将得不到正实数值的 C。因此，可由式 (5.5.64) 得到旋转波的速度

$$c=\left(\frac{a}{b}\right)^{1/2}c_1 \tag{5.5.68}$$

当 $G^2+4H_1^3<0$ 时，可由式 (5.5.66) 得到两个正实数根。此外，由式 (5.5.64) 还可以得到一个，所以，总共存在三个旋转表面波。

当参数 μ 和 ρ 沿深度方向变化规律一致，即 $a = b$，且不存在上覆盖层时，旋转波的波速 c 将与 c_1 相等。此时，旋转表面波将退化为剪切波。

当 $b = 0$ 且 $a \neq 0$ 时，半空间将退化为 Gibson 半空间。旋转表面波的速度为

$$c = c_1 \left(\frac{1}{\xi/a - 1} \right)^{1/2} \tag{5.5.69}$$

当 $a \to 0$ 且 $b \to 0$ 时，即半空间为均质半空间，式 (5.5.63) 显示，旋转表面波将无法传播。

当 $a/\xi = 0.01$，$b/\xi = 0.001$ 时，由色散方程可得不同无量纲波数 ξh 下的无量纲波速 c/c_0。图 5.5.4 给出了当半空间的密度为常数时 ($b = 0$)，旋转表面波各阶色散曲线。曲线 1 和曲线 2 表明，当 ξh 取较小数值时，半空间的密度变化对旋转表面波的传播速度有明显影响。为了对比旋转表面波与勒夫波，图 5.5.4 中的曲线 3 显示了由式 (5.5.62) 计算得到的勒夫波的速度。图像显示，非均匀介质中的旋转波的速度总是高于均质介质中勒夫波的速度。当非均质半空间上面的覆盖层不存在时，式 (5.5.64) 和式 (5.5.65) 给出了旋转表面波的速度方程。式 (5.5.64) 给出了依赖于刚度和密度比值的速度常数。当 ξ/a 取较小数值时，可由式 (5.5.66)

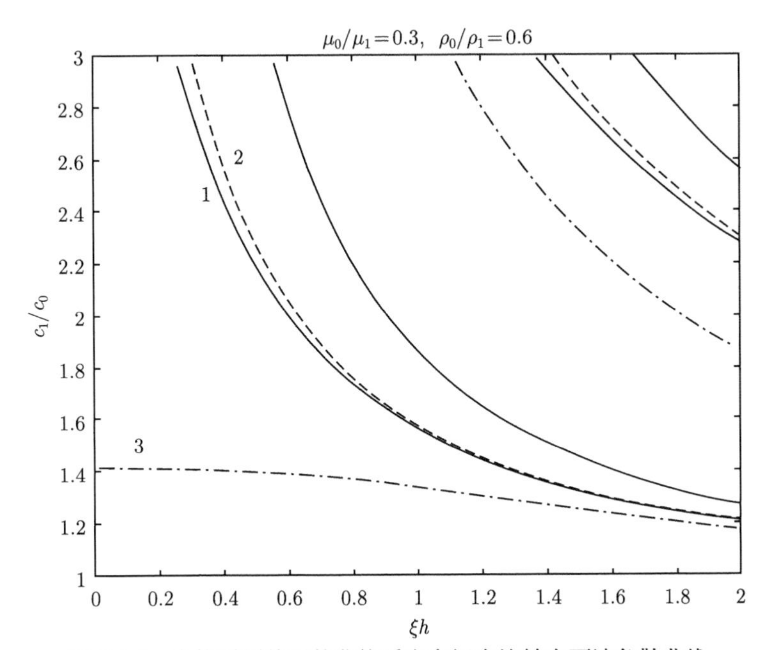

图 5.5.4 含均质覆盖层的非均质半空间中旋转表面波色散曲线

实线表示 $a/\xi = 0.01, b/\xi = 0.001$; 虚线表示 $a/\xi = 0.01, b/\xi = 0$; 点划线表示 $a/\xi = b/\xi = 0$

得到 $(c/c_1)^2$ 的两个实数值。图 5.5.5 给出了通过数值计算得到的曲线 1 和曲线 2。曲线 3 可由式 (5.5.64) 计算得到。由数值计算结果可知，当 ξ/a 取较小数值时非均质半空间中存在三个旋转波。

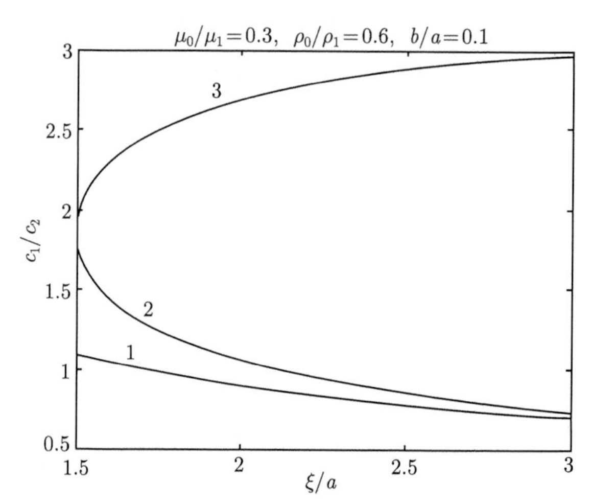

图 5.5.5　不含均质覆盖层的刚度和密度线性变化的半空间中旋转表面波色散曲线

第 6 章 导 波

在工程实际中经常会遇到像杆、梁、板、管道及球壳等结构类型。这类结构一个共同的特点就是存在两个相互平行的界面或者具有封闭边界的横截面。由于具有两个界面，位于两个界面之间的波，将要经受多次的来回反射，这些往返的波将要产生复杂的干涉。由于像“层厚”或“壁厚”这种特征几何尺寸的存在，所以在两个界面之间传播的波的速度将会依赖波的频率，从而导致弹性波的几何色散。无限大平板具有两个相互平行的界面，位于板内的 P 波和 SV 波以及 SH 波将会在两个平行的界面上产生来回的反射而沿平行于板面的方向行进，即平行的边界制导着波在板内的传播。这样的一个系统常称为平板弹性波导。除此以外，圆柱杆、圆柱或球壳及层状的弹性体也都是典型的弹性波导。有些文献将这种具有两个界面的波导或者具有封闭边界横截面的波导称为闭波导，而将具有单一边界的半无限大体，或者圆柱孔外围无限大区域称为开波导。本章主要介绍几种常见的闭波导，即平板波导、圆柱波导、圆管波导和球壳波导，建立这些波导中导波的色散方程，分析讨论导波的传播特征。

6.1 梁中弯曲波

关于梁的弹性理论经常用到的是欧拉–伯努利梁 (Euler-Bernoulli beam) 理论和铁摩辛柯梁 (Timoshenko beam) 理论。两种梁理论都假设梁的横截面在弯曲过程中保持平面 (简称平截面假设)，不同的是，欧拉–伯努利梁理论认为横截面的转动是由弯曲变形引起的，且在弯曲变形过程中横截面始终保持垂直于梁的轴线；而铁摩辛柯梁理论认为横截面的转动不仅有弯曲变形的贡献，也有剪切变形的贡献。由于剪切变形使横截面产生了额外的转动 (即剪切角)，从而，横截面不再垂直于梁的轴线。两种梁理论在横截面变形假设上的不同，如图 6.1.1 所示。

建立坐标系如图 6.1.1 所示，x 轴沿梁的轴线方向，z 轴沿梁的高度方向，y 轴沿梁的厚度方向。在平截面假设下，变形前后，梁的横截面仅仅是绕中性轴发生一个转动，总转角用 $\varphi(x)$ 表示。梁轴线变形后是一平面曲线，用 $w(x)$ 表示 (简称挠度曲线)。在梁的横截面上任意一点 (x, y, z) 的位移可以表示为

$$u_x(x,y,z) = -z\varphi(x), \quad u_y(x,y,z) = 0, \quad u_z(x,y,z) = w(x) \tag{6.1.1}$$

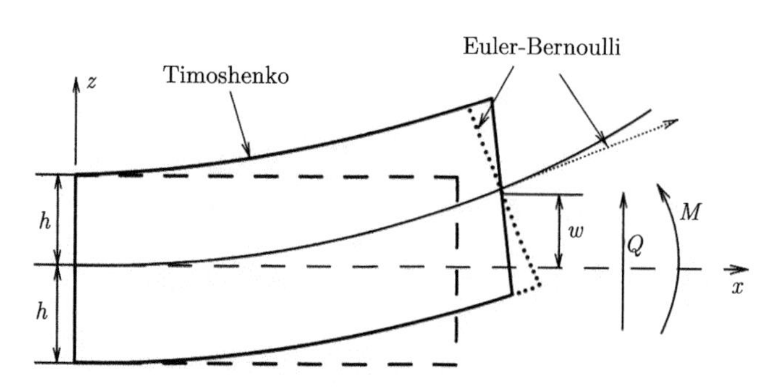

图 6.1.1　铁摩辛柯梁的变形假设 ($\varphi(x) \neq \partial w/\partial x$) 与欧拉–伯努利梁的变形假设 ($\varphi(x) = \partial w/\partial x$) 示意图

式中，u_x, u_y, u_z 是位移矢量的三维坐标分量；φ 是梁横截面的转角；$w(x)$ 是梁轴线上一点的挠度。

如果不考虑梁的剪切变形，仅考虑梁的弯曲变形，则有

$$\varphi = \frac{\partial w}{\partial x} \tag{6.1.2}$$

这样的梁一般称为欧拉–伯努利梁。如果同时考虑梁的弯曲变形和剪切变形，则有

$$\varphi = \frac{\partial w}{\partial x} - \gamma \tag{6.1.3}$$

其中，$\dfrac{\partial w}{\partial x}$ 是由弯曲变形引起的转角，而 γ 是由剪切变形引起的转角，三个转角之间的关系如图 6.1.2 所示。这样的梁称为铁摩辛柯梁。由此可见，两种梁理论的根本区别在于对梁变形的假设上。欧拉–伯努利梁忽略了梁的剪切变形，适用于弯曲变形占绝对优势的细长梁。而铁摩辛柯梁同时考虑了梁的弯曲变形和剪切变形，适合于剪切变形并不太小的短粗梁。

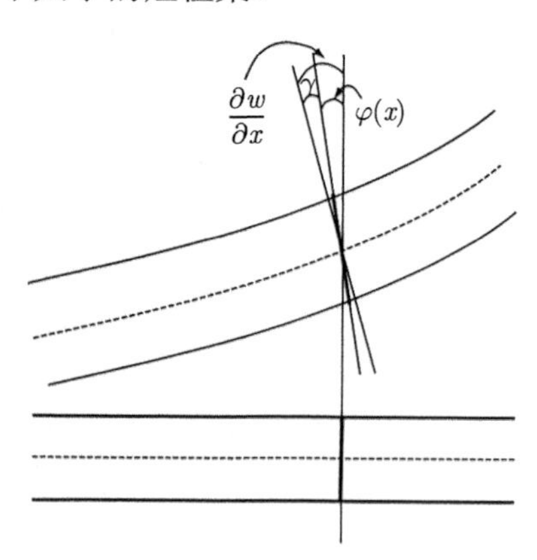

图 6.1.2　铁摩辛柯梁横截面转角的分解示意图

在铁摩辛柯梁理论的框架下，梁的横截面上任意一点的正应变、正应力、切应变、切应力分别为

$$\varepsilon_x = -z\frac{\partial \varphi}{\partial x}, \quad \sigma_x = E\varepsilon_x \tag{6.1.4a}$$

$$\gamma = \frac{\partial w}{\partial x} - \varphi, \quad \tau = \mathrm{G}\gamma \tag{6.1.4b}$$

横截面上的内力，即弯矩和剪力分别为

$$M = \int_A \sigma_x z \mathrm{d}A = -EI\frac{\partial \varphi}{\partial x}, \quad Q = \int_A \tau \mathrm{d}A = GA\left(\frac{\partial w}{\partial x} - \varphi\right) \tag{6.1.5}$$

梁的横截面可以是各种各样的，切应力在横截面上的分布一般也是不均匀的。为了考虑这种不均匀性的影响，设 $Q = \int_A \hat{\tau}(z)\mathrm{d}A = A\kappa\tau(x)$，其中，$\tau(x)$ 是铁摩辛柯梁理论计算的横截面上的切应力，它在整个横截面上是均匀分布的；$\hat{\tau}(z)$ 是梁的横截面上的真实剪应力，它在梁的横截面上一般是不均匀分布的；κ 称为剪切截面修正系数，$\kappa\tau(x)$ 可以理解为实际横截面上的平均切应力。剪切截面修正系数取值如下。

$$\text{对于矩形截面：} \kappa = \frac{10(1+\nu)}{12+11\nu}$$

$$\text{对于圆形截面：} \kappa = \frac{6(1+\nu)}{7+6\nu}$$

其中，ν 为材料的泊松比。

取梁的微段进行受力分析，如图 6.1.3 所示。这里梁的内力仅考虑弯矩和剪力。梁的上表面存在分布载荷 $q(x)$。下面我们来讨论梁变形的控制方程，也就是梁的平衡方程。参考图 6.1.3，列出梁微元在竖直方向力的平衡条件以及梁微元绕中性轴的力矩平衡条件，即

$$-M(x) + [M(x) + \mathrm{d}M(x)] - [Q(x) + \mathrm{d}Q(x)]\mathrm{d}x - \frac{1}{2}q(x)\mathrm{d}x^2 = 0 \tag{6.1.6a}$$

$$[Q(x) + \mathrm{d}Q(x)] - Q(x) - q(x)\mathrm{d}x = 0 \tag{6.1.6b}$$

忽略高阶小量，可得

$$\frac{\partial M(x)}{\partial x} = Q(x), \quad \frac{\partial Q(x)}{\partial x} = q(x) \tag{6.1.7}$$

上式也可以合并写成

$$\frac{\partial^2 M(x)}{\partial x^2} = q(x) \tag{6.1.8}$$

从而，梁的变形控制方程可以用以下常微分方程组表示：

$$\frac{\mathrm{d}^2}{\mathrm{d}x^2}\left(EI\frac{\mathrm{d}\varphi}{\mathrm{d}x}\right)=q\left(x\right) \tag{6.1.9a}$$

$$\frac{\mathrm{d}w}{\mathrm{d}x}=\varphi-\frac{1}{\kappa AG}\frac{\mathrm{d}}{\mathrm{d}x}\left(EI\frac{\mathrm{d}\varphi}{\mathrm{d}x}\right) \tag{6.1.9b}$$

上述方程组是关于未知量 $\varphi(x)$ 和 $w(x)$ 的耦合方程组。合并以上两个方程并消去未知函数 $\varphi(x)$ 得

$$EI\frac{\mathrm{d}^4w}{\mathrm{d}x^4}=q\left(x\right)-\frac{EI}{\kappa AG}\frac{\mathrm{d}^2q}{\mathrm{d}x^2} \tag{6.1.10}$$

上述方程就是铁摩辛柯梁在分布载荷作用下的变形控制方程。

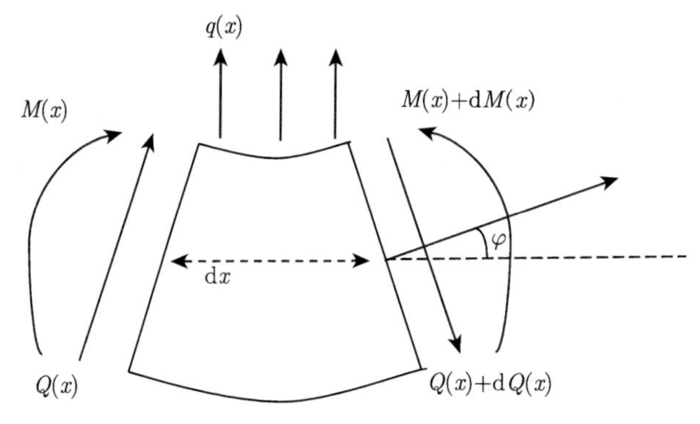

图 6.1.3　梁微元的受力分析

当忽略剪切变形，即认为 $\varphi=\dfrac{\partial w}{\partial x}$ 时，上面控制方程的最后一项消失，从而，梁变形控制方程简化为

$$EI\frac{\mathrm{d}^4w}{\mathrm{d}x^4}=q\left(x\right) \tag{6.1.11}$$

该方程就是欧拉–伯努利梁的变形控制方程。可见，欧拉–伯努利梁的变形控制方程是铁摩辛柯梁的变形控制方程退化情况。

在动载荷作用下，梁的变形不仅是坐标的函数，还是时间的函数。即梁在横截面上的位移可以表示为

$$u_x\left(x,y,z,t\right)=-z\varphi\left(x,t\right),\quad u_y\left(x,y,z,t\right)=0,\quad u_z\left(x,y,z,t\right)=w\left(x,t\right) \tag{6.1.12}$$

梁在动态变形下，横截面不仅存在竖直方向的惯性力，同时，存在绕中性轴的转动惯性力矩，因而控制方程可以表示为

$$\rho A\frac{\partial^2w}{\partial t^2}-q\left(x,t\right)=\frac{\partial}{\partial x}\left[\kappa AG\left(\frac{\partial w}{\partial x}-\varphi\right)\right] \tag{6.1.13a}$$

$$\rho I\frac{\partial^2\varphi}{\partial t^2}=\frac{\partial}{\partial x}\left(EI\frac{\partial\varphi}{\partial x}\right)+\kappa AG\left(\frac{\partial w}{\partial x}-\varphi\right) \tag{6.1.13b}$$

其中，ρ 是梁材料的密度 (而非线密度)；A 是截面面积；E 是弹性模量；G 是剪切模量；I 是梁横截面的惯性矩。

对于由同一种材料制成的等截面梁，以上两个方程可合并成

$$\begin{aligned}&EI\frac{\partial^4 w}{\partial x^4}+\rho A\frac{\partial^2 w}{\partial t^2}-\left(\rho I+\frac{\rho EI}{\kappa G}\right)\frac{\partial^4 w}{\partial x^2\partial t^2}+\frac{\rho^2 I}{\kappa G}\frac{\partial^4 w}{\partial t^4}\\&=q(x,t)+\frac{\rho I}{\kappa AG}\frac{\partial^2 q}{\partial t^2}-\frac{EI}{\kappa AG}\frac{\partial^2 q}{\partial x^2}\end{aligned} \tag{6.1.14}$$

在上式中，若 $G\to\infty$，则表明材料剪切刚度很大，剪切变形可以忽略。若 $I\to 0$，则表明横截面转动惯量很小，转动惯性效应可以忽略。若 $G\to\infty$，并且 $I\to 0$，则上述方程就退化为欧拉–伯努利梁的变形控制方程，即

$$EI\frac{\partial^4 w}{\partial x^4}+\rho A\frac{\partial^2 w}{\partial t^2}=q(x,t) \tag{6.1.15}$$

如果梁的横截面上还存在轴向力，则梁的轴线就会伸长或缩短，从而，梁横截面上任意一点的位移可以表示成

$$u_x(x,y,z,t)=u_0(x,t)-z\varphi(x,t),\quad u_y(x,y,z,t)=0,\quad u_z(x,y,z,t)=\omega(x,t) \tag{6.1.16}$$

其中，u_0 是梁轴线沿 x 方向的附加位移。

对梁微段进行受力分析，如图 6.1.4 所示，在梁微元左侧轴向力 N 在竖直方向的分量表示为

$$N_y=N\sin\varphi\approx N\varphi \tag{6.1.17}$$

在梁微元右侧轴向力 $(N+\mathrm{d}N)$ 在竖直方向的分量表示为

$$N_y=(N+\mathrm{d}N)\sin(\varphi+\mathrm{d}\varphi)\approx(N+\mathrm{d}N)(\varphi+\mathrm{d}\varphi)=N\varphi+N\mathrm{d}\varphi+\varphi\mathrm{d}N+\mathrm{d}N\mathrm{d}\varphi \tag{6.1.18}$$

当轴向力沿轴向为常数时

$$N_y=N\sin(\varphi+\mathrm{d}\varphi)\approx N(\varphi+\mathrm{d}\varphi)=N\varphi+N\mathrm{d}\varphi \tag{6.1.19}$$

则铁摩辛柯梁的控制方程为

$$\rho A\frac{\partial^2 w}{\partial t^2}=N\frac{\partial^2 w}{\partial x^2}+\frac{\partial}{\partial x}\left[\kappa AG\left(\frac{\partial w}{\partial x}-\varphi\right)\right]+q(x,t) \tag{6.1.20a}$$

$$\rho I\frac{\partial^2\varphi}{\partial t^2}=N\frac{\partial^2 w}{\partial x^2}+\frac{\partial}{\partial x}\left(EI\frac{\partial\varphi}{\partial x}\right)+\kappa AG\left(\frac{\partial w}{\partial x}-\varphi\right) \tag{6.1.20b}$$

其中，N 是轴向力，它与轴向应力 σ_{xx} 的关系为

$$N(x,t)=\int_A \sigma_{xx}\mathrm{d}A \tag{6.1.21}$$

将两式合并，消去未知数 $\varphi(x)$ 得到考虑轴向力的铁摩辛柯梁的变形控制方程

$$\begin{aligned}&EI\frac{\partial^4 w}{\partial x^4}+N\frac{\partial^2 w}{\partial x^2}+\rho A\frac{\partial^2 w}{\partial t^2}-\left(\rho I+\frac{\rho EI}{\kappa G}\right)\frac{\partial^4 w}{\partial x^2\partial t^2}+\frac{\rho^2 I}{\kappa G}\frac{\partial^4 w}{\partial t^4}\\&=q+\frac{\rho I}{\kappa AG}\frac{\partial^2 q}{\partial t^2}-\frac{EI}{\kappa AG}\frac{\partial^2 q}{\partial x^2}\end{aligned} \tag{6.1.22}$$

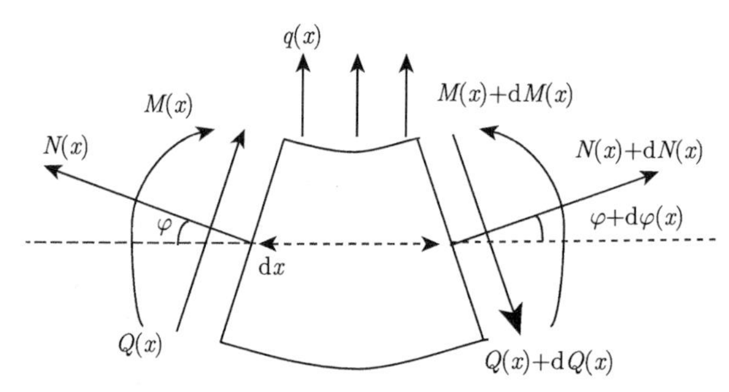

图 6.1.4　考虑轴向力时梁微元的受力分析

材料在变形过程中，由于材料的内摩擦，将会产生阻尼力或阻尼力矩。如果假设阻尼力与变形速度成正比，阻尼力矩与变形角速度成正比，则阻尼和阻尼力矩可以表示为

$$Q^c=-\eta_1\frac{\partial w}{\partial t},\quad M^c=-\eta_2\frac{\partial \varphi}{\partial t} \tag{6.1.23}$$

对梁微段进行受力分析 (图 6.1.5)，则考虑阻尼力和阻尼力矩对平衡方程的贡献，铁摩辛柯梁的耦合控制方程可以表示为

$$\rho A\frac{\partial^2 w}{\partial t^2}+N\frac{\partial w}{\partial x}-\eta_1\frac{\partial w}{\partial t}=\frac{\partial}{\partial x}\left[\kappa AG\left(\frac{\partial w}{\partial x}-\varphi\right)\right]+q(x,t) \tag{6.1.24a}$$

$$\rho I\frac{\partial^2 \varphi}{\partial t^2}=N\frac{\partial w}{\partial x}-\eta_2\frac{\partial \varphi}{\partial t}+\frac{\partial}{\partial x}\left(EI\frac{\partial \varphi}{\partial x}\right)+\left[\kappa AG\left(\frac{\partial w}{\partial x}-\varphi\right)\right] \tag{6.1.24b}$$

铁摩辛柯梁是 20 世纪早期由美籍俄裔科学家与工程师斯蒂芬 · 铁摩辛柯 (Stephen Timoshenko) 提出并发展的力学模型。模型考虑了剪应力和转动惯性，使其适于描述短梁、层合梁以及波长接近厚度的高频激励时梁的力学行为。不同于欧拉–伯努利梁理论，铁摩辛柯梁的变形控制方程是 4 阶微分方程，还有一个 2 阶空间导数呈现。由于考虑附加剪切变形，梁的刚度有所下降。结果使得在一

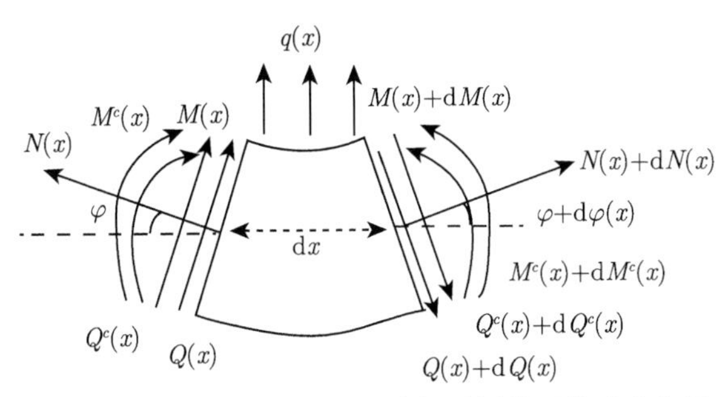

图 6.1.5 考虑阻尼力和阻尼力矩时梁微元的受力分析

般静载荷作用下梁的挠度更大。在给定的边界条件下，梁的固有频率也有所降低。欧拉–伯努利梁理论认为横截面在变形前和变形后都垂直于梁的轴线。换句话说，横向剪切变形的影响和横向正应变的影响都非常小，所以可以忽略不计。这些假设对细长梁是有效的。无横向剪切意味着横截面的旋转只是由弯曲引起的。对于厚梁、高频模态的激励、复合材料梁问题，横向剪切不可以忽略。将横向剪切变形加入欧拉–伯努利梁模型就得出铁摩辛柯梁理论。在铁摩辛柯梁理论中，为了简化运动方程的推导，剪应变在一个给定横截面上假定是常值。实际上，切应力在横截面上总是不均匀分布的。为此，引入剪切校正因子来解释这种简化。通常当长细比较大 (>100) 时，可采用欧拉–伯努利理论，当长细比较小时，可以采用铁摩辛柯梁理论。

现在我们来讨论无限长梁中可能存在的弯曲波动模式。首先以欧拉–伯努利梁为例。设梁的横向位移 (挠度) 为

$$w(x,t)=A\mathrm{e}^{\mathrm{i}(kx-\omega t)} \tag{6.1.25}$$

将波动解 (6.1.25) 代入方程 (6.1.15)，并让分布载荷为零，得到

$$\left[k^4-\frac{\rho A}{EI}\omega^2\right]A\mathrm{e}^{\mathrm{i}(kx-\omega t)}=0 \tag{6.1.26}$$

上式有非零解的条件是

$$k^4-\frac{\rho A}{EI}\omega^2=0 \tag{6.1.27}$$

令 $a^4=\dfrac{\rho A}{EI}>0$ ，则 $k^2=\pm a^2\omega$, 从而波数 k 有四种可能取值，即

$$k_1=-k_2=a\sqrt{\omega}=k',\quad k_3=-k_4=\mathrm{i}a\sqrt{\omega}=\mathrm{i}k' \tag{6.1.28}$$

波动解可一般地表示为

$$w\left(x,t\right)=A_1\mathrm{e}^{\mathrm{i}(k_1x-\omega t)}+A_2\mathrm{e}^{\mathrm{i}(k_2x-\omega t)}+A_3\mathrm{e}^{\mathrm{i}(k_3x-\omega t)}+A_4\mathrm{e}^{\mathrm{i}(k_4x-\omega t)}$$

$$= A_1 \mathrm{e}^{\mathrm{i}\left(k'x-\omega t\right)} + A_2 \mathrm{e}^{\mathrm{i}\left(-k'x-\omega t\right)} + A_3 \mathrm{e}^{-k'x-\mathrm{i}\omega t} + A_4 \mathrm{e}^{k'x-\mathrm{i}\omega t} \tag{6.1.29}$$

上式表明，梁中的弯曲波有 4 种，第 1 种和第 2 种波都是行波，但传播方向相反；第 3 种和第 4 种波都是迅衰波，但衰减方向相反。第 1 种和第 2 种波的传播速度相同，均为

$$C_1 = C_2 = \frac{\omega}{k} = \frac{\omega}{a\sqrt{\omega}} = \frac{\sqrt{\omega}}{a} \tag{6.1.30}$$

由于传播速度依赖于频率，所以这两种行波都是色散波。

考虑到子空间 $\mathrm{span}\left\{\mathrm{e}^{\mathrm{i}k'x}, \mathrm{e}^{-\mathrm{i}k'x}\right\}$ 与 $\mathrm{span}\{\cos k'x, \sin k'x\}$ 相同，$\mathrm{span}\{\mathrm{e}^{-k'x}, \mathrm{e}^{k'x}\}$ 与 $\mathrm{span}\{\mathrm{ch}k'x, \mathrm{sh}k'x\}$ 相同。所以波动解也可以表示为

$$w(x,t) = \left(C_1 \cos k'x + C_2 \sin k'x + C_3 \mathrm{ch}k'x + C_4 \mathrm{sh}k'x\right) \mathrm{e}^{-\mathrm{i}\omega t} \tag{6.1.31}$$

其中，$\mathrm{sh}x$ 与 $\mathrm{ch}x$ 分别是双曲正弦函数和双曲余弦函数，即

$$\mathrm{sh}\, x = \frac{\mathrm{e}^{k'x} - \mathrm{e}^{-k'x}}{2}, \quad \mathrm{ch}\, x = \frac{\mathrm{e}^{k'x} + \mathrm{e}^{-k'x}}{2} \tag{6.1.32}$$

对于双曲正弦函数和双曲余弦函数，存在如下关系：

$$\begin{gathered} \frac{\mathrm{d}}{\mathrm{d}x}\mathrm{sh}\, x = \mathrm{ch}\, x, \quad \frac{\mathrm{d}}{\mathrm{d}x}\mathrm{ch}\, x = \mathrm{sh}\, x, \quad \mathrm{ch}^2 x - \mathrm{sh}^2 x = 1 \\ \mathrm{sh}\,(x)\big|_{x=0} = 0, \quad \mathrm{ch}\,(x)\big|_{x=0} = 1 \end{gathered} \tag{6.1.33}$$

对于铁摩辛柯梁，方程 (6.1.14) 中的 $I \neq 0, G < \infty$，让分布载荷 $q(x,t) = 0$，并将式 (6.1.24) 的波动解代入铁摩辛柯梁的控制方程式 (6.1.14) 得

$$\left[EIk^4 - \rho A\omega^2 - \left(\rho I + \frac{\rho EI}{\kappa G}\right)k^2\omega^2 + \frac{\rho^2 I}{\kappa G}\omega^4\right] w = 0 \tag{6.1.34a}$$

$$\left[k^4 - \left(\frac{\rho}{E} + \frac{\rho}{\kappa G}\right)k^2\omega^2 + \left(\frac{\rho^2}{E\kappa G}\omega^2 - \frac{\rho A}{EI}\right)\omega^2\right] A\mathrm{e}^{\mathrm{i}(kx-\omega t)} = 0 \tag{6.1.34b}$$

上式有非零解的条件是

$$k^4 - \left(\frac{\rho}{E} + \frac{\rho}{\kappa G}\right)k^2\omega^2 + \left(\frac{\rho^2}{E\kappa G}\omega^2 - \frac{\rho A}{EI}\right)\omega^2 = 0 \tag{6.1.35}$$

令 $\lambda = k^2$，$a = -\left(\dfrac{\rho}{E} + \dfrac{\rho}{\kappa G}\right)\omega^2$ ，$b = \left(\dfrac{\rho^2}{E\kappa G}\omega^2 - \dfrac{\rho A}{EI}\right)\omega^2$ ，则式 (6.1.35) 简化为

$$\lambda^2 + a\lambda + b = 0 \tag{6.1.36}$$

上式解为 $\lambda = k^2 = \dfrac{-a \pm \sqrt{a^2 - 4b}}{2}$，即

$$k_1 = -k_2 = \sqrt{\frac{-a + \sqrt{a^2 - 4b}}{2}}, \quad k_3 = -k_4 = \sqrt{\frac{-a - \sqrt{a^2 - 4b}}{2}} \tag{6.1.37}$$

从而波动解为

$$W(x,t) = A_1 \mathrm{e}^{\mathrm{i}(k_1 x - \omega t)} + A_2 \mathrm{e}^{\mathrm{i}(k_2 x - \omega t)} + A_3 \mathrm{e}^{\mathrm{i}(k_3 x - \omega t)} + A_4 \mathrm{e}^{\mathrm{i}(k_4 x - \omega t)} \tag{6.1.38}$$

也可以表示为

$$W(x,t) = (C_1 \mathrm{sh}\, k_1 x + C_2 \mathrm{ch}\, k_2 x + C_3 \sin k_3 x + C_4 \cos k_4 x)\, \mathrm{e}^{-\mathrm{i}\omega t} \tag{6.1.39}$$

注意到 $\omega > \omega_{\mathrm{cr}} = \sqrt{\dfrac{AG\kappa}{\rho I}}$ 时，$b > 0$。$k_i (i = 1, 2, 3, 4)$ 均为实数，这表明铁摩辛柯梁可以承载沿相同传播方向的两种行波。而在欧拉–伯努利梁中沿同一方向最多承载一种行波。

不同于波动解，振动解 (也称为驻波解) 需要考虑梁两端的边界条件和初始条件。由于考虑边界条件，频率 ω 通常只能取分离的值。不考虑分布载荷作用时，称为自由振动解；考虑随时间变化的分布载荷作用时，称为强迫振动解。这里只讨论自由振动解。

首先以欧拉–伯努利梁为例，设振动解为

$$w(x,t) = W(x)\, T(t) \tag{6.1.40}$$

代入欧拉–伯努利梁的控制方程 (6.1.15)，应用分离变量法得

$$T''(t) + \omega^2 T(t) = 0 \tag{6.1.41a}$$

$$\frac{\mathrm{d}^4 W(x)}{\mathrm{d}x^4} - \frac{\rho A \omega^2}{EI} W(x) = 0 \tag{6.1.41b}$$

式 (6.1.41a) 的解为

$$T(t) = A_1 \mathrm{e}^{\mathrm{i}\omega k} + A_2 \mathrm{e}^{-\mathrm{i}\omega k} = C_1' \cos \omega t + C_2' \sin \omega t \tag{6.1.42}$$

令 $\lambda^4 = \dfrac{\rho A}{EI}\omega^2 = \dfrac{\omega^2}{a^2}, a^2 = \dfrac{EI}{\rho A}$ ，则常微分方程 (6.1.41b) 的特征方程为

$$s^4 - \lambda^4 = 0 \tag{6.1.43}$$

特征根为

$$s_1 = -s_2 = \lambda, \quad s_3 = -s_4 = \mathrm{i}\lambda \tag{6.1.44}$$

从而方程 (6.1.41b) 的解为

$$
\begin{aligned}
W(x) &= D_1\mathrm{e}^{\lambda x} + D_2\mathrm{e}^{-\lambda x} + D_3\mathrm{e}^{\mathrm{i}\lambda x} + D_4\mathrm{e}^{-\mathrm{i}\lambda x} \\
&= C_1\mathrm{ch}\lambda x + C_2\mathrm{sh}\lambda x + C_3\cos\lambda x + C_4\sin\lambda x
\end{aligned}
\tag{6.1.45}
$$

梁的边界条件可以有多种提法，常见的有以下几种。

(1) 固定端。

固定端的挠度与转角皆为零，可表示为

$$
\begin{aligned}
& w(x)|_{x=0} = 0 \\
& \left.\frac{\mathrm{d}}{\mathrm{d}x}w(x)\right|_{x=0} = 0
\end{aligned}
\tag{6.1.46}
$$

(2) 滑动支座端。

滑动支座端的剪力和转角为零，可表示为

$$
\left.\frac{\mathrm{d}w(x)}{\mathrm{d}x}\right|_{x=0} = 0, \quad Q(x)|_{x=0} = 0 \tag{6.1.47}
$$

考虑到 $Q(x) = \dfrac{\mathrm{d}M}{\mathrm{d}x} = \dfrac{\mathrm{d}}{\mathrm{d}x}\left(EI\dfrac{\mathrm{d}\varphi}{\mathrm{d}x}\right) = EI\dfrac{\mathrm{d}^2\varphi(x)}{\mathrm{d}x^2} = EI\dfrac{\mathrm{d}^3w(x)}{\mathrm{d}x^3}$，剪力为零条件也可以表示为

$$
\left.\frac{\mathrm{d}^3}{\mathrm{d}x^3}w(x)\right|_{x=0} = 0 \tag{6.1.48}
$$

(3) 铰支座端。

铰支座处梁的挠度与弯矩皆为零，可用数学公式表示为

$$
w(x)|_{x=0} = 0, \quad M(x)|_{x=0} = 0 \tag{6.1.49}
$$

考虑到 $M(x) = EI\dfrac{\mathrm{d}\varphi}{\mathrm{d}x} = EI\dfrac{\mathrm{d}^2w(x)}{\mathrm{d}x^2}$，截面弯矩为零的条件也可以表示为

$$
\left.\frac{\mathrm{d}^2}{\mathrm{d}x^2}w(x)\right|_{x=0} = 0 \tag{6.1.50}
$$

(4) 自由端。

在梁的自由端，横截面上剪力和弯矩皆为零，可表示为

$$
Q(x)|_{x=0} = 0, \quad M(x)|_{x=0} = 0 \tag{6.1.51}
$$

或等价地表示为

$$\left.\frac{\mathrm{d}^3}{\mathrm{d}x^3}w(x)\right|_{x=0}=0,\quad \left.\frac{\mathrm{d}^2}{\mathrm{d}x^2}w(x)\right|_{x=0}=0 \tag{6.1.52}$$

(5) 弹簧支座端。

在梁的弹簧支座端，剪力和弯矩都不为零，它们的大小依赖于挠度和转角的大小。假设位移弹簧的弹性系数为 k_w，扭转弹簧的扭转弹性系数为 k_θ，则边界条件可表示为

$$\begin{aligned}&Q(x)|_{x=0}=k_w w(x)|_{x=0}\\&M(x)|_{x=0}=k_\theta\left.\frac{\mathrm{d}w(x)}{\mathrm{d}x}\right|_{x=0}\end{aligned} \tag{6.1.53}$$

也可以等价地表示为

$$\begin{aligned}&\left.\frac{\mathrm{d}^3}{\mathrm{d}x^3}w(x)\right|_{x=0}=k_w w(x)|_{x=0}\\&\left.\frac{\mathrm{d}^2}{\mathrm{d}x^2}w(x)\right|_{x=0}=k_\theta\left.\frac{\mathrm{d}w(x)}{\mathrm{d}x}\right|_{x=0}\end{aligned} \tag{6.1.54}$$

当 $k_w\to 0$ 并且 $k_\theta\to 0$ 时，弹簧支座端就退化为自由端。当 $k_w\to\infty$ 并且 $k_\theta\to\infty$ 时，弹簧支座端就退化为固定端。调节 k_θ, k_w 的值，可以描述介于自由端和固定端之间的边界条件。

下面以两端固定为例，讨论梁的自由振动解。由固定端的边界条件导出

$$\begin{aligned}&D_1+D_2+D_3+D_4=0\\&\lambda D_1-\lambda D_2+\mathrm{i}\lambda D_3-\mathrm{i}\lambda D_4=0\\&D_1\mathrm{e}^{\lambda l}+D_2\mathrm{e}^{-\lambda l}+D_3\mathrm{e}^{\mathrm{i}\lambda l}+D_4\mathrm{e}^{-\mathrm{i}\lambda l}=0\\&\lambda D_1\mathrm{e}^{\lambda l}-\lambda D_2\mathrm{e}^{-\lambda l}+\lambda D_3\mathrm{i}\mathrm{e}^{\mathrm{i}\lambda l}-\lambda D_4\mathrm{i}\mathrm{e}^{-\mathrm{i}\lambda l}=0\end{aligned} \tag{6.1.55}$$

写成矩阵形式

$$\begin{bmatrix}1&1&1&1\\\lambda&-\lambda&\mathrm{i}\lambda&-\mathrm{i}\lambda\\\mathrm{e}^{\lambda l}&\mathrm{e}^{-\lambda l}&\mathrm{e}^{\mathrm{i}\lambda l}&\mathrm{e}^{-\mathrm{i}\lambda l}\\\lambda\mathrm{e}^{\lambda l}&-\lambda\mathrm{e}^{-\lambda l}&\mathrm{i}\lambda\mathrm{e}^{\mathrm{i}\lambda l}&-\mathrm{i}\lambda\mathrm{e}^{-\mathrm{i}\lambda l}\end{bmatrix}\begin{Bmatrix}D_1\\D_2\\D_3\\D_4\end{Bmatrix}=0 \tag{6.1.56}$$

上式有非零解的条件为系数行列式为零

$$|A(\lambda)|=0 \tag{6.1.57}$$

从而 λ 只能取特定的值。考虑到 $\lambda^4=\dfrac{\omega^2}{a^2}$，换句话说，$\omega$ 只能取特定的值，这些特定的值就是两端固定梁的固有频率，记为 $\omega_i\,(i=1,2,\cdots)$，将 ω_i 代入 $A(\omega_i)\{D_k\}=0$ 可解得相应于固有频率 ω_i 的振幅解 $\{D_k\}$，记为 $D_k^{(i)}\,(i=1,2,\cdots;k=1,2,3,4)$。将这些与 ω_i 对应的振幅解 $D_k^{(i)}$ 代回挠度表达式得 $W^{(i)}(x)=D_1^{(i)}\mathrm{e}^{\lambda \mathrm{i}x}+D_2^{(i)}\mathrm{e}^{-\lambda \mathrm{i}x}+D_3^{(i)}\mathrm{e}^{\lambda \mathrm{i}x}+D_4^{(i)}\mathrm{e}^{-\lambda \mathrm{i}x}$ 称为与 ω_i 对应的振型。固有频率有无穷多个，相应的振型也就有无穷多个，这些振型彼此之间是相互正交的。两端固定梁的振动解可一般地表示为

$$
\begin{aligned}
w(x,t)&=\sum_{i=1}^{\infty}\left[D_1^{(i)}\mathrm{e}^{\lambda \mathrm{i}x}+D_2^{(i)}\mathrm{e}^{-\lambda \mathrm{i}x}+D_3^{(i)}\mathrm{e}^{\mathrm{i}\lambda \mathrm{i}x}+D_4^{(i)}\mathrm{e}^{-\mathrm{i}\lambda \mathrm{i}x}\right]T(t)\\
&=\sum_{i=1}^{\infty}W^{(i)}(x)T(t)
\end{aligned}
\tag{6.1.58}
$$

考虑到

$$
T(t)=A_1\mathrm{e}^{\mathrm{i}\omega t}+A_2\mathrm{e}^{-\mathrm{i}\omega t}=A_1\mathrm{e}^{\mathrm{i}\omega t}+A_2\mathrm{e}^{\mathrm{i}\omega t+\pi \mathrm{i}}=\left(A_1+A_2\mathrm{e}^{\pi \mathrm{i}}\right)\mathrm{e}^{\mathrm{i}\omega t}=A\mathrm{e}^{\mathrm{i}\omega t}\tag{6.1.59}
$$

振动解的一般表达式也可以写成

$$
w(x,t)=\sum_{i=1}^{\infty}A_i\left[D_1^{(i)}\mathrm{e}^{\lambda \mathrm{i}x}+D_2^{(i)}\mathrm{e}^{-\lambda \mathrm{i}x}+D_3^{(i)}\mathrm{e}^{\mathrm{i}\lambda \mathrm{i}x}+D_4^{(i)}\mathrm{e}^{-\mathrm{i}\lambda \mathrm{i}x}\right]\mathrm{e}^{\mathrm{i}\omega t}\tag{6.1.60}
$$

其中，A_i 为第 i 振型的组合系数。

对于自由振动 (不考虑分布载荷 $q(x,t)$ 的存在)，主要关心的是梁的固有频率和相应的振型曲线。对于强迫振动 (考虑分布载荷 $q(x,t)$ 的存在)，还关心在分布载荷 $q(x,t)=Q(x)\mathrm{e}^{\mathrm{i}\omega t}$ 作用下梁的挠度曲线。因此，需要确定与分布载荷 $q(x,t)$ 对应的组合系数 A_i。

6.2 板中弯曲波

经典薄板也称为 Kirchholf 板，它因满足著名的 Kirchholf 假定而得名，即考虑一个线弹性的、各向同性的均质薄板，板的弯曲限制在小变形范围内，在板的弯曲过程中须满足：

(1) 板弯曲前中面法线在弯曲后仍保持为直线且垂直于中面；

(2) 忽略沿中面垂直方向的法向应力；

(3) 只计入质量的移动惯性力，而略去其转动惯性力矩；

(4) 板的中面没有伸缩。

假定变形前垂直于板中面的直线变形后仍然是垂直于板中面的直线, 导致了板面水平方向上两个转角位移 ψ_x 和 ψ_y, 可由中面挠度 $w(x,y,t)$ 的一阶导数直接表示。因而 Kirchholf 板理论中，挠度 $w(x,y,t)$ 是唯一的独立变量。这使板的问题大大简化。

考虑一具有矩形边界形状的各向同性均质等厚度薄板，如图 6.2.1 所示。取板件的中面为 xOy 平面，z 轴垂直于 xOy 平面，板厚为 h。引入笛卡儿直角坐标系 (x,y,z), 设板的挠度为 $w(x,y,t)$。根据板的 Kirchholf 假设，板的横截面上任意一点的位移 u，v，w 可分别表示为

$$u=-\frac{\partial w}{\partial x}z,\ \ v=-\frac{\partial w}{\partial y}z,\ \ w=w\left(x,y,t\right) \tag{6.2.1}$$

上式表明，板横截面上各点面内位移沿厚度方向呈线性分布，并与挠曲面 w 在该处沿 x，y 方向的斜率有关。由弹性力学几何方程以及剪切变形引起的转角应为零知

$$\gamma_{xz}=\frac{\partial u}{\partial z}+\frac{\partial w}{\partial x}=0,\ \ \gamma_{yz}=\frac{\partial v}{\partial z}+\frac{\partial w}{\partial y}=0,\ \varepsilon_z=\frac{\partial w}{\partial z}=0 \tag{6.2.2}$$

而面内应变分量 $(\varepsilon_x,\varepsilon_y,\gamma_{xy})$ 可以用挠度 w 表示为

$$\varepsilon_x=-\frac{\partial^2 w}{\partial x^2}z,\ \varepsilon_y=-\frac{\partial^2 w}{\partial y^2}z,\ \gamma_{xy}=-2\frac{\partial^2 w}{\partial x\partial y}z \tag{6.2.3}$$

上式表明,板横截面上各点的面内应变分量沿厚度也是线性分布的。结合式 (6.2.2) 和式 (6.2.3)，可知在 Kirchholf 假设下，板的变形处于平面应变状态。

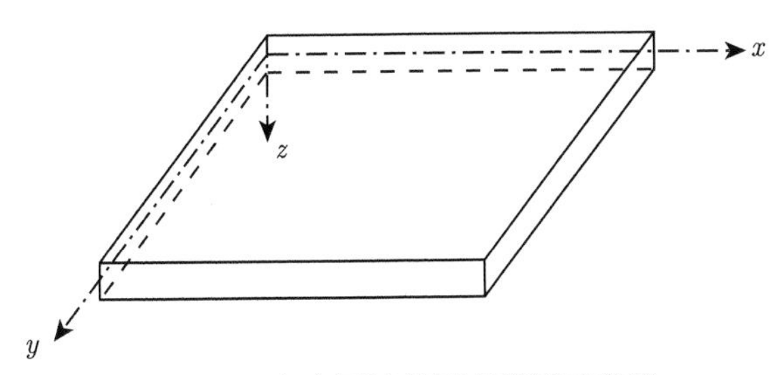

图 6.2.1 各向同性等厚度薄板示意图

考虑到假定 (2)，即 $\sigma_z=0$，由胡克定律得

$$\varepsilon_x=\frac{1}{E}\left(\sigma_x-v\sigma_y\right),\quad \varepsilon_y=\frac{1}{E}\left(\sigma_y-v\sigma_x\right),\quad \gamma_{xy}=\frac{\tau_{xy}}{G} \tag{6.2.4}$$

从而应力分量

$$\sigma_x=\frac{E}{1-v^2}\left(\varepsilon_x+\nu\varepsilon_y\right)=-\frac{E}{1-v^2}z\left(\frac{\partial^2 w}{\partial x^2}+v\frac{\partial^2 w}{\partial y^2}\right) \tag{6.2.5a}$$

$$\sigma_y = \frac{E}{1-v^2}\left(\varepsilon_y + \nu\varepsilon_x\right) = -\frac{E}{1-v^2}z\left(\frac{\partial^2 w}{\partial y^2} + v\frac{\partial^2 w}{\partial x^2}\right) \tag{6.2.5b}$$

$$\tau_{xy} = G\gamma_{xy} = -2Gz\frac{\partial^2 w}{\partial x \partial y} \tag{6.2.5c}$$

上式表明，板横截面各点的应力分量沿厚度也是线性分布的。

在获得板横截面上各点正应力和水平切应力沿厚度方向的分布之后，沿厚度积分，即对中面取矩，可进一步得到横截面上的内力，即弯矩和扭矩

$$M_x = \int_{-\frac{h}{2}}^{\frac{h}{2}} \sigma_x z \mathrm{d}z = -D\left(\frac{\partial^2 w}{\partial x^2} + v\frac{\partial^2 w}{\partial y^2}\right) \tag{6.2.6a}$$

$$M_y = \int_{-\frac{h}{2}}^{\frac{h}{2}} \sigma_y z \mathrm{d}z = -D\left(\frac{\partial^2 w}{\partial y^2} + v\frac{\partial^2 w}{\partial x^2}\right) \tag{6.2.6b}$$

$$M_{xy} = M_{yx} = \int_{-\frac{h}{2}}^{\frac{h}{2}} \tau_{xy} z \mathrm{d}z = -D\left(1-v\right)\frac{\partial^2 w}{\partial x \partial y} \tag{6.2.6c}$$

式中，

$$D = \frac{Eh^3}{12\left(1-v^2\right)}$$

称为板的弯曲刚度或抗弯刚度。板内弯矩和扭矩，与板的弯曲刚度及挠曲面的曲率和扭曲率有关。基于 Kirchholf 假定，板的横截面上各点内力分量以及内力 (弯矩和扭矩) 均可由二维挠曲面函数 w 来表示，挠度 w 成为唯一待求未知量。从而相较于三维弹性力学方法，基于 Kirchholf 假定的薄板理论将问题大大简化。

取薄板微元体并进行受力分析，如图 6.2.2 所示。根据假定 (3)，忽略惯性力矩，仅考虑惯性力，x 和 y 方向的力矩平衡方程，以及 z 方向的运动方程如下：

$$\frac{\partial M_x}{\partial x} + \frac{\partial M_{yx}}{\partial y} - Q_x = 0 \tag{6.2.7a}$$

$$\frac{\partial M_{xy}}{\partial x} + \frac{\partial M_y}{\partial y} - Q_y = 0 \tag{6.2.7b}$$

$$\frac{\partial Q_x}{\partial x} + \frac{\partial Q_y}{\partial y} + q - \rho h\frac{\partial^2 w}{\partial t^2} = 0 \tag{6.2.7c}$$

将弯矩和扭矩的表达式 (6.2.6) 代入力矩平衡方程 (6.2.7a) 和 (6.2.7b)，可得剪力表达式

$$Q_x = -D\frac{\partial}{\partial x}\left(\frac{\partial^2 w}{\partial x^2} + \frac{\partial^2 w}{\partial y^2}\right) = -D\frac{\partial}{\partial x}\nabla^2 w \tag{6.2.8a}$$

$$Q_y = -D\frac{\partial}{\partial y}\left(\frac{\partial^2 w}{\partial x^2} + \frac{\partial^2 w}{\partial y^2}\right) = -D\frac{\partial}{\partial y}\nabla^2 w \tag{6.2.8b}$$

式中，$\nabla^2 = \dfrac{\partial^2}{\partial x^2} + \dfrac{\partial^2}{\partial y^2}$ 为拉普拉斯算子。将式 (6.2.8) 代入式 (6.2.7c) 最终得到薄板的运动方程

$$\frac{\partial^4 w}{\partial x^4} + 2\frac{\partial^4 w}{\partial x^2 \partial y^2} + \frac{\partial^4 w}{\partial y^4} + \frac{\rho h}{D}\frac{\partial^2 w}{\partial t^2} = \frac{q}{D} \tag{6.2.9}$$

或简写为

$$\nabla^4 w + \frac{\rho h}{D}\frac{\partial^2 w}{\partial t^2} = \frac{q}{D} \tag{6.2.10}$$

式中，算子 $\nabla^4 = \dfrac{\partial^4}{\partial x^4} + 2\dfrac{\partial^4}{\partial x^2 \partial y^2} + \dfrac{\partial^4}{\partial y^4} = \left(\dfrac{\partial^2}{\partial x^2} + \dfrac{\partial^2}{\partial y^2}\right)^2$；$\rho$ 为板件质量密度；q 为单位面积板面上所承受的横向载荷。

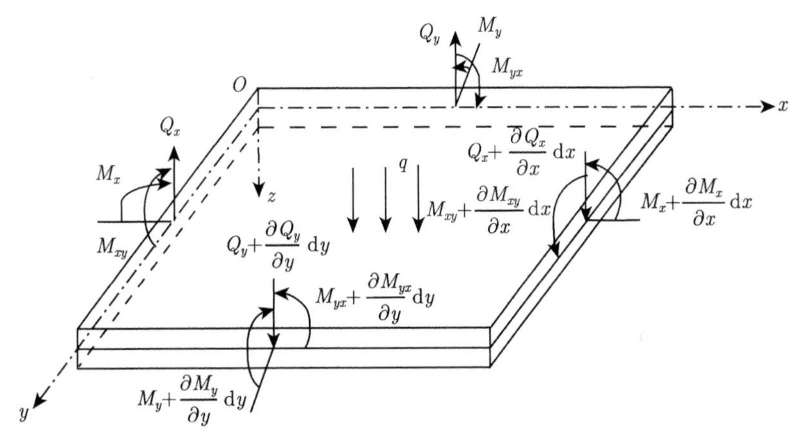

图 6.2.2 薄板微元体受力分析示意图

现在考虑板中弯曲波传播问题。忽略横向载荷，即 $q = 0$，并设波动解为

$$w(x, y, t) = A\exp\left[\mathrm{i}\left(k_1 x + k_2 y - \omega t\right)\right] \tag{6.2.11}$$

式中，A, ω 分别为波的振幅及角频率，并且

$$k_1 = k\sin\alpha, \quad k_2 = k\cos\alpha \tag{6.2.12}$$

是弯曲波矢量 $\boldsymbol{k}$ 在 x 和 y 方向的分量，α 代表弯曲波传播方向与 y 坐标轴的夹角。将波动解 (6.2.11) 代入控制方程 (6.2.9) 得到

$$\left(k_1^4 + 2k_1^2 k_2^2 + k_2^4 - \frac{\rho h}{D}\omega^2\right) A\exp\left[\mathrm{i}\left(k_1 x + k_2 y - \omega t\right)\right] = 0 \tag{6.2.13}$$

式 (6.2.13) 有非零解的条件为

$$k_1^4 + 2k_1^2k_2^2 + k_2^4 - \frac{\rho h}{D}\omega^2 = 0 \tag{6.2.14}$$

将式 (6.2.12) 代入式 (6.2.14) 得到

$$k^4\left(\sin^4\alpha + 2\sin^2\alpha\cos^2\alpha + \cos^4\alpha\right) - \frac{\rho h}{D}\omega^2 = 0 \tag{6.2.15}$$

考虑到

$$\sin^4\alpha + 2\sin^2\alpha\cos^2\alpha + \cos^4\alpha = \left(\sin^2\alpha + \cos^2\alpha\right)^2 = 1 \tag{6.2.16}$$

式 (6.2.15) 可以进一步简化为

$$k^4 - \frac{\rho h}{D}\omega^2 = 0 \tag{6.2.17}$$

令 $\lambda^4 = \dfrac{\rho h}{D} > 0$ 则特征方程为

$$k^4 - \lambda^4\omega^2 = 0 \tag{6.2.18}$$

解得 $k^2 = \pm\lambda^2\omega$, 从而

$$k_1 = -k_2 = \lambda\sqrt{\omega} = k', \quad k_3 = -k_4 = \mathrm{i}\lambda\sqrt{\omega} = \mathrm{i}k' \tag{6.2.19}$$

波动解可一般地表示为

$$\begin{aligned} w(x,t) =& A_1\mathrm{e}^{\mathrm{i}k'(x\sin\alpha + y\cos\alpha) - \mathrm{i}\omega t} + A_2\mathrm{e}^{-\mathrm{i}k'(x\sin\alpha + y\cos\alpha) - \mathrm{i}\omega t} \\ &+ A_3\mathrm{e}^{-k'(x\sin\alpha + y\cos\alpha) - \mathrm{i}\omega t} + A_4\mathrm{e}^{k'(x\sin\alpha + y\cos\alpha) - \mathrm{i}\omega t} \end{aligned} \tag{6.2.20}$$

上式表明，板中的弯曲波有两种，第 1 种是传播方向相反的一对行波，具有相同的传播速度；第 2 种是一对衰减方向相反的迅衰波，它们没有传播波速，是驻波。传播方向相反的一对弯曲行波的传播速度为

$$C_1 = C_2 = \frac{\omega}{k} = \frac{\omega}{\lambda\sqrt{\omega}} = \frac{\sqrt{\omega}}{\lambda} \tag{6.2.21}$$

由于传播速度依赖于频率，所以这对弯曲行波都是色散波。

在 Kirchhoff 板理论中，剪切变形引起的转角 ψ_x 和 ψ_y 被忽略。这虽然使板的变形问题最终归结为板的挠曲面挠度的求解，使得问题大大简化，但对于板厚相对较大的板却带来较大误差。不同于 Kirchhoff 板理论，Mindlin 板理论不仅考

虑了横向剪切变形，而且考虑了转动惯量的影响。在 Mindlin 板理论中，变形前垂直于板中面的直线变形后仍然是直线，但不一定垂直于板中面，板的横截面的转角不再能用挠度表示，即 $\psi_x \neq \mathrm{d}w/\mathrm{d}x, \psi_y \neq \mathrm{d}w/\mathrm{d}y$。因此，除了中面挠度 w 外，还引入两个转角 ψ_x 和 ψ_y 描述横截面沿 x 和 y 轴两个方向的转角。这三个变量是独立变量。如果假设沿 x 和 y 轴两个方向的剪切变形分别是 γ_x 和 γ_y，则它们之间的关系为

$$\psi_x = \mathrm{d}w/\mathrm{d}x - \gamma_x, \quad \psi_y = \mathrm{d}w/\mathrm{d}y - \gamma_y$$

除 Kirchhoff 假设中的 (1) 和 (3) 被修正外，Kirchhoff 假设中的 (2) 和 (4) 的内容被保留了下来，即对 Mindlin 板依然成立。

在笛卡儿坐标系中，令 $z=0$ 表示板的中面。板横截面上任意一点沿 x, y, z 坐标方向上的三个位移分量 u, v, w 可分别写为

$$u(x,y,z) = -z\psi_x(x,y), \ v(x,y,z) = -z\psi_y(x,y), \ w(x,y,z) = w(x,y) \tag{6.2.22}$$

根据几何关系，可进一步得到应变分量

$$\begin{gathered}\varepsilon_x = -z\frac{\partial \psi_x}{\partial x}, \quad \varepsilon_y = -z\frac{\partial \psi_y}{\partial y}, \quad \gamma_{xy} = -z\left(\frac{\partial \psi_x}{\partial y} + \frac{\partial \psi_y}{\partial x}\right) \\ \gamma_x = \frac{\partial w}{\partial x} - \psi_x, \quad \gamma_y = \frac{\partial w}{\partial y} - \psi_y\end{gathered} \tag{6.2.23}$$

考虑到假定 (2)，即 $\sigma_z = 0$，根据胡克定律有

$$\begin{gathered}\varepsilon_x = \frac{1}{E}(\sigma_x - v\sigma_y), \quad \varepsilon_y = \frac{1}{E}(\sigma_y - v\sigma_x) \\ \gamma_{xy} = \frac{\tau_{xy}}{G}, \quad \gamma_x = \frac{\tau_{xz}}{G}, \quad \gamma_y = \frac{\tau_{yz}}{G}\end{gathered} \tag{6.2.24}$$

解出应力分量，代入应变分量式 (6.2.23) 有

$$\sigma_x = \frac{E}{1-v^2}(\varepsilon_x + \nu\varepsilon_y) = -\frac{E}{1-v^2}z\left(\frac{\partial \psi_x}{\partial x} + v\frac{\partial \psi_y}{\partial y}\right) \tag{6.2.25a}$$

$$\sigma_y = \frac{E}{1-v^2}(\varepsilon_y + \nu\varepsilon_x) = -\frac{E}{1-v^2}z\left(\frac{\partial \psi_y}{\partial y} + v\frac{\partial \psi_x}{\partial x}\right) \tag{6.2.25b}$$

$$\tau_{xy} = G\gamma_{xy} = -Gz\left(\frac{\partial \psi_x}{\partial y} + \frac{\partial \psi_y}{\partial x}\right) \tag{6.2.25c}$$

$$\tau_{xz} = G\gamma_x = G\left(\frac{\partial w}{\partial x} - \psi_x\right) \tag{6.2.25d}$$

$$\tau_{yz} = G\gamma_y = G\left(\frac{\partial w}{\partial y} - \psi_y\right) \tag{6.2.25e}$$

在获得板的横截面上的面内正应力和剪应力分布以及横向切应力分布后，对中面取矩即沿厚度积分，可进一步得到板横截面内力，即弯矩、扭矩和剪力

$$M_x = \int_{-\frac{h}{2}}^{\frac{h}{2}} \sigma_x z \mathrm{d}z, \quad M_y = \int_{-\frac{h}{2}}^{\frac{h}{2}} \sigma_y z \mathrm{d}z, \quad M_{xy} = \int_{-\frac{h}{2}}^{\frac{h}{2}} \tau_{xy} z \mathrm{d}z$$

$$Q_x = \int_{-\frac{h}{2}}^{\frac{h}{2}} \tau_{xz} \mathrm{d}z, \quad Q_y = \int_{-\frac{h}{2}}^{\frac{h}{2}} \tau_{yz} \mathrm{d}z \tag{6.2.26}$$

将应力表达式 (6.2.25) 代入式 (6.2.26)，得弯矩、扭矩和剪力表达式为

$$M_x = -D\left(\frac{\partial \psi_x}{\partial x} + v\frac{\partial \psi_y}{\partial y}\right) \tag{6.2.27a}$$

$$M_y = -D\left(\frac{\partial \psi_y}{\partial y} + v\frac{\partial \psi_x}{\partial x}\right) \tag{6.2.27b}$$

$$M_{xy} = M_{yx} = -\frac{D(1-v)}{2}\left(\frac{\partial \psi_x}{\partial y} + \frac{\partial \psi_y}{\partial x}\right) \tag{6.2.27c}$$

$$Q_x = C\left(\frac{\partial w}{\partial x} - \psi_x\right) \tag{6.2.27d}$$

$$Q_y = C\left(\frac{\partial w}{\partial y} - \psi_y\right) \tag{6.2.27e}$$

式中，$D = Eh^3/12(1-v^2)$ 为板的弯曲刚度或抗弯刚度；$C = \kappa Eh/2(1+v)$ 为板的剪切刚度；κ 为剪切修正因子。

在 Mindlin 板理论中，惯性力矩得到考虑。从而板微元体的动力方程 (6.2.7) 修正为

$$\frac{\partial M_x}{\partial x} + \frac{\partial M_{yx}}{\partial y} - Q_x - \rho I\frac{\partial^2 \psi_x}{\partial t^2} = 0 \tag{6.2.28a}$$

$$\frac{\partial M_{xy}}{\partial x} + \frac{\partial M_y}{\partial y} - Q_y - \rho I\frac{\partial^2 \psi_y}{\partial t^2} = 0 \tag{6.2.28b}$$

$$\frac{\partial Q_x}{\partial x} + \frac{\partial Q_y}{\partial y} + q - \rho h\frac{\partial^2 w}{\partial t^2} = 0 \tag{6.2.28c}$$

将弯矩、扭矩和剪力的表达式 (6.2.27) 代入式 (6.2.28) 得到由中面挠度 w 以及两个转角 ψ_x 和 ψ_y 表示的运动微分方程

$$D\left[\frac{\partial^2 \psi_x}{\partial x^2} + \frac{(1-v)}{2}\frac{\partial^2 \psi_x}{\partial y^2} + \frac{(1+v)}{2}\frac{\partial^2 \psi_y}{\partial x \partial y}\right] + C\left(\frac{\partial w}{\partial x} - \psi_x\right) + \rho I\frac{\partial^2 \psi_x}{\partial t^2} = 0 \tag{6.2.29a}$$

$$D\left[\frac{(1+v)}{2}\frac{\partial^2\psi_x}{\partial x\partial y}+\frac{(1-v)}{2}\frac{\partial^2\psi_y}{\partial x^2}+\frac{\partial^2\psi_y}{\partial y^2}\right]+C\left(\frac{\partial w}{\partial y}-\psi_y\right)+\rho I\frac{\partial^2\psi_y}{\partial t^2}=0 \tag{6.2.29b}$$

$$C\left(\frac{\partial^2 w}{\partial x^2}+\frac{\partial^2 w}{\partial y^2}-\frac{\partial\psi_x}{\partial x}-\frac{\partial\psi_y}{\partial y}\right)+\rho h\frac{\partial^2 w}{\partial t^2}=q \tag{6.2.29c}$$

其中，$q(x,y,t)$ 是作用在板表面上的分布载荷；$I=h^3/12$ 是单位宽度横截面的转动惯量。

现在我们来讨论板中弯曲波传播问题。忽略横向分布载荷，即 $q=0$，并设波动解为

$$\psi_x(x,y,t)=A_1\exp\left[\mathrm{i}\left(k_1x+k_2y-\omega t\right)\right] \tag{6.2.30a}$$

$$\psi_y(x,y,t)=A_2\exp\left[\mathrm{i}\left(k_1x+k_2y-\omega t\right)\right] \tag{6.2.30b}$$

$$w(x,y,t)=A_3\exp\left[\mathrm{i}\left(k_1x+k_2y-\omega t\right)\right] \tag{6.2.30c}$$

式中，A_i 为波的振幅；ω 是波的角频率；并且

$$k_1=k\sin\alpha,\quad k_2=k\cos\alpha \tag{6.2.31}$$

是弯曲波矢量 $\boldsymbol{k}$ 在 x 和 y 方向的分量，α 代表弯曲波传播方向与 y 坐标轴的夹角。将波动解 (6.2.30) 代入控制方程 (6.2.29) 得到

$$D\left(k_1^2A_1+\frac{1-v}{2}k_2^2A_1+\frac{1+v}{2}k_1k_2A_2\right)-C\left(\mathrm{i}k_1A_3-A_1\right)+\rho I\omega^2A_1=0 \tag{6.2.32a}$$

$$D\left(k_2^2A_2+\frac{1-v}{2}k_1^2A_2+\frac{1+v}{2}k_1k_2A_1\right)-C\left(\mathrm{i}k_2A_3-A_2\right)+\rho I\omega^2A_2=0 \tag{6.2.32b}$$

$$C\left(k_1^2A_3+k_2^2A_3+\mathrm{i}k_1A_1+\mathrm{i}k_2A_2\right)+\rho h\omega^2A_3=0 \tag{6.2.32c}$$

写成矩阵形式

$$\begin{bmatrix} \begin{matrix} D\left(k_1^2+\dfrac{1-v}{2}k_2^2\right) \\ +C+\rho I\omega^2 \end{matrix} & D\dfrac{1+v}{2}k_1k_2 & -\mathrm{i}Ck_1 \\ D\dfrac{1+v}{2}k_1k_2 & \begin{matrix} D\left(k_2^2+\dfrac{1-v}{2}k_1^2\right) \\ +C+\rho I\omega^2 \end{matrix} & -\mathrm{i}Ck_2 \\ \mathrm{i}Ck_1 & \mathrm{i}Ck_2 & k^2C+\rho h\omega^2 \end{bmatrix}\begin{Bmatrix} A_1 \\ A_2 \\ A_3 \end{Bmatrix}=0 \tag{6.2.33}$$

上式有非零解的条件为系数行列式为零，即

$$\begin{vmatrix} D\left(k_1^2+\dfrac{1-v}{2}k_2^2\right)+C+\rho I\omega^2 & D\dfrac{1+v}{2}k_1k_2 & -\mathrm{i}Ck_1 \\ D\dfrac{1+v}{2}k_1k_2 & D\left(k_2^2+\dfrac{1-v}{2}k_1^2\right)+C+\rho I\omega^2 & -\mathrm{i}Ck_2 \\ \mathrm{i}Ck_1 & \mathrm{i}Ck_2 & Ck^2+\rho h\omega^2 \end{vmatrix}=0 \tag{6.2.34}$$

展开后得

$$\begin{aligned} &CD^2\frac{1-v}{2}k^6+\left(C^2D+CD\frac{3-v}{2}\rho I\omega^2+D^2\frac{1-v}{2}\rho h\omega^2-C^2D\frac{v}{2}\sin^2 2\alpha\right)k^4 \\ &+\left(C^2\rho I\omega^2+C\rho^2I^2\omega^4+CD\frac{3-v}{2}\rho h\omega^2+D\frac{3-v}{2}\rho^2Ih\omega^4\right)k^2 \\ &+(C^2+2C\rho I\omega^2+\rho^2I^2\omega^4)\rho h\omega^2=0 \end{aligned} \tag{6.2.35}$$

上式可以简记为

$$ak^6+bk^4+ck^2+d=0 \tag{6.2.36}$$

其中，

$$\begin{aligned} a&=CD^2\frac{1-v}{2} \\ b&=C^2D+CD\frac{3-v}{2}\rho I\omega^2+D^2\frac{1-v}{2}\rho h\omega^2-C^2D\frac{v}{2}\sin^2 2\alpha \\ c&=C^2\rho I\omega^2+C\rho^2I^2\omega^4+CD\frac{3-v}{2}\rho h\omega^2+D\frac{3-v}{2}\rho^2Ih\omega^4 \\ d&=(C^2+2C\rho I\omega^2+\rho^2I^2\omega^4)\rho h\omega^2 \end{aligned}$$

通过换元

$$k^2=k'-\frac{b}{3a} \tag{6.2.37}$$

方程 (6.2.36) 转化为

$$k'^3+pk'+q=0 \tag{6.2.38}$$

其中，$p=\dfrac{c}{a}-\dfrac{b^2}{3a^2}$，$q=\dfrac{2b^3}{27a^3}-\dfrac{bc}{3a^2}+\dfrac{d}{a}$。根据卡丹公式，该方程的解为

$$k_1'=m+n,\ k_2'=\lambda m+\lambda^2n,\ k_3'=\lambda^2m+\lambda n \tag{6.2.39}$$

其中，

$$m=\sqrt[3]{-\frac{q}{2}+\sqrt{\left(\frac{q}{2}\right)^2+\left(\frac{p}{3}\right)^3}},\quad n=\sqrt[3]{-\frac{q}{2}-\sqrt{\left(\frac{q}{2}\right)^2+\left(\frac{p}{3}\right)^3}},\quad \lambda=\frac{-1+\sqrt{3}\mathrm{i}}{2}$$

解得

$$k_1=-k_2=\sqrt{k_1'-\frac{b}{3a}},\quad k_3=-k_4=\sqrt{k_2'-\frac{b}{3a}},\quad k_5=-k_6=\sqrt{k_3'-\frac{b}{3a}} \tag{6.2.40}$$

从而波动解为

$$\begin{aligned}w(x,y,t)=&A_1\mathrm{e}^{\mathrm{i}[k_1(x\sin\alpha+y\cos\alpha)-\omega t]}+A_2\mathrm{e}^{\mathrm{i}[-k_1(x\sin\alpha+y\cos\alpha)-\omega t]}\\&+A_3\mathrm{e}^{\mathrm{i}[k_3(x\sin\alpha+y\cos\alpha)-\omega t]}+A_4\mathrm{e}^{\mathrm{i}[-k_3(x\sin\alpha+y\cos\alpha)-\omega t]}\\&+A_5\mathrm{e}^{\mathrm{i}[k_5(x\sin\alpha+y\cos\alpha)-\omega t]}+A_6\mathrm{e}^{\mathrm{i}[-k_5(x\sin\alpha+y\cos\alpha)-\omega t]}\end{aligned} \tag{6.2.41}$$

上式表明 Mindlin 板中存在 3 对传播方向相反的弯曲波。如果波数是实数，对应的弯曲波是行波。如果波数是纯虚数，则对应的弯曲波是驻波。如果波数是复数，则对应的弯曲波是衰减的弯曲行波。对于经典弹性板，由于不存在能量耗散，这种情况是不可能存在的。

6.3 平板中的导波 (兰姆波)

考虑如图 6.3.1 所示的无限大板，板的厚度为 $2h$。建立坐标系如图 6.3.1 所示。平板关于中面 $z=0$ 对称，在 x 和 y 方向无限延伸。我们的问题是在给定 $z=\pm h$ 处的边界条件下求解波动方程

$$\nabla^2\phi=c_{\mathrm{P}}^{-2}\frac{\partial^2\phi}{\partial t^2} \tag{6.3.1a}$$

$$\nabla^2\psi=c_{\mathrm{S}}^{-2}\frac{\partial^2\psi}{\partial t^2} \tag{6.3.1b}$$

我们讨论沿 x 方向行进的波，并假定沿 x 和 z 方向的位移 u 和 w 不为零，而沿 y 方向的位移 $v=0$。从而 $\dfrac{\partial(\cdot)}{\partial y}=0$, $\sigma_{xy}=\sigma_{yz}=0$。为此取解的形式为

$$\phi=f(z)\exp[\mathrm{i}k(x-ct)] \tag{6.3.2a}$$

$$\psi=g(z)\exp[\mathrm{i}k(x-ct)] \tag{6.3.2b}$$

其中，k, c 分别是沿 x 方向的波数和波速 (通常称为视波数和视波速)。这些波是由在板的上下边界反复反射形成的反射波相互干涉形成的。板中的反射波系如图 6.3.1(b) 所示。这些反射波相互干涉最终形成板波，并在上下界面的制导下在

板中传播，如图 6.3.2 所示。由波的反射所遵循的斯涅耳定律知，这些反射波有着相同的角频率，且沿 x 方向的波数相同，所以有以下的关系：

$$\omega = k_\mathrm{P} c_\mathrm{P} = k_\mathrm{S} c_\mathrm{S} = kc \tag{6.3.3a}$$

$$k = k_\mathrm{P} \sin\alpha = k_\mathrm{S} \sin\beta \tag{6.3.3b}$$

$$c = \frac{c_\mathrm{P}}{\sin\alpha} = \frac{c_\mathrm{S}}{\sin\beta} \tag{6.3.3c}$$

上式中，k_P 和 k_S 分别是反射 P 波和反射 SV 波的波数；c_P 和 c_S 分别是反射 P 波和反射 SV 波的波速；k 和 c 通常称为视波数和视波速；α 和 β 分别是反射 P 波和反射 SV 波的反射角。

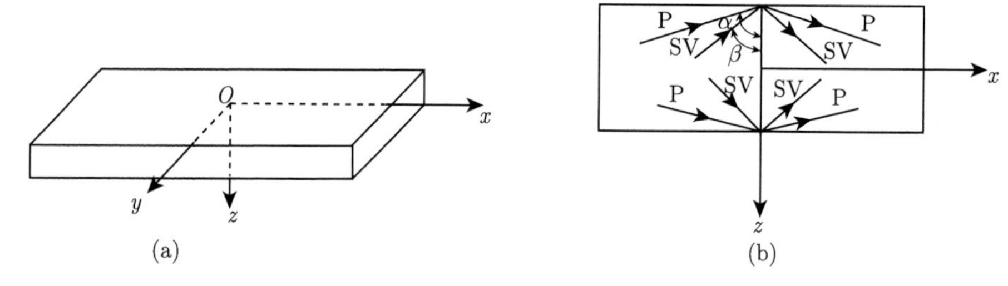

图 6.3.1　无限大平板中波

(a) 平板波导；(b) 在平板波导上下表面的反射波系

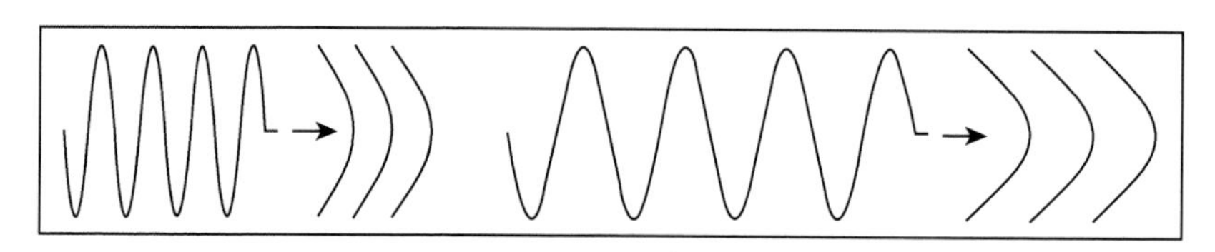

图 6.3.2　在平板中传播的板波 (兰姆波) 的示意图

将试探解 (6.3.2) 代入波动方程 (6.3.1) 给出

$$f'' + \eta_\mathrm{P}^2 f = 0 \tag{6.3.4a}$$

$$g'' + \eta_\mathrm{S}^2 g = 0 \tag{6.3.4b}$$

其中，

$$\eta_\mathrm{P}^2 = k^2 \left[\left(\frac{c}{c_\mathrm{P}} \right)^2 - 1 \right] = \left(\frac{\omega}{c_\mathrm{P}} \right)^2 - k^2 = k_\mathrm{P}^2 - k^2 = (k_\mathrm{P} \cos\alpha)^2 \tag{6.3.5a}$$

$$\eta_{\mathrm{S}}^2 = k^2\left[\left(\frac{c}{c_{\mathrm{S}}}\right)^2 - 1\right] = \left(\frac{\omega}{c_{\mathrm{S}}}\right)^2 - k^2 = k_{\mathrm{S}}^2 - k^2 = (k_{\mathrm{S}}\cos\beta)^2 \qquad (6.3.5\mathrm{b})$$

显然，η_{P}，η_{S} 分别为反射纵波和反射横波沿板厚度方向的波数，即波矢 k_{P} 和 k_{S} 在 z 方向的分量。方程 (6.3.4) 的解为

$$f(z) = A\sin\eta_{\mathrm{P}}z + B\cos\eta_{\mathrm{P}}z \qquad (6.3.6\mathrm{a})$$

$$g(z) = C\sin\eta_{\mathrm{S}}z + D\cos\eta_{\mathrm{S}}z \qquad (6.3.6\mathrm{b})$$

于是，波动方程的解可以写为

$$\phi = (A\sin\eta_{\mathrm{P}}z + B\cos\eta_{\mathrm{P}}z)\exp\left[\mathrm{i}k\left(x - ct\right)\right] \qquad (6.3.7\mathrm{a})$$

$$\psi = (C\sin\eta_{\mathrm{S}}z + D\cos\eta_{\mathrm{S}}z)\exp\left[\mathrm{i}k\left(x - ct\right)\right] \qquad (6.3.7\mathrm{b})$$

利用位移–势，应力–势等关系式，我们得到相应的非零位移和应力的表达式

$$u = \left[\mathrm{i}kf\left(z\right) - g'\left(z\right)\right]\exp\left[\mathrm{i}k\left(x - ct\right)\right] \qquad (6.3.8\mathrm{a})$$

$$w = \left[f'\left(z\right) + \mathrm{i}kg\left(z\right)\right]\exp\left[\mathrm{i}k\left(x - ct\right)\right] \qquad (6.3.8\mathrm{b})$$

及

$$\sigma_{xx} = \mu\left[\left(2\eta_{\mathrm{P}}^2 - k_{\mathrm{S}}^2\right)f\left(z\right) - \mathrm{i}2kg'\left(z\right)\right]\exp\left[\mathrm{i}k\left(x - ct\right)\right] \qquad (6.3.9\mathrm{a})$$

$$\sigma_{zz} = \mu\left[\left(k^2 - \eta_{\mathrm{S}}^2\right)f\left(z\right) + \mathrm{i}2kg'\left(z\right)\right]\exp\left[\mathrm{i}k\left(x - ct\right)\right] \qquad (6.3.9\mathrm{b})$$

$$\sigma_{zx} = \mu\left[\mathrm{i}2kf'\left(z\right) + \left(\eta_{\mathrm{S}}^2 - k^2\right)g\left(z\right)\right]\exp\left[\mathrm{i}k\left(x - ct\right)\right] \qquad (6.3.9\mathrm{c})$$

$$\sigma_{yy} = \nu\left(\sigma_{xx} + \sigma_{zz}\right) \qquad (6.3.9\mathrm{d})$$

其中，μ 为剪切模量；ν 为泊松比。下面就几种特定的板面边界条件进行讨论。

6.3.1 混合边界条件

这里的混合边界条件是指

$$w(x,z) = \sigma_{zx}(x,z) = 0 \quad (z = \pm h) \qquad (6.3.10)$$

这样的边界条件物理上表示板在边界的法向被刚性夹持，但板面与刚性约束之间是光滑的，可以自由移动。

将式 (6.3.6) 代入式 (6.3.8b) 和式 (6.3.9c) 中，得到

$$\eta_{\mathrm{P}}\cos\eta_{\mathrm{P}}h\cdot A - \eta_{\mathrm{P}}\sin\eta_{\mathrm{P}}h\cdot B + \mathrm{i}k\sin\eta_{\mathrm{S}}h\cdot C + \mathrm{i}k\cos\eta_{\mathrm{S}}h\cdot D = 0 \qquad (6.3.11\mathrm{a})$$

$$\eta_{\mathrm{P}}\cos\eta_{\mathrm{P}}h\cdot A+\eta_{\mathrm{P}}\sin\eta_{\mathrm{P}}h\cdot B-\mathrm{i}k\sin\eta_{\mathrm{S}}h\cdot C+\mathrm{i}k\cos\eta_{\mathrm{S}}h\cdot D=0 \tag{6.3.11b}$$

$$\begin{aligned}&\mathrm{i}2k\eta_{\mathrm{P}}\cos\eta_{\mathrm{P}}h\cdot A-\mathrm{i}2k\eta_{\mathrm{P}}\sin\eta_{\mathrm{P}}h\cdot B\\&\qquad+\left(\eta_{\mathrm{S}}^2-k^2\right)\sin\eta_{\mathrm{S}}h\cdot C+\left(\eta_{\mathrm{S}}^2-k^2\right)\cos\eta_{\mathrm{S}}h\cdot D=0\end{aligned} \tag{6.3.11c}$$

$$\begin{aligned}&\mathrm{i}2k\eta_{\mathrm{P}}\cos\eta_{\mathrm{P}}h\cdot A+\mathrm{i}2k\eta_{\mathrm{P}}\sin\eta_{\mathrm{P}}h\cdot B\\&\qquad-\left(\eta_{\mathrm{S}}^2-k^2\right)\sin\eta_{\mathrm{S}}h\cdot C+\left(\eta_{\mathrm{S}}^2-k^2\right)\cos\eta_{\mathrm{S}}h\cdot D=0\end{aligned} \tag{6.3.11d}$$

将前两个式子相加减，后两个式子相加减，重新排列后得到如下两个方程组：

$$\begin{aligned}&\eta_{\mathrm{P}}\cos\eta_{\mathrm{P}}h\cdot A+\mathrm{i}k\cos\eta_{\mathrm{S}}h\cdot D=0\\&\mathrm{i}2k\eta_{\mathrm{P}}\cos\eta_{\mathrm{P}}h\cdot A+\left(\eta_{\mathrm{S}}^2-k^2\right)\cos\eta_{\mathrm{S}}h\cdot D=0\end{aligned} \tag{6.3.12a}$$

及

$$\begin{aligned}&\eta_{\mathrm{P}}\sin\eta_{\mathrm{P}}h\cdot B-\mathrm{i}k\sin\eta_{\mathrm{S}}h\cdot C=0\\&\mathrm{i}2k\eta_{\mathrm{P}}\sin\eta_{\mathrm{P}}h\cdot B-\left(\eta_{\mathrm{S}}^2-k^2\right)\sin\eta_{\mathrm{S}}h\cdot C=0\end{aligned} \tag{6.3.12b}$$

前者是关于 A，D 的方程组，后者是关于 B，C 的方程组。系数的这种分解有着明显的物理意义，从式 (6.3.6) 和式 (6.3.8) 可以看出，含 B，C 的项给出的位移 u 及 w 关于 x 轴为对称，而含 A，D 的项给出的位移分量关于 x 轴为反对称的。于是式 (6.3.12) 把波动引起的变形分解为对称和反对称两部分。

先考虑反对称的情况，由式 (6.3.12a) 非零解的条件给出

$$\eta_{\mathrm{P}}\left(\eta_{\mathrm{S}}^2+k^2\right)\cos\eta_{\mathrm{P}}h\cdot\cos\eta_{\mathrm{S}}h=0 \tag{6.3.13}$$

这是关于反对称模态的频率方程。要使上式 (6.3.13) 成立，则要求

$$\eta_{\mathrm{P}}=0\quad\text{或}\quad\eta_{\mathrm{P}}=\frac{m\pi}{2h}\quad\text{或}\quad\eta_{\mathrm{S}}=\frac{n\pi}{2h}\quad(m,n=1,3,5,\cdots) \tag{6.3.14}$$

由 (6.3.12a) 可知，当 $\eta_{\mathrm{P}}=0$ 或 $\eta_{\mathrm{P}}=\dfrac{m\pi}{2h}$ 时，则有 $A\neq 0$，$D=0$, 表明此时反对称模态来自于 P 波反射的贡献。而 $\eta_{\mathrm{S}}=\dfrac{n\pi}{2h}$ 时 $A=0$，$D\neq 0$，此时反对称模态是由 SV 波反射产生的。可见，在混合边界条件下反对称模态中 P 波和 SV 波是不耦联的，可以单独存在。这与相同边界条件下半空间问题中 P 波和 SV 波的反射规律相同，即没有波的模式转换。

再考虑对称的情况，由式 (6.3.12b) 可得对称模态的频率方程

$$\eta_{\mathrm{P}}\left(\eta_{\mathrm{S}}^2+k^2\right)\sin\eta_{\mathrm{P}}h\cdot\sin\eta_{\mathrm{S}}h=0 \tag{6.3.15}$$

上式要求

$$\eta_{\mathrm{P}}=\frac{m\pi}{2h} \quad \text{或} \quad \eta_{\mathrm{S}}=\frac{n\pi}{2h} \quad (m=0,2,4,\cdots;n=2,4,6,\cdots) \tag{6.3.16}$$

不难看出，在对称模态中 P 波和 SV 波也是不耦联的，即 P 波和 SV 波可以单独存在。事实上，在反射或平板波导问题中膨胀波和等容积波互不耦联是混合边界条件的重要特征。

由上面讨论可以看出，当 m 和 n 取不同的值时，决定了不同的传播模态，m 和 n 取奇数时分别给出反对称的膨胀波和等容积波的模态；当 m 和 n 为偶数时，则分别代表对称的膨胀波和等容积波的模态。将式 (6.3.14) 和式 (6.3.16) 代进式 (6.3.7) 就给出对应于 ϕ 和 ψ 的传播模态 (膨胀波和等容积波)。同样由式 (6.3.8) 可得对应于不同阶次的导波 (由膨胀波和等容积波组合而成) 在横截面上产生的位移。图 6.3.3 是前 3 阶模态的横截面上位移 u 和 w 的分布示意图。

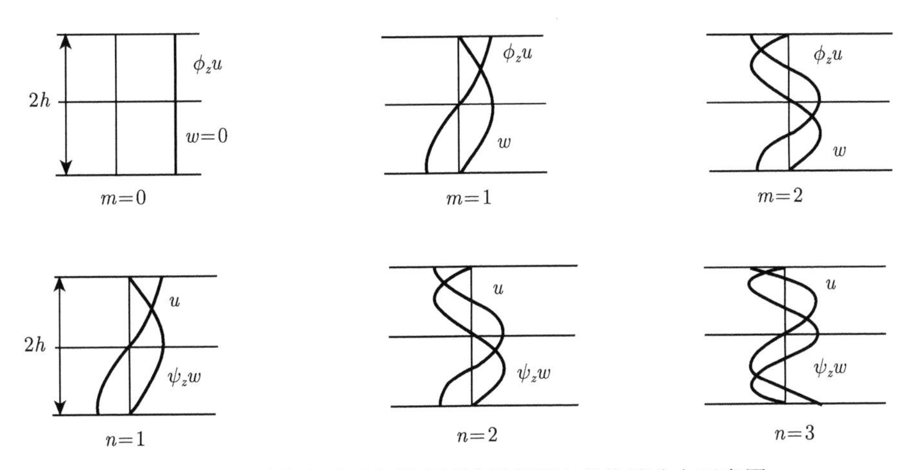

图 6.3.3 对称和反对称模式板波横截面上的位移分布示意图

从式 (6.3.5a)，利用式 (6.3.14) 和式 (6.3.16) 中的 η_d 的表达式，可以写出

$$\left(\frac{\omega}{c_{\mathrm{P}}}\right)^2=\left(\frac{m\pi}{2h}\right)^2+k^2 \tag{6.3.17a}$$

其无量纲形式为

$$\varOmega^2=\left(\frac{\omega}{\omega_{\mathrm{S}}}\right)^2=D^2\left(m^2+\zeta^2\right) \tag{6.3.17b}$$

其中，

$$\omega_{\mathrm{S}}=\frac{\pi c_{\mathrm{S}}}{2h}, \quad \zeta=\frac{2hk}{\pi}, \quad D=\frac{c_{\mathrm{P}}}{c_{\mathrm{S}}}$$

式 (6.3.17) 是膨胀波的频率方程。可以看出，对于一个特定的膨胀波模态 m，有一个频率–波数的连续谱曲线相对应，也就是一个色散关系的分支。显然 m 取不同值时，相应的曲线也不同，并且这样的曲线有无穷多个。注意到定义 Ω 和 ζ 时，厚度 h 是个基本量，以后我们说长波或短波都是相对于 h 而言的。类似地，低频或高频是关于 ω_{S} 而言的。

从式 (6.3.17a) 还可以写出

$$\left(\frac{c}{c_{\mathrm{P}}}\right)^2=\left(\frac{m\pi}{2hk}\right)^2+1 \tag{6.3.18a}$$

或者无量纲化的形式

$$C^2=\left(\frac{c}{c_{\mathrm{S}}}\right)^2=D^2\left[\left(\frac{m}{\zeta}\right)^2+1\right] \tag{6.3.18b}$$

上式 (6.3.18) 给出了相速度和波数的关系，通常也称为**色散关系**。

类似地，也可以给出等容积波的频率谱和相速度谱

$$\Omega^2=n^2+\zeta^2 \tag{6.3.19}$$

$$C^2=\left(\frac{n}{\zeta}\right)^2+1 \tag{6.3.20}$$

从物理上要求 Ω 是正的实数，但是从式 (6.3.17b) 和式 (6.3.19) 看出，ζ 可以是实数 γ，也可以是纯虚数 $\mathrm{i}\delta$，但不能是复数。同样，从物理上要求 C 为实数，但不强求 ζ 必须是实数。虚数的 ζ 相应于在 x 方向衰减的驻波。实际上，由 $\zeta=\mathrm{i}\delta$，我们有

$$\begin{aligned}\exp[\mathrm{i}k(x-ct)]&=\exp[\mathrm{i}\zeta(\hat{x}-\hat{c}\hat{t})]\\&=\exp(-\delta\hat{x})\exp(-\mathrm{i}\Omega\hat{t})\end{aligned}$$

其中，$\hat{x}=\dfrac{\pi x}{2h},\hat{t}=\dfrac{\pi c_{\mathrm{s}}}{2h},\hat{c}=\dfrac{c}{c_{\mathrm{S}}}$。上式代表了沿 x 方向衰减但不沿 x 方向传播的振动。

作为频散方程求根的一个示例，我们对 20mm 厚的铝板进行了计算。图 6.3.4 是混合边界条件约束下铝板的频散曲线。其中，$(m,n=0,2,4,\cdots)$ 族对应于对称模式；$(m,n=1,3,5,\cdots)$ 族对应于反对称模式。

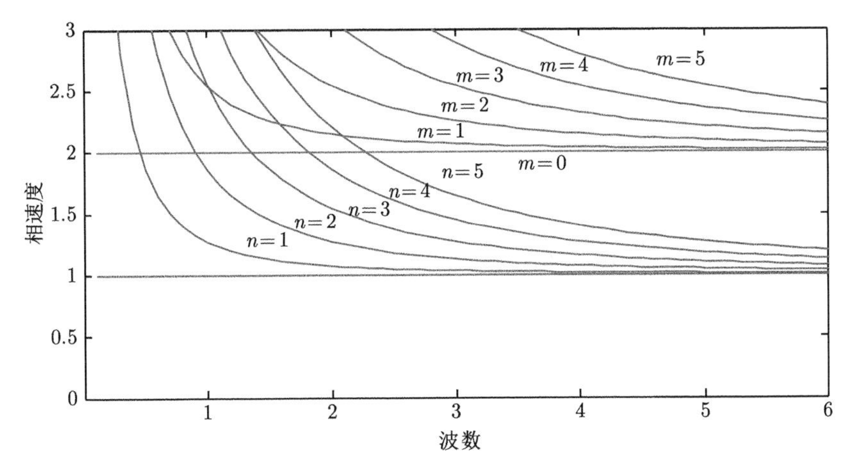

图 6.3.4 混合边界条件约束下铝板中板波的频散曲线

6.3.2 自由边界条件

上面我们讨论了混合边界条件下平板导波的频散方程。在那里由于 P 波和 SV 波总是独立的，从而使得频散方程可以解析地解出。然而并不意味着对于任意边界条件，P 波和 SV 波总是相互独立的。在自由边界条件下，P 波和 SV 波总是耦合在一起的。这与前面讨论的平面应变 P 波和 SV 波从弹性半空间表面反射的情况完全类似。在板面为自由的情况下，板面的边界条件可表示为

$$\sigma_{zz} = \sigma_{zx} = 0, \quad \text{在 } z = \pm h \text{ 处} \tag{6.3.21}$$

先考虑对称模态，令式 (6.3.6) 中 $A = D = 0$, 然后将其代入式 (6.3.9b) 和式 (6.3.9c)，利用边界条件 (6.3.21) 后便给出

$$\begin{cases} B\left(k^2 - \eta_{\mathrm{S}}^2\right)\cos\eta_{\mathrm{P}}h + \mathrm{i}2Ck\eta_{\mathrm{S}}\cos\eta_{\mathrm{S}}h = 0 \\ \mathrm{i}2Bk\eta_{\mathrm{P}}\sin\eta_{\mathrm{P}}h + C\left(k^2 - \eta_{\mathrm{S}}^2\right)\sin\eta_{\mathrm{S}}h = 0 \end{cases} \tag{6.3.22}$$

对于反对称模态，令式 (6.3.6) 中 $B = C = 0$, 类似地可得到

$$\begin{cases} A\left(k^2 - \eta_{\mathrm{S}}^2\right)\sin\eta_{\mathrm{P}}h - \mathrm{i}2Dk\eta_{\mathrm{S}}\sin\eta_{\mathrm{S}}h = 0 \\ \mathrm{i}2Ak\eta_{\mathrm{P}}\cos\eta_{\mathrm{P}}h - D\left(k^2 - \eta_{\mathrm{S}}^2\right)\cos\eta_{\mathrm{S}}h = 0 \end{cases} \tag{6.3.23}$$

式 (6.3.22) 是关于待定系数 B 和 C 的齐次线性代数方程组；式 (6.3.23) 是关于待定系数 A 和 D 的齐次线性代数方程组。对称模式和反对称模式引起的表面位移以及相应的中面位移如图 6.3.5 所示。

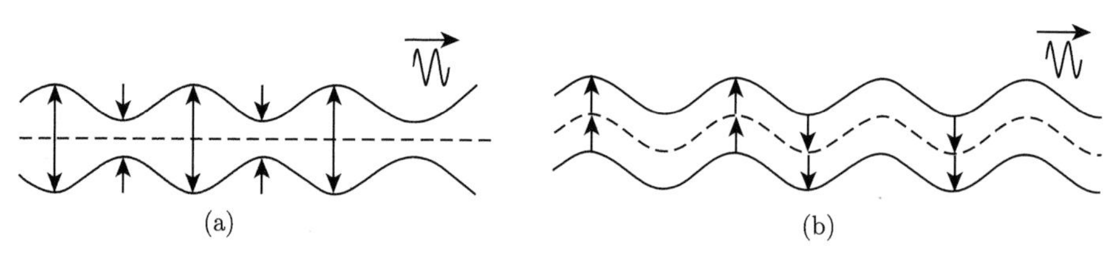

图 6.3.5　对称模式和反对称模式引起的表面位移和板中面位移

(a) 对称模式 (中间没有变形)；(b) 反对称模式

齐次线性方程组非零解的条件给出

$$\frac{2k\eta_{\mathrm{S}}\cos\eta_{\mathrm{S}}h}{(\eta_{\mathrm{S}}^2-k^2)\cos\eta_{\mathrm{P}}h}=\frac{(k^2-\eta_{\mathrm{S}}^2)\sin\eta_{\mathrm{S}}h}{2k\eta_{\mathrm{P}}\sin\eta_{\mathrm{P}}h}\quad(\text{对称模态})\tag{6.3.24}$$

$$\frac{2k\eta_{\mathrm{S}}\sin\eta_{\mathrm{S}}h}{(k^2-\eta_{\mathrm{S}}^2)\sin\eta_{\mathrm{P}}h}=\frac{(\eta_{\mathrm{S}}^2-k^2)\cos\eta_{\mathrm{S}}h}{2k\eta_{\mathrm{P}}\cos\eta_{\mathrm{P}}h}\quad(\text{反对称模态})\tag{6.3.25}$$

这两个方程可以组合成一个方程

$$F\left(\eta_{\mathrm{P}}(\omega),\eta_{\mathrm{S}}(\omega),k\right)=\frac{\tan\eta_{\mathrm{S}}h}{\tan\eta_{\mathrm{P}}h}+\left[\frac{4\eta_{\mathrm{P}}\eta_{\mathrm{S}}k^2}{\left(k^2-\eta_{\mathrm{S}}^2\right)^2}\right]^{\pm1}=0\tag{6.3.26}$$

其无量纲形式为

$$F\left(\Omega,\zeta\right)=\frac{\tan\left(\dfrac{\pi\eta'_{\mathrm{S}}}{2}\right)}{\tan\left(\dfrac{\pi\eta'_{\mathrm{P}}}{2}\right)}+\left[\frac{4\eta'_{\mathrm{P}}\eta'_{\mathrm{S}}\zeta^2}{\left(\zeta^2-\eta'^2_{\mathrm{S}}\right)^2}\right]^{\pm1}=0\tag{6.3.27}$$

其中，

$$\Omega=\frac{\omega}{\omega_{\mathrm{S}}},\quad\omega_{\mathrm{S}}=\frac{\pi c_{\mathrm{S}}}{2h},\quad\zeta=\frac{2hk}{\pi}$$

$$\eta'_{\mathrm{S}}=\frac{2h\eta_{\mathrm{S}}}{\pi}=\left(\Omega^2-\zeta^2\right)^{\frac{1}{2}}$$

$$\eta'_{\mathrm{P}}=\frac{2h\eta_{\mathrm{P}}}{\pi}=\left[\left(\frac{\Omega}{D}\right)^2-\zeta^2\right]^{\frac{1}{2}}$$

方程 (6.3.26) 或者 (6.3.27) 称为瑞利–兰姆 **(Rayleigh-Lamb) 方程**。由于方程中含有正切函数，对于任意给定的视波数 k，方程的解是多值的。通常需要通过二分法在感兴趣的频率范围内，将所有的根 $\omega_i(i=1,2,\cdots)$ 一一找出来。不同于混合边界条件，对于方程的每一个根 $\omega_i(i=1,2,\cdots)$，对应的 $\eta_{\mathrm{P}}(\omega)$ 和 $\eta_{\mathrm{S}}(\omega)$ 都不为零。物理上这表示 P 波和 SV 波是耦联的，即对于任何模态的导波，反射 P 波和反射 SV 波都是共存的。作为上述频散方程求根的一个示例，我们对钢板进行了计算。钢板厚度为 20mm，纵横波声速分别为 5790m/s，3200m/s。图 6.3.6 给出了频散曲线，图中描述了前几阶对称模态和反对称模态的频散特性。其中 S(实线) 为对称模式，A(虚线) 为反对称模式。而 A_0，A_1，A_2,$\cdots$ 和 S_0，S_1，S_2,$\cdots$ 字母下标的 0,1,2,$\cdots$ 代表其模式的阶数。

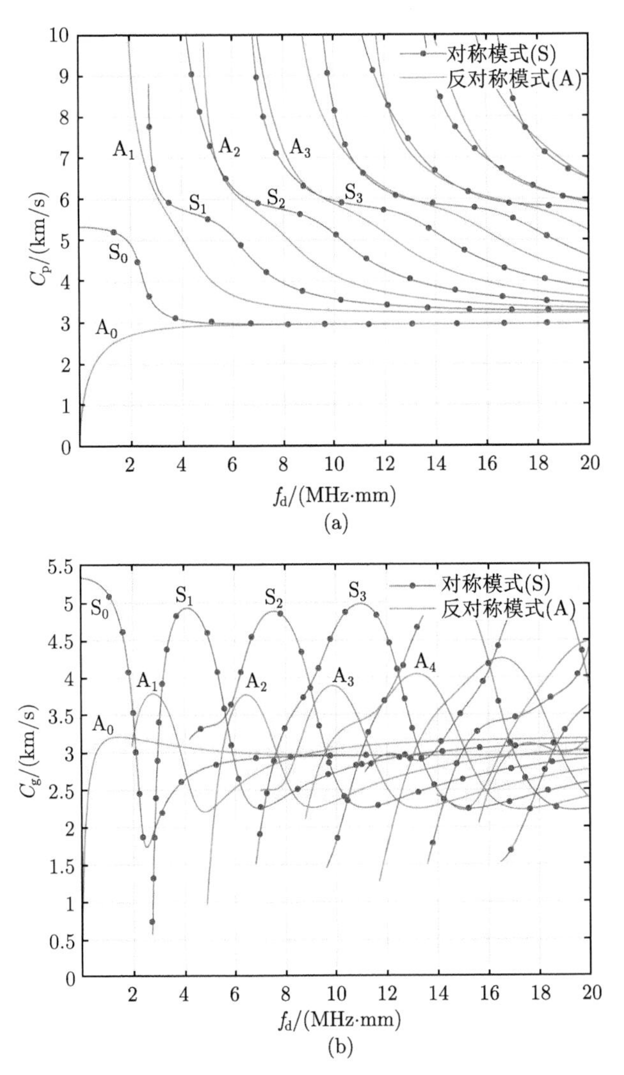

图 6.3.6 无约束自由表面钢板中对称和反对称导波的频散曲线

(a) 相速度频散曲线；(b) 群速度频散曲线

6.3.3　固定边界条件

两板面固定的边界条件表示为

$$u(x,z)=w(x,z)=0 \quad (z=\pm h) \tag{6.3.28}$$

将式 (6.3.8) 代入上式中，便给出关于 A，B，C，D 的齐次方程组

$$\mathrm{i}kA\sin\eta_{\mathrm{P}}h+\mathrm{i}kB\cos\eta_{\mathrm{P}}h-C\eta_{\mathrm{S}}\cos\eta_{\mathrm{S}}h+D\eta_{\mathrm{S}}\sin\eta_{\mathrm{S}}h=0 \tag{6.3.29a}$$

$$-\mathrm{i}kA\sin\eta_{\mathrm{P}}h+\mathrm{i}kB\cos\eta_{\mathrm{P}}h-C\eta_{\mathrm{S}}\cos\eta_{\mathrm{S}}h-D\eta_{\mathrm{S}}\sin\eta_{\mathrm{S}}h=0 \tag{6.3.29b}$$

$$A\eta_{\mathrm{P}}\cos\eta_{\mathrm{P}}h-B\eta_{\mathrm{P}}\sin\eta_{\mathrm{P}}h+\mathrm{i}kC\sin\eta_{\mathrm{S}}h+\mathrm{i}kD\cos\eta_{\mathrm{S}}h=0 \tag{6.3.29c}$$

$$A\eta_{\mathrm{P}}\cos\eta_{\mathrm{P}}h+B\eta_{\mathrm{P}}\sin\eta_{\mathrm{P}}h-\mathrm{i}kC\sin\eta_{\mathrm{S}}h+\mathrm{i}kD\cos\eta_{\mathrm{S}}h=0 \tag{6.3.29d}$$

将上式的前两式相减，后两式相加得到反对称模态的频率方程为

$$\begin{cases}\mathrm{i}k\sin\eta_{\mathrm{P}}h\cdot A+\eta_{\mathrm{S}}\sin\eta_{\mathrm{S}}h\cdot D=0\\ \eta_{\mathrm{P}}\cos\eta_{\mathrm{P}}h\cdot A+\mathrm{i}k\cos\eta_{\mathrm{S}}h\cdot D=0\end{cases} \tag{6.3.30}$$

再将前两式相加，后两式相减得对称模态的频率方程为

$$\begin{cases}\mathrm{i}k\cos\eta_{\mathrm{P}}h\cdot B-\eta_{\mathrm{S}}\cos\eta_{\mathrm{S}}h\cdot C=0\\ \eta_{\mathrm{P}}\sin\eta_{\mathrm{P}}h\cdot B-\mathrm{i}k\sin\eta_{\mathrm{S}}h\cdot C=0\end{cases} \tag{6.3.31}$$

上面是两个齐次代数方程组，由非零解条件得

$$\frac{k\sin\eta_{\mathrm{P}}h}{\eta_{\mathrm{S}}\sin\eta_{\mathrm{S}}h}=\frac{\eta_{\mathrm{P}}\cos\eta_{\mathrm{P}}h}{-k\cos\eta_{\mathrm{S}}h} \quad (\text{反对称模态}) \tag{6.3.32a}$$

$$\frac{k\sin\eta_{\mathrm{S}}h}{\eta_{\mathrm{P}}\sin\eta_{\mathrm{P}}h}=\frac{\eta_{\mathrm{S}}\cos\eta_{\mathrm{S}}h}{-k\cos\eta_{\mathrm{P}}h} \quad (\text{对称模态}) \tag{6.3.32b}$$

将上两式组合成一个式子得

$$F\left(\eta_{\mathrm{P}},\eta_{\mathrm{S}},k\right)=\frac{\tan\eta_{\mathrm{S}}h}{\tan\eta_{\mathrm{P}}h}+\left(\frac{k^2}{\eta_{\mathrm{S}}\eta_{\mathrm{P}}}\right)^{\pm1}=0 \tag{6.3.33}$$

上式即具有固定边界条件的无限大平板中导波的频率方程。同自由边界条件一样，对于任意给定的视波数 k，方程的解也是多值的，表明板波存在无限多种模态。并且对于方程的每一种模态，对应的 $\eta_{\mathrm{P}}(\omega)$ 和 $\eta_{\mathrm{S}}(\omega)$ 都不为零，即对于任何模态的导波，反射 P 波和反射 SV 波都是共存的。

6.3.4 两边有液体负载情况

图 6.3.7 为浸在液体中的平板型波导。平板上下方为同一种液体，液体密度为 ρ，声速为 c。对于无黏液体，$\sigma_{ij}=p\delta_{ij}$，代入运动方程 $\sigma_{ij,j}=\rho\ddot{u}_i$ 得到液体中的声波方程

$$\nabla p(x,z,t)=\rho\ddot{u}_i(x,z,t)$$

或者

$$p(x,z,t)=\rho\ddot{\varphi}(x,z,t)$$

相应地，本构方程退化为 $p=\lambda\varepsilon_v$ (ε_v 为液体的体积应变，λ 即为液体的压缩模量)。令 $r=\sqrt{\dfrac{\omega^2}{c^2}-k^2}$，则根据流体波动方程，可设平板上方与下方流体中位移势函数分别为

$$\begin{aligned}\varphi_1&=F_1\exp\left[\mathrm{i}\left(kx+rz-\omega t\right)\right]\\ \varphi_2&=F_2\exp\left[\mathrm{i}\left(kx-rz-\omega t\right)\right]\end{aligned}\tag{6.3.34}$$

两个势函数中关于坐标 z 指数项符号相反，是因为上下液体中声波传播方向在坐标 z 的投影相反。由位移–势和液体本构方程得到平板上下液体中 z 方向的位移与声压如下：

$$w_1=\frac{\partial\varphi_1}{\partial z}=\mathrm{i}rF_1\exp\left[\mathrm{i}\left(kx+rz-\omega t\right)\right]\tag{6.3.35a}$$

$$p_1=-\rho\frac{\partial^2\varphi_1}{\partial t^2}=\rho\omega^2F_1\exp\left[\mathrm{i}\left(kx+rz-\omega t\right)\right]\tag{6.3.35b}$$

$$w_2=\frac{\partial\varphi_2}{\partial z}=-\mathrm{i}rF_2\exp\left[\mathrm{i}\left(kx-rz-\omega t\right)\right]\tag{6.3.35c}$$

$$p_2=-\rho\frac{\partial^2\varphi_2}{\partial t^2}=\rho\omega^2F_2\exp\left[\mathrm{i}\left(kx-rz-\omega t\right)\right]\tag{6.3.35d}$$

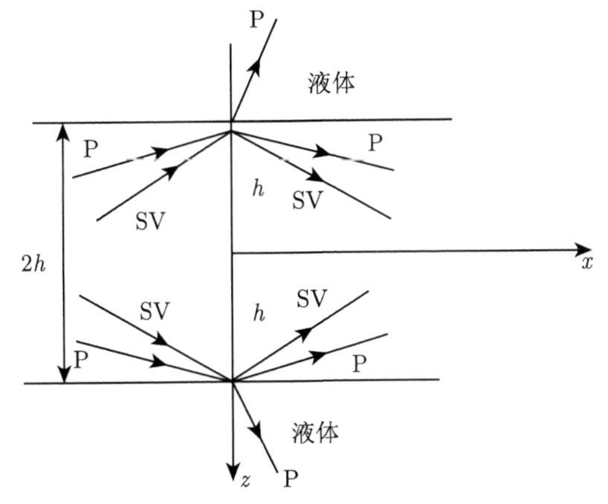

图 6.3.7 两侧具有液体负载的无限大平板中的导波

两侧具有液体负载的平板的边界条件：上下边界处剪切应力为零，而法向应力与 z 方向位移连续，也就是

$$\sigma_{zx}\big|_{z=\pm h} = 0 \tag{6.3.36a}$$

$$w\big|_{z=h} = w_1\big|_{z=h}, \quad w\big|_{z=-h} = w_2\big|_{z=-h} \tag{6.3.36b}$$

$$\sigma_{zz} = -p_1\big|_{z=h}, \quad \sigma_{zz} = -p_2\big|_{z=-h} \tag{6.3.36c}$$

由剪切应力为零，可得

$$\begin{aligned} &2\mathrm{i}k\eta_{\mathrm{P}}\cos(\eta_{\mathrm{P}}h)\cdot A - 2\mathrm{i}k\eta_{\mathrm{P}}\sin(\eta_{\mathrm{P}}h)\cdot B \\ &\quad + \left(\eta_{\mathrm{S}}^2 - k^2\right)\sin(\eta_{\mathrm{S}}h)\cdot C + \left(\eta_{\mathrm{S}}^2 - k^2\right)\cos(\eta_{\mathrm{S}}h)\cdot D = 0 \end{aligned} \tag{6.3.37a}$$

$$\begin{aligned} &2\mathrm{i}k\eta_{\mathrm{P}}\cos(\eta_{\mathrm{P}}h)\cdot A + 2\mathrm{i}k\eta_{\mathrm{P}}\sin(\eta_{\mathrm{P}}h)\cdot B \\ &\quad - \left(\eta_{\mathrm{S}}^2 - k^2\right)\sin(\eta_{\mathrm{S}}h)\cdot C + \left(\eta_{\mathrm{S}}^2 - k^2\right)\cos(\eta_{\mathrm{S}}h)\cdot D = 0 \end{aligned} \tag{6.3.37b}$$

由法向位移连续条件，得

$$\begin{aligned} &\eta_{\mathrm{P}}\cos\eta_{\mathrm{P}}h\cdot A - \eta_{\mathrm{P}}\sin\eta_{\mathrm{P}}h\cdot B \\ &\quad + \mathrm{i}k\sin\eta_{\mathrm{S}}h\cdot C + \mathrm{i}k\cos\eta_{\mathrm{S}}h\cdot D = \mathrm{i}rF_1\exp(\mathrm{i}rh) \end{aligned} \tag{6.3.38a}$$

$$\begin{aligned} &\eta_{\mathrm{P}}\cos\eta_{\mathrm{P}}h\cdot A + \eta_{\mathrm{P}}\sin\eta_{\mathrm{P}}h\cdot B \\ &\quad - \mathrm{i}k\sin\eta_{\mathrm{S}}h\cdot C + \mathrm{i}k\cos\eta_{\mathrm{S}}h\cdot D = -\mathrm{i}rF_2\exp(\mathrm{i}rh) \end{aligned} \tag{6.3.38b}$$

由法向应力连续条件，得

$$\begin{aligned} &-\mu\left(k^2 - \eta_{\mathrm{S}}^2\right)\sin\eta_{\mathrm{P}}h\cdot A - \mu\left(k^2 - \eta_{\mathrm{S}}^2\right)\cos\eta_{\mathrm{P}}h\cdot B \\ &\quad - 2\mathrm{i}\mu k\eta_{\mathrm{S}}\cos\eta_{\mathrm{S}}h\cdot C + 2\mathrm{i}\mu k\eta_{\mathrm{S}}\sin\eta_{\mathrm{S}}h\cdot D = \rho\omega^2F_1\exp(\mathrm{i}rh) \end{aligned} \tag{6.3.39a}$$

$$\begin{aligned} &\mu\left(k^2 - \eta_{\mathrm{S}}^2\right)\sin\eta_{\mathrm{P}}h\cdot A - \mu\left(k^2 - \eta_{\mathrm{S}}^2\right)\cos\eta_{\mathrm{P}}h\cdot B \\ &\quad - 2\mathrm{i}\mu k\eta_{\mathrm{S}}\cos\eta_{\mathrm{S}}h\cdot C + 2\mathrm{i}\mu k\eta_{\mathrm{S}}\sin\eta_{\mathrm{S}}h\cdot D = \rho\omega^2F_2\exp(\mathrm{i}rh) \end{aligned} \tag{6.3.39b}$$

将式 (6.3.38) 代入式 (6.3.39) 消去 F_1 及 F_2 并简化，得

$$\begin{aligned} &\left[\mu\left(k^2 - \eta_{\mathrm{S}}^2\right)\sin\eta_{\mathrm{P}}h + \frac{\rho\omega^2\eta_{\mathrm{P}}}{\mathrm{i}r}\cos\eta_{\mathrm{P}}h\right]A \\ &+ \left[\mu\left(k^2 - \eta_{\mathrm{S}}^2\right)\cos\eta_{\mathrm{P}}h - \frac{\rho\omega^2\eta_{\mathrm{P}}}{\mathrm{i}r}\sin\eta_{\mathrm{P}}h\right]B \\ &+ \left[2\mathrm{i}\mu k\eta_{\mathrm{S}}\cos\eta_{\mathrm{S}}h + \frac{\rho\omega^2k}{r}\sin\eta_{\mathrm{S}}h\right]C \\ &- \left[2\mathrm{i}\mu k\eta_{\mathrm{S}}\sin\eta_{\mathrm{S}}h - \frac{\rho\omega^2k}{r}\cos\eta_{\mathrm{S}}h\right]D = 0 \end{aligned} \tag{6.3.40a}$$

$$
\begin{aligned}
&\left[\mu\left(k^2-\eta_{\mathrm{S}}^2\right)\sin\eta_{\mathrm{P}}h+\frac{\rho\omega^2\eta_{\mathrm{P}}}{\mathrm{i}r}\cos\eta_{\mathrm{P}}h\right]A \\
&-\left[\mu\left(k^2-\eta_{\mathrm{S}}^2\right)\cos\eta_{\mathrm{P}}h-\frac{\rho\omega^2\eta_{\mathrm{P}}}{\mathrm{i}r}\sin\eta_{\mathrm{P}}h\right]B \\
&-\left[2\mathrm{i}\mu k\eta_{\mathrm{S}}\cos\eta_{\mathrm{S}}h+\frac{\rho\omega^2k}{r}\sin\eta_{\mathrm{S}}h\right]C \\
&-\left[2\mathrm{i}\mu k\eta_{\mathrm{S}}\sin\eta_{\mathrm{S}}h-\frac{\rho\omega^2k}{r}\cos\eta_{\mathrm{S}}h\right]D=0
\end{aligned}
\tag{6.3.40b}
$$

将式 (6.3.40a) 及式 (6.3.40b) 两式相减，得方程组

$$
2\mathrm{i}k\eta_{\mathrm{P}}\sin\eta_{\mathrm{P}}hB+\left(k^2-\eta_{\mathrm{S}}^2\right)\sin\eta_{\mathrm{S}}h\cdot C=0 \tag{6.3.41a}
$$

$$
\begin{aligned}
&\left[\mu\left(k^2-\eta_{\mathrm{S}}^2\right)\cos\eta_{\mathrm{P}}h-\frac{\rho\omega^2\eta_{\mathrm{P}}}{\mathrm{i}r}\sin\eta_{\mathrm{P}}h\right]\cdot B \\
&\quad+\left[2\mathrm{i}\mu k\eta_{\mathrm{S}}\cos\eta_{\mathrm{S}}h+\frac{\rho\omega^2k}{r}\sin\eta_{\mathrm{S}}h\right]\cdot C=0
\end{aligned}
\tag{6.3.41b}
$$

存在非零解条件要求其系数行列式为零，化简得

$$
\frac{\left(k^2-\eta_{\mathrm{S}}^2\right)^2}{\tan\eta_{\mathrm{P}}h}+\frac{4k^2\eta_{\mathrm{S}}\eta_{\mathrm{P}}}{\tan\eta_{\mathrm{S}}h}-\mathrm{i}\frac{\rho\omega^2\eta_{\mathrm{P}}}{\mu r}\left(k^2+\eta_{\mathrm{S}}^2\right)=0 \tag{6.3.42}
$$

上式即为两侧具有液体负载的平板中对称模式兰姆 (Lamb) 波的频散方程。同理，将式 (6.3.40a) 及式 (6.3.40b) 两式相加可得反对称模态兰姆波的频散方程为

$$
\left(k^2-\eta_{\mathrm{S}}^2\right)^2\tan\eta_{\mathrm{P}}h+4k^2\eta_{\mathrm{S}}\eta_{\mathrm{P}}\tan\eta_{\mathrm{S}}h+\mathrm{i}\frac{\rho\omega^2\eta_{\mathrm{P}}}{\mu r}\left(k^2+\eta_{\mathrm{S}}^2\right)=0 \tag{6.3.43}
$$

对于浸液薄板来说，由于周围液体的存在，所以板中传播的兰姆波的能量会向周围泄漏，其振动幅度会随着传播距离的增大而衰减，此时波数 k 为复数。数学上表示两式仅在复数域有解，在实数域无解。可以假设导波波数形式为

$$
k=k_{\mathrm{r}}+\mathrm{i}k_{\mathrm{i}}
$$

其中，实部 k_{r} 为一般意义上的波数，也就是 $k_{\mathrm{r}}=\dfrac{\omega}{c_{\mathrm{P}}}$，而虚部 k_{i} 对应的则是兰姆波的幅度衰减率。因此对式 (6.3.42) 和式 (6.3.43) 的求解就是在复数平面内进行扫描。即对给定的频率 ω，求相应的复波数 $k=k_{\mathrm{r}}+\mathrm{i}k_{\mathrm{i}}$，使得式 (6.3.42) 和式 (6.3.43) 得到满足，同时求得兰姆波的频散关系 ($k_{\mathrm{r}}\sim\omega$) 及衰减率对频率的依赖 ($k_{\mathrm{i}}\sim\omega$)。此时，一般不能用实数域的二分法来求根，而要采用复变函数的围线积分法来对这两个超越方程进行求根。

6.4　圆柱杆中的导波

圆柱坐标系中梯度算子和拉普拉斯算子为

$$\nabla = \frac{\partial}{\partial r}\boldsymbol{e}_r + \frac{1}{r}\frac{\partial}{\partial \theta}\boldsymbol{e}_\theta + \frac{\partial}{\partial z}\boldsymbol{e}_z \tag{6.4.1}$$

$$\nabla^2 = \frac{\partial^2}{\partial r^2} + \frac{1}{r}\frac{\partial}{\partial r} + \frac{1}{r^2}\frac{\partial^2}{\partial \theta^2} + \frac{\partial^2}{\partial z^2} \tag{6.4.2}$$

波动方程仍然可以表示成

$$\nabla^2\phi = c_{\mathrm{P}}^{-2}\frac{\partial^2\phi}{\partial t^2} \tag{6.4.3a}$$

$$\nabla^2\chi = c_{\mathrm{S}}^{-2}\frac{\partial^2\chi}{\partial t^2} \tag{6.4.3b}$$

$$\nabla^2\eta = c_{\mathrm{S}}^{-2}\frac{\partial^2\eta}{\partial t^2} \tag{6.4.3c}$$

位移场可表示为

$$\boldsymbol{u} = \nabla\phi + \nabla\times\psi = \nabla\phi + \nabla\times(\chi\boldsymbol{e}_z) + \nabla\times\nabla\times(\eta\boldsymbol{e}_z) \tag{6.4.4}$$

这样，得到位移–势的关系如下：

$$u_r = \frac{\partial\phi}{\partial r} + \frac{\partial\chi}{r\partial\theta} - \frac{\partial^2\eta}{\partial z\partial r} \tag{6.4.5a}$$

$$u_\theta = \frac{\partial\phi}{r\partial\theta} - \frac{\partial\chi}{\partial r} + \frac{\partial^2\eta}{r\partial z\partial\theta} \tag{6.4.5b}$$

$$u_z = \frac{\partial\phi}{\partial z} - \frac{\partial}{r\partial r}\left(r\frac{\partial\eta}{\partial r}\right) - \frac{\partial^2\eta}{r^2\partial^2\theta} \tag{6.4.5c}$$

代入应变及应力的表达式

$$\varepsilon_{rr} = \frac{\partial u_r}{\partial r} \tag{6.4.6a}$$

$$\varepsilon_{\theta\theta} = \frac{1}{r}\frac{\partial u_\theta}{\partial\theta} + \frac{u_r}{r} \tag{6.4.6b}$$

$$\varepsilon_{zz} = \frac{\partial u_z}{\partial z} \tag{6.4.6c}$$

$$\varepsilon_{\theta z} = \frac{1}{2}\left(\frac{\partial u_\theta}{\partial z} + \frac{1}{r}\frac{\partial u_z}{\partial\theta}\right) \tag{6.4.6d}$$

$$\varepsilon_{zr} = \frac{1}{2}\left(\frac{\partial u_r}{\partial z} + \frac{\partial u_z}{\partial r}\right) \tag{6.4.6e}$$

$$\varepsilon_{r\theta} = \frac{1}{2}\left(\frac{1}{r}\frac{\partial u_r}{\partial \theta} + \frac{\partial u_\theta}{\partial r} - \frac{u_\theta}{r}\right) \tag{6.4.6f}$$

$$\sigma_{rr} = \lambda\varepsilon_{kk} + 2\mu\varepsilon_{rr} \tag{6.4.7a}$$

$$\sigma_{\theta\theta} = \lambda\varepsilon_{kk} + 2\mu\varepsilon_{\theta\theta} \tag{6.4.7b}$$

$$\sigma_{zz} = \lambda\varepsilon_{kk} + 2\mu\varepsilon_{zz} \tag{6.4.7c}$$

$$\sigma_{r\theta} = 2\mu\varepsilon_{r\theta} \tag{6.4.7d}$$

$$\sigma_{\theta z} = 2\mu\varepsilon_{\theta z} \tag{6.4.7e}$$

$$\sigma_{rz} = 2\mu\varepsilon_{rz} \quad (\varepsilon_{kk} = \varepsilon_{rr} + \varepsilon_{\theta\theta} + \varepsilon_{zz}) \tag{6.4.7f}$$

可得应变–势及应力–势的关系。

下面讨论半径为 a 无限长圆柱杆中的导波 (图 6.4.1)。假定圆柱杆表面是自由的，于是边界条件可表示为

$$\sigma_{rr} = \sigma_{r\theta} = \sigma_{rz} = 0 \quad (\text{在 } r = a \text{ 处}) \tag{6.4.8}$$

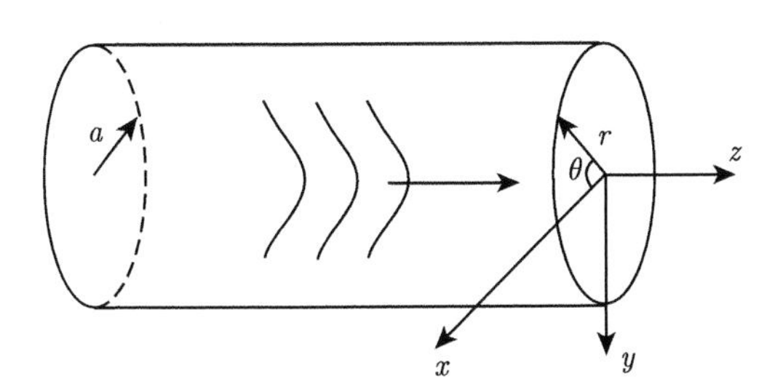

图 6.4.1 无限长圆柱杆中的导波

6.4.1 轴对称扭转波

圆柱杆可以发生多种变形模式，譬如拉伸、扭转和弯曲等。在扭转变形模式下，即满足下列条件：

$$u_r(r,z,t) = u_z(r,z,t) = 0 \tag{6.4.9a}$$

$$u_\theta\,(r,z,t) \neq 0 \tag{6.4.9b}$$

$$\frac{\partial(\cdot)}{\partial \theta} = 0 \tag{6.4.9c}$$

在扭转变形模式下的圆柱杆中存在的导波称为轴对称扭转波。此时，非零的应变分量为

$$\varepsilon_{r\theta} = \frac{1}{2}r\frac{\partial}{\partial r}\left(\frac{u_\theta}{r}\right) \tag{6.4.10a}$$

$$\varepsilon_{z\theta} = \frac{1}{2}\frac{\partial u_\theta}{\partial z} \tag{6.4.10b}$$

对于轴对称扭转波，直接使用位移 μ_θ 作为基本未知量更为方便。此时，波动方程为

$$\frac{\partial^2 u_\theta}{\partial r^2} + \frac{1}{r}\frac{\partial u_\theta}{\partial r} + \frac{\partial^2 u_\theta}{\partial z^2} - \frac{u_\theta}{r^2} = c_{\mathrm{S}}^{-2}\frac{\partial^2 u_\theta}{\partial t^2} \tag{6.4.11}$$

考虑沿 z 轴方向传播的行波，式 (6.4.11) 的解为

$$u_\theta = U(r)\exp\left[\mathrm{i}k(z - ct)\right] \tag{6.4.12}$$

代入式 (6.4.11) 得

$$\frac{\mathrm{d}^2 U}{\mathrm{d}r^2} + \frac{1}{r}\frac{\mathrm{d}U}{\mathrm{d}r} + \left(\eta_{\mathrm{S}}^2 - \frac{1}{r^2}\right)U = 0 \tag{6.4.13}$$

其中，$\eta_{\mathrm{S}} = \left[\left(\frac{\omega}{c_{\mathrm{S}}}\right)^2 - k^2\right]^{\frac{1}{2}}, \omega = kc$。

当 $\eta_{\mathrm{S}} = 0$ 时，方程为欧拉方程，其通解为

$$U(r) = C_1 r + C_2\frac{1}{r} \tag{6.4.14}$$

当 $\eta_{\mathrm{S}} \neq 0$ 时，方程为一阶贝塞尔方程，其通解为

$$U(r) = C_3 J_1(\eta_{\mathrm{S}} r) + C_4 Y_1(\eta_{\mathrm{S}} r) \tag{6.4.15}$$

为保证 $r = 0$ 时，u_θ 有界，必须令 $C_2 = C_4 = 0$，从而得解

$$u_\theta(r,z) = \begin{cases} C_1 r\exp\left[\mathrm{i}k(z - ct)\right], & \eta_{\mathrm{S}} = 0 \\ C_3 J_1(\eta_{\mathrm{S}} r)\exp\left[\mathrm{i}k(z - ct)\right], & \eta_{\mathrm{S}} \neq 0 \end{cases} \tag{6.4.16}$$

利用圆柱杆的自由边界条件，则有

$$\sigma_{r\theta}\big|_{r=a} = 2\mu\varepsilon_{r\theta}\big|_{r=a} = \mu\left(\frac{\partial u_\theta}{\partial r} - \frac{u_\theta}{r}\right)_{r=a} = 0$$

其中 (此处略去 $\exp\left[\mathrm{i}k(z - ct)\right]$)，

$$\begin{aligned} \frac{\partial u_\theta}{\partial r} - \frac{u_\theta}{r} &= C_3\frac{\mathrm{d}J_1(\eta_{\mathrm{S}} r)}{\mathrm{d}r} - \frac{1}{r}C_3 J_1(\eta_{\mathrm{S}} r) \\ &= C_3\left\{\frac{\eta_{\mathrm{S}}}{2}\left[J_0(\eta_{\mathrm{S}} r) - J_2(\eta_{\mathrm{S}} r)\right] - \frac{1}{r}J_1(\eta_{\mathrm{S}} r)\right\} \\ &= -C_3\eta_{\mathrm{S}} J_2(\eta_{\mathrm{S}} r) \end{aligned} \tag{6.4.17}$$

上式利用了贝塞尔函数的递推关系式

$$J_v'(x) = \frac{1}{2}\left[J_{v-1}(x) - J_{v+1}(x)\right]$$

$$J_{v-1}(x) + J_{v+1}(x) = \frac{2v}{x}J_v(x)$$

欲使无应力条件成立，要求 $\eta_{\mathrm{S}} = 0$ 或者 $J_2(\eta_{\mathrm{S}}a) = 0$，设 $\alpha_1, \alpha_2, \cdots$ 是 $J_2(x)$ 的正零点，此处 $\alpha_1 = 5.136, \alpha_2 = 8.417, \alpha_3 = 11.620, \cdots$，若把 $\eta_{\mathrm{S}} = 0$ 的解也包括进来，并记 $\alpha_0 = 0$，则有 $\eta_{\mathrm{S}}a = \alpha_n\ (n = 0, 1, 2, 3, \cdots)$，于是 η_{S} 只能相应于 α_n 取一系列离散值 $\eta_{\mathrm{S}}^{(n)}$，由前面 η_{S} 的定义，得圆柱体轴对称扭转时的频率方程或弥散关系为

$$\omega^2 = c_{\mathrm{S}}^2\left(\eta_{\mathrm{S}}^2 + k^2\right) = c_{\mathrm{S}}^2\left(\frac{\alpha_n^2}{a^2} + k^2\right) \tag{6.4.18}$$

对应于一个 n 就给出一个相应的模态，若令

$$\omega_{\mathrm{S}} = c_{\mathrm{S}}/a, \quad \xi = ak, \quad \Omega = \omega/\omega_{\mathrm{S}}$$

得到弥散关系的正则化形式

$$\Omega^2 = \alpha_n^2 + \xi^2 \tag{6.4.19}$$

利用 $\omega = kc$，令 $C^2 = (c/c_{\mathrm{S}})^2$，得到相速度表示的弥散关系的正则化形式为

$$C^2 = \alpha_n^2/\xi^2 + 1 \tag{6.4.20}$$

由于物理上的要求 Ω 和 C 应当是正实数，而 ξ 却可以是实数 ν 或纯虚数 iδ，但不能为复数，对应的频率谱曲线如图 6.4.2 所示。由于 η_{S} 是频率的函数，所以 α_n 也是频率的函数，从而各阶扭转导波 (除零阶导波外) 都是频散的。

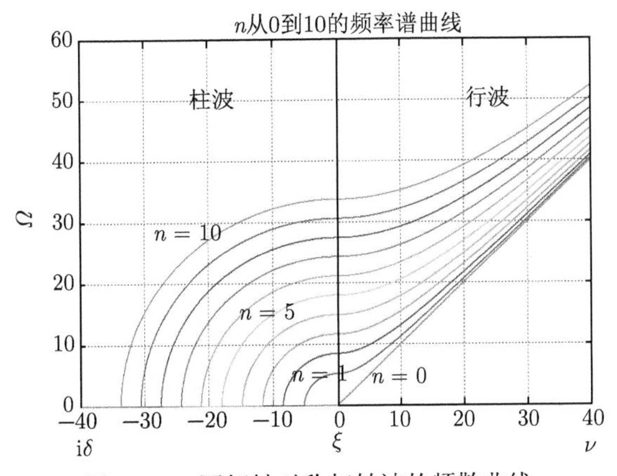

图 6.4.2 圆杆轴对称扭转波的频散曲线

6.4.2　轴对称压缩波

在拉伸–压缩变形模式下，圆柱杆中的位移场满足

$$u_r(r,z,t)\neq 0,\quad u_z=u_z(r,z,t)\neq 0,\quad u_\theta(r,z,t)=0,\quad \frac{\partial(\cdot)}{\partial\theta}=0 \tag{6.4.21}$$

此时，圆柱杆中传播的导波称为轴对称压缩波。

从式 (6.4.5b) 知，势函数 $\chi=0$，于是位移–势关系变成

$$\begin{cases} u_r=\dfrac{\partial\phi}{\partial r}+\dfrac{\partial^2\eta}{\partial z\partial r} \\ u_z=\dfrac{\partial\phi}{\partial z}-\dfrac{\partial}{r\partial r}\left(r\dfrac{\partial\eta}{\partial r}\right) \end{cases} \tag{6.4.22}$$

相应地，应力-势关系简化为

$$\begin{cases} \sigma_{rr}=\dfrac{\lambda}{c_{\mathrm{P}}^2}\dfrac{\partial^2\phi}{\partial t^2}+2\mu\left(\dfrac{\partial^2\phi}{\partial r^2}+\dfrac{\partial^3\eta}{\partial r^2\partial z}\right) \\ \sigma_{rz}=\mu\left\{2\dfrac{\partial^2\phi}{\partial r\partial z}+\dfrac{\partial^3\eta}{\partial r\partial z^2}-\dfrac{\partial}{\partial r}\left[\dfrac{1}{r}\dfrac{\partial}{\partial r}\left(r\dfrac{\partial\eta}{\partial r}\right)\right]\right\} \end{cases} \tag{6.4.23}$$

波动方程 (6.4.3a) 和 (6.4.3c) 变成

$$\begin{cases} \dfrac{\partial^2\phi}{\partial r^2}+\dfrac{1}{r}\dfrac{\partial\phi}{\partial r}+\dfrac{\partial^2\phi}{\partial z^2}=\dfrac{1}{c_{\mathrm{P}}^2}\dfrac{\partial^2\phi}{\partial t^2} \\ \dfrac{\partial^2\eta}{\partial r^2}+\dfrac{1}{r}\dfrac{\partial\eta}{\partial r}+\dfrac{\partial^2\eta}{\partial z^2}=\dfrac{1}{c_{\mathrm{S}}^2}\dfrac{\partial^2\eta}{\partial t^2} \end{cases} \tag{6.4.24}$$

考虑沿 z 轴传播的行波，取试探解为

$$\begin{cases} \phi=f(r)\exp[\mathrm{i}k(z-ct)] \\ \eta=g(r)\exp[\mathrm{i}k(z-ct)] \end{cases} \tag{6.4.25}$$

代入波动方程 (6.2.24) 得

$$\begin{cases} \dfrac{\mathrm{d}^2 f}{\mathrm{d}r^2}+\dfrac{1}{r}\dfrac{\mathrm{d}f}{\mathrm{d}r}+\eta_{\mathrm{P}}^2 f=0 \\ \dfrac{\mathrm{d}^2 g}{\mathrm{d}r^2}+\dfrac{1}{r}\dfrac{\mathrm{d}g}{\mathrm{d}r}+\eta_{\mathrm{S}}^2 g=0 \end{cases} \tag{6.4.26}$$

上式为零阶贝塞尔方程，其解为

$$\begin{cases} \phi=AJ_0(\eta_{\mathrm{P}}r)\exp[\mathrm{i}k(z-ct)] \\ \eta=BJ_0(\eta_{\mathrm{S}}r)\exp[\mathrm{i}k(z-ct)] \end{cases} \tag{6.4.27}$$

自由表面应力为零条件要求

$$\left[-\frac{\lambda\omega^2}{c_{\mathrm{P}}^2}J_0\left(\eta_{\mathrm{P}}r\right)+2\mu\frac{\mathrm{d}^2J_0\left(\eta_{\mathrm{P}}r\right)}{\mathrm{d}r^2}\right]_{r=a}A+2\mathrm{i}\mu k\frac{\mathrm{d}^2J_0\left(\eta_{\mathrm{S}}r\right)}{\mathrm{d}r^2}\bigg|_{r=a}B=0 \tag{6.4.28a}$$

$$2\mathrm{i}k\left.\frac{\mathrm{d}J_0\left(\eta_{\mathrm{P}}r\right)}{\mathrm{d}r}\right|_{r=a}A-\left\{k^2\frac{\mathrm{d}J_0\left(\eta_{\mathrm{S}}r\right)}{\mathrm{d}r}+\frac{\mathrm{d}}{\mathrm{d}r}\left[\frac{1}{r}\frac{\mathrm{d}}{\mathrm{d}r}\left(r\frac{\mathrm{d}J_0\left(\eta_{\mathrm{S}}r\right)}{\mathrm{d}r}\right)\right]\right\}_{r=a}B=0 \tag{6.4.28b}$$

由非零解的条件得

$$\left(k^2-\eta_{\mathrm{S}}^2\right)^2\left[\frac{\eta_{\mathrm{P}}aJ_0\left(\eta_{\mathrm{P}}a\right)}{J_1\left(\eta_{\mathrm{P}}a\right)}\right]+4k^2\eta_{\mathrm{P}}^2\left[\frac{\eta_{\mathrm{S}}aJ_0\left(\eta_{\mathrm{S}}a\right)}{J_1\left(\eta_{\mathrm{S}}a\right)}\right]=2\eta_{\mathrm{P}}^2\left(\eta_{\mathrm{S}}^2+k^2\right) \tag{6.4.29}$$

这就是轴对称压缩波的频率方程 (Pochhammer 方程)。

在半径较波长很小时，贝塞尔函数可近似展成幂级数

$$\begin{aligned}J_0\left(z\right)&=1-\frac{1}{4}z^2+\frac{1}{64}z^4+\cdots\\J_1\left(z\right)&=\frac{1}{2}z-\frac{1}{16}z^3+\cdots\end{aligned} \tag{6.4.30}$$

代入频率方程，并且保留到 a^2 项，可得到

$$c=\frac{\omega}{k}=\left(\frac{E}{\rho}\right)^{\frac{1}{2}}\left(1-\frac{1}{4}\nu^2k^2a^2\right) \tag{6.4.31}$$

式中，$E=(3\lambda+2\mu)\,\mu/\left(\lambda+\mu\right)$ 是杨氏弹性模量；v 是泊松比。式中第一项是无限大介质中传播的纵波波速，记作 $c_0=(E/\rho)^{\frac{1}{2}}$。$\left(1-\frac{1}{4}\nu^2k^2a^2\right)$ 称为瑞利修正项，是在三维弹性理论下产生的修正。可见，在圆柱杆中传播的纵波与在无限大介质中传播的纵波，其传播速度是不一样的。二者相比较，在圆柱杆中传播的纵波波速有所降低。无量纲波数 ka 越大，波速降低得也越大。波速降低的原因可以这样解释：轴对称伸缩型导波是由在圆柱杆中传播的膨胀波和等容积波叠加而成的。由于在圆柱杆中传播的膨胀波和等容积波在圆柱表面的多次反射和透射，它们的传播路径实际上是反复的折线，等效到沿圆柱的轴线方向，其行程是大大降低的，宏观表现就体现在沿轴线方向传播的速度要比无限大介质中传播的纵波波速小一些。并且，在圆柱杆中传播的膨胀波和等容积波在圆柱表面的反射角越大，沿轴线方向的视波数也越大，从而，导波的传播速度降低得越多。图 6.4.3 给出了最低阶的三个模态的相速度谱曲线，其中无量纲化的速度和波数由下式给出：

$$\overline{c}=c/c_0,\quad \xi=ak/2\pi=a/\lambda$$

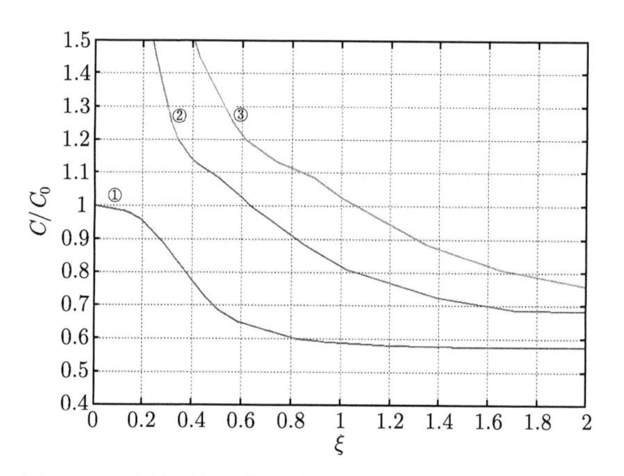

图 6.4.3 圆杆轴对称压缩波前 3 阶模态的频散曲线

6.4.3 非轴对称波 (弯曲波)

这是圆柱杆中导波的最一般情况，此时，三个位移分量 u_r, u_θ, u_z 以及三个势函数 ϕ, χ, η 都不为零，且都是坐标和时间 (r, θ, z, t) 的函数。由于势函数是解耦的，故将势函数作为基本未知量比较方便。取试探解为

$$f(\theta, r, z, t) = R(r) H(\theta) \exp[\mathrm{i}k(z - ct)] \tag{6.4.32}$$

代入波动方程，有

$$\frac{\mathrm{d}^2 R(r)}{\mathrm{d}r^2} + \frac{1}{r}\frac{\mathrm{d}R(r)}{\mathrm{d}r} + \left(\eta_\alpha^2 - \frac{\lambda^2}{r^2}\right) R(r) = 0 \tag{6.4.33a}$$

$$H''(\theta) + \lambda^2 H(\theta) = 0 \tag{6.4.33b}$$

其中，$\eta_\alpha^2 = \dfrac{\omega^2}{c_\alpha^2} - k^2$。

关于 θ 的方程的解为

$$H(\theta) = A_1 \sin\lambda\theta + B_1 \cos\lambda\theta \quad (\lambda = 1, 2, \cdots) \tag{6.4.34}$$

关于 r 的方程变为 n 阶贝塞尔方程，解为

$$R(r) = C_n J_n(\eta_\alpha r) + D_n Y_n(\eta_\alpha r) \tag{6.4.35}$$

于是弯曲型导波解为

$$f_n = C_n J_n(\eta_\alpha r)[A_n \sin n\theta + B_n \cos n\theta] \exp[\mathrm{i}k(z - ct)] \tag{6.4.36}$$

上式中舍弃含 D_n 的项，以保证在 $r = 0$ 处问题有界。η_α 根据情况取 η_P 或者 η_S。考虑到在弯曲型导波情况下位移模态 (u_r, u_θ, u_z) 关于 θ 的对称性，我们在 H 表达

式中放弃 $\sin(n\theta)$ 或者 $\cos(n\theta)$ 以使 u_r, u_θ, u_z 的各项表达式中仅含有 $\sin(n\theta)$(关于 θ 满足对称性) 或者 $\cos(n\theta)$ (关于 θ 满足反对称性)。最后得到势的表达式为

$$\phi = AJ_n(\eta_{\mathrm{P}} r)\cos(n\theta)\exp[\mathrm{i}k(z-ct)] \tag{6.4.37a}$$

$$\chi = BJ_n(\eta_{\mathrm{S}} r)\sin(n\theta)\exp[\mathrm{i}k(z-ct)] \tag{6.4.37b}$$

$$\eta = CJ_n(\eta_{\mathrm{S}} r)\cos(n\theta)\exp[\mathrm{i}k(z-ct)] \tag{6.4.37c}$$

上式表明，势或者位移在径向及周向有无穷多个可能的分布。对于特定的 n 值将对应着弯曲波的一个模态族。若将式 (6.4.37) 代入应力–势关系中

$$\sigma_{rr} = \frac{\lambda}{c_{\mathrm{P}}^2}\frac{\partial^2\phi}{\partial t^2} + 2\mu\left(\frac{\partial^2\phi}{\partial r^2} + \frac{\partial^2\chi}{r\partial\theta\partial r} + \frac{\partial^3\eta}{\partial z\partial r^2}\right) \tag{6.4.38a}$$

$$\sigma_{r\theta} = \mu\left(2\frac{\partial^2\phi}{r\partial r\partial\theta} - \frac{\partial\phi}{r^2\partial\theta} + \frac{\partial^2\chi}{r^2\partial\theta^2} - \frac{\partial^2\chi}{\partial r^2} + \frac{1}{r}\frac{\partial\chi}{\partial r} + 2\frac{\partial^3\eta}{r\partial r\partial\theta\partial z} - \frac{1}{r^2}\frac{\partial^2\eta}{\partial\theta\partial z}\right) \tag{6.4.38b}$$

$$\sigma_{rz} = \mu\left(2\frac{\partial^2\phi}{\partial r\partial z} + \frac{\partial^2\chi}{r\partial\theta\partial z} + \frac{\partial^3\eta}{\partial r\partial z^2} - \frac{\partial^3\eta}{r^2\partial\theta^2\partial z} - \frac{\partial^3\eta}{\partial r^3} - \frac{1}{r}\frac{\partial^2\eta}{\partial r^2} + \frac{1}{r^2}\frac{\partial\eta}{\partial r}\right) \tag{6.4.38c}$$

便得到应力表达式，且此式为关于 A, B, C 的三元一次方程组。再利用圆柱体表面自由的边界条件

$$(\sigma_{rr}, \sigma_{r\theta}, \sigma_{rz})|_{r=a} = 0 \tag{6.4.39}$$

即可得到弯曲波的频散方程，即关于 A, B, C 的三元一次方程组的系数行列式为零

$$|D_{ij}| = 0 \quad (i, j = 1, 2, 3) \tag{6.4.40}$$

其中，

$$D_{11} = [2n(n-1) - \left(\eta_{\mathrm{S}}^2 - k^2\right)a^2]J_n(\eta_{\mathrm{P}} a) + 2\eta_{\mathrm{P}} a J_{n+1}(\eta_{\mathrm{P}} a)$$

$$D_{12} = 2k\eta_{\mathrm{S}} a^2 J_n(\eta_{\mathrm{S}} a) - 2ka(n+1)J_{n+1}(\eta_{\mathrm{S}} a)$$

$$D_{13} = 2n(n-1)J_n(\eta_{\mathrm{S}} a) - 2n\eta_{\mathrm{S}} a J_{n+1}(\eta_{\mathrm{S}} a)$$

$$D_{21} = -2n(n-1)J_n(\eta_{\mathrm{P}} a) + 2n\eta_{\mathrm{P}} a J_{n+1}(\eta_{\mathrm{P}} a)$$

$$D_{22} = -k\eta_{\mathrm{S}} a^2 J_n(\eta_{\mathrm{S}} a) + 2n(n+1)kaJ_{n+1}(\eta_{\mathrm{S}} a)$$

$$D_{23} = -[2n(n-1) - \eta_{\mathrm{S}}^2 a^2]J_n(\eta_{\mathrm{S}} a) - 2\eta_{\mathrm{S}} a J_{n+1}(\eta_{\mathrm{S}} a)$$

$$D_{31} = 2nkaJ_n(\eta_{\mathrm{P}} a) - 2k\eta_{\mathrm{P}} a^2 J_{n+1}(\eta_{\mathrm{P}} a)$$

$$D_{32} = n\eta_{\mathrm{S}} a J_n(\eta_{\mathrm{S}} a) + \left(k^2 - \eta_{\mathrm{S}}^2\right)a^2 J_{n+1}(\eta_{\mathrm{S}} a)$$

$$D_{33} = nkaJ_n(\eta_{\mathrm{S}} a)$$

前面讨论的无限长圆柱杆中可能存在的三种导波模式，即轴对称压缩波、轴对称扭转波，以及弯曲波的变形特征，如图 6.4.4 所示。其中，压缩波沿轴线方向的压缩和拉伸变形呈周期分布；扭转波沿轴线方向的顺/逆时针扭转变形呈周期分布；而弯曲波沿轴线方向的凹凸弯曲变形呈周期分布。为了更好地反映三种导波模式对应的变形特征以及它们之间的区别，这里将有限元模拟的三种导波模式的变形给出，如图 6.4.5 所示。

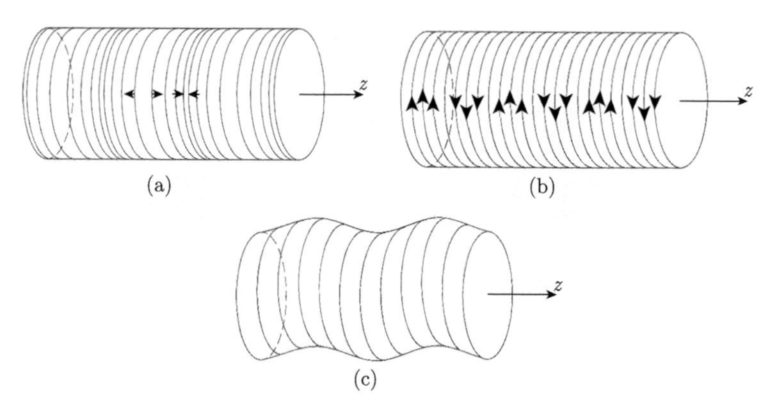

图 6.4.4　无限长圆柱杆中的三种导波模式

(a) 压缩波 (拉压变形周期分布)；(b) 扭转波 (顺/逆时针方向扭转变形周期分布)；(c) 弯曲波 (凹凸弯曲变形周期分布)

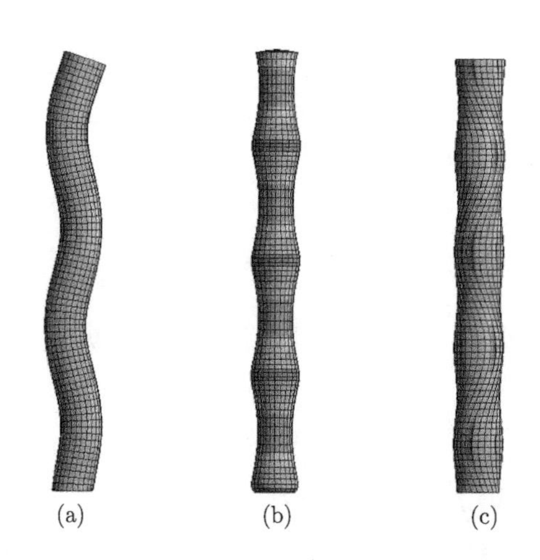

图 6.4.5　无限长圆柱杆中的三种导波模式的有限元模拟图

(a) 弯曲波 (凹凸弯曲变形周期分布)；(b) 压缩波 (拉压变形周期分布)；(c) 扭转波 (顺/逆时针方向扭转变形周期分布)

6.4.4 表面有液体负载情况

这种问题的数学处理与不受液体负载的圆柱杆的频散方程的处理方式基本相同，但是有两点需要注意：① 考虑水中传播的纵波，可用势函数 ϕ_{w} 来表示水中的纵波；② 考虑到圆杆中各种模态的导波在传播过程中由于能量不断泄漏到水中，波的振幅不断衰减，导波的波数应该是复数而不是实数。在柱坐标系下，水中波动方程

$$\nabla^2\phi = c_{\mathrm{P}}^{-2}\frac{\partial^2\phi}{\partial t^2} \tag{6.4.41}$$

的解可用汉克尔函数表示为

$$\phi_w = \left[CH_0^{(2)}\left(k_w r\right) + DH_0^{(1)}\left(k_w r\right)\right]\mathrm{e}^{\mathrm{i}k(z-ct)} \tag{6.4.42}$$

其中，

$$H_0^{(1,2)}(z) = J_0(z) \pm \mathrm{i}Y_0(z) \tag{6.4.43}$$

分别是第一类和第二类汉克尔函数。汉克尔函数实际上是由贝塞尔函数和 Neumann 函数组合得到的。第一类汉克尔函数表示从无穷远处向圆柱表面会聚的柱波，而第二类汉克尔函数表示从圆柱表面向外扩散的柱波。借助于第二类汉克尔函数，在水中由圆柱表面向外扩散的纵波可以表示为

$$\phi_{\mathrm{w}} = CH_0^{(2)}\left(k_{\mathrm{w}} r\right)\mathrm{e}^{\mathrm{i}k(z-ct)} \tag{6.4.44}$$

式中，

$$k_{\mathrm{w}}^2 = \left(\frac{\omega}{c_{\mathrm{w}}}\right)^2 - k^2, \quad H_0^{(2)}\left(k_{\mathrm{w}} r\right) = J_0\left(k_{\mathrm{w}} r\right) - \mathrm{i}Y_0\left(k_{\mathrm{w}} r\right)$$

将势函数代入 $u = \nabla\phi_{\mathrm{w}}$，并利用汉克尔函数的性质 $H_0'(x) = -H_1(x)$，得到水中纵波的径向位移为

$$u_r' = -k_{\mathrm{w}} CH_1^{(2)}\left(k_{\mathrm{w}} r\right)\mathrm{e}^{\mathrm{i}k(z-ct)} \tag{6.4.45}$$

进一步可以得到水的压力为

$$\sigma_{rr}' = \lambda_{\mathrm{w}}\nabla\cdot\boldsymbol{u} = \lambda_{\mathrm{w}}\left[-\left(k_{\mathrm{w}}^2 + k^2\right)H_0^{(2)}\left(k_{\mathrm{w}} r\right)\right]C\mathrm{e}^{\mathrm{i}k(z-ct)} \tag{6.4.46}$$

应用圆柱表面上的应力、位移连续性条件，以及表面剪切应力为零的边界条件

$$\sigma_{rr}\big|_{r=a} = \sigma_{rr}'\big|_{r=a} \tag{6.4.47a}$$

$$\sigma_{rz}\big|_{r=a} = 0 \tag{6.4.47b}$$

$$u_r\big|_{r=a} = u_r'\big|_{r=a} \tag{6.4.47c}$$

可得到如下的三个方程：

$$\left[-\frac{\lambda\omega^2}{c_{\mathrm{P}}^2}J_0\left(\eta_{\mathrm{P}}r\right)+2\mu\frac{\mathrm{d}^2J_0\left(\eta_{\mathrm{P}}r\right)}{\mathrm{d}r^2}\right]_{r=a}A+2\mathrm{i}\mu k\left.\frac{\mathrm{d}^2J_0\left(\eta_{\mathrm{S}}r\right)}{\mathrm{d}r^2}\right|_{r=a}B$$

$$=-\lambda_{\mathrm{w}}\left(k_{\mathrm{w}}^2+k^2\right)H_0^{(2)}\left(k_{\mathrm{w}}a\right)C \tag{6.4.48a}$$

$$2\mathrm{i}k\left.\frac{\mathrm{d}J_0\left(\eta_{\mathrm{P}}r\right)}{\mathrm{d}r}\right|_{r=a}A-\left\{k^2\frac{\mathrm{d}J_0\left(\eta_{\mathrm{S}}r\right)}{\mathrm{d}r}+\frac{\mathrm{d}}{\mathrm{d}r}\left[\frac{1}{r}\frac{\mathrm{d}}{\mathrm{d}r}\left(r\frac{\mathrm{d}J_0\left(\eta_{\mathrm{S}}r\right)}{\mathrm{d}r}\right)\right]\right\}_{r=a}B=0 \tag{6.4.48b}$$

$$-A\eta_{\mathrm{P}}J_1\left(\eta_{\mathrm{P}}a\right)-\mathrm{i}kB\eta_{\mathrm{S}}J_1\left(\eta_{\mathrm{S}}a\right)+k_{\mathrm{w}}CH_1^{(2)}\left(k_{\mathrm{w}}a\right)=0 \tag{6.4.48c}$$

根据方程有非零解条件，得频散方程为

$$\left|D_{mn}\right|=0\quad(m,n=1,2,3) \tag{6.4.49}$$

其中，

$$D_{11}=-\left(\frac{\lambda\omega^2}{c_{\mathrm{P}}^2}+\mu\eta_{\mathrm{P}}^2\right)J_0\left(\eta_{\mathrm{P}}a\right)+\mu\eta_{\mathrm{P}}^2J_2\left(\eta_{\mathrm{P}}a\right)$$

$$D_{12}=\mathrm{i}\mu k\eta_{\mathrm{S}}^2\left[J_0\left(\eta_{\mathrm{S}}a\right)-J_2\left(\eta_{\mathrm{S}}a\right)\right],\quad D_{13}=\lambda_{\mathrm{w}}\left(k_{\mathrm{w}}^2+k^2\right)H_0^{(2)}\left(k_{\mathrm{w}}a\right)$$

$$D_{21}=-2\mathrm{i}k\eta_{\mathrm{P}}J_1\left(\eta_{\mathrm{P}}a\right),\quad D_{22}=\eta_{\mathrm{S}}\left(k^2-\eta_{\mathrm{S}}^2\right)J_1\left(\eta_{\mathrm{S}}a\right),\quad D_{23}=0$$

$$D_{31}=-\eta_{\mathrm{P}}J_1\left(\eta_{\mathrm{P}}a\right),\quad D_{32}=-\mathrm{i}k\eta_{\mathrm{S}}J_1\left(\eta_{\mathrm{S}}a\right),\quad D_{33}=k_{\mathrm{w}}H_1^{(2)}\left(k_{\mathrm{w}}a\right)$$

方程 (6.4.49) 是关于导波波数 k 和角频率 ω 的非线性函数，当给定角频率求波数时，仅在复数域有根，在实数范围内无根存在。物理上体现了导波传播过程中的能量泄漏特征。

6.5　圆柱管中的导波

埋藏在地下的水管以及石油管线，在长时间服役过程中，会出现开裂、腐蚀等各种缺陷。管道结构的健康检测在工程实际中具有重要意义。因而，深入研究管道结构中的导波传播模式和传播特征是十分必要的。考虑内径为 a，外径为 b 的无限长圆管 (图 6.5.1)，和无限长圆柱杆相比，圆管具有内外两个边界。根据圆管的用途和所使用的环境，内外边界的边界条件可能是各种各样的。以下就几种常见边界条件分析圆管中的导波类型和频散特征。

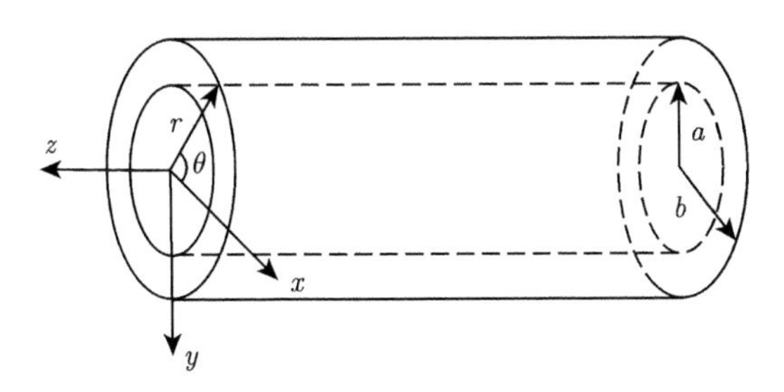

图 6.5.1 无限长圆管中的导波

6.5.1 轴对称扭转波

当位移场满足下列条件

$$u_r(r,z,t) = u_z(r,z,t) = 0 \tag{6.5.1a}$$

$$u_\theta(r,z,t) \neq 0 \tag{6.5.1b}$$

$$\frac{\partial(\cdot)}{\partial\theta} = 0 \tag{6.5.1c}$$

时，圆管中存在的导波称为轴对称扭转波。类似于实心圆杆中轴对称压缩波的推导过程，圆管中非零位移解为

$$u_\theta = \begin{cases} \left(C_1 r + C_2 \dfrac{1}{r}\right)\exp\left[\mathrm{i}k(z-ct)\right], & \eta_{\mathrm{S}} = 0 \\ \left[C_3 J_1(\eta_{\mathrm{S}} r) + C_4 Y_1(\eta_{\mathrm{S}} r)\right]\exp\left[\mathrm{i}k(z-ct)\right], & \eta_{\mathrm{S}} \neq 0 \end{cases} \tag{6.5.2a}$$

上式也可以改写为

$$u_\theta = \begin{cases} \left(C_1 r + C_2 \dfrac{1}{r}\right)\exp\left[\mathrm{i}k(z-ct)\right], & \eta_{\mathrm{S}} = 0 \\ \left[C_3 H_1^{(1)}(\eta_{\mathrm{S}} r) + C_4 H_1^{(2)}(\eta_{\mathrm{S}} r)\right]\exp\left[\mathrm{i}k(z-ct)\right], & \eta_{\mathrm{S}} \neq 0 \end{cases} \tag{6.5.2b}$$

若采用式 (6.5.2b) 的形式，将下列讨论中的第一类和第二类贝塞尔函数分别用第一类和第二类汉克尔函数替换即可，实质上是一致的。

对于内外边界自由的情况，边界条件可以表示为

当 $\eta_{\mathrm{S}} = 0$ 时，

$$\sigma_{r\theta} = 2\mu\varepsilon_{r\theta} = \mu\left(\frac{\partial u_\theta}{\partial r} - \frac{u_\theta}{r}\right) = \mu\frac{1}{r^2}C_2$$

考虑到内外边界自由的条件，要求 $\sigma_{r\theta}$ 在 $r=a$ 和 $r=b$ 处为零，这样，就要求 C_2 为零。

当 $\eta_{\rm S} \neq 0$ 时，边界条件为

$$\sigma_{r\theta}\big|_{r=a} = 2\mu\varepsilon_{r\theta}\big|_{r=a} = \mu\left(\frac{\partial u_\theta}{\partial r} - \frac{u_\theta}{r}\right)_{r=a} = 0 \tag{6.5.3a}$$

$$\sigma_{r\theta}\big|_{r=b} = 2\mu\varepsilon_{r\theta}\big|_{r=b} = \mu\left(\frac{\partial u_\theta}{\partial r} - \frac{u_\theta}{r}\right)_{r=b} = 0 \tag{6.5.3b}$$

考虑到 (此处略去 $\exp\left[\mathrm{i}k\left(z-ct\right)\right]$)

$$\begin{aligned}\frac{\partial u_\theta}{\partial r} - \frac{u_\theta}{r} &= C_3\frac{\mathrm{d}J_1\left(\eta_{\rm S}r\right)}{\mathrm{d}r} + C_4\frac{\mathrm{d}Y_1\left(\eta_{\rm S}r\right)}{\mathrm{d}r} - \frac{1}{r}\left[C_3J_1\left(\eta_{\rm S}r\right) + C_4Y_1\left(\eta_{\rm S}r\right)\right]\\ &= C_3\left\{\frac{\eta_{\rm S}}{2}\left[J_0\left(\eta_{\rm S}r\right) - J_2\left(\eta_{\rm S}r\right)\right] - \frac{1}{r}J_1\left(\eta_{\rm S}r\right)\right\}\\ &\quad + C_4\left\{\frac{\eta_{\rm S}}{2}\left[Y_0\left(\eta_{\rm S}r\right) - Y_2\left(\eta_{\rm S}r\right)\right] - \frac{1}{r}Y_1\left(\eta_{\rm S}r\right)\right\}\\ &= -C_3\eta_{\rm S}J_2\left(\eta_{\rm S}r\right) - C_4\eta_{\rm S}Y_2\left(\eta_{\rm S}r\right)\end{aligned} \tag{6.5.4}$$

上式利用了贝塞尔函数的递推关系式

$$J_v'\left(x\right) = \frac{1}{2}\left[J_{v-1}\left(x\right) - J_{v+1}\left(x\right)\right] \tag{6.5.5a}$$

$$J_{v-1}\left(x\right) + J_{v+1}\left(x\right) = \frac{2v}{x}J_v\left(x\right) \tag{6.5.5b}$$

边界条件可显式表示为

$$\left\{\begin{aligned}-C_3\eta_{\rm S}J_2\left(\eta_{\rm S}a\right) - C_4\eta_{\rm S}Y_2\left(\eta_{\rm S}a\right) = 0\\ -C_3\eta_{\rm S}J_2\left(\eta_{\rm S}b\right) - C_4\eta_{\rm S}Y_2\left(\eta_{\rm S}b\right) = 0\end{aligned}\right. \tag{6.5.6}$$

方程组有非零解的条件给出频散方程为

$$\begin{vmatrix}\eta_{\rm S}J_2\left(\eta_{\rm S}a\right) & \eta_{\rm S}Y_2\left(\eta_{\rm S}a\right)\\ \eta_{\rm S}J_2\left(\eta_{\rm S}b\right) & \eta_{\rm S}Y_2\left(\eta_{\rm S}b\right)\end{vmatrix} = \eta_{\rm S}^2\left[J_2\left(\eta_{\rm S}a\right)Y_2\left(\eta_{\rm S}b\right) - Y_2\left(\eta_{\rm S}a\right)J_2\left(\eta_{\rm S}b\right)\right] = 0 \tag{6.5.7}$$

由于 $\eta_{\rm S} = \left[\left(\dfrac{\omega}{c_{\rm S}}\right)^2 - k^2\right]^{\frac{1}{2}}$, $\omega = kc$，方程 (6.5.7) 是关于波数 k 和角频率 ω 的超越方程。由于贝塞尔函数的多值性，方程存在无限多个离散的根。它们对应于不同阶次的导波。

6.5.2 轴对称压缩波

在下列情况下：

$$u_r(r,z,t)\neq 0,\quad u_z(r,z,t)\neq 0,\quad u_\theta(r,z,t)=0,\quad \frac{\partial(\cdot)}{\partial\theta}=0 \tag{6.5.8}$$

圆管中传播的导波称为轴对称压缩波。类似于圆杆中的轴对称压缩波，势函数的解为

$$\begin{cases}\phi=[A_1J_0(\eta_\mathrm{P}r)+A_2Y_0(\eta_\mathrm{P}r)]\exp[\mathrm{i}k(z-ct)]\\ \eta=[A_3J_0(\eta_\mathrm{S}r)+A_4Y_0(\eta_\mathrm{S}r)]\exp[\mathrm{i}k(z-ct)]\end{cases} \tag{6.5.9a}$$

上式也可以改写为

$$\begin{cases}\phi=\left[A_1H_0^{(1)}(\eta_\mathrm{P}r)+A_2H_0^{(2)}(\eta_\mathrm{P}r)\right]\exp[\mathrm{i}k(z-ct)]\\ \eta=\left[A_3H_0^{(1)}(\eta_\mathrm{S}r)+A_4H_0^{(2)}(\eta_\mathrm{S}r)\right]\exp[\mathrm{i}k(z-ct)]\end{cases} \tag{6.5.9b}$$

(1) 对于内外边界自由的情况，边界条件可以表示为

$$\sigma_{rr}|_{r=a}=0,\quad \sigma_{rz}|_{r=a}=0 \tag{6.5.10a}$$

$$\sigma_{rr}|_{r=b}=0,\quad \sigma_{rz}|_{r=b}=0 \tag{6.5.10b}$$

将势函数的表达式代入上述边界条件得

$$\begin{aligned}&\left[-\frac{\lambda\omega^2}{c_\mathrm{P}^2}J_0(\eta_\mathrm{P}r)+2\mu\frac{\mathrm{d}^2J_0(\eta_\mathrm{P}r)}{\mathrm{d}r^2}\right]_{r=a}A_1\\&+\left[-\frac{\lambda\omega^2}{c_\mathrm{P}^2}Y_0(\eta_\mathrm{P}r)+2\mu\frac{\mathrm{d}^2Y_0(\eta_\mathrm{P}r)}{\mathrm{d}r^2}\right]_{r=a}A_2\\&+2\mathrm{i}\mu k\left.\frac{\mathrm{d}^2J_0(\eta_\mathrm{S}r)}{\mathrm{d}r^2}\right|_{r=a}A_3+2\mathrm{i}\mu k\left.\frac{\mathrm{d}^2Y_0(\eta_\mathrm{S}r)}{\mathrm{d}r^2}\right|_{r=a}A_4=0\end{aligned} \tag{6.5.11a}$$

$$\begin{aligned}&2\mathrm{i}k\left.\frac{\mathrm{d}J_0(\eta_\mathrm{P}r)}{\mathrm{d}r}\right|_{r=a}A_1+2\mathrm{i}k\left.\frac{\mathrm{d}Y_0(\eta_\mathrm{P}r)}{\mathrm{d}r}\right|_{r=a}A_2\\&-\left\{k^2\frac{\mathrm{d}J_0(\eta_\mathrm{S}r)}{\mathrm{d}r}+\frac{\mathrm{d}}{\mathrm{d}r}\left[\frac{1}{r}\frac{\mathrm{d}}{\mathrm{d}r}\left(r\frac{\mathrm{d}J_0(\eta_\mathrm{S}r)}{\mathrm{d}r}\right)\right]\right\}_{r=a}A_3\\&-\left\{k^2\frac{\mathrm{d}Y_0(\eta_\mathrm{S}r)}{\mathrm{d}r}+\frac{\mathrm{d}}{\mathrm{d}r}\left[\frac{1}{r}\frac{\mathrm{d}}{\mathrm{d}r}\left(r\frac{\mathrm{d}Y_0(\eta_\mathrm{S}r)}{\mathrm{d}r}\right)\right]\right\}_{r=a}A_4=0\end{aligned} \tag{6.5.11b}$$

$$\left[-\frac{\lambda\omega^2}{c_\mathrm{P}^2}J_0(\eta_\mathrm{P}r)+2\mu\frac{\mathrm{d}^2J_0(\eta_\mathrm{P}r)}{\mathrm{d}r^2}\right]_{r=b}A_1$$

$$+\left[-\frac{\lambda\omega^2}{c_{\mathrm{P}}^2}Y_0(\eta_{\mathrm{P}}r)+2\mu\frac{\mathrm{d}^2Y_0(\eta_{\mathrm{P}}r)}{\mathrm{d}r^2}\right]_{r=b}A_2$$
$$+2\mathrm{i}\mu k\frac{\mathrm{d}^2J_0(\eta_{\mathrm{S}}r)}{\mathrm{d}r^2}\bigg|_{r=b}A_3+2\mathrm{i}\mu k\frac{\mathrm{d}^2Y_0(\eta_{\mathrm{S}}r)}{\mathrm{d}r^2}\bigg|_{r=b}A_4=0 \tag{6.5.11c}$$

$$2\mathrm{i}k\left.\frac{\mathrm{d}J_0(\eta_{\mathrm{P}}r)}{\mathrm{d}r}\right|_{r=b}A_1+2\mathrm{i}k\left.\frac{\mathrm{d}Y_0(\eta_{\mathrm{P}}r)}{\mathrm{d}r}\right|_{r=b}A_2$$
$$-\left\{k^2\frac{\mathrm{d}J_0(\eta_{\mathrm{S}}r)}{\mathrm{d}r}+\frac{\mathrm{d}}{\mathrm{d}r}\left[\frac{1}{r}\frac{\mathrm{d}}{\mathrm{d}r}\left(r\frac{\mathrm{d}J_0(\eta_{\mathrm{S}}r)}{\mathrm{d}r}\right)\right]\right\}_{r=b}A_3$$
$$-\left\{k^2\frac{\mathrm{d}Y_0(\eta_{\mathrm{S}}r)}{\mathrm{d}r}+\frac{\mathrm{d}}{\mathrm{d}r}\left[\frac{1}{r}\frac{\mathrm{d}}{\mathrm{d}r}\left(r\frac{\mathrm{d}Y_0(\eta_{\mathrm{S}}r)}{\mathrm{d}r}\right)\right]\right\}_{r=b}A_4=0 \tag{6.5.11d}$$

方程有非零解的条件给出频散方程为

$$|D_{mn}|=0\quad(m,n=1,2,3,4) \tag{6.5.12}$$

其中，

$$D_{11}=-\left(\frac{\lambda\omega^2}{c_{\mathrm{P}}^2}+\mu\eta_{\mathrm{P}}^2\right)J_0(\eta_{\mathrm{P}}a)+\mu\eta_{\mathrm{P}}^2J_2(\eta_{\mathrm{P}}a)$$
$$D_{12}=-\left(\frac{\lambda\omega^2}{c_{\mathrm{P}}^2}+\mu\eta_{\mathrm{P}}^2\right)Y_0(\eta_{\mathrm{P}}a)+\mu\eta_{\mathrm{P}}^2Y_2(\eta_{\mathrm{P}}a)$$
$$D_{13}=\mathrm{i}\mu k\eta_{\mathrm{S}}^2[J_0(\eta_{\mathrm{S}}a)-J_2(\eta_{\mathrm{S}}a)],\quad D_{14}=\mathrm{i}\mu k\eta_{\mathrm{S}}^2[Y_0(\eta_{\mathrm{S}}a)-Y_2(\eta_{\mathrm{S}}a)]$$
$$D_{21}=-2\mathrm{i}k\eta_{\mathrm{P}}J_1(\eta_{\mathrm{P}}a),\quad D_{22}=-2\mathrm{i}k\eta_{\mathrm{P}}Y_1(\eta_{\mathrm{P}}a)$$
$$D_{23}=\eta_{\mathrm{S}}\left(k^2-\eta_{\mathrm{S}}^2\right)J_1(\eta_{\mathrm{S}}a),\quad D_{24}=\eta_{\mathrm{S}}\left(k^2-\eta_{\mathrm{S}}^2\right)Y_1(\eta_{\mathrm{S}}a)$$
$$D_{31}=-\left(\frac{\lambda\omega^2}{c_{\mathrm{P}}^2}+\mu\eta_{\mathrm{P}}^2\right)J_0(\eta_{\mathrm{P}}b)+\mu\eta_{\mathrm{P}}^2J_2(\eta_{\mathrm{P}}b)$$
$$D_{32}=-\left(\frac{\lambda\omega^2}{c_{\mathrm{P}}^2}+\mu\eta_{\mathrm{P}}^2\right)Y_0(\eta_{\mathrm{P}}b)+\mu\eta_{\mathrm{P}}^2Y_2(\eta_{\mathrm{P}}b)$$
$$D_{33}=\mathrm{i}\mu k\eta_{\mathrm{S}}^2[J_0(\eta_{\mathrm{S}}b)-J_2(\eta_{\mathrm{S}}b)],\quad D_{34}=\mathrm{i}\mu k\eta_{\mathrm{S}}^2[Y_0(\eta_{\mathrm{S}}b)-Y_2(\eta_{\mathrm{S}}b)]$$
$$D_{41}=-2\mathrm{i}k\eta_{\mathrm{P}}J_1(\eta_{\mathrm{P}}b),\quad D_{42}=-2\mathrm{i}k\eta_{\mathrm{P}}Y_1(\eta_{\mathrm{P}}b)$$
$$D_{43}=\eta_{\mathrm{S}}\left(k^2-\eta_{\mathrm{S}}^2\right)J_1(\eta_{\mathrm{S}}b),\quad D_{44}=\eta_{\mathrm{S}}\left(k^2-\eta_{\mathrm{S}}^2\right)Y_1(\eta_{\mathrm{S}}b)$$

(2) 对于圆管外表面固定、内表面自由的情况，边界条件可表示为

$$u_r|_{r=b}=u_z|_{r=b}=0 \tag{6.5.13a}$$

$$\sigma_{rr}|_{r=a}=\sigma_{rz}|_{r=a}=0 \tag{6.5.13b}$$

利用势函数表达式 (6.5.9)，上述边界条件可具体表示为

$$\begin{aligned}&\left[-\frac{\lambda\omega^2}{c_{\rm P}^2}J_0\left(\eta_{\rm P}r\right)+2\mu\frac{{\rm d}^2J_0\left(\eta_{\rm P}r\right)}{{\rm d}r^2}\right]_{r=a}A_1\\&+\left[-\frac{\lambda\omega^2}{c_{\rm P}^2}Y_0\left(\eta_{\rm P}r\right)+2\mu\frac{{\rm d}^2Y_0\left(\eta_{\rm P}r\right)}{{\rm d}r^2}\right]_{r=a}A_2\\&+2{\rm i}\mu k\frac{{\rm d}^2J_0\left(\eta_{\rm S}r\right)}{{\rm d}r^2}\bigg|_{r=a}A_3+2{\rm i}\mu k\frac{{\rm d}^2Y_0\left(\eta_{\rm S}r\right)}{{\rm d}r^2}\bigg|_{r=a}A_4=0\end{aligned}$$

$$\begin{aligned}&2{\rm i}k\,\frac{{\rm d}J_0\left(\eta_{\rm P}r\right)}{{\rm d}r}\bigg|_{r=a}A_1+2{\rm i}k\,\frac{{\rm d}Y_0\left(\eta_{\rm P}r\right)}{{\rm d}r}\bigg|_{r=a}A_2\\&-\left\{k^2\frac{{\rm d}J_0\left(\eta_{\rm S}r\right)}{{\rm d}r}+\frac{\rm d}{{\rm d}r}\left[\frac{1}{r}\frac{\rm d}{{\rm d}r}\left(r\frac{{\rm d}J_0\left(\eta_{\rm S}r\right)}{{\rm d}r}\right)\right]\right\}_{r=a}A_3\\&-\left\{k^2\frac{{\rm d}Y_0\left(\eta_{\rm S}r\right)}{{\rm d}r}+\frac{\rm d}{{\rm d}r}\left[\frac{1}{r}\frac{\rm d}{{\rm d}r}\left(r\frac{{\rm d}Y_0\left(\eta_{\rm S}r\right)}{{\rm d}r}\right)\right]\right\}_{r=a}A_4=0\end{aligned}$$

$$A_1\eta_{\rm P}J_1\left(\eta_{\rm P}b\right)+A_2\eta_{\rm P}Y_1\left(\eta_{\rm P}b\right)+{\rm i}kA_3\eta_{\rm S}J_1\left(\eta_{\rm S}b\right)+{\rm i}kA_4\eta_{\rm S}Y_1\left(\eta_{\rm S}b\right)=0$$

$${\rm i}kA_1J_0\left(\eta_{\rm P}b\right)+{\rm i}kA_2Y_0\left(\eta_{\rm P}b\right)+A_3\eta_{\rm S}^2J_2\left(\eta_{\rm S}b\right)+A_4\eta_{\rm S}^2Y_2\left(\eta_{\rm S}b\right)=0$$

相应地，其频散方程为

$$|D_{mn}|=0\quad(m,n=1,2,3,4)\tag{6.5.14}$$

其中，

$$\begin{aligned}&D_{11}=-\left(\frac{\lambda\omega^2}{c_{\rm P}^2}+\mu\eta_{\rm P}^2\right)J_0\left(\eta_{\rm P}a\right)+\mu\eta_{\rm P}^2J_2\left(\eta_{\rm P}a\right)\\&D_{12}=-\left(\frac{\lambda\omega^2}{c_{\rm P}^2}+\mu\eta_{\rm P}^2\right)Y_0\left(\eta_{\rm P}a\right)+\mu\eta_{\rm P}^2Y_2\left(\eta_{\rm P}a\right)\\&D_{13}={\rm i}\mu k\eta_{\rm S}^2\left[J_0\left(\eta_{\rm S}a\right)-J_2\left(\eta_{\rm S}a\right)\right],\quad D_{14}={\rm i}\mu k\eta_{\rm S}^2\left[Y_0\left(\eta_{\rm S}a\right)-Y_2\left(\eta_{\rm S}a\right)\right]\\&D_{21}=-2{\rm i}k\eta_{\rm P}J_1\left(\eta_{\rm P}a\right),\quad D_{22}=-2{\rm i}k\eta_{\rm P}Y_1\left(\eta_{\rm P}a\right)\\&D_{23}=\eta_{\rm S}\left(k^2-\eta_{\rm S}^2\right)J_1\left(\eta_{\rm S}a\right),\quad D_{24}=\eta_{\rm S}\left(k^2-\eta_{\rm S}^2\right)Y_1\left(\eta_{\rm S}a\right)\\&D_{31}=-\eta_{\rm P}J_1\left(\eta_{\rm P}b\right),\quad D_{32}=-\eta_{\rm P}Y_1\left(\eta_{\rm P}b\right)\\&D_{33}={\rm i}k\eta_{\rm S}J_1\left(\eta_{\rm S}b\right),\quad D_{34}={\rm i}k\eta_{\rm S}Y_1\left(\eta_{\rm S}b\right)\\&D_{41}={\rm i}kJ_0\left(\eta_{\rm P}b\right),\quad D_{42}={\rm i}kY_0\left(\eta_{\rm P}b\right)\\&D_{43}=\eta_{\rm S}^2J_2\left(\eta_{\rm S}b\right),\quad D_{44}=\eta_{\rm S}^2Y_2\left(\eta_{\rm S}b\right)\end{aligned}$$

6.5.3 非轴对称波 (弯曲波)

类似于实心圆杆情况，非对称弯曲波的三个位移分量 u_r, u_θ, u_z 以及三个势函数 ϕ, χ, η 都不为零，且都是坐标和时间 (r, θ, z, t) 的函数。三个势函数的解可表示为

$$f_n = [C_n J_n(\eta_\alpha r) + D_n Y_n(\eta_\alpha r)][A_n \sin n\theta + B_n \cos n\theta] \exp[\mathrm{i}k(z - ct)] \tag{6.5.15a}$$

或者

$$f_n = \left[C_n H_n^{(1)}(\eta_\alpha r) + D_n H_n^{(2)}(\eta_\alpha r)\right][A_n \sin n\theta + B_n \cos n\theta] \exp[\mathrm{i}k(z - ct)] \tag{6.5.15b}$$

η_α 根据情况取 η_{P} 或者 η_{S}。考虑到在弯曲波情况下位移模态 (u_r, u_θ, u_z) 关于 θ 的对称性，我们在 H 表达式中放弃 $\sin(n\theta)$ 或者 $\cos(n\theta)$ 以使 u_r, u_θ, u_z 的各项表达式中仅含有 $\sin(n\theta)$ (关于 θ 满足对称性) 或者 $\cos(n\theta)$ (关于 θ 满足反对称性)。最后得到势的表达式为

$$\phi = [AJ_n(\eta_{\mathrm{P}} r) + BY_n(\eta_{\mathrm{P}} r)] \cos(n\theta) \exp[\mathrm{i}k(z - ct)] \tag{6.5.16a}$$

$$\chi = [CJ_n(\eta_{\mathrm{S}} r) + DY_n(\eta_{\mathrm{S}} r)] \sin(n\theta) \exp[\mathrm{i}k(z - ct)] \tag{6.5.16b}$$

$$\eta = [EJ_n(\eta_{\mathrm{S}} r) + FY_n(\eta_{\mathrm{S}} r)] \cos(n\theta) \exp[\mathrm{i}k(z - ct)] \tag{6.5.16c}$$

上式表明，势或者位移在径向及周向有无穷多个可能的分布。对于特定的 n 值将对应着弯曲波的一个模态族，若将式 (6.5.16) 的三个式子代入应力–势关系

$$\sigma_{rr} = \frac{\lambda}{c_d^2}\frac{\partial^2 \phi}{\partial t^2} + 2\mu\left(\frac{\partial^2 \phi}{\partial r^2} + \frac{\partial^2 \chi}{r\partial\theta\partial r} + \frac{\partial^3 \eta}{\partial z\partial r^2}\right) \tag{6.5.17a}$$

$$\sigma_{r\theta} = \mu\left(2\frac{\partial^2 \phi}{r\partial r\partial\theta} - \frac{\partial \phi}{r^2\partial\theta} + \frac{\partial^2 \chi}{r^2\partial\theta^2} - \frac{\partial^2 \chi}{\partial r^2} + \frac{1}{r}\frac{\partial \chi}{\partial r} + 2\frac{\partial^3 \eta}{r\partial r\partial\theta\partial z} - \frac{1}{r^2}\frac{\partial^2 \eta}{\partial\theta\partial z}\right) \tag{6.5.17b}$$

$$\sigma_{rz} = \mu\left(2\frac{\partial^2 \phi}{\partial r\partial z} + \frac{\partial^2 \chi}{r\partial\theta\partial z} + \frac{\partial^3 \eta}{\partial r\partial z^2} - \frac{\partial^3 \eta}{r^2\partial\theta^2\partial z} - \frac{\partial^3 \eta}{\partial r^3} - \frac{1}{r}\frac{\partial^2 \eta}{\partial r^2} + \frac{1}{r^2}\frac{\partial \eta}{\partial r}\right) \tag{6.5.17c}$$

便得到应力的具体表达式。再利用圆管内外表面自由的边界条件

$$(\sigma_{rr}, \sigma_{r\theta}, \sigma_{rz})\big|_{r=a,b} = 0 \tag{6.5.18}$$

可以得到关于势函数表达式中系数 A, B, C, D, E, F 的六元一次方程组。存在非零解条件得到频散方程

$$|D_{ij}| = 0 \quad (i, j = 1, 2, \cdots, 6) \tag{6.5.19}$$

其中，

$$
\begin{aligned}
D_{11} &= [2n(n-1)-(\eta_{\mathrm{S}}^2-k^2)a^2]J_n(\eta_{\mathrm{P}}a)+2\eta_{\mathrm{P}}aJ_{n+1}(\eta_{\mathrm{P}}a)\\
D_{12} &= 2k\eta_{\mathrm{S}}a^2J_n(\eta_{\mathrm{S}}a)-2ka(n+1)J_{n+1}(\eta_{\mathrm{S}}a)\\
D_{13} &= -2n(n-1)J_n(\eta_{\mathrm{S}}a)+2n\eta_{\mathrm{S}}aJ_{n+1}(\eta_{\mathrm{S}}a)\\
D_{14} &= [2n(n-1)-(\eta_{\mathrm{S}}^2-k^2)a^2]Y_n(\eta_{\mathrm{P}}a)+2\eta_{\mathrm{P}}aY_{n+1}(\eta_{\mathrm{P}}a)\\
D_{15} &= 2k\eta_{\mathrm{S}}a^2Y_n(\eta_{\mathrm{S}}a)-2ka(n+1)Y_{n+1}(\eta_{\mathrm{S}}a)\\
D_{16} &= -2n(n-1)Y_n(\eta_{\mathrm{S}}a)+2n\eta_{\mathrm{S}}aY_{n+1}(\eta_{\mathrm{S}}a)\\
D_{21} &= 2n(n-1)J_n(\eta_{\mathrm{P}}a)-2n\eta_{\mathrm{P}}aJ_{n+1}(\eta_{\mathrm{P}}a)\\
D_{22} &= -k\eta_{\mathrm{S}}a^2J_n(\eta_{\mathrm{S}}a)+2ka(n+1)J_{n+1}(\eta_{\mathrm{S}}a)\\
D_{23} &= -[2n(n-1)-\eta_{\mathrm{S}}^2a^2]J_n(\eta_{\mathrm{S}}a)-2\eta_{\mathrm{S}}aJ_{n+1}(\eta_{\mathrm{S}}a)\\
D_{24} &= 2n(n-1)Y_n(\eta_{\mathrm{P}}a)-2n\eta_{\mathrm{P}}aY_{n+1}(\eta_{\mathrm{P}}a)\\
D_{25} &= -k\eta_{\mathrm{S}}a^2Y_n(\eta_{\mathrm{S}}a)+2ka(n+1)Y_{n+1}(\eta_{\mathrm{S}}a)\\
D_{26} &= -[2n(n-1)-\eta_{\mathrm{S}}^2a^2]Y_n(\eta_{\mathrm{S}}a)-2\eta_{\mathrm{S}}aY_{n+1}(\eta_{\mathrm{S}}a)\\
D_{31} &= 2nkaJ_n(\eta_{\mathrm{P}}a)+2k\eta_{\mathrm{P}}a^2J_{n+1}(\eta_{\mathrm{P}}a)\\
D_{32} &= -n\eta_{\mathrm{S}}aJ_n(\eta_{\mathrm{S}}a)+(\eta_{\mathrm{S}}^2-k^2)a^2J_{n+1}(\eta_{\mathrm{S}}a)\\
D_{33} &= nkaJ_n(\eta_{\mathrm{S}}a)\\
D_{34} &= -2nkaY_n(\eta_{\mathrm{P}}a)+2k\eta_{\mathrm{P}}a^2Y_{n+1}(\eta_{\mathrm{P}}a)\\
D_{35} &= -n\eta_{\mathrm{S}}aY_n(\eta_{\mathrm{S}}a)+(\eta_{\mathrm{S}}^2-k^2)a^2Y_{n+1}(\eta_{\mathrm{S}}a)\\
D_{36} &= nkaY_n(\eta_{\mathrm{S}}a)
\end{aligned}
$$

余下的元素 $D_{41} \sim D_{66}$ 与元素 $D_{11} \sim D_{36}$ 相同，只是将式中的 a 用 b 代替。

6.5.4 内外表面均有液体负载的情况

对于海底管道，其内外表面均有液体负载。因此，研究具有液体负载的管道中的导波具有现实的意义。以下以轴对称压缩波为例，讨论液体负载的影响。对于其他类型的导波可以类似讨论。

在圆管外围的液体中存在向外扩散的纵波，假定其势函数为

$$
\phi'_{\mathrm{w}} = A_5 H_0^{(2)}(k_{\mathrm{w}}r)\,\mathrm{e}^{\mathrm{i}k(z-ct)} \tag{6.5.20}
$$

式中，$k_{\mathrm{w}}^2 = \left(\dfrac{\omega}{c_{\mathrm{w}}}\right)^2 - k^2$。该纵波在液体中产生位移和压力分别为

$$
u'_r = \nabla\phi_{\mathrm{w}} = -k_{\mathrm{w}}A_5 H_1^{(2)}(k_{\mathrm{w}}r)\,\mathrm{e}^{\mathrm{i}k(z-ct)} \tag{6.5.21}
$$

$$\sigma'_{rr} = \lambda_{\mathrm{w}} \nabla \cdot \boldsymbol{u}' = \lambda_{\mathrm{w}} \left[-\left(k_{\mathrm{w}}^2 + k^2\right) H_0^{(2)}\left(k_{\mathrm{w}} r\right) \right] A_5 \mathrm{e}^{\mathrm{i}k(z-ct)} \tag{6.5.22}$$

在圆管内部的液体中也存在一个纵波，但考虑到在 $r=0$ 时该纵波对应位移的有界性，该纵波的势函数可表示为

$$\phi''_{\mathrm{w}} = A_6 J_0\left(k_{\mathrm{w}} r\right) \mathrm{e}^{\mathrm{i}k(z-ct)} \tag{6.5.23}$$

相应的位移和压力为

$$u''_r = -k_{\mathrm{w}} A_6 J_1\left(k_{\mathrm{w}} r\right) \mathrm{e}^{\mathrm{i}k(z-ct)} \tag{6.5.24}$$

$$\sigma''_{rr} = \lambda_{\mathrm{w}} \left[-\left(k_{\mathrm{w}}^2 + k^2\right) J_0\left(k_{\mathrm{w}} r\right) \right] A_6 \mathrm{e}^{\mathrm{i}k(z-ct)} \tag{6.5.25}$$

圆柱管内部的势函数与式 (6.5.9) 相同。

应用圆管内外表面的径向压力和径向位移的连续性条件以及内外表面剪切应力为零的条件

$$u_r\big|_{r=a} = u''_r\big|_{r=a}, \quad u_r\big|_{r=b} = u'_r\big|_{r=b} \tag{6.5.26a}$$

$$\sigma_{rr}\big|_{r=a} = \sigma''_{rr}\big|_{r=a}, \quad \sigma_{rr}\big|_{r=b} = \sigma'_{rr}\big|_{r=b} \tag{6.5.26b}$$

$$\sigma_{rz}\big|_{r=a} = 0, \quad \sigma_{rz}\big|_{r=b} = 0 \tag{6.5.26c}$$

可得如下线性代数方程组：

$$\left(D_{mn}\right)\left\{A_n\right\} = 0, \quad \left\{A_n\right\} = \left(A_1, A_1, \cdots, A_6\right)^{\mathrm{T}} \tag{6.5.27}$$

由方程有非零解的条件，得频散方程为

$$\left|D_{ij}\right| = 0 \quad (i, j = 1, 2, \cdots, 6) \tag{6.5.28}$$

其中，

$$D_{11} = -\left(\frac{\lambda\omega^2}{c_{\mathrm{P}}^2} + \mu\eta_{\mathrm{P}}^2\right) J_0\left(\eta_{\mathrm{P}} a\right) + \mu\eta_{\mathrm{P}}^2 J_2\left(\eta_{\mathrm{P}} a\right)$$

$$D_{12} = -\left(\frac{\lambda\omega^2}{c_{\mathrm{P}}^2} + \mu\eta_{\mathrm{P}}^2\right) Y_0\left(\eta_{\mathrm{P}} a\right) + \mu\eta_{\mathrm{P}}^2 Y_2\left(\eta_{\mathrm{P}} a\right)$$

$$D_{13} = \mathrm{i}\mu k\eta_{\mathrm{S}}^2 \left[J_0\left(\eta_{\mathrm{S}} a\right) - J_2\left(\eta_{\mathrm{S}} a\right)\right], \quad D_{14} = \mathrm{i}\mu k\eta_{\mathrm{S}}^2 \left[Y_0\left(\eta_{\mathrm{S}} a\right) - Y_2\left(\eta_{\mathrm{S}} a\right)\right]$$

$$D_{15} = 0, \quad D_{16} = -\lambda_{\mathrm{w}} \left[-\left(k_{\mathrm{w}}^2 + k^2\right) J_0\left(k_{\mathrm{w}} a\right) \right]$$

$$D_{21} = -2\mathrm{i}k\eta_{\mathrm{P}} J_1\left(\eta_{\mathrm{P}} a\right), \quad D_{22} = -2\mathrm{i}k\eta_{\mathrm{P}} Y_1\left(\eta_{\mathrm{P}} a\right)$$

$$D_{23} = \eta_{\mathrm{S}}\left(k^2 - \eta_{\mathrm{S}}^2\right) J_1\left(\eta_{\mathrm{S}} a\right), \quad D_{24} = \eta_{\mathrm{S}}\left(k^2 - \eta_{\mathrm{S}}^2\right) Y_1\left(\eta_{\mathrm{S}} a\right)$$

$$D_{25} = 0, \quad D_{26} = 0, \quad D_{31} = -\eta_{\mathrm{P}} J_1\left(\eta_{\mathrm{P}} a\right)$$

$$D_{32} = -\eta_{\mathrm{P}} Y_1\left(\eta_{\mathrm{P}} a\right), \quad D_{33} = \mathrm{i}k\eta_{\mathrm{S}} J_1\left(\eta_{\mathrm{S}} a\right)$$

$$D_{34}=\mathrm{i}k\eta_{\mathrm{S}}Y_1(\eta_{\mathrm{S}}a),\quad D_{35}=0,\quad D_{36}=k_{\mathrm{w}}J_1(k_{\mathrm{w}}a)$$

$$D_{41}=-\eta_{\mathrm{P}}J_1(\eta_{\mathrm{P}}b),\quad D_{42}=-\eta_{\mathrm{P}}Y_1(\eta_{\mathrm{P}}b),\quad D_{43}=\mathrm{i}k\eta_{\mathrm{S}}J_1(\eta_{\mathrm{S}}b)$$

$$D_{44}=\mathrm{i}k\eta_{\mathrm{S}}Y_1(\eta_{\mathrm{S}}b),\quad D_{45}=k_{\mathrm{w}}H_1^{(2)}(k_{\mathrm{w}}b),\quad D_{46}=0$$

$$D_{51}=-2\mathrm{i}k\eta_{\mathrm{P}}J_1(\eta_{\mathrm{P}}b),\quad D_{52}=-2\mathrm{i}k\eta_{\mathrm{P}}Y_1(\eta_{\mathrm{P}}b),\quad D_{53}=\eta_{\mathrm{S}}\left(k^2-\eta_{\mathrm{S}}^2\right)J_1(\eta_{\mathrm{S}}b)$$

$$D_{54}=\eta_{\mathrm{S}}\left(k^2-\eta_{\mathrm{S}}^2\right)Y_1(\eta_{\mathrm{S}}b),\quad D_{55}=0,\quad D_{56}=0$$

$$D_{61}=-\left(\frac{\lambda\omega^2}{c_{\mathrm{P}}^2}+\mu\eta_{\mathrm{P}}^2\right)J_0(\eta_{\mathrm{P}}b)+\mu\eta_{\mathrm{P}}^2J_2(\eta_{\mathrm{P}}b)$$

$$D_{62}=-\left(\frac{\lambda\omega^2}{c_{\mathrm{P}}^2}+\mu\eta_{\mathrm{P}}^2\right)Y_0(\eta_{\mathrm{P}}b)+\mu\eta_{\mathrm{P}}^2Y_2(\eta_{\mathrm{P}}b)$$

$$D_{63}=\mathrm{i}\mu k\eta_{\mathrm{S}}^2\left[J_0(\eta_{\mathrm{S}}b)-J_2(\eta_{\mathrm{S}}b)\right],\quad D_{64}=\mathrm{i}\mu k\eta_{\mathrm{S}}^2\left[Y_0(\eta_{\mathrm{S}}b)-Y_2(\eta_{\mathrm{S}}b)\right]$$

$$D_{65}=-\lambda_{\mathrm{w}}\left[-\left(k_{\mathrm{w}}^2+k^2\right)H_0^{(2)}(k_{\mathrm{w}}b)\right],\quad D_{66}=0$$

考虑到管道外部液体的存在，液体中的纵波是向外扩散的柱面波，会携带走一部分能量，将导致圆柱管道中伸缩型导波的能量逐渐减少，成为漏波。不同于圆柱管道外部液体，管道内部液体中的纵波是沿径向的驻波，不会消耗导波的能量。

对于圆柱管道中的扭转型导波，考虑到液体不能承载剪应力，管道内部和外部的液体对扭转模态的导波无任何的影响。扭转导波各模态的频散曲线和置于空气中的管道并无不同。

6.6 球壳中的导波

圆球坐标系中的梯度算子和拉普拉斯算子为

$$\nabla=\frac{\partial}{\partial r}\boldsymbol{e}_r+\frac{1}{r}\frac{\partial}{\partial\theta}\boldsymbol{e}_\theta+\frac{1}{r\sin\theta}\frac{\partial}{\partial\varphi}\boldsymbol{e}_\varphi \tag{6.6.1}$$

$$\nabla^2=\frac{1}{r^2}\frac{\partial}{\partial r}\left(r^2\frac{\partial}{\partial r}\right)+\frac{1}{r^2\sin\theta}\frac{\partial}{\partial\theta}\left(\sin\theta\frac{\partial}{\partial\theta}\right)+\frac{1}{r^2\sin^2\theta}\frac{\partial^2}{\partial\varphi^2} \tag{6.6.2}$$

在球坐标系下的位移场分解可表示为

$$\boldsymbol{u}=\nabla\varPhi+\nabla\times\boldsymbol{F}=\nabla\varPhi+\nabla\times(r\varPsi\boldsymbol{e}_r)+\nabla\times\nabla\times(r\varPi\boldsymbol{e}_r)=\boldsymbol{L}+\boldsymbol{M}+\boldsymbol{N} \tag{6.6.3}$$

其中，$\boldsymbol{L},\boldsymbol{M}$ 和 $\boldsymbol{N}$ 分别为位移势函数 $(\varPhi,\varPsi,\varPi)$ 对位移场的贡献。类似于直角坐标系下的 P 波、SV 波和 SH 波，位移势函数 $(\varPhi,\varPsi,\varPi)$ 代表了球坐标系下三种极化模式的弹性波。将式 (6.6.3) 代入位移场的控制方程，可得位移势函数满足的波动方程如下：

$$\nabla^2 \Phi = c_{\mathrm{P}}^{-2}\frac{\partial^2 \Phi}{\partial t^2} \tag{6.6.4a}$$

$$\nabla^2 \Psi = c_{\mathrm{S}}^{-2}\frac{\partial^2 \Psi}{\partial t^2} \tag{6.6.4b}$$

$$\nabla^2 \Pi = c_{\mathrm{S}}^{-2}\frac{\partial^2 \Pi}{\partial t^2} \tag{6.6.4c}$$

式中，$c_{\mathrm{P}}^2 = \dfrac{\lambda + 2\mu}{\rho}$，$c_{\mathrm{S}}^2 = \dfrac{\mu}{\rho}$ 分别表示膨胀波和剪切波的波速。在球坐标系下位移–势的关系如下:

$$u_r = \frac{\partial \Phi}{\partial r} - \frac{1}{r}\left[\frac{\cos\theta}{\sin\theta}\frac{\partial \Pi}{\partial \theta} + \frac{\partial^2 \Pi}{\partial \theta^2} + \frac{1}{\sin^2\theta}\frac{\partial^2 \Pi}{\partial \varphi^2}\right] \tag{6.6.5}$$

$$u_\theta = \frac{\partial \Phi}{r\partial \theta} + \frac{1}{\sin\theta}\frac{\partial \Psi}{\partial \varphi} + \frac{\partial \Pi}{r\partial \theta} + \frac{\partial^2 \Pi}{\partial r\partial \theta} \tag{6.6.6}$$

$$u_\varphi = \frac{1}{r\sin\theta}\frac{\partial \Phi}{\partial \varphi} - \frac{\partial \Psi}{\partial \theta} + \frac{1}{r}\left[\frac{1}{\sin\theta}\frac{\partial \Pi}{\partial \varphi} + \frac{r}{\sin\theta}\frac{\partial^2 \Pi}{\partial \varphi\partial r}\right] \tag{6.6.7}$$

代入应变及应力的表达式:

$$\begin{aligned}
&\varepsilon_{rr} = \frac{\partial u_r}{\partial r},\quad \varepsilon_{\theta\theta} = \frac{1}{r}\frac{\partial u_\theta}{\partial \theta} + \frac{u_r}{r},\quad \varepsilon_{\varphi\varphi} = \frac{1}{r\sin\theta}\frac{\partial u_\varphi}{\partial \varphi} + \frac{\cot\theta}{r}u_\theta + \frac{u_r}{r}\\
&\varepsilon_{r\theta} = \varepsilon_{\theta r} = \frac{1}{2}\left(\frac{1}{r}\frac{\partial u_r}{\partial \theta} + \frac{\partial u_\theta}{\partial r} - \frac{u_\theta}{r}\right),\quad \varepsilon_{r\varphi} = \varepsilon_{\varphi r} = \frac{1}{2}\left(\frac{1}{r\sin\theta}\frac{\partial u_r}{\partial \varphi} + \frac{\partial u_\varphi}{\partial r} - \frac{u_\varphi}{r}\right)\\
&\varepsilon_{\theta\varphi} = \varepsilon_{\varphi\theta} = \frac{1}{2}\left(\frac{1}{r\sin\theta}\frac{\partial u_\theta}{\partial \varphi} + \frac{1}{r}\frac{\partial u_\varphi}{\partial \theta} - \frac{\cot\theta}{r}u_\varphi\right)\\
&\sigma_{rr} = \lambda(\nabla\cdot\boldsymbol{u}) + 2\mu\frac{\partial u_r}{\partial r},\quad \sigma_{\theta\theta} = \lambda(\nabla\cdot\boldsymbol{u}) + 2\mu\left(\frac{1}{r}\frac{\partial u_\theta}{\partial \theta} + \frac{u_r}{r}\right)\\
&\sigma_{\varphi\varphi} = \lambda(\nabla\cdot\boldsymbol{u}) + 2\mu\left(\frac{1}{r\sin\theta}\frac{\partial u_\varphi}{\partial \varphi} + \frac{\cot\theta}{r}u_\theta + \frac{u_r}{r}\right)\\
&\sigma_{r\theta} = \sigma_{\theta r} = \mu\left(\frac{1}{r}\frac{\partial u_r}{\partial \theta} + \frac{\partial u_\theta}{\partial r} - \frac{u_\theta}{r}\right)\\
&\sigma_{r\varphi} = \sigma_{\varphi r} = \mu\left(\frac{1}{r\sin\theta}\frac{\partial u_r}{\partial \varphi} + \frac{\partial u_\varphi}{\partial r} - \frac{u_\varphi}{r}\right)\\
&\sigma_{\theta\varphi} = \sigma_{\varphi\theta} = \mu\left(\frac{1}{r\sin\theta}\frac{\partial u_\theta}{\partial \varphi} + \frac{1}{r}\frac{\partial u_\varphi}{\partial \theta} - \frac{\cot\theta}{r}u_\varphi\right)
\end{aligned} \tag{6.6.8}$$

可得应变–势及应力–势的关系

$$\varepsilon_{rr} = \frac{\partial^2 \Phi}{\partial r^2} + \frac{1}{r^2}\left(\frac{\cos\theta}{\sin\theta}\frac{\partial \Pi}{\partial \theta} + \frac{\partial^2 \Pi}{\partial \theta^2} + \frac{1}{\sin^2\theta}\frac{\partial^2 \Pi}{\partial \varphi^2}\right)$$

$$-\frac{1}{r}\left(\frac{\cos\theta}{\sin\theta}\frac{\partial^2\Pi}{\partial r\partial\theta}+\frac{\partial^3\Pi}{\partial r\partial\theta^2}+\frac{1}{\sin^2\theta}\frac{\partial^3\Pi}{\partial r\partial\varphi^2}\right)$$

$$\varepsilon_{\theta\theta}=\frac{1}{r}\left(\frac{\partial^2\Phi}{r\partial\theta^2}-\frac{\cos\theta}{\sin^2\theta}\frac{\partial\Psi}{\partial\varphi}+\frac{1}{\sin\theta}\frac{\partial^2\Psi}{\partial\theta\partial\varphi}+\frac{\partial^2\Pi}{r\partial\theta^2}+\frac{\partial^3\Pi}{\partial r\partial\theta^2}\right)$$

$$+\frac{1}{r}\left[\frac{\partial\Phi}{\partial r}-\frac{1}{r}\left(\frac{\cos\theta}{\sin\theta}\frac{\partial\Pi}{\partial\theta}+\frac{\partial^2\Pi}{\partial\theta^2}+\frac{1}{\sin^2\theta}\frac{\partial^2\Pi}{\partial\varphi^2}\right)\right]$$

$$\varepsilon_{\varphi\varphi}=\frac{1}{r\sin\theta}\left[\frac{1}{r\sin\theta}\frac{\partial^2\Phi}{\partial\varphi^2}-\frac{\partial^2\Psi}{\partial\varphi\partial\theta}+\frac{1}{r}\left(\frac{1}{\sin\theta}\frac{\partial^2\Pi}{\partial\varphi^2}+\frac{r}{\sin\theta}\frac{\partial^3\Pi}{\partial\varphi^2\partial r}\right)\right]$$

$$+\frac{\cot\theta}{r}\left(\frac{\partial\Phi}{r\partial\theta}+\frac{1}{\sin\theta}\frac{\partial\Psi}{\partial\varphi}+\frac{\partial\Pi}{r\partial\theta}+\frac{\partial^2\Pi}{\partial r\partial\theta}\right)$$

$$+\frac{1}{r}\left[\frac{\partial\Phi}{\partial r}-\frac{1}{r}\left(\frac{\cos\theta}{\sin\theta}\frac{\partial\Pi}{\partial\theta}+\frac{\partial^2\Pi}{\partial\theta^2}+\frac{1}{\sin^2\theta}\frac{\partial^2\Pi}{\partial\varphi^2}\right)\right]$$

$$\varepsilon_{r\theta}=\frac{1}{2}\left\{\frac{1}{r}\left[\frac{\partial^2\Phi}{\partial\theta\partial r}-\frac{1}{r}\left(-\frac{1}{\sin^2\theta}\frac{\partial\Pi}{\partial\theta}+\frac{\cos\theta}{\sin\theta}\frac{\partial^2\Pi}{\partial\theta^2}+\frac{\partial^3\Pi}{\partial\theta^3}\right.\right.\right.$$

$$\left.\left.-\frac{2\cos\theta}{\sin^3\theta}\frac{\partial^2\Pi}{\partial\varphi^2}+\frac{1}{\sin^2\theta}\frac{\partial^3\Pi}{\partial\theta\partial\varphi^2}\right)\right]-\frac{1}{r^2}\frac{\partial\Phi}{\partial\theta}+\frac{1}{r}\frac{\partial^2\Phi}{\partial r\partial\theta}$$

$$+\frac{1}{\sin\theta}\frac{\partial^2\Psi}{\partial r\partial\varphi}-\frac{1}{r^2}\frac{\partial\Pi}{\partial\theta}+\frac{1}{r}\frac{\partial^2\Pi}{\partial r\partial\theta}+\frac{\partial^3\Pi}{\partial r^2\partial\theta}$$

$$\left.-\frac{1}{r}\left(\frac{\partial\Phi}{r\partial\theta}+\frac{1}{\sin\theta}\frac{\partial\Psi}{\partial\varphi}+\frac{\partial\Pi}{r\partial\theta}+\frac{\partial^2\Pi}{\partial r\partial\theta}\right)\right\}$$

$$\varepsilon_{r\varphi}=\frac{1}{2}\left\{\frac{1}{r\sin\theta}\left[\frac{\partial^2\Phi}{\partial\varphi\partial r}-\frac{1}{r}\left(\frac{\cos\theta}{\sin\theta}\frac{\partial^2\Pi}{\partial\varphi\partial\theta}+\frac{\partial^3\Pi}{\partial\varphi\partial\theta^2}+\frac{1}{\sin^2\theta}\frac{\partial^3\Pi}{\partial\varphi^3}\right)\right]\right.$$

$$-\frac{1}{r^2\sin\theta}\frac{\partial\Phi}{\partial\varphi}+\frac{1}{r\sin\theta}\frac{\partial^2\Phi}{\partial r\partial\varphi}-\frac{\partial^2\Psi}{\partial r\partial\theta}-\frac{1}{r^2}\left(\frac{1}{\sin\theta}\frac{\partial\Pi}{\partial\varphi}+\frac{r}{\sin\theta}\frac{\partial^2\Pi}{\partial\varphi\partial r}\right)$$

$$+\frac{1}{r}\left(\frac{2}{\sin\theta}\frac{\partial^2\Pi}{\partial r\partial\varphi}+\frac{r}{\sin\theta}\frac{\partial^3\Pi}{\partial r^2\partial\varphi}\right)$$

$$\left.-\frac{1}{r}\left[\frac{1}{r\sin\theta}\frac{\partial\Phi}{\partial\varphi}-\frac{\partial\Psi}{\partial\theta}+\frac{1}{r}\left(\frac{1}{\sin\theta}\frac{\partial\Pi}{\partial\varphi}+\frac{r}{\sin\theta}\frac{\partial^2\Pi}{\partial\varphi\partial r}\right)\right]\right\}$$

$$\varepsilon_{\varphi\theta}=\frac{1}{2}\left\{\frac{1}{r\sin\theta}\left(\frac{\partial^2\Phi}{r\partial\varphi\partial\theta}+\frac{1}{\sin\theta}\frac{\partial^2\Psi}{\partial\varphi^2}+\frac{\partial^2\Pi}{r\partial\varphi\partial\theta}+\frac{\partial^3\Pi}{\partial r\partial\varphi\partial\theta}\right)\right.$$

$$+\frac{1}{r}\left[-\frac{\cos\theta}{r\sin^2\theta}\frac{\partial\Phi}{\partial\varphi}+\frac{1}{r\sin\theta}\frac{\partial^2\Phi}{\partial\theta\partial\varphi}-\frac{\partial^2\Psi}{\partial\theta^2}\right.$$

$$\left.+\frac{1}{r}\left(-\frac{\cos\theta}{\sin^2\theta}\frac{\partial\Pi}{\partial\varphi}+\frac{1}{\sin\theta}\frac{\partial^2\Pi}{\partial\theta\partial\varphi}-\frac{r\cos\theta}{\sin^2\theta}\frac{\partial^2\Pi}{\partial r\partial\varphi}+\frac{r}{\sin\theta}\frac{\partial^3\Pi}{\partial r\partial\varphi\partial\theta}\right)\right]$$

$$
-\frac{\cot\theta}{r}\left[\frac{1}{r\sin\theta}\frac{\partial\Phi}{\partial\varphi}-\frac{\partial\Psi}{\partial\theta}+\frac{1}{r}\left(\frac{1}{\sin\theta}\frac{\partial\Pi}{\partial\varphi}+\frac{r}{\sin\theta}\frac{\partial^2\Pi}{\partial\varphi\partial r}\right)\right]\right\}
$$

$$
\begin{aligned}
\sigma_{rr} &= \lambda\nabla^2\Phi+2\mu\frac{\partial^2\Phi}{\partial r^2}+2\mu l\left[\frac{\partial^2(r\Pi)}{\partial r^2}-r\nabla^2\Pi\right]\\
\sigma_{\theta\theta} &= \lambda\nabla^2\Phi+2\mu\left(\frac{1}{r}\frac{\partial\Phi}{\partial r}+\frac{1}{r^2}\frac{\partial^2\Phi}{\partial\theta^2}\right)+2\mu\frac{1}{r}\frac{\partial}{\partial\theta}\left[\frac{1}{r\sin\theta}\frac{\partial^2(r\psi)}{\partial\varphi\partial r}\right]\\
&\quad+2\mu l\left[\frac{1}{r^2}\frac{\partial^3(r\Pi)}{\partial\theta^2\partial r}+\frac{1}{r}\left(\frac{\partial^2(r\Pi)}{\partial r^2}-r\nabla^2\Pi\right)\right]\\
\sigma_{\varphi\varphi} &= \lambda\nabla^2\Phi+2\mu\left[\frac{1}{r\sin\theta}\frac{\partial}{\partial\varphi}\left(\frac{1}{r\sin\theta}\frac{\partial\Phi}{\partial\varphi}\right)+\frac{1}{r}\frac{\partial\Phi}{\partial r}+\frac{1}{r^2}\cot\theta\frac{\partial\Phi}{\partial\theta}\right]\\
&\quad+2\mu\left[\frac{\cot\theta}{r^2\sin\theta}\frac{\partial(r\psi)}{\partial\varphi}-\frac{1}{r^2\sin\theta}\frac{\partial^2(r\psi)}{\partial\varphi\partial\theta}\right]\\
&\quad+2\mu l\left[\frac{1}{r^2\sin^2\theta}\frac{\partial^3(r\Pi)}{\partial\varphi^2\partial r}+\frac{1}{r}\left(\frac{\partial^2(r\Pi)}{\partial r^2}-r\nabla^2\Pi\right)+\frac{\cot\theta}{r^2}\frac{\partial^2(r\psi)}{\partial\theta\partial r}\right]\\
\sigma_{r\theta} &= \frac{2\mu}{r}\left[\frac{\partial^2\Phi}{\partial r\partial\theta}-\frac{1}{r}\frac{\partial\Phi}{\partial\theta}\right]-\frac{\mu}{r}\left[\frac{1}{r\sin\theta}\frac{\partial(r\psi)}{\partial\varphi}-r\frac{\partial}{\partial r}\left(\frac{1}{r\sin\theta}\frac{\partial(r\psi)}{\partial\varphi}\right)\right]\\
&\quad+\frac{\mu l}{r}\left[\frac{\partial}{\partial\theta}\left(\frac{\partial^2(r\Pi)}{\partial r^2}-r\nabla^2\Pi\right)-\frac{1}{r}\frac{\partial^2(r\Pi)}{\partial\theta\partial r}+r\frac{\partial}{\partial r}\left(\frac{1}{r}\frac{\partial^2(r\Pi)}{\partial\theta\partial r}\right)\right]\\
\sigma_{r\varphi} &= 2\mu\left[\frac{1}{r\sin\theta}\frac{\partial^2\Phi}{\partial r\partial\varphi}-\frac{1}{r^2\sin\theta}\frac{\partial\Phi}{\partial\varphi}\right]+\mu\left[\frac{2}{r^2}\frac{\partial(r\psi)}{\partial\theta}-\frac{1}{r}\frac{\partial^2(r\psi)}{\partial\theta\partial r}\right]\\
&\quad+\mu l\left[\frac{1}{r\sin\theta}\frac{\partial}{\partial\varphi}\left(\frac{2\partial^2(r\Pi)}{\partial r^2}-r\nabla^2\Pi\right)-\frac{2}{r^2\sin\theta}\frac{\partial^2(r\Pi)}{\partial\varphi\partial r}\right]\\
\sigma_{\theta\varphi} &= 2\mu\left[\frac{1}{r^2\sin\theta}\frac{\partial^2\Phi}{\partial\theta\partial\varphi}-\frac{\cot\theta}{r^2\sin\theta}\frac{\partial\Phi}{\partial\varphi}\right]+2\mu l\left[\frac{1}{r^2\sin\theta}\frac{\partial^3(r\Pi)}{\partial r\partial\theta\partial\varphi}-\frac{\cot\theta}{r^2\sin\theta}\frac{\partial^2(r\Pi)}{\partial r\partial\varphi}\right]\\
&\quad+\mu\left[\frac{\cot\theta}{r^2}\frac{\partial(r\psi)}{\partial\theta}-\frac{1}{r^2}\frac{\partial^2(r\psi)}{\partial\theta^2}+\frac{1}{r^2\sin^2\theta}\frac{\partial^2(r\psi)}{\partial\varphi^2}\right]
\end{aligned}\tag{6.6.9}
$$

下面讨论内径为 a、外径为 b 的圆球中的导波。在球坐标 (r,θ,φ) 下，式 (6.6.4) 的位移势函数的解可以用球波函数形式表示如下：

$$
\Phi=\sum\left[A_{mn}j_n(\alpha r)+B_{mn}y_n(\alpha r)\right]P_n^m(\cos\theta)\mathrm{e}^{(\mathrm{i}m\varphi-\mathrm{i}\omega t)}\tag{6.6.10a}
$$

$$
\Psi=\sum\left[A'_{mn}j_n(\beta r)+B'_{mn}y_n(\beta r)\right]P_n^m(\cos\theta)\mathrm{e}^{(\mathrm{i}m\varphi-\mathrm{i}\omega t)}\tag{6.6.10b}
$$

$$
\Pi=\sum\left[A''_{mn}j_n(\beta r)+B''_{mn}y_n(\beta r)\right]P_n^m(\cos\theta)\mathrm{e}^{(\mathrm{i}m\varphi-\mathrm{i}\omega t)}\tag{6.6.10c}
$$

其中，j_n 和 y_n 分别表示第一类和第二类球贝塞尔函数；$P_n^m(\cos\theta)$ 是连带勒让德多项式；$A_{mn}, B_{mn}, A'_{mn}, B'_{mn}, A''_{mn}$ 和 B''_{mn} 是任意常数；α 和 β 分别表示压缩波和剪切波的波数，即

$$\alpha = \frac{\omega}{c_{\mathrm{P}}}, \quad \beta = \frac{\omega}{c_{\mathrm{S}}} \tag{6.6.11}$$

如果记

$$v_{mn}(r) = A_{mn}j_n(\alpha r) + B_{mn}y_n(\alpha r) \tag{6.6.12a}$$

$$g_{mn}(r) = A'_{mn}j_n(\beta r) + B'_{mn}y_n(\beta r) \tag{6.6.12b}$$

$$f_{mn}(r) = A''_{mn}j_n(\beta r) + B''_{mn}y_n(\beta r) \tag{6.6.12c}$$

则 $v_{mn}(r), f_{mn}(r)$ 和 $g_{mn}(r)$ 表示导波沿径向的位移模式，而 $P_n^m(\cos\theta)$ 表示导波沿经线方向的位移模式。它们是区别不同阶次导波的根本所在。$\mathrm{e}^{(\mathrm{i}m\varphi-\mathrm{i}\omega t)}$ 表示沿纬线方向传播的导波，其中 m 表示角波数，它与线波数 $k=\dfrac{2\pi}{\Lambda}$ 之间的关系为 $m=kb$ (b 为空心球的外径)。波长 Λ 与角波数 m 之间的关系为 $\Lambda=\dfrac{2\pi b}{m}$，或者 $m=\dfrac{2\pi b}{\Lambda}$，即在赤道上包含的对应一个周期的完整波形的个数。当 m 为整数时，表示沿纬线方向传播的导波退化为驻波。考虑到在极点，即 $\theta=0,\pi$ 处，$P_n^m(\cos\theta)$ 应该是有界的，从而，n 只能取整数。当 m 和 n 均取整数时，式 (6.6.10) 表示的实际上就是圆球的 (n,m) 阶固有振动 (驻波)，相应的频率就是对应于 (n,m) 阶固有振动的振动频率 ω_{nm}。当讨论球面上的导波时，南北极点处的有界性条件以及纬线方向的周期性条件都可以放松，只需保留球面上的自由边界条件。从而 m 和 n 不限制于取整数，而是可以取任意实数。这是振动解与波动解的区别之处。

对于 (n,m) 阶导波，根据势函数–位移之间关系，可得到该阶导波对应的位移分量表达式为

$$u_r = U_r(r)P_n^m(\cos\theta)\mathrm{e}^{\mathrm{i}m\varphi-\mathrm{i}mt} \tag{6.6.13a}$$

$$u_\theta = \left(U_\theta^1(r)\frac{\mathrm{d}}{\mathrm{d}\theta} + U_\theta^2(r)\frac{\mathrm{i}m}{\sin\theta}\right)P_n^m(\cos\theta)\mathrm{e}^{\mathrm{i}m\varphi-\mathrm{i}mt} \tag{6.6.13b}$$

$$u_\varphi = -\left(U_\varphi^2(r)\frac{\mathrm{d}}{\mathrm{d}\theta} + U_\varphi^1(r)\frac{\mathrm{i}m}{\sin\theta}\right)P_n^m(\cos\theta)\mathrm{e}^{\mathrm{i}m\varphi-\mathrm{i}mt} \tag{6.6.13c}$$

式中，

$$U_r(r) = \frac{\mathrm{d}}{\mathrm{d}r}v_{mn}(r) + n(n+1)\frac{f_{mn}(r)}{r}$$

$$U_\theta^1(r) = U_\varphi^1(r) = \frac{v_{mn}(r)}{r} + \frac{1}{r}\frac{\mathrm{d}(f_{mn}(r)r)}{\mathrm{d}r}$$

$$U_\theta^2(r) = U_\varphi^2(r) = g_{mn}(r)$$

同时，根据势函数–应力之间关系，得到对应于 (n,m) 阶导波的应力分量为

$$\sigma_{rr} = T_{rr}(r) P_n^m(\cos\theta) \mathrm{e}^{(\mathrm{i}m\varphi-\mathrm{i}\omega t)} \tag{6.6.14a}$$

$$\sigma_{r\theta} = \left(T_{r\theta}^1(r)\frac{\mathrm{d}}{\mathrm{d}\theta} + T_{r\theta}^2(r)\frac{\mathrm{i}m}{\sin\theta}\right) P_n^m(\cos\theta) \mathrm{e}^{(\mathrm{i}m\varphi-\mathrm{i}\omega t)} \tag{6.6.14b}$$

$$\sigma_{r\varphi} = -\left(T_{r\varphi}^2(r)\frac{\mathrm{d}}{\mathrm{d}\theta} + T_{r\varphi}^1(r)\frac{\mathrm{i}m}{\sin\theta}\right) P_n^m(\cos\theta) \mathrm{e}^{(\mathrm{i}m\varphi-\mathrm{i}\omega t)} \tag{6.6.14c}$$

其中，

$$T_{rr}(r) = \left(-\lambda\alpha^2 + 2\mu\frac{\mathrm{d}^2}{\mathrm{d}r^2}\right) v_{mn}(r) + 2\mu n(n+1)\frac{\mathrm{d}}{\mathrm{d}r}\left(\frac{f_{mn}(r)}{r}\right) \tag{6.6.15a}$$

$$T_{r\theta}^1(r) = T_{r\varphi}^1(r) = 2\mu\frac{\mathrm{d}}{\mathrm{d}r}\left(\frac{v_{mn}(r)}{r}\right) + \mu\left[\frac{1}{r^2}n(n+1) + \frac{\mathrm{d}^2}{\mathrm{d}r^2} - \frac{2}{r^2}\right] f_{mn}(r) \tag{6.6.15b}$$

$$T_{r\theta}^2(r) = T_{r\varphi}^2(r) = \mu\left(\frac{\mathrm{d}}{\mathrm{d}r} - \frac{1}{r}\right) g_{mn}(r) \tag{6.6.15c}$$

6.6.1 内外边界自由

球的内外表面自由的边界条件可表示为

$$\sigma_{rr}|_{r=a} = \sigma_{r\theta}|_{r=a} = \sigma_{r\varphi}|_{r=a} = 0, \quad \sigma_{rr}|_{r=b} = \sigma_{r\theta}|_{r=b} = \sigma_{r\varphi}|_{r=b} = 0 \tag{6.6.16}$$

将式 (6.6.14) 代入式 (6.6.16)，并利用 $T_{r\theta}^1(r) = T_{r\varphi}^1(r)$ 和 $T_{r\theta}^2(r) = T_{r\varphi}^2(r)$，在内边界上，得

$$T_{rr}(a) P_n^m(\cos\theta) \mathrm{e}^{(\mathrm{i}m\varphi-\mathrm{i}\omega t)} = 0 \tag{6.6.17a}$$

$$\left(T_{r\theta}^1(a)\frac{\mathrm{d}}{\mathrm{d}\theta} + T_{r\theta}^2(a)\frac{\mathrm{i}m}{\sin\theta}\right) P_n^m(\cos\theta) \mathrm{e}^{(\mathrm{i}m\varphi-\mathrm{i}\omega t)} = 0 \tag{6.6.17b}$$

$$-\left(T_{r\varphi}^2(a)\frac{\mathrm{d}}{\mathrm{d}\theta} + T_{r\varphi}^1(a)\frac{\mathrm{i}m}{\sin\theta}\right) P_n^m(\cos\theta) \mathrm{e}^{(\mathrm{i}m\varphi-\mathrm{i}\omega t)} = 0 \tag{6.6.17c}$$

由勒让德函数的性质

$$(2n+1)\left(1-x^2\right)\frac{\mathrm{d}}{\mathrm{d}x}\left(P_n^m(x)\right) = (n+1)(n+m) P_{n-1}^m(x) - n(n+m-1) P_{n+1}^m(x) \tag{6.6.18}$$

得

$$\frac{\mathrm{d}}{\mathrm{d}\theta}P_n^m(\cos\theta) = \frac{(n+1)(n+m)}{(2n+1)\sin\theta}P_{n-1}^m(\cos\theta) - \frac{n(n+m-1)}{(2n+1)\sin\theta}P_{n+1}^m(\cos\theta) \tag{6.6.19}$$

球面调和函数在球面：$0 \leqslant \theta \leqslant \pi, 0 \leqslant \varphi \leqslant 2\pi$ 上的正交性条件可以表示为

$$\int_0^{\pi}\int_0^{2\pi} P_n^m(\cos\theta)\mathrm{e}^{\mathrm{i}m\varphi}P_l^k(\cos\theta)\mathrm{e}^{\mathrm{i}k\varphi}\sin\theta\mathrm{d}\theta\mathrm{d}\varphi = \begin{cases} 0, & n \neq l \text{或} m \neq k \\ (N_n^m)^2, & n = l \text{且} m = k \end{cases} \tag{6.6.20}$$

其中，

$$(N_n^m)^2 = \frac{(n+m)!}{(n-m)!}\frac{2}{2n+1}\pi\delta_m$$

$$\delta_m = \begin{cases} 2, & m = 0 \\ 1, & m \neq 0 \end{cases}$$

将式 (6.6.19) 和式 (6.6.20) 应用到边界条件 (6.6.17) 可得内边界 $r = a$ 处的边界条件

$$T_{rr}(a) = 0 \tag{6.6.21a}$$

$$T_{r\theta}^1(a) = 0 \quad \text{或者} \quad T_{r\theta}^2(a) = 0 \tag{6.6.21b}$$

$$T_{r\varphi}^1(a) = 0 \quad \text{或者} \quad T_{r\varphi}^2(a) = 0 \tag{6.6.21c}$$

考虑到式 (6.6.15)，$r = a$ 处的边界条件可以表示为

$$\begin{Bmatrix} T_{rr}(a) \\ T_{r\theta}^1(a) \\ T_{r\theta}^2(a) \end{Bmatrix} = 0 \tag{6.6.22}$$

同理，外边界 $r = b$ 处的边界条件可表示为

$$\begin{Bmatrix} T_{rr}(b) \\ T_{r\theta}^1(b) \\ T_{r\theta}^2(b) \end{Bmatrix} = 0 \tag{6.6.23}$$

式 (6.6.22) 和式 (6.6.23) 可组合成如下的线性代数方程组：

$$(D)_{6\times 6}\{A\}_{6\times 1} = 0 \tag{6.6.24}$$

其中，

$$(D) = \begin{pmatrix} D_1 & 0 \\ 0 & D_2 \end{pmatrix} = \begin{pmatrix} d_{11} & d_{12} & d_{13} & d_{14} & 0 & 0 \\ d_{21} & d_{22} & d_{23} & d_{24} & 0 & 0 \\ d_{31} & d_{32} & d_{33} & d_{34} & 0 & 0 \\ d_{41} & d_{42} & d_{43} & d_{44} & 0 & 0 \\ 0 & 0 & 0 & 0 & d_{55} & d_{56} \\ 0 & 0 & 0 & 0 & d_{65} & d_{66} \end{pmatrix}$$

$$\{A\} = (A_{mn}, B_{mn}, A''_{mn}, B''_{mn}, A'_{mn}, B'_{mn})^{\mathrm{T}}$$

其中，D_1 是一个 4×4 的方阵，表征着由纵波 $\varPhi$ 和剪切波 $\varPi$ 耦合在一起的类兰姆波的频散方程。类兰姆波不仅存在面内位移 u_φ 和 u_θ，而且存在径向位移 u_r。球壳中的类兰姆波对应于柱壳中的轴对称压缩波和弯曲波。可以将类兰姆波理解为从一个极点传向另一个极点的球面导波。D_2 是一个 2×2 的方阵，表征着由剪切波 $\varPsi$ 产生的导波，由于势函数 $\varPsi$ 仅产生球面内的位移 u_φ 和 u_θ，不产生径向位移 u_r，所以可称其为类 SH 波。球面内的类 SH 波对应于柱壳中的扭转波，可理解为从一个极点传向另一个极点的球面扭转导波。

按照方程组有非零解的条件得类兰姆波和类 SH 波频散方程分别为

$$\varOmega_1(n,\omega) = \det(D_1) = 0 \tag{6.6.25}$$

$$\varOmega_2(n,\omega) = \det(D_2) = 0 \tag{6.6.26}$$

其中，

$$d_{11} = -\frac{\lambda}{2\mu}\alpha^2 j_n(\alpha a) + \frac{2\alpha}{a} j_{n+1}(\alpha a) + \frac{n^2-n}{a^2} j_n(\alpha a) - \alpha^2 j_n(\alpha a)$$

$$d_{12} = -\frac{\lambda}{2\mu}\alpha^2 y_n(\alpha a) + \frac{2\alpha}{a} y_{n+1}(\alpha a) + \frac{n^2-n}{a^2} y_n(\alpha a) - \alpha^2 y_n(\alpha a)$$

$$d_{13} = n(n+1)\left(\frac{n-1}{a^2} j_n(\beta a) - \frac{\beta}{a} j_{n+1}(\beta a)\right)$$

$$d_{14} = n(n+1)\left(\frac{n-1}{a^2} y_n(\beta a) - \frac{\beta}{a} y_{n+1}(\beta a)\right), \quad D_{15} = D_{16} = 0$$

$$d_{21} = 2\left(\frac{n-1}{a^2} j_n(\alpha a) - \frac{\alpha}{a} j_{n+1}(\alpha a)\right), \quad d_{22} = 2\left(\frac{n-1}{a^2} y_n(\alpha a) - \frac{\alpha}{a} y_{n+1}(\alpha a)\right)$$

$$d_{23} = \frac{1}{a^2} n(n+1) j_n(\beta a) + \frac{2\beta}{a} j_{n+1}(\beta a) + \frac{n^2-n}{a^2} j_n(\beta a) - \beta^2 j_n(\beta a) - \frac{2}{a^2} j_n(\beta a)$$

$$d_{24} = \frac{1}{a^2} n(n+1) y_n(\beta a) + \frac{2\beta}{a} y_{n+1}(\beta a) + \frac{n^2-n}{a^2} y_n(\beta a) - \beta^2 y_n(\beta a) - \frac{2}{a^2} y_n(\beta a)$$

$$d_{25} = d_{26} = 0$$

$$d_{31} = -\frac{\lambda}{2\mu}\alpha^2 j_n(\alpha b) + \frac{2\alpha}{b} j_{n+1}(\alpha b) + \frac{n^2-n}{b^2} j_n(\alpha b) - \alpha^2 j_n(\alpha b)$$

$$d_{32} = -\frac{\lambda}{2\mu}\alpha^2 y_n(\alpha b) + \frac{2\alpha}{b} y_{n+1}(\alpha b) + \frac{n^2-n}{b^2} y_n(\alpha b) - \alpha^2 y_n(\alpha b)$$

$$d_{33} = n(n+1)\left(\frac{n-1}{b^2} j_n(\beta b) - \frac{\beta}{b} j_{n+1}(\beta b)\right)$$

$$d_{34} = n(n+1)\left(\frac{n-1}{b^2} y_n(\beta b) - \frac{\beta}{b} y_{n+1}(\beta b)\right), \quad d_{35} = d_{36} = 0$$

$$d_{41}=2\left(\frac{n-1}{b^2}j_n(\alpha b)-\frac{\alpha}{b}j_{n+1}(\alpha b)\right),\quad d_{42}=2\left(\frac{n-1}{b^2}y_n(\alpha b)-\frac{\alpha}{b}y_{n+1}(\alpha b)\right)$$

$$d_{43}=\frac{1}{b^2}n(n+1)j_n(\beta b)+\frac{2\beta}{b}j_{n+1}(\beta b)+\frac{n^2-n}{b^2}j_n(\beta b)-\beta^2 j_n(\beta b)-\frac{2}{b^2}j_n(\beta b)$$

$$d_{44}=\frac{1}{b^2}n(n+1)y_n(\beta b)+\frac{2\beta}{b}y_{n+1}(\beta b)+\frac{n^2-n}{b^2}y_n(\beta b)-\beta^2 y_n(\beta b)-\frac{2}{b^2}y_n(\beta b)$$

$$d_{45}=d_{46}=0$$

$$d_{51}=d_{52}=d_{53}=d_{54}=0$$

$$d_{55}=\frac{n-1}{a}j_n(\beta a)-\beta j_{n+1}(\beta a),\quad d_{56}=\frac{n-1}{a}y_n(\beta a)-\beta y_{n+1}(\beta a)$$

$$d_{61}=d_{62}=d_{63}=d_{64}=0$$

$$d_{65}=\frac{n-1}{b}j_n(\beta b)-\beta j_{n+1}(\beta b),\quad d_{66}=\frac{n-1}{b}y_n(\beta b)-\beta y_{n+1}(\beta b)$$

由上述 d_{ij} 的表达式可以看出，d_{ij} 中并不包含 m，也就是说 (n,m) 阶导波的频散方程并不依赖于 m，这是球对称特征的自然结果。事实上，球壳的 (n,m) 阶固有振动的振动频率也与 m 无关。这一特征也被称为球壳的 (n,m) 阶固有振动是简并的，即对于任意整数 n，相应的 $m=0,\pm1,\cdots,\pm n$，共 $2n+1$ 阶固有振动具有相同的振动频率。不管是类兰姆波还是类 SH 波，既然频散方程与 m 无关，可仅就 $m=n$ 的情况进行讨论，此时，n 就和 m 具有相同的意义，即 n 表示导波的角波数。n 可以取任意实数值，当 n 取整数时，球面导波 (行波) 就退化为球面驻波。图 6.6.1 给出了球面导波和球面驻波的示意图。读者可以参考该图加深理解球面导波和球面驻波的意义。

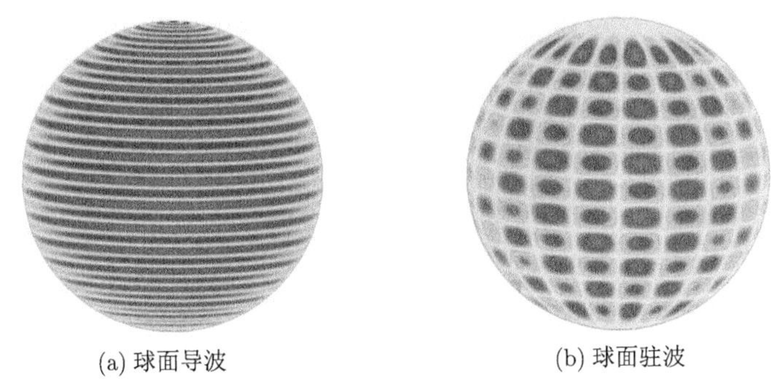

(a) 球面导波　　(b) 球面驻波

图 6.6.1　球面导波和球面驻波的示意图

6.6.2 内外表面有液体负载情况

这种问题的数学处理与不受液体负载的圆球的频散方程的处理方式基本相同，但是有两点需要注意：① 考虑水中传播的纵波，可用势函数 ϕ_{w} 来表示水中的纵波；② 考虑到圆球中各种模态的导波在传播过程中，由于能量不断泄漏到水中，导波的振幅不断衰减。需用复波数 $k=k^{\mathrm{r}}+\mathrm{i}k^{\mathrm{m}}$ 来考虑后一因素的影响，而 k 的虚部相当于一个衰减因子。

在球坐标系下，水中波动方程可用势函数 ϕ_{w} 表示为

$$\nabla^2\phi_{\mathrm{w}}=c_{\mathrm{P}}^{-2}\frac{\partial^2\phi_{\mathrm{w}}}{\partial t^2} \tag{6.6.27}$$

在圆球外围的液体中存在向外扩散的球面波，由式 (6.6.27) 可得球壳外水域的势函数为

$$\phi'_{\mathrm{w}}=\sum_{n=0}^{+\infty}\sum_{m=-n}^{+n}C_{mn}h_n^{(2)}\left(k_{\mathrm{w}}r\right)P_n^m\left(\cos\theta\right)\mathrm{e}^{\mathrm{i}m\varphi-\mathrm{i}\omega t} \tag{6.6.28}$$

式中，$k_{\mathrm{w}}=\dfrac{\omega}{c_{\mathrm{w}}}$，$c_{\mathrm{w}}$ 为水中声速。由 $\boldsymbol{u}'_{\mathrm{w}}=\nabla\phi'_{\mathrm{w}}$，进一步得到球面法向位移为

$$\begin{aligned}u'_r&=\sum_{n=0}^{+\infty}\sum_{m=-n}^{+n}C_{mn}\frac{\mathrm{d}}{\mathrm{d}r}h_n^{(2)}\left(k_{\mathrm{w}}r\right)P_n^m\left(\cos\theta\right)\mathrm{e}^{\mathrm{i}m\varphi-\mathrm{i}\omega t}\\&=\sum_{n=0}^{+\infty}\sum_{m=-n}^{+n}C_{mn}\left(\frac{n}{r}h_n^{(2)}\left(k_{\mathrm{w}}r\right)-k_{\mathrm{w}}h_{n+1}^{(2)}\left(k_{\mathrm{w}}r\right)\right)P_n^m\left(\cos\theta\right)\mathrm{e}^{\mathrm{i}m\varphi-\mathrm{i}\omega t}\end{aligned} \tag{6.6.29}$$

在球面波导和水的界面上，水的压力为

$$\sigma'_{rr}=\lambda_{\mathrm{w}}\nabla\cdot\boldsymbol{u}'_{\mathrm{w}}=-\sum_{n=0}^{+\infty}\sum_{m=-n}^{+n}\lambda_{\mathrm{w}}k_{\mathrm{w}}^2C_{mn}h_n^{(2)}\left(k_{\mathrm{w}}r\right)P_n^m\left(\cos\theta\right)\mathrm{e}^{(\mathrm{i}m\varphi-\mathrm{i}\omega t)} \tag{6.6.30}$$

考虑到在 $r=0$ 时位移的有界性，在圆球内部的液体中存在一个球面驻波，该球面驻波的势函数可表示为

$$\phi''_{\mathrm{w}}=\sum_{n=0}^{+\infty}\sum_{m=-n}^{+n}E_{mn}j_n\left(k_{\mathrm{w}}r\right)P_n^m\left(\cos\theta\right)\mathrm{e}^{\mathrm{i}m\varphi-\mathrm{i}\omega t} \tag{6.6.31}$$

相应的位移和压力为

$$\begin{aligned}u''_r&=\sum_{n=0}^{+\infty}\sum_{m=-n}^{+n}E_{mn}\frac{\mathrm{d}}{\mathrm{d}r}j_n\left(k_{\mathrm{w}}r\right)P_n^m\left(\cos\theta\right)\mathrm{e}^{\mathrm{i}m\varphi-\mathrm{i}\omega t}\\&=\sum_{n=0}^{+\infty}\sum_{m=-n}^{+n}E_{mn}\left(\frac{n}{r}j_n\left(k_{\mathrm{w}}r\right)-k_{\mathrm{w}}j_{n+1}\left(k_{\mathrm{w}}r\right)\right)P_n^m\left(\cos\theta\right)\mathrm{e}^{\mathrm{i}m\varphi-\mathrm{i}\omega t}\end{aligned} \tag{6.6.32}$$

$$\sigma''_{rr}=\lambda_{\mathrm{w}}\nabla\cdot\boldsymbol{u}''_{\mathrm{w}}=-\sum_{n=0}^{+\infty}\sum_{m=-n}^{+n}\lambda_{\mathrm{w}}k_{\mathrm{w}}^2E_{mn}j_n\left(k_{\mathrm{w}}r\right)P_n^m\left(\cos\theta\right)\mathrm{e}^{(\mathrm{i}m\varphi-\mathrm{i}\omega t)} \tag{6.6.33}$$

对应于 (n,m) 阶导波，圆球内外表面的径向压力和径向位移的连续性条件以及内外表面剪切应力为零的条件可表示为

$$u_r\big|_{r=a} = u''_r\big|_{r=a}, \quad u_r\big|_{r=b} = u'_r\big|_{r=b} \tag{6.6.34a}$$

$$\sigma_{rr}\big|_{r=a} = \sigma''_{rr}\big|_{r=a}, \quad \sigma_{rr}\big|_{r=b} = \sigma'_{rr}\big|_{r=b} \tag{6.6.34b}$$

$$\sigma_{r\theta}\big|_{r=a} = \sigma_{r\varphi}\big|_{r=a} = 0 \tag{6.6.34c}$$

$$\sigma_{r\theta}\big|_{r=b} = \sigma_{r\varphi}\big|_{r=b} = 0 \tag{6.6.34d}$$

类似于内外表面自由时边界条件的处理，结合勒让德多项式的性质以及球调和函数的正交性进行边界条件的简化，可得如下线性代数方程组：

$$(D)_{8\times8}\{A\}_{8\times1} = 0 \tag{6.6.35}$$

其中，

$$(D) = \begin{pmatrix} D_1 & 0 \\ 0 & D_2 \end{pmatrix} = \begin{pmatrix} d_{11} & d_{12} & d_{13} & d_{14} & d_{15} & 0 & 0 & 0 \\ d_{21} & d_{22} & d_{23} & d_{24} & 0 & d_{26} & 0 & 0 \\ d_{31} & d_{32} & d_{33} & d_{34} & d_{35} & 0 & 0 & 0 \\ d_{41} & d_{42} & d_{43} & d_{44} & 0 & d_{46} & 0 & 0 \\ d_{51} & d_{52} & d_{53} & d_{54} & 0 & 0 & 0 & 0 \\ d_{61} & d_{62} & d_{63} & d_{64} & 0 & 0 & 0 & 0 \\ 0 & 0 & 0 & 0 & 0 & 0 & d_{77} & d_{78} \\ 0 & 0 & 0 & 0 & 0 & 0 & d_{87} & d_{88} \end{pmatrix}$$

$$\{A\} = (A_{mn}, B_{mn}, A''{}_{mn}, B''{}_{mn}, C_{mn}, E_{mn}, A'_{mn}, B'_{mn})^{\mathrm{T}}$$

其中，D_1 是一个 6×6 的方阵，表征着由纵波 $\varPhi$ 和剪切波 $\varPi$ 以及水中纵波 $\phi'{}_w, \phi''{}_w$ 耦合在一起的类漏兰姆波。类漏兰姆波不仅包含球壳径向位移 u_r 以及水中的位移 u'_r 和 u''_r，而且包含球壳面内位移 u_θ 和 u_φ。D_2 是一个 2×2 的方阵，标志着由势函数 $\varPsi$ 控制的类 SH 波。类 SH 波仅存在球壳面内位移 u_θ 和 u_φ。由于内外液体不存在剪切应力，因此液体负载对类 SH 波不产生任何影响。按照方程组有非零解的条件得类兰姆波和类 SH 波频散方程分别为

$$\varOmega_1(n,\omega) = \det(D_1) = 0 \tag{6.6.36a}$$

$$\Omega_2(n,\omega) = \det(D_2) = 0 \tag{6.6.36b}$$

其中，

$$d_{11} = -\frac{\lambda}{2\mu}\alpha^2 j_n(\alpha a) + \frac{2\alpha}{a} j_{n+1}(\alpha a) + \frac{n^2-n}{a^2} j_n(\alpha a) - \alpha^2 j_n(\alpha a)$$

$$d_{12}=-\frac{\lambda}{2\mu}\alpha^2 y_n(\alpha a)+\frac{2\alpha}{a}y_{n+1}(\alpha a)+\frac{n^2-n}{a^2}y_n(\alpha a)-\alpha^2 y_n(\alpha a)$$

$$d_{13}=n(n+1)\left(\frac{n-1}{a^2}j_n(\beta a)-\frac{\beta}{a}j_{n+1}(\beta a)\right)$$

$$d_{14}=n(n+1)\left(\frac{n-1}{a^2}y_n(\beta a)-\frac{\beta}{a}y_{n+1}(\beta a)\right)$$

$$d_{15}=\lambda_{\mathrm{w}}k_{\mathrm{w}}^2 j_n(k_{\mathrm{w}}a),\quad D_{16}=D_{17}=D_{18}=0$$

$$d_{21}=-\frac{\lambda}{2\mu}\alpha^2 j_n(\alpha b)+\frac{2\alpha}{b}j_{n+1}(\alpha b)+\frac{n^2-n}{b^2}j_n(\alpha b)-\alpha^2 j_n(\alpha b)$$

$$d_{22}=-\frac{\lambda}{2\mu}\alpha^2 y_n(\alpha b)+\frac{2\alpha}{b}y_{n+1}(\alpha b)+\frac{n^2-n}{b^2}y_n(\alpha b)-\alpha^2 y_n(\alpha b)$$

$$d_{23}=n(n+1)\left(\frac{n-1}{b^2}j_n(\beta b)-\frac{\beta}{b}j_{n+1}(\beta b)\right)$$

$$d_{24}=n(n+1)\left(\frac{n-1}{b^2}y_n(\beta b)-\frac{\beta}{b}y_{n+1}(\beta b)\right)$$

$$d_{25}=0,\quad d_{26}=\lambda_{\mathrm{w}}k_{\mathrm{w}}^2 h_n^{(2)}(k_{\mathrm{w}}b),\quad d_{27}=d_{28}=0$$

$$d_{31}=\frac{n}{a}j_n(\alpha a)-\alpha j_{n+1}(\alpha a),\quad d_{32}=\frac{n}{a}y_n(\alpha a)-\alpha y_{n+1}(\alpha a)$$

$$d_{33}=\frac{n(n+1)}{a}j_n(\alpha a),\quad d_{34}=\frac{n(n+1)}{a}y_n(\alpha a)$$

$$d_{35}=k_{\mathrm{w}}j_{n+1}(k_{\mathrm{w}}a)-\frac{n}{a}j_n(k_{\mathrm{w}}a),\quad d_{36}=d_{37}=d_{38}=0$$

$$d_{41}=\frac{n}{b}j_n(\alpha b)-\alpha j_{n+1}(\alpha b),\quad d_{42}=\frac{n}{b}y_n(\alpha b)-\alpha y_{n+1}(\alpha b)$$

$$d_{43}=\frac{n(n+1)}{b}j_n(\alpha b),\quad d_{44}=\frac{n(n+1)}{b}y_n(\alpha b)$$

$$d_{45}=0,\quad d_{46}=k_{\mathrm{w}}h_{n+1}^{(2)}(k_{\mathrm{w}}b)-\frac{n}{b}h_n^{(2)}(k_{\mathrm{w}}b),\quad d_{47}=d_{48}=0$$

$$d_{51}=2\left(\frac{n-1}{a^2}j_n(\alpha a)-\frac{\alpha}{a}j_{n+1}(\alpha a)\right),\quad d_{52}=2\left(\frac{n-1}{a^2}y_n(\alpha a)-\frac{\alpha}{a}y_{n+1}(\alpha a)\right)$$

$$d_{53}=\frac{1}{a^2}n(n+1)j_n(\beta a)+\frac{2\beta}{a}j_{n+1}(\beta a)+\frac{n^2-n}{a^2}j_n(\beta a)-\beta^2 j_n(\beta a)-\frac{2}{a^2}j_n(\beta a)$$

$$d_{54}=\frac{1}{a^2}n(n+1)y_n(\beta a)+\frac{2\beta}{a}y_{n+1}(\beta a)+\frac{n^2-n}{a^2}y_n(\beta a)-\beta^2 y_n(\beta a)-\frac{2}{a^2}y_n(\beta a)$$

$$d_{55}=d_{56}=d_{57}=d_{58}=0$$

$$d_{61}=2\left(\frac{n-1}{b^2}j_n(\alpha b)-\frac{\alpha}{b}j_{n+1}(\alpha b)\right),\quad d_{62}=2\left(\frac{n-1}{b^2}y_n(\alpha b)-\frac{\alpha}{b}y_{n+1}(\alpha b)\right)$$

$$d_{63}=\frac{1}{b^2}n(n+1)j_n(\beta b)+\frac{2\beta}{b}j_{n+1}(\beta b)+\frac{n^2-n}{b^2}j_n(\beta b)-\beta^2 j_n(\beta b)-\frac{2}{b^2}j_n(\beta b)$$

$$d_{64} = \frac{1}{b^2} n(n+1) y_n(\beta b) + \frac{2\beta}{b} y_{n+1}(\beta b) + \frac{n^2 - n}{b^2} y_n(\beta b) - \beta^2 y_n(\beta b) - \frac{2}{b^2} y_n(\beta b)$$

$$d_{65} = d_{66} = d_{67} = d_{68} = 0$$

$$d_{71} = d_{72} = d_{73} = d_{74} = d_{75} = d_{76} = 0$$

$$d_{77} = \frac{n-1}{a} j_n(\beta a) - \beta j_{n+1}(\beta a), \quad d_{78} = \frac{n-1}{a} y_n(\beta a) - \beta y_{n+1}(\beta a)$$

$$d_{81} = d_{82} = d_{83} = d_{84} = d_{85} = d_{86} = 0$$

$$d_{87} = \frac{n-1}{b} j_n(\beta b) - \beta j_{n+1}(\beta b), \quad d_{88} = \frac{n-1}{b} y_n(\beta b) - \beta y_{n+1}(\beta b)$$

由上述 d_{ij} 的表达式可以看出，d_{ij} 中并不包含 m，也就是说 (n, m) 阶导波的频散方程并不依赖于 m。m 仅影响导波的环向位移分布，但不影响导波的传播速度。当计算球面导波的频散曲线时，可仅就 $m = n$ 的情况进行讨论，此时，n 就和 m 具有相同的意义，即 n 表示导波的角波数。n 可以取任意实数值，当 n 取整数时，球面导波 (行波) 就退化为球面驻波。由于考虑水负载的存在，类兰姆波的频散方程应该在复数域进行求根。即对于任意给定频率 ω，在复数域寻找根 $n = kb$，其中 $k = k^{\mathrm{r}} + \mathrm{i}k^{\mathrm{m}}$。复波数的虚部表示水负载造成的能量泄漏。由于水负载对类 SH 波频散特征不产生影响，类 SH 波频散方程仍然可以在实数域求根。

参考文献

奥尔特. 1982. 固体中的声场和波. 孙承平译. 北京: 科学出版社.

鲍亦兴, 毛昭宙. 1993. 弹性波衍射与动应力集中. 刘殿魁, 苏先樾译. 北京: 科学出版社.

布列霍夫斯基赫. 1985. 分层介质中的波. 杨训仁译. 北京: 科学出版社.

戴宏亮. 2014. 弹性动力学. 长沙: 湖南大学出版社.

郭少华. 2014. 各向异性弹性波导论. 北京: 科学出版社.

罗斯. 2004. 固体中的超声波. 何存福, 吴斌, 王秀彦译. 北京: 科学出版社.

魏培君. 2012. 数理方程. 北京: 冶金工业出版社.

杨桂通，张善元. 1988. 弹性动力学. 北京: 中国铁道出版社.

张海澜，王秀明，张碧星. 2004. 井孔中的声场和波. 北京: 科学出版社.

章成广，江万哲，潘和平. 2009. 声波测井原理与应用. 北京: 石油工业出版社.

Achenbach J D. 1973. Wave Propagation in Elastic Solids. Amsterdam: Elsevier Science Publishers.

作 者 简 介

魏培君，北京科技大学数理学院应用力学系教授，博士生导师。1980 年 9 月至 1987 年 6 月在西北工业大学飞机系进行本科和硕士研究生学习；1999 年 7 月在中国科学院力学研究所获固体力学博士学位。先后在北京交通大学和北京大学力学系从事博士后研究并获中国博士后研究基金资助。自 2003 年起在北京科技大学力学系任教，现为力学系系主任。长期从事复杂介质弹性波传播理论及应用研究。作为负责人先后主持国家自然科学基金面上项目 5 项。在 Int. J. Struct. Solids, Mech. Mater., Ultrasonics, Euro. J. Mech. A/Solids, Int. J. Mech. Sci., J. Acoust. Soc. Am, ACTA Mechanica 等国际著名学术杂志发表 SCI 检索论文 100 余篇。